吐鲁番桑葚标准体系

刘丽媛　主编

中国财富出版社有限公司

图书在版编目（CIP）数据

吐鲁番桑葚标准体系／刘丽媛主编．—北京：中国财富出版社有限公司，2021.7

ISBN 978-7-5047-7382-1

Ⅰ.①吐…　Ⅱ.①刘…　Ⅲ.①桑椹—质量管理—标准体系—吐鲁番市　Ⅳ.①S888.1-65

中国版本图书馆 CIP 数据核字（2021）第 054247 号

策划编辑 李　伟	**责任编辑** 邢有涛　贾紫轩	**版权编辑** 李　洋
责任印制 梁　凡	**责任校对** 杨小静	**责任发行** 黄旭亮

出版发行 中国财富出版社有限公司

社　址	北京市丰台区南四环西路 188 号 5 区 20 楼	**邮政编码**	100070
电　话	010-52227588 转 2098（发行部）		010-52227588 转 321（总编室）
	010-52227566（24 小时读者服务）		010-52227588 转 305（质检部）
网　址	http://www.cfpress.com.cn	**排　版**	宝蕾元
经　销	新华书店	**印　刷**	宝蕾元仁浩（天津）印刷有限公司
书　号	ISBN 978-7-5047-7382-1/S·0049		
开　本	880mm×1230mm　1/16	**版　次**	2023 年 1 月第 1 版
印　张	46	**印　次**	2023 年 1 月第 1 次印刷
字　数	1360 千字	**定　价**	219.00 元

编委会

编者的话

吐鲁番独特的气候资源，为桑葚等特色林果业提供了得天独厚的生长条件，造就了桑葚的优良品质。桑产业等特色林果产业已经成为促进吐鲁番市农村经济发展和农民持续快速增收的朝阳产业。近年来，有关单位和个人按照市委“富农强市”发展战略和“稳定面积、调优结构、强化管理、提质增效”的发展思路，以提升基地建设水平为抓手，以推进产业化经营为手段，以科技能力建设为支撑，以发掘增收潜力为目标，加快发展桑产业，推动桑产业高质量发展，促进桑产业提质增效，努力构建现代产业体系、生产体系、经营体系，为吐鲁番社会稳定、农业升级、农村进步、农民增收提供有力保障。截至2019年年末，全市桑树种植总面积达10余万亩，各种桑葚制品不断涌现，桑葚精加工企业也在连年增加。

目前，随着吐鲁番桑产业迅速发展，国内新技术、新工艺、新设备、新材料大量涌现，迫切需要对我市桑相关技术及产业标准进行整理、补充和完善。因此，建立科学的桑标准体系十分重要。鉴于此，吐鲁番市林果业技术推广服务中心组织了研究和编制《吐鲁番桑葚标准体系》的工作，于2019年1月提出标准体系立项申请、编制标准体系规划，2019年2月经吐鲁番市市场监督管理局批准立项。根据吐鲁番市桑产业发展特点，吐鲁番市林果业技术推广服务中心通过对桑及其相关制品标准体系的编制、收集、整理，梳理出涉及桑产品的国家、行业和地方标准，建立起我市桑产品行业的信息库，2020年6月下旬组织有关专家审定并于2020年7月15日通过发布。

专家反复论证、讨论审定后一致认为：建立吐鲁番桑标准体系是一项促进我市桑产业标准化进程、科学指导我市桑产业持续发展的十分重要而又基础性的工作，对健全我市桑全产业链质量安全管控具有重要意义。《吐鲁番桑葚标准体系》的内容较全面、系统地反映了吐鲁番桑产业发展对标准的需求；整个体系结构合理，内容充实可靠、系统完整、技术先进，能够指导果农和企业提高桑葚产品质量水平，具有较强的可操作性和创新性，对促进吐鲁番桑产业提质增效、加快桑产业标准化进程、提高桑产业生产力水平具有重要的指导意义。

《吐鲁番桑葚标准体系》是融合近年来所有与桑相关的国家标准、行业标准、地方标准等按其内在联系形成的科学有机整体，是目前和今后一定时期内桑产业发展、标准制定修订和管理工作的基本依据。该标准体系分为定义描述、建园、栽培管理、生产加工、检验检测及进口与出口标准，共六大部分，覆盖国家标准23个，行业标准20个，地方标准18个，共计61个标准。

该体系主要具备以下3个特点：

完备性。主要反应了涉及桑产业的具体性和个性，也体现了对标准化对象桑产业的管理精度，是标准体系适应现实多样性的一个重要方面。体系内的各项标准在内容方面衔接一致，各标准按桑产业发展链条的形式排列起来，各种标准互相补充、互相依存，共同构成一个整体。

逻辑性。该标准体系所有标准按照一定的结构进行逻辑组合，而不是杂乱无序地堆积，体系内每一部分呈现不同的层次结构，有利于读者了解每一部分中标准的全貌；同时该标准体系也是桑标准化研究领域的重要参考。

动态性。该标准体系具有一定的灵活性与弹性，体系内的所有标准均采用最新的、现行有效标准，并且该体系随着时间的推移和条件的改变将不断发展更新，从而指导标准化工作，提高标准化工作的科学性、全面性、系统性和预见性。

《吐鲁番桑葚标准体系》适用于吐鲁番桑产业销售、加工、检验、检测等单位，可作为有关部门开展技术培训的教材。为确保该体系的整体性和连续性，部分引用标准在原文内容不改变的前提下，编者对标准格式及页码进行了适当调整。此项体系的完成仅仅是我市桑产业标准化进步发展的一个阶段，由于产业的发展是一个变化的过程，《吐鲁番桑葚标准体系》中有些内容还需要进一步完善，如在标准化工作中如何更好地服务果农和企业，以及对国内外桑产业最新发展趋势掌握得还不够等。因此，我们愿意与国内外同行加强交流，在桑产业标准化工作中不断研究、不断完善、不断发展，进一步推动我市桑产业转型升级、加速桑产业发展、加快现代桑产业体系构建。

2020 年 7 月 26 日

目　录

第四部分　加工储运

第五部分　检验检测

第六部分　进口出口

ICS

DB

吐 鲁 番 市 地 方 标 准

DB6521/T 264—2020

吐鲁番桑标准体系总则

2020－06－20 发布　　2020－07－15 实施

吐鲁番市市场监督管理局　发布

前　言

本标准根据 GB/T 1. 1—2009《标准化工作导则　第一部分：标准的结构和编写》进行编写。

本标准由吐鲁番市林果业技术推广服务中心提出。

本标准由吐鲁番市林业和草原局归口。

本标准由吐鲁番市林果业技术推广服务中心、新疆农业科学院吐鲁番农业科学研究所负责起草。

本标准主要起草人：刘丽媛、任红松、徐彦兵、王婷、周黎明、武云龙、韩泽云、王春燕。

吐鲁番桑标准体系总则

1　范围

本标准规定了吐鲁番桑标准体系编制的基本原则、体系内容和工作程序。

本标准适用于吐鲁番桑标准体系的建立和评价。

2　基本原则

2.1　本标准体系是围绕林果产业发展，以吐鲁番桑产品质量标准为主的林果业标准体系。

2.2　本标准体系是以吐鲁番桑作为综合标准化对象，以影响桑产品品质的相关要素形成的体系。

2.3　本标准体系以提高桑产品质量水平为目的。本标准体系的实施对指导吐鲁番桑的标准化生产，促进桑产业化发展具有积极的推动作用。

2.4　本标准体系坚持以先进性、系统性、连续性不断制定、修订、完善的准则，有计划、有组织地进行体系建设。

2.5　本标准体系的建立由国家标准、行业标准和地方标准相互配套，坚持以生产实践和新技术推广相结合的原则。

3　体系内容

3.1　本标准体系分为定义描述、建园、栽培管理、加工储运、检验检测及进口出口标准，共六大部分，60 个标准组成。

3.2　第一部分　定义描述

该部分主要收集了桑种质资源鉴定、桑苗木、桑果及其附产品的定义、综述等，共由 10 个标准组成，其中国家标准 4 个，行业标准 6 个。

3.3　第二部分　建园

该部分主要收集了桑树建园、育苗技术规程及产地环境要求等，共由 10 个标准组成，其中国家标准 1 个，行业标准 3 个，地方标准 6 个。

3.4　第三部分　栽培管理

该部分主要收集了有关桑栽培管理的标准 15 个，其中国家标准 1 个，行业标准 5 个，地方标准 9 个。

3.5　第四部分　加工储运

该部分主要收集了桑制干、桑叶制茶及其制品包装、冷藏及物流运输标准，共由 7 个标准组成，其中国家标准 2 个，行业标准 3 个，地方标准 2 个。

3.6 第五部分 检验检测

该部分主要收集了桑果品农药残留检测等标准，共由 15 个标准组成，全部为国家标准。

3.7 第六部分 进口出口

该部分主要收集了进口出口水果检疫标准，共由 3 个标准组成，全部为行业标准。

4 工作程序

4.1 规划阶段

4.1.1 2019 年 1 月由吐鲁番市林果业技术推广服务中心提出标准体系立项申请，编制标准体系规划。

4.1.2 2019 年 2 月吐鲁番市市场监督管理局批准立项。

4.1.3 本标准体系由吐鲁番市市场监督管理局管理。

4.1.4 标准体系建设由吐鲁番市林果业技术推广服务中心承担。

4.2 建设阶段

4.2.1 2019 年 3—12 月由承担单位制定标准体系工作计划，分工起草标准草案。

4.2.2 2020 年 3 月承担单位组织有关专家对标准草案进行初审，修改后形成讨论稿。

4.2.3 2020 年 3—6 月承担单位组织科研小组深入生产基地，进行新标准的现场验证。

4.2.4 2020 年 6 月中旬承担单位在现场验证基础上对标准讨论稿进行修改，形成送审稿。

4.2.5 2020 年 6 月下旬吐鲁番市林果业技术推广服务中心组织有关专家对所有新标准进行审定。

4.3 贯彻阶段

4.3.1 本标准体系由吐鲁番市林业和草原部门组织实施。

4.3.2 本标准体系发布后，有关部门做好宣传工作。

4.3.3 本标准体系由吐鲁番市林业和草原部门组织相关部门评价和验收。

5 标准明细表

序号	类别	标准代号	标准名称
1	定义描述	NY/T 1313	农作物种质资源鉴定技术规程 桑树
2		NY/T 2181	农作物优异种质资源评价规范 桑树
3		NY/T 2352	植物新品种特异性、一致性和稳定性测试指南 桑属
4		NY/T 2852	农业机械化水平评价 第 5 部分：果、茶、桑
5		LY/T 2096	植物新品种特异性、一致性、稳定性测试指南 桑属
6		QB/T 2289. 2	园艺工具 桑剪

（续表）

序号	类别	标准代号	标准名称
7	定义描述	GB/T 24691	果蔬清洗剂
8		GB 19173	桑树种子和苗木
9		GB 2758	食品安全国家标准　发酵酒及其配制酒
10		GB/T 29572	桑椹（桑果）
11	建园	DB6521/T 265	新建桑园技术规程
12		DB6521/T 266	桑树一步建园技术规程
13		DB6521/T 267	桑树种苗繁育技术规程
14		DB6521/T 268	桑树苗木检验技术规程
15		DB6521/T 269	桑树苗木砧木与接穗选择及质量要求
16		DB6521/T 270	桑树育苗及嫁接后管理技术规范
17		NY/T 391	绿色食品　产地环境质量
18		SN/T 2960	水果蔬菜和繁殖材料处理技术要求
19		TX23—04	新疆果桑嫁接苗繁育技术规程
20		GB/T 19177	桑树种子和苗木检验规程
21	栽培管理	DBN6521/T 191	绿色食品　果桑丰产栽培技术规程
22		DBN6521/T 213	绿色食品　药桑栽培技术规程
23		DB6521/T 271	果桑优质高效栽培管理技术规程
24		DB6521/T 272	粉桑优质高产栽培管理技术规程
25		DB6521/T 273	药桑优质高产栽培技术规程
26		DB6521/T 274	白桑优质高产栽培技术规程
27		DB6521/T 275	桑树病虫害防治技术规程
28		DB6521/T 276	桑树整形修剪管理技术规程
29		DB6521/T 277	吐鲁番有机桑葚生产技术规程
30		NY/T 1027	桑园用药技术规程
31		NY/T 394	绿色食品　肥料使用准则
32		NY/T 393	绿色食品　农药使用准则
33		LY/T 3052	桑树栽培技术规程
34		TX23—04	新疆果桑栽培收获技术规程
35		GB/T 29573	热带亚热带桑树栽培管理技术规程
36	加工储运	DB6521/T 278	桑葚制干技术规程
37		DB6521/T 210	绿色食品　吐鲁番市桑叶绿茶加工技术规程
38		NY/T 1762	农产品质量安全追溯操作规程　水果
39		NY/T 3026	鲜食浆果类水果采后预冷保鲜技术规程
40		SB/T 11000	酒类行业流通服务规范

（续表）

序号	类别	标准代号	标准名称
41	加工储运	GB/T 28843	食品冷链物流追溯管理要求
42		GB/T 33129	新鲜水果、蔬菜包装和冷链运输通用操作规程
43	检验检测	GB 10468	水果和蔬菜产品 pH 值的测定方法
44		GB 14891.5	辐照新鲜水果、蔬菜类卫生标准
45		GB 16325	干果食品卫生标准
46		GB/T 23380	水果、蔬菜中多菌灵残留的测定　高效液相色谱法
47		GB 23200.8	食品安全国家标准　水果和蔬菜中 500 种农药及相关化学品残留量的测定　气相色谱－质谱法
48		GB 23200.17	食品安全国家标准　水果、蔬菜中噻菌灵残留量的测定　液相色谱法
49		GB 23200.19	食品安全国家标准　水果和蔬菜中阿维菌素残留量的测定　液相色谱法
50		GB 23200.21	食品安全国家标准　水果中赤霉酸残留量的测定　液相色谱－质谱/质谱法
51		GB 23200.25	食品安全国家标准　水果中噁草酮残留量的检测方法
52		GB 23200.10	食品安全国家标准　桑枝、金银花、枸杞子和荷叶中 488 种农药及相关化学品残留量的测定　气相色谱－质谱法
53		GB 23200.11	食品安全国家标准桑枝、金银花、枸杞子和荷叶中 413 种农药及相关化学品残留量的测定液相色谱－质谱法
54		GB 5009.8	食品安全国家标准　食品中果糖、葡萄糖、蔗糖、麦芽糖、乳糖的测定
55		GB 12696	食品安全国家标准　发酵酒及其配制酒生产卫生规范
56		GB 2761	食品安全国家标准　食品中真菌毒素限量
57		GB/T 15038	葡萄酒、果酒通用分析方法
58	进口出口	SN/T 1886	进出口水果和蔬菜预包装指南
59		SN/T 2455	进出境水果检验检疫规程
60		SN/T 4069	输华水果检疫风险考察评估指南

第一部分　定义描述

ICS 65.020.20
B 04

中华人民共和国农业行业标准

NY/T 1313—2007

农作物种质资源鉴定技术规程 桑树

Technical Code for Evaluating Germplasm Resources—Mulberry (*Morus* Linn.)

2007-04-17 发布 2007-07-01 实施

中华人民共和国农业部 发布

前　言

本标准的附录A、附录B、附录C、附录D为规范性附录。

本标准由中华人民共和国农业部提出并归口。

本标准起草单位：中国农业科学院蚕业研究所、中国农业科学院农业质量标准与检测技术研究所。

本标准起草人：潘一乐、张林、刘利、赵卫国、方荣俊、钱永忠。

农作物种质资源鉴定技术规程　桑树

1　范围

本标准规定了桑属（*Morus* Linn.）种质资源鉴定的技术要求和方法。

本标准适用于桑属（*Morus* Linn.）种质资源的植物学特征、生物学特性、经济性状和抗病性的鉴定。

2　规范性引用文件

下列文件中的条款通过本标准的引用而成为本标准的条款。凡是注日期的引用文件，其随后所有的修改单（不包括勘误的内容）或修订版均不适用于本标准，然而，鼓励根据本标准达成协议的各方研究是否可使用这些文件的最新版本。凡是不注日期的引用文件，其最新版本适用于本标准。

GB/T 6682　分析实验室用水规格及试验方法

GB/T 8856　水果、蔬菜产品粗蛋白质的测定方法

3　技术要求

3.1　样本采集

除抗病性鉴定外，应在植株树龄达到3年以上及正常生长情况下采集样本。

3.2　鉴定内容

鉴定内容见表1。

表1　桑树种质资源鉴定内容

性状	鉴定项目	
植物学特征	枝条	枝态、长度、围度、皮色、曲直、节距、皮孔、叶序
	芽	形状、颜色、着生状态、叶痕、副芽
	叶	着生状态、展开状态、叶片形状、大小、厚薄、叶色、光泽、糙滑、叶尖、叶缘、叶基、叶柄、叶上表皮毛、叶下表皮毛
	花、果	花性、花叶开放次序、花穗长度、雄花穗率、雌花穗率、花柱、柱头、桑果颜色、桑果形状、果长、果横径
生物学特性	脱苞期、鹊口期、开叶期、成熟期、硬化期、初花期、盛花期、桑果成熟期	
经济性状	产量	发条数、发条力、发芽率、生长芽率、单株产叶量、米条产叶量、春公斤叶片数、秋公斤叶片数、叶梗比、梢梗比、条梗比、椹梗比
	桑叶质量	春粗蛋白含量、秋粗蛋白含量、春可溶糖含量、秋可溶糖含量、春万蚕收茧量、秋万蚕收茧量、春万蚕茧层量、秋万蚕茧层量、春50 kg桑产茧量、秋50 kg桑产茧量

（续表）

性 状	鉴定项目
抗病性	桑黑枯型细菌病抗性
其他	染色体倍数性、分类学位置

4 鉴定方法

4.1 植物学特征

4.1.1 枝条

在休眠期，随机选取 3 株树，观察记录一年生枝条的性状。

4.1.1.1 枝态

用 4.1.1 中的样本，测量一年生枝条倾斜角度，并按表 2 标准确定枝态类型，分为直立、斜生、卧伏、下垂。

表 2　枝态类型

枝 态	直立	斜生	卧伏	下垂
枝条倾斜度 A_b（度）	$A_b<30$	$30 \leq A_b<40$	$40 \leq A_b<90$	$A_b \geq 90$

4.1.1.2 长度

用 4.1.1.1 中的样本，测量一年生枝条长度，不剪梢，枯梢除外。结果以平均值表示，精确到 0.1 cm。

4.1.1.3 围度

用 4.1.1.1 的样本，测量一年生枝条的围度，夏伐桑测量距基部 10 cm 处的围度，春伐桑测量距基部 20 cm 处的围度。结果以平均值表示，精确到 0.1 cm。

4.1.1.4 皮色

用 4.1.1.1 中的样本，以枝条中部颜色为准，按最大相似原则确定枝条皮色，分为紫色、棕色、褐色、黄色、青色、灰色。

4.1.1.5 曲直

用 4.1.1.1 中的样本，以最大相似原则确定枝条曲直，分为直、微曲、弯曲。

4.1.1.6 节距

用 4.1.1 中的样本，每株随机选取 5 根枝条，测量枝条中部连续 10 个节间的长度，计算平均值，精确到 0.1 cm。

4.1.1.7 皮孔

用 4.1.1.6 中的样本，计数 1 cm^2 面积内的皮孔数。结果以平均值表示，精确到整数。

4.1.1.8 叶序

用 4.1.1.6 中的样本，以枝条中部为准。按图 1 确定叶序，以 1/2、1/3、2/5、3/8 等分数式表示。分子表示以枝条为轴心，叶片围绕枝条的圆周数，分母表示在这圆周数上排列的叶片数。

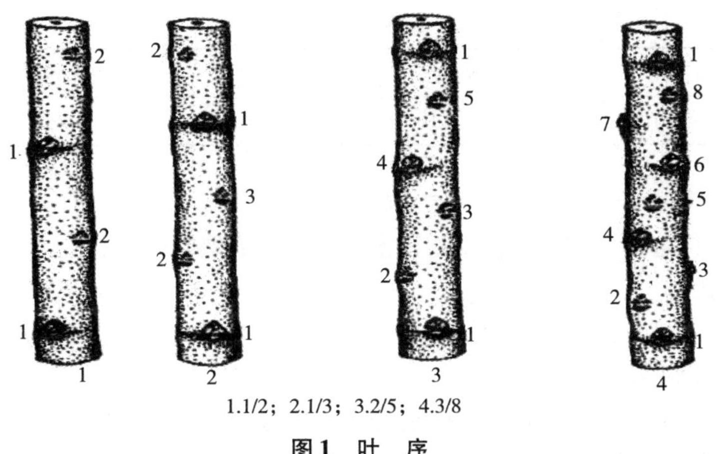
1.1/2；2.1/3；3.2/5；4.3/8

图1　叶　序

4.1.2　芽

在休眠期，随机选取3株树，观察整株芽的生长状况，记录枝条中部芽的性状。

4.1.2.1　形状

用4.1.2中的样本，按图2以最大相似原则确定芽的形状，分为短三角形、正三角形、长三角形、盾形、球形、卵圆形。

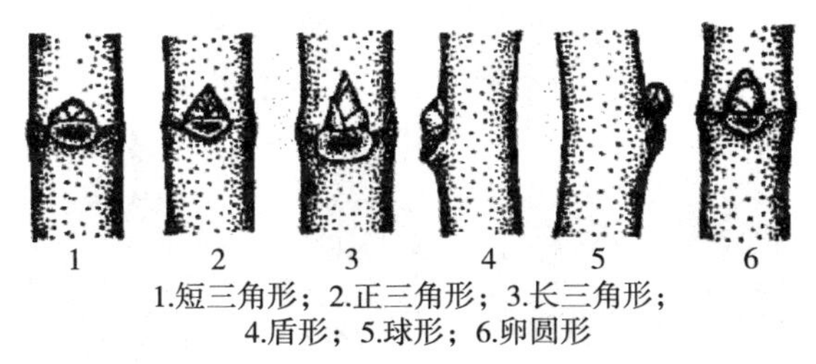
1.短三角形；2.正三角形；3.长三角形；
4.盾形；5.球形；6.卵圆形

图2　芽形状

4.1.2.2　颜色

用4.1.2中的样本，以最大相似原则确定芽的颜色，分为紫色、棕色、褐色、黄色、青色、灰色。

4.1.2.3　着生状态

用4.1.2中的样本，按图3以最大相似原则确定芽的着生状态，分为贴生、尖离、腹离。

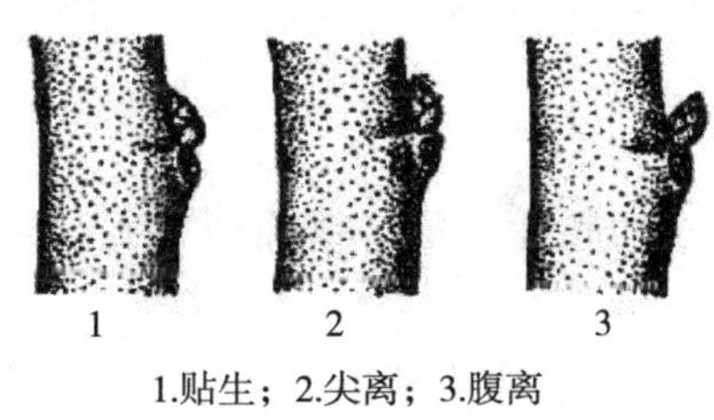
1.贴生；2.尖离；3.腹离

图3　芽着生状态

4.1.2.4　叶痕

用4.1.2中的样本，按最大相似原则确定叶痕形状，分为肾形、椭圆形、半圆形、圆形。

4.1.2.5　副芽

用4.1.2中的样本，每株随机抽取5根枝条，计数枝条中部副芽的数目，计算副芽占主芽的比例，依据表3确定副芽多少和级别，分为无、少、较少、较多、多。

表3　　副芽分级标准

级别	无	少	较少	较多	多
副芽比例 N_{ab}（%）	0	$0<N_{ab}\leq 10$	$10<N_{ab}\leq 20$	$20<N_{ab}\leq 30$	$N_{ab}>30$

4.1.3　叶

在中秋壮蚕期，随机选择3株植株，观察记录枝条中都成熟叶的性状。

4.1.3.1　叶着生状态

用4.1.3的样本，以最大相似原则确定叶着生状态，分为斜、平伸、下垂。

4.1.3.2　叶展开状态

用4.1.3的样本，以最大相似原则确定叶展开状态，分为平展、扭曲、边卷翘、边波翘。

4.1.3.3　叶片形状

叶片分为全缘叶和裂叶。

用4.1.3的样本，按图4以最大相似原则确定叶片形状，全缘叶分为心脏形、长心脏形、椭圆形、卵圆形，裂叶分为深裂、浅裂，并注明缺刻数。

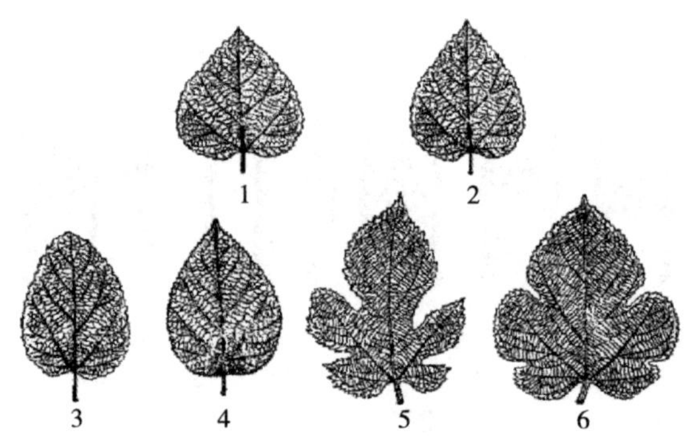

1.心脏形；2.长心脏形；3.椭圆形；4.卵圆形；5.深裂；6.浅裂

图4　叶片形状

4.1.3.4　叶片大小

用4.1.3的样本，每株随机选取具有代表性的叶片10片，测量叶长、叶幅（叶长为叶基至叶尖基部的长度，叶幅为叶片最宽处的宽度），结果以平均值表示，精确到0.1 cm。以叶长×叶幅表示叶片大小。

4.1.3.5　厚薄

用4.1.3中的样本，称取100 cm^2的叶片质量，精确到0.1 g。

4.1.3.6　叶色

用4.1.3的样本，以最大相似原则确定叶片颜色，分为淡绿、翠绿、深绿、墨绿。

4.1.3.7　光泽

用4.1.3的样本，以最大相似原则确定叶片光泽强度，分为无、弱、较弱、较强、强。

4.1.3.8　糙滑

用4.1.3.4的样本，用手触摸的方式确定叶片质地，分为光滑、微糙、粗糙。

4.1.3.9　叶尖

用4.1.3的样本，按图5以最大相似原则确定叶尖形状，分为短尾状、长尾状、锐头、钝头、双头。

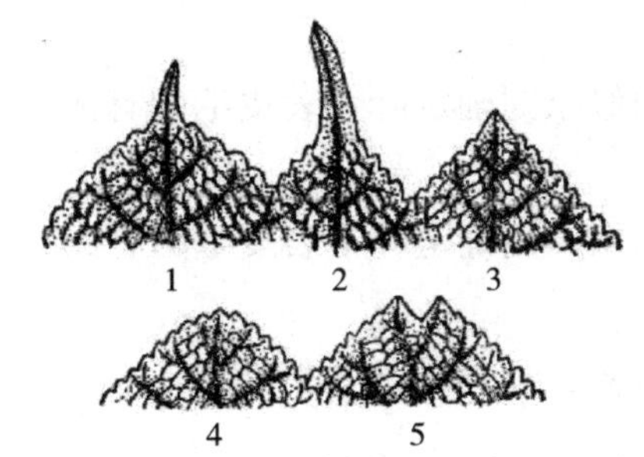

1.短尾状；2.长尾状；3.锐头；4.钝头；5.双头

图5　叶尖形状

4.1.3.10　叶缘

用4.1.3的样本，按图6以最大相似原则确定叶缘形状，分为锐齿、钝齿、乳头齿。

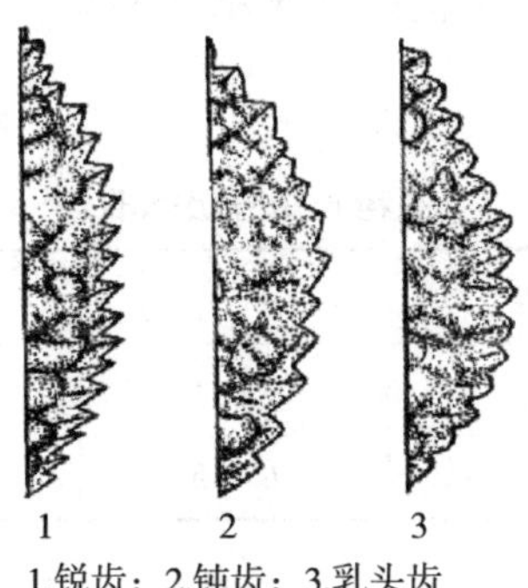

1.锐齿；2.钝齿；3.乳头齿

图6　叶缘形状

4.1.3.11　叶基

用4.1.3的样本，按图7以最大相似原则确定叶基形状，分为浅心形、心形、深心形、圆形、截形、肾形、楔形。

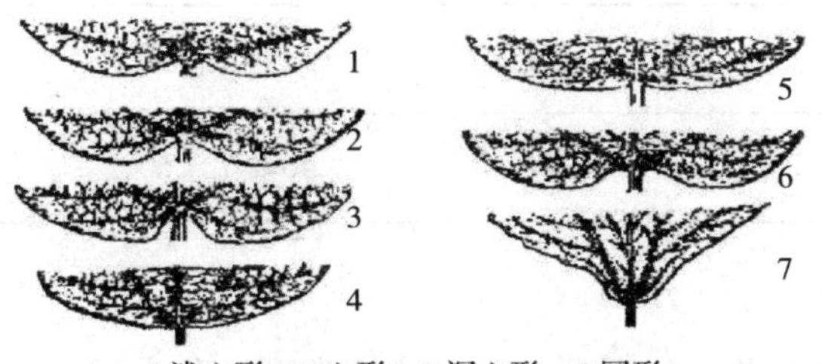

1.浅心形；2.心形；3.深心形；4.圆形；
5.截形；6.肾形；7.楔形

图7　叶基形状

4.1.3.12　叶柄

用4.1.3.4的样本，测量叶柄的长度，结果以平均值表示，精确到0.1 cm。并按表4分级。

表4　　叶柄长短分级标准

级别	短	中	长
测量值 L_s（cm）	$L_s<4.0$	$4.0\leqslant L_s\leqslant5.5$	$L_s>5.5$

4.1.3.13 叶上表皮毛

用 4.1.3.4 的样本，按最大相似原则确定叶上表皮毛的有无，分为无毛、有毛。

4.1.3.14 叶下表皮毛

用 4.1.3.4 的样本，按最大相似原则确定叶下表皮毛的有无，分为无毛、有毛。

4.1.4 花、果

在开花结果期，随机选取 3 株树，观察记录花果性状。

4.1.4.1 花性

用 4.1.4 的样本，确定花性，分为雌株、雄株、雌雄同株、雌雄同穗。

4.1.4.2 花叶开放次序

用 4.1.4 的样本，确定花叶开放次序，分为先花后叶、先叶后花、花叶同开。

4.1.4.3 花穗长度

用 4.1.4 的样本，每株随机选取 10 个花穗（雄穗或桑果），测量长度，结果以平均值表示。并按表 5 分级。

表 5　　花穗长短分级标准

级别	雄穗			雌穗（果）		
	短	中	长	短	中	长
长度 L_f（cm）	$L_f<3$	$3\leq L_f\leq 5$	$L_f>5$	$L_f<2$	$2\leq L_f\leq 3$	$L_f>3$

4.1.4.4 雄花穗率

用 4.1.4 的样本，每株抽取 5 根枝条，计算雄花穗芽数占发芽数的比率，并按表 6 分级。

4.1.4.5 雌花穗率

用 4.1.4 的样本，每株抽取 5 根枝条，计算雌花穗芽数占发芽数的比率，并按表 6 分级。

表 6　　雌（雄）花穗比率分级标准

级别	少	较少	中等	较多	多
花芽比率 N_f（%）	$N_f<20$	$20\leq N_f<40$	$40\leq N_f<60$	$60\leq N_f<80$	$N_f\geq 80$

4.1.4.6 花柱

观察 4.1.4.3 中样本的典型花，依据图 8 确定花柱类型，分为无、短、长。

4.1.4.7 柱头

观察 4.1.4.6 中典型花柱头，记录柱头内侧附属物的形态特征，分为有茸毛、有突起。

4.1.4.8 桑果颜色

桑果成熟时，以最大的相似原则确定桑果颜色，分为白色，饴黄，红色，紫色，黑色。

4.1.4.9 桑果形状

桑果成熟时，以最大相似原则确定桑果形状，分为长圆筒形、圆筒形、椭圆形、球形。

4.1.4.10 果长

用 4.1.4 的样本，每株随机采摘 10 个典型果实，按图 9 测量果长。结果以平均值表示，精确到 0.1 cm。

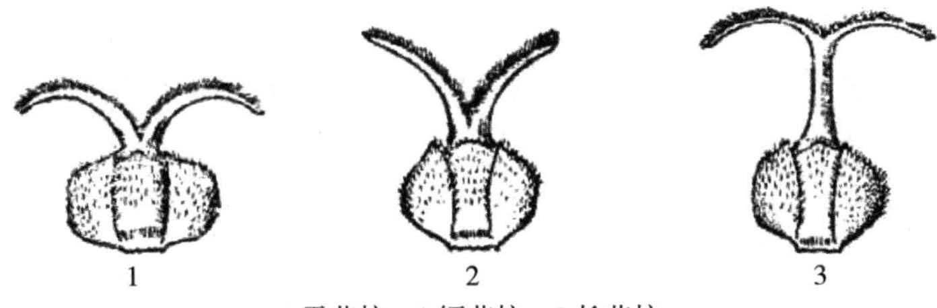

1.无花柱；2.短花柱；3.长花柱

图8　花柱类型

4.1.4.11　果横径

用4.1.4的样本，每株随机采摘10个典型果实，按图9测量果横径。结果以平均值表示，精确到0.1 cm。

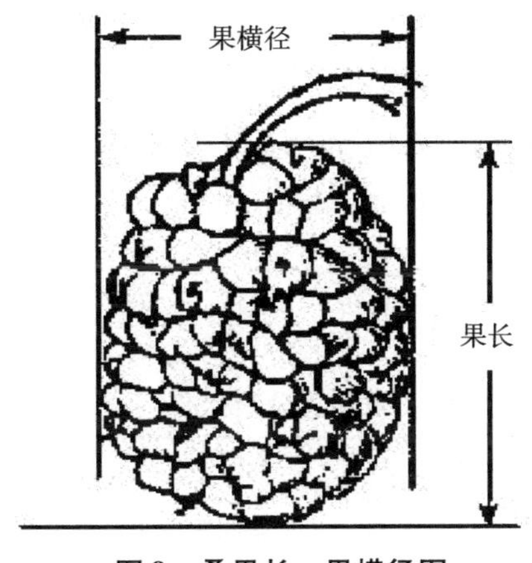

图9　桑果长、果横径图

4.2　生物学特性

4.2.1　脱苞期

在春季发芽时，选取有代表性的3株树，观察记录枝条中上部幼叶尖露出芽鳞的日期，表示方法为“月日”。

4.2.2　鹊口期

在春季发芽时，选取有代表性的3株树，观察记录枝条中上部萌发芽形成抱合状幼叶展开的日期，表示方法为“月日”。

4.2.3　开叶期

在春季发芽时，选取有代表性的3株树，观察枝条中上部萌发芽叶柄露出、叶面展开的日期，表示方法为“月日”。

4.2.4　成熟期

在春季，选取有代表性的3株树，观察记录止芯芽叶片成熟的日期，表示方法为“月日”。

成熟叶标准：托叶已脱落，托叶痕呈淡褐色，腋芽的鳞片、皮孔均呈黄褐色，叶色转为固有色。

4.2.5　硬化期

在秋季，选取有代表性的3株树，每株树随机选取3根枝条，自下而上用手捏每一张叶片，折裂的为硬化叶片，根据硬化的叶片数，计算硬化率。记录叶片硬化率达60%以上的日期，表示方法为“月日”。

4.2.6 初花期

在开花期，观察整株树开花状况，记录少数花穗露出且可见花穗柄但雄花花药未开放，或雌花柱头未展开的日期，表示方法为“月日”。

4.2.7 盛花期

在开花期，观察整株树开花状况，记录60%花穗露出且雄花花药开放，或雌花柱头伸展呈白色的日期，表示方法为“月日”。

4.2.8 桑果成熟期

在结果期，观察整株树桑果成熟状况，记录60%桑果成熟，呈现固有颜色的日期，表示方法为“月日”。

4.3 经济性状

4.3.1 产量

4.3.1.1 发条数

在春伐或夏伐后，观察整株树新梢生长情况，随机选取3株树，计数>50 cm的新梢数。结果以平均值表示，精确到整数位。

4.3.1.2 发条力

依据4.3.1.1的结果，按表7分级。

表7 发条力分级标准

级别	低干桑			中干桑		
	弱	中	强	弱	中	强
发条数（N）	$N<7$	$7\leq N\leq 10$	$N>10$	$N<10$	$10\leq N\leq 15$	$N>15$

4.3.1.3 发芽率

在春季开叶期，随机选取3株树，每株抽取3根枝条，分别计数总芽数和发芽数，计算发芽率，结果以平均值表示，精确到0.1%。

4.3.1.4 生长芽率

在春壮蚕期，随机选取3株树，分别计数生长芽和止芯芽数，计算生长芽率，结果以平均值表示，精确到0.1 %。

4.3.1.5 单株产叶量

随机选取3株树，在春、中秋壮蚕期分别调查芽叶产量和片叶产量，两者之和为单株产叶量。结果以平均值表示，精确到0.01 kg。

4.3.1.6 米条产叶量

秋季调查产叶量时，用4.3.1.5中的样本，调查单株总条长，根据秋季单株片叶产量，计算米条产叶量，结果以平均值表示，精确到0.1 g。

4.3.1.7 春公斤叶片数

春季调查产叶量时，用4.3.1.5中的样本，称取1 kg桑叶，计数叶片数，重复3次，结果以平均值表示，精确到整数。

4.3.1.8 秋公斤叶片数

秋季调查产叶量时，用4.3.1.5中的样本，称取1 kg桑叶，计数叶片数，重复3次，结果以平均值表示，精确到整数。

4.3.1.9　叶梗比

春季调查产叶量时，用4.3.1.5中的样本，分别测定片叶、新梢、枝条、桑椹的质量，计算片叶量占梗叶（片叶+新梢+枝条+桑椹）总量的比率。以%表示，精确到0.01%。

4.3.1.10　梢梗比

根据4.3.1.10的测定结果，计算新梢占梗叶（片叶+新梢+枝条+桑椹）总量的比率。以%表示，精确到0.01%。

4.3.1.11　条梗比

根据4.3.1.10的测定结果，计算枝条占梗叶（片叶+新梢+枝条+桑椹）总量的比率。以%表示，精确到0.01%。

4.3.1.12　椹梗比

根据4.3.1.10的测定结果，计算桑椹占梗叶（片叶+新梢+枝条+桑椹）总量的比率。以%表示，精确到0.01%。

4.3.2　桑叶质量

4.3.2.1　春粗蛋白含量

在春壮蚕期，采新梢第6位~8位叶和三眼叶（新梢叶占70%，三眼叶占30%），按GB/T 6682和GB/T 8856执行。

4.3.2.2　秋粗蛋白含量

在秋壮蚕期，采枝条顶部第10位~12位叶，按GB/T 6682和GB/T 8856执行。

4.3.2.3　春可溶糖含量

按附录A执行。

4.3.2.4　秋可溶糖含量

按附录A执行。

4.3.2.5　春万蚕收茧量

按附录B执行。

4.3.2.6　秋万蚕收茧量

按附录B执行。

4.3.2.7　春万蚕茧层量

按附录B执行。

4.3.2.8　秋万蚕茧层量

按附录B执行。

4.3.2.9　春50 kg桑产茧量

按附录B执行。

4.3.2.10　秋50 kg桑产茧量

按附录B执行。

4.4　桑黑枯型细菌（*pseudomonas syringae* pv. *mori* Van Hall.）病抗性

按附录C执行。

4.5　染色体倍数性

在生长期，取幼叶用压片法制片镜检，确定染色体倍数性。

幼叶样品用饱和对二氯苯处理，然后用水清洗 2 次 ~ 3 次，置样品于醋酸：乙醇（1：3）固定剂中，固定至少 1 h，用水清洗固定液，再移入 1 mol/L 盐酸解离 10 min ~ 15 min（至样品为半透明为止），用水去除酸液，取少量样品于载玻片上，加苯酚品红染色剂一滴，加盖玻片，压片镜检，取分散较好的 30 个细胞计数，确定染色体倍数性。

4.6 分类学位置

根据花、果、叶等的形态特征，按照附录 D 的标准，确定分类学位。

附　录　A
（规范性附录）
桑叶可溶性糖测定方法

A.1　仪器设备

A.1.1　分光光度计。

A.1.2　分析天平（感量 0.01 g）。

A.1.3　水浴锅。

A.1.4　电热板。

A.2　试剂

A.2.1　蒽酮试剂。

A.2.2　80 % 酒精溶液。

A.2.3　葡萄糖标准溶液。

A.3　样品制备

在春壮蚕期采新梢第 6 位 ~ 8 位叶和三眼叶（新梢叶占 70 %，三眼叶占 30 %）。中秋壮蚕期采枝条顶部第 10 位 ~ 12 位叶。每份种质待测制备样不少于 3 株，混合烘干（温度 70℃ ~ 80℃）粉碎备用。

将待测制备样混匀，用四分法制得有代表性的待测试样，称取 0.1 g 待测试样放入 100 mL 三角瓶。每份样品两份。

A.4　浸提

待测试样中加入 20 mL 80 % 酒精，70℃水浴 1 h。取出后冷却，过滤至 50 mL 容量瓶，用 80 % 酒精洗涤，然后定容到 50 mL。从中取出 10 mL 放于 50 mL 烧杯，在电热板中蒸干。加蒸馏水 10 mL 溶解，然后加入 10 % 醋酸铅 2 mL ~ 5 mL 沉淀蛋白质和色素，用 Na_2SO_4 除去过量的醋酸铅，将溶液过滤至 50 mL 容量瓶，用蒸馏水定容至刻度。

A.5　测定

吸取 2 mL 浸提液放入比色管中，加入 10 mL 蒽酮试剂，摇匀。放入沸水浴加热 10 min，冷却，在 620 nm 处，用分光光度计比色，用空白为对照。

A.6　计算及结果表示

根据测定比色值，参照葡萄糖标准曲线，查得测定液的糖浓度，按式（A.1）计算：

$$S\ (\%) = (Sc \times 10^{-6} \times 250) / m \times 100\ \% \qquad (A.1)$$

式中：

S ——可溶糖含量，单位为百分率（%）；

Sc——查得测定液的糖含量，单位为毫克每千克（mg/kg）；

m——干样质量数，单位为克（g）。

结果用平行测定的算术平均值表示，计算结果表示到小数点后两位。

A.7　精密度

平行测定结果的相对相差不超过0.2 %。

附 录 B
（规范性附录）
叶质鉴定——养蚕法

按全国桑蚕品种审定委员会制定的桑蚕品种国家审定工作细则进行，供试蚕品种以生产上现行当地推广用种为材料，并按催青标准进行催青，收蚁时去头、尾蚁蚕，只收中间大批蚁蚕，饲育方法同普通丝茧育。不同桑种质采摘时成熟度力求一致，采摘时间、储存时间均需相同，做到分别采桑、分别给桑。

B.1 早熟桑种质鉴定

春期分小区收蚁，每小区收 0.3 g，4 次重复，分别用供鉴桑种质饲养，壮蚕期统一用当地推广桑品种饲养。秋期方法同中晚熟桑种质鉴定。

B.2 中晚熟桑种质鉴定

春、秋方法相同，混合收蚁，1 龄～3 龄混合饲养，统一用当地推广桑品种饲养，4 龄开始分区，每小区 200 头，4 次重复，分别用待鉴种质给桑。

B.3 用桑量调查

逐日记载各区采叶量、用叶量、剩余叶量，计算出各龄和全龄实际用叶量。

B.4 龄期经过调查

记载各区各龄眠、起时间，并记载眠起整齐度，计算出全龄经过日数。

B.5 病毙蚕调查

从 4 龄起，按区详细记载与生命力相关的减蚕头数及原因。

B.6 结茧率调查

以小区为单位，在采茧后数清结茧颗数，并按普通茧、双宫茧、薄皮茧、烂茧分类记载，计算出 4 龄起蚕结茧率。

B.7 收茧量调查

数茧后，以小区为单位，按区称量记载，并计算出 kg 茧用桑量。

B.8 万蚕收茧量

按式（B.1）、式（B.2）计算：

$$W_c\ (\text{kg}) = W_t / n \times 10000 \quad \text{(B.1)}$$

式中：

W_c—— 万蚕收茧量，单位为千克（kg）；

W_t—— 总收茧量，单位为千克（kg）；

n—— 实际饲育头数，单位为头。

$$n = n_1 + n_2 + n_3 \tag{B.2}$$

式中：

n—— 实际饲育头数，单位为头；

n_1—— 结茧头数，单位为头；

n_2—— 4 龄 ~5 龄病毙蚕，单位为头；

n_3——蔟中病毙蚕，单位为头。

B. 9 万蚕茧层量

称收茧量后，每小区在普通茧中抽取样茧 70 颗，剥去茧衣，逐颗削开，鉴别雌雄茧各 25 颗，分别称其全茧量、茧层量，计算茧层率，并计算其平均值，再根据万蚕收茧量按式（B. 3）、式（B. 4）计算出万蚕茧层量。

$$W_s\ (\text{kg}) = W_c \times R \tag{B.3}$$

式中：

W_s——万蚕茧层量；

W_c——万蚕收茧量，单位为千克（kg）；

R——茧层率，以百分数表示,%。

$$R\ (\%) = W_{ss}/W_{sc} \tag{B.4}$$

式中：

R——茧层率

W_{ss}——茧层量，单位为克（g）；

W_{sc}——全茧量，单位为克（g）。

B. 10 50 kg 桑产茧量

根据用户桑量和收茧量，按式（B. 5）计算 50 kg 桑产量。

$$W_{50}\ (\text{kg}) = W_t/W_m \times 50 \tag{B.5}$$

式中：

W_{50}—— 50 kg 桑产茧量，单位为千克（kg）；

W_t——总收茧量，单位为千克（kg）；

W_m——用桑量，单位为千克（kg）。

附　录　C
（规范性附录）
桑黑枯型细菌抗性鉴定——人工接种法

将收集培养的病原菌稀释成 5×10^8/mL，用毛笔涂抹法，对 20 根新梢第 1 片至第 3 片嫩叶进行定位接种，接种后套上塑料袋保湿 16 h ~18 h，去掉塑料袋。7 d 后用目测法调查发病情况。按表 C.1 对病叶进行分级，按式（C.1）计算病情指数。以湖桑 199 为高抗材料、湖桑 32 为中抗材料、桐乡青或南河 20 为感病材料，按表 C.2 对抗病性进行分级。

表 C.1　　桑黑枯型细菌病病叶分级标准

级别	发病情况
0	全叶无病斑
1	病斑占叶面积 25 % 以下
2	病斑占叶面积 26 % ~50 %
3	病斑占叶面积 51 % ~75 %
4	病斑占叶面积 76 % 以上

$$DI\ (\%) = [\sum (G_i \times n_i)] / (G_h \times n_t) \times 100\% \qquad (C.1)$$

式中：

DI——病情指数；

G_i——级别，单位为级；

n_i——各级叶数，单位为片；

G_h——最高级别，单位为级；

n_t——调查总叶数，单位为片。

表 C.2　　桑黑枯型细菌病抗性分级标准

抗性级别	高抗	中抗	感	易感
病情指数 DI（%）	$DI \leq DI_{湖桑199}$	$DI_{湖桑199} < DI \leq DI_{湖桑32号}$	$DI_{湖桑32号} \leq DI_{桐乡青,南河20号}$	$DI > DI_{桐乡青,南河20号}$

附　录　D
(规范性附录)
中国桑属分种检索表
(引自《中国桑树品种志》)

1. 雌花无明显花柱
  2. 柱头内侧具突起
    3. 叶面、叶背无毛，聚花果圆形或窄圆筒形，长 4 cm ~ 16 cm
      4. 叶长椭圆形或椭圆形，边缘有浅锯齿或近全缘，雌花花柱不明显，聚花果成熟紫红色 …………………………………………………… 1. 长穗桑 *Morus wittiorum* Hand – Mazz.
      4. 叶长圆形或广卵圆形，边缘有细锯齿，雌花无花柱，聚花果成熟暗紫红色或黄白色 …………………………………………………… 2. 长果桑 *Morus laevigata* Wall.
    3. 叶背叶脉生柔毛，聚花果椭圆或圆筒形，长 1. 6 cm ~ 3 cm
      5. 叶大，心脏形，常不分裂，叶面有缩皱，边缘圆形锯齿，雌花无花柱，聚花果成熟紫黑色 …………………………………………………… 3. 鲁桑 *Morus multicaulis* Perr.
      5. 叶小，卵圆形，常分裂，叶平无缩皱，边缘为锐锯齿，雌花花柱不明显，聚花果成熟呈黑色、白色或红色 …………………………………………………… 4. 白桑 *Morus alba* Linn.
        6. 枝条直，叶常不分裂
          7. 叶大，多为心脏形，边缘锯齿状，叶脉深绿色 …………………………………………… 5. 大叶白桑 *Morus alba var. macrophylla* Loud.
          7. 叶小，通常卵圆形，叶基截形，边缘有不整齐的锯齿，有白色粗叶脉 …………………………………………………… 6. 白脉桑 *Morus alba var. venose* Delile.
        6. 枝条细长下垂，叶小，通常分裂 ………… 7. 垂枝桑 *Morus alba var. pendula* Dipp.
  2. 柱头内侧具毛
    8. 叶背被柔毛，叶柄粗短，聚花果成熟紫红色或黑色
      9. 叶广心形，叶上面粗糙，雌花无花柱，聚花果椭圆形或球形，长 2 cm ~ 3 cm，成熟呈黑色 …………………………………………………… 8. 黑桑 *Morus nigra* Linn.
      9. 叶心脏形或近圆形，叶上面被毛，雌花有极短花柱，聚花果圆筒形，长约 3 cm，成熟紫红色或白色 …………………………………………………… 9. 华桑 *Morus cathayana* Hemsl.
    8. 叶上面无毛，叶背面被毛或脉腋被柔毛，聚花果成熟紫黑色或紫色
      10. 叶卵形，边缘钝锯齿，齿尖无短刺芒，叶基浅心形或截形，聚花果圆状椭圆形，先端钝圆，成熟紫黑色 …………………………………………… 10. 广东桑 *Morus atropurpurea* Roxb.
      10. 叶广卵形或近心形，背面被白色柔毛，边缘锯齿三角形，齿尖有刺芒，叶基心形，聚花果短圆筒形，成熟紫色 …………………………………………… 11. 细齿桑 *Morus serrata* Roxb.
1. 雌花有明显花柱
  11. 柱头内侧具突起
    12. 叶缘齿尖具长刺芒
      13. 叶卵圆形或卵状椭圆形，叶面光滑无毛，叶背光滑无毛，仅叶脉散生毛，叶常不分裂 …………………………………………………… 12 . 蒙桑 *Morus mongolica* Schneid.

13. 叶卵圆形或心脏形，叶面粗糙有刚毛，叶背生白色柔毛，叶脉密生毛，叶常分裂 …………………………………………………… 13. 鬼桑 *Morus mongolica var. diabolica* Koidz.

12. 叶缘齿尖无长刺芒

14. 叶上面粗糙

15. 叶心脏形或卵圆形，叶背面稍生微毛或较粗毛，叶缘钝锯齿而不整齐，聚花果球状椭圆形，长 2cm ~ 3cm，成熟紫黑色 ………………………… 14. 山桑 *Morus bombycis* Koidz.

15. 叶亚圆形，叶背无毛，边缘具窄三角形锯齿，聚花果圆筒形，长 3 cm ~ 5 cm，成熟时黄白色 ………………………………………………………… 15. 川桑 *Morus notabilis* Schneid.

14. 叶上面光滑

16. 叶缘钝锯齿，聚花果球形或椭圆形

17. 叶广心脏形，叶上面无缩皱，叶缘钝锯齿，齿尖具突起，花柱同柱头等长，聚花果小球形 ……………………………………………………… 16. 唐鬼桑 *Morus nigriformis* Koidz.

17. 叶长心脏形，叶上面有微缩皱，叶缘齿尖无短突起，花柱比柱头短，聚花果椭圆形 …………………………………………………………… 17. 瑞穗桑 *Morus mizuho* Hotta.

16. 叶心脏形，叶上面无缩皱，边缘三角形锯齿，齿尖具短尖头，聚花果长圆筒形，长4cm ~ 6cm ………………………………………………………… 18. 滇桑 *Morus yunnanensis* Koidz.

11. 柱头内侧具毛，叶卵圆形或斜卵形、心脏形，常分裂，边缘有不整齐的钝、锐锯齿，齿尖具短突起，聚花果短椭圆形，长 1 cm ~ 2 cm，成熟紫黑色 ……………………………………………………………… 19. 鸡桑 *Morus australis* Poir.

ICS 65.020.20
B 05

中 华 人 民 共 和 国 农 业 行 业 标 准

NY/T 2181—2012

农作物优异种质资源评价规范 桑树

Evaluating standards for elite and rare germplasm resources—Mulberry (*Morus* Linn.)

2012-06-06 发布 2012-09-01 实施

中华人民共和国农业部 发布

前　言

本标准按照 GB/T 1. 1—2009 给出的规则起草。

本标准由中华人民共和国农业部种植业管理司提出并归口。

本标准起草单位：中国农业科学院蚕业研究所、中国农业科学院茶叶研究所。

本标准主要起草人：刘利、张林、赵卫国、江用文、熊兴平、方荣俊、潘刚。

农作物优异种质资源评价规范　桑树

1　范围

本标准规定了桑属（*Morus* Linn.）植物优异种质资源评价的术语定义、技术要求、鉴定方法及判定。

本标准适用于桑属植物优异种质资源评价。

2　规范性引用文件

下列文件对于本文件的应用是必不可少的。凡是注日期的引用文件，仅所注日期的版本适用于本文件。凡是不注日期的引用文件，其最新版本（包括所有的修改单）适用于本文件。

GB/T 6432　饲料中粗蛋白测定方法

NY/T 1313　农作物种质资源鉴定技术规程　桑树

3　术语和定义

下列术语和定义适用于本文件。

3.1

优良种质资源　elite germplasm resources

主要经济性状表现好且具有重要价值的种质资源。

3.2

特异种质资源　rare germplasm resources

性状表现特殊、稀有的种质资源。

3.3

优异种质资源　elite and rare germplasm resources

优良种质资源和特异种质资源的总称。

4　技术要求

4.1　样本采集

按 NY/T 1313 的规定执行。

4.2 数据采集

每个性状至少应在同一地点进行2年的重复鉴定，鉴定结果的有效数据处理按NY/T 1313的规定执行。

4.3 指标

4.3.1 优良种质资源指标

优良种质资源性状指标见表1。

表1　桑树优良种质资源指标

序号	性　状	指 标
1	单株产叶量	较湖桑32号或当地主栽品种高10 %及以上
2	春万蚕收茧量	较湖桑32号或当地主栽品种高5 %及以上
3	春万蚕茧层量	较湖桑32号或当地主栽品种高5 %及以上
4	春50 kg桑产茧量	较湖桑32号或当地主栽品种高5 %及以上
5	秋万蚕收茧量	较湖桑32号或当地主栽品种高5 %及以上
6	秋万蚕茧层量	较湖桑32号或当地主栽品种高5 %及以上
7	秋50 kg桑产茧量	较湖桑32号或当地主栽品种高5 %及以上
8	桑黑枯型细菌病抗性	$DI \leqslant DI_{湖桑32号}$

注：指标中提供的对照种质湖桑32号是为了方便标准使用，不代表对该种质的认可和推荐，任何可以得到与该对照种质相同结果的种质均可作为对照种质。

4.3.2 特异种质资源指标

特异种质资源指标见表2。

表2　桑树特异种质资源指标

序号	性状	指标
1	枝态	下垂
2	节距	≤2.3 cm
3	叶片形状	裂叶且深裂至近主脉
4	叶片大小	叶长×叶幅≥500 cm^2或≤60 cm^2
5	叶柄	≤1.0 cm
6	桑果颜色	白色
7	果长	≥8.0 cm
8	单果重	≥5.0g
9	单株产果量	较粤椹大10或当地主栽果桑品种高10 %及以上
10	发芽期	较湖桑32号或当地主栽品种早14天及以上（长江流域）； 较湖桑32号或当地主栽品种晚7天及以上（黄河流域及以北）

（续表）

序号	性状	指标
11	硬化期	较湖桑 32 号或当地主栽品种晚 20 天及以上（长江流域）； 较湖桑 32 号或当地主栽品种晚 7 天及以上（黄河流域及以北）
12	桑果成熟期	较粤椹大 10 或当地主栽果桑品种早 7 天及以上或晚 15 天及以上
13	发芽率	≥85.0 %
14	春万蚕茧层量	较湖桑 32 号或当地主栽品种高 8 % 及以上
15	秋万蚕茧层量	较湖桑 32 号或当地主栽品种高 8 % 及以上
16	桑叶粗蛋白含量	≥28.0 %
17	桑黑枯型细菌病抗性	$DI \leqslant DI_{湖桑199号}$
18	染色体倍数性	非二倍体［自然形成，染色体数（2n）不等于 28 条］

注：指标中提供的对照种质粤椹大 10 及湖桑 32 号是为了方便标准使用，不代表对该种质的认可和推荐，任何可以得到与该对照种质相同结果的种质均可作为对照种质。

5 鉴定方法

5.1 枝态

按 NY/T 1313 的规定执行。

5.2 节距

按 NY/T 1313 的规定执行。

5.3 叶片形状

按 NY/T 1313 的规定执行。

5.4 叶片大小

按 NY/T 1313 的规定执行。

5.5 叶柄

按 NY/T 1313 的规定执行。

5.6 桑果颜色

按 NY/T 1313 的规定执行。

5.7 果长

按 NY/T 1313 的规定执行。

5.8 单果重

在桑果成熟期，随机采收枝条中上部 100 粒成熟桑果，称量，重复 3 次，结果以平均值表示，精确到0.1 g。

5.9 发芽期

脱苞至鹊口的时期。脱苞期及鹊口期按 NY/T 1313 的规定执行。

5.10 硬化期

按 NY/T 1313 的规定执行。

5.11 桑果成熟期

按 NY/T 1313 的规定执行。

5.12 发芽率

按 NY/T 1313 的规定执行。

5.13 单株产叶量

按 NY/T 1313 的规定执行。

5.14 单株产果量

随机选取 3 株树，定期采收成熟桑果，并称量其质量，统计始收期到末收期 3 株树的桑果总质量，计算单株的平均产果量，精确到 0.01 kg。

5.15 春万蚕收茧量

按 NY/T 1313 的规定执行。

5.16 秋万蚕收茧量

按 NY/T 1313 的规定执行。

5.17 春万蚕茧层量

按 NY/T 1313 的规定执行。

5.18 秋万蚕茧层量

按 NY/T 1313 的规定执行。

5.19 春 50 kg 桑产茧量

按 NY/T 1313 的规定执行。

5.20 秋 50 kg 桑产茧量

按 NY/T 1313 的规定执行。

5.21 桑叶粗蛋白含量

采枝条中上部成熟叶，按 GB/T 6432 的规定执行。

5.22 桑黑枯型细菌（*Pseudomonas syringae pv. Mori Van Hall.*）病抗性

按 NY/T 1313 的规定执行。

5.23 染色体倍数性

按 NY/T 1313 的规定执行。

6 判定

6.1 优良种质资源

除应符合表 1 中第 1 项外，还应同时符合表 1 中其他任意 1 项或 1 项以上指标。

6.2 特异种质资源

特异种质资源应符合表 2 中任意 1 项或 1 项以上指标。

ICS 65.020.20
B 05

中华人民共和国农业行业标准

NY/T 2352—2013

植物新品种特异性、一致性和稳定性测试指南 桑属

Guidelines for the conduct of tests for distinctness, uniformity and stability—Mulberry (*Morus* L.)

2013-05-20 发布 2013-08-01 实施

中华人民共和国农业部 发布

前　言

本标准按照 GB/T 1. 1—2009 给出的规则起草。

本标准由农业部科技教育司提出。

本标准由全国植物新品种测试标准化技术委员会（SAC/TC 277）归口。

本标准起草单位：华南农业大学、农业部科技发展中心。

本标准主要起草人：谢特新、刘伟强、刘清神、王叶元、堵苑苑、林健荣、霍永康、邓小娟等。

植物新品种特异性、一致性和稳定性测试指南 桑 属

1 范围

本标准规定了桑属新品种特异性、一致性和稳定性测试的技术要求和结果判定的一般原则。

本标准适用桑属（*Morus* L.）的鲁桑（*Morus multicaulis* Perr.）、白桑（*Morus alba* Linn.）、山桑（*Morus bombycis* Koidz.）、广东桑（*Morus atropurpurea* Roxb.）、瑞穗桑（*Morus mizuho* Hotta.）5 个种的新品种特异性、一致性和稳定性测试和结果判定。

2 规范性引用文件

下列文件对于本文件的应用是必不可少的。凡是注日期的引用文件，仅注日期的版本适用于本文件。凡是不注日期的引用文件，其最新版本（包括所有的修改单）适用于本文件。

GB/T 19173 桑树种子和苗木

GB/T 19557.1 植物新品种特异性、一致性和稳定性测试指南 总则

3 术语和定义

GB/T 19557.1 界定的以及下列术语和定义适用于本文件。

3.1

群体测量 single measurement of a group of plants or parts of plants

对一批植株或植株的某器官或部位进行测量，获得一个群体记录。

3.2

个体测量 measurement of a number of individual plants or parts of plants

对一批植株或植株的某器官或部位进行逐个测量，获得一组个体记录。

3.3

群体目测 visual assessment by single observation of a group of plant or parts of plants

对一批植株或植株的某器官或部位进行目测，获得一个群体记录。

3.4

个体目测 visual assessment by observation of individual plants or parts of plants

对一批植株或植株的某器官或部位进行逐个目测，获得一组个体记录。

4 符号

下列符号适用于本文件：

MG：群体测量。

MS：个体测量。

VG：群体目测。

VS：个体目测。

QL：质量性状。

QN：数量性状。

PQ：假质量性状。

(a)：标注内容在 B. 2 中进行了详细解释。

(+)：标注内容在 B. 3 中进行了详细解释。

5 繁殖材料的要求

5. 1 繁殖材料以种苗（扦插苗或嫁接苗）形式提供。

5. 2 递交的桑树种苗不少于 30 株。

5. 3 递交的繁殖材料外观应健壮。质量至少达到 GB/T 19173 中的二级要求。

5. 4 提交的繁殖材料一般不进行任何影响品种性状正常表达的处理。如果已处理，应提供处理的详细说明。

5. 5 提交的繁殖材料应符合中国植物检疫的有关规定。

6 测试方法

6. 1 测试周期

测试周期至少为 2 个独立的生长周期。生长周期是从桑树结束休眠、枝条发芽开始，经过开花、果实、枝叶生长，直到休眠期结束前的整个生长季节。

6. 2 测试地点

测试通常在一个地点进行。如果某些性状在该地点不能充分表达，可在其他符合条件的地点对其进行观测。

6. 3 田间试验

6. 3. 1 试验设计

申请品种和近似品种相邻种植。

测试品种植株总数不少于 20 株，分设 4 个小区，每个小区至少 5 株。每 2 个小区成为一个大处理区，即Ⅰ区和Ⅱ区。区间的环境条件应一致。

苗木春栽，株行距为 1. 5 m×1. 5 m，留苗干 30 cm。新梢长至 15 cm～20 cm 后疏芽，保留壮梢 2 条～3 条任其生长。翌年Ⅰ区在桑树发芽前伐条，Ⅱ区果熟后伐条或按有利于开花的措施处理。伐条时留支干10 cm ~ 15 cm。支干发芽15 cm后疏芽，每支干保留壮梢2条 ~ 3条任其生长。以后按拳式Ⅰ区在桑树发芽前伐条，Ⅱ区果熟后伐条或按有利于开花的措施处理。

6.3.2 田间管理

测试田间管理与生产大田管理措施基本相同，对申请品种、近似品种和标准品种的田间管理应严格一致。

6.4 性状观测

6.4.1 观测时期

性状观测应按照表A.1和表A.2列出的生育阶段进行。生育阶段描述见表B.1。

6.4.2 观测方法

性状观测应按照表A.1和表A.2规定的观测方法（VG、VS、MG、MS）进行。部分性状观测方法见B.2和B.3。

同一性状的观察和测试必须在同一小区进行，除发芽期、花、果性状的观察和测试在Ⅱ区进行外，其他性状的观察和测试在Ⅰ区进行。

6.4.3 观测数量

除非另有说明，应对小区5个植株中每个植株的器官进行观测。在观测植株器官时，从每个植株取样的枝条为1条、叶片5片、芽5个、花穗5个。

6.5 附加测试

必要时，可选用表A.2中的性状或本文件未列出的性状进行附加测试。

7 特异性、一致性和稳定性结果的判定

7.1 总体原则

特异性、一致性和稳定性的判定按照GB/T 19557.1确定的原则进行。

7.2 特异性的判定

申请品种应明显区别于所有已知品种。在测试中，当申请品种至少在一个性状上与近似品种具有明显且可重现的差异时，即可判定申请品种具备特异性。

7.3 一致性的判定

一致性判定时，采用1 %的群体标准和至少95 %的接受概率。当样本大小为10株时，最多可以允许有1个异型株。

7.4 稳定性的判定

如果一个品种具备一致性，则可认为该品种具备稳定性。一般不对稳定性进行测试。

如有需要或产生怀疑时，可以通过种植新提交的一批无性繁殖材料，与以前提供的繁殖材料相比，若性状表达符合7.3一致性的判定，则可判定该品种具备稳定性。

8 性状表

8.1 概述

根据测试需要，将性状分为基本性状和选测性状。基本性状是测试中必须使用的性状。桑属基本性状见表 A.1，可以选择测试的性状见表 A.2。

性状表列出了性状名称、表达类型、表达状态及相应的代码和标准品种、观测时期和方法等内容。

8.2 表达类型

根据性状表达方式，将性状分为质量性状、假质量性状和数量性状 3 种类型。

8.3 表达状态和相应代码

8.3.1 每个性状划分为一系列表达状态，以便于定义性状和规范描述；每个表达状态赋予一个相应的数字代码，以便于数据记录、处理和品种描述的建立与交流。

8.3.2 对于质量性状和假质量性状，所有的表达状态都应当在测试指南中列出；对于数量性状，为了缩小性状表的长度，偶数代码的表达状态可以不列出，偶数代码的表达状态可描述为前一个表达状态到后一个表达状态的形式。

8.4 标准品种

性状表中列出了部分性状有关表达状态可参考的标准品种，以助于确定相关性状的不同表达状态和校正环境因素引起的差异。

9 分组性状

本文件中，品种分组性状如下：

a）植株：发芽期（表 A.1 中性状 1）。

b）植株：花性（表 A.1 中性状 2）。

c）叶：叶型（表 A.1 中性状 7）。

d）枝条：枝条皮色（表 A.1 中性状 16）。

10 技术问卷

申请人应按附录 C 给出的格式填写桑属技术问卷。

附　录　A
(规范性附录)
桑属性状表

A.1　桑属基本性状

见表 A.1。

表 A.1　　**桑属基本性状表**

序号	性　状	观测时期和方法	表达状态	标准品种	代码
1	植株：发芽期 QN (+)	01 VG	早		3
			中	湖桑32号/鲁，桐乡青/苏，抗青10号/粤	5
			晚		7
2	植株：花性 PQ (+)	01 VG	无花株		1
			雄花株		2
			雌花株		3
			雌雄同株		4
			雌雄同穗		5
3	叶：幼叶花青甙显色 QN (+)	01 VG	无或弱		1
			中	沙2	3
			强		5
4	叶：顶端叶着生姿态 QN (+)	03 VG	斜上		1
			平伸		2
			下垂		3
5	叶：叶柄着生姿态 QN (a) (+)	03 VG	上举		1
			平伸		2
			下垂		3
6	叶：叶片卷曲 PQ (a) (+)	03 VG	平展		1
			内卷		2
			外卷		3
			扭曲		4
7	叶：叶型 PQ (a)	03 VG	全叶	沙2	1
			全叶、裂叶混生	丰国	2
			裂叶	新一之赖	3

（续表）

序号	性　状	观测时期和方法	表达状态	标准品种	代码
8	叶：全叶形状 PQ （a） （+）	03 VG	心形		1
			长心形		2
			卵形		3
			椭圆形		4
			近圆形		5
9	叶：裂叶缺刻数 PQ （a） （+）	03 VG	2 裂		1
			4 裂		2
			不定裂		3
10	叶：叶面缩皱程度 QN （a） （+）	03 VG	弱		1
			中	伦 602	2
			强		3
11	叶：叶尖类型 PQ （a） （+）	03 VG	钝头		1
			锐头		2
			短尾		3
			长尾		4
			双头		5
12	叶：叶基类型 PQ （a） （+）	03 VG	浅心形		1
			深心形		2
			肾形		3
			截形		4
			圆形		5
			楔形		6
13	叶：叶缘类型 PQ （a） （+）	03 VG	细锯齿		1
			粗锯齿		2
			细圆齿		3
			粗圆齿		4
			波状齿		5
14	枝条：叶序 PQ （a） （+）	04 VG	二列叶序		1
			三列叶序		2
			五列叶序		3
			八列叶序		4
			紊乱叶序		5

（续表）

序号	性　状	观测时期和方法	表达状态	标准品种	代码
15	枝条：弯曲程度 PQ （a） （+）	04 VG	无或弱		1
			中		3
			强		5
16	枝条：皮色 QL （+）	04 VG	灰褐		1
			黄褐		2
			棕褐		3
			赤褐		4
			青褐		5
			紫褐		6
17	枝条：冬芽形状 PQ （a） （+）	04 VG	短三角		1
			正三角		2
			长三角		3
			卵圆形		4
			球形		5
18	枝条：冬芽着生姿态 PQ （a） （+）	04 VG	贴生		1
			尖离		2
			腹离		3
			斜生		4
			尖歪		5
19	枝条：芽褥状态 QN （a） （+）	04 VG	平		1
			微凸		2
			凸		3
20	枝条：冬芽大小 QN （a） （+）	04 VG	小		1
			中	湖桑 86	2
			大		3
21	枝条：冬芽颜色 PQ （a） （+）	04 VG	灰褐		1
			黄褐		2
			棕褐		3
			赤褐		4
			紫褐		5

A.2　桑属选测性状

见表 A.2。

表 A.2　　桑属选测性状表

序号	性状	观测时期和方法	表达状态	标准品种	代码
22	花：雄花蕾花青甙显色 QN (+)	01 VG	无或极弱		1
			中	伦 540	3
			强		5
23	花：雄花穗长度 QN	01 VG	短		1
			中	伦教 109 号	2
			长		3
24	花：雌花花柱 PQ (+)	01 VG	无花柱		1
			短花柱		2
			长花柱		3
25	果：桑葚数量 QN	02 VG	无或少		1
			中	沙 2	3
			多		5
26	果：桑葚大小 QN	02 VG	小		1
			中	沙 2	2
			大		3
27	果：桑葚颜色 QL (+)	02 VG	乳白		1
			饴黄		2
			紫红		3
			紫黑		4
28	叶：叶片大小 QN (a)	03 MS	小		3
			中	伦教 109 号	5
			大		7
29	叶：绿色程度 QN (a) (+)	03 VG	浅		1
			中	13 号	2
			深		3
30	枝条：叶痕形状 PQ (a) (+)	04 VS	扁圆形		1
			半圆形		2
			圆形		3
			三角形		4

（续表）

序号	性状	观测时期和方法	表达状态	标准品种	代码
31	枝条：长度 QN	04 MS	短		3
			中	沙 2	5
			长		7
32	枝条：粗度 QN	04 MS	细		3
			中	沙 2	5
			粗		7
33	枝条：侧枝萌发程度 QN	04 VG	弱		1
			中	沙 2	3
			强		5
34	枝条：节间长度 QN （a）	04 MS	短		1
			中	伦教 109 号	3
			长		5
35	枝条：根原体 QN （+）	04 VG	平		1
			微凸		2
			凸		3
36	枝条：皮孔形状 PQ （a） （+）	04 VG	线形		1
			椭圆形		2
			圆形		3
37	枝条：皮孔密度 QN （a） （+）	04 VG	稀		1
			中	园头桑	2
			密		3
38	枝条：副芽数量 QN	04 VG	无		1
			少	国桑 21	3
			多		5
39	体细胞：染色体倍性 QN （+）	04 MS	单倍体		1
			二倍体		2
			三倍体		3
			四倍体		4
			五倍体		5
			六倍体		6
			七倍体		7
			八倍体		8

附　录　B
（规范性附录）
桑属性状表的解释

B.1　桑属生育阶段

见表 B.1。

表 B.1　桑属生育阶段表

生育阶段代码	描述
01	发芽、开花期
02	桑葚成熟期
03	旺盛生长期
04	桑树休眠期

B.2　涉及多个性状的解释

（a）叶片为休眠结束后发芽生长 100 d 的植株主枝中部的成熟叶；枝条为休眠落叶后枝条的中部。

B.3　涉及单个性状的解释

性状分级和图中代码见表 A.1。

性状 1　植株：发芽期，在桑树休眠期后期至桑芽萌发。观察枝条（包括侧枝）顶端第 1～5 芽位的冬芽。连续观察 10 株。如果 5 株以上枝条桑芽处于脱苞状态（图 B.1），则植株进入发芽期。

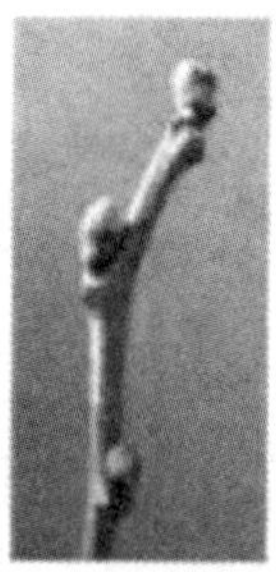

图 B.1　发芽

性状 2　植株：花性，见图 B.2。

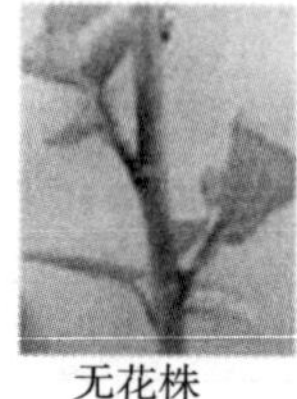
无花株
1

雄花株
2

雌花株
3

雌雄同株
4

雌雄同穗
5

图 B.2　植株：花性

性状 3　叶：幼叶花青甙显色，见图 B. 3。

无或弱 1　　中 3　　强 5

图 B. 3　叶：幼叶花青甙显色

性状 4　叶：顶端叶着生姿态，见图 B. 4。

斜上 1　　平伸 2　　下垂 3

图 B. 4　叶：顶端叶着生姿态

性状 5　叶：叶柄着生姿态，见图 B. 5。

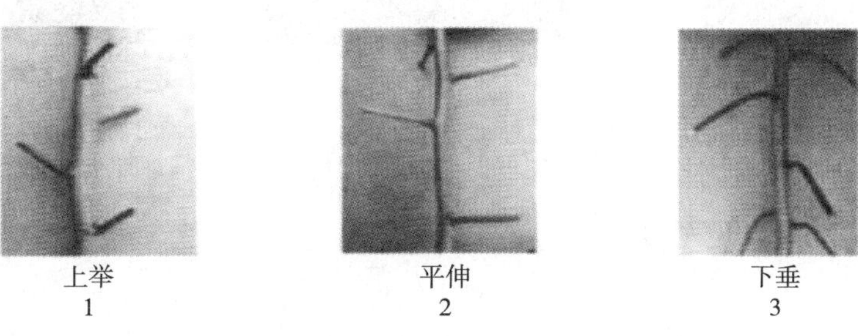

上举 1　　平伸 2　　下垂 3

图 B. 5　叶：叶柄着生姿态

性状 6　叶：叶片卷曲，观测枝条基部第 10 片以上成熟叶，根据图 B. 6 进行分级。

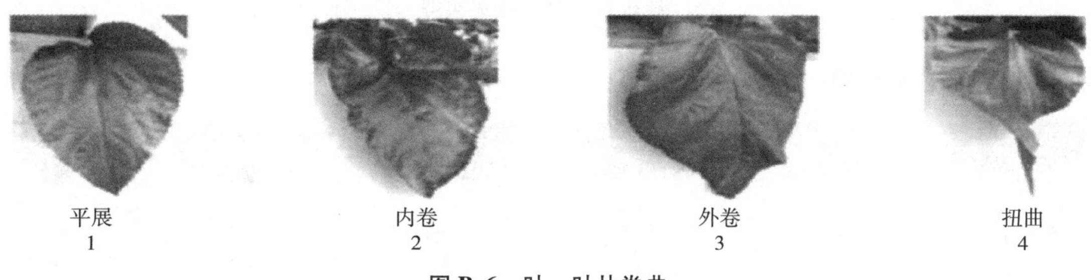

平展 1　　内卷 2　　外卷 3　　扭曲 4

图 B. 6　叶：叶片卷曲

性状 8　叶：全叶形状，见图 B.7。

图 B.7　叶：全叶形状

性状 9　叶：裂叶缺刻数，见图 B.8。

图 B.8　叶：裂叶缺刻数

性状 10　叶：叶面缩皱程度，见图 B.9。

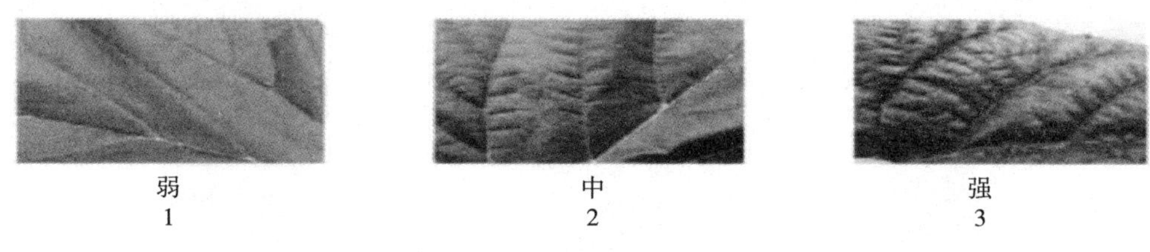

图 B.9　叶：叶面缩皱程度

性状 11　叶：叶尖类型，见图 B.10。

图 B.10　叶：叶尖类型

性状 12　叶：叶基类型，见图 B.11。

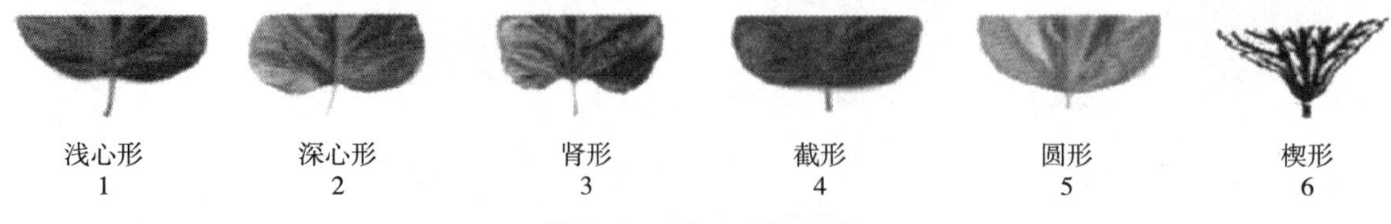

图 B.11　叶：叶基类型

性状 13　叶：叶缘类型，见图 B. 12。

图 B. 12　叶：叶缘类型

性状 14　枝条：叶序，找同一垂直线上的 2 个叶痕，2 叶痕间的节间数及叶序数，不按此操作的为紊乱，见图 B. 13。

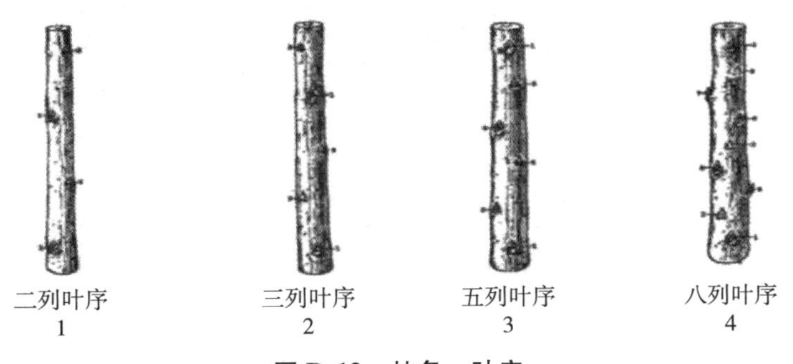

图 B. 13　枝条：叶序

性状 15　枝条：弯曲程度，见图 B. 14。

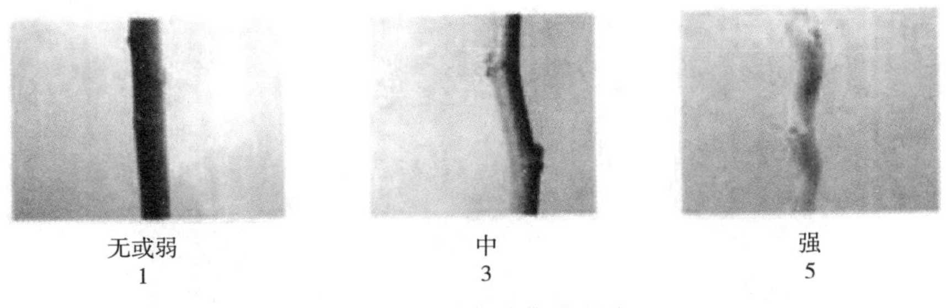

图 B. 14　枝条：弯曲程度

性状 16　枝条：皮色，在桑树休眠期，观测一年生枝条中下部枝条整体颜色，见图 B. 15。

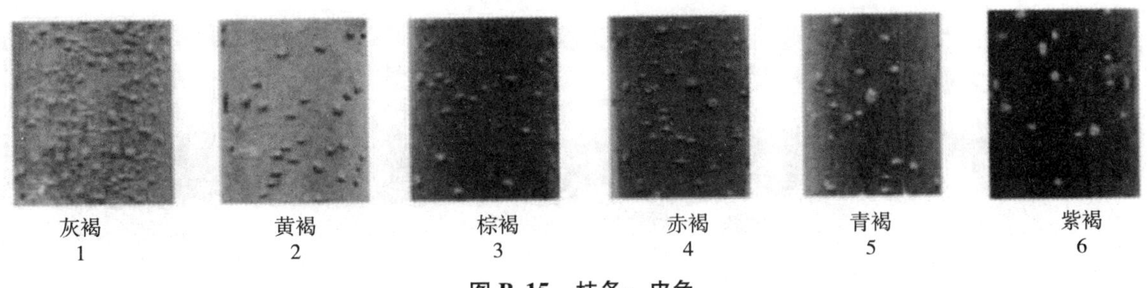

图 B. 15　枝条：皮色

性状 17　枝条：冬芽形状，见图 B. 16。

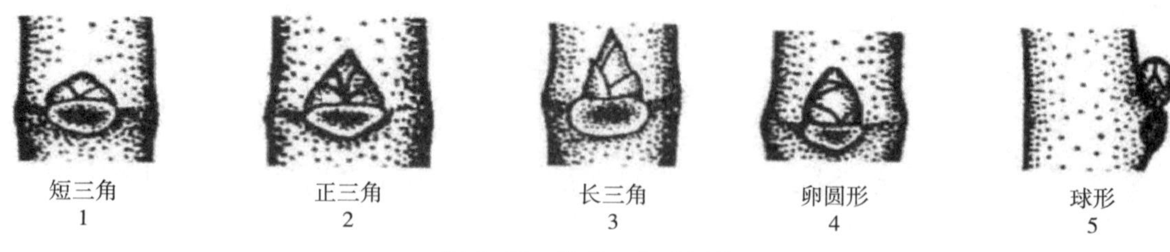

图 B. 16　枝条：冬芽形状

性状 18　枝条：冬芽着生姿态，见图 B. 17。

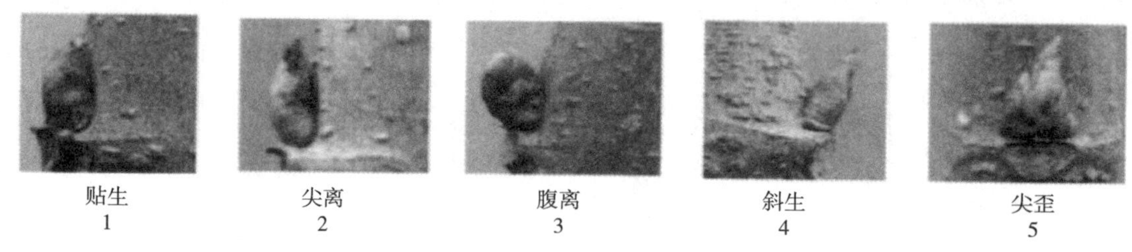

图 B. 17　枝条：冬芽着生姿态

性状 19　枝条：芽褥状态，见图 B. 18。

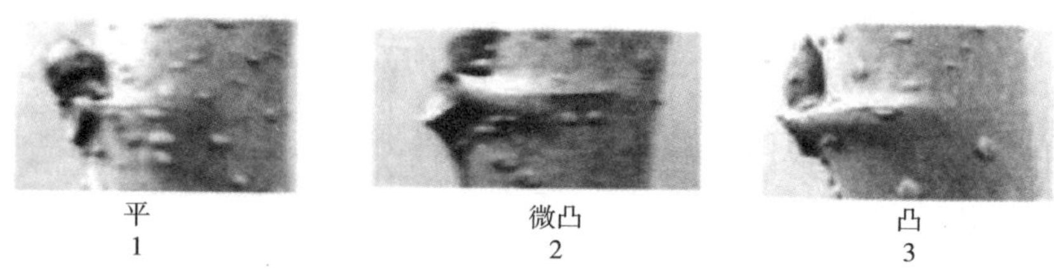

图 B. 18　枝条：芽褥状态

性状 20　枝条：冬芽大小，见图 B. 19。

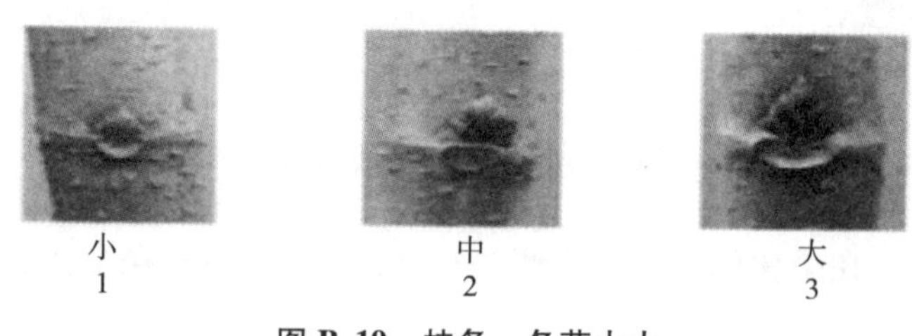

图 B. 19　枝条：冬芽大小

性状 21　枝条：冬芽颜色，见图 B. 20。

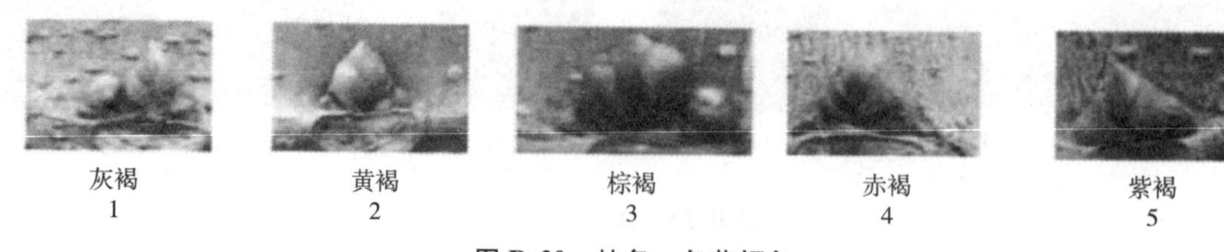

图 B. 20　枝条：冬芽颜色

性状 22　雄花蕾花青甙显色，见图 B. 21。

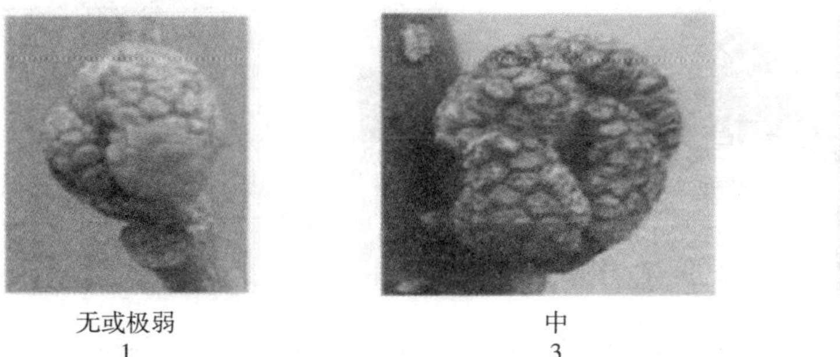

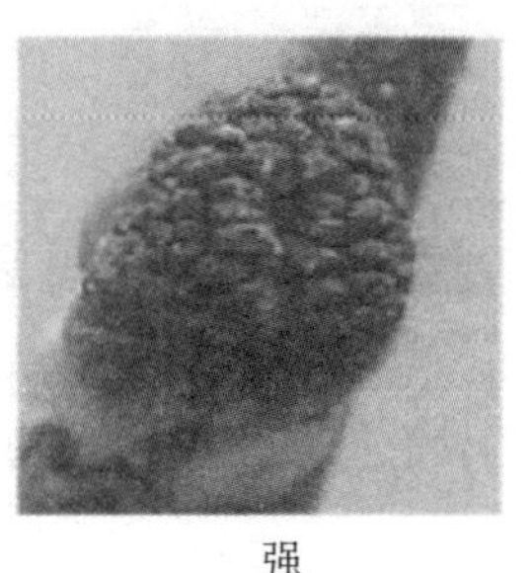

无或极弱　　中　　强

1　　3　　5

图 B. 21　雄花蕾花青甙显色

性状 24　雌花花柱，见图 B. 22。

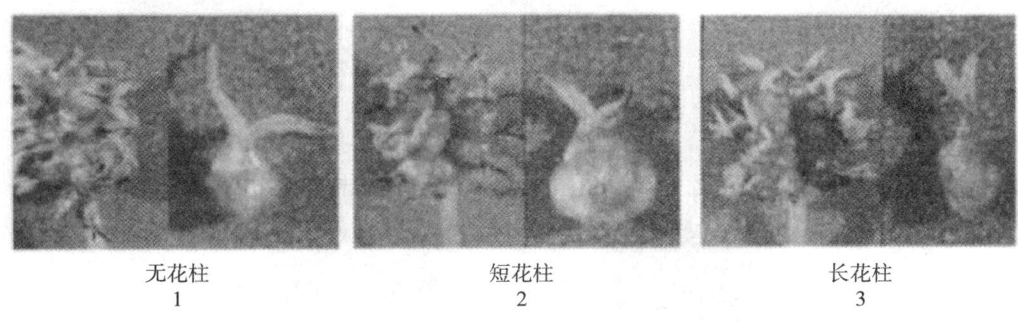

无花柱　　短花柱　　长花柱

1　　2　　3

图 B. 22　雌花花柱

性状 27　果：桑葚颜色，见图 B. 23。

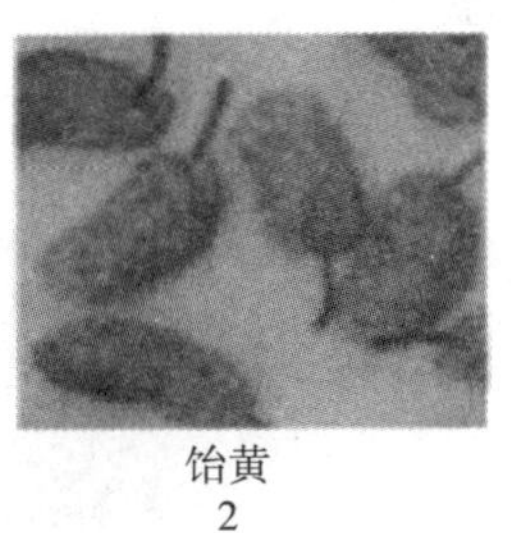

饴黄

2

紫黑

4

图 B. 23　果：桑葚颜色

性状 29　叶：绿色程度，见图 B. 24。

浅　　中　　深

1　　2　　3

图 B. 24　叶：绿色程度

性状 30　枝条：叶痕形状，见图 B. 25。

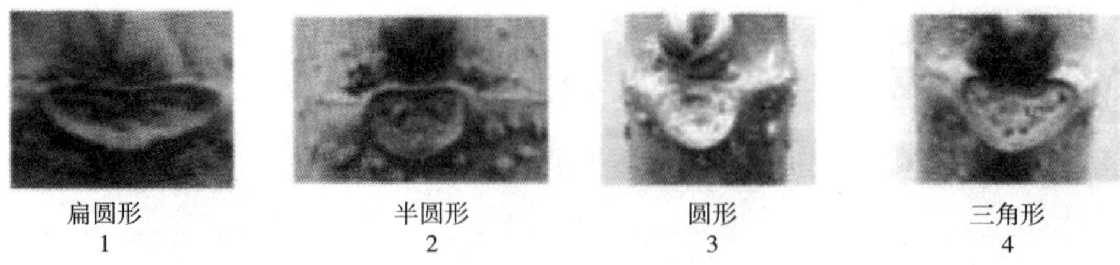

图 B. 25　枝条：叶痕形状

性状 35　枝条：根原体，观测一年生枝条下部芽的两侧，根据图 B. 26 进行分级。

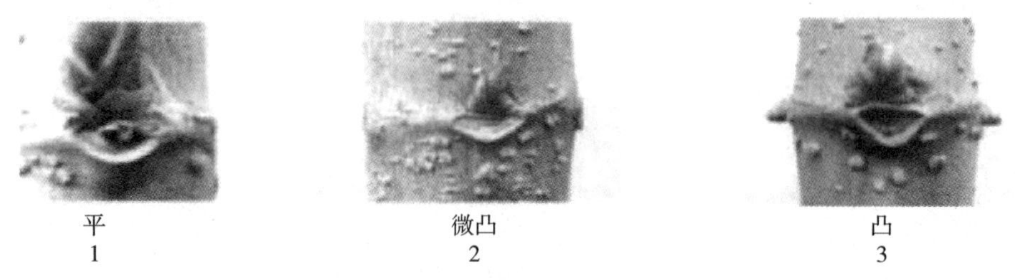

图 B. 26　枝条：根原体

性状 36　枝条：皮孔形状，观察一年生枝条中部节间皮孔，根据图 B. 27 进行分级。

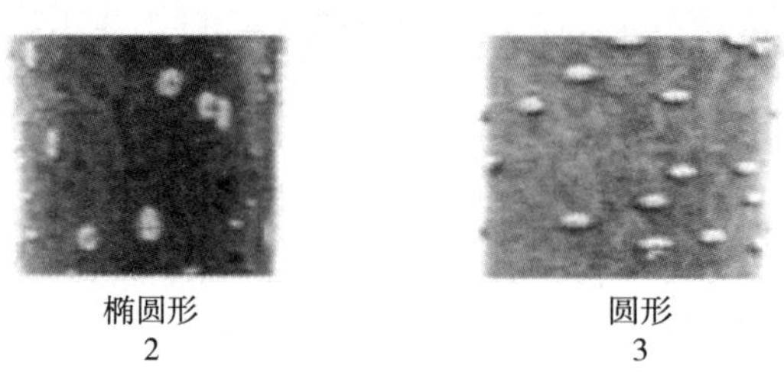

图 B. 27　枝条：皮孔形状

性状 37　枝条：皮孔密度，见图 B. 28。

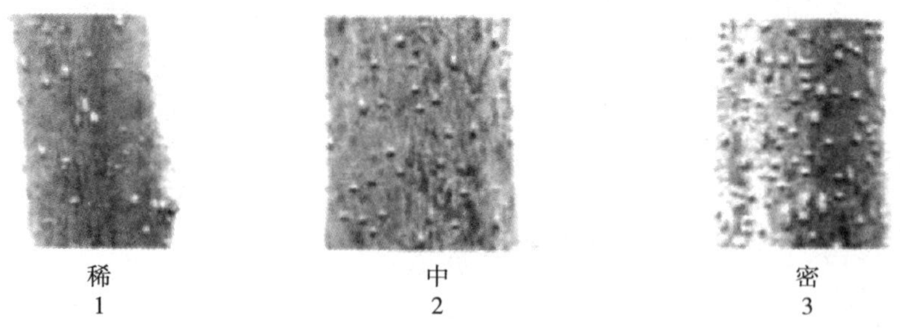

图 B. 28　枝条：皮孔密度

性状 39　体细胞：染色体倍性，在旺盛生长期取顶芽幼叶，用桑树酶解去壁低渗法，观察 20 个体细胞，按表 B. 2 进行分级。

表 B. 2　体细胞：染色体倍性

染色体数	14	28	42	56	70	84	98	112
染色体分类	单倍体	二倍体	三倍体	四倍体	五倍体	六倍体	七倍体	八倍体

附　录　C
(规范性附录)
桑属技术问卷格式

桑属技术问卷

申请号： 申请日： (由审批机关填写)

(申请人或代理机构签章)

C. 1　品种暂定名称

C. 2　植物学分类

拉丁名：________________

中文名：________________

C. 3　品种类型

C. 3. 1　用途类型

叶用 [　]　果用 [　]　条用 [　]　药用 [　]

C. 3. 2　繁殖类型

嫁接 [　]　扦插 [　]

C. 4　申请品种的具有代表性彩色照片

(品种照片粘贴处)

(如果照片较多，可另附页提供)

C. 5　其他有助于辨别申请品种的信息

(如品种用途、品质和抗性，请提供详细资料)

C. 6　品种种植或测试是否需要特殊条件

是 [　] 否 [　]

(如果回答是，请提供详细资料)

C. 7　品种繁殖材料保存是否需要特殊条件

是 [　] 否 [　]

(如果回答是，请提供详细资料)

C.8 申请品种需要指出的性状

在表 C.1 中最合适的代码后打√，若有测量值，请填写。

表 C.1 申请品种需要指出的性状

序号	性状	表达状态	代码	测量值
1	植株发芽期（性状 1 ）	极早	1 [ ]	
1	植株发芽期（性状 1 ）	极早到早	2 [ ]	
1	植株发芽期（性状 1 ）	早	3 [ ]	
1	植株发芽期（性状 1 ）	早到中	4 [ ]	
1	植株发芽期（性状 1 ）	中	5 [ ]	
1	植株发芽期（性状 1 ）	中到晚	6 [ ]	
1	植株发芽期（性状 1 ）	晚	7 [ ]	
1	植株发芽期（性状 1 ）	晚到极晚	8 [ ]	
1	植株发芽期（性状 1 ）	极晚	9 [ ]	
2	植株：花性（性状 2）	无花株	1 [ ]	
2	植株：花性（性状 2）	雄花株	2 [ ]	
2	植株：花性（性状 2）	雌花株	3 [ ]	
2	植株：花性（性状 2）	雌雄同株	4 [ ]	
2	植株：花性（性状 2）	雌雄同穗	5 [ ]	
3	叶：幼叶花青甙显色（性状 3）	无或弱	1 [ ]	
3	叶：幼叶花青甙显色（性状 3）	弱	2 [ ]	
3	叶：幼叶花青甙显色（性状 3）	中	3 [ ]	
3	叶：幼叶花青甙显色（性状 3）	中到强	4 [ ]	
3	叶：幼叶花青甙显色（性状 3）	强	5 [ ]	
4	叶：叶型（性状 7）	全叶	1 [ ]	
4	叶：叶型（性状 7）	全叶、裂叶混生	2 [ ]	
4	叶：叶型（性状 7）	裂叶	3 [ ]	
5	叶：叶面缩皱程度（性状 10）	弱	1 [ ]	
5	叶：叶面缩皱程度（性状 10）	中	2 [ ]	
5	叶：叶面缩皱程度（性状 10）	强	3 [ ]	
6	枝条：叶序（性状 14）	二列叶序	1 [ ]	
6	枝条：叶序（性状 14）	三列叶序	2 [ ]	
6	枝条：叶序（性状 14）	五列叶序	3 [ ]	
6	枝条：叶序（性状 14）	八列叶序	4 [ ]	
6	枝条：叶序（性状 14）	紊乱叶序	5 [ ]	

（续表）

序号	性状	表达状态	代码	测量值
7	枝条：弯曲程度（性状 15）	无或弱	1 [ ]	
		弱到中	2 [ ]	
		中	3 [ ]	
		中到强	4 [ ]	
		强	5 [ ]	
8	枝条：皮色（性状 16）	灰褐	1 [ ]	
		黄褐	2 [ ]	
		棕褐	3 [ ]	
		赤褐	4 [ ]	
		青褐	5 [ ]	
		紫褐	6 [ ]	
9	枝条：冬芽形状（性状 17）	短三角	1 [ ]	
		正三角	2 [ ]	
		长三角	3 [ ]	
		卵圆形	4 [ ]	
		球形	5 [ ]	
10	枝条：芽褥状态（性状 19）	平	1 [ ]	
		微凸	2 [ ]	
		凸	3 [ ]	

ICS 65.060.01
B 90

中华人民共和国农业行业标准

NY/T 2852—2015

农业机械化水平评价
第5部分：果、茶、桑

The evaluation for the level of agricultural mechanization—
Part 5: fruit, tea and mulberry

2015-10-09 发布　　2015-12-01 实施

中华人民共和国农业部　发布

前 言

NY/T 1408《农业机械化水平评价》包括以下部分：

——第 1 部分：种植业；

——第 2 部分：畜禽养殖业；

——第 3 部分：水产养殖业；

……

本部分是《农业机械化水平评价》的第 5 部分。

本部分按照 GB/T 1.1—2009 给出的规则起草。

本部分由农业部农业机械化管理司提出。

本部分由全国农业机械标准化技术委员会农业机械化分技术委员会（SAC/TC 201/SC 2）归口。

本部分起草单位：中国农业大学、农业部农业机械化管理司。

本部分主要起草人：杨敏丽、王家忠、曹卫华、李伟、史慧敏。

农业机械化水平评价　第5部分：果、茶、桑

1　范围

本部分规定了果、茶、桑生产机械化水平的评价指标和计算方法。

本部分适用于对果、茶、桑生产机械化程度的统计和评价。

2　术语和定义

下列术语和定义适用于本文件。

2.1

果园　orchards

种植果树的园地。

2.2

茶园　tea plantations

种植茶树的园地。

2.3

桑园　mulberry fields

种植桑树的园地。

2.4

果、茶、桑生产机械化　production mechanization of fruit，tea and mulberry

将先进适用的农业机械、设备运用于果园、茶园、桑园的果、茶、桑生产，改善其生产经营条件，不断提高其生产技术水平和经济效益、生态效益的过程。

2.5

果、茶、桑生产机械化水平　production mechanization level of fruit，tea and mulberry

在果园、茶园、桑园的果、茶、桑生产过程中，主要作业项目使用机械生产所覆盖的程度。

3　评价指导

评价指标见表1。

表 1　评价指标

一级指标		二级指标		
指标名称	代码	指标名称	代码	权重系数
果、茶、桑生产机械化水平（%）	A	中耕机械化水平（%）	A_1	0.15
		施肥机械化水平（%）	A_2	0.15
		植保机械化水平（%）	A_3	0.20
		修剪机械化水平（%）	A_4	0.20
		采收机械化水平（%）	A_5	0.20
		田间转运机械化水平（%）	A_6	0.10

4　指标计算方法

4.1　果、茶、桑生产机械化水平

果、茶、桑生产机械化水平按式（1）计算。

$$A = 0.15A_1 + 0.15A_2 + 0.20A_3 + 0.20A_4 + 0.20A_5 + 0.10A_6 \quad (1)$$

式中：

A ——果、茶、桑生产机械化水平，单位为百分率（%）；

A_1——中耕机械化水平，单位为百分率（%）；

A_2——施肥机械化水平，单位为百分率（%）；

A_3——植保机械化水平，单位为百分率（%）；

A_4——修剪机械化水平，单位为百分率（%）；

A_5——采收机械化水平，单位为百分率（%）；

A_6——田间转运机械化水平，单位为百分率（%）。

4.2　中耕机械化水平

中耕机械化水平按式（2）计算。

$$A_1 = \frac{S_{jzg}}{S_z} \times 100\% \quad (2)$$

式中：

S_{jzg}——机械中耕面积，指本年度使用机械对果园、茶园、桑园等进行中耕除草作业的自然面积，不包括使用机械施除草剂的方式。同一块地在一年中进行多次中耕除草作业的，只要其中有 1 次使用了机械作业，则视为机械化作业，且只计算 1 次机械作业面积，单位为公顷（hm^2）。

S_z——本年度果园、茶园、桑园等的总面积，单位为公顷（hm^2）。

4.3　施肥机械化水平

施肥机械化水平按式（3）计算。

$$A_2 = \frac{S_{jsf}}{S_z} \times 100\% \quad (3)$$

式中：

S_{jsf}——机械施肥面积，指本年度使用动力机械对果园、茶园、桑园等进行施肥作业的自然面积。主要指使用撒肥机、滴灌施液肥和开沟施肥机等进行作业，不包括使用植保机械等喷洒叶面肥或微耕机旋耕肥料。同一块地在一年中进行多次施肥作业的，只要其中有 1 次使用了机械作业，则视为机械化作业，且只计算 1 次机械作业面积，单位为公顷（hm^2）。

4.4 植保机械化水平

植保机械化水平按式（4）计算。

$$A_3 = \frac{S_{jzb}}{S_z} \times 100\% \tag{4}$$

式中：

S_{jzb}——机械植保面积，指本年度使用动力植保机械及装置进行防治和消灭果园、茶园、桑园等的病、虫、鼠、杂草（喷施除草剂）等作业的自然面积，采用频振式杀虫灯等物理或生物防治措施亦视为使用机械。同一块地在一年中进行多次植保作业的，只要有 1 次使用了机械作业，则视为机械化作业，且只计算 1 次机械作业面积，单位为公顷（hm^2）。

4.5 修剪机械化水平

修剪机械化水平按式（5）计算。

$$A_4 = \frac{S_{jxj}}{S_z} \times 100\% \tag{5}$$

式中：

S_{jxj}——机械修剪面积，指本年度使用动力机械或装置（含机动、电动、气动等）对果园、茶园、桑园等进行修剪作业的自然面积。同一块地在一年中进行多次修剪作业的，只要其中有 1 次使用了机械作业，则视为机械化作业，且只计算 1 次机械作业面积，单位为公顷（hm^2）。

4.6 采收机械化水平

采收机械化水平按式（6）计算。

$$A_5 = \frac{W_{jcs}}{W_z} \times 100\% \tag{6}$$

式中：

W_{jcs}——机械采收产量，指本年度使用动力机械或装置所采收的果品、茶业、桑叶等产量，单位为吨（t）；

W_z——采收总产量，指本年度果品、茶叶、桑叶等的产量，单位为吨（t）。

4.7 田间转运机械化水平

田间转运机械化水平按式（7）计算。

$$A_6 = \frac{W_{jzy}}{W_z} \times 100\% \tag{7}$$

式中：

W_{jzy}——机械田间转运产量，指“轨道/索道运输”、小型运输车/机械或其他机动运输工具将果品、茶叶、桑叶等从园内运到公路边的产品质量，若将采收的产品从园内转运到公路时，人工搬运的距离小于100 m视为机械化作业，单位为吨（t）。

ICS 65.020.20
B 61

中 华 人 民 共 和 国 林 业 行 业 标 准

LY/T 2096—2013

植物新品种特异性、一致性、稳定性测试指南　桑属

Guidelines for the conduct of tests for distinctness, uniformity and stability—Mulberry (*Morus* L.)

2013-03-15 发布　　2013-07-01 实施

国家林业局　发布

前　言

本标准按照 GB/T 1. 1—2009 给出的规则起草。

本标准根据 GB/T 19557. 1—2004《植物新品种特异性、一致性和稳定性测试指南　总则》制定。

本标准由国家林业局植物新品种保护办公室提出并归口。

本标准负责起草单位：中国林业科学研究院华北林业实验中心、国家林业局植物新品种保护办公室。

本标准主要起草人：孔庆云、辛学兵、周建仁、黄发吉、陶霞娟、法蕾、杨玉林、朱彤。

植物新品种特异性、一致性、稳定性测试指南　桑属

1　范围

本标准规定了桑科桑属（*Morus* L.）植物品种特异性、一致性、稳定性测试的要求。

本标准适用于桑属的鲁桑（*M. multicaulis* Perr.）、白桑（*M. alba* L.）、大叶白桑（*M. alba* var. *Macrophylla* Loud.）、广东桑（*M. atropurpurea* Roxb.）、瑞穗桑（*M. mizuho* Hotta.）5个种的新品种测试。

2　规范性引用文件

下列文件对于本文件的应用是必不可少的，凡是注日期的引用文件，仅注日期的版本适用于本文件。凡是不注日期的引用文件，其最新版本（包括所有的修改单）适用于本文件。

GB/T 19557.1—2004 植物新品种特异性、一致性和稳定性测试指南　总则

3　术语、定义和缩略语

3.1　术语和定义

GB/T 19557.1—2004 确立的术语和定义适用于本文件。

3.2　缩略语

下列缩略语适用于本文件。

QL：质量性状（qualitative characteristics）；

QN：数量性状（quantitative characteristics）；

PQ：假质量性状（pseudo-qualitative characteristics）；

MG：针对一组植株或植株部位进行单次测量得到单个记录（measurement for a group of plants）；

MS：针对一定数量的植株或植株部位分别进行测量得到多个记录（measurement for a number of single plants）；

VG：针对一组植株或植株部位进行单次目测得到单个记录（visual observation for a group of plants）；

VS：针对一定数量的植株或植株部位分别进行目测得到多个记录（visual observation for a number of single plants）。

4　DUS测试技术要求

4.1　测试材料

4.1.1　品种权申请人按照规定时间、地点提交符合数量和质量要求的测试品种植物材料。从非测

试地国家或地区递交的材料，申请人应按照进出境和运输的相关规定提供海关、植物检疫等相关文件。

4.1.2 提交的测试材料应该是一年生的扦插或嫁接苗木。

4.1.3 提供的测试材料数量不少于20株。

4.1.4 待测新品种材料应为无病虫害感染、生长正常的植株。

4.1.5 提交的植物材料不应进行任何影响性状表达的额外处理。如果已经被处理，应提供处理的详细信息。

4.2 测试方法

4.2.1 测试周期和时间

在符合测试条件的情况下，至少测试两年。

4.2.2 测试地点

测试应在指定的测试基地和实验室中进行。

4.2.3 测试条件

测试应该在待测新品种相关性状能够完整表达的条件下进行，所选取的测试材料至少应在测试地点定植2年以上。

4.2.4 测试设计

4.2.4.1 待测新品种在测试区应栽植15株，设置3个重复，每重复5株。与标准品种和相似品种种植在相同地点和环境条件下。

4.2.4.2 如果测试需要提取植株某些部位作为样品时，样品采集不得影响测试植株整个生长周期的观测。

4.2.4.3 除非特别声明，所有观测应针对15株植物或取自15株植物的相同部位上的材料进行。

4.2.5 同类性状的测试方法

4.2.5.1 肉眼观测的典型性枝、叶、花、果等性状

4.2.5.1.1 枝条：选取植株中上部生长正常的一年生枝条（每株取样枝条1个）作为枝条各类性状的测试材料。应在桑树休眠期观测枝条中段阳面，每根枝条观测数量为：枝条（包括叶序）1个、芽5个、皮孔5个节间。

4.2.5.1.2 叶：选取植株中上部生长正常的一年生枝条中段成熟叶片，应在旺盛生长期观测，每株选1根枝条，每根枝条观测5枚叶片。

4.2.5.1.3 花：选取植株中上部生长正常的一年生枝条中段花穗的花，应在盛花期观测，每株选1根枝条，每根枝条观测1个花穗，花柱观测2个。

4.2.5.1.4 果：选取植株中上部生长正常的一年生枝条中段桑椹，应在果实成熟期观测，每株选1根枝条，每根枝条观测5个桑椹。

4.2.5.2 色彩性状

色彩性状应按照4.2.5.1取样方法对所有采集样品以英国皇家园艺协会（RHS）出版的比色卡（RHS colour chart）① 为标准。

4.2.6 个别性状的测试方法

---

① 该比色卡是由英国皇家园艺协会提供的产品的商品名，给出这一信息是为了方便本标准的使用者，并不表示对该产品的认可。如果其他等效产品具有相同的效果，则可使用这些等效产品。

4.2.6.1 植株：株形（见附录 A 中的表 A.1 性状序号 1）性状

待测新品种的植株形态性状按照一年生枝条倾斜角度进行标准分级：直立、斜生、平展、下垂。

4.2.6.2 雄花穗数量（见表 A.1 性状序号 39）性状

待测新品种的雄花穗数量性状按照雄花花芽数占总发芽数比率分级：很少、少、中、多、很多。

4.2.6.3 椹多少（见表 A.1 性状序号 42）性状

待测新品种的椹多少性状按照雌花花芽数占总发芽数比率分级：很少、少、中、多、很多。

5 特异性、一致性和稳定性评估

5.1 特异性

5.1.1 差异恒定

如果待测新品种与相似品种间差异非常清楚，需要 2 年的测试。在某些情况下因环境因素的影响，使待测新品种与相似品种间差异不清楚时，则需要增加至少 1 年测试。

5.1.2 差异显著

5.1.2.1 质量性状的特异性评价：待测新品种与相似品种只要有一个性状有差异，则可判定该品种具 备特异性。

5.1.2.2 数量性状的特异性评价：待测新品种与相似品种至少有两个性状有差异，或者一个性状的两 个代码（见附录 A）的差异，则可判定该品种具备特异性。

5.1.2.3 假质量性状的特异性评价：待测新品种与相似品种至少有两个性状有差异，或者一个性状的 两个不连贯代码的差异，则可判定该品种具备特异性。

5.2 一致性

一致性判断采用异形株法。根据 1 % 群体标准和 95 % 可靠性概率，15 株观测植株中异型株的最大允许值为 1。

5.3 稳定性

5.3.1 申请品种在测试中符合特异性和一致性要求，可认为该品种具备稳定性。

5.3.2 特殊情况或存在疑问时，需要通过再次测试 1 年，或者申请人提供新的测试材料，测试其是否与先前提供的测试材料表达出相同的性状。

6 品种分组

6.1 品种分组说明

依据分组性状确定待测新品种的分组情况，并选择相似品种，使其包含在特异性的生长测试中。

6.2 分组性状

6.2.1 植株：株型（见表 A.1 性状序号 1）。

6.2.2 叶片：叶尖（见表 A.1 性状序号 25）

6.2.3 叶片：叶基（见表 A.1 性状序号 28）

6.2.4 花：花性（见表 A.1 性状序号 37）。

6.2.5 椹：颜色（见表 A.1 性状序号 43）。

7 性状和相关符号说明

7.1 性状类型

7.1.1 星号性状（见表 A.1 被标注“（ * ）”的性状）：是指新品种审查时为协调统一性状描述而采用的重要的品种性状，进行 DUS 测试时应对所有星号进行测试。

7.1.2 加号性状（见表 A.1 被标注“（ + ）”的性状）：是指对表 A.1 中进行图解说明的性状（见图 A.1 ~ 图 A.13）。

7.2 表达的状态和相应代码

表 A.1 中性状描述已经明确给出每个性状表达状态的标准定义，为便于对性状表达状态进行描述并分析比较，每个表达状态都有一个对应的数字代码。

7.3 表达类型

GB/T 19557.1—2004 提供了性状的表达类型：质量性状、数量性状和假质量性状的名称解释。

7.4 标准品种

用于准确、形象地演示某一性状表达状态的品种。

附　录　A
（规范性附录）
品种性状

A.1　性状表

品种性状见表 A.1。

表 A.1　　**性状表**

序号及性质	测试方法	性状	性状描述	标准品种		代码
				中文名	学名	
1 （*） （+） PQ	VG （c）	植株：株形	直立 斜生 平展 下垂			1 3 5 7
2 QN	VG （a）	一年生枝：新梢数量	无或极少 少 中 多 很多	西南 1 号 湖桑 197 号 粤椹大 10 伦教 408 号 枝多桑	*M. multicaulis* ‘Xi Nan Yi Hao’ *M. multicaulis* ‘Hu Sang 197’ *M. atropurpurea* ‘Yue Shen Da 10’ *M. atropurpurea* ‘Lun Jiao 408’ *M. multicaulis* ‘Zhi Duo Sang’	1 3 5 7 9
3 （*） PQ	VG （a） （b）	一年生枝：皮色	灰褐 黄褐 棕褐 赤褐 青褐 紫褐	西南 1 号 荷叶白 粤椹大 10 万年桑 桐乡青 湖桑 197 号	*M. multicaulis* ‘Xi Nan Yi Hao’ *M. multicaulis* ‘He Ye Bai’ *M. atropurpurea* ‘Yue Shen Da 10’ *M. alba* ‘Wan Nian Sang’ *M. multicaulis* ‘Tong Xiang Qing’ *M. multicaulis* ‘Hu Sang 197’	1 2 3 4 5 6
4 QL	VG （a）	一年生枝：扭曲	无 有			1 9
5 （*） （+） QN	VS （a）	一年生枝：弯曲度	无或极低 中度 弯曲	粤椹大 10 荷叶白 湖北弯条	*M. atropurpurea* ‘Yue Shen Da 10’ *M. multicaulis* ‘He Ye Bai’ *M. multicaulis* ‘Hu Bei Wan Tiao’	1 3 5
6 QN	MS （a）	一年生枝：节间距	短 中 长	西南 1 号 苏湖 60 号 北区一号	*M. multicaulis* ‘Xi Nan Yi Hao’ *M. multicaulis* ‘Su Hu 60’ *M. atropurpurea* ‘Bei Qu Yi Hao’	3 5 7
7 （*） （+） PQ	VG	皮孔：形状	线形 椭圆形 圆形	大鲁桑 西南 1 号 荷叶白	*M. multicaulis* ‘Da Lu Sang’ *M. multicaulis* ‘Xi Nan Yi Hao’ *M. multicaulis* ‘He Ye Bai’	1 2 3

（续表）

序号及性质	测试方法	性状	性状描述	标准品种		代码
				中文名	学名	
8 QN	VS	皮孔：大小	很小	荷叶白	*M. multicaulis* ‘He Ye Bai’	1
			小	苏湖 60 号	*M. multicaulis* ‘ Su Hu 60’	3
			中等	之江 3 号	*M. multicaulis* ‘Zhi Jiang San Hao’	5
			大	育 711	*M. multicaulis* ‘Yu 711’	7
			很大	湖桑 104 号	*M. multicaulis* ‘Hu Sang 104’	9
9 PQ	VS （b）	皮孔：颜色	白灰	嵊县青	*M. multicaulis* ‘Sheng Xian Qing’	1
			浅黄	荷叶白	*M. multicaulis* ‘He Ye Bai’	2
			灰绿	湖桑 60 号	*M. multicaulis* ‘Hu Sang 60 Hao’	3
			棕褐	西南 1 号	*M. multicaulis* ‘Xi Nan Yi Hao’	4
			浅紫	紫皮湖桑	*M. multicaulis* ‘Zi Pi Hu Sang’	5
10 QN	VS	皮孔：数量	少	桐乡青	*M. multicaulis* ‘Tong Xiang Qing’	1
			中	荷叶白	*M. multicaulis* ‘He Ye Bai’	3
			多	红顶桑	*M. multicaulis* ‘Hong Ding Sang’	5
11 （*） （+） PQ	VS	冬芽：正面形状	短三角形	大中华	*M. alba* ‘Da Zhong Hua’	1
			正三角形	荷叶白	*M. multicaulis* ‘He Ye Bai’	2
			长三角形	万年桑	*M. alba* ‘Wan Nian Sang’	3
12 （*） （+） PQ	VS	冬芽：侧面形状	盾形	龙桑一号	*M. alba* ‘Long Sang Yi Hao’	1
			球形	北区一号	*M. atropurpurea* ‘Bei Qu Yi Hao’	2
			卵圆形	北区七号	*M. atropurpurea* ‘Bei Qu Qi Hao’	3
13 （*） QN	VS （b）	冬芽：颜色	灰褐	嵊县青	*M. multicaulis* ‘Sheng Xian Qing’	1
			黄褐	荷叶白	*M. multicaulis* ‘He Ye Bai’	2
			棕褐	北区七号	*M. atropurpurea* ‘Bei Qu Qi Hao’	3
			赤褐	育 72－1	*M. multicaulis* ‘Yu 72－1’	4
			紫褐	湖桑 197 号	*M. multicaulis* ‘Hu Sang 197’	5
14 （*） （+） QL	VS	冬芽：着生	贴生	荷叶白	*M. multicaulis* ‘He Ye Bai’	1
			尖离	伦教 408 号	*M. atropurpurea* ‘Lun Jiao 408’	2
			腹离	湖桑 8 号	*M. multicaulis* ‘Hu Sang 8’	3
15 QN	VG	副芽：数量	无或极少	鲁桑 11 号	*M. multicaulis* ‘Lu Sang 11’	1
			少	黄格鲁	*M. alba* ‘Huang Ge Lu’	3
			中	苏湖 60 号	*M. multicaulis* ‘Su Hu 60’	5
			多	北区七号	*M. atropurpurea* ‘Bei Qu Qi Hao’	7
			很多	粤椹大 10	*M. atropurpurea* ‘Yue Shen Da 10’	9

（续表）

序号及性质	测试方法	性状	性状描述	标准品种		代码
				中文名	学名	
16 QN	VS	副芽：大小	小 中 大 很大	荷叶白 大中华 苏湖 60 号 粤椹大 10	*M. multicaulis* ‘He Ye Bai’ *M. alba* ‘Da Zhong Hua’ *M. multicaulis* ‘Su Hu 60’ *M. atropurpurea* ‘Yue Shen Da 10’	1 3 5 7
17 （*） （+） PQ	VG	叶序	1/2 1/3 2/5 3/8 无规则	粤椹大 10 北区一号 荷叶白 伦教 109 号 大鸡冠	*M. atropurpurea* ‘Yue Shen Da 10’ *M. atropurpurea* ‘Bei Qu Yi Hao’ *M. multicaulis* ‘He Ye Bai’ *M. atropurpurea* ‘Lun Jiao 109’ *M multicaulis* ‘Da Ji Guan’	1 2 3 4 5
18 （*） QL	VG （a）	叶片：形状	全缘叶 全裂混生 缺裂叶			1 5 9
19 （*） （+） PQ	VS （a）	叶片：全缘叶形状	心脏形 长心脏形 椭圆形 卵圆形	粤椹大 10 大种桑 西南 1 号 桐乡青	*M atropurpurea* ‘Yue Shen Da 10’ *M multicaulis* ‘Da Zhong Sang’ *M. multicaulis* ‘Xi Nan Yi Hao’ *M. multicaulis* ‘Tong Xiang Qing’	1 3 5 7
20 QL	VG （a）	叶片：缺裂叶缺刻数量	≤2 3 >3			
21 QN	VS （a）	叶片：缺裂叶缺刻深浅	深裂叶 浅裂叶	胶东山桑 大中华	*M alba* ‘Jiao Dong Shan Sang’ *M. alba* ‘Da Zhong Hua’	
22 （*） （+） QN	VS （a）	叶片：叶面开展状态	平展 上翘 下弯 扭曲	粤椹大 10 伦教 109 号 万年桑 桐乡青	*M. atropurpurea* ‘Yue Shen Da 10’ *M. atropurpurea* ‘Lun Jiao 109’ *M. alba* ‘Wan Nian Sang’ *M multicaulis* ‘Tong Xiang Qing’	1 3 5 7
23 （+） PQ	VG （a）	叶片：着生	向上 平伸 下垂			1 2 3
24 QN	VG （a） （b）	叶片：颜色	淡绿 翠绿 深绿 墨绿	荷叶白 粤椹大 10 大中华 西南 1 号	*M. multicaulis* ‘He Ye Bai’ *M. atropurpurea* ‘Yue Shen Da 10’ *M. alba* ‘Da Zhong Hua’ *M. multicaulis* ‘Xi Nan Yi Hao’	1 3 5 7

（续表）

序号及性质	测试方法	性状	性状描述	标准品种		代码
				中文名	学名	
25 （*） （+） PQ	VS （a）	叶片： 叶尖	凹陷 钝 锐 短尾状 长尾状	蚕专4号 苏湖60号 桐乡青 北区七号 粤椹大10	*M. multicaulis* ‘Can Zhuan Si Hao’ *M. multicaulis* ‘ Su Hu 60’ *M. multicaulis* ‘Tong Xiang Qing’ *M. atropurpurea* ‘Bei Qu Qi Hao’ *M. atropurpurea* ‘Yue Shen Da 10’	1 2 3 4 5
26 （*） （+） PQ	VS （a）	叶片： 叶缘	锐齿 钝齿 乳头齿 齿状突起	粤椹大10 抗青10号 荷叶白 陕桑305	*M. atropurpurea* ‘Yue Shen Da 10’ *M. atropurpurea* ‘Kang Qing 10’ *M. multicaulis* ‘He Ye Bai’ *M. mizuho* ‘Shan Sang 305’	1 2 3 4
27 QL	VS （a）	叶片： 叶缘齿 尖芒刺	无 有			1 9
28 （*） （+） PQ	VS （a）	叶片： 叶基	楔形 圆形 截形 浅心形 心形 深心形 肾形	大白鹅 六万山桑 抗青10号 伦教408号 大中华 荷叶白 湖北弯条	*M. alba* ‘Da Bai E’ *M. atropurpurea* ‘Liu Wan Shan Sang’ *M. atropurpurea* ‘Kang Qing 10’ *M. atropurpurea* ‘Lun Jiao 408’ *M. alba* ‘Da Zhong Hua’ *M. multicaulis* ‘He Ye Bai’ *M. multicaulis* ‘Hu Bei Wan Tiao’	1 2 3 4 5 6 7
29 QN	VS （a）	叶片： 光泽	无或弱 中 强 强	粤椹大10 大中华 荷叶白 桐乡青	*M. atropurpurea* ‘Yue Shen Da 10’ *M. alba* ‘Da Zhong Hua’ *M. multicaulis* ‘He Ye Bai’ *M. multicaulis* ‘Tong Xiang Qing’	1 3 5 7
30 QN	VS （a）	叶片： 光滑度	光滑 微糙 粗糙	粤椹大10 大中华 荷叶大桑	*M. atropurpurea* ‘Yue Shen Da 10’ *M. alba* ‘Da Zhong Hua’ *M. multicaulis* ‘He Ye Da Sang’	1 3 5
31 QN	VS （a）	叶片： 缩皱	无皱 微皱 波皱 泡皱	桐乡青 粤椹大10 荷叶白 川油桑	*M. multicaulis* ‘Tong Xiang Qing’ *M. atropurpurea* ‘Yue Shen Da 10’ *M. multicaulis* ‘He Ye Bai’ *M. alba* ‘Chuan You Sang’	1 3 5 7
32 QN	VG （a）	叶片： 厚度	薄 中 厚	川油桑 大白鹅 桐乡青	*M. alba* ‘Chuan You Sang’ *M. alba* ‘Da Bai E’ *M. multicaulis* ‘Tong Xiang Qing’	1 3 5

（续表）

序号及性质	测试方法	性状	性状描述	标准品种		代码
				中文名	学名	
33 QN	MS (a)	叶片： 长度	短 中 长	大白鹅 北区七号 抗青 10 号	*M. alba* ‘Da Bai E’ *M. atropurpurea* ‘Bei Qu Qi Hao’ *M. atropurpurea* ‘*Kang Qing* 10’	1 3 5
34 QN	MS (a)	叶片： 宽度	窄 中 宽	果子桑 粤椹大 10 抗青 10 号	*M. alba* ‘*Guo Zi Sang*’ *M. atropurpurea* ‘*Yue Shen Da* 10’ *M. atropurpurea* ‘Kang Qing 10’	1 3 5
35 QN	MS (a)	叶柄： 长度	短 中 长	粤椹大 10 大中华 荷叶白	*M. atropurpurea* ‘Kang Qing10’ *M. alba* ‘Da Zhong Hua’ *M. multicaulis* ‘He Ye Bai’	1 3 5
36 QN	VS (a)	叶柄： 粗度	细 中 粗	万年桑 苏湖 60 号 粤椹大 10	*M. alba* ‘Wan Nian Sang’ *M. multicaulis* ‘Su Hu 60’ *M. atropurpurea* ‘Yue Shen Da 10’	1 3 5
37 (＊) QL	VG (a)	花： 花性	无花 仅雄花 仅雌花 雌雄异株 雌雄同株 雌雄同株或异株 雌雄同穗	西南 1 号 北区七号 粤椹大 10 杂优 2 号 大碗桑 川 7637 桐乡青	*M. multicaulis* ‘Xi Nan Yi Hao’ *M. atropurpurea* ‘Bei Qu Qi Hao’ *M. atropurpurea* ‘Yue Shen Da 10’ *M. atropurpurea* ‘Za You Er Hao’ *M. multicaulis* ‘Da Wan Sang’ *M. alba* ‘Chuan 7637’ *M. multicaulis* ‘Tong Xiang Qing’	1 2 3 4 5 6 7
38 QN	MG (a)	花：雄花穗长度	短 中 长	嵊县青 苏湖 60 号 北区七号	*M. multicaulis* ‘Sheng Xian Qing’ *M. multicaulis* ‘Su Hu 60’ *M. atropurpurea* ‘Bei Qu Qi Hao’	1 3 5
39 QN	VG (a) (d)	花：雄花穗数量	很少 少 中 多 很多	荷叶大桑 苏湖 60 号 桐乡青 万年桑 北区七号	*M. multicaulis* ‘He Ye Da Sang’ *M. multicaulis* ‘Su Hu 60’ *M. multicaulis* ‘Tong Xiang Qing’ *M. alba* ‘Wan Nian Sang’ *M. atropurpurea* ‘Bei Qu Qi Hao’	1 3 5 7 9
40 QL	VG (a)	花：花柱	无 有			1 9
41 QN	MS (a)	椹：长短	短 中 长	荷叶白 育 711 粤椹大 10	*M. multicaulis* ‘He Ye Bai’ *M. multicaulis* ‘Yu 711’ *M. atropurpurea* ‘Yue Shen Da 10’	1 3 5

（续表）

序号及性质	测试方法	性状	性状描述	标准品种		代码
				中文名	学名	
42 QN	VS （a） （e）	椹：多少	很少 少 中 多 很多	荷叶白 育 711 珍珠白 育 72－1 云桑 3 号	*M. multicaulis* ‘He Ye Bai’ *M. multicaulis* ‘Yu 711’ *M. alba* ‘Zhen Zhu Bai’ *M. multicaulis* ‘Yu 72－1’ *M. alba* ‘Yun Sang 3’	1 3 5 7 9
43 PQ	VG （a） （b）	椹：颜色	白 红 绿 紫 黑			1 2 3 4

注：（a）、（b）分别对应 4.2.5.1、4.2.5.2；
（c）、（d）、（e）分别对应 4.2.6.1、4.2.6.2、4.2.6.3。

A.2 性状图解

A.2.1 表 A.1 中序号 1 品种性状（植株：株型）图解见图 A.1。

直立

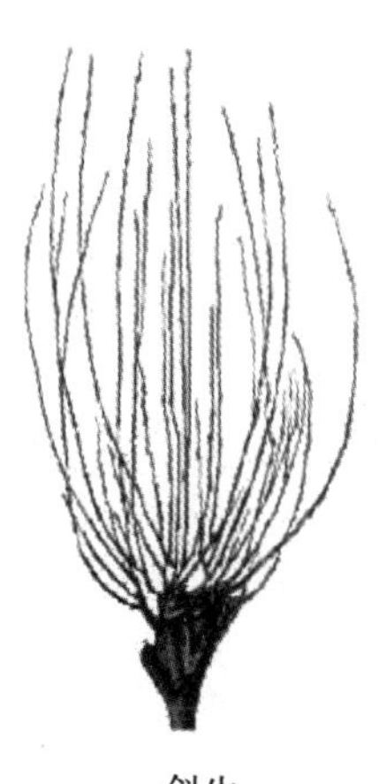
斜生

平展

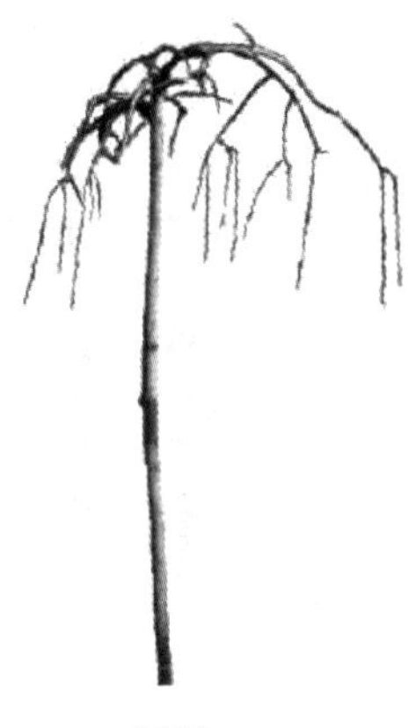
下垂

图 A.1

A.2.2 表 A.1 中序号 5 品种性状（一年生枝：弯曲度）图解见图 A.2。

无或极低

中度

弯曲

图 A.2

A. 2. 3　表 A. 1 中序号 7 品种性状（皮孔、形状）图解见图 A. 3。

（缺图）

线形　　椭圆形　　圆形

图 A. 3

A. 2. 4　表 A. 1 中序号 11 品种性状（冬芽：正面形状）图解见图 A. 4。

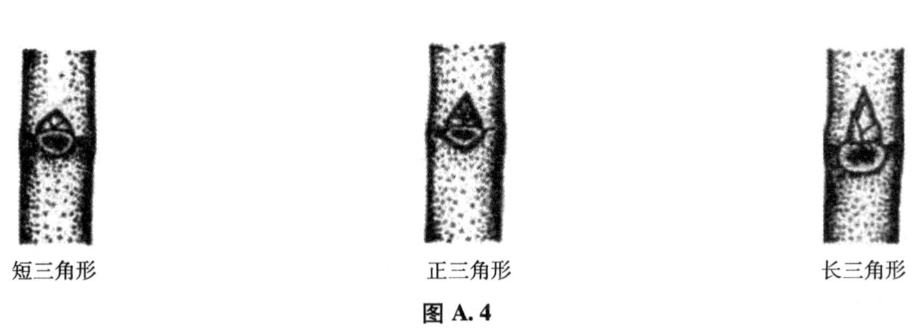

短三角形　　正三角形　　长三角形

图 A. 4

A. 2. 5　表 A. 1 中序号 12 品种性状（冬芽：侧面形状）图解见图 A. 5。

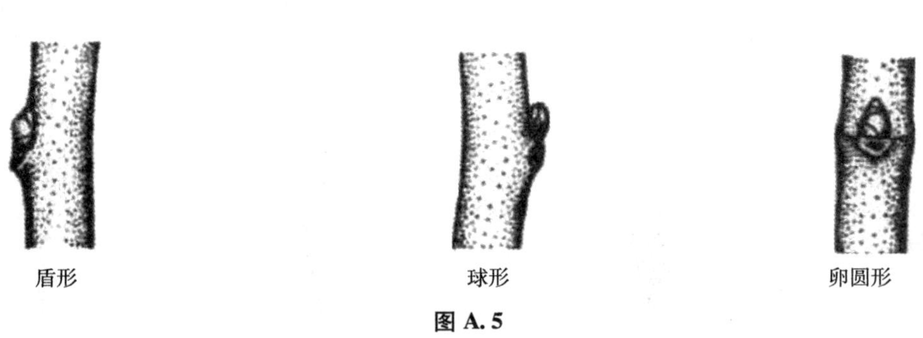

盾形　　球形　　卵圆形

图 A. 5

A. 2. 6　表 A. 1 中序号 14 品种性状（冬芽：着生）图解见图 A. 6。

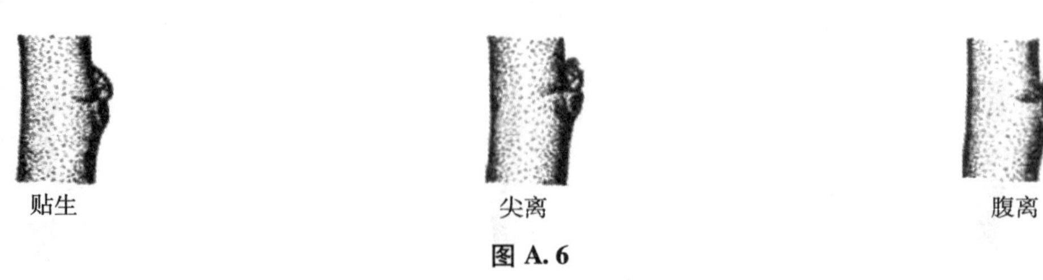

贴生　　尖离　　腹离

图 A. 6

A. 2. 7　表 A. 1 中序号 17 品种性状（叶序）图解见图 A. 7。

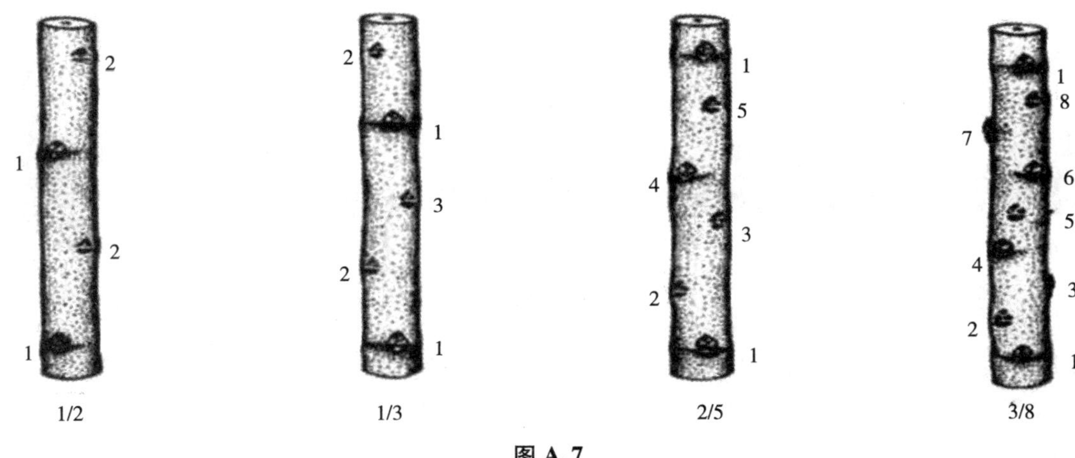

图 A. 7

A. 2. 8　表 A. 1 中序号 19 品种性状（叶片：全缘叶形状）图解见图 A. 8。

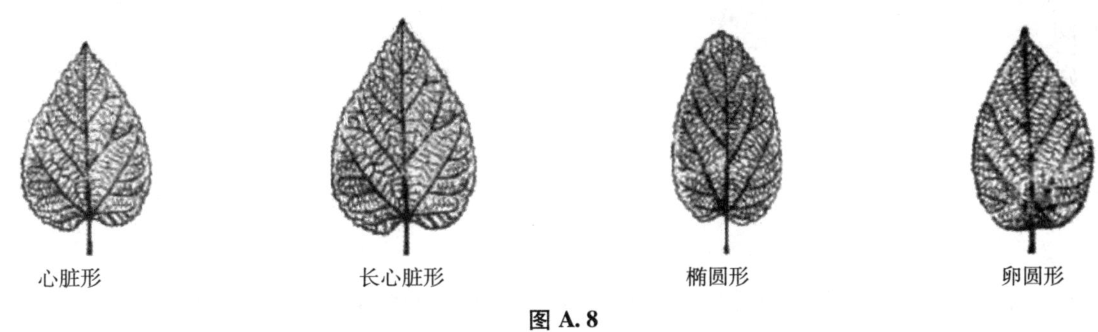

图 A. 8

A. 2. 9　表 A. 1 中序号 22 品种性状（叶片：叶面开展状态）图解见图 A. 9。

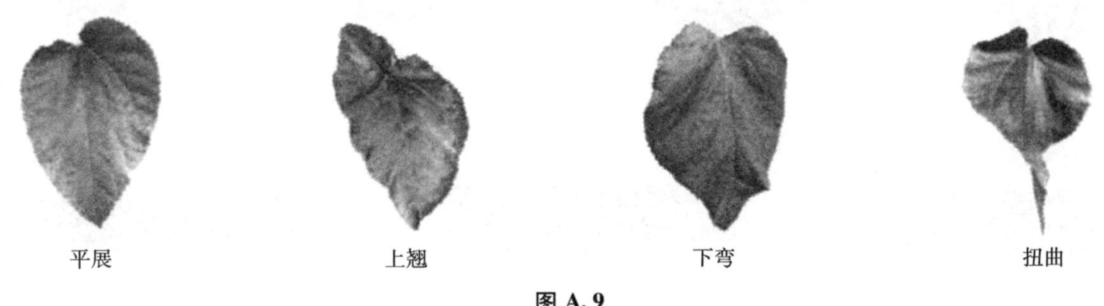

图 A. 9

A. 2. 10　表 A. 1 中序号 23 品种性状（叶片：着生）图解见图 A. 10。

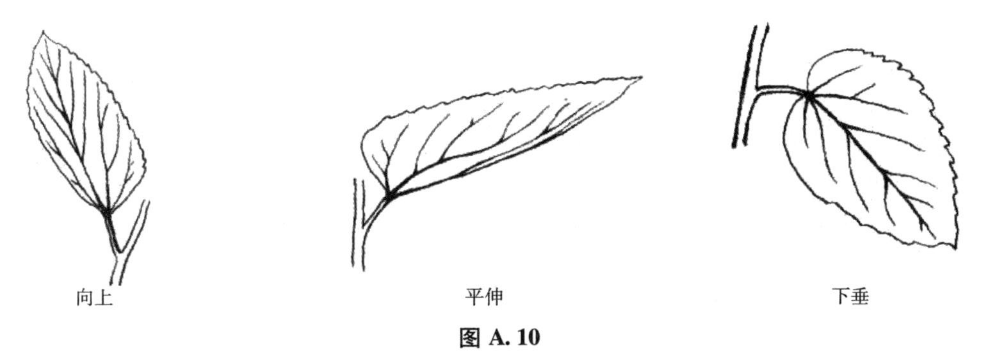

图 A. 10

A. 2. 11　表 A. 1 中序号 25 品种性状（叶片：叶尖）图解见图 A. 11。

图 A. 11

A. 2. 12　表 A. 1 中序号 26 品种性状（叶片：叶缘）图解见图 A. 12。

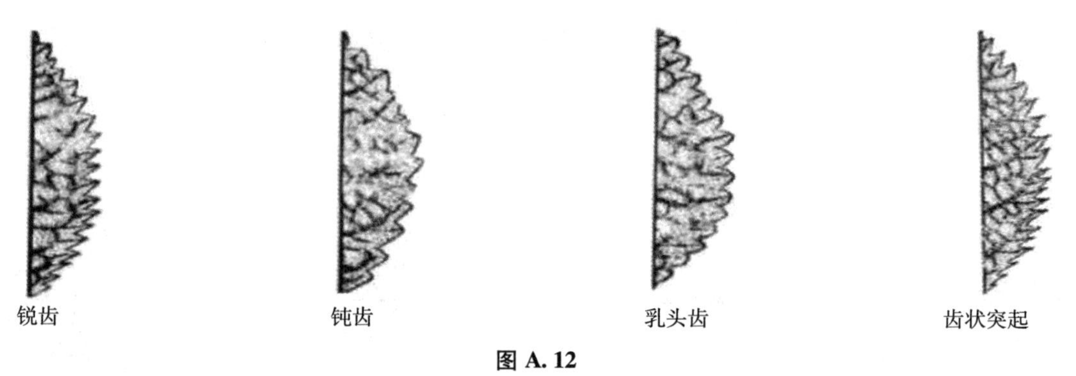

图 A. 12

A. 2. 13　表 A. 1 中序号 28 品种性状（叶片：叶基）图解见图 A. 13。

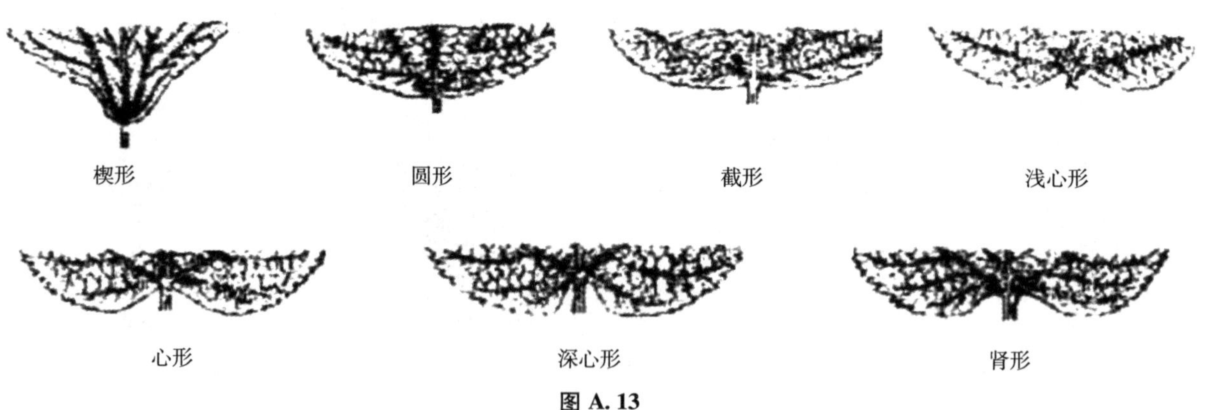

图 A. 13

附 录 B
（资料性附录）
技术问卷

编号（申请者不必填写）

1 申请注册的品种名称（请注明中文名和学名）：

2 申请人信息

申请人： 共同申请人：

地址：

邮政编码： 电话： 传真： 电子邮箱：

3 品种起源

品种发现者： 发现日期： 种者： 育种时间：

杂交选育：♀（母本）________ × ♂（父本）________

实生选育：♀（母本）________

其他育种途径：

选育过程摘要：

4 主要性状（第1栏括弧中的数字为表A.1中性状序号，请在相符合的性状代码后的［ ］中画“√”）

4.1（1）	植株：株型	1直立［ ］3斜生［ ］5平展［ ］7下垂［ ］
4.2（3）	一年生枝：皮色	1灰褐［ ］2黄褐［ ］3棕褐［ ］4赤褐［ ］5青褐［ ］6紫褐［ ］
4.3（5）	一年生枝：弯曲度	1无或极低［ ］3中度［ ］5弯曲［ ］
4.4（11）	冬芽：正面形状	1短三角形［ ］2正三角形［ ］3长三角形［ ］
4.5（18）	叶片：形状	1全缘叶［ ］5全裂混生［ ］9缺裂叶［ ］
4.6（25）	叶片：叶尖	1凹陷［ ］2钝［ ］3锐［ ］4短尾状［ ］5长尾状［ ］
4.7（26）	叶片：叶缘	1锐齿［ ］2钝齿［ ］3乳头齿［ ］4齿状突起［ ］
4.8（28）	叶片：叶基	1楔形［ ］2圆形［ ］3截形［ ］4浅心形［ ］5心形［ ］ 6深心形［ ］7肾形［ ］
4.9（37）	花：花性	1无花［ ］2仅雄花［ ］3仅雌花［ ］4雌雄异株［ ］5雌雄同株［ ］ 6雌雄同株或异株［ ］7雌雄同穗［ ］

（续表）

5 相似品种比较信息

与该品种相似的品种名称：

与相似品种的典型差异：

---

6 品种性状综述（按照表 A. 1 性状表的内容详细描述）

---

7 附加信息（能够区分品种的性状特征等）

7. 1 抗逆性和适应性（抗旱、抗寒、耐涝、抗盐碱、抗病虫害等特性）：

7. 2 繁殖要点：

7. 3 栽培管理要点：

7. 4 其他信息：

---

8 测试要求（该品种测试所需特殊条件等）

---

9 有助于辨别申请品种的其他信息

注：上述表格条款预留空格不足时，可另附 A4 纸补充说明。

申请者签名：________________ 日期：________年________月________日

参考文献

[1] 国际植物新品种保护联盟关于测试指南制定的相关文件：
TGP/5 Experience and Cooperation in DUS Testing
TGP/6 Arrangements for DUS Testing
TGP/7 Development of Test Guidelines
TGP/8 Trial Design and Techniques Used in the Examination of Distinctness，Uniformity and Stability
TGP/9 Examining Distinctness
TGP/10 Examining Uniformity
TGP/11 Examining Stability
TGP/14 Glossary of Technical，Botanical and Statistical Terms Used in UPOV Documents
TGP/15 New Types of Characteristics
[2] Royal Horticulture Society. RHS Color Chart.
[3] 中国科学院中国植物志编辑委员会．中国植物志：第 23 卷第一分册．北京：科学出版社，1998：6.
[4] 浙江农业大学．桑树栽培学．杭州：浙江人民出版社，1961：32.
[5] 潘一乐等．桑树种质资源描述规范和数据标准．北京：中国农业出版社，2005.
[6] 中华人民共和国农业部．农作物种质资源鉴定技术规程　桑树．NY/T 1313—2007.
[7] 遗传资源特性评价鉴定数据库（桑树）.

ICS 25.140.30
分类号：J47
备案号：39400—2013

中华人民共和国轻工行业标准

QB/T 2289.2—2012
代替 QB/T 2289.2—1997

园艺工具　桑剪

Garden tools Mulberry shears

2012-12-28 发布　　2013-06-01 实施

中华人民共和国工业和信息化部　发布

前　言

QB/T 2289《园艺工具》系列标准由6项标准组成：

—— QB/T 2289.1—2012《园艺工具　稀果剪》；

—— QB/T 2289.2—2012《园艺工具　桑剪》；

—— QB/T 2289.3—2012《园艺工具　高枝剪》；

—— QB/T 2289.4—2012《园艺工具　剪枝剪》；

—— QB/T 2289.5—2012《园艺工具　整篱剪》；

—— QB/T 2289.6—2012《园艺工具　手锯》。

本部分为QB/T 2289系列标准的第2项。

本部分按照GB/T 1.1—2009给出的规则起草。

本部分是对QB/T 2289.2—1997《园艺工具　桑剪》的修订。与QB/T 2289.2—1997相比，主要变化如下：

——修改了产品的基本尺寸（1997版的3.2，本版的3.2）；

——修改了产品标记（1997版的3.3，本版的3.3）；

——增加了桑剪主轴螺栓的硬度要求和试验方法（本版的4.1.2、5.2.2）；

——增加了手柄强度的要求和试验方法（本版的4.2、5.3）；

——增加了使用性能的要求和试验方法（本版的4.3、5.4）；

——增加了产品跌落试验的要求和试验方法（本版的4.6、5.7）；

——增加了产品安全要求和试验方法（本版的4.7、5.8）；

——增加了出厂检验的不合格分类、检验项目、接收质量限（AQL）和检验水平的规定（本版的6.2）。

本部分由中国轻工业联合会提出。

本部分由全国五金制品标准化技术委员会工具五金分技术委员会（SAC/TC 174/SC2）归口。

本部分由宁波长城精工实业有限公司、浙江新蓝达实业股份有限公司、上海市工具工业研究所负责起草，上海沃施园艺股份有限公司、宁波大叶园林工业有限公司、江苏金鹿集团有限公司、杭州巨星科 技股份有限公司、余姚市潘易工业有限公司等参加起草。

本部分主要起草人：陈立海、沈建明、吴祖训、费君华、叶晓东、王春、舒新强、潘德苗、顾青。

本部分自实施之日起，代替原轻工行业标准QB/T 2289.2—1997《园艺工具　桑剪》。

本部分所代替标准的历次版本发布情况为：

——SG 119—1978；

——QB/T 2289.2—1997。

园艺工具 桑剪

1 范围

本部分规定了桑剪的产品分类、要求、试验方法、检验规则及标志、包装、运输、贮存。

本部分适用于修剪桑树枝、采摘桑叶等用途的桑剪。

2 规范性引用文件

下列文件对于本文件的应用是必不可少的。凡是注日期的引用文件，仅注日期的版本适用于本文件。凡是不注日期的引用文件，其最新版本（包括所有的修改单）适用于本文件。

GB/T 230.1 金属洛氏硬度试验 第1部分 试验方法（A、B、C、D、E、F、G、H、K、N、T标尺）（GB/T 230.1—2009，ISO 6508—1：2005，MOD）

GB/T 1911 拷贝纸

GB/T 6060.2 表面粗糙度比较样块 磨、车、镗、铣、插及刨加工表面（GB/T 6060.2—2006，ISO 2632—1：1985，MOD）

GB/T 6866 园艺工具通用技术条件

3 产品分类

3.1 型式

桑剪的型式如图1所示。

注：图示仅是示例，不影响对产品的设计。

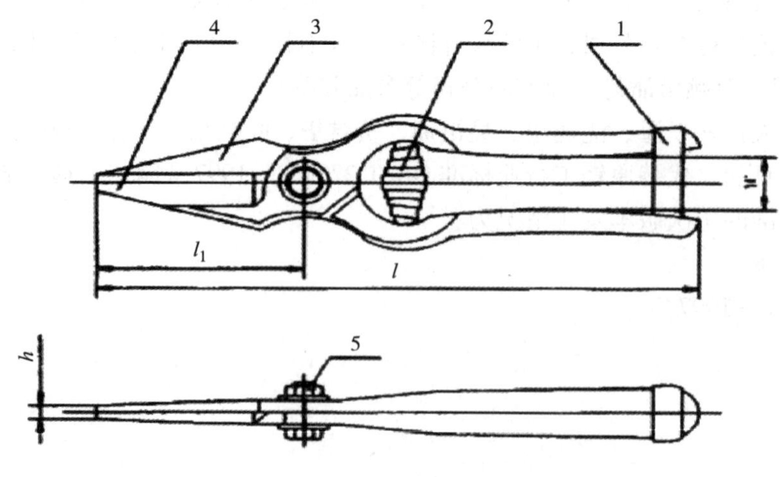

1—带扣；2—弹簧；3、4—剪片；5—主轴螺栓。

图1 桑剪的型式

3.2 基本尺寸

桑剪的基本尺寸应符合表1的规定。

表1 **桑剪的基本尺寸** 单位：毫米

规格	l	l_1	h	w_{min}
200	200 ± 5	72 ± 5	8 ± 1	15
注：特殊规格的基本尺寸可不受本表限制。				

3.3 产品标记

桑剪的产品标记由产品名称、标准编号和规格组成。
示例：
规格为200 mm的桑剪的标记为：
桑剪 QB/T 2289.2－200

4 要求

4.1 硬度

4.1.1 桑剪剪片刃口的硬度不应低于47HRC。
4.1.2 桑剪主轴螺栓的硬度不应低于28HRC。

4.2 手柄强度

桑剪应进行手柄强度试验。试验后，桑剪应无永久性变形、断裂以及影响外观和使用功能的缺陷。

4.3 使用性能

4.3.1 桑剪的剪片应开闭灵活，在手柄上施加规定的力后剪片应能闭合，卸力后剪片应能自动打开。
4.3.2 桑剪的手柄应握持舒适，无手柄夹手和弹簧卡阻现象。

4.4 剪切性能

桑剪应顺利地剪切拷贝纸。剪切后，剪切面应光滑整齐、连续，无拉毛、撕裂现象。

4.5 表面质量

4.5.1 桑剪剪片表面应光滑，无毛刺、裂纹、飞边、氧化皮等缺陷。
4.5.2 桑剪剪片表面粗糙度Ra值不应大于12.5μm，经抛光加工的剪片表面粗糙度Ra值不应大于6.3μm。
4.5.3 桑取剪片表面应进行抛光、发黑或其他表面处理。

4.6 跌落试验

桑剪应进行跌落试验。试验后，产品应无断裂、变形、松动等影响外观和使用功能的损伤。

4.7 安全要求

4.7.1 桑剪在待使用状态下，应有剪片锁定装置，确保取片处于闭合锁定状态，且刀刃不外露。
4.7.2 产品说明书中应有安全使用方法及儿童不宜触及等提示性说明。

5 试验方法

5.1 尺寸

产品的基本尺寸用专用卡板或通用量具检验。

5.2 硬度

5.2.1 桑剪的剪片硬度试验按 GB/T 230.1 的规定进行，如图 2 所示，在测试区的前、中、后各取 1 点进行；对经整体热处理的剪片，可在剪片平面处测试。

单位：mm

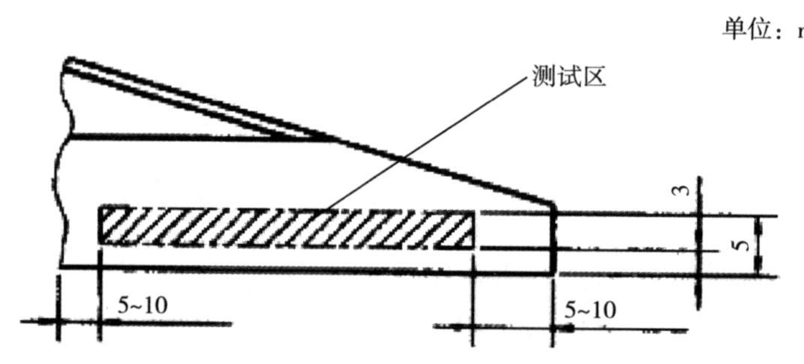

图 2 剪片硬度试验范围

5.2.2 桑剪的主轴螺栓硬度试验按 GB/T 230.1 的规定进行。

5.3 手柄强度

如图 3 所示，在剪片闭合的状态下，在手柄末端施加 500 N 压力进行强度试验。

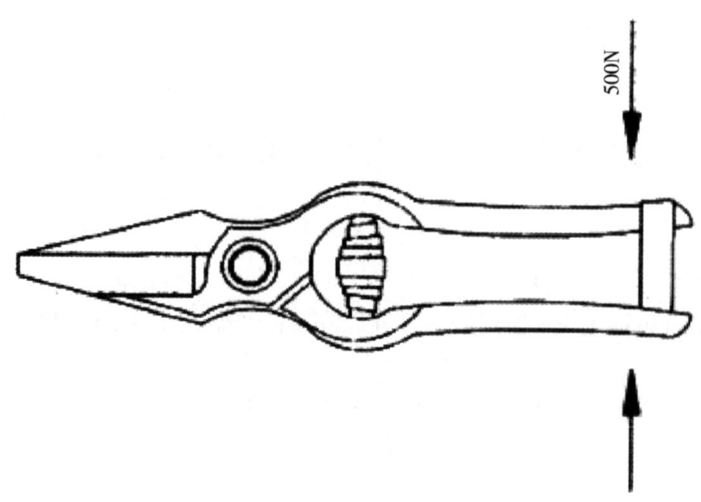

图 3 手柄强度试验

5.4 使用性能

5.4.1 桑剪的剪片开闭灵活试验如图4所示，在剪切刃口打开的状态下，在手柄末端施加不大于10 N压力而后卸载，反复进行3次。

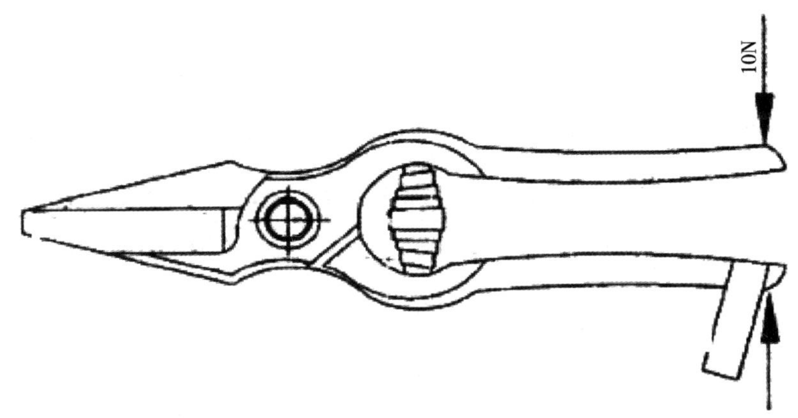

图4 开闭灵活试验

5.4.2 桑剪的使用性能用手感和目测检验。

5.5 剪切性能

桑剪的剪切试验用手力在全刃口垂直剪切GB/T 1911规定的C级拷贝纸。

5.6 表面质量

5.6.1 桑剪的表面质量用目测检验。
5.6.2 桑剪的表面粗糙度用符合GB/T 6060.2的标准样块进行检验。

5.7 跌落试验

产品在距水泥平地高1 m处，按图4所示两个方向各做1次自由落体试验。

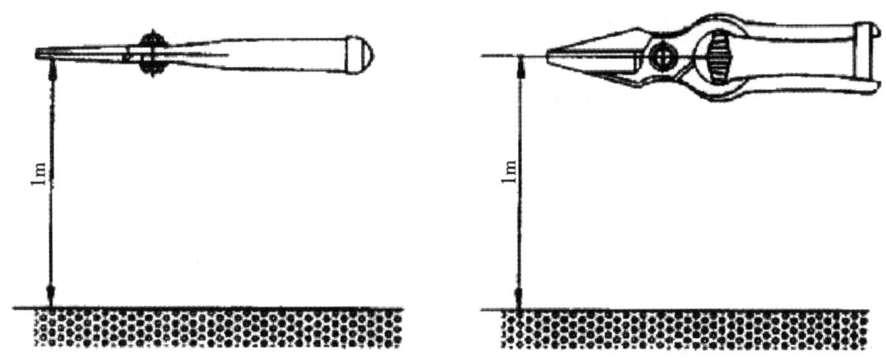

图5 跌落试验方法

5.8 安全

安全用目测和手感检验。

6 检验规则

6.1 桑剪的检验规则按照 GB/T 6866 的规定。

6.2 出厂检验的不合格分类、检验项目、接收质量限（AQL）和检验水平按表 2 的规定。

表 2　不合格分类、检验项目、接收质量限（AQL）和检验水平

序号	不合格分类	检验项目	接收质量限（AQL）	检验水平
1	B	硬度	4.0	S-2
2		手柄强度		
3		剪切性能		
4		跌落试验		
5		安全		Ⅱ
6	C	基本尺寸	6.5	Ⅱ
7		使用性能		
8		表面质量		

7 标志、包装、运输、贮存

7.1 产品标志

桑剪产品上应有固定明晰的产品标志。标志内容应包括产品的规格和制造厂商的名称或商标。

7.2 产品的包装、包装标志、运输与贮存

产品的包装、包装标志，运输与贮存按 GB/T 6866 的规定。

ICS 71.100.40
Y 43

中华人民共和国国家标准

GB/T 24691—2009

果蔬清洗剂

Cleaning agent for fruit and vegetable

2009-11-30 发布　　　　2010-05-01 实施

中华人民共和国国家质量监督检验检疫总局
中国国家标准化管理委员会
发布

前　言

本标准的附录 A、附录 B、附录 C、附录 D、附录 E、附录 F 为规范性附录。

本标准由中国轻工业联合会提出。

本标准由全国食品用洗涤消毒产品标准化技术委员会归口。

本标准起草单位：西安开米股份有限公司、广州蓝月亮实业有限公司、国家洗涤用品质量监督检验中心（太原）、北京绿伞化学股份有限公司、广州立白企业集团有限公司、安利（中国）日用品有限公司。

本标准主要起草人：于文、张宝莲、何琼、赵新宇、金玉华、周炬、强鹏涛。

果蔬清洗剂

1 范围

本标准规定了果蔬清洗剂产品的技术要求、试验方法、检验规则和标志、包装、运输、贮存要求。

本标准适用于主要以表面活性剂和助剂等配制而成，用于清洗水果和蔬菜的洗涤剂。

2 规范性引用文件

下列文件中的条款通过本标准的引用而成为本标准的条款。凡是注日期的引用文件，其随后所有的修改单（不包括勘误的内容）或修订版均不适用于本标准，然而，鼓励根据本标准达成协议的各方研究是否可使用这些文件的最新版本。凡是不注日期的引用文件，其最新版本适用于本标准。

GB/T 4789.2　食品卫生微生物学检验　菌落总数测定

GB/T 4789.3　食品卫生微生物学检验　大肠菌群计数

GB/T 6368　表面活性剂　水溶液 pH 值测定　电位法（GB/T 6368—2008，ISO 4316：1977，IDT）

GB 9985—2000　手洗餐具用洗涤剂

GB/T 13173—2008　表面活性剂　洗涤剂试验方法

GB 14930.1　食品工具、设备用洗涤剂卫生标准

GB/T 15818　表面活性剂生物降解度试验方法

QB/T 2951　洗涤用品检验规则

QB/T 2952　洗涤用品标识和包装要求

JJF 1070　定量包装商品净含量计量检验规则

《定量包装商品计量监督管理办法》国家质量监督检验检疫总局令〔2005〕第75号

3 要求

3.1 材料要求

果蔬清洗剂产品配方中所用表面活性剂的生物降解度应不低于90 %；所用材料应使果蔬清洗剂产品配方的急性经口毒性 LD_{50} 大于5 000 mg/kg；所用防腐剂、着色剂、香精应符合 GB 14930.1 中相关的使用规定。

3.2 感官指标

3.2.1　外观：液体产品不分层，无悬浮物或沉淀；粉状产品均匀无杂质，不结块。

3.2.2　气味：无异味，符合规定香型。

3.2.3　稳定性（液体产品）：于 −5 ℃ ±2 ℃的冰箱中放置24 h，取出恢复至室温时观察，无沉

淀和变色现象，透明产品不混浊；40 ℃ ±1 ℃的保温箱中放置24 h，取出恢复至室温时观察，无异味，无分层和变色现象，透明产品不混浊。

注：稳定性是指样品经过测试后，外观前后无明显变化。

3.3 理化指标

果蔬清洗剂的理化指标应符合表1规定。

表1　果蔬清洗剂的理化指标

项　目	指　标
总活性物含量（%）≥	10
pH值（25 ℃，1∶10水溶液）	6.0～10.5
甲醇含量（mg/kg）≤	1 000
甲醛含量（mg/kg）≤	100
砷含量（1 %溶液中以砷计）（mg/kg）≤	0.05
重金属含量（1 %溶液中以铅计）（mg/kg）≤	1
荧光增白剂	不应检出

3.4 微生物指标

果蔬清洗剂的微生物指标应符合表2规定。

表2　果蔬清洗剂的微生物指标

项　目	指　标
细菌总数（CFU/g）　≤	1 000
大肠菌群（MPN/100 g）≤	3

3.5　当产品标称可洗除果蔬上残留农药时，应对残留农药洗除效果进行验证。

3.6 定量包装要求

果蔬清洗剂销售包装净含量应符合国家质量监督检验检疫总局令〔2005〕第75号的要求。

4 试验方法

除非另有说明，在分析中仅使用确认为分析纯的试剂和蒸馏水或去离子水或相当纯度的水。

4.1 外观

取适量样品，置于干燥洁净的透明实验器皿内，在非直射光条件下进行观察，按指标要求进行评判。

4.2 气味

感官检验。

4.3 总活性物含量的测定

一般情况下，总活性物含量按 GB/T 13173—2008 中的第 7 章规定进行。当产品配方中含有不溶于乙醇的表面活性剂组分时，或客商订货合同书中规定有总活性物含量检测结果不包括水助溶剂，要求用三氯甲烷萃取法测定时，总活性物含量按 GB/T 13173—2008 中的第 7 章（B 法）规定进行。

4.4 pH 值的测定

按 GB/T 6368 的规定进行。

4.5 甲醇含量的测定（对于液体产品）

按 GB 9985—2000 附录 D 的规定配制标准溶液后，进行测定。

4.6 甲醛含量的测定（对于液体产品）

按 GB 9985—2000 附录 E 的规定进行。

4.7 砷含量的测定

按 GB 9985—2000 附录 F 的规定进行。

4.8 重金属含量的测定

按 GB 9985—2000 附录 G 的规定进行。

4.9 荧光增白剂的测定

按 GB 9985—2000 附录 C 的规定进行。

4.10 微生物检验

细菌总数和大肠菌群分别按 GB/T 4789.2 和 GB/T 4789.3 的规定进行。

4.11 表面活性剂生物降解度的测定

果蔬清洗剂产品配方中所用表面活性剂的生物降解度按 GB/T 15818 的规定进行。

4.12 净含量的测定

果蔬清洗剂销售包装净含量的检验、抽样方法及判定规则按 JJF 1070 的规定进行。

4.13 残留农药洗除效果验证

对残留农药洗除效果的验证按附录 A 进行。

4.14 清洗剂残留的测定

如需对产品使用后清洗剂残留进行定性、定量测定，测定方法可按附录 B、附录 C、附录 D、附录 E、附录 F 进行。

5 检验规则

按 QB/T 2951 执行。

出厂检验项目包括产品的感官指标、总活性物含量、pH 值及定量包装要求。

6 标志、包装、运输、贮存

6.1 标志、包装

按 QB/T 2952 执行。

产品标注适用于餐具清洗时，各指标值应同时符合餐具洗涤剂标准要求。

当配方中使用不完全溶于乙醇的表面活性剂或要求用三氯甲烷萃取法测定总活性物含量时，应注明。

6.2 运输

产品在运输时应轻装轻卸，不应倒置，避免日晒雨淋，不应箱上踩踏和堆放重物。

6.3 贮存

6.3.1 产品应贮存在温度不高于 40 ℃和不低于 -10 ℃，通风干燥且不受阳光直射的场所。

6.3.2 堆垛要采取必要的防护措施，堆垛高度要适当，避免损坏大包装。

7 保质期

在本标准规定的运输和贮存条件下，在包装完整未经启封的情况下，产品的保质期自生产之日起为十八个月以上。

附　录　A
（规范性附录）
果蔬清洗剂对残留农药洗除效果的验证方法

A.1　范围

本方法规定了农药乳液和蔬菜表面含农药样本的制备方法，蔬菜表面含农药样本的清洗方法和农药去除率的测定方法。

本方法适用于以表面活性剂和助剂复配的果蔬清洗剂对氯氰菊酯、残杀威农药去除率的测定。

本方法的检出范围为氯氰菊酯 4.3 μg/mL ~ 430.0 μg/mL，残杀威 1.5 μg/mL ~ 150.0 μg/mL。

A.2　引用标准

GB/T 13174 衣料用洗涤剂去污力及抗污渍再沉积能力的测定。

A.3　方法原理

制备超标数倍农药的蔬菜样品；模拟实际洗涤情况，用 0.2 % 果蔬清洗剂溶液清洗后，用萃取、浓缩的方法获取残留农药；采用高效液相色谱测定清洗前后果蔬表面农药残留量，并计算得出残留农药去除率；与一定硬度水洗后的残留农药去除率比较，其比值为果蔬清洗剂对残留农药洗除效果的评价结果。

A.4　试剂

除非另有说明，在分析中仅使用确认的分析纯试剂和蒸馏水或去离子水或纯度相当的水（适用本标准所有附录）。

A.4.1　无水乙醇；

A.4.2　乙腈；

A.4.3　冰乙酸；

A.4.4　无水硫酸镁；

A.4.5　无水醋酸钠；

A.4.6　氯化钙（$CaCl_2$）；

A.4.7　硫酸镁（$MgSO_4 \cdot 7H_2O$）；

A.4.8　氯氰菊酯，大于 95 %；

A.4.9　残杀威；

A.4.10　萃取液

0.1% 的冰乙酸乙腈液；

A.4.11　250 mg/kg 标准硬水

称取氯化钙（A.4.6）16.7 g 和硫酸镁（A.4.7）24.7 g，配制 10 L，即为 2 500 mg/kg 硬水。使用时取 1 L 冲至 10 L 即为 250 mg/kg 硬水。

A.5　仪器

A.5.1　高效液相色谱仪；

A. 5. 2　电子秤，0. 01 g；

A. 5. 3　高速组织匀浆机，转速 11 000 r/min ~ 24 000 r/min；

A. 5. 4　离心机，转速不低于 2 000 r/min，离心管 50 mL；

A. 5. 5　超声波清洗器，超声频率 30/40/50（kHz）、超声功率 180 W；

A. 5. 6　水浴锅；

A. 5. 7　果蔬脱水器（图 A. 1），规格外筒 ø26. 5 cm × 17. 8 cm、内筒 ø24 cm × 13 cm；

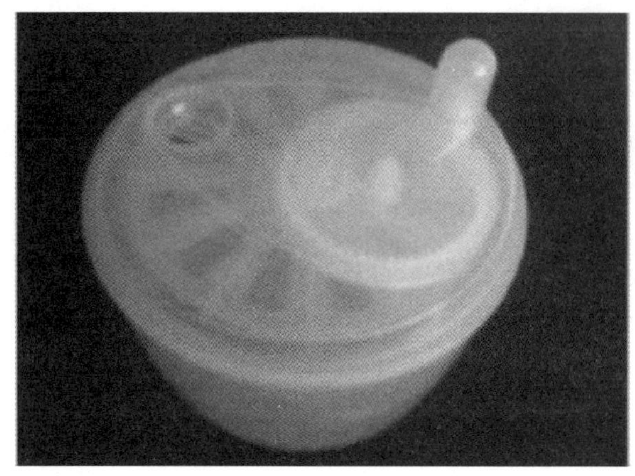

a）果蔬脱水器外筒

b）果蔬脱水器内筒

图 A. 1　果蔬脱水器

A. 5. 8　烧杯，500 mL、1 000 mL；

A. 5. 9　容量瓶，50 mL；

A. 5. 10　不锈钢桶，容量 10 L。

A. 6　试样制备

A. 6. 1　果蔬样本

选取大小相同、无断裂，边角无开口、无损伤的甜豆角为本实验的蔬菜样本（见图 A. 2）。

图 A. 2　蔬菜样本（甜豆角）

A. 6. 2　农药乳液制备

称取 5. 00 g 氯氰菊酯和 2. 50 g 残杀威溶于 500 g 无水乙醇溶液中，搅拌均匀后，用 250 mg/kg 硬水定量至 5 000 g，混匀，备用。农药乳液浓度为：含氯氰菊酯 0. 1 %、含残杀威 0. 05 %。

A. 6. 3　含农药蔬菜的制备

将甜豆角浸没于农药乳液中 20 min 后取出，甩去表面残留液滴，于室温阴凉处放置 24 h。将制备好的蔬菜样品分成 3 组，未洗（未洗涤蔬菜样品表面载附的农药量以 140 mg/kg ~ 200 mg/kg 为宜）、水洗、果蔬清洗剂溶液洗涤各为 1 组，每组 2 份，每份 80 g，备用。

A. 7　清洗方法

A. 7. 1　水洗涤方法

洗涤温度 30 ℃，硬水 800 mL（A. 4. 11）。

洗涤：取 800 mL 硬水（A. 4. 11）加入果蔬脱水器中，同时放入一份已制备好的蔬菜（A. 6. 3），浸泡 1 min 后开始匀速洗涤 4 min，洗涤搅拌方式为顺时针一圈，逆时针一圈，频率约为 19 r/min ~ 21 r/min。

漂洗：将洗涤后的蔬菜样品放入干净的果蔬脱水器内筒中，先用 1 000 mL 硬水（A. 4. 11）冲洗一遍后弃去，再加入 1 000 mL 硬水（A. 4. 11）以上述同样的洗涤搅拌方式洗涤 30 s（顺时针一圈，逆时针一圈，频率约为 19 r/min ~ 21 r/min），弃去第二次漂洗水，再以同样方式进行第三次漂洗。

同时进行平行试验。

A. 7. 2　果蔬清洗剂洗涤方法

用硬水（A. 4. 11）配制浓度为 0. 2 % 果蔬清洗剂溶液，洗涤温度为 30 ℃。

洗涤：在果蔬脱水器中加入浓度为 0. 2 % 果蔬清洗剂溶液 800 mL，同时放入一份已制备好的蔬菜（A. 6. 3），浸泡 1 min 后开始匀速洗涤 4 min，洗涤搅拌方式为顺时针一圈，逆时针一圈，频率约为 19 r/min ~ 21 r/min。

漂洗：将经浸泡、洗涤后的蔬菜样品放入另一个干净的果蔬脱水器内筒中，用 1 000 mL 硬水（A. 4. 11）冲洗后弃去，再加入 1 000 mL 硬水（A. 4. 11），以同样的洗涤方式洗涤 30 s（顺时针一圈，逆时针一圈，频率约为 19 r/min ~ 21 r/mm），弃去第二次漂洗水，以同样方式进行第三次漂洗。

同时进行平行试验。

以未洗涤蔬菜样品（A. 6. 3）作为清洗前残留农药量测定用样，将水洗涤后试样（A. 7. 1）和果蔬清洗剂溶液洗涤后试样（A. 7. 2）甩去表面残留液滴，于室温阴凉处放置 12 h，分别用于农药去除率测定。

A. 8　农药去除率试验方法

A. 8. 1　匀浆

取 1 份已制备好的试样，用剪刀剪成小块，采用匀浆机匀浆至糊状，从中取出 60 g 备用。

A. 8. 2　萃取

将 A. 8. 1 匀浆后的 1 份试样 60 g 置于 500 mL 烧杯中，加入 100 mL 萃取液（A. 4. 10），再加入 6 g 无水醋酸钠（A. 4. 5）和 18 g 无水硫酸镁（A. 4. 4），用玻璃棒搅拌均匀，置于超声波清洗器（50 Hz）中，清洗 3 min 后取出，倒出萃取清液于 500 mL 烧杯中，以上述方法重复萃取 2 次，合并萃取清液。将样品残渣放入 50 mL 离心管中，离心 4 min（转速为 4 000 r/min），将离心管中的清液合并到以上萃取清液中。

A. 8. 3　浓缩

将 A. 8. 2 制备的萃取清液置于（80 ±2）℃水浴中浓缩至 5 mL ~ 8 mL，将浓缩液转移到 50 mL 容量瓶中，用萃取液（A. 4. 10）定容至 50 mL，备用。

A. 8. 4　仪器检测

高效液相色谱条件：

流动相：A：甲醇：水：冰乙酸 = 80：20：0. 1；

B：水。

色谱柱：C18 柱，4. 6 mm × 150 mm。

柱温：30 ℃。

波长：276 nm。

梯度：见表 A. 1。

表 A. 1　梯度

时间（min）	A（%）	B（%）	流速（mL/ min）
0	60	40	1. 0
6	100	0	1. 5
20	100	0	1. 5
21	60	40	1. 0
25	60	40	1. 0

进样量：20μL。

工作站 Quest，二极管阵列检测器。

A. 8. 4. 1　标液配制及外标法定量

精确称量 0. 5 g（精确至 0. 000 1 g）氯氰菊酯标准品和 0. 25 g（精确至 0. 000 1 g）残杀威标准品于 100 mL 容量瓶中用萃取液（A. 4. 10 ）稀释至刻度，该溶液浓度为 5 000 mg/mL，再根据需要将其稀释为不同浓度，即 1μg/mL ~ 500μg/mL。依次进样，制作工作曲线，计算出回归方程（见图 A. 3 ~ 图 A. 7）。

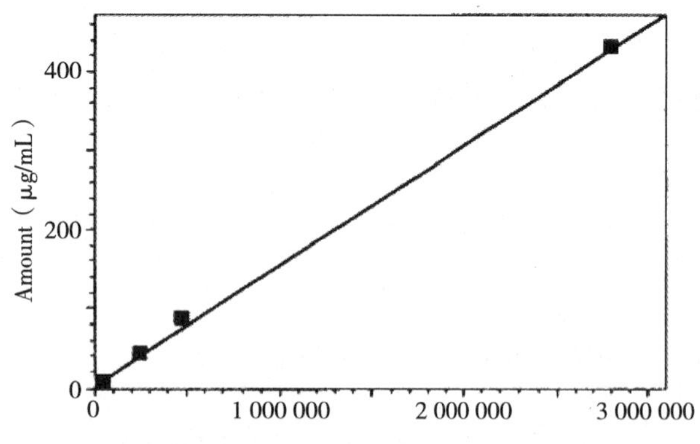

（4.249 μg/mL 8.596 μg/mL 42.98 μg/mL 85.96 μg/mL 429.8 μg/mL）
回归方程：y =0.000 152 559x+3.932 57
相关系数：0.999 145

图 A. 3　氯氰菊酯工作曲线

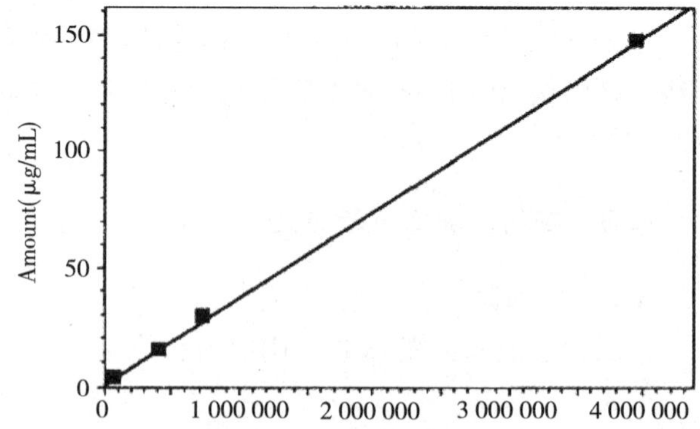

（1.478 μg/mL 2.95 μg/mL 14.75 μg/mL 29.5 μg/mL 147.5 μg/mL）
回归方程：y =3.724 39e−0.05x+0.322 733
相关系数：0.999 789

图 A. 4　残杀威工作曲线

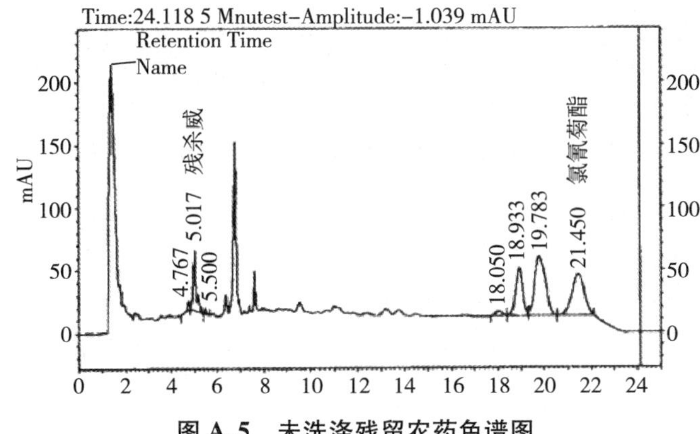

图 A.5 未洗涤残留农药色谱图

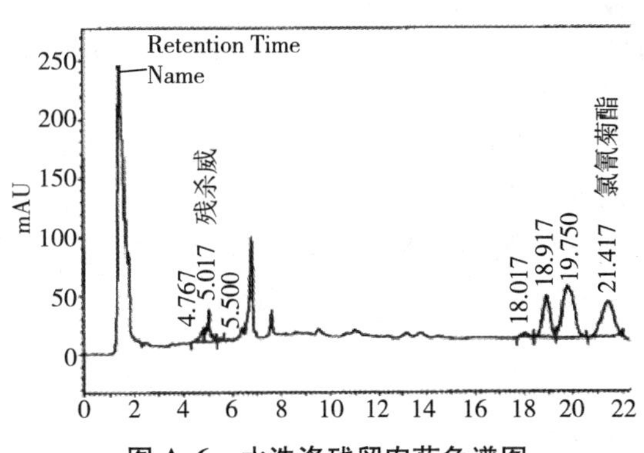

图 A.6 水洗涤残留农药色谱图

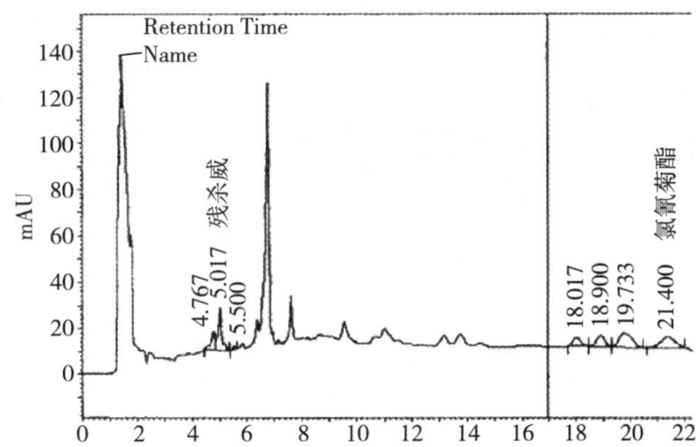

图 A.7 0.2 %果蔬清洗剂溶液洗涤残留农药色谱图

A.9 结果计算与效果评价

A.9.1 残留农药去除率的计算［见式（A.1）～式（A.3）］

$$M = (M_0 - M_1)/M_0 \times 100\% \quad (A.1)$$

式中：

M——残留农药去除率,%；

M_0——试样清洗前农药残留量，单位为毫克每千克（mg/kg）；

M_1——试样清洗后农药残留量，单位为毫克每千克（mg/kg）。

结果以算术平均值表示至小数点后一位。

在重复性条件下获得的两次独立测定结果的绝对差值不大于3.5 %，以大于3.5 %的情况不超过5 %为前提。

$$M_0 = \frac{c_0 V_0 \times 10^{-3}}{m_0 \times 10^{-3}} \quad (A.2)$$

式中：

c_0——未清洗试样经萃取后定容至50 mL的残留农药浓度，单位为微克每毫升（μg/mL）；

V_0——50 mL；

m_0——称取试样的质量。

$$M_1 = \frac{c_1 V_1 \times 10^{-3}}{m_1 \times 10^{-3}} \quad (A.3)$$

式中：

c_1——经清洗的试样萃取后定容至 50 mL 的残留农药浓度，单位为微克每毫升（μg/mL）；

V_1——50 mL；

m_1——称取试样的质量。

A. 9. 2　残留农药去除率比值［见式（A. 4）］

$$P = \frac{M_S}{M_X} \quad (A.4)$$

式中：

P——残留农药去除率的比值；

M_S——果蔬清洗剂试样溶液对残留农药的去除率；

M_X——水对残留农药的去除率。

结果以算术平均值表示至小数点后一位。

A. 9. 3　果蔬清洗剂对残留农药去除效果的评价

0. 2% 果蔬清洗剂溶液对残留农药的洗除率与水对残留农药的洗除率之比值应为 P 大于等于 4。

附　录　B
(规范性附录)
果蔬清洗剂残留量的定性测定

B.1　方法原理

由一定量的蔬菜表面所携带最终漂洗水的量，作为果蔬清洗剂残留量测定时的移取量。以阴离子表面活性剂作为代表性残留物，测定残留于漂洗液中的阴离子表面活性剂和酸性混合指示剂中的阳离子染料生成溶解于三氯甲烷中的盐，此盐使三氯甲烷层呈现由阴离子表面活性剂含量决定的由浅至深的粉红色。

B.2　试剂

B. 2. 1　月桂基硫酸钠标准溶液，c = 2 mg/kg

称取月桂基硫酸钠（含量以100 %计）0. 1 g（准确至0. 001 g），用水溶解并定容至100 mL，用移液管移取上述溶液2. 0 mL至1 000 mL容量瓶中，用水溶解、混匀备用。

B. 2. 2　酸性混合指示剂

按GB/T 5173—1995中4. 8规定进行配制。

B. 2. 3　250 mg/kg标准硬水

按GB/T 13174—2008中7. 1规定进行配制。

B. 2. 4　三氯甲烷

B.3　仪器

B. 3. 1　具塞玻璃量筒，100 mL；

B. 3. 2　移液管，2 mL、10 mL、50 mL；

B. 3. 3　容量瓶，1 000 mL；

B. 3. 4　不锈钢镊子。

B.4　操作程序

B. 4. 1　准确称取4. 0 g果蔬清洗剂试样，用硬水（B. 2. 3）稀释定容至2 000 mL；

B. 4. 2　称取绿叶蔬菜250 g，均匀地浸泡于已制备好的试样溶液（4. 1）中，浸泡5 min，蔬菜应完全浸泡在清洗剂溶液中，每隔1 min将蔬菜完全翻转1次；

B. 4. 3　将浸泡后的蔬菜用镊子夹出，立刻用硬水（B. 2. 3）连续漂洗两次，每次用硬水2 000 mL，漂洗2min，每隔0. 5 min将蔬菜翻转1次。漂洗完两次后，第三次漂洗用硬水1 000 mL，浸漂10 min（尽量将蔬菜上的洗涤剂残留溶入漂洗水中），每隔1 min将蔬菜翻转1次。将第三次的漂洗水保留备用；

B. 4. 4　用移液管移取第三次的漂洗水20. 0 mL（相当于250 g绿叶蔬菜表面的附着量）于具塞量筒中，加三氯甲烷15. 0 mL，酸性混合指示剂10 mL，充分振摇、静置分层备用；

B. 4. 5　移取浓度为2 mg/kg的月桂基硫酸钠标准溶液20. 0 mL于具塞量筒中，加三氯甲烷15. 0 mL，酸性混合指示剂10. 0 mL，充分振摇，静置分层备用；

B. 4. 6　将静置分层后的试样溶液（B. 4. 4）氯仿层与标准溶液（B. 4. 5）氯仿层进行目视比色，当试样溶液比标准溶液的粉红色相当或更浅，即可认定为残留于250 mg蔬菜上的阴离子表面活性剂小于等于2. 0mg/kg。

附　录　C
（规范性附录）
阴离子表面活性剂的测定——亚甲基蓝法
（果蔬清洗剂残留量的定量测定）

C.1　方法概要

阴离子表面活性剂与亚甲基蓝形成的络合物用三氯甲烷萃取，然后用分光光度法测定阴离子表面活性剂含量。

C.2　应用范围

本方法适用于含磺酸基和硫酸基的阴离子表面活性剂。

C.3　试剂

C.3.1　阴离子表面活性剂标准溶液

取相当于100 %的参照物（按GB/T 5173测定纯度）1 g（准确至0.001 g），用水溶解、转移并定容至1 000 mL，混匀。此溶液阴离子表面活性剂浓度为1 g/L。移取此溶液10.0 mL，于1 000 mL容量瓶中，加水定容，混匀，则该使用溶液阴离子表面活性剂浓度为0.01 mg/mL。

C.3.2　硫酸；

C.3.3　磷酸二氢钠洗涤液

将磷酸二氢钠50 g溶于水中，加入硫酸（C.3.2）6.8 mL，定容至1 000 mL。

C.3.4　亚甲基蓝溶液

称取亚甲基蓝0.1 g，用水溶解并稀释至100 mL，移取此溶液30 mL，用磷酸二氢钠洗涤液（C.3.3）稀释至1 000 mL。

C.3.5　三氯甲烷。

C.4　仪器

普通实验室仪器；

分光光度计，波长360 nm～800 nm。

C.5　工作曲线的绘制

准确移取浓度为0.01 mg/mL阴离子表面活性剂使用溶液（C.3.1）0 mL（作为空白参比液）、3.0 mL、6.0 mL、9.0 mL、12.0 mL、15.0 mL，分别于250 mL分液漏斗中，加水使总体积达100 mL。加入亚甲基蓝溶液（C.3.4）25 mL，混匀后加入三氯甲烷（C.3.5）15 mL，振荡30 s，静置分层；若水层中蓝色褪去，应补加亚甲基蓝溶液10 mL，再振荡30 s，静置10 min。

将三氯甲烷层放入另一支250 mL分液漏斗中（切勿将界面絮状物随三氯甲烷带出），重复萃取至三氯甲烷层无色。

在合并的三氯甲烷萃取液中加入磷酸二氢钠溶液（C.3.3）50 mL，振荡30 s，静置10 min，将三氯甲烷层通过洁净的脱脂棉过滤到100 mL容量瓶中，加入三氯甲烷5 mL于分液漏斗中，重复萃取至三氯甲烷层无色，所有的三氯甲烷层均经脱脂棉过滤至 100 mL 容量瓶中，再以少许三氯甲烷淋洗脱脂棉，定容，混匀。

用分光光度计于波长 650 nm，用 10 mm 比色池，以空白参比液做参比，测定试液的净吸光值。以表面活性剂质量（μg）为横坐标，净吸光值为纵坐标，绘制工作曲线或以一元回归方程计算 $y = a + bx$。

C.6 漂洗试液中表面活性剂含量的测定

准确移取适量漂洗试液（B.4.3）于 250 mL 分液漏斗中，加水至 100 mL，加入三氯甲烷 5 mL 于分液漏斗中，重复萃取至三氯甲烷层无色，所有的三氯甲烷层均经脱脂棉过滤至 100 mL 容量瓶中，再以少许三氯甲烷淋洗脱脂棉，定容，混匀。

以同样程序测定空白试验液。

用分光光度计于波长 650 nm，用 10 mm 比色池，以空白试验液做参比，测定试液的净吸光值，由净吸光值与工作曲线或 $y = a + bx$ 计算得到表面活性剂浓度，以 μg/mL 表示。

C.7 结果计算

阴离子表面活性剂的浓度按式（C.1）计算：

$$c_2 = \frac{M_2}{V_2} \tag{C.1}$$

式中：

c_2—— 阴离子表面活性剂的浓度，单位为微克每毫升（μg/mL）；

M_2——从工作曲线或计算得到的试液中阴离子表面活性剂含量，单位为微克（μg）；

V_2——移取试液体积，单位为毫升（mL）。

附　录　D
（规范性附录）
乙氧基型表面活性剂的测定——硫氰酸钴法
（果蔬清洗剂残留量的定量测定）

D.1　方法概要

乙氧基型表面活性剂与硫氰酸钴所形成的络合物用三氯甲烷萃取，然后用分光光度法测定表面活性剂含量。

D.2　应用范围

本方法适用于聚氧乙烯型单链 EO 加合数 3 ~ 40，双链、三链、四链总 EO 加合数 6 ~ 60 的表面活性剂以及聚乙二醇（摩尔质量 300 ~ 1 000）、聚醚等表面活性剂。

D.3　试剂

D.3.1　乙氧基型表面活性剂标准溶液

称取相当于 100% 的参照物（按 GB/T 13173—2008 中的第 8 章测定纯度）1 g（准确至 0.001 g），用水溶解，转移并定容至 1 000 mL，混匀。此溶液表面活性剂浓度为 1 g/L。移取此溶液 25.0 mL 于 250 mL 容量瓶中，加水定容，混匀，则该使用溶液表面活性剂浓度为 0.1 mg/L。

D.3.2　硫氰酸铵；

D.3.3　硝酸钴（六水合物）；

D.3.4　苯；

D.3.5　硫氰酸钴铵溶液

将 620 g 硫氰酸铵（D.3.2）和 280 g 硝酸钴（D.3.3）溶于少量水中，混合均匀后定容至 1 000 mL，然后分别用 30 mL 苯萃取两次后备用。

D.3.6　氯化钠；

D.3.7　三氯甲烷。

D.4　仪器

普通实验室仪器和紫外分光光度计，波长 200 nm ~ 800 nm。

D.5　工作曲线的绘制

准确移取浓度为 0.1 mg/mL 表面活性剂使用溶液（D.3.1）0 mL（作为空白参比液）、5.0 mL、10.0 mL、20.0 mL、25.0 mL、30.0 mL、35.0 mL，分别于 250 mL 分液漏斗中，加水使总体积达 100 mL，加入硫氰酸钴铵溶液（D.3.5）15 mL，稍混匀加入 35.5 g 氯化钠（D.3.6），充分振荡 1 min，静置 15 min 后加入三氯甲烷（D.3.7）15 mL，再振荡 1 min，静置 15 min 后将三氯甲烷层放入 50 mL 容量瓶中（切勿将界面絮状物随三氯甲烷层带出），再重复萃取两次，用三氯甲烷定容，混匀。

用紫外分光光度计于波长 319 nm，用 10 mm 石英池，以空白参比液做参比，测定试液的净吸光值。以表面活性剂质量（μg）为横坐标，净吸光值为纵坐标，绘制工作曲线或以一元回归方程计算 $y = a + bx$。

D.6 漂洗试液中表面活性剂含量的测定

移取适量漂洗试液（B.4.3）于250 mL分液漏斗中，加水50 mL，加入硫氰酸钴铵溶液（D.3.5）15 mL，稍混匀加入35.5 g氯化钠（D.3.6），充分振荡1 min，静置15 min后加入三氯甲烷（D.3.7）15 mL，再振荡1 min，静置15 min后将三氯甲烷层放入50 mL容量瓶中（切勿将界面絮状物随三氯甲烷层带出），再重复萃取两次，用三氯甲烷定容，混匀。

以同样程序测定空白试验液。

用紫外分光光度计于波长319 nm，用10 mm比色池，以空白试验液做参比，测定试液的净吸光值。由净吸光值与工作曲线或 $y = a + bx$ 计算得到表面活性剂浓度，以 μg/mL 表示。

D.7 结果计算

乙氧基型表面活性剂的浓度按式（D.1）计算：

$$c_3 = \frac{M_3}{V_3} \tag{D.1}$$

式中：

c_3—— 乙氧基型表面活性剂浓度，单位为微克每毫升（μg/mL）；

M_3——从工作曲线或计算得到的试液中乙氧基型表面活性剂含量，单位为微克（μg）；

V_3——试样移取体积，单位为毫升（mL）。

注：阴离子表面活性剂、阳离子表面活性剂、两性表面活性剂及聚乙二醇的存在，会影响分析结果的准确性，应预先分离除去。聚乙二醇的分离见GB/T 5560；其他表面活性剂的分离见GB/T 13173。

附 录 E
(规范性附录)
两性离子表面活性剂的测定 金橙 -2 法
(果蔬清洗剂残留量的定量测定)

E.1 方法概要

两性离子表面活性剂与金橙 -2 在 pH =1 的缓冲条件下形成的络合物用三氯甲烷萃取，然后用分光光度法测定两性离子表面活性剂含量。

E.2 应用范围

本方法适用于两性离子表面活性剂，也适用于阳离子表面活性剂及二者的混合物。

E.3 试剂

E.3.1 脂肪烷基二甲基甜菜碱标准溶液

准确称取相当于 100 % 的脂肪烷基二甲基甜菜碱（按 QB/T 2344 测定纯度）1.0 g（准确至 0.001 g），用水溶解，转移并定容至 1000 mL，混匀。此溶液表面活性剂浓度为 1 g/L。移取此溶液 10.0 mL 于 1 000 mL 容量瓶中，加水定容，混匀，则该使用溶液表面活性剂浓度为 0.01 mg/mL。

E.3.2 金橙 -2

称取 0.1 g 金橙 -2 溶于 100 mL 水中，混匀。

E.3.3 盐酸

0.2 mol/L 盐酸溶液。

E.3.4 氯化钾

0.2 mol/L 氯化钾溶液。

E.3.5 缓冲溶液，pH =1

量取 0.2 mol/L 盐酸溶液（E.3.3）97 mL，0.2 mol/L 氯化钾溶液（E.3.4）53 mL，加水 50 mL 摇匀备用。

E.3.6 三氯甲烷。

E.4 仪器

普通实验室仪器和分光光度计，波长 360 nm ~ 800 nm。

E.5 工作曲线的绘制

准确移取浓度为 0.01 mg/mL 表面活性剂使用溶液（E.3.1）0 mL（作为空白参比液）、5.0 mL、10.0mL、15.0 mL、20.0 mL、25.0 mL、30.0 mL、35.0 mL 分别于 250 mL 分液漏斗中，加水使体积达 100 mL，加入 pH =5 缓冲溶液（E.3.5）10 mL，金橙 -2 溶液（E.3.2）3 mL，混匀后加入三氯甲烷 10 mL，振荡 30 s，静置 10 min 后放入 50 mL 容量瓶中（切勿将絮状物随三氯甲烷带出），重复萃取，直至三氯甲烷无色，用三氯甲烷定容，混匀。

用分光光度计于波长 485 nm，用 10 mm 比色池，以空白参比液做参比，测定试液的净吸光值。以表面活性剂质量（μg）为横坐标，净吸光值为纵坐标，绘制工作曲线或以一元回归方程计算 $y = a + bx$。

E. 6　漂洗试液中表面活性剂含量的测定

移取适量漂洗试液（B. 4. 3）于250 mL分液漏斗中，加水使体积达100 mL，加入pH =5 缓冲溶液（E. 3. 5）10 mL，金橙 -2 溶液（E. 3. 2）3 mL，混匀后加入三氯甲烷 10 mL，振荡 30 s，静置 10 min 后放入 50 mL 容量瓶中（切勿将絮状物随三氯甲烷带出），重复萃取，直至三氯甲烷无色，用三氯甲烷定容，混匀。

以同样程序测定空白试验液。

用分光光度计于波长485 nm，用10 mm 比色池，以空白试验液做参比，测定试液的净吸光值。由净吸光值与工作曲线或 $y = a + bx$ 计算得到表面活性剂浓度，以 μg/mL 表示。

E. 7　结果计算

两性离子表面活性剂的浓度按式（E. 1）计算：

$$c_4 = \frac{M_4}{V_4} \tag{E. 1}$$

式中：

c_4——两性离子表面活性剂浓度，单位为微克每毫升（μg/mL）；

M_4——从工作曲线或计算得到的试液中两性离子表面活性剂含量，单位为微克（μg）；

V_4——移取试液体积，单位为毫升（mL）。

附　录　F
（规范性附录）
烷基糖苷类表面活性剂的测定——蒽酮法
（果蔬清洗剂残留量的定量测定）

F.1　方法概要

烷基糖苷类表面活性剂在酸性体系中水解生成的糖可与蒽酮反应，生成绿色的络合物，以分光光度 法测定表面活性剂含量。

F.2　应用范围

本方法适用于烷基糖苷类和糖酯类的表面活性剂。

F.3　试剂

F.3.1　烷基糖苷标准溶液：

称取相当于100 %的烷基糖苷（按GB/T 19464测定纯度）1.0 g（准确至0.001 g），用水溶解，转移并定容至1 000 mL，混匀。此溶液表面活性剂浓度为1 g/L。移取此溶液5.0 mL用水稀释至100 mL，混匀，则该使用溶液表面活性剂浓度为0.05 mg/mL。

F.3.2　蒽酮；

F.3.3　硫酸；

F.3.4　蒽酮硫酸试剂：

取0.08 g蒽酮溶于100 mL硫酸中（此溶液需保存在冰箱内，隔数日应重新更换）。

F.4　仪器

普通实验室仪器和

F.4.1　分光光度计，360 nm ~ 800 nm；

F.4.2　纳氏比色管，10 mL。

F.5　工作曲线的绘制

准确移取浓度为0.05 μg/mL的表面活性剂（F.3.1）使用溶液0 mL（作为空白参比液）、0.25 mL、0.50 mL、1.00 mL、1.50 mL、2.00 mL于纳氏比色管（F.4.2）中，加水至2.0 mL，滴加5.0 mL蒽酮硫酸试剂（F.3.4）加盖置沸水浴中加热5 min后，取出立即冷却，摇匀，放置50 min后用分光光度计于波长625 nm，用10 mm比色池，以空白参比液做参比，测定试液的净吸光值。以表面活性剂质量（μg）为横坐标，净吸光值为纵坐标，绘制工作曲线或以一元回归方程计算 $y = a + bx$。

F.6　漂洗试液中表面活性剂含量的测定

适量移取漂洗试液（B.4.3）2.0 mL于纳氏比色管（F.4.2）中，以下步骤按F.5中“滴加5.0 mL蒽酮硫酸试剂，……摇匀”程序进行。

用同样程序测定空白试验液。

用分光光度计于波长 625 nm，用 10 mm 比色池，以空白试验液做参比，测定试液的净吸光值。由净吸光值与工作曲线或 $y = a + bx$ 计算得到表面活性剂浓度，以 μg/mL 表示。

F.7 结果计算

烷基糖苷类表面活性剂的浓度按式（F.1）计算：

$$c_5 = \frac{M_5}{V_5} \tag{F.1}$$

式中：

c_5——烷基糖苷类表面活性剂浓度，单位为微克每毫升（μg/mL）；

M_5——从工作曲线或计算得到的试液中烷基糖苷类表面活性剂含量，单位为微克（μg）；

V_5——移取试液体积，单位为毫升（mL）。

参考文献

[1] GB/T 5173—1995《表面活性剂和洗涤剂　阴离子活性物的测定　直接两相滴定法》

[2] GB/T 5560—2003《非离子表面活性剂　聚乙二醇含量和非离子活性物（加成物）含量的测定　Weilbull 法》

[3] GB/T 13173—2008《表面活性剂　洗涤剂试验方法》

[4] GB/T 13174—2008《衣料用洗涤剂去污力及抗污渍再沉积能力的测定》

[5] QB/T 2344—1997《两性表面活性剂　脂肪烷基二甲基甜菜碱》

ICS 65.020.20
B 61

中华人民共和国国家标准

GB 19173—2010
代替 GB 19173—2003

桑树种子和苗木

Seed and sapling of mulberry

2011-01-14 发布　　2012-01-01 实施

中华人民共和国国家质量监督检验检疫总局
中国国家标准化管理委员会　发布

前　言

本标准的全部技术内容为强制性。

本标准代替 GB 19173—2003《桑树种子和苗木》。

本标准与 GB 19173—2003 相比，主要变化如下；

——修订了术语和定义；

——修改了桑树种子的质量要求；

——修改了实生苗、杂交苗、嫁接苗、扦插苗的级别及质量要求；

——修订了检验规则；

——删除了附录。

本标准由中华人民共和国农业部提出。

本标准由全国农作物种子标准化技术委员会归口。

本标准起草单位：中国农业科学院蚕业研究所、农业部蚕桑产业产品质量监督检验测试中心（镇江）、浙江省农业厅经济作物管理局、广东省农业科学院蚕业与农产品加工研究所、广东省蚕业产品检测中心、江苏省农林厅蚕桑生产管理处。

本标准主要起草人：潘一乐、李奕仁、刘利、程嘉翎、吴福安、周勤、肖更生、余爱群、胡建。

本标准所代替标准的历次版本发布情况为：

——GB 19173—2003。

桑树种子和苗木

1 范围

本标准规定了桑树（*Morus* L.）种子和苗木的术语和定义、质量要求、检验方法、检验规则及包装、标志和运输要求。

本标准适用于中华人民共和国境内生产、销售的桑树实生种、杂交种、实生苗、杂交苗、嫁接苗及扦插苗。

2 规范性引用文件

下列文件中的条款通过本标准的引用而成为本标准的条款。凡是注日期的引用文件，其随后所有的修改单（不包括勘误的内容）或修订版均不适用于本标准。然而，鼓励根据本标准达成协议的各方研究是否可使用这些文件的最新版本。凡是不注日期的引用文件，其最新版本适用于本标准。

GB/T 19177　桑树种子和苗木检验规程

GB 20464　农作物种子标签通则

3 术语和定义

下列术语和定义适用于本标准。

3.1

实生种　common mulberry seed

桑树自然受粉产生的种子。

3.2

杂交种　hybrid mulberry seed

通过人为配制优良杂交组合生产的种子。

3.3

实生苗　common mulberry seedling

用实生种直接繁育的苗木。

3.4

杂交苗　hybrid mulberry seedling

用杂交种直接繁育的苗木。

3.5

嫁接苗　grafted mulberry sapling
采用嫁接法繁育的苗木。

3.6

扦插苗　cutting mulberry sapling
采用扦插法繁育的苗木。

4　质量要求

4.1　种子

桑树种子质量应符合表1的最低要求。

表1

单位：%

种子类别	品种纯度不低于	净度（净种子）不低于	发芽率不低于	水分不高于
实生种	—	95.0	80	12.0
杂交种	95.0	98.0	85	12.0

4.2　苗木

桑树苗木质量应符合表2的最低要求。

表2

苗木类别	曲径/mm 不低于	品种纯度/% 不低于	根系	外观
实生苗	3.5	—	主根完整，根长不低于100.0 mm	苗木新鲜，苗干充实，桑芽饱满
杂交苗	2.5	95.0	主根完整，根长不低于100.0 mm	苗木新鲜，苗干充实，桑芽饱满
嫁接苗、扦插苗	5.0	98.0	根系较完整，根长不低于150.0 mm	苗木新鲜，苗干充实，桑芽饱满

5　检验方法

执行GB/T 19177的规定，其中杂交种品种纯度检验在苗木生长期进行，杂交苗、嫁接苗、扦插苗品纯度检验在起苗后或生长期进行。

6　检验规则

6.1　抽样

桑树种子检验应分批次，按总重量0.2 %的比例随机扦样；桑树苗木在起苗后进行，按表3规定的数量进行抽样。

表3

总株数（n）（株）	n≤10 000	10 000＜n≤50 000	50 000＜n≤200 000	200 000＜n≤1 000 000	n＞1 000 000
检验株数（株）	300	500	1 000	2 000	4 000

6.2 质量判定规则

种子净度、发芽率、水分、品种纯度中任一项指标达不到规定要求的（见表1），即为不合格种子。苗木根系、外观、苗径中任一项指标达不到规定要求的（见表2），即为不合格苗木。不合格苗木的比例高于5.0 %，或苗木品种纯度达不到规定要求的（见表2），该批苗木不合格。

7 包装 、标志和运输

7.1 包装

种子包装以布袋为宜。每袋不宜超过15 kg；实生苗、杂交苗每100株扎成一捆，嫁接苗、扦插苗每50株或100株扎成一捆。

7.2 标志

桑树种子及苗木应附标签，标签应符合GB 20464的规定。

7.3 运输

种子运输过程中应防止日晒、雨淋、受潮、发热；苗木运输过程中应防止长时间堆积重压、风吹日晒及冻害。

GB

中 华 人 民 共 和 国 国 家 标 准

GB 2758—2012

食品安全国家标准
发酵酒及其配制酒

2012-08-06 发布　　2013-02-01 实施

中华人民共和国卫生部　发布

前　言

本标准代替 GB 2758—2005《发酵酒卫生标准》。

本标准与 GB 2758—2005 相比，主要变化如下：

——修改了标准名称；

——取消了铅的限量指标；

——修改了微生物限量指标；

——增加了标签标识要求。

本标准 4.2～4.5 于 2013 年 8 月 1 日起实施。

食品安全国家标准
发酵酒及其配制酒

1 范围

本标准适用于发酵酒及其配制酒。

2 术语和定义

2.1 发酵酒

以粮谷、水果、乳类等为主要原料，经发酵或部分发酵酿制而成的饮料酒。

2.2 发酵酒的配制酒

以发酵酒为酒基，加入可食用的辅料或食品添加剂，进行调配、混合或加工制成的，已改变了其原酒基风格的饮料酒。

3 技术要求

3.1 原料要求

应符合相应的标准和有关规定。

3.2 感官要求

应符合相应产品标准的有关规定。

3.3 理化指标

理化指标应符合表1的规定。

表1 理化指标

项目	指标	检验方法
	啤酒	
甲醛（mg/L） ≤	2.0	GB/T 5009.49

3.4 污染物和真菌毒素限量

3.4.1 污染物限量应符合 GB 2762 的规定。

3.4.2 真菌毒素限量应符合 GB 2761 的规定。

3.5 微生物限量

微生物限量应符合表 2 的规定。

表 2 微生物限量

项 目	采样方案及限量[a]			检验方法
	n	c	m	
沙门氏菌	5	0	0/25 mL	GB/T 4789.25
金黄色葡萄球菌	5	0	0/25 mL	

[a]样品的分析及处理按 GB 4789.1 执行。

3.6 食品添加剂

食品添加剂的使用应符合 GB 2760 的规定。

4 标签

4.1 发酵酒及其配制酒标签除酒精度、原麦汁浓度、原果汁含量、警示语和保质期的标识外，应符合 GB 7718 的规定。

4.2 应以“% vol”为单位标示酒精度。

4.3 啤酒应标示原麦汁浓度，以“原麦汁浓度”为标题，以柏拉图度符号“°P”为单位。果酒（葡萄酒除外）应标示原果汁含量，在配料表中以“××%”表示。

4.4 应标示“过量饮酒有害健康”，可同时标示其他警示语。用玻璃瓶包装的啤酒应标示如“切勿撞击，防止爆瓶”等警示语。

4.5 葡萄酒和其他酒精度大于等于 10 % vol 的发酵酒及其配制酒可免于标示保质期。

ICS 67.080.10
B31

中华人民共和国国家标准

GB/T 29572—2013

桑椹（桑果）

Mulberry fruit

2013-07-19 发布　　2013-12-06 实施

中华人民共和国国家质量监督检验检疫总局
中国国家标准化管理委员会　发布

前　言

本标准按照 GB/T 1.1—2009 给出的规则起草。

本标准由中华人民共和国农业部提出。

本标准由全国桑蚕业标准化技术委员会（SAC/TC 437）归口。

本标准起草单位：苏州大学、苏州市蚕桑指导站、吴江市平望镇欣农蚕业合作社。

本标准主要起草人：陆小平、沈卫德、姚新华、李兵、朱伟新、许健儿、王友俊、何婀妮、李雪勤、石伟林。

桑椹（桑果）

1 范围

本标准规定了无公害食品桑椹的术语和定义、要求、采收和分级处理、检验方法、抽样方法、判定规则、标志以及包装、运输和贮存。

本标准适用于无公害食用鲜果——桑椹（桑果）的生产和流通。

2 规范性引用文件

下列文件对于本文件的应用是必不可少的，凡是注日期的引用文件，仅注日期的版本适用于本文件。凡是不注日期的引用文件，其最新版本（包括所有的修改单）适用于本文件。

GB 2763—2012 食品安全国家标准 食品中农药最大残留限量

GB/T 5009.146—2008 植物性食品中有机氯和拟除虫菊酯类农药多种残留的测定

GB/T 5009.218—2008 水果和蔬菜中多种农药残留量的测定

GB/T 8210—2011 柑桔鲜果检验方法

GB/T 8855—2008 新鲜水果和蔬菜 取样方法

3 术语和定义

下列术语和定义适用于本文件。

3.1

桑椹 mulberry fruit

桑果

桑树的果穗。

3.2

单果 simple fruit

由花被和子房构成的小果。

3.3

缺陷果 defect fruit

存在刺伤、碰伤、压伤、病虫危害、药斑、泥土污染等一种或多种缺陷单果的果穗。

3.4

果穗 fruits grown in clusters

聚生于花轴上的许多单果。

3.5

异常外部水分 abnormal external moisture

果实经雨淋或用水冲洗后表面残留的水分；或果实从冷库或冷藏车中取出，由于温差而形成的冷凝水。

3.6

容许度 tolerance

同一检验批次中，不同级别的桑椹允许存在的最大限度（不同级别中不符合规定的桑椹允许存在的最大限度），用不符合规定的果穗数占被检果穗数的百分比表示。

4 要求

4.1 感官要求

4.1.1 果形

果穗形态整齐，具该品种特征，各单果无干瘪现象。

4.1.2 色泽

具该品种成熟果实特征色泽：紫黑色、紫色、紫红色、红色、米白色。

4.1.3 果面

果面新鲜光洁，无刺伤、虫伤、擦伤、碰压伤、病斑及腐烂现象。

4.1.4 缺陷果容许度

同批次样品中缺陷果不超过5 %。

4.2 理化指标及等级要求

根据感官指标将新鲜桑椹划分为2个等级。质量要求应符合表1的要求。

表1 新鲜桑葚等级及其规格

内容		一级	二级
桑椹质量		紫色、紫红、红色椹≥3.0 g， 米白色椹≥1.0 g， 且大小开差≤5 %	紫色、紫红、红色椹≥0.8 g， 米白色椹≥0.5 g，且大小开差≤10 %
可溶性固形物（%）		≥10.0	≥9.0
酸度（pH计测定）		3.5～6.0	
可食用期限（h）	室温存放	≤24	
	低温存放 （4 ℃～10 ℃）	≤36	

（续表）

内容		一级	二级
缺陷单果率（%）	虫伤、碰压伤	≤6	≤10
	药斑	无	
	病果	无	
验收容许度		≤5 %的次级果	
杂　质		无肉眼可见的外来杂质	

4.3　安全卫生指标

桑椹的安全卫生指标应符合 GB 2763—2012 的规定。

5　采收和分级处理

5.1　采收时期

不同品种的桑椹应分批采收。果皮充分着色为采收的最好时期；选择晴天采收；宜在温度低的早上及傍晚采收，避免在雨天采果。

5.2　采收方法

采摘时戴符合卫生要求的薄膜手套，手指轻拨果柄，直接采落在洁净卫生的果篮或包装盒中。采摘时要轻采轻放，尽量避免擦伤果面；从果篮中转移时要轻拿轻放，以免碰伤果穗。

5.3　分级

桑椹采收时不摘伤果、畸形果、特小果和病虫果，按果实大小分别装篮，分级标准按表 1 规定执行。

6　检验方法

6.1　感官要求

用目测法检测。

6.2　检验批次

同一生产基地、同品种、同等级、同一包装日期的桑椹为一个检验批次。

6.3　可溶性固形物含量

按 GB/T 8210—2011 规定执行。

6.4　酸度

采用 pH 计测定时，随机抽取 20 个桑椹（果穗），挤出汁液，用 2 层纱布过滤，滤液收集于干净的小烧杯中，用 pH 计测定滤液的 pH 值。

6.5 桑椹质量

采用感度为1/100 g的天平测定被抽检桑椹的质量，并按式（1）计算出单个桑椹的平均质量（X）。

$$X = \frac{X_1 + X_2 + \cdots + X_n}{n} \tag{1}$$

式中：

X——桑椹的平均质量，单位为克（g）；

X_n——第 n 个桑椹的质量，单位为克（g）；

n——所检桑椹的个数，单位为个。

6.6 缺陷单果率检验时，随机抽取10个桑椹统计缺陷单果的数量，并按式（2）计算出缺陷单果率（Y）。

$$Y = \frac{Y_1 + Y_2 + \cdots + Y_n}{n} \times 100\% \tag{2}$$

式中：

Y——缺陷单果率,%；

Y_n——第 n 个桑椹的缺陷单果数，单位为个；

n——所检桑椹的单果个数，单位为个。

6.7 安全卫生指标

测定按GB/T 5009.146—2008和GB/T 5009.218—2008规定执行。

7 抽样方法

桑椹的取样方法按GB/T 8855—2008规定执行。以一个检验批次为一个抽样批次。抽取的样品应具有代表性，应在全批货物的不同部位随机抽取，样品的检验结果适用于整个检验批次。抽样数量按表2规定随机取样。

表2　　抽检样品的取样数量

批量货物中同类包装产品的盒数	抽样盒数
≤100	5
101～300	7
301～500	9
501～1000	10
≥1000	≥15

8 判定规则

8.1 感官要求的总不合格品百分率不超过5 %，理化指标不合格项不超过2项，且安全卫生指标均为合格，则该批产品判为合格。

8.2 感官要求的总不合格品百分率超过5 %，或理化指标不合格项超过2项，或安全卫生指标有1项不合格，或标志不合格，则该批产品判为不合格。

8.3 卫生安全指标出现不合格时，允许另取1份样品复检，若仍不合格，则判该项指标不合格；若复检合格，则需再取1份样品做第2次复检，以第2次复检结果为准。

8.4 对包装、缺陷果容许度检验不合格者，允许生产单位进行整改后申请复检。

8.5 当一个桑椹（果穗）中缺陷单果率超过表1的标准，则该椹判定为缺陷果。

9 标志

9.1 桑椹的销售和运输包装应标注无公害食品标志。

9.2 桑椹的包装容器和材料应符合卫生标准，且注明产品名称、净含量、等级、产地、采收日期、包装日期、生产单位及详址等，标志上的字迹应清晰、完整、准确。

10 包装、运输和贮存

10.1 包装

10.1.1 桑椹包装场地应通风、防潮、防晒、防雨，干净整洁，无污染物，不能存放有毒、有异味物品。

10.1.2 包装箱、盒的结构应牢固适用，且干燥，洁净卫生，无霉变、污染。

10.2 运输

10.2.1 运输应做到快装、快运、快卸。严禁日晒雨淋，装卸、搬运时要轻拿轻放。

10.2.2 运输工具应清洁、干燥、无异味。

10.3 贮存

桑椹应随采、随装、随运、随销。不能立即销售的应置洁净、凉爽、有防虫和防鼠设施的地方存放。常温下贮放时间不超过24 h；或低温（4 ℃ ~10℃）下贮放时间不超过36 h。

第二部分　建园

ICS

DB

吐　鲁　番　市　地　方　标　准

DB6521/T 265—2020

新建桑园技术规程

2020－06－20 发布　　　　2020－07－15 实施

吐鲁番市市场监督管理局　发布

前　言

本标准根据 GB/T 1. 1—2009《标准化工作导则　第一部分：标准的结构和编写》进行编写。

本标准由吐鲁番市林果业技术推广服务中心提出。

本标准由吐鲁番市林业和草原局归口。

本标准由吐鲁番市林果业技术推广服务中心负责起草。

本标准主要起草人：刘丽媛、王婷、徐彦兵、任红松、古亚汗·沙塔尔、王春燕。

新建桑园技术规程

1 范围

本规范规定了新建桑园的园地选择、定植、整形修剪、肥水管理、病虫害防治和采收。

本规范适用于吐鲁番桑园的新建及管理。

2 规范性引用文件

下列文件对于本文件的应用是必不可少的。凡是注日期的引用文件，仅所注日期的版本适用于本文件。凡是不注日期的引用文件，其最新版本（包括所有的修改单）适用于本文件。

NY/T 393　绿色食品　肥料使用准则

3 园地选择

应选择采光性好、周边防风林带健全、附近无污染源及其他不利条件，交通运输便利，地形较为平整，有灌溉条件的地块。

4 定植

4.1 定植时间

3 月中上旬及 11 月中上旬定植。

4.2 定植密度

定植密度：株距 3.0 ~ 3.5 m，行距 4 ~ 5 m。

4.3 苗木选择

选择当地苗圃地出圃的桑树苗，要求苗高 1 m 以上，根茎粗度 1 cm 以上，主根长 0.4 m 以上，苗木无病虫害，芽眼饱满。

4.4 定植沟

平整土地并深翻，按株行距要求，开深 50 cm、宽 50 cm 的定植沟，分层施入充分腐熟的有机肥，并与表土充分混合。

4.5 桑苗定植

栽植时适当修剪过长和烂根，按苗的大小分类栽植，做到苗正根展。深沟浅栽，苗木根茎上露地

表3～5 cm，并壅土踩实，定植后浇足压根水。

5 整形修剪

5.1 定干

定植后苗木在距地面20～25 cm处短截定干。

5.2 疏梢

发芽后当新梢10～15 cm时，选留生长健壮、位置匀称的2～3个新梢，其余疏去。

5.3 摘心

当选留新梢长至35～40 cm时，摘心。

5.4 短截

第二年，结合整形进行夏季修剪，所有结果母枝均留2芽短截，促其萌发新梢，作为下年结果母枝。

5.5 冬季修剪

冬季将夏剪后萌发的过弱小枝、病虫枝全部从基部剪除，每株保留结果母枝10～30根，并将其顶端不充实部分短截20～25 cm。

6 肥水管理

6.1 施肥

应符合NY/T 393要求。

6.1.1 基肥

秋季施入基肥，以腐熟的有机肥为主，每亩施肥量2～3 m^3，同时可配施一定数量的氮磷钾肥，采用穴施或沟施方法。

6.1.2 追肥

夏剪后，每亩追施尿素15 kg、钾肥10 kg。

6.1.3 叶面肥

在生长期，结合防病可叶面喷施0.3 %尿素、0.2 %磷酸二氢钾、0.2 %硼砂、微生物肥等肥料溶液。

6.2 灌水

在萌芽期及夏剪后，对水需求大，如出现缺水，及时灌溉跑马水，禁止大水漫灌，防止出现积水。

7 中耕除草

新建园行内空间大，容易生长杂草，每年可结合中耕对桑园进行2～3次除草。

8 病虫害防治

8.1 病害

常见的桑树病害有褐斑病、炭疽病、白粉病等，吐鲁番近年来未见发生。

8.2 虫害

常见的桑树虫害有桑堆蜡粉蚧、桑尺蠖、桑天牛等。

8.3 防治原则

以预防为主，综合防治为原则，方法包括农业防治、物理防治、生物防治和药剂防治等。

9 采收

吐鲁番桑葚 5 月上旬即可成熟采收，采收时轻拿轻放，防止使桑葚受损。

ICS

DB

吐　鲁　番　市　地　方　标　准

DB6521/T 266—2020

桑树一步建园技术规程

2020－06－20 发布　　2020－07－15 实施

吐鲁番市市场监督管理局　发布

前　言

本标准根据 GB/T1. 1—2009《标准化工作导则　第一部分：标准的结构和编写》进行编写。

本标准由吐鲁番市林果业技术推广服务中心提出。

本标准由吐鲁番市林业和草原局归口。

本标准由吐鲁番市林果业技术推广服务中心、新疆农业科学院吐鲁番农业科学研究所负责起草。

本标准主要起草人：韩泽云、刘丽媛、周慧、徐彦兵、王春燕、周黎明、吴久赟。

桑树一步建园技术规程

1 范围

本标准规定了桑树一步建园的术语和定义、育苗及定植等技术要求。

本标准适用于吐鲁番桑树快速建园。

2 规范性引用文件

下列文件对于本文件的应用是必不可少的。凡是注日期的引用文件，仅所注日期的版本适用于本文件。凡是不注日期的引用文件，其最新版本（包括所有的修改单）适用于本文件。

GB 19173 桑树种子和苗木

NY/T 393 绿色食品 农药使用准则

LY/T 3052 桑树栽培技术规程

3 术语和定义

下列术语和定义适用于本标准。

3.1 一步建园

一种高效、节约、快速建成桑园的方法。

3.2 定植

将桑树幼苗按一定规格栽植成园的栽植方式。

4 技术要求

4.1 技术流程

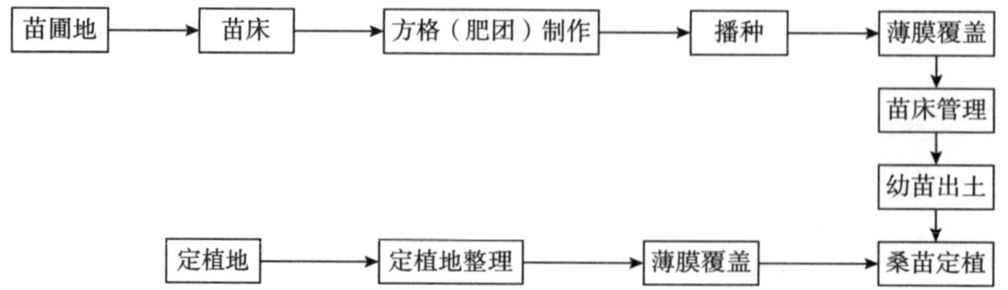

4.2 技术要点

4.2.1 育苗地的条件

光照充足，便于排灌，中性土壤，无桑树病虫害的平整土地，以沙壤土质为宜。

4.2.2 育苗时间和用种量

播种育苗时间宜每年 3 月上旬至 4 月上中旬。1 kg 发芽率 90 % 以上的桑种育成的苗，按亩栽桑 1 000株可排栽建桑园 100 亩。

4.2.3 桑种处理

桑树种子参照 GB 19173 要求执行。播种前 2 ~3 d，清水浸泡桑种子 36 ~48 h，种子明显膨胀、破口待播。

4.2.4 苗床或营养肥团苗床制作

4.2.4.1 苗床制作

在苗圃地中做成宽度为 1 m 左右，长度随地形及需要而定的苗床，以不超过 5 m 为宜，苗床四周筑埂，埂高 15 cm、宽 10 cm。床内土壤浅耕、整细，抹平苗床，划成长宽各 3 ~4 cm、深 5 cm 的方格。

4.2.4.2 营养肥团苗床制作

同方格苗床制作。将土捏成直径 4 ~5 cm 的圆团（柱），上方平压成一小平台，整齐排放于苗床内。肥团间缝隙用细砂土填满。

4.2.5 播种

每一方格（肥团）内放置 2 ~3 粒清水催芽后的桑种，轻压；播后薄薄盖上一层过筛的细砂土，厚度 0.5 ~1 cm，以不见种子为宜，清水喷洒湿透。苗床上方用竹条等材料搭成弧形架，膜蓬高 50 ~70 cm，盖上薄膜，四周用细土盖严。

4.2.6 苗床管理

4.2.6.1 保湿、揭膜炼苗

播种后每 2 ~3 d 喷一次水，保持土壤湿润；苗床内温度以 25 ℃ ~30 ℃为宜，不超过 33 ℃。10 d 左右桑种发芽出土，阴天及晴天早晚揭开薄膜四周或两端，通风降温；阳光强烈的晴天在膜蓬上方搭架盖草或遮阳网，防止烧苗。桑苗长至 1 ~2 片真叶时，早揭晚盖，进行炼苗。

4.2.6.2 除草、施肥

采用手工除草法，见草就除。小苗长到 1 ~2 片真叶后宜施一次清粪水。

4.2.6.3 病虫防治

农药选择按照 NY/T 393 执行。当 1 ~2 片真叶时隔天用托布津或多菌灵 500 ~800 倍液防治根腐病；用 50 % 锌硫磷 500 倍液喷雾防治蝼蛄等地下害虫。

4.2.6.4 桑苗出床

桑苗长至 2 ~4 片真叶时，为定植最宜时期。桑苗带土出床。

4.2.7 桑园定植

4.2.7.1 桑园规格

栽植的密度结合品种特性、土壤肥力、气候特点等多种因素而定，一般行距为 4.5 ~5.0 m，株距为 3.5 ~4.0 m。

4.2.7.2 定植地

4.2.7.2.1 定植地条件

土壤肥沃，光照充足，利于灌溉的地块。

4.2.7.2.2 定植地整理

除草，深耕松土，开沟，施足底肥。

4.2.7.2.3 定植沟

定植前进行深翻，将土地整平，建垄，垄两侧挖深、宽均为 80 cm 的定植沟。

4.2.7.3 桑苗定植

栽植时将果桑苗放入提前挖好的定植沟内，用手扶直，回填土时适当提苗，确保根系舒展，最后将土踩实，浇 1 次透水作为定根水。

4.2.8 定植后桑园管理

同常规桑树栽培法。参照 LY/T 3052 执行。

ICS

DB

吐 鲁 番 市 地 方 标 准

DB6521/T 267—2020

桑树种苗繁育技术规程

2020－06－20 发布　　　　2020－07－15 实施

吐鲁番市市场监督管理局　发布

前　言

本标准根据 GB/T 1.1—2009《标准化工作导则　第一部分：标准的结构和编写》进行编写。

本标准由吐鲁番市林果业技术推广服务中心提出。

本标准由吐鲁番市林业和草原局归口。

本标准由吐鲁番市林果业技术推广服务中心、新疆农业科学院吐鲁番农业科学研究所负责起草。

本标准主要起草人：吾尔尼沙·卡得尔、刘丽媛、韩泽云、武云龙、王春燕、周黎明、雷静。

桑树种苗繁育技术规程

1 范围

本标准规定了吐鲁番桑树嫁接苗繁育的术语和定义，苗圃地选择、砧木准备、接穗准备、矮化中间砧桑树苗培育、矮化自根砧桑树苗培育、苗木出圃等桑树苗木繁育技术。

本标准适用于吐鲁番桑树种苗的繁育。

2 规范性引用文件

下列文件中的条款通过本标准的引用成为本标准的条款，凡是注日期的引用文件，仅所注日期的版本适用于本标准。凡是不注日期的引用文件，其最新版本（包括所有的修改单）适用于本文件。

GB 19173 桑树种子和苗木

GB/T 19177 桑树种子和苗木检验规程

NY/T 393 绿色食品 农药使用准则

NY/T 1027 桑园用药技术规程

3 术语和定义

桑树育苗一般有两种方法，即有性繁殖和无性繁殖。吐鲁番桑树种植面积大，需要苗木较多，桑树育苗以有性繁殖为主。

3.1 实生苗

将桑树上采集的桑葚捣碎、漂洗、阴干后所得到的黄褐色饱满种子进行播种，培育出的桑树苗木。

3.2 嫁接苗

通过嫁接法繁育的桑树苗木。

3.3 嫁接

把一种植物的枝或芽嫁接到另一种植株的茎或根上，使接在一起的两个部分长成一个完整的植株称为嫁接。把接穗嫁接至砧木上形成复合体成嫁接体。

3.4 嫁接育苗

用桑树品种的种子繁殖的实生苗做砧木，利用产量高、品质好的优良品种枝条作接穗生成的苗木。

3.5 扦插育苗

用春季修剪剪下的桑树新梢作穗条，扦插生成的桑树苗木。

3.6 出苗期

从桑树种子播种至长出 1 ~2 片子叶为出苗期。

3.7 缓慢生长期

从出两片子叶到长 4 ~5 片真叶为缓慢生长期。

3.8 旺长期

种子萌发长到 5 片真叶后的时期。

4 苗圃地准备

4.1 苗圃地选择

圃地应选择在交通便利，近水源、排灌方便，日照充足、土层深厚，土壤肥沃，土质以沙壤土、壤土为宜；不宜在桑根结线虫病、桑紫纹羽病的地块建立苗圃；要求应无检疫性病虫害和环境污染；苗圃地在进行桑树种苗繁育前 3 年内，未繁育过其他果树苗木。

4.2 苗圃地整理

深翻 20 ~30 cm，每 666.7 m^2施入腐熟农家肥 2 000 kg 及 10 kg 过磷酸钙为基肥。深翻后平整上地、细作，开沟，宽 50 cm，深 50 cm，行距 150 cm，沟内施入一层农家肥和磷肥后，盖土 10 cm 左右即可。

5 实生砧桑树苗培育

5.1 砧木种子贮存与质量要求

砧木种子宜在 0 ℃ ~5 ℃、相对湿度 50 % ~70 % 条件下贮存。要求充分成熟，无杂质、破粒、瘪粒种子，纯度和净度均在 90 % 以上，发芽率在 95 % 以上。具体按照 GB/T 19177 执行。

5.2 播种时期

分为春播和秋播，以春播为主。10 cm 地温稳定在 20 ℃时即可播种，最迟在 5 月下旬前播种结束为宜。

5.3 播种方法及播种量

采用撒播法，每亩用种量 0.25 ~1.0 kg，与细泥土拌匀并分成五等份来回均匀撒在畦面上，薄盖一层细土，稍压紧，盖上稻或盖透气性覆盖物。

6 苗期管理

6.1 出苗期

播种后 7 ~10 d，保持苗地充分湿润，促使桑种出芽齐全。长出一片真叶时，在阴天或傍晚分批把稻草或覆盖物揭去。

6.2 缓慢生长期

主要工作是灌溉、排水、追肥、间苗、补缺、除草。追肥以速效农家肥为主，化肥为补，一般以0.5 %尿素隔周淋一次肥。

6.3 旺长期

主要工作是除草、施肥，每月施肥 2 ~3 次，每次每亩施尿素 8 ~10 kg，苗高 30 cm 后，根据苗木生长情况确定施肥。

6.4 起苗移栽

一般苗高 60 cm、苗茎直径达 3 cm 以上时，可根据需要有计划起苗移栽。

7 嫁接

7.1 接穗的准备

7.1.1 采集时期

树叶开始流动前采集，一般在 2 月下旬至 3 月上旬采集。

7.1.2 接穗选择

品种纯正、经济性状好、冬芽饱满、无病虫害的一年生充实枝条为接穗，接穗粗细为 0.6 ~1.0 cm。接穗质量参照 GB 19173 执行。

7.1.3 接穗的保存

采集回来的接穗条按 50 根或 100 根扎捆用二层薄膜扎紧后保存在 0 ℃ ~5 ℃环境中，相对湿度在70%以上，防止接穗条失水干瘪，或湿度过大、穗条发霉。

7.2 嫁接方法

7.2.1 嫁接时期

桑芽萌动前，空气温度稳定达到 10 ℃以上，一般在 3 月上中旬进行嫁接。结合砧木园浇水一次。

7.2.2 砧木选择

根茎直径 0.6 ~0.8 cm 以上，长势强壮无损伤的苗木。

7.2.3 削接穗

在接穗条上选择健壮的芽，在芽上方横切一刀，左右各切一刀，然后将芽削下保留韧皮部。

7.2.4 剪砧木

在砧木基部至枝干 10 ~20 cm 处切口“丁”字形。

7.2.5 贴接穗

将切好“丁”字形口的砧木，用刀尾开皮，将削好的芽对着切口慢慢插入，扎紧。与上部切口对平后用绳子自上而下扎紧，不能漏气，底部扎紧，使露出芽尖。

8 嫁接后管理

8.1 疏芽

当嫁接枝条生长至 10 cm 以上时，疏去砧木上的野生芽条、动作要轻、防止碰坏嫁接后长出的嫩芽（枝）、以后每月疏芽至 9 月为止。

8.2 捆绑

当嫁接枝条长至 15 ~ 20 cm 时，用 3 根枝条捆绑在嫁接苗四周，以防碰摔、刮风、沙尘暴等折断嫁接苗枝条而前影响成活率。

8.3 松绑

当接苗枝条长全 30 ~ 40 cm 时，解除捆绑的塑料布及绳子。

8.4 水分管理

嫁接后 20 ~ 30 d 内灌溉 1 次，促进砧木及时输送水分，有利于提高成活率，以后每 15 ~ 20 d 内浇水 1 次，至 8 月底停水，防止嫁接苗徒长、促进枝条尽快木质化，有利于安全越冬，冬灌水在 11 月下旬 12 月初。

8.5 施肥除草

嫁接前，先进行一次除草，将苗圃地清理干净，以后从 5 月开始至 9 月除草 2 次。全年施肥 2 次；第 1 次在 6 月中旬每 667m^2施尿素 5kg。第 2 次在 7 月中旬，嫁接苗枝条长全 30 ~ 40 cm 每 667 m^2 施磷肥 15 kg，以后根据情况随时施入。

8.6 病虫害防治

嫁接苗生长期间应加强防病治虫防治等工作。应符合 NY/T 393 和 NY/T 1027 的要求。

9 苗木出圃

9.1 起苗时间

春季在树液流动前，一般在 3 月中下旬。秋季在桑苗落叶后至土壤封冻前。

9.2 桑树嫁接苗质量指标

桑树嫁接苗质量评判标准如表 1 所示。

表 1　　桑树嫁接苗质量评判标准

级别	苗径（Φ，mm）	品种纯度（%）	苗木外观	根系	危害性病虫害
特级	Φ > 14.0	≥98.0		发达、较完整、无劈裂、根长≥200 mm	

（续表）

级别	苗径（Φ，mm）	品种纯度（%）	苗木外观	根系	危害性病虫害
一级	14.0≥Φ>11.0		新鲜、苗干充实、芽孢满、无损伤		无检疫性病虫害
二级	11.0≥Φ>9.0	≥95.0		发达、较完整、无劈裂、根长≥150 mm	
三级	9.0≥Φ>11.0				

9.3 检验

9.3.1 抽样

9.3.1.1 品种纯度检验抽样

在起苗生长期或起苗后进行，按照 GB/T 19177 的要求进行。

9.3.1.2 苗木质量检验抽样

在起苗后进行，按照 GB/T 19177 的要求数量随机抽取。

9.3.2 检验方法

按照 GB 19173 的要求进行，对照要求实施。

9.3.3 质量判定

苗木外观、苗径、根系任一指标需达到规定要求的（见表 1），即为合格苗木，不合格苗木比例高于 5% 或品种纯度未达到规定要求的（见表 1），该批苗木不合格。

9.4 包装、标志及运输

按照 GB 19173 的要求实施操作。

桑苗落叶后，起苗、分级、包装、出售，苗木运输过程中应防止长时间堆积重压、风吹日晒、雨淋及冻害。

ICS

DB

吐　鲁　番　市　地　方　标　准

DB6521/T 268—2020

桑树苗木检验技术规程

2020-06-20 发布　　　　2020-07-15 实施

吐鲁番市市场监督管理局　发布

前　言

本标准根据 GB/T 1. 1—2009《标准化工作导则　第一部分：标准的结构和编写》进行编写。

本标准由吐鲁番市林果业技术推广服务中心提出。

本标准由吐鲁番市林业和草原局归口。

本标准由吐鲁番市林果业技术推广服务中心、新疆农业科学院吐鲁番农业科学研究所负责起草。

本标准主要起草人：武云龙、刘丽媛、徐彦兵、徐桂香、吾尔尼沙·卡得尔、古亚汗·沙塔尔。

桑树苗木检验技术规程

1 范围

本标准规定了桑树苗木检验的项目及检验方法。

本标准适用于吐鲁番及气候相似区域桑树苗木的检验。

2 规范性引用文件

下列文件中的条款通过本标准的引用成为本标准的条款，凡是注日期的引用文件，仅所注日期的版本适用于本标准。凡是不注日期的引用文件，其最新版本（包括所有的修改单）适用于本文件。

GB 19173 桑树种子和苗木

GB/T 19177 桑树种子和苗木检验规程

SN/T 1157 进出境植物苗木检疫规程

3 术语和定义

3.1 实生苗

将吐鲁番本地桑树上采集的桑葚捣碎、漂洗、阴干后所得到的黄褐色饱满种子进行播种，培育出的桑树苗木。

3.2 杂交苗

人为配制优良杂交组合育种产生的桑树种子。

3.3 嫁接苗

用吐鲁番本地桑树品种的种子繁殖的实生苗做砧木，利用产量高、品质好的优良品种枝条作接穗生成的苗木。

3.4 扦插苗

用春季修剪剪下的桑树新梢作穗条，扦插生成的桑树苗木。

4 检验项目

a）苗木外观

b）苗径

c）根系

d）品种纯度
e）有害生物

5 检验方法

5.1 苗木

5.1.1 抽样
苗木抽样在起苗分级后进行，分级别按表1规定的抽样数量按捆进行随机抽样。

表1　苗木检验抽样标准

总株数 n（万株）	n≤1	1＜n≤5	5＜n≤20	20＜n≤100	n＞1 00
检验株数（株）	300	500	1 000	2 000	4 000

5.1.2 品种
品种要求参照 GB 19173 执行。品种纯度检验抽样采用对角线五点抽样法。抽样比例为1 %，最多不超过1000株。
5.1.3 外观检验
苗木外观应新鲜，苗干充实，冬芽饱满无损伤。

5.2 苗径检验

用游标卡尺测量，精确到0.1 mm。

5.3 根系检验

在苗径检验过程中，检查苗木根系是否符合表2、表3、表4对根系的规定。
5.3.1 实生苗应符合表2苗木根系质量指标。

表2　实生苗根系质量指标

级别	苗径（D，mm）	品种纯度（100 %）	根系	危害性病虫害
一级	D≥5.0	—	主根完整，根长≥100 mm	未检出检疫对象
二级	5.0＞D≥3.5			

5.3.2 杂交苗应符合表3苗木根系质量指标。

表3　杂交苗根系质量指标

级别	苗径（D，mm）	品种纯度（100 %）	根系	危害性病虫害
一级	D≥7.0	≥96 %	主根完整，根长≥ 110 mm	未检出检疫对象
二级	7.0＞D≥5.0			
三级	5.0＞D≥3.5			

5.3.3 嫁接苗、扦插苗应符合表4苗木根系质量指标。

表4 嫁接苗、扦插苗根系质量指标

级别	苗径（D，mm）	品种纯度（100%）	根系	危害性病虫害
一级	D≥12.0	≥99 %	较完整，根长≥150 mm	未检出检疫对象
二级	12.0＞D≥9.0			
三级	9.0＞D≥7.0			
四级	7.0＞D≥5.0			

5.4 品种纯度检验

依照被检品种苗木的主要特征，对被检苗木逐株进行鉴定，并按以下式计算：

$$P（\%）=\frac{N_1}{N_2}\times 100\%$$

式中：

P——品种纯度；

N_1——本品种苗木株数，单位为株；

N_2——检验总株数，单位为株。

5.5 有害生物检验

有害生物检验按照 GB/T 19177 和 SN/T 1157 规定执行。

6 评定与签证

全部项目检验结束后，将检验结果如实填写检验证书。检验证明书格式见附录 A。

附 录 A
（规范性附录）
桑树苗木检验证书

编号：

<table>
<tr><td colspan="2">受检单位</td><td colspan="3"></td></tr>
<tr><td colspan="2">品种名称</td><td></td><td>产 地</td><td></td></tr>
<tr><td colspan="2">级 别</td><td></td><td>数量（株）</td><td></td></tr>
<tr><td colspan="2">检验类别</td><td></td><td>检验依据</td><td></td></tr>
<tr><td rowspan="2">检验
结果</td><td>纯度（%）</td><td></td><td>低级苗比例（%）</td><td></td></tr>
<tr><td>病虫情况</td><td colspan="3"></td></tr>
<tr><td colspan="2">检验意见</td><td colspan="3"></td></tr>
<tr><td colspan="2">检 验 人</td><td></td><td>审 核 人</td><td></td></tr>
<tr><td colspan="2">签 发 人</td><td></td><td>签发单位（章）</td><td></td></tr>
<tr><td colspan="2">检验日期</td><td></td><td>签发日期</td><td></td></tr>
</table>

ICS

DB

吐　鲁　番　市　地　方　标　准

DB6521/T 269—2020

桑树苗木砧木与接穗选择及质量要求

2020－06－20 发布　　2020－07－15 实施

吐鲁番市市场监督管理局　发布

前　言

本标准根据 GB/T 1.1—2009《标准化工作导则　第一部分：标准的结构和编写》进行编写。

本标准由吐鲁番市林果业技术推广服务中心提出。

本标准由吐鲁番市林业和草原局归口。

本标准由吐鲁番市林果业技术推广服务中心、新疆农业科学院吐鲁番农业科学研究所负责起草。

本标准主要起草人：刘丽媛、任红松、王婷、徐彦兵、王春燕、古亚汗·沙塔尔。

桑树苗木砧木与接穗选择及质量要求

1 范围

本标准规定了吐鲁番桑树苗木的砧木与接穗选择、质量要求、包装、储藏和运输等技术。

本标准适用于吐鲁番桑树苗木的砧木与接穗选择及质量要求。

2 规范性引用文件

下列文件中的条款通过本标准的引用成为本标准的条款，凡是注日期的引用文件，仅所注日期的版本适用于本标准。凡是不注日期的引用文件，其最新版本（包括所有的修改单）适用于本文件。

GB 19173 桑树种子和苗木

GB 20464 农作物种子标签通则

GB/T 19177 桑树种子和苗木检验规程

3 术语和定义

下列术语和定义适用于本标准。

3.1 实生种

吐鲁番本地桑树自然授粉产生的种子。

3.2 实生苗

又称直生苗、播种苗，系用种子播种繁殖直接培育而成的苗木。

3.3 杂交种

人为配制优良杂交组合育种产生的桑树种子。

3.4 杂交苗

用桑杂交种直接繁育的桑树苗木。

3.5 嫁接育苗

从优良母株上采集枝条或芽，嫁接到遗传特性不同的另一植株上，使两者愈合生长成为新植株的繁殖方式。

3.5.1 嫁接苗

用吐鲁番本地桑树品种的种子繁殖的实生苗做砧木，利用产量高、品质好的优良品种枝条作接穗生成的苗木。

3.5.2 扦插苗

用春季修剪剪下的桑树新梢作穗条，扦插生成的桑树苗木。

4 砧木与接穗

4.1 砧木

砧木与接穗的亲和力强，有较强的抗逆性和适应性。一般用根系发达的二年生实生苗作砧木较好。

4.2 接穗

4.2.1 接穗的选择

选择品种纯正、发育健壮、丰产、稳产、无检疫病虫害的成年桑树作为采穗母树，以保证育苗质量。多采用一年生枝，一般剪取树冠外围生长充实、枝条光洁、芽体饱满的发育枝或结果枝作为接穗，以枝条中段为优。徒长枝或弱小枝不宜作接穗。

4.2.2 接穗的采集

采集接穗，若育苗量小或离嫁接处近时最好随采随接。如果春季枝接数量大或从外地调进新品种，经检疫后，也可在上年秋季将接穗采回，而后采用露地挖坑或窖藏，用沙土堆埋，在温度 0～7 ℃、湿度 80 %～90 % 的条件下贮藏。

4.2.3 接穗的贮运

接穗远距离运输，可用湿纸包裹，再用塑料膜包好，膜的两端留有空隙以便通气和排出水分，装箱寄运。到达目的地后，立即开包，放在阴凉处，低温或覆沙保存。芽接用的接穗，应随采随接。

5 质量要求

5.1 种子

桑树种子质量应符合表 1 要求。

表 1　　桑树种子质量

种子类别	品种纯度（%）	净度（净种子）（%）	发芽率（%）	水分（%）
实生种	100	≥96.0	≥90	≥13.0
杂交种	≥96.0	≥99.0	≥95	≥13.0

5.2 苗木

桑树苗木质量应符合表 2 要求。

表 2　　桑树苗木质量

苗木类别	直径（mm）	品种纯度（%）	根系	外观
实生苗	≥3.5	—	主根完整，根长≥ 100.0 mm	苗木新鲜，木质化程度高，芽眼饱满
杂交苗	≥3.0	≥96.0	主根完整，根长≥110.0 mm	苗木新鲜，木质化程度高，芽眼饱满
嫁接苗、扦插苗	≥5.0	≥99.0	根系较完整，根长≥150.0 mm	苗木新鲜，木质化程度高，芽眼饱满

6 检验方法

按 GB/T 19177 规定执行。其中杂交种品种纯度检验在苗木生长期进行。杂交苗、嫁接苗、扦插苗纯度检验在起苗后或生长期进行。

7 检验规则

按 GB 19173 规定执行。

8 包装、标志

8.1 包装

种子包装以布袋为宜。每袋不宜超过 15 kg；实生苗、杂交苗每 100 株扎成一捆，嫁接苗、扦插苗每 50 株或 100 株扎成一捆。

8.2 标志

桑树种子及苗木应附标签，标签应符合 GB 20464 的规定。

9 储藏运输

种子运输过程中应防止日晒、雨淋；苗木运输过程中应防止长时间堆积重压、风吹日晒及冻害。

ICS

DB

吐 鲁 番 市 地 方 标 准

DB6521/T 270—2020

桑树育苗及嫁接后管理技术规范

2020-06-20 发布 2020-07-15 实施

吐鲁番市市场监督管理局 发布

前　言

本标准根据 GB/T 1.1—2009《标准化工作导则　第一部分：标准的结构和编写》进行编写。

本标准由吐鲁番市林果业技术推广服务中心提出。

本标准由吐鲁番市林业和草原局归口。

本标准由吐鲁番市林果业技术推广服务中心、新疆农业科学院吐鲁番农业科学研究所负责起草。

本标准主要起草人：吾尔尼沙·卡得尔、刘丽媛、韩泽云、徐彦兵、吴玉华、阿迪力·阿不都古力、巴哈依丁·吾甫尔。

桑树育苗及嫁接后管理技术规范

1 范围

本标准规定了实生苗、杂交苗自嫁接苗培育、栽桑建园、桑园管理等技术规范。

本标准适用于桑树的育苗及栽培技术管理。

2 规范性引用文件

下列文件对于本文件的应用是必不可少的。凡是注日期的引用文件，仅所注日期的版本适用于本文件。凡是不注日期的引用文件，其最新版本（包括所有的修改单）适用于本文件。

GB 19173　桑树种子和苗木

3 术语和定义

下列术语和定义适用于本标准。

3.1 苗圃

繁殖和培育桑树苗木的园地。

3.2 实生苗

将吐鲁番本地桑树上采集的桑葚捣碎、漂洗、阴干后所得到的黄褐色饱满种子进行播种，培育出的桑树苗木。

3.3 嫁接苗

应用嫁接扦插繁育技术培育出的桑树苗木。

3.4 砧木

嫁接繁殖时承受接穗的桑树。

3.5 接穗

用作嫁接的桑芽或桑枝。

3.6 嫁接

将桑树接穗接到桑树枝干或根上的方法。

4 苗圃管理

4.1 苗圃

4.1.1 苗圃的选择

阳光充足、地势平坦、土质肥沃、接近水源、土质疏松的壤土或沙地土。

4.1.2 苗圃的整理

育苗前一年秋翻地 25 ~ 30 cm，育苗当年春季浅翻 20 cm，每公顷施腐熟农家肥 30 ~ 45 m^3。

4.2 播种

4.2.1 种子选择

选择具有抗寒性、抗旱性，原产于吐鲁番及相同纬度的实生桑树种子，具体要求按照 GB 19173 执行。

4.2.2 播种时期

当 10 cm 地温稳定达到 15 ℃左右时可播种。在吐鲁番一般为每年 3 月上旬。

4.2.3 播种方法

起垄栽培，在垄上开 4 ~ 5 cm 深的沟，均匀撒种，覆土 1.5 ~ 2 cm。行距 10 ~ 15 cm。

4.2.4 播种量

发芽率为 90% 以上的桑树种子，每公顷为 7.5 ~ 10.5 kg。

4.3 苗期管理

4.3.1 间苗定苗

当幼苗长出 2 片真叶时，进行第一次间苗，株距 3 cm 左右；4 ~ 5 片真叶时，进行第二次间苗，株距 7 cm。

4.3.2 水肥管理

根据土壤湿度 7 ~ 10 d 进行灌水，施肥 7 月中旬进行，每公顷施尿素 150 kg 或复合肥 120 ~ 150 kg，分两次施，间隔期 7 ~ 10 d。

4.3.3 出圃

4.3.3.1 起苗时间为 4 月中下旬或 10 月下旬，将苗木直径 1.0 cm、主根直径 0.6 cm 以上的苗木选出嫁接。

4.3.3.2 起苗时应保持根系完整、根部枝干不受损伤。起苗后，将苗木按分级标准分类捆扎，并标明规格、数量、苗木等级、起苗时间、生产单位、地址和联系信息等。

4.3.4 越冬假植

秋季起的苗木应进行假植，假植地点应选择通风、向阳、地势高的地方。假植深度 30 cm 左右，在沟里单行密摆之后培土踏实。

5 嫁接苗繁育

5.1 接穗采集和贮藏

5.1.1 采集时期

2 月下旬至 3 月上旬采集。

5.1.2　接穗选择

品种纯正、枝条充实、冬芽饱满、无病虫害，粗细为0.6～1.0 cm。

5.1.3　接穗贮藏

剪下来的接穗，在地窖、冷库或阴凉处挖坑深埋沙藏。贮藏温度5～10 ℃为宜。空气相对湿度70 %～85 %。

5.2　砧木选择

根茎直径0.8 cm以上，根系完整且木质部程度高。

5.3　嫁接

5.3.1　时期

空气温度稳定达15 ℃以上，在吐鲁番一般为5月上中旬。

5.3.2　嫁接方法

采用芽接法。

5.3.2.1　削接芽

选取穗条上饱满健壮的冬芽，先从芽的下方1 cm处下刀，刀与穗条角度为35°平稳削入木质部，直达穗条的1/5处，然后从芽尖上方0.5 cm处，刀与接穗角度为20°，平稳削入木质部，深达穗条的1/5接至第一刀削口，取下芽片。

要求削面平滑，适当带一点木质部，削面清洁，不沾泥沙。

5.3.2.2　切砧木

砧木离地面20～25 cm处剪掉，做到剪口平滑。选择树干平滑处两刀切成与芽片形状大小相似的切口，长度相等。

5.3.2.3　接芽片

砧木切好后，将削好的芽片削面贴向砧木木质部，上端要与砧木切口对齐，若芽片过窄则靠齐一边；若过宽，则芽片两边稍削去一些，使芽片与切口相适应，做到砧木和接穗的形成层至少有一边对齐。

5.3.2.4　包扎

芽片插好后，用备好的塑料薄膜条从接口下方开始由下往上绑紧，捆绑时需将芽裸露在外，至接口切面完全被包扎住为止，然后将塑料薄膜条打结。

6　嫁接后管理

6.1　抹芽

嫁接后摘除砧芽、砧木上长出的副梢，促使新梢迅速生长。

6.2　解除膜

嫁接后15 d左右接穗开始萌发，可揭膜防烧伤。

6.3　整形修剪

6.3.1　摘心

除实生苗芽接外，其他芽接的待新梢长到0.5 m时，进行摘心分枝，以利树形培养。

6.3.2　培养树势

及时灌水、施肥，促使新梢迅速生长，实生苗芽接后应及时进行培苗，所有芽接苗待新梢长到 0.5 m 时，应防大风吹折，检查捆扎用的塑料薄膜是否束缚树体的生长，做好解除工作，对新枝长好的幼树进行摘心分树，培养树形。

6.4　水肥管理

6.4.1　立即浇水

桑树嫁接后立即灌水提高成活率。

6.4.2　施肥

嫁接成活后每隔 10 ~ 12 d 灌水，并随水施复合肥，每公顷追施尿素 90 ~ 120 kg。到 9 月上旬结合灌水每公顷追施 120 ~ 150 kg 复合肥，促使枝条成熟。

6.5　病虫害防治

6.5.1　病害

病害主要有褐斑病、白粉病、菌核病等。

6.5.1.1　清园

每年冬季将修剪的枯枝落叶焚烧后结合深翻土壤及施肥深埋。

6.5.1.2　消毒

萌芽前用 3 ~ 5 波美度的石硫合剂对枝条及全园进行消毒。

6.5.1.3　化学防治

4 月上中旬分别喷一次 75 % 百菌清 800 倍液或 70 % 甲基托布津 1000 倍液，间隔 7 d。

6.5.2　虫害

害虫主要有桑毛虫、桑尺蠖、菱纹叶蝉、桑天牛等。

6.5.2.1　涂白

6 月下旬至 7 月中旬对枝干半木质化和木质化的部位进行涂白，预防桑天牛。

6.5.2.2　化学防治

发现桑天牛危害枝干，幼虫可采用蛀孔注药或药签塞入，发现成虫可人工捕捉。7—9 月高温多雨期，每隔 10 ~ 15 d，喷一次 40 % 氧化乐果 1 200 倍液加 70% 甲基托布津 1 000 倍液，或敌杀死 2 000 倍液加 75 % 百菌清 800 倍液，两种组合最好交替使用，以防治桑毛虫、褐斑病等病虫害。

ICS 13. 020
B Z 51

中 华 人 民 共 和 国 农 业 行 业 标 准

NY/T 391—2021
代替 NY/T 391—2000

绿色食品　产地环境质量

Green food—Environmental quality for production area

2021 - 05 - 07 发布　　2021 - 11 - 01 实施

中华人民共和国农业农村部　发 布

绿色食品　产地环境质量

1　范围

本文件规定了绿色食品产地的术语和定义、产地生态环境基本要求、隔离保护要求、产地环境质量通用要求、环境可持续发展要求。

本文件适用于绿色食品生产。

2　规范性引用文件

下列文件中的内容通过文中的规范性引用而构成本文件必不可少的条款。其中，注日期的引用文件，仅该日期对应的版本适用于本文件；不注日期的引用文件，其最新版（包括所有的修改单）适用于本文件。

GB/T 5750.4　生活饮用水标准检验方法　感官性状和物理指标

GB/T 5750.5　生活饮用水标准检验方法　无机非金属指标

GB/T 5750.6　生活饮用水标准检验方法　金属指标

GB/T 5750.12　生活饮用水标准检验方法　微生物指标

GB/T 7467　水质　六价铬的测定　二苯碳酰二肼分光光度法

GB/T 7484　水质　氟化物的测定　离子选择电极法

GB/T 11892　水质　高锰酸盐指数的测定

GB/T 12763.4　海洋调查规范　第4部分：海水化学要素调查

GB/T 14675　空气质量　恶臭的测定　三点比较式臭袋法

GB/T 14678　空气质量　硫化氢、甲硫醇、甲硫醚和二甲二硫的测定　气相色谱法

GB/T 15432　环境空气　总悬浮颗粒物的测定重量法

GB/T 17141　土壤质量　铅、镉的测定　石墨炉原子吸收分光光度法

GB/T 22105.1　土壤质量　总汞、总砷、总铅的测定　原子荧光法　第1部分：土壤中总汞的测定

GB/T 22105.2　土壤质量　总汞、总砷、总铅的测定　原子荧光法　第2部分：土壤中总砷的测定

HJ 479　环境空气　氮氧化物（一氧化氮和二氧化氮）的测定　盐酸萘乙胺分光光度法

HJ 482　环境空气　二氧化硫的测定　甲醛吸收－副玫瑰苯胺分光光度法

HJ 491　土壤和沉积物　铜、锌、铅、镍、铬的测定　火焰原子吸收分光光度法

HJ 503　水质　挥发酚的测定　4－氨基安替比林分光光度法

HJ 505　水质　五日生化需氧量（BOD_5）的测定　稀释与接种法

HJ 533　环境空气和废气　氨的测定　纳氏试剂分光光度法

HJ 536　水质　氨氮的测定　水杨酸分光光度法

HJ 694　水质　汞、砷、硒、铋和锑的测定　原子荧光法
HJ 700　水质　65 种元素的测定　电感耦合等离子体质谱法
HJ 717　土壤质量　全氮的测定　凯氏法
HJ 828　水质　化学需氧量的测定　重铬酸盐法
HJ 870　固定污染源废气　二氧化碳的测定　非分散红外吸收法
HJ 955　环境空气　氟化物的测定　滤膜采样/氟离子选择电极法
HJ 970　水质　石油类的测定　紫外分光光度法
HJ 1147　水质　pH 值的测定电极法
LY/T 1232　森林土壤磷的测定
LY/T 1234　森林土壤钾的测定
NY/T 1121.6　土壤检测　第 6 部分：土壤有机质的测定
NY/T 1377　土壤 pH 的测定
SL 355　水质　粪大肠菌群的测定——多管发酵法

3　术语和定义

下列术语和定义适用于本文件。

3.1

环境空气标准状态 ambient air standard state
温度为 298.15K，压力为 101.325kPa 时的环境空气状态。

3.2

舍区 living area for livestock and poultry
畜禽所处的封闭或半封闭生活区域，即畜禽直接生活环境区。

4　产地生态环境基本要求

4.1　绿色食品生产应选择生态环境良好、无污染的地区，远离工矿区、公路铁路干线和生活区，避开污染源。

4.2　产地应距离公路、铁路、生活区 50m 以上，距离工矿企业 1km 以上。

4.3　产地应远离污染源，配备切断有毒有害物进入产地的措施。

4.4　产地不应受外来污染威胁，产地上风向和灌溉水上游不应有排放有毒有害物质的工矿企业，灌溉水源应是深井水或水库等清洁水源，不应使用污水或塘水等被污染的地表水；园地土壤不应是施用含有毒有害物质的工业废渣改良过土壤。

4.5　应建立生物栖息地，保护基因多样性、物种多样性和生态系统多样性，以维持生态平衡。

4.6　应保证产地具有可持续生产能力，不对环境或周边其他生物产生污染。

4.7　利用上一年度产地区域空气质量数据，综合分析产区空气质量。

5 隔离保护要求

5.1 应在绿色食品和常规生产区域之间设置有效的缓冲带或物理屏障，以防止绿色食品产地受到污染。

5.2 绿色食品产地应与常规生产区保持一定距离，或在两者之间设立物理屏障，或利用地表水、山岭分割等其他方法，两者交界处应有明显可识别的界标。

5.3 绿色食品种植产地与常规生产区农田间建立缓冲隔离带，可在绿色食品种植区边缘 5m ~ 10m 处种植树木作为双重篱墙，隔离带宽度 8m 左右，隔离带种植缓冲作物。

6 产地环境质量通用要求

6.1 空气质量要求

除畜禽养殖业外，空气质量应符合表 1 的要求。

表 1　　空气质量要求（标准状态）

项目	指标		检验方法
	日平均[a]	1h[b]	
总悬浮颗粒物（mg/m^3）	≤0.30	—	GB/T 15432
二氧化硫（mg/m^3）	≤0.15	≤0.50	HJ 482
二氧化氮（mg/m^3）	≤0.08	≤0.20	HJ 479
氟化物（$\mu g/m^3$）	≤7	≤20	HJ 955

[a] 日平均指任何一日的平均指标。

[b] 1h 指任何 1h 的指标。

畜禽养殖业空气质量应符合表 2 的要求。

表 2　　畜禽养殖业空气质量要求（标准状态）　　单位为毫克每立方米

项目	禽舍区（日平均）		畜舍区（日平均）	检验方法
	雏	成		
总悬浮颗粒物	≤8		≤3	GB/T 15432
二氧化碳	≤1500		≤1500	HJ 870
硫化氢	≤2	10	≤8	GB/T 14678
氨气	≤10	15	≤20	HJ 533
恶臭（稀释倍数，无量纲）	≤70		≤70	GB/T 14675

6.2 水质要求

6.2.1 农田灌溉水水质要求

农田灌溉水包括以用于农田灌溉的地表水、地下水，以及水培蔬菜、水生植物生产用水和食用菌生产用水等，应符合表 3 的要求。

表 3　　农田灌溉水水质要求

项目	指标	检验方法
pH	5.5～8.5	HJ 1147
总汞（mg/L）	≤0.001	HJ 694
总镉（mg/L）	≤0.005	HJ 700
总砷（mg/L）	≤0.05	HJ 694
总铅（mg/L）	≤0.1	HJ 700
六价铬（mg/L）	≤0.1	GB/T 7467
氟化物（mg/L）	≤2.0	GB/T 7484
化学需氧量（COD_{Cr}）（mg/L）	≤60	HJ 828
石油类（mg/L）	≤1.0	HJ 970
粪大肠菌群[a]（MPN/L）	≤10000	SL 355

[a]仅适用于灌溉蔬菜、瓜类和草本水果的地表水。

6.2.2　渔业水水质要求

应符合表 4 的要求。

表 4　　渔业水水质要求

项目	指标		检验方法
	淡水	海水	
色、臭、味	不应有异色、异臭、异味		GB/T 5750.4
pH	6.5～9.0		HJ 1147
生化需氧量（BOD_5）（mg/L）	≤5	≤3	HJ 505
总大肠菌群，MPN/100mL	≤500（贝类 50）		GB/T 5750.12
总汞，mg/L	≤0.0005	≤0.0002	HJ 694
总镉，mg/L	≤0.005		HJ 700
总铅，mg/L	≤0.05	≤0.005	HJ 700
总铜，mg/L	≤0.01		HJ 700
总砷，mg/L	≤0.05	≤0.03	HJ 694
六价铬，mg/L	≤0.1	≤0.01	GB/T 7467
挥发酚，mg/L	≤0.005		HJ 503
石油类，mg/L	≤0.05		HJ 970
活性磷酸盐（以 P 计），mg/L	—	≤0.03	GB/T 12763.4
高锰酸盐指数，mg/L	≤6	—	GB/T 11892
氨氮（NH_3-N），mg/L	≤1.0	—	HJ 536

漂浮物质应满足水面不出现油膜或浮沫的要求。

6.2.3 畜牧养殖用水水质要求

畜牧养殖用水包括畜禽养殖用水和养蜂用水，应符合表5的要求。

表5　畜牧养殖用水水质要求

项目	指标	检验方法
色度[a]，度	≤15，并不应呈现其他异色	GB/T 5750.4
浑浊度[a]（散射浑浊度单位），NTU	≤3	GB/T 5750.4
臭和味	不应有异臭、异味	GB/T 5750.4
肉眼可见物[a]	不应含有	GB/T 5750.4
pH	6.5~8.5	GB/T 5750.4
氟化物，mg/L	≤1.0	GB/T 5750.5
氰化物，mg/L	≤0.05	GB/T 5750.5
总砷，mg/L	≤0.05	GB/T 5750.6
总汞，mg/L	≤0.001	GB/T 5750.6
总镉，mg/L	≤0.01	GB/T 5750.6
六价铬，mg/L	≤0.05	GB/T 5750.6
总铅，mg/L	≤0.05	GB/T 5750.6
菌落总数[a]，CFU/mL	≤100	GB/T 5750.12
总大肠菌群，MPN/00mL	不得检出	GB/T 5750.12

[a]散养模式免测该指标。

6.2.4 加工用水水质要求

加工用水（含食用盐生产用水等）应符合表6的要求。

表6　加工用水水质要求

项目	指标	检验方法
pH	6.5~8.5	GB/T 5750.4
总汞，mg/L	≤0.001	GB/T 5750.6
总砷，mg/L	≤0.01	GB/T 5750.6
总镉，mg/L	≤0.005	GB/T 5750.6
总铅，mg/L	≤0.01	GB/T 5750.6
六价铬，mg/L	≤0.05	GB/T 5750.6
氰化物，mg/L	≤0.05	GB/T 5750.5
氟化物，mg/L	≤1.0	GB/T 5750.5
菌落总数，CFU/mL	≤100	GB/T 5750.12
总大肠菌群，MPN/100mL	不得检出	GB/T 5750.12

6.2.5　食用盐原料水水质要求

食用盐原料水包括海水、湖盐或井矿盐天然卤水，应符合表7的要求。

表7　　食用盐原料水水质要求　　单位为毫克每升

项目	指标	检验方法
总汞	≤0.001	GB/T 5750.6
总砷	≤0.03	GB/T 5750.6
总镉	≤0.005	GB/T 5750.6
总铅	≤0.01	GB/T 5750.6

6.3　土壤环境质量要求

土壤环境质量按土壤耕作方式的不同分为旱田和水田两大类，每类又根据土壤pH的高低分为3种情况，即pH＜6.5，6.5≤pH≤7.5，pH＞7.5，应符合表8的要求。

表8　　土壤质量要求　　单位为毫克每千克

项目	旱田			水田			检验方法
	pH＜6.5	6.5≤pH≤7.5	pH＞7.5	pH＜6.5	6.5≤pH≤7.5	pH＞7.5	NY/T1377
总镉	≤0.30	≤0.30	≤0.40	≤0.30	≤0.30	≤0.40	GB/T 17141
总汞	≤0.25	≤0.30	≤0.35	≤0.30	≤0.40	≤0.40	GB/T 22105.1
总砷	≤25	≤20	≤20	≤20	≤20	≤15	GB/T 22105.2
总铅	≤50	≤50	≤50	≤50	≤50	≤50	GB/T 17141
总铬	≤120	≤120	≤120	≤120	≤120	≤120	HJ 491
总铜	≤50	≤60	≤60	≤50	≤60	≤60	HJ 491

果园土壤中铜限量值为旱田中铜限量值的2倍。
水旱轮作用的标准值取严不取宽。
底泥按照水田标准执行。

6.4　食用菌栽培基质质量要求

栽培基质应符合表9的要求，栽培过程中使用的土壤应符合6.3的要求。

表9　　食用菌栽培基质质量要求　　单位为毫克每千克

项目	指标	检验方法
总汞	≤0.1	GB/T 22105.1
总砷	≤0.8	GB/T 22105.2
总镉	≤0.3	GB/T 17141
总铅	≤35	GB/T 17141

7 环境可持续发展要求

7.1 应持续保持土壤地力水平，土壤肥力应维持在同一等级或不断提升。土壤肥力分级参考指标见表 10。

表 10 土壤肥力分级参考指标

项目	级别	旱地	水田	菜地	园地	牧地	检验方法
有机质（g/kg）	Ⅰ Ⅱ Ⅲ	>15 10～15 <10	>25 20～25 <20	>30 20～30 <20	>20 15～20 <15	>20 15～20 <15	NY/T 1121.6
全氮（g/kg）	Ⅰ Ⅱ Ⅲ	>1.0 0.8～1.0 <0.8	>1.2 1.0～1.2 <1.0	>1.2 1.0～1.2 <1.0	>1.0 0.8～1.0 <0.8	— — —	HJ 717
有效磷（mg/kg）	Ⅰ Ⅱ Ⅲ	>10 5～10 <5	>15 10～15 <10	>40 20～40 <20	>10 5～10 <5	>10 5～10 <5	LY/T 1232
速效钾（mg/kg）	Ⅰ Ⅱ Ⅲ	>120 80～120 <80	>100 50～100 <50	>150 100～150 <100	>100 50～100 <50	— — —	LY/T 1234

底泥、食用菌栽培基质不做土壤肥力检测。

7.2 应通过合理施用投入品和环境保护措施，保持产地环境指标在同等水平或逐步递减。

中华人民共和国出入境检验检疫行业标准

SN/T 2960—2011

水果蔬菜和繁殖材料处理技术要求

Technical requirements for dis-infestation of fruit, vegetable and propagation materials

2011-05-31 发布　　2011-12-01 实施

中华人民共和国国家质量监督检验检疫总局 发布

前　言

本标准按照 GB/T 1.1—2009 给出的规则起草。

本标准由国家认证认可监督管理委员会提出并归口。

本标准起草单位：中华人民共和国辽宁出入境检验检疫局、中国检验检疫科学院、中华人民共和国宁波出入境检验检疫局、中华人民共和国江苏出入境检验检疫局。

本标准主要起草人：姜丽、王有福、葛建军、顾建锋、粟寒、刘伟、王秀芬。

水果蔬菜和繁殖材料处理技术要求

1 范围

本标准规定了水果蔬菜和繁殖材料冷处理、热处理、溴甲烷熏蒸处理和辐照处理等除害处理技术指标。

本标准适用于进出口水果蔬菜和繁殖材料冷处理、热处理、溴甲烷熏蒸处理和辐照处理等检疫除害处理。

2 规范性引用文件

下列文件对于本文件的应用是必不可少的。凡是注日期的引用文件，仅注日期的版本适用于本文件，凡是不注日期的引用文件，其最新版（包括所有的修改单）适用于本文件。

SN/T 1123 帐幕熏蒸处理操作规程

SN/T 1124 集装箱熏蒸规程

SN/T 1143 植物检疫 简易熏蒸库熏蒸操作规程

3 术语和定义

下列术语和定义适用于本文。

3.1

植物繁殖材料 plant propagating materials

用于繁殖的植物全株或部分，如植株、苗木、种子、砧木接穗、插条、块根、块茎、鳞茎、球茎等。

3.2

冷处理 cold treatment

按照官方认可的技术规范，对货物降温直到该货物到达并维持规定温度直至满足规定时间的过程。

3.3

出口前冷处理 pre-export cold treatment

借助冷处理设施在货物出口运输前进行的冷处理。

3.4

运输途中冷处理 intransit cold treatment

借助冷藏集装箱在货物运输途中进行的冷处理。

3.5

热处理　heat treatment

按照官方认可的技术规范，对货物加热直到该货物达到并维持规定温度直至满足规定时间的过程。

3.6

蒸汽热处理　steam – heated treatment

利用热饱和水蒸气使货物的温度提高到规定的要求，并在规定的时间内使温度维持在稳定状态，通过水蒸气冷凝作用释放出来的潜热，均匀而迅速地使被处理的水果升温，使可能存在于果实内部的昆虫死亡的处理方法。主要用于控制水果中的实蝇或其他寄生性幼虫。

3.7

热水处理　hot water treatment

利用样品与有害生物耐热性的差异，选择适宜的水温和处理时间以杀死害虫而不损害处理样品的处理方法。主要用于鳞球茎、植株及植物繁殖切条上的线虫和其他有害生物以及带病种子的处理。

3.8

熏蒸　fumigation

借助于熏蒸剂一类的化学药剂，在一定的时间和密闭空间内将有害生物杀灭的技术或方法。

3.9

辐照处理　irradiation treatment

用低剂量 γ 射线辐照新鲜水果和蔬菜，使水果蔬菜中携带或可能携带的害虫不育或不能羽化，从而达到消灭害虫的目的。

4　仪器、用具和试剂

冷处理和热处理：温度探针、标准温度计、记录仪、保温器皿、电子天平、恒温水浴箱。

熏蒸处理：熏蒸处理仪器和用具见 SN/T 1124、SN/T 1123 和 SN/T 1143，溴甲烷。

辐照处理：商业钴 60 辐照源，γ 射线计数器。

5　处理技术要素

5.1　冷处理

5.1.1　运输途中冷处理

5.1.1.1　处理设施要求

运输途中冷处理应在冷藏集装箱（俗称冷柜）中进行。冷藏集装箱应是自身（整体）制冷的运输集装箱，具有能达到和保持所需温度的制冷设备。

5.1.1.2　记录仪要求

5.1.1.2.1　温度探针和温度记录仪的组合应符合相关标准要求，能容纳所需的探针数。

5.1.1.2.2　能够记录并贮存处理过程的数据，应至少每小时记录所有探针一次，且达到对探针所要求的精度。

5.1.1.2.3　能下载并打印包含每个探针号码、时间、温度及记录仪和集装箱的识别号等信息。

5.1.1.3　装柜

货物装入冷藏集装箱之前，要低温保存。果肉温度要求在 4 ℃或以下。整个柜内货物包装箱堆放高度要尽可能保持同一水平状态，且不能超出冷柜内标志的红色警戒线，装货时需确保托盘底部与托盘间有等同的气流，包装箱堆叠应松散。

5.1.1.4　温度探针的校正

按附录 A 的方法对探针进行校正。

5.1.1.5　探针的安插

5.1.1.5.1　每个冷藏集装箱至少应安插 3 个果温探针和 2 个空间温度探针。

5.1.1.5.2　果温探针安插方法见附录 B。

5.1.1.5.3　果温探针的安置位置分别是：

——一个安在集装箱内货物首排顶层中央位置；

——一个安在距冷藏集装箱门 1.5 m（40 ft 标准集装箱）或 1 m（20 ft 标准集装箱）的中央，并在所装货物高度一半的位置；

——一个安在距集装箱门 1.5m（40 ft 标准集装箱）或 1 m（20 ft 标准集装箱）的左侧，并在货物高度一半的位置。

5.1.1.5.4　空间温度探针分别安置在集装箱的入风口和回风口处。

5.1.1.5.5　所有探针的安插应在获得授权的检疫员的监督或指导下进行。

5.1.1.6　冷藏集装箱的封识

装好待处理货物后，由检疫员用编码封条对冷藏集装箱的门进行封识。

5.1.1.7　处理技术指标

进出口水果冷处理技术指标分别见表 1 和表 2。

表 1　　出口水果冷处理技术指标

序号	水果种类	输往国家	有害生物	处理技术指标[a]
1	荔枝	澳大利亚	实蝇 Tephritidae	≤0℃（32 °F）　10 d 或≤0.56℃（33°F）　11 d 或≤1.11 ℃（34°F）　12 d 或≤1.67 ℃（35°F）　14 d
2	龙眼	澳大利亚	实蝇 Tephritidae	≤0.99℃ 13d 或≤1.38℃ 18 d
3	龙眼或荔枝	澳大利亚	实蝇 Tephritidae 荔枝蒂蛀虫（*Conopomorpha sinensis*）	≤1 ℃ 15 d 或≤1.39 ℃　18 d
4	荔枝和龙眼	美国	桔小实蝇（*Bactrocera dosalis* ） 荔枝蒂蛀虫（*Conopomorpha sinensis*）	≤1 ℃　15 d 或≤1.39 ℃　18 d

（续表）

序号	水果种类	输往国家	有害生物	处理技术指标[a]
5	鲜梨	美国		≤0.0 ℃ 10 d 或≤0.56 ℃ 11 d 或≤1.11 ℃ 12 d 或≤1.67 ℃ 14 d
6	鲜梨	墨西哥	食心虫类害虫	0 ℃ ±0.5 ℃ 40 d

[a]表中的时间均为连续时间。

表 2　　进口水果冷处理技术指标

序号	产地	水果种类	有害生物	处理技术指标[a]
1	墨西哥、哥伦比亚	葡萄柚、红桔、李、柑桔	墨西哥实蝇（*Anastrepha ludens*）	≤0.56 ℃ 18 d 或≤1.11 ℃ 20 d 或≤1.66 ℃ 22 d
2	秘鲁	葡萄	实蝇 Tephritidae	≤1.5 ℃ ≥19 d
3	阿根廷	苹果、杏、樱桃、葡萄、李、梨	按实蝇属 *Anastrepha* spp.	≤0.0 ℃ 11 d 或≤0.56 ℃ 13 d 或≤1.11 ℃ 15 d 或≤1.66 ℃ 17 d

[a]表中的时间均为连续时间。

5.1.1.8　处理的启动与冷处理报告的寄送

可以任何时间启动记录。但是只有所有果温探针都达到指定的温度时，才能正式开始计算处理时间。冷处理温度记录由船运公司负责下载，提交入境港口的检验检疫机构。一些海上航行可能使得冷处理在船到达相应口岸之前就已完成，可允许在途中下载温度等记录并传送到对方国家或地区以便审核；但在对方国家或地区检验检疫部门完成温度探针再校正前，不能认为该处理有效。因此，是否在到达对方国家或地区相应口岸之前中止冷处理（如逐渐提升运输温度）是一个商业决定。如果处理未能完成的，或上述处理失败时，处理可以在抵达后完成。

5.1.1.9　结果判定

经核查，符合相应的处理技术指标要求和操作要求，加之处理后现场检疫和样品检测结果符合要求的，判定为冷处理有效。有不符合上述要求的，判定为冷处理无效。

5.1.2　设施内冷处理

5.1.2.1　处理设施要求

出口前冷处理设施需经注册（参见附录 C），且具有能达到和保持所需温度的制冷设备，并配有足够数量的探针。

5.1.2.2　记录仪要求

同 5.1.1.2。

5.1.2.3 探针的校正

在处理开始前，应按照附录A的方法对探针进行校正。在处理结束后，探针应按附录A的方法再校正，校正记录应备案以备审核。

5.1.2.4 货物装置

货物应按相关要求包装好，并进行预冷。货物装入处理室时应松散堆叠，并确保托盘底部与托盘间有充足的气流。

5.1.2.5 探针要求的安置

5.1.2.5.1 至少用2个探针（分别在入风口和回风口）测量室温，至少要安插以下4个探针测量鲜果的温度。

5.1.2.5.2 果温探针安插方法见附录B。

5.1.2.5.3 果温探针的安置位置如下：

——一个位于冷处理室中部所装货物的中心；

——一个位于冷处理室中部所装货物顶层的角落；

——一个位于所装货物中部近回风口处；

——一个位于所装货物顶层近回风口处。

5.1.2.5.4 室温探针分别安置在入风口和回风口附近处。

5.1.2.5.5 所有探针的安置应在获得授权的检疫员的监督或指导下进行。

5.1.2.6 处理技术指标

见表1。

5.1.2.7 处理及结束要求

5.1.2.7.1 可随时启动记录，当所有果温探针都达到5.1.1.7指定的温度时，处理时间才能正式开始计算。

5.1.2.7.2 当只用最小数量的探针时，如果有任何探针连续超出4h失效，则该处理无效，应重新开始。

5.1.2.7.3 如果处理记录表明各处理参数符合5.1.1.7处理技术指标要求，当地检验检疫机构可以授权结束处理。

5.1.2.8 冷处理记录的填写

下载、打印输出的温度记录要有适当的数据统计。当地检验检疫机构应在确认某处理成功之前背书上述记录和统计值，且应按对方要求，能提供上述背书的记录以供审核。

5.1.2.9 结果判定

经核查，符合相应的处理技术指标要求和操作要求，加之处理后现场检疫和样品检测结果符合要求的，判定为冷处理有效。有不符合上述要求的，判定为冷处埋无效。

5.2 热处理

5.2.1 处理技术指标

水果和繁殖材料热处理技术指标分别见表3和表4。

表3　鳞球茎、块根、块茎等繁殖材料热水处理技术指标

序号	繁殖材料种类	处理技术指标		有害生物
		水温 ℃（°F）	时间 （min）	
1	蛇麻草地下茎	50（122）	10	美洲剑线虫 *Xipinema americanum*
		51.7（125）	5	
2	马铃薯块茎	45.5（114）	120	爪哇根结线虫 *Meloidogyne javanica*
		45～50	60	最短短体线虫 *Pratylenchus brachyurus*
3	大丽花属、芍药属、块茎（polyantkes）	47.8（118）	30	根结线虫 *Meloidogyne spp.*

表4　水果热处理技术指标

序号	处理类型	处理技术指标	适合处理的果实种类	有害生物
1	蒸汽热处理	1）逐步提高处理设施温度，使果肉中心温度在8 h内达43.3 ℃（110 ℉）；将果肉中心温度保持在43.3 ℃或以上并维持6 h	葡萄柚 杧果 柑桔类	墨西哥实蝇 *Anastrepha ludens*
		2）提高处理设施温度，使果肉在6 h内达到43.3 ℃（其中前2 h要迅速提温；后4h逐渐加温）；保持果心温度43.3 ℃ 4 h		
		3）以44.4 ℃（112 ℉）饱和水蒸气，在规定时间内使果温达到约44.4℃，保持果温在44.4 ℃ 8.75 h，然后立即冷却	番木瓜 山番木瓜	地中海实蝇 *Ceratitis capitata* 桔小实蝇 *Bactrocera dosalis* 瓜实蝇 *Bactrocera cucurbitae*
		4）使荔枝果肉温度升达30 ℃（86 ℉）；在50 min内，使荔枝果肉温度从30 ℃上升到41 ℃（106℉）；让果肉温度继续上升到46.5 ℃（116℉）（此时库内饱和水蒸气温度在46.6℃或以上）并维持10 min（完成蒸热处理后过冰水槽降温）	荔枝	桔小实蝇 *Bactrocera dosalis*

（续表）

序号	处理类型	处理技术指标	适合处理的果实种类	有害生物
2	强制热空气处理	1）处理开始时的果肉温度需在21.1 ℃（77 ℉）或以上； 2）加热使处理室中气流温度达40 ℃（104 ℉），并维持120 min； 3）继续加热，使气流温度达到50 ℃（122 ℉），并维持90 min； 4）再加热，使气流温度达到52.2 ℃（126 ℉），维持该温度直至果心温度达47.8 ℃（118 ℉）	葡萄柚（适用于早熟和中熟品种；且直径≥9 cm、质量≥262 g）	墨西哥实蝇 *Anastrepha ludens*
		加热使处理室中的气流温度达到50 ℃。维持该温度直至果心温度达47.8 ℃ 时，即可结束处理 （具体处理时间依据果实大小及同批处理量而定）	杧果（适用于果实直径在8 cm~14 cm；果实质量不超过700 g）	墨西哥实蝇 *Anastrepha ludens* 西印度实蝇 *Anastrepha obliqua* 暗色实蝇 *Anastrepha serpentina*
3	热水处理	1）处理开始时的果肉温度需在21.1 ℃或以上； 2）处理的水温为46.1 ℃； 3）处理时间依该批最大果实的质量而定，如： ——≤500g，处理75 min； ——≥500g和 <700 g，处理90 min； ——≥700 g和 <900 g，处理110 min； 4）在处理过程中，前5 min水温可允许降到45.4 ℃；5 min结束时，水温应恢复到46.1 ℃或以上； 5）整个过程，水温在45.4 ℃~46.1 ℃的时间累积不能超过10 min（75 min的处理）或15 min（90 min的处理）或20 min（110 min的处理）	杧果	地中海实蝇 *Ceratitis capitata* 按实蝇属 *Anastrepha spp.*

5.2.2　处理设施要求

热处理设施应位于相应的包装厂内，并经当地检验检疫机构注册（参见附录E）。热水处理设施应包括大容量热水加热、绝热系统和水循环系统，保证热水处理过程中水温的稳定。蒸汽热处理设施应包括热饱和蒸汽发生装置、蒸汽分配管和气体循环风扇、温度监测系统等。

5.2.3　记录仪要求

5.2.3.1　能够连接所需的探针数。

5.2.3.2　能够记录并贮存处理过程的数据，直到该数据信息得到查验和确认。

5.2.3.3　能按一定的时间间隔（如每隔 2 min）记录一次所设探针的温度；记录显示的精确度为 0.1 ℃。

5.2.3.4　能打印输出每个探针在各设定时间中的温度，同时打印出相应记录仪的识别号。

5.2.4　操作技术要求

5.2.4.1　探针的校正

在处理季节，应每天对探针进行校正。探针的校正方法见附录 D。

5.2.4.2　探针安置要求

5.2.4.2.1　每一处理设施的探针数将依处理设施的品牌和样式而定。用筐浸处理的每个热水处理池至少安装 2 个温度探针，连续处理的则至少安装 10 个温度探针（其中 3 个为果温探针）。

5.2.4.2.2　果温探针的安插方法见附录 B；

5.2.4.2.3　果肉探针安置时，需同时考虑上层、中层和下层果肉温度。

5.2.4.3　处理的启动与结束

5.2.4.3.1　处理样品应根据要求按质量和（或）大小分级，分别进行处理。

5.2.4.3.2　针对热水处理，处理样品应浸在处理池水面 10 cm 以下。

5.2.4.3.3　当温度探针和果温探针达到所需处理温度时，开始计时。

5.2.4.3.4　在规定的处理温度或以上并维持到所需的时间时，处理便可结束。

5.2.5　结果判定

经核查，符合相应的处理技术指标要求和操作要求，加之处理后现场检疫和样品检测结果符合要求的，判定为热处理有效。有不符合上述要求的，判定为热处理无效。

5.3　熏蒸处理

5.3.1　处理技术指标

水果蔬菜和繁殖材料溴甲烷（熏蒸室或帐幕）常压熏蒸处理技术指标见表 5 ~ 表 7。

表 5　水果溴甲烷熏蒸处理技术指标

序号	水果种类	有害生物	温度 ℃（°F）	计量 (g/m^3)	密闭时间 (h)	最低浓度 (g/m^3)			随后冷处理	
						0.5h	2h	4h	温度 (℃)	时间 (d)
1	鳄梨	地中海实蝇 (*Ceratitis capitata*) 桔小实蝇（东方果蝇）(*Bactrocera dorsalis*) 瓜（大）实蝇 (*Bactrocera cucurbitae*)	≥21.1（70）	32	4	26	16	14		
2	葡萄柚	按实蝇属 (*Anastrepha spp.*)	21 ~ 29.5	40	2					
3	草莓	外食性害虫	≥26.7	24	2	19	14			
			21 ~ 26	32	2	26	19			

（续表）

序号	水果种类	有害生物	温度℃（°F）	计量（g/m^3）	密闭时间（h）	最低浓度（g/m^3）			随后冷处理	
						0.5h	2h	4h	温度（℃）	时间（d）
3	草莓	外食性害虫	15.5～20.5	40	2	32	24			
			10～15	48	2	38	29			
4	苹果 梨 葡萄	淡褐卷蛾 （*Epiphyas spp.*）	≥10	24	2	23	20		0.55	21
			4.5～9.5	32	2	30	25			

注 1：冷藏处理前应通风 2 h 左右。
注 2：熏蒸结束与冷藏处理之间，间隔不超过 24 h。

表 6　　蔬菜溴甲烷熏蒸处理技术指标

序号	蔬菜种类	有害生物	温度（℃）	剂量（g/m^3）	密闭时间（h）	最低浓度（g/m^3）	
						0.5 h	2h
1	南瓜、黄瓜	外食性害虫	≥26.7	24	2	19	14
			21.1～26.1	32	2	26	19
			15.6～20.6	40	2	32	24
2	绿色豆荚蔬菜（四季豆，菜豆，长豇豆，豌豆，木豆和扁豆）	小卷蛾 （*Cydia fabivora*） 夜小卷蛾 （*Epinotia aporema*） 豆荚（野）螟 （*Maruca testulalis*） 豆荚卷叶蛾 （*Lespeyresia legume*）	≥26.5	24	2	19	14
			21～26	32	2	26	19
			15.5～20.5	40	2	32	24
			10～15	48	2	38	29
			4.5～9.5	56	2	48	38

表 7　　繁殖材料溴甲烷熏蒸处理技术指标

序号	繁殖材料种类	有害生物	温度℃	剂量（g/m^3）	密闭时间（h）	最低浓度（g/m^3）		
						0.5 h	2 h	24 h
1	水仙属	球茎狭跗线螨 *Steneotarsonemus laticeps*	32.5～35.6	48	2			
			26.7～31.7	56	2			
			21.1～26.1	64	2			
			15.6～20.6	64	2.5			
			10.0～15.0	64	3			
			4.4～9.4	64	3.5			

（续表）

序号	繁殖材料种类	有害生物	温度℃	剂量（g/m^3）	密闭时间（h）	最低浓度（g/m^3）		
						0.5 h	2 h	24 h
2	百合鳞茎	钻蛀性害虫	32.2～35.6	32	3			
			26.7～31.7	40	3			
			21.1～26.1	48	3			
			15.6～20.6	48	3.5			
			10.0～15.0	48	4			
			4.4～9.4	48	4.5			
3	棉籽	表面害虫	≥15.6	80	24	40	40	20
			4.4～15.0	96	24	48	48	24

注 1：冷藏处理前应通风 2 h 左右。
注 2：熏蒸结束与冷藏处理之间、间隔不超过 24 h。
注 3：装载容量 50 %。

5.3.2　操作技术要求

5.3.2.1　帐幕熏蒸：按 SN/T 1123 操作。

5.3.2.2　集装箱熏蒸：按 SN/T 1124 操作。

5.3.2.3　简易熏蒸库熏蒸：按 SN/T 1143 操作。

5.3.3　结果判定

经核查，符合相应的处理技术指标要求和操作要求，加之处理后现场检疫和样品检测结果符合要求的，判定为熏蒸处理有效。有不符合上述要求的，判定为熏蒸处理无效。

5.4　辐照处理

5.4.1　处理技术指标

处理技术指标见表 8。

表 8　γ 射线低剂量辐照处理

序号	水果蔬菜	害虫	辐射均匀度（%）	剂量（Gy）
1	各种水果蔬菜	寡毛实蝇（*Dacus spp.*） 地中海实蝇（*Ceratitis capitata*）等检疫性实蝇	16～18	150～300
2	杧果	杧果象甲 （*Sternochetus frigidus S. mangiferae S. olivieri*）	16～18	400～700

注：具体剂量根据货物种类及其大小、外形、包装不同而定。

5.4.2　处理要求

用 γ 射线低剂量辐照，辐照不均匀度低于 18%，剂量率 10 Gy/min～30 Gy/min。处理时不需拆包。

5.4.3　结果判定

经核查，符合相应的处理技术指标要求和操作要求，加之处理后现场检疫和样品检测结果符合要求的，判定为辐照处理有效。有不符合上述要求的，判定为辐照处理无效。

附　录　A
（规范性附录）
冷处理温度探针的校正

A.1　将碎冰块放入保温器皿内，然后加入洁净的水，直至冰和水的体积比约为 1∶1，制成冰水混合物。

A.2　将标准温度计（经国家标准机构校正）与待校正的探针同时插入冰水混合物中，并不断搅动冰水，当标准温度计显示的温度达到 0 ℃时，记录探针显示的温度。

A.3　按上述方法，重复校正 3 次。

A.4　探针读数的精确度需达到0.1 ℃；同一探针至少 2 次连续的重复校正读数应一致，并以该读数为校正值，任何读数超出 0 ℃ ±0.3 ℃的探针都应更换。

附　录　B
（规范性附录）
果温探针的安插

B.1　果温探针需安插在每批处理果实中的最大果实。

B.2　探针插入果肉的方位尽可能与果核方位平行。

B.3　探针感温部分插入果肉中心部位但不能触到果核。

附　录　C
（资料性附录）
冷处理设施注册要求

C.1　由出口国的检验检疫机构对处理设施进行注册管理。

C.2　注册每年审核一次，且需保留或能提供以下内容的文件：

——所有设施的位置以及所有者/操作者的详细联系方式；

——设施的尺寸及容量；

——墙壁、天花板和地板的隔热类型；

——制冷压缩机及蒸发机/空气循环系统的牌子、样式、类型和容量等。

附　录　D
（规范性附录）
热处理温度探针的校正

D.1　将标准温度计（经国家标准机构校正）与待校正的探针一起置于恒温水浴箱内的热水中，并不停搅动。热水的温度需保持在处理温度 ±0.2℃。同时记录标准温度计显示的温度和探针显示的温度。按上述方法，重复校正3次。取平均值。

D.2　探针读数的精确度需达到0.1℃，误差达 ±0.4℃的探针应更换。

附　录　E
（资料性附录）
热处理设施注册要求

E.1　处理场所应包括样品检疫区、称量分级区、处理区、包装区、储存区。具有出口前的整个处理、包装、存贮和运输过程能与其他水果隔离或分开的场所。

E.2　设施的设计应能防止实蝇进入处理、包装和果实（处理过而未包装的果实）存放区。

E.3　对热处理设施每年至少进行一次审核，以维持其能提供有效处理的状态。

E.4　所有量度仪器需定期校正且保留记录以备审核。

E.5　处理场所应保持良好卫生状况。

国 家 蚕 桑 产 业 技 术 体 系 标 准

TX23—04—2020

新疆果桑嫁接苗繁育技术规程

国家蚕桑产业技术体系 发 布

新疆果桑嫁接苗繁育技术规程

1 范围

本标准规定了新疆地区果桑嫁接苗繁育的术语和定义，苗圃地准备、砧木繁育、砧木准备、接穗准备、“丁”字形芽接、嫁接苗木栽植管理、苗木出圃等技术要求。

本标准适用于新疆果桑嫁接的繁育生产，生态条件相似地区可参照执行。

2 规范性引用文件

下列文件对于本文件的应用是必不可少的。凡是注日期的引用文件，仅所注日期的版本适用于本文件。凡是不注日期的引用文件，其最新版本（包括所有的修改单）适用于本文件。

GB 5084 农田灌溉水质标准

GB 19173—2010 桑树种子和苗木

GB/T 19177—2003 桑树种子和苗木检验规程

GB 20464 农作物种子标签通则

NY/T 1027—2006 桑园用药技术规程

NY/T 496 肥料合理使用准则 通则

3 术语和定义

下列术语和定义适用于本标准。

3.1 果桑 Fruit – using mulberry

指果用或果叶兼用的桑树。

3.2 砧木 Root stock seedling

指嫁接繁殖时承受接穗的植株。

3.3 嫁接苗 Grafted seedling

通过嫁接法繁育的果桑苗木。

3.4 嫁接 Grafting

把一种植物的枝或芽嫁接到另一种植株的茎或根上，使接在一起的两个部分长成一个完整的植株称为嫁接。把接穗嫁接至砧木上形成复合体称嫁接体。

3.5 “丁”字形芽接法

在 4 月中旬，将砧木的根茎上部主干 10 ~ 20 cm 处，横切一刀，直切一刀，成“丁”字形，再从芽基下方向上切取盾形芽片，嵌进被撬开“T”切口的皮层，这种插入接穗芽的嫁接方法，又称盾形芽接法。

4 苗圃地准备

4.1 苗圃地选择

苗圃地应选择在近水源、排灌方便，日照充足、交通便利的地方；土质为肥沃疏松的沙质土壤或壤土，无污染；不宜在桑根结线虫病、桑紫纹羽病的地块建立苗圃。

4.2 苗圃地整理

深翻 20 ~ 30 cm，每 667 m^2施入腐熟农家肥 2 000 kg 及 10 kg 过磷酸钙为基肥。深翻后平整土地、细作，开沟，宽 50 cm，深 50 cm，行距 150 cm，沟内施入一层农家肥和磷肥后，盖土 10 cm 左右即可。

5 砧木准备

5.1 砧木选择

选择根系发达、健壮、无病虫害、根茎在 0.4 cm 以上的一年生实生苗。

5.2 砧木的定植

在 3 月下旬，将苗木按株行距 50 cm × 150 cm 放入沟内，伸展根苗。后将表土填入根部，将苗轻轻向上提一下后踏实，使根部填满土无空隙，及时浇灌定根水。

5.3 苗木的管理

浇完定根水后，待苗长至 60 ~ 80 cm 时，修剪侧枝，每亩施 20 kg 尿素、10 kg 磷肥，待第二年嫁接。

6 接穗的准备

6.1 接穗的选择

选择适应性强、经济性好，适宜在当地生产并推广种植的优良果桑品种（包括果叶两用桑品种）。取冬芽饱满、无病虫害的一年生充实枝条为接穗。

6.2 接穗的采集

树液开始流动前采集，一般在 2 月下旬，嫁接 10 000 株苗，采集 80 ~ 100 kg 接穗。

6.3 接穗的保存

采集回来的接穗条按 50 根或 100 根扎捆，每捆用二层薄膜扎紧，不能漏气，后保存在 0 ℃ ~5 ℃

环境中，相对湿度在 70 % 以上，防止接穗条失水干瘪，或湿度过大、穗条发霉。

7 嫁接方法

7.1 嫁接时间

桑芽萌动前，一般在 4 月上旬。嫁接前 7 ~ 10 天，给砧木园浇水一次。

7.2 修剪砧木

在砧木基部至枝干 10 ~ 20 cm 处切口“丁”字形。

7.3 削接穗

在接穗条上选择健壮的芽，在芽上方横切一刀，左右各切一刀，然后将芽削下保留韧皮部。

7.4 贴接穗

将切好“丁”字形口的砧木，用刀尾开皮，将削好的芽对着切口慢慢插入、扎紧。与上部切口对平后用绳子自上而下扎紧，不能漏气，底部扎紧，使露出芽尖。

8 嫁接后的管理

8.1 疏芽

当嫁接枝条生长至 10 cm 以上时，疏去砧木上的野生芽条，动作要轻，防止碰坏嫁接后长出的嫩芽（枝），以后每月疏芽至 9 月为止。

8.2 抚绑

可嫁接枝条长至 15 ~ 20 cm 时，用 3 根枝条捆绑在嫁接苗四周，以防止碰摔、刮风、沙尘暴等折断嫁接苗枝条而影响成活率。

8.3 松绑

当嫁接苗枝条长至 30 ~ 40 cm 时，解除捆绑的塑料布及绳子。

8.4 水分管理

嫁接后 20 ~ 30 天内灌溉 1 次，促进砧木及时输送水分，有利于提高成活率，以后每 15 ~ 20 天内浇水 1 次，至 8 月底停水，防止嫁接苗徒长，促进枝条尽快木质化，有利于安全越冬，冬灌水在 11 月下旬至 12 月初。灌溉水应符合 GB 5084 农田灌溉水质标准。

8.5 施肥除草

嫁接前，先进行一次除草，将苗圃地清理干净。以后从 5 月开始至 9 月除草 2 次。全年施肥 2 次：第 1 次在 6 月中旬，每 667 m^2 施尿素 5 kg，第 2 次在 7 月中旬，嫁接苗枝条长至 30 ~ 40 cm，每 667 m^2 施磷肥 15 kg，以后根据情况随时施入。

8.6 病虫害防治

嫁接苗生长期间应加强病虫防治等工作。应符合 NY/T 1027 的要求。

9 苗木出圃

9.1 起苗时间

春季在树液流动前，一般在 3 月中下旬。秋季在桑苗部叶落后至土壤封冻前。

9.2 桑树嫁接苗质量指标

桑树嫁接苗木质量评判标准如表 1 所示。

表 1　果桑嫁接苗分级

<table>
<tr><th>级别</th><th>苗颈
（Φ，mm）</th><th>品种纯度
（%）</th><th>苗木外观</th><th>根系</th><th>危害性病虫害</th></tr>
<tr><td>特级</td><td>Φ≥14.0</td><td rowspan="2">≥98.0</td><td rowspan="4">新鲜、
苗干充实、
无损伤</td><td rowspan="2">发达、较完整、无劈裂、根长≥200 mm</td><td rowspan="4">无法定的检疫对象</td></tr>
<tr><td>一级</td><td>11.0≤Φ<14.0</td></tr>
<tr><td>二级</td><td>9.0≤Φ<11.0</td><td rowspan="2">≥95.0</td><td rowspan="2">发达、较完整、无劈裂、根长≥150 mm</td></tr>
<tr><td>三级</td><td>Φ<9.0</td></tr>
</table>

9.3 检验

9.3.1　抽样

9.3.1.1　品种纯度检验抽样

在起苗生长期或起苗后进行，按照 GB/T 19177 的要求进行。

9.3.1.2　苗木质量检验抽样

在起苗后进行，按照 GB 19173 要求的数量随机抽取。

9.3.2　检验方法

按照 GB/T 19177 的规定执行，对照要求实施。

9.3.3　质量判定

苗木外观、苗颈、根系任一指标达到规定要求的（见表 1），即为合格苗木，不合格苗木比例高于 5 %或品种纯度未达到规定要求的（见表 1），该批苗木不合格。

9.4 包装、标志及运输

按照 GB 19173 的要求实施操作。

苗木落叶后，起苗、分级、包装、出售。苗木质量及检验按 GB 19173、GB/T 19177 中的规定执行。

苗木运输过程中应防止长时间堆积重压、风吹日晒、雨淋及冻害。

本规程主要起草人：刘和洋、吴丽莉、左少纯、丁天龙

ICS 65.020.20
B 61

中华人民共和国国家标准

GB/T 19177—2003

桑树种子和苗木检验规程

Test code for seed and sapling of mulberry

2003-06-04 发布 2003-12-01 实施

中华人民共和国国家质量监督检验检疫总局 发布

前　言

本标准的附录 A 为规范性附录。

本标准由中华人民共和国农业部提出并归口。

本标准起草单位：农业部种植业管理司、中国农业科学院蚕业研究所、农业部蚕桑产业产品质量监督检验测试中心（镇江）、浙江省农业厅经济作物管理局、广东省农业科学院蚕业研究所、江苏省经济贸易委员会茧丝绸办公室。

本标准主要起草人：潘一乐、李奕仁、刘利、肖更生、周勤、胡健、夏志松。

本标准委托农业部种植业管理司负责解释。

桑树种子和苗木检验规程

1 范围

本标准规定了桑树种子和苗木质量检验的检验项目及检验方法。

本标准适用于桑树种子和苗木的检验。

2 规范性引用文件

下列文件中的条款通过本标准的引用而成为本标准的条款。凡是注日期的引用文件，其随后所有的修改单（不包括勘误的内容）或修订版均不适用于本标准，然而，鼓励根据本标准达成协议的各方研究是否可使用这些文件的最新版本。凡是不注日期的引用文件，其最新版本适用于本标准。

GB 19173—2003 桑树种子和苗木

《植物检疫条例》（中华人民共和国国务院令第98号）

3 检验项目

a）种子外观

b）种子净度

c）种子千粒重

d）种子发芽率

e）种子含水率

f）苗木外观

g）苗径

h）根系

i）品种纯度

j）病虫害

4 检验方法

4.1 种子

4.1.1 种子扦样

种子扦样应按采收批次，逐批扦取，每批种子的最大质量为1 000 kg（±5 %）。批内扦样时，每包装单位均按其质量的0.2 %扦取。将所扦取的初次样品充分混合，即得混合样品。再采用四分法从混合样品中分取两份送验样品，每份质量为100 g。如单批质量不足100 kg，则直接扦取质量分别为100 g的两份送验样品。

取得的两份送验样品，一份供检验，一份作为保留样品。送验样品应置于密闭容器中，容器上应贴上封条和标签，送验样品连同扦样证明书 24 h 内送检，扦样证明书格式见附录 A。

4.1.2 种子外观检验

扦样过程中，观察种子外观是否符合 GB 19173—2003 中 4.1.4 的规定。

4.1.3 种子净度检验

4.1.3.1 从送验样品中取三份分别为 10 g 的试验样品。

4.1.3.2 将试验样品中的好种子与坏种子、杂质分开，分别称量，按式（1）计算种子净度：

$$N(\%) = m_1/m_2 \times 100\% \tag{1}$$

式中：

N——种子净度；

m_1——好种子质量，单位为克（g）；

m_2——试验样品质量，单位为克（g）。

4.1.3.3 取三份试验样品计算结果的平均数，即为种子净度。

4.1.4 种子千粒重检验

从净度检验后的好种子中，随机取 1 000 粒种子称量，三次重复，取平均数。

4.1.5 种子发芽率检验

4.1.5.1 方法：催芽法。

4.1.5.2 试样：从净度检验后的好种子中随机取试验样品三份，每份 100 粒。

4.1.5.3 置床：培养皿中平铺浸透水的滤纸两层，作为芽床。将取好的三份试验样品，分别整齐地排列在三个培养皿中的滤纸上。培养皿外应贴好标签，注明置床日期、样品号、品种名、重复次数、产地等。

4.1.5.4 催芽：将置好床的培养皿置于 28 ℃ ~30 ℃的温箱中，保持芽床湿润。

4.1.5.5 调查，试验第七天调查发芽种子数。

4.1.5.6 计算：按式（2）计算种子发芽率：

$$G(\%) = n_1/n_2 \times 100\% \tag{2}$$

式中：

G——种子发芽率；

n_1——发芽期（七日）内正常发芽粒数，单位为粒；

n_2—— 试样种子粒数，单位为粒。

4.1.5.7 取三份试验样品计算结果的平均数，即为种子发芽率。

4.1.6 种子含水率检验

4.1.6.1 测定种子含水率，采用低恒温烘干法。

4.1.6.2 将装于密封容器内的送验样品充分混合，再于预先烘至恒重的样品盒内分别称准 4.500 g ~5.000 g 试验样品两份，摊平盖严。待烘箱预热至 110 ℃ ~115 ℃时，打开盒盖，将样品盒及盒盖一并放入箱内距温度计水银球约 2.5 cm 处，关闭箱门，使箱温在 5 min ~10 min 内回升至 103 ℃ ±2 ℃时开始计时，烘 8 h。然后打开箱门，在箱内盖好盒盖，取出后放入干燥器内冷却至室温，称量，由烘后减少的质量按式（3）计算含水率：

$$C(\%) = (m_4 - m_5) / (m_4 - m_3) \times 100\% \tag{3}$$

式中：

C——种子含水率；

m_3——样品盒及盒盖的质量，单位为克（g）；

m_4——样品盒及盒盖与烘前样品的总质量，单位为克（g）；

m_5——样品盒及盒盖与烘后样品的总质量，单位为克（g）。

4.1.6.3 如两份样品测定结果之间的差距不超过0.2 %，则其平均数即为种子含水率。否则重做两次测定。

4.2 苗木

4.2.1 苗木抽样

4.2.1.1 苗木抽样在起苗分级后进行，分级别按 GB 19173—2003 中表6 规定的抽样数量按捆进行随机抽样。

4.2.1.2 品种纯度检验抽样采用对角线五点抽样法，抽样比例为1 %，最多不超过1000 株。

4.2.2 苗木外观检验

抽样过程中，观察苗木外观是否符合 GB 19173—2003 中4.2.5 的规定。

4.2.3 苗径检验

用游标卡尺测量，精确到0.1 mm。

4.2.4 根系检验

在苗径检验过程中，检查苗木根系是否符合 GB 19173—2003 中表3、表4、表5 对根系的规定。

4.2.5 品种纯度检验

依照被检品种苗木的主要特征，对被检苗木逐株进行鉴定，并按式（4）计算：

$$P\ (\%) = N_1/N_2 \times 100\% \qquad (4)$$

式中：

P——品种纯度；

N_1——本品种苗木株数，单位为株；

N_2——检验总株数，单位为株。

4.2.6 病虫害检验

病虫害检验按照《植物检疫条例》的有关规定执行。

5 评定与签证

全部项目检验结束后，将检验结果如实填写检验证书。

附　录　A
（规范性附录）
桑树种子扦样证明书

编号：

受检单位			
送检单位			
品种名称		样品编号	
种子产地		批　　号	
收获时期		批　　重	
种子存放地点		批件数	
种子存放方式		抽取质量	
检验项目		抽样时期	
检验单位		保管人员	
备　　注			

第三部分　栽培管理

ICS

DBN

吐　鲁　番　市　农　业　地　方　标　准

DBN6521/T 191—2019

绿色食品　果桑丰产栽培技术规程

2019 - 5 - 30 发布　　　　2019 - 6 - 15 实施

吐鲁番市市场监督管理局　发布

前　言

本标准根据 GB/T1. 1—2009《标准化工作导则　第 1 部分：标准的结构和编写》和 DB65/T 2035. 2—2003《标准体系工作导则　第 2 部分：农业标准体系框架与要求》编写。

本标准由新疆农业科学院吐鲁番农业科学研究所、新疆红鑫农业科技生产力促进中心共同提出。

本标准归口单位：吐鲁番市林业和草原局。

本标准起草单位：新疆农业科学院吐鲁番农业科学研究所、新疆红鑫农业科技生产力促进中心。

本标准主要起草人：任红松、吴久赟、赵龙、巴哈一丁・吾甫尔、阿力木・阿不迪力木、雷静、陈雅、韩琛、廉苇佳、刘志刚、李海峰、胡西旦・买买提、徐桂香、潘雪飞。

绿色食品　果桑丰产栽培技术规程

1　范围

本规范规定了果桑栽培技术的相关术语和定义及技术方法等内容。

本规范适用于吐鲁番市果桑的生产栽培。

2　规范性引用文件

下列文件对于本文件的应用是必不可少的。凡是注日期的引用文件，仅所注日期的版本适用于本文件。凡是不注日期的引用文件，其最新版本（包括所有的修改单）适用于本文件。

GB/T 19177　桑树种子和苗木检验规程

NY/T 391　绿色食品　产地环境质量

NY/T 393　绿色食品　农药使用准则

NY/T 394　绿色食品　肥料使用准则

3　术语和定义

3.1　果桑

果桑是以结果为主、果叶兼用桑树的统称。

3.2　疏芽

当新芽长至约 20 cm 左右时，疏去着生位置不当，过密、细弱或过强的新梢。

3.3　摘心

摘去新梢顶部幼嫩部分。

3.4　修剪

对植株的枝、干、叶、芽、根等进行剪裁、疏除的处理方法。

4　建园要求

4.1　产地环境要求

应符合 NY/T 391《绿色食品　产地环境质量》要求。果桑园应建在远离主干公路且无污染源的地方。土壤 pH 值 6.5 ~ 7.5 范围内，挖沟（穴）定植，沟（穴）深 50 cm 以上，土壤有机质丰富、保水保肥力强。栽植地块要求灌水方便、集中连片，以便管理。

4.2 园区规划

果桑园规划灌水系统和道路系统，有利于桑果鲜果采收、运输。

4.3 品种选择

根据吐鲁番生态气候条件，选择优质、丰产、抗逆性强的品种。

4.4 苗木定植

4.4.1 苗木质量

苗木直径0.6 cm以上，枝条有≥3个饱满芽，无明显机械损伤、病虫害或检疫性病虫害。具体参照GB/T 19177《桑树种子和苗木检验规程》规定执行。

4.4.2 定植沟（穴）

开沟或挖穴宽60 cm，深60 cm，施有机肥1 500～2 000 kg/667m^2，按栽植规格建好灌水渠道或滴灌系统。

4.4.3 定植时间

冬栽在桑苗落叶至土壤封冻前，一般11月上旬；春栽在土壤解冻至桑苗发芽前，一般3月下旬。

4.4.4 定植密度

根据品种、桑园的类型等情况而定，一般栽植密度为52～150株/667 m^2，株行距为3.0 m×4.0 m左右。

4.4.5 定植方法

将苗木放在定植沟（穴）中央，舒展根系，扶正苗干，然后分层对苗木进行埋土压实，同时向上轻提苗木，确保根系与土壤密接，嫁接口露地，浇透定植水。

4.4.6 栽后管理

定植后要及时定干，高度60～80cm，视土壤情况适时进行灌溉。

5 果桑园管理

5.1 施肥原则

果桑重视施肥质量，氮、磷、钾的适量配合，多施有机肥。施肥量和施肥次数要根据土壤质地及其肥力和果桑生长情况适当调整。施肥原则按NY/T 394《绿色食品　肥料使用准则》执行。

5.2 水分管理

根据土壤情况适时按需灌水，当桑果在发育期时需水量大，需及时按需补水，果实膨大着色至收获期间少浇水，休眠期后不用补充水分。

5.3 抹芽与摘心

抹除主干上萌发的不定芽、弱小芽，当枝条顶部有7～10片新叶时摘心，利于营养生长转入生殖生长，提高果实品质。

5.4 疏芽

当新梢长到15～20 cm，进行第一次疏芽，当新梢长到30 cm时进行第二次疏芽，疏除着生位置不当，过密、细弱或过强的新梢。

5.5 树形

定植第一年新梢长 10～15 cm 时留 2～3 个健壮的枝条，第二年桑果采摘后，开始修剪树形，以自然开心型为主，剪除多余交叉枝，保持树体通风透光。

5.6 整枝修剪

整枝修剪在果桑休眠期进行，修去枯桩、病虫害枝条、不良枝条。

6 病虫害防治

农药使用须严格按照 NY/T 393 执行。生产过程中提倡生物防治，坚持预防为主，防治结合的原则。

7 采收

桑果充分着色时为适熟果。采果时轻采轻放，选采适熟果，不采过熟果、未熟果、病果和虫口果。

ICS

DBN

吐　鲁　番　市　农　业　地　方　标　准

DBN6521/T 213—2020

绿色食品　药桑栽培技术规程

2020－6－15发布　　　　2020－7－15实施

吐鲁番市市场监督管理局　发布

前　言

本标准根据 GB/T1. 1—2009《标准化工作导则　第 1 部分：标准的结构和编写》和 DB65/T 2035. 2—2003《标准体系工作导则　第 2 部分：农业标准体系框架与要求》编写。

本标准由新疆农业科学院吐鲁番农业科学研究所提出。

本标准归口单位：吐鲁番市林业和草原局。

本标准起草单位：新疆农业科学院吐鲁番农业科学研究所。

本标准主要起草人：任红松、徐桂香、吴久赟、刘志刚、郭红梅、雷静、刘翔宇、李海峰、胡西旦·买买提、韩琛、廉苇佳、赵龙、巴哈一丁·吾甫尔

绿色食品　药桑栽培技术规程

1　范围

本规范规定了药桑品种改良及嫁接技术、田间管理的相关术语、定义及技术方法等内容。

本规范适用于吐鲁番市药桑的生产栽培。

2　规范性引用文件

下列文件对于本文件的应用是必不可少的。凡是注日期的引用文件，仅所注日期的版本适用于本文件。凡是不注日期的引用文件，其最新版本（包括所有的修改单）适用于本文件。

GB/T 19177　桑树种子和苗木检验规程

NY/T 391　绿色食品　产地环境质量

NY/T 393　绿色食品　农药使用准则

NY/T 394　绿色食品　肥料使用准则

DB37/T 2484　桑树嫁接苗木繁育技术规程

3　术语和定义

3.1　药桑

药桑（*Morus nigra* L.）又名毛桑，属桑科桑属黑桑种，二十二倍体。

3.2　疏芽

当新芽长至约 20 cm 时，疏去着生位置不当，过密、细弱或过强的新梢。

3.3　摘心

摘去新梢顶部幼嫩部分。

3.4　修剪

对植株的枝、干、叶、芽、根等进行剪裁、疏除的处理方法。

3.5　嫁接

把一种植物的枝或芽，嫁接到另一种植物的茎或根上，使接在一起的两个部分长成一个完整的植株。

4 建园要求

4.1 产地环境要求

应符合 NY/T 391《绿色食品 产地环境质量》要求。药桑园应建在远离主干公路且无污染源的地方。土壤 pH 值 6.5～7.5 范围内，挖沟（穴）定植，沟（穴）深 50 cm 以上，土壤有机质丰富、保水保肥力强。栽植地块要求灌水方便、集中连片，以便管理。

4.2 园区规划

药桑园规划灌水系统和道路系统，有利于桑果鲜果采收、运输。

4.3 嫁接繁殖

选用优良药桑接穗，于春季树液流动时进行嫁接，接后直接定植于苗圃地进行培育，具体可参照 DB 37/T 2484 执行。

4.4 苗木定植

4.4.1 苗木质量

苗木直径 0.6 cm 以上，枝条有≥3 个饱满芽，无明显机械损伤、病虫害或检疫性病虫害。具体参照 GB/T 19177《桑树种子和苗木检验规程》规定执行。

4.4.2 定植沟（穴）

开沟或挖穴宽 60 cm，深 60 cm，施有机肥 1 500～2 000 kg/667 m^2，按栽植规格建好灌水渠道或滴灌系统。

4.4.3 定植时间

土壤解冻至桑苗发芽前进行定植，一般 3 月下旬。

4.4.4 定植密度

一般栽植密度为 51～140 株/667 m^2，株行距为 4.0 m×4.0 m 左右。

4.4.5 定植方法

将苗木放在定植沟（穴）中央，舒展根系，扶正苗干，然后分层对苗木进行埋土压实，同时向上轻提苗木，确保根系与土壤密接，嫁接口露地，浇透定植水。

4.4.6 栽后管理

定植后要及时定干，高度 80～100 cm，视土壤情况适时进行灌溉。

5 果桑园管理

5.1 施肥原则

药桑重视施肥质量，氮、磷、钾的适量配合，多施有机肥。施肥量和施肥次数要根据土壤质地及其肥力和药桑生长情况适当调整。施肥原则按 NY/T 394《绿色食品 肥料使用准则》执行。

5.2 水分管理

根据土壤情况适时按需灌水，当桑果在发育期时需水量大，需及时按需补水，果实膨大着色至收获期间少浇水，休眠期后不用补充水分。

5.3 抹芽与摘心

抹除主干上萌发的不定芽、弱小芽，当枝条顶部有7～10片新叶时摘心，利于营养生长转入生殖生长，提高果实品质。

5.4 疏芽

当新梢长到25～30 cm，进行第一次疏芽，当新梢长到40 cm时进行第二次疏芽，疏除着生位置不当，过密、细弱或过强的新梢。

5.5 树形

定植第一年新梢长20～25 cm时留2～3个健壮的枝条，第二年桑果采摘后，开始修剪树形，以中高干开心型为主，剪除多余交叉枝，保持树体通风透光。

5.6 整枝修剪

整枝修剪在药桑休眠期进行，修去枯桩、病虫害枝条、不良枝条。

6 病虫害防治

农药使用须严格按照NY/T 393执行。生产过程中提倡生物防治，坚持预防为主，防治结合的原则。

7 采收

桑果充分着色时为适熟果。采果时轻采轻放，选采适熟果，不采过熟果、未熟果、病果和虫口果。

ICS

DB

吐 鲁 番 市 地 方 标 准

DB6521/T 271—2020

果桑优质高效栽培管理技术规程

2020－06－20 发布　　2020－07－15 实施

吐鲁番市市场监督管理局　发布

前　言

本标准根据 GB/T 1. 1—2009《标准化工作导则　第 1 部分：标准的结构和编写》进行编写。

本标准由吐鲁番市林果业技术推广服务中心提出。

本标准由吐鲁番市林业和草原局归口。

本标准由吐鲁番市林果业技术推广服务中心、新疆农业科学院吐鲁番农业科学研究所负责起草。

本标准主要起草人：刘丽媛、古亚汗·沙塔尔、王婷、赵龙、罗闻芙、周慧。

果桑优质高效栽培管理技术规程

1 范围

本标准规定了吐鲁番果桑的建园、整形修剪、水肥管理、病虫害防治等规范技术。

本标准适用于吐鲁番果桑的优质、高效栽培管理。

2 规范性引用文件

下列文件对于本文件的应用是必不可少的。凡是注日期的引用文件，仅注日期的版本适用于本文件。凡是不注日期的引用文件，其最新版本（包括所有的修改单）适用于本文件。

NY/T 393 绿色食品 农药使用准则

DB 6521/T 191 绿色食品 果桑丰产栽培技术规程

TX23—04 新疆果桑栽培收获技术规程

3 术语和定义

下列术语和定义适用于本标准。

3.1 整形修剪

通过使植株保持一定的外观形状，并且调整其营养生长和生殖生长的关系、使其正常地生长和结果的一种技术措施。

3.2 抹芽

将枝条上萌发的侧芽或腋芽除去。

3.3 摘心

摘去桑葚新梢顶部幼嫩部分。

4 使用浓度和使用时间

4.1 环境

水质、空气符合绿色产品生产标准。

4.2 土壤

4.2.1 建园时应选用熟地，以沙壤土、轻沙壤土和轻黏土为宜，其中以土层深厚、灌溉条件良好、土质肥沃的壤土长势最好。

4.2.2　对渗漏较重、持水力差的砾质土壤要进行土壤改良。

4.3　时间

建园时间一般以春、秋为宜。

4.4　品种选择

要结合市场需求选择符合要求的果桑品种，先开展小面积试种，选出适合当地气候特点的产量高、品质佳、结果时间早的果桑品种进行大面积推广。

4.5　定植沟

定植前进行深翻，将土地整平，建垄，垄两侧挖深、宽均为 80 cm 的定植沟。

4.6　株行距

果桑栽植的密度结合品种特性、土壤肥力、气候特点等多种因素而定，一般行距为 4.5 ~ 5.0 m，株距为 3.5 ~ 4.0 m。

4.7　定植后管理

栽植时将果桑苗放入提前挖好的定植沟内，用手扶直，回填土时适当提苗，确保根系舒展，最后将土踩实，浇 1 次透水作为定根水。

5　田间管理

5.1　整形

果桑栽植后，在距离地面 60 ~ 80 cm 处短截定干，发芽后每株留新梢 4 ~ 5 个，新梢长至 30 ~ 40 cm 时摘心，以促发侧枝，增大树冠；若一次摘心发枝太少，可反复摘心 2 ~ 3 次，确保当年抽出结果母枝 10 ~ 15 个，以保证第二年丰产。果桑采摘后，在整形的基础上进行夏季修剪，不易过晚进行，为新梢生长留下充足时间。

5.2　修剪

5.2.1　夏季修剪

当桑果成熟采收后，结合整形进行夏季修剪，所有的结果母枝均留 2 ~ 3 芽短截，逐步形成低干树形，促进其萌发新梢，作为下一年的结果母枝。短截的时间宜早不宜迟，以保证新梢充足的生长时间，积累营养进行花芽分化。

5.2.2　冬季修剪

冬季修剪时将夏季萌发的过弱小枝、腐虫枝全部从基部剪除，并将保留的结果母枝适当短截，一般剪去枝梢顶端 15 ~ 20 cm 生长不饱满不充实的部分。

5.3　抹芽

两年生以上投产树，抹芽时间一般在 3 月下旬，抹除主干上萌发的不定芽、结果母枝基部的弱小芽。当枝条顶部有6片左右新叶时摘心，摘心时间在4月下旬或5月上旬，此时有利于营养生长转入生殖（果实）生长，提高果实品质。

5.4 摘心

第一次摘心：4月中下旬。果桑新梢长度为25～30 cm，实地观察单株生长的情况，先后分3～4次摘心，一般摘去枝梢顶端2～3 cm。长得快的先摘，长得慢的后摘。第一次摘心后，一般单株能长出6～10根新梢。

第二次摘心：5月中下旬。此时新梢长度为35～50 cm，摘心程度根据新梢长势强弱决定，长势强的一般摘去3～5 cm，长势弱的摘去6～10 cm。摘心后新梢长度30～45 cm。第二次摘心后，一般单株新梢条数可增加到9～15根。

第三次摘心：6月中下旬。再分3～4次对单株生长势特别强的枝条进行摘心，长势弱的不再摘心，以促使枝条平衡生长。

三次摘心后，单株果桑可发出结果母枝15～18条，多的可达20条以上。到10月中下旬桑葚停止生长时，每亩桑条达5 000～6 000根，树冠面积占整个桑葚园的60 %左右，为来年丰产丰收奠定坚实基础。

每次摘心后，根据果桑苗长势及时施肥，一般亩施复合肥5～10 kg，并在施肥后的傍晚浇一遍透墒水。

5.5 花果管理

果桑开花盛期时，将长势弱、畸形的花疏除，生理落果结束后将个体小、畸形的果实疏除。采收之前将遮住果实的叶片适当摘除一部分，提高透风性，确保桑果受光均匀。

5.6 施肥

要注意养分的科学搭配，肥料类型主要选择有机肥，控制氮、磷、钾肥的比例在1∶3∶4左右。

5.6.1 春季

主要选择复合肥或微生物菌肥，适当控制氮肥用量，避免果桑长势过旺而造成落花落果现象，一般在桑树萌发前将春肥全部施入，也可在萌芽前、3月底施入。果桑开花的后期到桑果开始转色之前，根外追施磷酸二氢钾溶液，每隔1周喷1次，连喷2次。

5.6.2 秋季

施入充分腐熟的有机肥，以改良土壤、提高土壤肥力，为来年果桑高产打好基础。

5.7 灌水

果桑各阶段对水分的需求不同，灌水量也有所差异。

5.7.1 春、夏季

果桑萌芽需要一定的水分，此阶段需灌水2～3次；果桑在开花、新梢生长期需要及时灌水1～2次，15～20 d灌一次水；花芽分化期需水量不大，如果有适量的降水则不需要另外人工浇水；果桑发育时水分不宜过多，以免造成后期病害严重发生，降低桑果的产量及品质。

5.7.2 秋、冬季

此阶段需灌水2～3次，可采取沟灌、漫灌等方式灌水，条件允许的情况下选择水分利用效率更高的滴灌措施，有的规模化水平高的果桑生产基地采取肥水一体化技术。

6 病虫害防治

果桑病虫害防治主要做好农业防治、物理防治措施，辅以必要的化学防治，提前做好预防，进行综合防治。按照 NY/T 393 和 TX23—04 执行。

7 采收

7.1 成熟时间

吐鲁番市果桑成熟时间一般在 4 月底 ~6 月中旬。

7.2 采收标准

如果用于当地市场销售，则可在果桑已经完全成熟再采摘；如果用于外地销售需要长途运输的或者要储藏保鲜的，则采收宜在果桑九成熟时进行。不同的品种成熟期不一致，要分开采收。

7.3 采收时间

具体结合果桑成熟度、市场需求等确定采摘时间。果桑采收一般在晴天早晨或者傍晚进行，错开中午高温时段以及大风天气。

7.4 采收方式

果桑适宜采取人工采摘的方式，提前将采摘的梯子、篮子等工具准备好，果桑采回后放在阴凉干净的地方。根据果桑的品质分级包装，注意动作要轻缓，不要将果桑的表皮碰伤。如果运输的距离比较远，则还要在包装箱中装上冰块降温，确保运输环境的干燥、低温。

ICS

DB

吐 鲁 番 市 地 方 标 准

DB6521/T 272—2020

粉桑优质高产栽培管理技术规程

2020－06－20 发布 2020－07－15 实施

吐鲁番市市场监督管理局 发 布

前　言

本标准根据 GB/T 1. 1—2009《标准化工作导则　第 1 部分：标准的结构和编写》进行编写。

本标准由吐鲁番市林果业技术推广服务中心提出。

本标准由吐鲁番市林业和草原局归口。

本标准由吐鲁番市林果业技术推广服务中心、新疆农业科学院吐鲁番农业科学研究所负责起草。

本标准主要起草人：徐彦兵、刘丽媛、任红松、武云龙、周慧、罗闻芙。

粉桑优质高产栽培管理技术规程

1　范围

本标准规定了粉桑产地环境条件、栽植技术、田间管理、果实采收等技术。

本标准适用于吐鲁番市粉桑的栽培管理。

2　规范性引用文件

下列文件中的条款通过本标准的引用成为本标准的条款，凡是注日期的引用文件，仅所注日期的版本适用于本标准。凡是不注日期的引用文件，其最新版本（包括所有的修改单）适用于本文件。

GB 19173 桑树种子和苗木标准

NY/T 391 绿色食品　产地环境质量

3　定义

3.1　抹芽

在果树发芽后至开花前，去掉多余的芽。

3.2　摘心

摘去新梢顶部幼嫩部分。

4　建园标准

4.1　产地环境条件

选择地势平坦、土层深厚、排水良好、通风向阳、无污染的微酸性至中性（pH 值 6.5 ~ 7.5）的壤土或沙壤土，水源充足、排灌方便，并符合 NY/T 391 规定。

4.2　挖定植穴

深翻土地，以东西行向规划栽植，开挖宽为 35 ~ 40 cm、深为 10 ~ 45 cm 的栽植沟，沟底铺施 12 000m^3 ~ 15 000 m^3/hm^2稻草，后施腐熟基肥 60 000 m^3/hm^2或腐熟饼肥 6 000 ~ 7 500 m^3/hm^2，沟土回填并平整上地。

4.3　桑苗准备

苗木要求鲜活，直径在 1 cm 以上，苗木高度在 80 cm 以上，根系发达，无机械损伤，无检疫性病虫害。苗木质量应符合 GB 19173 的规定。

4.4 栽植时间

3 月上旬栽植，以桑芽萌动前栽植为好。

4.5 栽植方法

桑苗栽植前放在含有生根粉的溶液中浸泡 4 ~ 6 h，然后将苗木放入沟（穴）内，先舒展苗根，达到苗正根伸，然后将表土填入根部，捏住苗干，回填土时适当提苗，然后把全部土填入沟（穴）内，再填一层表土，后踏实，使土充分填满根系部，无空隙，并及时灌水。

4.6 栽植密度

栽植密度视品种和土壤条件而定，粉桑品种一般行距为 4.5 ~ 5.0 m，株距为 3.5 ~ 4.0 m。栽植密度为 500 ~ 640 株/hm^2。

4.7 栽植后管理

栽植后及时浇定根水，以后每 7 d 浇一次水，连续浇 3 次水，以后根据情况适时补充水分。浇水后及时将根部的土壤踩实，做到无空隙，确保苗木成活。

5 田间管理

5.1 土壤改良与中耕覆盖

桑园灌水后及时中耕松土，保持土壤疏松无杂草，中耕深度 5 ~ 10 cm。实行生草覆盖栽培的果园，在粉桑行间种植三叶草、苜蓿、多花黑麦草等，并及时收割，将鲜草覆盖在树盘内。

5.2 整形修剪

定植后的苗木在距地 80 cm 左右处短截定干，发芽后每株即可萌发新稍 5 ~ 6 个，新梢长至 15 ~ 20 cm 时摘心，以促发侧枝，增大树冠（若一次摘心发枝太少，可反复摘心 2 ~ 3 次，确保当年抽出结果母枝 10 ~ 15 个），以保证第二年丰产。第二年，当粉桑成熟采收后，结合整形进行夏季修剪，所有的结果母枝均留 2 ~ 3 芽短截，促进其萌发新梢，作为下年的结果母枝。

短截的时间宜早不宜迟，以保证新梢有充足时间生长，积累营养进行花芽分化。每年都在粉桑采收后短截，逐步形成树形。冬季修剪时将夏季萌发的弱小枝、退化结果母枝等全部从基部剪除，并将保留的结果母枝适当短截，一般剪去枝梢顶端 15 ~ 20 cm 生长不饱满、不充实的部分。

5.3 抹芽摘心

对于投产树，抹芽时间一般在 3 月下旬，抹除主干上萌发的不定芽和结果母枝基部的弱小芽。当枝条顶部有 7 片左右新叶时摘心，摘心时间在 4 月下旬，此时有利于由营养生长转入生殖（果实）生长，增强阳光照射，提高果实品质。通过抹芽摘心和冬季修剪，树冠面积占整个果园的 60 % ~ 65 %，为第 2 年丰产打好基础。

6 水肥管理

要注意养分的科学搭配，施肥的原则按 NY/T 391 规定执行。

6.1 施肥

施肥时期和施肥量应根据土壤质地、肥力和桑树生长情况适当调整。

6.1.1 春季施肥

3 月底至 4 月初，粉桑树冬芽萌芽脱苞开叶及开花结果的青果期。一般每亩施用复合肥 15～20 kg。为促使结果迅速膨大，在开花期用 0.3 % 磷酸二氢钾溶液在叶的正反面喷施 1 次；在粉桑果膨大至着色期施入复合肥 15～20 kg。

从 4 月中旬开始每 10 d 左右于傍晚用 0.3 % 磷酸二氢钾溶液进行根外施肥，使粉桑果第二次膨大，有利于提高桑果的色泽和含糖量。

6.1.2 秋冬季施肥

秋季修剪后。每亩施尿素 20 kg、磷肥 20 kg、钾肥 5 kg。

结合冬灌水，施入腐熟的农家肥 1 000～1 500 kg/亩。

6.2 灌水

要根据桑树生长需要及时灌溉浇水。桑树有 3 个浇水关键期。

催芽水：在早春萌芽前结合施肥进行灌溉，以后每 10～15 d 浇水 1 次至 9 月上旬。在粉桑果采收前 7～10 d 停止浇水。

保果水：在果实膨大期结合追肥及时浇水，可提高产果量及品质。

封冻水，在土壤上冻前结合施基肥，浇水 1 次，增强桑树抗寒能力及提高土壤墒情，有利于桑树安全越冬。

7 花果管理

7.1 疏花疏果

盛花期及时疏去弱质花、畸形花；生理落果结束后，疏去小果和畸形果。采收前适当摘除果实附近的遮光叶片，以增加树腔内的透光量，促使果实全面均匀着色。

7.2 提高果实品质

在 4 月初至 5 月初，桑果快要成熟时，适当摘除枝条下部密集的桑叶，以利于通风透光，提高桑果糖度。也可在开花期或幼果期分别用 0.3 % 的尿素或 0.2 % 的磷酸二氢钾喷叶面，促进桑果早熟、果大色艳，达到稳产增产的效果。

8 果实采收

8.1 采收时期

一般在 5 月初，根据果实成熟度、用途和市场需求确定采收期。就地销售的应在果实充分成熟时采收；长途运输或贮藏保鲜的应在九成熟时采收。当粉桑果梗由青绿变粉，且晶莹明亮时表明桑葚已成熟，应及时于清晨或傍晚采收，错开中午高温时段以及大风天气。

8.2 采收方法

宜采用人工采摘方式。采收前准备好采果梯、采果篮等工具。采摘下来的桑果，存放于园中干净阴凉处，及时剔除病果、烂果，并根据有关要求进行分级。注意轻拿轻放，不要碰破表皮，先用小塑料盒包装，再装入纸箱，一般每箱重 5 ~ 10 kg，即可运往市场销售，如运距远，则还要在包装箱中装上冰块降温，确保运输环境的干燥、低温。

ICS

DB

吐　　鲁　　番　　市　　地　　方　　标　　准

DB6521/T 273—2020

药桑优质高产栽培技术规程

2020－06－20 发布　　　　2020－07－15 实施

吐鲁番市市场监督管理局　发 布

前　言

本标准根据 GB/T 1.1—2009《标准化工作导则　第 1 部分：标准的结构和编写》进行编写。

本标准由吐鲁番市林果业技术推广服务中心提出。

本标准由吐鲁番市林业和草原局归口。

本标准由吐鲁番市林果业技术推广服务中心、新疆农业科学院吐鲁番农业科学研究所、吐鲁番市林业有害生物防治检疫局起草。

本标准主要起草人：徐彦兵、刘丽媛、任红松、武云龙、周慧、罗闻芙。

药桑优质高产栽培技术规程

1 范围

本标准规定了药桑树的定义、建园、桑园田间管理、水肥管理、病虫害防治等技术。

本标准适用于吐鲁番市药桑栽培。

2 规范性引用文件

下列文件中的条款通过本标准的引用成为本标准的条款，凡是注日期的引用文件，仅所注日期的版本适用于本标准。凡是不注日期的引用文件，其最新版本（包括所有的修改单）适用于本文件。

NY/T 391 绿色食品 产地环境质量

NY/T 393 绿色食品 农药使用准则

TX23—04 新疆果桑嫁接苗繁育技术规程

3 术语和定义

下列术语和定义适用于本标准。

3.1 药桑

药桑，属桑科桑属黑桑种，22 倍体，主要分布在新疆。

3.2 疏芽

在果树发芽后至开花前，去掉多余的芽，主要目的是对单位面积上的枝条数进行有计划的控制。

3.3 摘心

摘去新梢顶部幼嫩部分。

4 建园

4.1 土壤选择

选择地势平坦、土层深厚、排水良好、通风向阳、无污染的微酸性至中性壤土或沙壤土，并符合 NY/T 391 规定。

4.2 砧木选择

药桑结实性差。生产上多采用砧木嫁接方式进行育苗扩繁，以种子质量好的黑桑类型或粉桑类型作为药桑的砧木品种。

4.3　接穗选择

选用优良药桑接穗，于春季树液流动时进行嫁接，接后直接定于苗圃地进行培养，具体参照 TX23—04 执行。

4.4　苗木定植

4.4.1　苗木选择

药桑嫁接苗木要求鲜活，直径在 1 cm 以上，苗木高度在 80cm 以上，根系发达，无机械损伤，无检疫性病虫害。具体参照 TX23—04 执行。

4.4.2　定植沟

定植前进行深翻，将土地整平，建垄，垄两侧挖深、宽均为 80 cm 的定植沟。施底肥，每穴施腐熟农家肥 5 kg，盖土 10 cm。

4.4.3　株行距

药桑嫁接苗的栽植的根据品种特性、土壤肥力、气候特点而定，一般为 500 ~ 640 株/hm^2。一般行距为 4.5 ~ 5.0 m，株距为 3.5 ~ 4.0 m。

4.4.4　栽植方法

吐鲁番一般在 3 月中下旬定植，桑树嫁接苗栽植前放在含有生根粉的溶液中浸泡 4 ~ 6 h，然后将苗木放入沟（穴）内，先舒展苗根，达到苗正根伸，然后将表土填入根部，捏住苗干，回填土时适当提苗，然后把全部土填入沟（穴）内，再填一层表土，后踏实，使土充分填满根系部，无空隙，并及时灌水。

4.4.5　栽植后管理

定植后及时定干，高度 80 ~ 100 cm。并及时浇定根水，以后每 7 d 浇一次水，连续浇 3 次水，以后根据情况适时补充水分。浇水后及时将根部的土壤踩实，做到无空隙，确保苗木成活。

5　桑园田间管理

对于药桑进行修剪，最主要的目的是促使桑树的生长加快，使桑树的产量得到增加，并且可以使桑树的品质得到提升。

5.1　抹芽及摘心

抹除主干上萌发的不定芽、弱小芽，当枝条长有 7 ~ 10 片新叶时进行摘心，一般是在 4 月下旬。

5.2　疏芽

当新梢长到 25 ~ 30 cm 时第一次疏芽，当新梢长到 40 cm 时第二次疏芽，主要是疏除着生位置不当、过密、细弱或过强的枝条。

5.3　树形培养

在进行药桑种植时，在吐鲁番一般应该选择中高干自然开心型树形。在养成树型期间，剪除多余交叉枝，保持树体通风透光。整枝修剪一般在药桑休眠期进行，剪除枯桩、病虫枝及不良枝。

6 水肥管理

6.1 灌水

药桑需水期主要是在春季萌芽期以及夏伐之后的萌芽期两段时期。要及时补充水分，避免由于干旱而导致出现较为严重的后果。果实膨大着色至收获期间少浇水，休眠期后不用补充水分。

6.2 施肥

在春季，主要是以有机肥为主，第一次是在萌芽前 10 d，需要 22.5 ~30.0 m^3/hm^2的农家肥。

在夏季，桑树的生长速度较快，对于土壤的肥力消耗比较大，所以需要多次施肥，这段时期应为速效肥。一般情况下施复合肥 300 kg/hm^2。

在秋、冬天季，桑树处于休眠期，这时主要施农家肥，农家肥 22.5 ~30.0 m^3/hm^2。

7 病虫害防治

目前吐鲁番常见的药桑病虫害为桑堆蜡粉蚧，桑堆蜡粉蚧的防治参考 NY/T 393 执行。

ICS

DB

吐 鲁 番 市 地 方 标 准

DB6521/T 274—2020

白桑优质高产栽培技术规程

2020－06－20 发布　　　　2020－07－15 实施

吐鲁番市市场监督管理局　发 布

前　言

本标准根据 GB/T 1. 1—2009《标准化工作导则　第 1 部分：标准的结构和编写》进行编写。

本标准由吐鲁番市林果业技术推广服务中心提出。

本标准由吐鲁番市林业和草原局归口。

本标准由吐鲁番市林果业技术推广服务中心、新疆农业科学院吐鲁番农业科学研究所负责起草。

本标准主要起草人：徐彦兵、刘丽媛、韩泽云、周慧、罗闻芙、王春燕、雷静。

白桑优质高产栽培技术规程

1 范围

本标准规定了吐鲁番白桑的建园标准、田间管理、水肥管理、果实采收等技术。

本标准适用于吐鲁番白桑的优质高产栽培管理。

2 规范性引用文件

下列文件中的条款通过本标准的引用成为本标准的条款，凡是注日期的引用文件，仅所注日期的版本适用于本标准。凡是不注日期的引用文件，其最新版本（包括所有的修改单）适用于本文件。

NY/T 391 绿色食品 产地环境质量

NY/T 394 绿色食品 肥料使用准则

3 定义

下列术语和定义适用于本标准。

3.1 定干

指苗木栽植后对植株进行修剪，以确定直立的、没有侧枝的主枝。

3.2 抹芽

在果树发芽后至开花前，去掉多余的芽。

3.3 摘心

摘去新梢顶部幼嫩部分。

4 使用浓度和使用时间

4.1 环境

水质、空气符合 NY/T 391 规定的要求。

4.2 土壤

建园时应选用熟地，以沙壤土、轻沙壤土和轻黏土为宜，其中以土层深厚、排灌条件良好、土质肥沃的壤土长势最好，水源充足、排灌方便。对渗漏较重、持水力差的砾质土壤要进行土壤改良。

4.3 建园时间

建园时间一般以春、秋为宜。

4.4 苗木选择

苗木要求鲜活，直径在 1 cm 以上，苗木高度在 80 cm 以上，根系发达，无机械损伤，无检疫性病虫害。

4.5 定植沟

定植前进行深翻，将土地整平、建垄，垄两侧挖深、宽均为 80 cm 的定植沟。施底肥，每穴施腐熟农家肥 5 kg，盖土 10 cm。

4.6 株行距

白桑栽植的密度结合品种特性、土壤肥力、气候特点等多种因素而定，一般为 500～640 株/hm^2。一般行距为 4.5～5.0 m，株距为 3.5～4.0 m。

4.7 栽植方法

桑苗栽植前放在含有生根粉的溶液中浸泡 4～6 h，然后将苗木放入沟（穴）内，先舒展苗根，达到苗正根伸，然后将表土填入根部，捏住苗干，回填土时适当提苗，然后把全部土填入沟（穴）内，再填一层表土，后踏实，使土充分填满根系部，无空隙，并及时灌水。

4.8 栽植后管理

栽植后及时浇定根水，以后每 7 d 浇一次水，连续浇 3 次水，之后根据情况适时补充水分。浇水后及时将根部的土壤踩实，做到无空隙，确保苗木成活。

5 田间管理

5.1 土壤改良与中耕覆盖

桑园灌水后及时中耕松土，保持土壤疏松无杂草，中耕深度 5～10 cm。可实行生草覆盖栽培，在白桑行间种植三叶草、苜蓿、多花黑麦草等，并及时收割，将鲜草覆盖在树盘内。

5.2 整形

白桑栽植后，在距离地面 60～80 cm 处短截定干，发芽后每株留新梢 5～6 个，新梢长至 30～40 cm 时摘心，以促发侧枝，增大树冠；若一次摘心发枝太少，可反复摘心 2～3 次，确保当年抽出结果母枝 15～18 个，以保证第二年丰产。白桑采摘后，在整形的基础上进行夏季修剪，不宜过晚进行，为新梢生长留下充足时间。

5.3 修剪

白桑成熟采收后，结合整形进行夏季修剪，逐步形成树形。将所有结果的枝条剪除，只保留 2～3 个芽，促进新梢萌发，一般在 6 月初进行，夏伐后 10～15 d 就可以萌发出大量的芽，因而应及时抹去多余的芽定梢，每枝留不同方位的芽 3～5 个，作为翌年结果母枝，每株可留 15～18 根枝条。

5.4 抹芽

两年生以上投产树，抹芽时间一般在 3 月下旬，抹除主干上萌发的不定芽、结果母枝基部的弱小芽。

5.5 摘心

4 月中下旬待新梢长度约为 25～30 cm 时第一次摘心，5 月中下旬新梢长度约为 35～50cm 时第二次摘心，摘心程度根据新梢长势强弱决定，长势强的一般摘去 3～5 cm，长势弱的摘去 6～10 cm。6 月中下旬第三次摘心，对单株生长势特别强的枝条进行摘心，长势弱的不再摘心，以促使枝条平衡生长。

三次摘心后，单株白桑可发出结果母枝 15～18 条，多的可达 20 条以上。到 10 月中下旬桑葚停止生长时，每亩桑条达 5 000～6 000 根，树冠面积占整个桑葚园的 60 % 左右，为来年丰产丰收奠定坚实基础。

每次摘心后，根据白桑苗长势及时施肥，一般亩施复合肥 5～10 kg，并在施肥后的傍晚浇一遍透墒水。

5.6 花果管理

盛花期及时疏去弱质花、畸形花。生理落果结束后，疏去小果和畸形果。采收前适当摘除果实附近的遮光叶片，以增加树腔内的透光量，促使果实全面均匀着色。

6 水肥管理

要注意养分的科学搭配，施肥的原则按 NY/T 394 规定执行。

6.1 施肥

施肥时期和施肥量应根据土壤质地、肥力和桑树生长情况适当调整，一般 4 个时期。

6.1.1 春季（催芽肥）

3 月底至 4 月初，白桑树冬芽萌芽脱苞开叶及开花结果的青果期。一般每亩施用复合肥 15～20 kg。为促使结果迅速膨大，在开花期用 0.3 % 磷酸二氢钾溶液在叶的正反面喷施 1 次；在白桑果膨大至着色期施入复合肥 15～20 kg。从 4 月中旬开始每 10 d 左右于傍晚用 0.3 % 磷酸二氢钾溶液进行根外施肥，使白桑果第二次膨大，有利于提高桑果的色泽和含糖量。

6.1.2 夏季（夏伐后）

6 月初，促进桑树快速萌芽发条。以施氨肥为主，配施磷肥。每亩施尿素 20 kg、磷肥 20 kg、钾肥 5 kg 及腐熟农家肥 800～1 000 m^3。

6.1.3 秋季（7 月中旬）

以磷钾肥为主，促进枝条成熟，在芽分化时期，每亩施磷肥 20kg、钾肥 10kg。

6.1.4 冬季（入冬前）

结合冬灌水，亩施入腐熟的农家肥 3 000～4 500 m^3。

6.2 灌水

要根据桑树生长需要及时灌溉浇水，有 3 个灌水关键期。

催芽水：在早春萌芽前结合施肥进行灌溉，以后每 10～15 d 浇水 1 次至 9 月上旬。在白桑果采收前 7～10 d 停止浇水。

保果水：在果实膨大期结合追肥及时浇水，可提高产果量及品质。

封冻水：在土壤上冻前结合施基肥，浇水 1 次，增强桑树抗寒能力及提高土壤墒情，有利于桑树安全越冬。

7 果实采收

7.1 采收时期

一般在 5 月初，根据果实成熟度、用途和市场需求确定采收期。就地销售的应在果实充分成熟时采收；长途运输或贮藏保鲜的应在九成熟时采收。当白桑果梗由青绿变黄白，且晶莹明亮时表明桑葚已成熟，应及时于清晨或傍晚采收，错开中午高温时段以及大风天气。

7.2 采收方法

宜采用人工采摘方式。采收前准备好采果梯、采果篮等工具。采摘下来的果实，存放于园中干净阴凉处，及时剔除病果、烂果，并根据有关要求进行分级。注意轻拿轻放，不要碰破表皮，先用小塑料盒包装，再装入纸箱，一般每箱重 5～10 kg，即可运往市场销售，如运距远，则还要在包装箱中装上冰块降温，确保运输环境的干燥、低温。

ICS

DB

吐 鲁 番 市 地 方 标 准

DB6521/T 275—2020

桑树病虫害防治技术规程

2020－06－20 发布 2020－07－15 实施

吐鲁番市市场监督管理局 发 布

前　言

本标准根据 GB/T 1.1—2009《标准化工作导则　第 1 部分：标准的结构和编写》进行编写。

本标准由吐鲁番市林果业技术推广服务中心提出。

本标准由吐鲁番市林业和草原局归口。

本标准由吐鲁番市林果业技术推广服务中心、新疆农业科学院吐鲁番农业科学研究所、吐鲁番市林业有害生物防治检疫局负责起草。

本标准主要起草人：吾尔尼沙·卡得尔、刘丽媛、周黎明、孟建祖、李万倩、郭红梅、罗闻芙、吴玉华、阿迪力·阿不都古力。

桑树病虫害防治技术规程

1 范围

本标准规定了桑树病虫害防治的基本原则、综合防治技术等要求。

本标准适用于吐鲁番桑树的病虫害防治。

2 规范性引用文件

下列文件中的条款通过本标准的引用成为本标准的条款，凡是注日期的引用文件，仅所注日期的版本适用于本标准。凡是不注日期的引用文件，其最新版本（包括所有的修改单）适用于本文件。

NY/T 393 绿色食品　农药使用准则

SN/T 1157 进出境植物苗木检疫规程

3 术语和定义

下列术语和定义适用于本标准。

3.1　桑药

指一类用于桑园有害生物防治的农药的总称。主要包括杀螨剂、杀菌剂等。

3.2　防治指标

指病虫害危害给桑树造成的经济损失达到防治费用时的种群密度的数值。

4 综合防治技术

坚持“预防为主，综合防治”的防治方针，以农业防治为主，其他防治为辅的综合防治原则。

4.1　法规防治

加强检验与检疫工作。在桑树苗木、穗条和种子等调运过程中，应按照 SN/T 1157 规定做好桑树检验检疫工作。

4.2　农业防治

4.2.1　选栽抗病虫性强的桑树品种

针对本地区常见多发病虫，选栽抗病虫性强的适宜桑树品种。

4.2.2 培育无病虫桑苗

建立无检疫性病虫苗圃，培育无病虫害桑树苗木。

4.2.3 冬翻夏耕

桑树落叶后进行冬翻，深度 15 ~25 cm；夏伐后进行夏耕，深度 10 ~15 cm。冻、晒表土层害虫。

4.2.4 加强肥水管理

增施有机质肥料，氮、磷、钾肥配合使用；增强树势，提高抗病虫能力。

4.2.5 合理修剪

冬季可进行剪梢、修枝、锯枯桩，将带有病虫的残叶与枝、梢、桩集中深埋销毁。

4.3 物理防治

4.3.1 人工捕杀

人工捕捉体形较大或达不到防治指标的害虫，除去具集群性为害的幼虫或卵块。

4.3.2 灯光诱集或诱杀

利用虫子的趋光性，用诱虫灯进行诱杀。

4.4 生物防治

利用和保护天敌生物。

4.5 化学防治

桑药使用的基本原则参照 NY/T 393 执行。

5 常见病虫害

吐鲁番常见的病虫害有桑堆蜡粉蚧、红蜘蛛、流胶病。

5.1 桑堆蜡粉蚧

5.1.1 虫害特征

桑堆蜡粉蚧以成虫、若虫取食嫩梢幼叶、叶片、花穗和果实的汁液，固定取食后体背及体周开始分泌白色蜡质物，并逐渐增厚；严重时影响果株正常生长，引起落花落果。

5.1.2 发生规律

一年可发生 4 ~6 代，以幼蚧、成蚧藏匿在桑树主干、枝条裂缝等凹陷处越冬。次年天气转暖后恢复活动、取食。雌虫形成蜡质的卵囊，产卵繁殖，卵产在卵囊中，并多行孤雌生殖。若虫孵出后，常以数头至数十头群集在桑树嫩梢幼芽和果柄上取食为害。

5.1.3 防治方法

应选用渗透性强的药剂国光必治 1 500 ~2 000 倍 +5.7 % 甲维盐乳油 2 000 倍混合液防治效果更佳。建议连用 2 次，间隔 7 ~10 d。

5.2 红蜘蛛

5.2.1 虫害特征

其成虫、若虫、幼虫均在桑叶背面吸食汁液，桑叶被害后，叶背布满丝网和脱皮壳，被害处初呈半透明白斑点，叶色逐渐枯黄。严重时全叶红褐枯焦，被害叶因失水而提早硬化，高温干旱季节危害更重。

5. 2. 2　发生规律

一年发生 15～16 代，日均温 21 ℃～25 ℃，15～17 d 发生一代；日均温 21 ℃～28 ℃，10～13 d 一代。雌性红蜘蛛在枝干裂缝、土缝及落叶上越冬，桑芽展叶期开始活动、繁殖，直至 11 月。夏、秋季繁殖最快，喜在叶背面栖息，沿脉为害，在叶脉分杈处吐丝结网，取食或繁殖，每处产卵 2～5 粒，产卵期 7～14 d，每雌产卵 10～40 粒。

5. 2. 3　防治方法

用 20 %三氯杀螨醇 1 000 倍液，20 %哒螨灵 4 000 倍液，73%克螨特乳剂 3 000 倍液或 30%螨蚜威乳油 1 500 倍液，进行叶背喷施。前两种农药安全间隔期为 5～7 d；后两种农药安全间隔期 10 d。

5. 3　流胶病

5. 3. 1　病害特征

多发生于主干和主枝处。初发期感病部位略膨胀，逐渐溢出柔软、半透明的胶质，湿度越大发病越严重，胶质逐渐呈黄褐色，干燥时变黑褐色，表面凝固。严重时树皮开裂，其内充满胶质，皮层坏死，导致树体生长衰弱，叶色变黄。

5. 3. 2　发生规律

在酸碱过重、有机质含量少或长期裸露的土壤中种植的桑树易发生流胶病。

5. 3. 3　防治方法

5. 3. 3. 1　加强田间栽培管理以增强树势，增施有机肥，避免偏施氮肥，尽量减少对树体的机械损伤，冬季进行树干涂白以防冻害。

5. 3. 3. 2　萌芽前，喷施 5 波美度石硫合剂加 80 %五氯酚钠 200～300 倍液，铲除越冬病菌。冬季清园时，进行刮胶和除掉腐烂树皮，用 5 波美度石硫合剂或腐必清连续涂抹病斑 3～5 次。

ICS

DB

吐 鲁 番 市 地 方 标 准

DB6521/T 276—2020

桑树整形修剪管理技术规程

2020－06－20 发布　　2020－07－15 实施

吐鲁番市市场监督管理局　发 布

前　言

本标准根据 GB/T 1. 1—2009《标准化工作导则　第 1 部分：标准的结构和编写》进行编写。

本标准由吐鲁番市林果业技术推广服务中心提出。

本标准由吐鲁番市林业和草原局归口。

本标准由吐鲁番市林果业技术推广服务中心、新疆农业科学院吐鲁番农业科学研究所负责起草。

本标准主要起草人：刘丽媛、徐彦兵、周黎明、王婷、周慧、吴久赟、阿迪力·阿不都古力。

桑树整形修剪管理技术规程

1 范围

本标准规定了吐鲁番市桑树整形修剪技术。

本标准适用于吐鲁番市桑树栽培、整形修剪。

2 规范性引用文件

下列文件对于本文件的应用是必不可少的。凡是注日期的引用文件，仅注日期的版本适用于本文件。凡是不注日期的引用文件，其最新版本（包括所有的修改单）适用于本文件。

NY/T 391 绿色食品 产地环境质量

NY/T 394 绿色食品 肥料使用准则

3 术语和定义

下列术语和定义适用于本标准。

3.1 整形修剪

通过使植株保持一定的外观形状，并且调整桑葚树体营养生长和生殖生长的关系、使其正常地生长和结果的一种技术措施。

3.2 抹芽

将桑葚枝条上萌发的侧芽或腋芽除去。

3.3 夏伐

所有结果母枝均留 2 芽进行短截。

4 园地选择

园地水、土壤、大气应符合 NY/T 391 相关要求。

4.1 土壤管理

4.1.1 土壤较瘠薄的桑园，需要深翻、大量施入基肥，可以提高土壤肥力。

4.1.2 适宜土壤 pH 值为 7.5 ~ 8.5。

4.1.3 冬季改土。由定植行逐年向行间开挖深 0.6 m、宽 0.5 m 施肥沟，进行土壤冻晒，分层施入有机肥，与土壤充分混合。

4.2 施肥

肥料质量及类型应符合 NY/T 394 相关要求。

4.2.1 基肥

秋季土地经深翻平整后，按桑树行距开施肥沟施入基肥，基肥以充分腐熟的有机肥为主。亩施入有机肥 1 000 ~1 500 kg。结合除草进行松土，防止土壤板结，增强土壤通透性。

4.2.2 追肥

桑树发芽后，追肥 1 ~2 次，每亩施复合肥 20 ~25 kg。3 月底至 4 月初进行施肥。

4.2.3 根外追肥

在生长期，结合防病可叶面喷施 0.3 %尿素、0.2 %磷酸二氢钾、0.2 %硼砂等肥料溶液，单独或混合使用。

5 灌水

5.1 保持土壤适宜的水分是桑成活和生长的关键，结合每次施肥，进行灌水。

5.2 不同生长期，土壤湿度为田间持水量的 65% ~85%。在萌芽期至夏伐后，采用浇灌。

5.3 桑树全年灌水 4 ~6 次。亩灌水量 600 ~800 m^3。

5.4 秋季对桑园进行冬灌水。时间为 11 月上旬至 11 月下旬。

5.5 对盐碱严重的地块，结合灌水进行排水。

6 整形修剪

6.1 树形培养

定植后苗木在距地 30 ~35 cm 处短截定干，发芽后选留 3 ~4 根长势健壮的枝条，在离地面 50 ~55 cm 处摘心，形成骨干枝，每个枝干留 2 ~3 个新梢，当年每株培养 6 ~8 根枝条；第二年 6 月初，进行夏季修剪，所有结果母枝均留 2 芽短截（即夏伐），夏伐后萌发的新梢，在冬季将萌发的过弱小枝、病虫枝全部从基部剪除，每株保留结果母枝 10 ~30 根，并将其顶端不充实部分短截 20 ~25 cm，作为下年结果母枝。

6.2 修剪

6.2.1 夏季修剪

6.2.2.1 抹芽除梢

在春季萌芽展叶 3 ~5 片时进行，夏季在夏伐后萌芽展叶片 3 ~5 片时进行。

6.2.2.2 抹芽对象

抹除副芽、隐芽、不定芽，分 2 ~3 次进行。

6.2.2.3 疏枝

生长季节疏去弱枝、过密新梢，提高树体透光度。

6.2.2 冬季修剪

6.2.2.1 修剪时间

一般在1月底至2月底完成。

6.2.2.2 修剪方法

吐鲁番生产上常采用自然开心形整形方式。修剪时应多保留小枝，以加速成形，提早结果。随着树龄增长，结果渐多，发枝力弱，不会使树冠过于密闭，把长剪和疏剪结合起来，长果枝留30～60 cm短剪，大枝背上的旺梢长至80～100 cm时，在枝基部2～3 cm处弯曲抑制生长，衰弱的结果枝不同程度的更新。到盛果期后加强更新修剪，不断形成新果枝，同时培养基部的徒长枝，避免空膛现象。

7 中耕除草

7.1 松土、除草

人工或机械松土、除草，清洁果园。

7.2 土壤覆盖

5月底，用杂草、麦秆等有机物覆盖树盘，覆盖厚度0.2～0.3 m。

7.3 深翻中耕

为进一步改善土壤结构、清除过冬杂草和防治越冬代病虫害，在春季桑树发芽前，对桑园进行一次深翻。翻耕宜浅，避免损伤根系，一般春耕深度为15～20 cm。

8 清园

桑树枝条上部不充实应剪去，平顶剪梢，一般下端留130 cm左右，枝条短的桑园留100cm左右，在冬季并进行整枝修剪，对弱枝、横向枝、枯桩、枯枝及时除去，集中烧毁，并树干涂白。

ICS

DB

吐　　　鲁　　　番　　　市　　　地　　　方　　　标　　　准

DB6521/T 277—2020

吐鲁番有机桑葚生产技术规程

2020－06－20 发布　　　　　　　　　　　　2020－07－15 实施

吐鲁番市市场监督管理局　发布

前　言

本标准根据 GB/T 1. 1—2009《标准化工作导则　第 1 部分：标准的结构和编写》进行编写。

本标准由吐鲁番市林果业技术推广服务中心提出。

本标准由吐鲁番市林业和草原局归口。

本标准由吐鲁番市林果业技术推广服务中心、新疆农业科学院吐鲁番农业科学研究所负责起草。

本标准主要起草人：刘丽媛、徐彦兵、吾尔尼沙·卡得尔、王婷、雷静、阿迪力·阿不都古力。

吐鲁番有机桑葚生产技术规程

1 范围

本标准规定了吐鲁番有机桑葚生产的基地规划与建设、土壤管理和施肥、病虫草害防治、修剪和采摘等技术。

本标准适用于吐鲁番有机桑葚生产。

2 规范性引用文件

下列标准所包含的条文，通过本标准的引用而成为本标准的条文。本标准发布实施，所示版本均为有效。凡是不注日期的引用文件，其最新版本适用于本标准。

GB/T 19630—2019 有机产品 生产、加工、标识与管理体系要求

3 定义

3.1 有机桑葚

指利用有机农业技术、经无工业污染种植、生产且获得有机认证机构认证而成的桑葚。

3.2 有机桑葚栽培

指在桑葚种植生产过程中不使用农药、化肥、生长调节剂、抗生素、转基因技术。

3.3 有机肥

指无公害化处理的堆肥、沤肥、厩肥、沼气肥、绿肥、饼肥及有机专用肥。

4 建园

4.1 园地选择

桑葚种植园应选择采光性好、周边防风林带健全、附近无污染源及其他不利条件，交通运输便利，地形较为平整，有灌溉条件的地块。

4.2 品种选择

本地主栽桑葚品种黑桑、粉桑、白桑等。

4.3 土壤

4.3.1 建园时应选用熟地，以沙壤土、轻沙壤土和轻黏土为宜，土壤质量应符合 GB/T 19630—

2019 要求。

4.3.2　对渗漏较重、持水力差的砾质土壤要进行土壤改良。

4.3.3　采用地面覆盖、增施有机肥等措施提高桑葚种植园的保土蓄水能力。

4.4　水

灌溉水符合 GB/T 19630—2019 要求。

4.5　大气

产地大气符合 GB/T 19630—2019 要求。

5　定植

5.1　定植时间

春季，以火焰山为界，山南定植时间为 3 月上中旬，山北为 3 月中下旬。

秋季，以火焰山为界，山南定植时间为 10 月中下旬，山北为 10 月上中旬。

5.2　定植沟

定植前要挖定植穴。行距 4.5 ~ 5.0 m，株距 2.5 ~ 3.5 m。穴宽 0.6 ~ 0.8 m，深 0.8 ~ 1.0 m。

5.3　定植方法

挖穴时，表土和心土分开堆放。每穴腐熟有机肥 10 kg，先将肥料与表土拌均匀，然后填入穴内，进行桑葚栽植。

5.4　补植

第二年后对缺株断行严重、成活率较低的桑葚种植园，通过补植缺株等措施提高桑葚成活率。

6　整形修剪

6.1　整形

定植的苗木一般在株高 70 cm 左右时短截定干，发芽后每株即可萌发新梢 4 ~ 5 个，新梢长至 40 cm 左右时摘心，以促发侧枝，增大树冠；若一次摘心发枝太少，可反复摘心 1 ~ 2 次，确保当年抽出结果母枝 10 ~ 15 个，以保证第二年丰产。

6.2　修剪

6.2.1　夏季修剪

当桑葚成熟采收后，结合整形进行夏季修剪，所有的结果母枝均留 2 ~ 3 芽短截，逐步形成低干树形，促进其萌发新梢，作为下年的结果母枝。短截的时间宜早不宜迟，以保证新梢的充足时间生长，积累营养进行花芽分化。

6.2.2　冬季修剪

冬季修剪时将夏季萌发的弱小枝、腐虫枝全部从基部剪除，并将保留的结果母枝适当短截，一般剪去枝梢顶端 15～20 cm 生长不饱满不充实的部分。

7　抹芽摘心

7.1　抹芽

两年生以上投产树，抹芽时间一般在 3 月下旬，抹除主干上萌发的不定芽、结果母枝基部的弱小芽。当枝条顶部有 6 片左右新叶时摘心，摘心时间在 4 月下旬或 5 月上旬，此时有利于营养生长转入生殖（果实）生长，增强阳光照射，提高果实品质。

7.2　摘心

采用三次摘心法，抑制顶端优势，促使桑苗的腋芽生长，增加侧枝数量，扩大树冠面积，以利花芽分化，使桑葚园建立当年即可形成足够的结果母枝，即可当年栽树当年挂果，第 2 年亩产 500～800 kg 桑果的早期丰产栽培目标，第 3 年以后稳定在亩产 1 500～2 500 kg 以上。

7.2.1　一次摘心

4 月中下旬，新栽桑葚苗新梢长到 25 cm 左右时，实地观察单株生长的情况，先后分 2～3 批摘心，一般摘去枝梢顶端 2～3 cm。长得快的先摘，长得慢的后摘。第一次摘心后，一般单株能长出 6～10 根新梢。

7.2.2　二次摘心

5 月中下旬，此时新梢高度约为 35～50 cm，摘心程度根据新梢长势强弱决定，长势强的一般摘去 3～5 cm，长势弱的摘去 6～10 cm。摘心后新梢高度 30～45 cm。第二次摘心后，一般单株条数可增加到 9～15 根。

7.2.3　三次摘心

6 月中下旬，再分 3～4 批对单株生长势特别强的枝条进行摘心，长势弱的不再摘心，以促使枝条平衡生长。三次摘心后单株桑葚可发出结果母枝 15～18 条，多的可达 20 条以上。

8　水肥管理

8.1　施肥

8.1.1　基肥

每亩施有机肥 4～5 m^3，同时可配施一定数量的矿物源肥料和微生物肥料，于当年秋季穴施或开沟施入。

8.1.2　追肥

可结合桑葚生长规律进行多次，采用腐熟后的有机液肥，结合浇水随水冲施。所使用肥料必须在国家农业主管部门登记注册并获得有机认证机构的认证。

8.1.3　叶面肥根据桑葚生长情况合理使用，但使用的叶面肥必须在国家农业主管部门登记注册并获得有机认证机构的认证。叶面肥料在桑葚采摘前 10 d 停止使用。

8.1.4　禁止使用化学肥料和含有毒、有害物质的城市垃圾、污泥和其他物质等。

8.2　灌水

根据土壤含水量情况灌水，土壤湿度为田间最大持水量的 60 %～70 %。花后至浆果膨大期充足供水，浆果成熟期控制灌水，入冬埋土前灌透冬灌水。

9 病虫害防治

9.1 农业防治

9.1.1 加强栽培管理，增强树势，提高抗性，合理控制负载。

9.1.2 合理施肥，多施有机肥，增强树势，提高树体抗病力。

9.1.3 加强对树体的管理。及时除萌、摘心和修剪，防止养分无谓的消耗。

9.1.4 适时灌水和中耕除草，增加土壤的通透性和降低田间湿度，创造有利树体生长发育的环境条件。

9.1.5 注意清园。生长期及时摘除病叶，剪除有病虫枝、病果，清除地面的烂果，于园外集中挖坑深理，减少田间菌源，防止再次侵染及交叉感染。

9.1.6 在桑葚种植园周边定植核桃树、椿树等趋避性强的树种，能起到防风、驱虫作用。

9.2 物理防治

利用害虫的趋性，进行灯光诱杀、色板诱杀、性诱杀或糖醋液诱杀。田间每亩挂 1 个黄板或每 15 亩设置一个杀虫灯，扑杀害虫。

9.3 生物防治

保护和利用当地桑葚种植园中的草蛉、瓢虫和寄生蜂等天敌昆虫，以及蜘蛛、捕食螨鸟类等有益生物，减少人为因素对天敌的伤害。重视当地病虫害天敌等生物及其栖息地的保护，增进生物多样性。

9.4 农药使用准则

允许有条件地使用生物源农药，如微生物源农药、植物源农药和动物源农药。禁止使用和混配化学合成的杀虫剂、杀菌剂、杀螨剂和植物生长调节剂。

10 除草

采用机械或人工方法防除杂草。禁止使用和混配化学合成的除草剂。

11 采收

11.1 采摘

结合品种特性，适时采收。采摘要轻拿轻放，将桑葚置于专用有机果筐内。

11.2 包装

为了提高果实商品性，应对采回的果实进行分级包装，包装材料应符合国家卫生要求和相关规定，提倡使用可重复、可回收和可生物降解的包装材料。包装应简单，实用、设计醒目，禁止使用接触过禁用物质的包装物或容器。

12 记录控制

有机桑葚生产者应建立并保护相关记录，从而为有机生产活动可溯源提供有效的证据。记录应清晰准确，记录主要包括以肥水管理、花果管理、病虫害防治等为主的生产记录，为保持可持续生产而进行的土壤培肥记录，与产品流通相关的包装、出入库和销售记录，以及产品的销售后的申请投诉记录等，记录至少保存 5 年。

ICS 65.020
B 15

中华人民共和国农业行业标准

NY/T 1027—2006

桑园用药技术规程

The technical rules for chemical application in mulberry field

2006-07-10 发布　　2006-10-01 实施

中华人民共和国农业部　发布

前　言

本标准的附录 A 为资料性附录，附录 B 为规范性附录。

本标准由中华人民共和国农业部提出。

本标准起草单位：农业部蚕桑产业产品质量监督检验测试中心（镇江）、中国农业科学院蚕业研究所负责起草，浙江省农业厅植保总站参加起草。

本标准主要起草人：吴福安、李奕仁、潘一乐、程嘉翎、夏志松、刘利、王建新。

桑园用药技术规程

1 范围

本标准规定了桑药使用的基本原则、桑园病虫害预测预报、桑药药效的生物检测、桑药使用的技术方法及蚕中毒事故的预防和相关的综合防治技术。

本标准适用于栽桑养蚕地区的桑树病虫害防治。

2 规范性引用文件

下列文件中的条款通过本标准的引用而成为本标准的条款。凡是注日期的引用文件，其随后所有的修改单（不包括勘误的内容）或修订版均不适用于本部分，然而，鼓励根据本部分达成协议的各方研究是否可使用这些文件的最新版本。凡是不注日期的引用文件，其最新版本适用于本部分。

GB/T 3281—2000 《农药合理使用准则》

GB 4285—1989 《中华人民共和国农药安全使用标准》

《农作物病虫预报管理暂行办法》1993

《中华人民共和国农药管理条例实施办法》1999

《中华人民共和国农业部农药登记要求》2001

《中华人民共和国农药管理条例》2001

《中华人民共和国农药限制使用管理规定》2002

3 术语和定义

下列术语和定义适用于本标准。

3.1

桑药 pesticides in mulberry

用于桑园有害生物防治且对养蚕安全的农药的总称。

3.2

桑园 mulberry field

以收获桑叶进行养蚕为目的，采用一定栽培管理措施后而形成的桑树群体。

3.3

防治指标 occurring density of control

病虫害危害给桑树造成的经济损失达到防治费用时的种群密度的数值。

3.4

残毒期 residual toxicity duration

桑园施用农药后，到能安全采叶养蚕所间隔的天数，也称安全间隔期。

4 桑药使用的基本原则

4.1 桑园用药的选定

应根据防治对象、养蚕用叶期、农药在桑园使用的安全间隔期等来选用桑药及其相应的使用方法。要求选用经国家正式登记、防治效果好、对养蚕安全的农药品种；新研制的桑园农药，应进行一定范围与时间的中试；其他农药品种，需要在蚕桑生产上大面积使用，应先确认其安全性和有效性，再推广使用。

4.2 禁止在桑园使用的农药种类

禁止使用国家禁用的农药品种；禁止使用含有沙蚕类毒素类、致病微生物类农药。安全间隔期较长的农药品种，如合成菊酯类以及含有这类农药的各种复配制剂农药，在蚕期之前与之中，也禁止在桑园中使用；在其他作物上使用时，要求不污染邻近的桑园。

5 桑园病虫害预测预报

5.1 预测预报网络

蚕桑生产达到一定规模的县（市），要建立相应的桑园病虫害测报站及测报网络。

5.2 预测方法

县（市）级桑园病虫害测报站，每年要组织 1 次 ~2 次对本辖区内桑园灾害性病虫害的专项调查工作，每 3 年进行一次普查，对常见、暴发和难防治的桑树病虫害要进行动态监测。预测内容包括发生期与发生量两个方面。根据各病原、害虫的生活习性及生态特点，运用期距、虫蛹分级、有效积温、相关回归分析和经验公式等方法，结合运用相应的数学模型与当时当地的气象资料，开展下列预测预报活动：发生期预报（包括病虫发生始、盛、末期）、发生量预报（包括虫害有虫株率、虫口密度，病害感病指数、感病株率）、发生范围预报（包括发生面积、发生地点）、危害程度预报（以轻、中、重三级表示）等。

5.2.1 取样调查

在一个县范围内，应建立有代表性的测报点 3 个 ~5 个；每个测报点选取有代表性的桑园，采取五点式、对角线式、隔行跳跃式之一种方法进行取样；一块桑园选定 3 个 ~5 个重复，每个重复抽查 5 株桑树，调查桑树总株数应达到 20 株以上。

根据各种害虫的生活习性和生态特点、各种病害的病原物生物学特性和侵染循环规律，采取相应的调查方法。

5.2.2 统计与计算

根据桑树病情虫情的年发生发展规律和近期野外调查的病情虫情信息，结合影响桑树病虫种群数量变动的主要因子未来变化情况，采取多种比较、分析、选择的方法，对其未来发生动态作出科学准确的预测。

虫体较大的，如鳞翅目害虫，一般以株为单位调查；微体叶部害虫，如桑蓟马，以叶片为单位调查；桑瘿蚊越冬虫口以每平方分米（深 15 cm）为单位调查，桑瘿蚊幼虫以芽为调查单位。以各点加权平均法计算各田块害虫数量。病害以株为单位，计算被害百分率。

5.3 防治指标

桑树病虫害防治指标的确定，先通过对调查对象的室内饲养或培养观察，测定平均危害量及其经济损失，调查研究当地天敌等自然控制因素，特别是优势种天敌抑制效应的测定；进而田间划小区选取不同的为害密度，观察记载桑叶产量损失和品质下降情况，最后折算经济损失并联系防治成本进行统计分析求出指标数值。

综合各测报点对病虫发生量的预测，数量达到防治指标的病虫，即为需要防治的对象。当预报的某种病虫害近期将暴发、面积有可能在 50 hm^2以上时，应及时发布警报。蚕种场特别是原蚕种场桑园，因养蚕防病的需要，防治指标应适当从严掌握。桑树部分病虫害的防治指标参见附录 A，表 A. 1。

5.4 防治适期

根据预测预报的病虫生长发育进度（害虫还可以结合黑光灯、性诱测结果），将预测得出的害虫孵化高峰期、病害发生盛期作为防治适期，并经主管部门批准及时编发桑园病虫害预测预报报告，提出合理的防治意见，向基层发布，指导养蚕农户组织实施。

对于桑树害虫，以鳞翅目害虫孵化达 50 %、桑蓟马成虫与若虫比例为 1∶3、鞘翅目害虫已开始出现为害作为防治适期。

6 桑药药效的生物检测

桑药药效的生物检测，包括对靶标的防治效果、对桑树的药害及对家蚕的安全性检测三个方面。具体见附录 B。

7 桑药使用方法

7.1 桑园常见病虫害与农药选用

蚕桑生产地区的技术推广部门，应根据当地实际情况，制定包括用药品种、用药量、用药次数、对天敌的影响及农药的轮用混用等桑园有害生物防治策略，以保证施药质量，达到经济高效、养蚕安全、对人畜和环境副作用小、并有利于有害生物抗性综合治理等目的。具体防治时，应根据有害生物，特别是病虫害预测预报结果，选用有针对性的桑药进行防治。蚕期用药，还应选择残毒期短的桑药品种，并划出稚蚕专用桑园，分片防治，确保安全采用桑叶。

桑园常见病虫害化学防治选用的农药及其使用方法参见附录 A，表 A. 2。

7.2 桑园用药的残毒期

应依照不同药剂的残毒期和目标病虫害的防治适期，适时用药，以确保养蚕用叶安全。桑园常用治虫药剂对家蚕的残毒期参见附录 A，表 A. 3。

7.3 桑园病虫害防治年历

各地要及时总结全年的桑园有害生物防治经验，形成防治年历，供以后参考、完善。长江中下游蚕区桑园病虫害防治年历，参见附录 A，表 A.4。

8 蚕中毒事故的预防

8.1 农药品种选择与残毒期计算

根据害虫发生的特点，正确选择农药品种。选定用药品种后，正确计算该农药相应使用浓度的残毒期，适当提前用药。

8.2 农药质量

农药的有效成分含量与杂质含量要符合国家有关标准。严禁使用过期、失效和变质等不合格的农药品种。

所选择的农药品种，用药前要进行小面积试用，试用达标后方能大面积推广应用。

8.3 用药

桑园施药所需的喷雾器、胶管、药水桶或罐等，应做到专用。用药前，需用碱性洗衣粉清洗用药器械，然后再用清水清洗。

准确配制药液，按操作规程正确操作，确保用药人员的安全，不污染邻近的桑园与作物。若有不慎发生人畜中毒，要按标签上的救护方法及时救护。用药后，立即洗净用药器械，清洗操作人员的暴露部位及衣物。

8.4 田间管理

用药后要对桑园进行合理的管理，用叶前要采叶进行试养。

8.5 其他

农田、森林、卫生和治蝗等用药，及其他有毒物（含包装）的废弃处理，都应在确保对桑园与养蚕安全的前提下进行。

9 相关的综合防治措施

化学防治应与其他防治方法相结合，以减少用药量，提高防治效果。

9.1 检验检疫

在桑树苗木、穗条和种子等调运过程中，应按规定做好桑树危险性病虫的检验检疫工作。

9.2 农业防治

9.2.1 选栽抗病性抗虫性强的桑树品种

针对本地区常见多发病虫，选栽合适的抗病性抗虫性强的桑树品种。

9.2.2　培育无病虫桑苗

建立无桑黄化型萎缩病、青枯病、紫纹羽病、根结线虫病、桑橙瘿蚊、桑蟥、美国白蛾等检疫性病虫苗圃，一旦发现检疫性病虫立即挖除烧毁。

9.2.3　冬翻夏耕

桑树落叶后进行冬翻，深度 15 cm～25 cm；夏伐后进行夏耕，深度 10 cm～15 cm。冻、晒表土层害虫。

9.2.4　加强肥水管理

增施有机质肥料，氮、磷、钾肥配合使用；四沟配套，能灌能排；增强树势，提高抗病虫能力。

9.2.5　合理修剪与伐条

春蚕大批用叶后立即夏伐；冬季可进行剪梢、剪技、修枯桩，将带有病虫的残叶与枝、梢、桩集中烧毁。

9.3　物理防治

9.3.1　人工捕杀

人工捕捉体形较大或达不到防治指标田块的害虫，采摘除去具群集性为害的幼虫或卵块。

9.3.2　食饵、灯光诱集或诱杀

利用桑虫的趋食、趋化、趋光性，用毒饵或灯光下置水容器诱杀。

9.3.3　异性诱集

利用异性活虫或活体腹部末端浸渍液或应用人工合成的性信息素，诱集或迷向杀虫，减少雌成虫受精概率。

9.4　生物防治

利用和保护天敌生物。

10　桑园除草剂的使用

根据桑园类型与养蚕季节，可选用以下除草剂进行杂草防除。

10.1　草甘膦

在杂草旺盛期，每 667 m^2使用 50g～75g 有效成分，兑水 50 kg～75 kg，对杂草茎叶进行均匀定向喷雾，严防喷到桑树上。

10.2　百草枯

在高温季节，每 667 m^2选用 20% 克芜踪水剂 100 g～200 g，兑水 75 kg，对杂草茎叶进行均匀定向喷雾，严防喷到桑树上。

10.3　氟乐灵

夏播桑树苗圃地，每 667 m^2可选用 48 % 的氟乐灵乳油 100 g～150 g，兑水 50 kg～60 kg，均匀喷雾地表，随后用钉耙混土 35 cm 深，次日播种。

附　录　A
（资料性附录）
桑园病虫害防治及桑药使用技术方法

表 A.1　　桑树部分病虫害防治指标

病虫害名称	防 治 指 标
桑蓟马	200 头/桑条，或第 3 ~ 6 叶位，平均有虫 25≥头/叶
朱砂叶螨	株受害率≥20 %，或 100 头/叶
桑白蚧	株受害率≥15%，或雌介壳≥60 个/m 条长
野蚕	每 667m^2 1 000 头 ~ 2 000 头
桑螨	每 667 m^2 1 500 ~ 3 000 头
桑毛虫	每 667 m^2 800 头 ~ 1 000 头
桑尺蠖	每 667 m^2 1 000 头 ~ 2 000 头
桑螟	每 667m^2 1 600 头 ~ 3 000 头
桑天牛	株受害率≥10 %、条受害率≥30 %，成虫≥50 头/667m^2
桑萎缩病	株受害率≥2 %，每 667 ㎡菱纹叶蝉虫口≥1 000 头
桑褐斑病	受害叶片≥20 %
备注	桑大象虫、桑象虫和其他天牛类害虫，适当参照桑天牛防治指标。

表 A.2　　常用桑药防治对象及其使用方法

分 类	病虫害名称	药剂与浓度（用量）	使用方法
双翅目	桑（叶）瘿蚊	5 % 甲基异柳磷颗粒剂 或 5 % 喹硫磷颗粒剂 （每 667 m^2 120 g ~ 150 g 有效成分）	拌细土 40 kg ~ 50 kg 均撒桑园地表后淋湿地表
		40 % 乐果乳油 1 000 倍液 80 % 敌敌畏乳油 1 000 倍液 40 % 辛硫磷乳油 1 500 倍液	每代卵盛孵期，喷嫩梢芽叶
缨翅目	桑蓟马	40 % 乐果乳油 10 000 倍液 80 % 敌敌畏乳油 10 000 倍液 48 % 毒死蜱乳油 2 000 倍液	在若虫盛孵期前 1 天 ~ 2 天 常规喷雾
同翅目	菱纹叶蝉	50 % 乐果 + 80 % 敌敌畏各 1 000 倍液	常规喷雾
	桑虱 桑粉虱	20 % 亚胺硫磷乳油 1 000 倍液	常规喷雾
	桑白蚧	20 % 亚胺硫磷乳油 1 000 倍液	常规喷雾
		机油乳剂 40 倍液（夏伐前后）	涂干

（续表）

分类	病虫害名称	药剂与浓度（用量）	使用方法
鳞翅目	毛虫类 野蚕 桑螟 桑蟥 刺蛾类 桑尺蠖 艾枝尺蠖 斜纹夜蛾	60 % 双效磷乳油 1 500 倍液 90 % 敌百虫晶体 1 500 倍液 80 % 敌敌畏乳油 1 000 倍液 20 % 亚胺硫磷乳油 1 000 倍液 48 % 毒死蜱乳油 1 500 倍液 40 % 辛硫磷乳油 1 000 倍液	常规喷雾
	桑蛀虫	50 % 杀螟硫磷乳油 50 倍液	涂干
鞘翅目	天牛类	50 % 杀螟硫磷乳油 50 倍液 50 % 稻丰散乳油 200 倍液	涂干
		磷化铝（锌）毒签	毒签插入新鲜的排泄孔中
	象虫类 桑梢小蠹虫 叶甲类 金龟子类	50 % 杀螟硫磷乳油 1 000 倍液 80 % 敌敌畏乳油 1 000 倍液 60 % 双效磷乳油 1 500 倍液 48 % 毒死蜱乳油 1 500 倍液	常规喷雾
半翅目	绿盲蝽	80 % 敌敌畏乳油 1 000 倍液 60 % 敌马乳油 1 500 倍液	常规喷雾
蜱螨目	螨类	73 % 克螨特乳油 3 000 倍液 5% 尼素朗乳剂 2 000 倍液 15 % 哒螨酮乳油 1 500 倍液	常规喷雾
植原体	桑黄化型萎缩病 桑萎缩型萎缩病	土霉素 2 000μg/L 土霉素 200μg/L～500ug/L 四环素 2 000μg/L	浸苗根 3 h 连续喷雾树体 2 次～3 次 浸苗根 3 h
病毒	桑花叶型萎缩病	硫脲嘧啶 100 单位 （1 克硫脲嘧啶粉溶于 40 ml 氨水中，再兑水 10 kg）	春季或夏伐后桑芽萌发刚显现病症时喷 1 次；隔 10d 再喷 1 次
细菌	桑疫病	波尔多液 0.5 %～0.8 % 农用链霉素 100 单位	在苗地发现病苗，拔除烧毁后喷布苗地
		铜铵液 0.1% （50g $CuSO_4$ +450 ml 氨水 +50 kg 水） 农用链霉素 100 单位	病害发生初期及时喷药，隔 1 周再喷雾，连续 1 次～2 次
	桑青枯病	福尔马林 2 %～4 % 有效氯制剂 0.1 %	土壤消毒，淋湿至湿润

（续表）

分类	病虫害名称	药剂与浓度（用量）	使用方法
真菌	桑里白粉病	石硫合剂波美 4°～5° 50 %硫黄胶悬剂 500 倍液	冬季喷树干、枝条
		40 %多·硫胶悬剂 800 倍液， 70 %甲基硫菌灵可湿性粉剂 1 000 倍液， 50 %硫菌灵可湿性粉剂 1 000 倍液， 50 %苯菌灵可湿性粉剂 1 500 倍液， 50 %托布津可湿性粉剂 500 倍液， 70% 甲基托布津 1 000 倍液	发病初期，隔 10 d～15 d 左右再喷雾 1 次，连喷 2 次
	桑褐斑病	50 %甲基硫菌灵悬浮剂 900 倍液， 70 %托布津可湿性粉剂 1 000 倍液， 50% 苯菌灵可湿性粉剂 1 500 倍液	发现 20 %～30 %叶片上有 2 个～3 个芝麻粒大小斑点时喷雾，隔 10 d～15 d 1 次，防治 2 次～3 次
		波尔多液 0.6 %～0.7 %	秋蚕结束后全面喷雾桑园，1 次～2 次
		波美 4°～5°石灰硫黄合剂	春季桑树发芽前全面喷枝干，1 次～2 次
	桑赤锈病	25 %三唑酮可湿性粉剂 1 000 倍液 40 %拌种灵可湿性粉剂 300 倍液 45 %代森铵水剂 1 000 倍液	于始见期，喷雾新梢，隔 1 周 1 次
	桑芽枯病	波美 4°～5°石灰硫黄合剂	喷雾桑树干
	桑菌核病	70 %甲基托布津 1 000 倍液， 50 %多菌灵 500 倍液， 50 %乙基托布津 800 倍液	开花期喷用，隔 1 周喷 1 次

表 A.3　桑园常用病虫害防治药剂对家蚕的叶部残毒期

残毒期（d）	农药种类及用药剂量
0	波美 0.2°～0.3°石硫合剂、20 型洗衣粉 200 倍液、磷化铝（锌）毒签、一些涂剂及土壤用药（在桑树上无内吸和不触及桑叶）
3	40 %辛硫磷乳油 1 500 倍液、40 %乐果 1 000 倍液
4	40 %辛硫磷乳油 1 000 倍液
5	80 %敌敌畏乳油 1 500 倍液、80 %敌敌畏乳油 1 000 倍液 + 40 %辛硫磷乳油 1 500 倍液
6	80 %敌敌畏乳油 1 000 倍液
7	2.5 鱼藤酮乳油 800 倍液（高温暴晒时）、15 %哒螨灵可湿性粉剂/乳油 3 000 倍液
8	60 %敌马合剂（双效磷）乳油 1 500 倍液
9	20 %亚胺硫磷乳油 1 500 倍液、5 %尼索朗乳油 2 000 倍液
10	20 %灭多威乳油 2 500 倍液、73 %克螨特（国产为炔螨特）乳油 3 000 倍液

（续表）

残毒期（d）	农药种类及用药剂量
11	20 % 亚胺硫磷乳油 1 000 倍液
12	20 % 灭多威乳油 1 500 倍液
13	石硫合剂 20 倍液、20 % 亚胺硫磷乳油 500 ~ 800 倍液
14	50 % 杀螟硫磷乳油 1 000 倍液（夏伐）
16	90 % 敌百虫晶体 1 500 倍液
17	50 % 杀螟硫磷乳油 1 000 倍液
18	48 % 毒死蜱乳油 1 000 ~ 1 500 倍液
19	90 % 敌百虫晶体 1 000 倍液
20	50 % 杀螟硫磷乳油 1 000 倍液
21	2. 5 % 鱼藤酮乳油 800 倍液（低温多雨时）
100	合成菊酯类
备注	以上残毒期只是参考数字，残毒期的长短还与气候、使用方法、厂家的加工工艺有关，具体以实测为准。

表 A. 4　　长江中下游蚕区桑园病虫害防治年历

<table>
<tr><th>季　节</th><th>防治对象</th><th>防治适期</th><th>农药品种</th><th>备　注</th></tr>
<tr><td rowspan="4">春季
（3 月 ~5 月）</td><td>桑象虫、桑尺蠖、桑虱、桑毛虫</td><td>4 月上旬</td><td>毒死蜱、敌百虫、乙酰甲胺磷、敌马合剂（双效磷）</td><td rowspan="2">上年秋季结束后未治虫的，早春须防治</td></tr>
<tr><td>桑赤锈病</td><td>4 月上旬</td><td>三唑酮、拌种灵</td></tr>
<tr><td>菱纹叶蝉、绿盲蝽</td><td>4 月上旬</td><td>乐果 + 敌敌畏</td><td>兼治其他害虫</td></tr>
<tr><td>野蚕、桑螟、叶甲类</td><td>5 月</td><td>敌敌畏、辛硫磷</td><td>划片喷药或人工捕捉</td></tr>
<tr><td rowspan="4">夏季
（6 月 ~7 月）</td><td>桑大象虫</td><td>成虫发生期</td><td rowspan="2">乙酰甲胺磷、毒死蜱、敌敌畏 + 辛硫磷、杀螟硫磷</td><td>人工捕捉</td></tr>
<tr><td>桑象虫</td><td>夏伐后
（3 d ~4 d 内）</td><td>兼治其他害虫</td></tr>
<tr><td>桑白蚧</td><td>夏伐后
（1 d ~4 d 内）</td><td>洗衣粉、机油乳剂</td><td>发芽前喷或涂干</td></tr>
<tr><td>毛虫类害虫</td><td>6 月下旬</td><td>敌马合剂（双效磷）</td><td>兼治其他害虫</td></tr>
</table>

（续表）

季　　节	防治对象	防治适期	农药品种	备　　注
秋季 （8 月 ~10 月）	真菌病类	8 月 ~9 月	多菌灵、托布津	
	桑橙瘿蚊	7 月中旬	甲基异柳磷、 喹硫磷、辛硫磷	拌细土在桑园土表撒施
		8 月 ~9 月	乐果、灭多威、敌敌畏	喷顶芽
	桑蓟马	蚕期间隙	乐果、毒死蜱	喷叶片背面
	红蜘蛛、其他螨类		克螨特、哒螨灵、尼索朗	
	天牛类害虫 桑大象虫	7 月 ~10 月	毒签	捕捉成虫、 刺杀幼虫卵粒
	毛虫类（桑毛虫、 桑尺蠖、桑螟、野蚕、 桑蟥、斜纹夜蛾、艾尺 蠖、黄毛虫、白毛虫等）	夏蚕上山后	敌马合剂（双效磷）、 亚胺硫磷、敌敌畏、 乙酰甲胺磷、毒死蜱	9 月下旬采野蚕茧， 人工捕捉幼虫或采摘 群集幼虫或虫卵叶片
		8 月中下旬		
		10 月中旬	亚胺硫磷、敌杀死、 乙酰甲胺磷、毒死蜱	秋蚕用叶后治好 “关门虫”减少越 冬基数
冬季 （11 月 ~2 月）	以农业防治为主： 1. 束草诱杀桑毛虫、桑尺蠖、桑螟、桑蓟马等越冬害虫； 2. 重剪梢减少菱纹叶蝉卵； 3. 刮野蚕、桑蟥卵； 4. 修剪枯枝枯桩，杀灭桑象虫越冬成虫； 5. 填塞树缝裂隙治桑螟； 6. 冬耕冻杀桑橙瘿蚊休眠体、叶甲、毛虫蛹等； 7. 清扫蚕实、集杀桑幎幼虫； 8. 毒签刺杀天牛类害虫； 9. 冬耕，破坏地下害虫越冬场所； 10. 修剪、清园； 11. 树体用 20 % 石灰浆（加 1 份硫黄）刷白			
备注	此表主要适合长江中下游蚕区，其他地区可参照。			

附 录 B
（规范性附录）
桑药药效的生物检测

B.1 田间防治效果的测定

B.1.1 试验条件

B.1.1.1 试验对象和桑树品种的选择

根据防治目的或送检要求，确定试验对象。测定适期原则上与病虫为害时期一致。根据防治目的，确定试验对象。桑树部分害虫药效测定虫态及测定适期，见表 B.1。未列出的，可参考表 B.1 选择测试相应的虫态。

表 B.1 桑树部分害虫药效测定虫态及测定适期的选择

害虫名称	学 名	测定虫态	测定适期
桑尺蠖	*Phthonandria atrineata*	幼虫	3 龄以上幼虫
斜纹夜蛾	*Prodenia liturafa*	幼虫	4 龄左右
桑螟	*Diaphania pyloalis*	幼虫	在 2 龄期左右
桑蟥	*Rondotia menciana*	幼虫	卵孵化高峰期后 3d ~ 5d
黄叶虫	*Mimastra cyanura*	成虫	为害期
褐金龟子	*Holotrichia parallela*	成虫	为害期
桑象虫	*Baris deplanata*	成虫	桑树伐条后 3d ~ 7d
桑白蚧	*Pseudaulacaspis pentagona*	成虫、若虫	为害期
桑粉虱	*Brmisia myricae*	幼虫、成虫	为害期
朱砂叶螨	*Tetranychus cinnabarinus*	成螨、若螨	为害期
桑蓟马	*Pseudodendrothrips mori*	成虫、若虫	为害期
备注	试验桑树宜选择主栽品种，兼顾正在推广的优良品种，记录桑树品种名称。		

B.1.1.2 环境条件

选择有代表性的桑园进行试验，所有试验小区的栽培条件（土壤类型、肥料、耕作、株行距）应均匀一致，且符合当地科学的农业实践（GAP）。

B.1.2 试验设计和安排

B.1.2.1 药剂

B.1.2.1.1 试验药剂

注明药剂的商品名/代号、中文名、通用名、剂型、含量和生产厂家。试验药剂处理不少于 3 个剂量，或依据试验委托方与试验承担方签订的试验协议规定的用药剂量。

B.1.2.1.2 对照药剂

对照药剂须是已登记注册并在实践中证明对靶标有较好药效的产品。对照药剂的类型和作用方式，应同试验药剂相近并使用当地常用剂量，特殊情况下可视试验目的而定。

B. 1. 2. 2　小区安排

B. 1. 2. 2. 1　小区排列

试验药剂、对照药剂和空白对照（清水）的小区处理，采用随机区组排列，特殊情况须加以说明。

B. 1. 2. 2. 2　小区面积和重复

随机排列的区组每小区应有 6 行桑树，每行不少于 3 株桑树，小区四周不得少于 2 m 宽的保护地带，重复数设 4 个。

B. 1. 2. 3　施药方法

B. 1. 2. 3. 1　使用器械

选用生产上常用的器械，宜使用高容量机动喷雾器，也可使用背负式鼓风弥雾机。记录所使用器械类型和操作条件（操作压力、喷孔口径）的全部资料。施药应保证药量准确、分布均匀。用药量偏差超过 ±10 % 要记录。

B. 1. 2. 3. 2　施药时间、次数及使用剂量和容量

施药时间、次数及使用剂量和容量，按协议要求及标签说明进行。对年发生 1 代（或少于 1 代）的，在害虫发生高峰期，进行 1 次；对年发生多代的害虫，一般施药 2 次，即春、夏秋季各一次。记录每次施药日期与剂量。

施用药液中有效成分含量表示为毫克/千克或毫克/升，按规定浓度配制后施用。喷雾防治时，同时要记录用药稀释倍数。

B. 1. 3　调查、记录和测量方法

B. 1. 3. 1　气象和土壤资料

B. 1. 3. 1. 1　气象资料

试验期间，应从试验地或最近的气象站获得降雨（降雨类型、日降雨量以毫米表示）和温度（日平均温度、最高和最低温度，以摄氏度表示）等资料。

整个试验期间影响试验结果的恶劣气候因素，如严重或长期干旱、连续阴雨或暴雨、冰雹等均应记录。

B. 1. 3. 1. 2　土壤资料

记录土壤类型、地形、土壤肥力、灌溉条件、桑园间作和杂草等土壤覆盖物等资料。

B. 1. 3. 2　调查方法、时间和次数

B. 1. 3. 2. 1　调查方法

每一小区的选取：桑芽害虫类选取 20 个枝条（或桑拳）、咀食性桑叶害虫类选取 20 个枝条、吸食性桑叶害虫类选取（标记）不同方向与叶位上的 20 片叶，统计活虫数。

病害按病情可分为 0、1、2、3、4 级。以叶片为单位的可以按照下列方法进行分级。无病叶为 0 级，叶面病斑面积占总叶面积的百分比 <25 % 的为 1 级，25 % ~49 % 的为 2 级，50 % ~74 % 的为 3 级，>75 % 的为 4 级。以条、株为单位的，可以适当参照叶片的分级办法确定。

B. 1. 3. 2. 2　时间和次数

施药后至少调查 3 次，间隔期可按药剂的作用方式和持效期决定。第一次调查在施药后 1 d ~2 d 进行。以后每次间隔 2 d ~4 d。

B. 1. 3. 2. 3　药效计算方法

桑树虫害，药效按（1）、（2）两式计算，病害可以参照（3）、（4）两式计算。

$$虫口减退率（\%）=（1-PT_i/PT_0）\times 100\% \quad (1)$$

式中：

PT_0—处理前处理区虫数（基数）；

PT_i——处理后第 i 次调查的处理区活虫数。

$$防治效果（\%）=\frac{防治区虫口减退率-对照区虫口减退率}{100-对照区虫口减退率}\times 100\% \tag{2}$$

$$防治效果（\%）=\left(1-\frac{CK_0\ 病情指数\times PT_1\ 病情指数}{CK_1\ 病情指数\times PT_0\ 病情指数}\right)\times 100\% \tag{3}$$

式中：

$$病情指数=\frac{\sum（病级叶数\times 相对病级指数）}{调查总叶数\times 最重病级}\times 100\% \tag{4}$$

$$发病率（或病株率、病条率、烂头率）（\%）=\frac{病苗（株、条、烂头）数}{检查苗（株、条、头）总数}\times 100\% \tag{5}$$

B. 1. 4　结果评价

测得的虫口减退率或防治效果在 80 % 以上，或者与所设的对照经统计差异（5 % 水平）不显著为合格品。

B. 2　药剂对桑树的药害测定

药剂对桑树的药害分急性和慢性两种类型。急性药害症状明显，如在桑叶上轻者表现为黄化和褪绿；重者表现为叶斑、枯焦、卷叶、畸形与硬化；严重者表现为穿孔或脱落。慢性药害，如影响桑树的生理 活动，表现为生长缓慢，产量降低与叶质变劣。

B. 2. 1　处理方法与浓度

药剂处理方法与防治效果处理方法一致。可以在测定防治效果时，同时观察并记录药害情况，也可以单独进行，但处理时期与推荐的用药时期要一致。记录药害的类型和程度。试验药剂处理不少于 3 个剂量（依次为推荐最高浓度的 1 倍、1. 25 倍和 2 倍），每剂量重复 4 次，春季与夏秋季各进行 1 次。并要设清水为空白对照。

B. 2. 2　药害记录

用下列方式记录药害：

如果药害能计数或测量，要优先采用绝对数值表示，如树高、条长、发芽率、千克叶片数及脱落芽（叶）数等。其他可按下列两种方法的一种估计药害的程度和频率：

1）按照药害分级方法记录每小区药害情况，以 -、+、+ +、+ + +、+ + + + 表示。

药害分级方法：

-：无药害；

+：轻度药害，不影响桑树正常生长；

+ +：中度药害，可复原，不会明显造成桑叶减产及品质降低；

+ + +：重度药害，影响桑树正常生长，对桑叶产量和质量造成一定程度的损失；

+ + + +：严重药害，桑树生长受阻，桑叶产量和质量损失严重。

2）将药剂处理区与空白对照区比较，评价药害百分率。同时，要准确描述作物的药害症状（矮化、褪绿、焦叶、畸形和脱落）芽（叶）数等。

B. 2. 3　测定结果评价

若春季与夏秋季只有一季有以下情况之一，则此季节该药不能在桑树上应用；若春季与夏秋季都有以下情况之一，则该药不能在桑树上应用：

绝对数值或药害百分率，超过对照 10% 以上；或者有重度药害出现。

B.3　药剂对家蚕安全性测定

桑药对家蚕的安全性，用残毒期（安全间隔期）来衡量。根据实际需要，分 3 级进行。1 级为急性毒性测定；Ⅱ级为药剂对丝茧育即对家蚕当代安全性测定，简称为当期安全性测定：Ⅲ级为药剂对种茧育即对家蚕下一代卵期及幼虫期的安全性测定，简称为下代安全性测定。

B.3.1　试验设计

B.3.1.1　家蚕品种

Ⅰ级、Ⅱ级安全性测定，为当地大面积推广使用的现行蚕品种的一代杂交种；Ⅲ级测定为当地大面积推广使用的现行蚕品种的中、日系原种。

B.3.1.2　供试蚕期

Ⅰ级、Ⅱ级测定从 3 龄饷食开始；Ⅲ级测定从收蚁开始。

B.3.1.3　小区设置

B.3.1.3.1　室外喷药

室外喷药应在栽培与生态条件一致的或相近的桑园里进行，小区面积为 20 株 ~ 30 株桑树（各小区间至少要留 2 行保护行）；重复次数为 3 次。处理浓度为治虫的推荐浓度或依据试验委托方与试验承担方签订的试验协议规定的用药剂量，空白对照为清水。

B.3.1.3.2　室内养蚕

室内养蚕试验小区，Ⅰ级测定为 50 头，Ⅱ级测定为 200 头，Ⅲ级测定为一个蛾区，重复均为 4 次。分别采用喷过药的桑叶与喷清水对照的桑叶喂养。常规一日三回育。

B.3.1.4　检测判别基准

依据装药使用说明书标示的残毒期或试验委托方与试验承担方签订的试验协议规定的残毒期为判别基准，简称标示残毒期。

B.3.2　检测内容与方法

B.3.2.1　急性毒性测定（Ⅰ级测定）

按 B.3.1.4 的标示残毒期天数，蚕种分批相隔 1 天出库催青，共 3 个批次，确保第一批的蚕在 3 龄起蚕时正好能吃上刚达到残毒期后第一天的桑叶。以后每天采对应处理区的桑叶喂蚕，观察并记录致死情况与死亡症状，直到没有出现急性致死那天为止。这中间相隔的天数即为急性致死残毒期天数。

B.3.2.2　当期安全性测定（Ⅱ级测定）

供试家蚕的饲养如 B.3.2.1。调查并记录 5 龄发育经过、全茧量、茧层量、茧层率、结茧率、死笼茧数，计算出虫蛹统一生命率，并统计分析与对照没有显著差异的最短天数，即为药剂对家蚕幼虫的当期安全残毒期。

B.3.2.3　下代安全性测定（Ⅲ级测定）

按 B.3.1.4 的标示残毒期天数后的第一、第三、第五天，分 3 批喂养原蚕，至上簇结茧，常规制种，调查并记录原种单蛾产卵数、单蛾良卵数。所制蚕种随即采用人工孵化法进行催青，然后收蚁用无毒叶常规饲养，调查并记录孵化率和饲养成绩。对调查记录数据进行统计分析，与对照没有显著差异的最短天数，即为药剂对家蚕下代安全残毒期。

必要时，Ⅱ至Ⅲ级测定还要同时进行丝质鉴定。丝质鉴定的各项指标经统计分析与对照没有显著差异的最短天数，为相应的准确残毒期。

B. 3. 3　测定结果评价

检测判别基准即标示残毒期与所测的残毒期相差的天数，未超过下列规定者，判别为合格：

标示值为0 d~7d（含7 d）的，标示值与实测的残毒期相差的天数为0 d;

标示值为7 d~14 d（含14 d）的，标示值与实测的残毒期相差的天数为1 d;

标示值为14 d~30 d（含30 d）的，标示值与实测的残毒期相差的天数为2 d;

标示值大于30 d的，标示值与实测的残毒期相差的天数为3 d。

ICS 65. 080
CCS B 10

中 华 人 民 共 和 国 农 业 行 业 标 准

NY/T 394—2021
代替 NY/T 394—2013

绿色食品 肥料使用准则

Green food—Fertilizer application guideline

2021－05－07 发布 2021－11－01 实施

中华人民共和国农业农村部 发布

前 言

本文件按 GB/T 1.1—2020《标准化工作导则　第1部分：标准化文件的结构和起草规则》的规定起草。

本文件代替 NY/T 394—2013《绿色食品　肥料使用准则》。与 NY/T 394—2013 相比，除结构调整和编辑性改动外，主要技术变化如下：

——修改了肥料使用原则，补充了微量养分，增加了肥料中有害物质限量要求；

——修改了肥料使用规定，体现了绿色、减肥、生态发展的理念。

本文件由农业农村部农产品质量安全监管司提出。

本文件由中国绿色食品发展中心归口。

本文件主要起草单位：中国农业大学资源与环境学院、中国绿色食品发展中心、中国农业科学院农业资源与农业区划研究所、石河子大学农学院、河南菡香生态农业专业合作社、北京德青源农业科技股份有限公司。

本文件主要起草人：李学贤、徐玖亮、张志华、张宪、袁亮、赵秉强、李季、危常州、张青松、张福锁。

本文件及其所代替文件的历次版本发布情况为：

——2000年首次发布为 NY/T 394—2000，2013年第一次修订；

——本次为第二次修订。

引　言

合理使用肥料是保障绿色食品生产的重要环节，同时也是降低化学肥料投入和环境代价、保障土壤健康和生物多样性、提高养分利用效率和作物品质的重要措施。绿色食品的发展对生产用肥提出了新的要求，现有标准已经不能满足新的生产发展形势和需求。

本文件在原文件基础上进行了修订，对肥料使用方法作了更详细的定性和定量规定。本文件按照促进农业绿色发展与养分循环、保证食品安全与优质的原则，规定优先使用有机肥料，充分减控化学肥料，禁止使用可能含有安全隐患的肥料。本文件的实施将对绿色食品生产中的肥料使用发挥重要指导作用。

绿色食品　肥料使用准则

1　范围

本文件规定了绿色食品生产中肥料使用原则、肥料种类及使用规定。本文件适用于绿色食品的生产。

2　规范性引用文件

下列文件中的内容通过文中的规范性引用而构成本文件必不可少的条款。其中，注日期的引用文件，仅该日期对应的版本适用于本文件；不注日期的引用文件，其最新版本（包括所有的修改单）适用于本文件。

GB 15063　复合肥料
GB/T 17419　含有机质叶面肥料
GB 18877　有机－无机复合肥料
GB 20287　农用微生物菌剂
GB/T 23348　缓释肥料
GB/T 23349　肥料中砷、镉、铅、铬、汞生态指标
GB/T 34763　脲醛缓释肥料
GB/T 35113　稳定性肥料
GB 38400　肥料中有毒有害物质的限量要求
HG/T 5045　含腐植酸尿素
HG/T 5046　腐植酸复合肥料
HG/T 5049　含海藻酸尿素
HG/T 5514　含腐植酸磷酸一铵、磷酸二铵
HG/T 5515　含海藻酸磷酸一铵、磷酸二铵
NY 227　微生物肥料
NY/T 391　绿色食品　产地环境质量
NY 525　有机肥料
NY/T 798　复合微生物肥料
NY 884　生物有机肥
NY/T 1868　肥料合理使用准则　有机肥料
NY/T 3034　土壤调理剂
NY/T 3442　畜禽粪便堆肥技术规范

3　术语和定义

下列术语和定义适用于本文件。

3.1

AA 级绿色食品　AA grade green food

产地环境质量符合 NY/T 391 的要求，遵照绿色食品生产标准生产，生产过程中遵循自然规律和生态学原理，协调种植业和养殖业的平衡，不使用化学合成的肥料、农药、兽药、渔药、添加剂等物质，产品质量符合绿色食品产品标准，经专门机构许可使用绿色食品标志的产品。

3.2

A 级绿色食品　A grade green food

产地环境质量符合 NY/T 391 的要求，遵照绿色食品生产标准生产，生产过程中遵循自然规律和生态学原理，协调种植业和养殖业的平衡，限量使用限定的化学合成生产资料，产品质量符合绿色食品产品标准，经专门机构许可使用绿色食品标志的产品。

3.3

农家肥料　farmyard manure

由就地取材的主要由植物、动物粪便等富含有机物的物料制作而成的肥料。包括秸秆肥、绿肥、厩肥、堆肥、沤肥、沼肥、饼肥等。

3.3.1

秸秆肥　straw manure

成熟植物体收获之外的部分以麦秸、稻草、玉米秸、豆秸、油菜秸等形式直接还田的肥料。

3.3.2

绿肥　green manure

新鲜植物体就地翻压还田或异地施用的肥料，主要分为豆科绿肥和非豆科绿肥。

3.3.3

厩肥　barnyard manure

圈养畜禽排泄物与秸秆等垫料发酵腐熟而成的肥料。

3.3.4

堆肥　compost

植物、动物排泄物等有机物料在人工控制条件下（水分、碳氮比和通风等），通过微生物的发酵，使有机物被降解，并生产出一种适宜于土地利用的肥料。

3.3.5

沤肥　wate

植物、动物排泄物等有机物料在淹水条件下发酵腐熟而成的肥料。

3.3.6

沼肥　anaerobic digestate fertilizer

以农业有机物经厌氧消化产生的沼气沼液为载体，加工成的肥料。主要包括沼渣和沼液肥。

3.3.7

饼肥　cake fertilizer

由含油较多的植物种子压榨去油后的残渣制成的肥料。

3.4

有机肥料　organic fertilizer

植物秸秆等废弃物和（或）动物粪便等经发酵腐熟的含碳有机物料，其功能是改善土壤理化性质、持续稳定供给植物养分、提高作物品质。

3.5

微生物肥料　microbial fertilizer

含有特定微生物活体的制品，应用于农业生产，通过其中所含微生物的生命活动，增加植物养分的供应量或促进植物生长，提高产量，改善农产品品质及农业生态环境的肥料。

3.6

有机－无机复混肥料　organic－inorganic compound fertilizer

含有一定量有机肥料的复混肥料。

注：其中复混肥料是指，氮、磷、钾 3 种养分中，至少有 2 种养分标明量的由化学方法和（或）掺混方法制成的肥料。

3.7

无机肥料　inorganic fertilizer

主要以无机盐形式存在的能直接为植物提供矿质养分的肥料。

3.8

土壤调理剂　soil amendment

加入土壤中用于改善土壤的物理、化学和（或）生物性状的物料，功能包括改良土壤结构、降低土壤盐碱危害、调节土壤酸碱度、改善土壤水分状况、修复土壤污染等。

4　肥料使用原则

4.1　土壤健康原则。坚持有机与无机养分相结合、提高土壤有机质含量和肥力的原则，逐渐提高作物秸秆、畜禽粪便循环利用比例，通过增施有机肥或有机物料改善土壤物理、化学与生物性质，构建高产、抗逆的健康土壤。

4.2　化肥减控原则。在保障养分充足供给的基础上，无机氮素用量不得高于当季作物需求量的一半，根据有机肥磷钾投入量相应减少无机磷钾肥施用量。

4.3　合理增施有机肥原则。根据土壤性质、作物需肥规律、肥料特征，合理地使用有机肥，改善土壤理化性质，提高作物产量和品质。

4.4　补充中微量养分原则。因地制宜地根据土壤肥力状况和作物养分需求规律，适当补充钙、镁、硫、锌、硼等养分。

4.5　安全优质原则。使用安全、优质的肥料产品，有机肥的腐熟应符合 NY/T 3442 的要求，肥料中重金属、有害微生物、抗生素等有毒有害物质限量应符合 GB 38400 的要求，肥料的使用不应对作物感官、安全和营养等品质以及环境造成不良影响。

4.6 生态绿色原则。增加轮作、填闲作物，重视绿肥特别是豆科绿肥栽培，增加生物多样性与生物固氮，阻遏养分损失。

5 可使用的肥料种类

5.1 AA 级绿色食品生产可使用的肥料种类

可使用 3.3、3.4、3.5 规定的肥料。

5.2 A 级绿色食品生产可使用的肥料种类

除 5.1 规定的肥料外，还可以使用 3.6、3.7 及 3.8 规定的肥料。

6 禁止使用的肥料种类

6.1 未经发酵腐熟的人畜粪尿。

6.2 生活垃圾、未经处理的污泥和含有害物质（如病原微生物、重金属、有害气体等）的工业垃圾。

6.3 成分不明确或含有安全隐患成分的肥料。

6.4 添加有稀土元素的肥料。

6.5 转基因品种（产品）及其副产品为原料生产的肥料。

6.6 国家法律法规规定禁用的肥料。

7 使用规定

7.1 AA 级绿色食品生产用肥料使用规定

7.1.1 应选用 5.1 所列肥料种类，不应使用化学合成肥料。

7.1.2 可使用完全腐熟的农家肥料或符合 NY/T 3442 规范的堆肥，宜利用秸秆和绿肥，配合施用具有生物固氮、腐熟秸秆等功效的微生物肥料。不应在土壤重金属局部超标地区使用秸秆肥或绿肥，肥料的重金属限量指标应符合 NY 525 和 GB/T 23349 的要求，粪大肠菌群数、蛔虫卵死亡率应符合 NY 884 的要求。

7.1.3 有机肥料应达到 GB/T 17419、GB/T 23349 或 NY 525 的指标，按照 NY/T 1868 的规定使用。根据肥料性质（养分含量、C/N、腐熟程度）、作物种类、土壤肥力水平和理化性质、气候条件等选择肥料品种，可配施腐熟农家肥和微生物肥提高肥效。

7.1.4 微生物肥料符合 GB 20287 或 NY 884 或 NY 227 或 NY/T 798 的要求，可与 5.1 所列肥料配合施用，用于拌种、基肥或追肥。

7.1.5 无土栽培可使用农家肥料、有机肥料和微生物肥料，掺混在基质中使用。

7.2 A 级绿色食品生产用肥料使用规定

7.2.1 应选用 5.2 所列肥料种类。

7.2.2 农家肥料的使用按 7.1.2 的规定执行。按照 C/N≤25：1 的比例补充化学氮素。

7.2.3 有机肥料的使用按 7.1.3 的规定执行。可配施 5.2 所列其他肥料。

7.2.4 微生物肥料的使用按 7.1.4 的规定执行。可配施 5.2 所列其他肥料。

7.2.5 使用符合 GB 15063、GB 18877、GB/T 23348、GB/T 34763、GB/T 35113、HG/T 5045、HG/T 5046、HG/T 5049、HG/T 5514、HG/T 5515 等要求的无机、有机－无机复混肥料作为有机肥料、农家肥料、微生物肥料的辅助肥料。化肥减量遵循 4.2 的规定，提高水肥一体化程度，利用硝化抑制剂或脲酶抑制剂等提高氮肥利用效率。

7.2.6 根据土壤障碍因子选用符合 NY/T 3034 要求的土壤调理剂改良土壤。

ICS 65.100.01
B 17

中华人民共和国农业行业标准

NY/T 393—2020
代替 NY/T 393—2013

绿色食品 农药使用准则

Green food—Guideline for application of pesticide

2020-07-27 发布 2020-11-01 实施

中华人民共和国农业农村部 发布

前 言

本标准按照 GB/T 1.1—2009 给出的规则起草。

本标准代替 NY/T 393—2013《绿色食品 农药使用准则》。与 NY/T 393—2013 相比，除编辑性修改外主要技术变化如下：

——增加了农药的定义（见 3.3）。

——修改了有害生物防治原则（见 4）。

——修改了农药选用的法规要求（见 5.1）。

——修改了绿色食品农药残留要求（见 7）。

——在 AA 级和 A 级绿色食品生产均允许使用的农药清单中，删除了（硫酸）链霉素，增加了具有诱杀作用的植物（如香根草等）、烯腺嘌呤和松脂酸钠；删除了 2 个表注，增加了 1 个表的脚注（见表 A.1）。

——在 A 级绿色食品生产允许使用的其他农药清单中，删除了 7 种杀虫杀螨剂（S－氰戊菊酯、丙溴磷、毒死蜱、联苯菊酯、氯氟氰菊酯、氯菊酯和氯氰菊酯）、1 种杀菌剂（甲霜灵）、12 种除草剂（草甘膦、敌草隆、噁草酮、二氯喹啉酸、禾草丹、禾草敌、西玛津、野麦畏、乙草胺、异丙甲草胺、莠灭净和仲丁灵）及 2 种植物生长调节剂（多效唑和噻苯隆）；增加了 9 种杀虫杀螨剂（虫螨腈、氟啶虫胺腈、甲氧虫酰肼、硫酰氟、氰氟虫腙、杀虫双、杀铃脲、虱螨脲和溴氰虫酰胺）、16 种杀菌剂（苯醚甲环唑、稻瘟灵、噁唑菌酮、氟吡菌酰胺、氟硅唑、氟吗啉、氟酰胺、氟唑环菌胺、喹啉铜、嘧菌环胺、氰氨化钙、噻呋酰胺、噻唑锌、三环唑、肟菌酯和烯肟菌胺）、7 种除草剂（苄嘧磺隆、丙草胺、丙炔噁草酮、精异丙甲草胺、双草醚、五氟磺草胺、酰嘧磺隆）及 1 种植物生长调节剂（1－甲基环丙烯）；删除了 2 个条文的注，在条文中增加了关于根据国家新的禁限用规定自动调整允许使用清单的规定（见 A.2）。

本标准由农业农村部农产品质量安全监管司提出。

本标准由中国绿色食品发展中心归口。

本标准起草单位：浙江省农业科学院农产品质量标准研究所、中国绿色食品发展中心、中国农业大学理学院、农业农村部农产品及加工品质量安全监督检验测试中心（杭州）、浙江省农产品质量安全中心。

本标准主要起草人：张志恒、王强、张志华、张宪、潘灿平、郑永利、于国光、李艳杰、李政、戴芬、郑蔚然、徐明飞、胡秀卿。

本标准所代替标准的历次版本发布情况为：

——NY/T 393—2000；NY/T 393—2013。

引 言

绿色食品是在优良生态环境中按照绿色食品标准生产，实行全程质量控制并获得绿色食品标志使用权的安全、优质食用农产品及相关产品。规范绿色食品生产中的农药使用行为，是保证绿色食品符合性的一个重要方面。

本标准用于规范绿色食品生产中的农药使用行为。2013 年版标准在前版标准的基础上，已经建立起了比较完整有效的标准框架，包括规定有害生物防治原则，要求农药的使用是最后的必要选择；规定允许使用的农药清单，确保所用农药是经过系统评估和充分验证的低风险品种；规范农药使用过程，进一步减缓农药使用的健康和环境影响；规定了与农药使用要求协调的残留要求，在确保绿色食品更高安全要求的同时，也作为追溯生产过程是否存在农药违规使用的验证措施。

本次修订延续上一版的标准框架，主要根据近年国内外在农药开发、风险评估、标准法规、使用登记和生产实践等方面取得的新进展、新数据和新经验，更多地从农药对健康和环境影响的综合风险控制出发，适当兼顾绿色食品生产对农药品种的实际需求，对标准作局部修改。

绿色食品　农药使用准则

1　范围

本标准规定了绿色食品生产和储运中的有害生物防治原则、农药选用、农药使用规范和绿色食品农药残留要求。

本标准适用于绿色食品的生产和储运。

2　规范性引用文件

下列文件对于本文件的应用是必不可少的。凡是注日期的引用文件，仅注日期的版本适用于本文件。凡是不注日期的引用文件，其最新版本（包括所有的修改单）适用于本文件。

GB 2763　食品安全国家标准　食品中农药最大残留限量

GB/T 8321　（所有部分）农药合理使用准则

GB 12475　农药贮运、销售和使用的防毒规程

NY/T 391　绿色食品　产地环境质量

NY/T 1667　（所有部分）农药登记管理术语

3　术语和定义

NY/T 1667　界定的以及下列术语和定义适用于本文件。

3.1

AA 级绿色食品 AA grade green food

产地环境质量符合 NY/T 391 的要求，遵照绿色食品生产标准生产，生产过程中遵循自然规律和生态学原理，协调种植业和养殖业的平衡，不使用化学合成的肥料、农药、兽药、渔药、添加剂等物质，产品质量符合绿色食品产品标准，经专门机构许可使用绿色食品标志的产品。

3.2

A 级绿色食品 A grade green food

产地环境质量符合 NY/T 391 的要求，遵照绿色食品生产标准生产，生产过程中遵循自然规律和生态学原理，协调种植业和养殖业的平衡，限量使用限定的化学合成生产资料，产品质量符合绿色食品产品标准，经专门机构许可使用绿色食品标志的产品。

3.3

农药 pesticide

用于预防、控制危害农业、林业的病、虫、草、鼠和其他有害生物以及有目的地调节植物、昆虫生长的化学合成或者来源于生物、其他天然物质的一种物质或者几种物质的混合物及其制剂。

注：既包括属于国家农药使用登记管理范围的物质，也包括不属于登记管理范围的物质。

4 有害生物防治原则

绿色食品生产中有害生物的防治可遵循以下原则：

——以保持和优化农业生态系统为基础：建立有利于各类天敌繁衍和不利于病虫草害孳生的环境条件，提高生物多样性，维持农业生态系统的平衡；

——优先采用农业措施：如选用抗病虫品种、实施种子种苗检疫、培育壮苗、加强栽培管理、中耕除草、耕翻晒垡、清洁田园、轮作倒茬、间作套种等；

——尽量利用物理和生物措施：如温汤浸种控制种传病虫害，机械捕捉害虫，机械或人工除草，用灯光、色板、性诱剂和食物诱杀害虫，释放害虫天敌和稻田养鸭控制害虫等；

——必要时合理使用低风险农药：如没有足够有效的农业、物理和生物措施，在确保人员、产品和环境安全的前提下，按照第 5、6 章的规定配合使用农药。

5 农药选用

5.1 所选用的农药应符合相关的法律法规，并获得国家在相应作物上的使用登记或省级农业主管部门的临时用药措施，不属于农药使用登记范围的产品（如薄荷油、食醋、蜂蜡、香根草、乙醇、海盐等）除外。

5.2 AA 级绿色食品生产应按照附录 A 中 A. 1 的规定选用农药，A 级绿色食品生产应按照附录 A 的规定选用农药，提倡兼治和不同作用机理农药交替使用。

5.3 农药剂型宜选用悬浮剂、微囊悬浮剂、水剂、水乳剂、颗粒剂、水分散粒剂和可溶性粒剂等环境友好型剂型。

6 农药使用规范

6.1 应根据有害生物的发生特点、危害程度和农药特性，在主要防治对象的防治适期，选择适当的施药方式。

6.2 应按照农药产品标签或按 GB/T 8321 和 GB 12475 的规定使用农药，控制施药剂量（或浓度）、施药次数和安全间隔期。

7 绿色食品农药残留要求

7.1 按照 5 的规定允许使用的农药，其残留量应符合 GB 2763 的要求。

7.2 其他农药的残留量不得超过 0. 01mg/kg，并应符合 GB 2763 的要求。

附 录 A
（规范性附录）
绿色食品生产允许使用的农药清单

A.1 AA级和A级绿色食品生产均允许使用的农药清单

AA级和A级绿色食品生产可按照农药产品标签或GB/T 8321的规定（不属于农药使用登记范围的产品除外）使用表A.1中的农药。

表A.1 AA级和A级绿色食品生产均允许使用的农药清单[a]

类别	物质名称	备注
Ⅰ.植物和动物来源	楝素（苦楝、印楝等提取物，如印楝素等）	杀虫
	天然除虫菊素（除虫菊科植物提取液）	杀虫
	苦参碱及氧化苦参碱（苦参等提取物）	杀虫
	蛇床子素（蛇床子提取物）	杀虫、杀菌
	小檗碱（黄连、黄柏等提取物）	杀菌
	大黄素甲醚（大黄、虎杖等提取物）	杀菌
	乙蒜素（大蒜提取物）	杀菌
	苦皮藤素（苦皮藤提取物）	杀虫
	藜芦碱（百合科藜芦属和喷嚏草属植物提取物）	杀虫
	桉油精（桉树叶提取物）	杀虫
	植物油（如薄荷油、松树油、香菜油、八角茴香油等）	杀虫、杀螨、杀真菌、抑制发芽
	寡聚糖（甲壳素）	杀菌、植物生长调节
	天然诱集和杀线虫剂（如万寿菊、孔雀草、芥子油等）	杀线虫
	具有诱杀作用的植物（如香根草等）	杀虫
	植物醋（如食醋、木醋、竹醋等）	杀菌
	菇类蛋白多糖（菇类提取物）	杀菌
	水解蛋白质	引诱
	蜂蜡	保护嫁接和修剪伤口
	明胶	杀虫
	具有驱避作用的植物提取物（大蒜、薄荷、辣椒、花椒、薰衣草、柴胡、艾草、辣根等的提取物）	驱避
	害虫天敌（如寄生蜂、瓢虫、草蛉、捕食螨等）	控制虫害

（续表）

类别	物质名称	备注
Ⅱ. 微生物来源	真菌及真菌提取物（白僵菌、轮枝菌、木霉菌、耳霉菌、淡紫拟青霉、金龟子绿僵菌、寡雄腐霉菌等）	杀虫、杀菌、杀线虫
	细菌及细菌提取物（芽孢杆菌类、荧光假单胞杆菌、短稳杆菌等）	杀虫、杀菌
	病毒及病毒提取物（核型多角体病毒、质型多角体病毒、颗粒体病毒等）	杀虫
	多杀霉素、乙基多杀菌素	杀虫
	春雷霉素、多抗霉素、井冈霉素、嘧啶核苷类抗菌素、宁南霉素、申嗪霉素、中生菌素	杀菌
	S－诱抗素	植物生长调节
Ⅲ. 生物化学产物	氨基寡糖素、低聚糖素、香菇多糖	杀菌、植物诱抗
	几丁聚糖	杀菌、植物诱抗、植物生长调节
	苄氨基嘌呤、超敏蛋白、赤霉酸、烯腺嘌呤、羟烯腺嘌呤、三十烷醇、乙烯利、吲哚丁酸、吲哚乙酸、芸薹素内酯	植物生长调节
Ⅳ. 矿物来源	石硫合剂	杀菌、杀虫、杀螨
	铜盐（如波尔多液、氢氧化铜等）	杀菌，每年铜使用量不能超过 $6kg/hm^2$
	氢氧化钙（石灰水）	杀菌、杀虫
	硫黄	杀菌、杀螨、驱避
	高锰酸钾	杀菌，仅用于果树和种子处理
	碳酸氢钾	杀菌
	矿物油	杀虫、杀螨、杀菌
	氯化钙	用于治疗缺钙带来的抗性减弱
	硅藻土	杀虫
	黏土（如斑脱土、珍珠岩、蛭石、沸石等）	杀虫
	硅酸盐（硅酸钠、石英）	驱避
	硫酸铁（3 价铁离子）	杀软体动物
Ⅴ. 其他	二氧化碳	杀虫，用于储存设施
	过氧化物类和含氯类消毒剂（如过氧乙酸、二氧化氯、二氯异氰尿酸钠、三氯异氰尿酸等）	杀菌，用于土壤、培养基质、种子和设施消毒
	乙醇	杀菌
	海盐和盐水	杀菌，仅用于种子（如稻谷等）处理
	软皂（钾肥皂）	杀虫
	松脂酸钠	杀虫
	乙烯	催熟等
	石英砂	杀菌、杀螨、驱避
	昆虫性信息素	引诱或干扰
	磷酸氢二铵	引诱

[a] 国家新禁用或列入《限制使用农药名录》的农药自动从该清单中删除。

A.2　A级绿色食品生产允许使用的其他农药清单

当表A.1所列农药不能满足生产需要时，A级绿色食品生产还可按照农药产品标签或GB/T 8321的规定使用下列农药：

a）杀虫杀螨剂

1）苯丁锡 fenbutatin oxide

2）吡丙醚 pyriproxifen

3）吡虫啉 imidacloprid

4）吡蚜酮 pymetrozine

5）虫螨腈 chlorfenapyr

6）除虫脲 diflubenzuron

7）啶虫脒 acetamiprid

8）氟虫脲 flufenoxuron

9）氟啶虫胺腈 sulfoxaflor

10）氟啶虫酰胺 flonicamid

11）氟铃脲 hexaflumuron

12）高效氯氰菊酯 beta – cypermethrin

13）甲氨基阿维菌素苯甲酸盐 emamectin benzoate

14）甲氰菊酯 fenpropathrin

15）甲氧虫酰肼 methoxyfenozide

16）抗蚜威 pirimicarb

17）喹螨醚 fenazaquin

18）联苯肼酯 bifenazate

19）硫酰氟 sulfuryl fluoride

20）螺虫乙酯 spirotetramat

21）螺螨酯 spirodiclofen

22）氯虫苯甲酰胺 chlorantraniliprole

23）灭蝇胺 cyromazine

24）灭幼脲 chlorbenzuron

25）氰氟虫腙 metaflumizone

26）噻虫啉 thiacloprid

27）噻虫嗪 thiamethoxam

28）噻螨酮 hexythiazox

29）噻嗪酮 buprofezin

30）杀虫双 bisultapthiosultapdisodium

31）杀铃脲 triflumuron

32）虱螨脲 lufenuron

33）四聚乙醛 metaldehyde

34）四螨嗪 clofentezine

35）辛硫磷 phoxim

36）溴氰虫酰胺 cyantraniliprole

37）乙螨唑 etoxazole

38）茚虫威 indoxacard

39）唑螨酯 fenpyroximate

b）杀菌剂

1）苯醚甲环唑　difenoconazole

2）吡唑醚菌酯 pyraclostrobin

3）丙环唑 propiconazol

4）代森联 metriam

5）代森锰锌 mancozeb

6）代森锌 zineb

7）稻瘟灵 isoprothiolane

8）啶酰菌胺 boscalid

9）啶氧菌酯 picoxystrobin

10）多菌灵 carbendazim

11）噁霉灵 hymexazol

12）噁霜灵 oxadixyl

13）噁唑菌酮 famoxadone

14）粉唑醇 flutriafol

15）氟吡菌胺 fluopicolide

16）氟吡菌酰胺 fluopyram

17）氟啶胺 fluazinam

18）氟环唑 epoxiconazole

19）氟菌唑 triflumizole

20）氟硅唑 flusilazole

21）氟吗啉 flumorph

22）氟酰胺 flutolanil

23）氟唑环菌胺 sedaxane

24）腐霉利 procymidone

25）咯菌腈 fludioxonil

26）甲基立枯磷 tolclofos – methyl

27）甲基硫菌灵 thiophanate – methyl

28）腈苯唑 fenbuconazole

29）腈菌唑　myclobutanil

30）精甲霜灵 metalaxyl – M

31）克菌丹 captan

32）喹啉铜 oxine – copper

33）醚菌酯 kresoxim – methyl

34）嘧菌环胺　cyprodinil

35）嘧菌酯　azoxystrobin

36）嘧霉胺　pyrimethanil

37）棉隆　dazomet

38）氰霜唑　cyazofamid

39）氰氨化钙　calcium cyanamide

40）噻呋酰胺　thifluzamide

41）噻菌灵　thiabendazole

42）噻唑锌

43）三环唑　tricyclazole

44）三乙膦酸铝　fosetyl – aluminium

45）三唑醇　triadimenol

46）三唑酮　triadimefon

47）双炔酰菌胺 mandipropamid

48）霜霉威　propamocarb

49）霜脲氰　cymoxanil

50）威百亩 metam – sodium

51）萎锈灵　carboxin

52）肟菌酯 trifloxystrobin

53）戊唑醇　tebuconazole

54）烯肟菌胺

55）烯酰吗啉　dimethomorph

56）异菌脲　iprodione

57）抑霉唑 imazalil

c）除草剂

1）2 甲 4 氯 MCPA

2）氨氯吡啶酸 picloram

3）苄嘧磺隆 bensulfuron – methyl

4）丙草胺 pretilachlor

5）丙炔噁草酮 oxadiargyl

6）丙炔氟草胺 flumioxazin

7）草铵膦 glufosinate – ammonium

8）二甲戊灵 pendimethalin

9）二氯吡啶酸 clopyralid

10）氟唑磺隆 flucarbazone – sodium

11）禾草灵 diclofop – methyl

12）环嗪酮 hexazinone

13）磺草酮 sulcotrione

14）甲草胺 alachlor

15）精吡氟禾草灵 fluazifop – P

16）精喹禾灵 quizalofop – P

17）精异丙甲草胺 s – metolachlor

18）绿麦隆 chlortoluron

19）氯氟吡氧乙酸（异辛酸） fluroxypyr

20）氯氟吡氧乙酸异辛酯 fluroxypyr – mepthyl

21）麦草畏 dicamba

22）咪唑喹啉酸 imazaquin

23）灭草松 bentazone

24）氰氟草酯 cyhalofopbutyl

25）炔草酯 clodinafop – propargyl

26）乳氟禾草灵 lactofen

27）噻吩磺隆 thifensulfuron – methyl

28）双草醚 bispyribac – sodium

29）双氟磺草胺 florasulam

30）甜菜安 desmedipham

31）甜菜宁 phenmedipham

32）五氟磺草胺 penoxsulam

33）烯草酮 clethodim

34）烯禾啶 sethoxydim

35）酰嘧磺隆 amidosulfuron

36）硝磺草酮 mesotrione

37）乙氧氟草醚 oxyfluorfen

38）异丙隆 isoproturon

39）唑草酮 carfentrazone – ethyl

d）植物生长调节剂

1）1 – 甲基环丙烯 1 – methylcyclopropene

2）2，4 – 滴 2，4 – D（只允许作为植物生长调节剂使用）

3）矮壮素 chlormequat

4）氯吡脲 forchlorfenuron

5）萘乙酸 1 – naphthal acetic acid

6）烯效唑 uniconazole

国家新禁用或列入《限制使用农药名录》的农药自动从上述清单中删除。

ICS 65.020
B 65

中华人民共和国林业行业标准

LY/T 3052—2018

桑树栽培技术规程

Technical regulations for cultivation of *Morus alba* L.

2018-12-29 发布　　2019-05-01 实施

国家林业和草原局　发布

前　言

本标准按照 GB/T 1. 1—2009 给出的规则起草。

本标准由全国营造林标准化技术委员会（SAC/TC 385）提出并归口。

本标准起草单位：北京林业大学、中国林业科学研究院荒漠化研究所、中国林业科学研究院林业研究所、西南大学、西施生态科技股份有限公司、中国水利水电科学研究院、云南省林业科学院、国家林业和草原局调查规划设计院、四川省林业科学研究院、西藏自治区林木科学研究院。

本标准主要起草人：周金星、崔明、赵爱春、刘玉国、张倩、张卫、郭伟、柯裕州、吴秀芹、王昭艳、余茂德、万龙、关颖慧、肖桂英、李品荣、费世民、胡俊、周锡饮。

桑树栽培技术规程

1 范围

本标准规定了桑树栽培技术的术语和定义、种苗繁育、人工栽培、抚育管理、档案管理等方面的技术要求。

本标准适用于全国范围内桑树的栽培与管理。

2 规范性引用文件

下列文件对于本文件的应用是必不可少的。凡是注日期的引用文件，仅注日期的版本适用于本文件。凡是不注日期的引用文件，其最新版本（包括所有的修改单）适用于本文件。

GB 19173 桑树种子和苗木

GB 2772 林木种子检验规程

GB/T 15776 造林技术规程

GB 6001 育苗技术规程

GB/T 19177 桑树种子和苗木检验规程

LY/T 1000—2013 容器育苗技术

LY/T 2289 林木种苗生产经营档案

LY/T 2290 林木种苗标签

3 术语和定义

下列术语和定义适用于本文件。

3.1

蚕桑 cultivated mulberry for silkworm breeding

以摘取桑叶养蚕而栽培的桑树称为蚕桑。

3.2

果桑 cultivated mulberry for fruits

以产桑葚为主、果叶兼用而栽培的桑树称为果桑。

3.3

饲料桑 cultivated mulberry for animal feed additive

以收获桑叶和嫩枝作为动物饲料添加剂而栽培的桑树称为饲料桑。

4 种苗繁育

4.1 苗圃建立

4.1.1 圃地选择

育苗地应选在阳光充足、通风、灌溉方便、排水性好、交通便利、地势平坦的地方。肥沃、疏松、含盐量低于0.2 %，pH 介于6.8 ~7.2 之间的中性土壤为宜。

4.1.2 整地

苗圃地应深耕30 cm 以上，清除杂草。

4.1.3 基肥

每667 m^2施腐熟厩肥等2 000 kg ~3 000 kg，同时配施过磷酸钙10 kg ~15 kg。

4.1.4 做床

精整苗床，按照GB 6001 相关规定执行。苗床四周筑埂，埂高15 cm，加入杀虫农药，翻动均匀，抹平苗床。

4.2 繁育方法

4.2.1 种子繁殖

4.2.1.1 种子处理

种子的质量应达到GB/T 19177 的要求。播种前2 d ~3 d，清水浸泡桑种子36 h ~48 h，种子明显膨胀、破口待播。

4.2.1.2 播种时间

南方宜3 月底至4 月中上旬，北方宜在4 月中下旬。

4.2.1.3 播种与定苗

按行株距20 cm ~30 cm 开沟，沟深1 cm，每公顷播种量7.5 kg ~1 5 kg，播后覆土。苗高3 cm ~4 cm 时应间苗，去弱留强。春、秋季按株距10 cm ~15 cm 定苗，并补苗。

4.2.2 嫁接育苗

4.2.2.1 砧木和接穗

砧木应选择生长健壮、根系完整、无病虫害、直径0.2 cm 以上的一年生实生桑苗做嫁接砧木，桑苗直径为0.2 cm ~0.4 cm 时宜作撕皮根接，0.4 cm 以上宜作袋接。

接穗采用优良桑品种。接穗采集后，选避风、阴凉的房屋，地上铺15 cm ~20 cm 厚的湿润沙土，将成捆的穗条基部埋入沙内，穗条上面和四周用塑料薄膜覆盖，保持室内温度10 ℃以下，注意湿度，防止发霉。

4.2.2.2 嫁接时间

宜在3 月上中旬至4 月中上旬，树液开始流动时，即可在室内嫁接。

4.2.2.3 嫁接方法

主要采用袋接法和撕皮根接法。室内袋接时应注意接穗削口平整，插紧不插破皮，砧木根系应修剪。撕皮根接法见图1，注意砧木斜面平滑，不能沾沙，全部插入接穗撕开皮层内，用稻草捆扎切口，松紧适度。

4.2.2.4 桑苗移栽

嫁接苗应随接随栽，按行株距25 cm ×10 cm 开沟移栽，移栽时应扶正苗木，深浅一致，露出顶

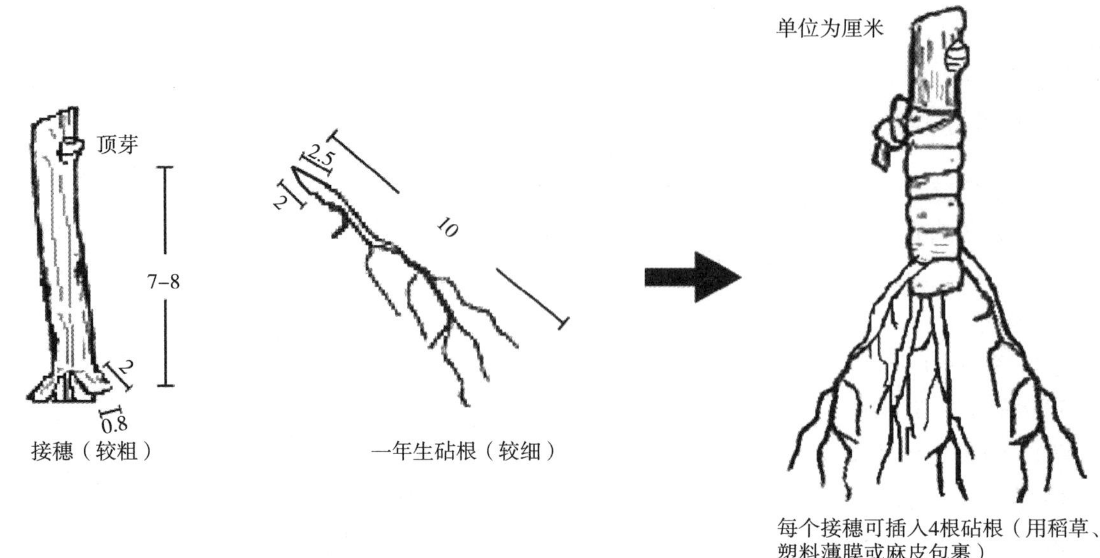

图1　桑树撕皮根接法

芽，移栽后用地膜覆盖。

4.3　苗期管理

播种后每2 d～3 d喷一次水，保持土壤湿润。10 d左右桑种发芽出土，揭开地膜，长至1片～2片真叶后进行炼苗，并适时进行松土除草、灌溉、排渍、施肥、防治病虫害等。

当嫁接苗顶芽萌发后，应及时揭膜，苗高至15 cm以上，适时进行松土除草、灌溉、排渍、施肥、防治病虫害等。

4.4　桑苗出圃

4.4.1　起苗

宜在休眠期起苗。起苗时挖掘面要大，在25 cm深处切断主根。起苗时若土壤干燥，应先灌水后起苗，避免因土壤过干而散落。挖起的苗木严防风吹日晒，按照GB 19173的规定执行。

4.4.2　分级

按照GB 19173的相关规定执行。

4.4.3　假植

将苗木斜放在深50 cm、宽35 cm左右的假植沟。用细土填埋，适时浇水，保持桑苗不积水、不发霉、不受冻。

4.4.4　苗木检疫

严格按照GB/T 19177及地方检疫的相关规定执行。

4.4.5　包装运输

按苗木分级，每捆50株或100株。避免日晒雨淋，运到后，立即进行假植。

5　人工栽培

5.1　品种选择

宜选用经国家或地方审定批准适合本地区推广的桑树品种，可参见附录A。

5.2 造林技术

5.2.1 造林地的选择

桑树适应性广，全国所有省份均可种植。在立地条件好、土壤肥力高的造林地宜进行经济开发为主，在植被恢复困难的造林地，宜以生态恢复效益为主，兼济经济开发。适合桑树造林的立地条件：

a）地下水位较高或有灌溉条件的沙地；

b）土层厚度大于 30 cm 的石漠化土地；

c）含盐量低于 0.3 % 的盐碱地；

d）低于最高蓄水位海拔 2 m 之内的库岸消落带等。

5.2.2 整地

栽植前应先除去多年生杂草，平整土地，降水量大的地方要挖好排水渠道。然后将地块进行全面翻耕，耕深 25 cm 左右，整平后等待栽种。

5.2.3 造林时间

宜在秋季和春季。

5.2.4 造林密度

5.2.4.1 蚕桑栽植密度

每 667 m^2 宜栽桑苗 800 株 ~ 1 200 株，株距 50 cm，行距 100 cm ~ 150 cm。

5.2.4.2 果桑栽植密度

每 667 m^2 宜栽桑苗 300 株 ~ 600 株，株距 100 cm ~ 200 cm，行距 100 cm ~ 300 cm。

5.2.4.3 饲料桑栽植密度

每 667 m^2 宜栽桑苗 4 500 株以上，株距 25 cm，行距 60 cm。根据饲料桑品种，草本化与灌木化经营管理方式调整；草本化栽植密度，应随刈割设计次数增加而加大。

5.3 栽植方法

开挖 50 cm 宽、50 cm 深的种植沟，每 667 m^2 施腐熟厩肥 1 000 kg ~ 2 000 kg，再覆盖 10 cm 细土后定植桑苗，填土踏实。定植时要拉线定点，株行整齐，株距相等，深浅一致。

6 抚育管理

6.1 修剪定型

6.1.1 蚕桑

春季定干高度 35 cm ~ 40 cm，每一主干留 3 个 ~ 4 个健壮、位置均匀的新芽，当新芽长至离地面 55 cm ~ 60 cm 时进行摘芯，当年秋季每株养成 6 根 ~ 8 根支干。第二年春蚕采叶后，定干高度 55 cm ~ 60 cm，当年每株养成 8 根 ~ 10 根支干。

6.1.2 果桑

春季桑苗栽植后，定干高度 40 cm ~ 50 cm，发芽后每一主干留 2 个 ~ 3 个健壮、位置均匀的新芽当年养成 2 根 ~ 3 根新枝条。第二年春天果桑发芽前，定干高度 65 cm ~ 80 cm，发芽后每根支干选留 2 个 ~ 3 个新梢生长，每株养成 4 根 ~ 6 根枝条。平时应结合放枝、回缩、疏枝等技术要领来调整树冠的大小。

6.1.3 饲料桑

宜在定植当年，离地 30 cm 处剪伐定干。

6.2 水分管理

定植后宜浇一次定根水，定植当年春天，在桑苗发芽以后灌一次透水，以后要根据土壤墒情进行灌水。春季萌芽期和桑果膨大生长期，应及时灌透，水全部渗下去以后，要覆土掩埋，以防水分蒸发。

6.3 施肥

春施农家肥约 1 000 kg/667 m^2 ~2 000 kg/667 m^2，夏施尿素、硫酸铵、过磷酸钙等化肥，用量宜为 20 kg/667 m^2 ~30 kg/667 m^2。

6.4 除草

一年应保证一次深翻，夏秋抓好中耕除草。

6.5 病虫害防治

发生病虫害时，应采取物理防治和化学防治相结合，具体防治方法参见附录 B。

7 档案管理

执行 LY/T 1000—2013、LY/T 2289、LY/T 2290，建立档案，实行档案科学化、规范化、制度化管理。

附 录 A
(资料性附录)
桑树品种

我国南北方适合推广的桑树品种见表 A. 1。

表 A. 1 桑树品种及其特性

分类	分区	品种	特性
蚕桑	南方	强桑 1 号	杭州栽培，发芽期 3 月 21 日 ~25 日，开叶期 3 月 27 日 ~4 月 10 日，叶片成熟期 4 月 28 日 ~5 月 3 日，属中生中熟品种。发芽率 89. 4 %，生长芽率 26 %，米条产叶量春为 151 g，秋为 138 g。
		嘉陵 20 号	重庆栽培，发芽期为 3 月 2 日 ~9 日，开叶期 3 月 11 日 ~17 日，叶片成熟期 4 月 10 日 ~25 日，属中熟偏早品种。发芽率达 85 % 以上。夏秋叶硬化迟，树体休眠迟，枝叶营养器官生长特别旺盛。
		育 2 号	原产地发芽期 3 月 30 日 ~4 月 8 日，开叶期 4 月 10 日 ~20 日，发芽率 78%，生长芽率 20 %，成熟期 5 月 10 日 ~15 日，是早生中熟品种。叶片硬化期 9 月上旬。发条力强，侧枝较少，米条产叶量春 130 g、秋 84 g，千克叶片数春 692 片、秋 278 片，叶片占条、梢、叶总重量的 42 %。含粗蛋白 22. 8 % ~26. 2 %，可溶糖 12. 7 % ~14. 5 %，高抗黄化型萎缩病，抗黑枯型细菌病，易受虫害。耐剪伐。抗旱耐寒性较弱。
	北方	龙桑 1 号	哈尔滨栽培，发芽期 5 月 15 日左右，开叶期 5 月 21 日左右，发芽率 86. 11 %，属中生早熟品种。春千克叶片数 375 片，秋千克叶片数 235 片，桑叶成熟快，硬化早。桑果成熟期 6 月中旬至 7 月中旬。
		冀桑 2 号（8710）	河北省承德栽培，发芽期 4 月 27 日 ~5 月 4 日，开叶期 5 月 7 日 ~18 日，发芽率 67. 5 %，生长芽率 13. 0 %，叶片成熟期 6 月上旬，是中生中熟品种。春米条产叶量 113. 1 g，千克叶片数 320 片，叶片占条、梢、葚总重量的 48. 1 %；秋米条产叶量 133. 5 g，千克叶片数 289 片，叶硬化迟。耐剪伐。
		陕桑 305	陕西周至栽培，发芽期 4 月 5 日前后，开叶期 4 月中旬，发芽率 86. 9 %，成熟期 5 月上旬，属晚生中熟品种。叶片硬化期 9 月下旬。发条数中等，米条产叶量春 284 g，秋 169 g，千克叶片数春 256 片，秋 118 片，新梢片叶率 74. 5%。
果桑	南方	嘉陵 30 号	树形开展，枝条长而直，发条数多，雌花，椹多，紫黑色。果长 4 cm，果横径 1. 5 cm，单果重 4. 5 g 左右，桑椹果形圆筒形，果肉肥厚。单芽平均坐果数 4 粒，少籽。单株产果量平均较亲本提高 16. 1 %。发芽率达 85 % 以上，发芽整齐。全年亩产果 794 kg，产叶量为 2 168. 9 kg。桑椹还原糖含量为 7. 03 %，桑椹汁总酸度为 2. 66 %，出汁率 59. 5 %。易受桑椹肥大性菌核病侵染。
		云果 1 号	枝条细长且直，发条力强，侧枝较多；皮棕褐色。冬芽棕褐色、饱满、三角形，副芽小且多。叶片为卵圆形、叶小而厚，下部叶有裂叶，上部全叶，叶深绿，叶尖锐头，叶基不对称，叶面光滑，有光泽。雌花多，无明显花柱。椹果成熟时紫黑色，年开花两次。桑褐斑病和桑里白粉病抗性强，抗旱性强，耐寒性较弱，耐剪伐。

（续表）

分类	分区	品种	特性
果桑	北方	红果 2 号	树形直立紧凑，枝条细直而长；花芽率 99.2 %，坐果率 86 %，单芽果数 6 个 ~7 个，果穗不集中，新梢基部叶腋陆续有果。成熟桑果紫黑色，有光泽，果形长筒形，果长 3.0 cm ~ 3.5 cm，果径 1.3 cm ~ 1.4 cm，单果重 3 g 左右，最大 8 g，米条产果量 300 g ~ 400 g。果肉较柔软，好采摘，果味酸甜爽口，糖度 12.3 %，pH 4.12，鲜食性好。鲜果出汁率约 60 %，果汁紫红鲜艳。果实营养丰富，总多酚、总黄酮含量也高。果实种子较少。果实 5 月 10 日前后开始成熟，成熟期 30 d 左右。每公顷产桑果 22.5 t ~ 27 t，产桑叶 19.5 t 左右。抗旱耐寒性较强，桑蓟马危害轻，适应性广。
		白玉王	树形较开展，发条力较强，枝条短直，无侧枝，皮褐色，节间直，节距 3.7 cm，叶序 2/5。叶心形，有个别浅裂叶，着生平伸，叶尖短尾状，叶缘乳头齿，叶基浅心形，叶面稍糙，光泽较强。开雌花，葚长而多。花芽率 96 %，坐果率 80 % 左右，单芽坐果数 5 ~ 7 个，果穗较集中。成熟桑果乳白色，略带红色，有光泽，果形长筒形，果长 2.6 cm ~ 3.0 cm，果径 1.3 cm，单果重 2.5 g ~ 3.0 g，最大果重 6.0 g，米条产果量 250 g 左右。果肉柔软，果汁多，含糖量 14 % 以上，甜味浓，无酸味。鲜果 出汁率约 50 %，果汁乳白色。果实种子较少。鲜食及加工性能好。桑果 5 月 20 日左右开始成熟，成熟期 20 d 左右。每公顷产果量 18 t，产叶量 19.5 t 左右。耐旱性、耐寒性较强，较抗桑葚菌核病，适应性广。
		北方红	树形较开展，发条力较强，枝条粗直，少有侧枝，皮浅褐色，节间微曲，节距 4.0 cm，叶序 2/5。叶心形，深绿色，叶尖短尾状或双头，叶缘乳头齿，叶基浅心形，叶面光滑，光泽较强。开雌花，葚大而多。花芽率 95 %，坐果率 85 % 左右，单芽坐果数 5 个 ~7 个，果穗集中。成熟桑果紫黑色，有光泽，果形长筒形，有部分佛手形状果，果长 3.5 cm ~ 4.2 cm，果径 1.5 cm ~ 1.8 cm，单果重 3.5 g ~ 4.0 g，最大果重 10.0 g，米条产果量 500 g 左右。果肉柔软，果汁多，含糖量 12 %，甜味浓，pH4.4，果味酸甜，口感略淡。鲜果出汁率约 60%，果汁紫红鲜艳。果实种子较多。加工果汁性能好。桑果 5 月 20 日左右开始成熟，成熟期 20 d 左右。每公顷产果量 27 t，产叶量 22.5 t 左右，桑叶质量较好。耐旱性、耐寒性较强，较抗桑葚菌核病。
饲料桑	南方	桂桑优 12	有较明显的冬眠期，在南宁市冬芽萌芽时间为 12 月下旬至 1 月上旬，生长期长，11 月底才盲顶收造。群体整齐，生长旺，长叶快；壮枝多，节间密；发芽早、落叶晚，抗旱力较强；枝条再生能力强，一年可多次剪伐；适合采片叶，也适合条桑收获。
		粤桑 11 号	广州市栽培，发芽期 1 月 12 日 ~24 日，开叶期 1 月 31 日 ~2 月 16 日，发芽率 68.2 %，生长芽率 15.0 %，叶片成熟期 2 月 22 日 ~3 月 12 日，属早生早熟品种。春米条产叶量 146 g，秋米条产叶量 118 g，千克叶片数 155 片。封顶偏早，叶片硬化偏早。
		桂桑优 5 号	有较明显的冬眠期，冬芽萌芽时间在南宁市为 12 月底至 1 月初，在宜州市为 1 月上旬。生长期长，如水肥充足可到 11 月底才盲顶，12 月初才落叶休眠。生长势旺，长叶较快。耐剪伐，再生能力强。适合摘片叶收获，也适合全年条桑收获和草本化栽培。适应性较广。

（续表）

分类	分区	品种	特性
饲料桑	北方	育 711	原产地发芽期 4 月 7 日 ~13 日，开叶期 4 月 16 日 ~20 日，发芽率 70 % 左右，是中生中熟品种，发条数较多，每米条长产叶量春 130 g ~150 g、秋 100 g 以上，每千克叶片数春 450 片、秋 170 片左右，春叶片占梗叶比率为 38 % ~45 %，秋叶硬化较早、叶片萎凋慢、叶质优。该品种抗旱性能好、抗病性能强。
		陕桑 305	陕西省蚕桑丝绸研究所选育而成，同源三倍体。树形稍开展，枝条粗长而直，皮棕褐色，节距 3.2 cm，叶序 2/5 或 3/8。冬芽短锥形，淡赤褐色。叶长心形，多浅裂，叶长 25.2 cm、叶幅 23.9 cm，叶肉较厚，开雌花，花而不实早落。属晚生中熟品种。发芽率 91.7 %，发条数中等，生长势强。抗旱耐寒性较强。
		冀桑 3 号	枝条直立，发条数极多，节间密，发芽率高，侧枝多，春季基发新梢早期分枝，侧枝生长旺盛，具备高光效、高叶杆比例株型。每公顷新梢干重 25.5 t 以上，非春伐年份的春剪和夏剪收获量 34.5 t 以上。饲用品质优，耐寒性、耐旱性强，播种群体一致性、稳定性好。适合畜禽饲料用桑品种，也可作为生态造林树种。

附　录　B
（资料性附录）
桑树病虫害防治

桑树病虫害物理、化学防治方法见表 B. 1。

表 B. 1　　桑树病虫害防治方法

名称	防治方法和措施
褐斑病	（1）晚秋桑树落叶后清除病叶，剪除病枝； （2）发现 20 % ~30 % 叶片上有 2 个 ~3 个芝麻大小斑点时，立即喷洒 50 % 多菌灵可湿性粉剂或者甲基托布津 1 000 倍液 ~1 500 倍液，相隔 10 d ~15 d 再喷 1 次。
白粉病	（1）采叶自下而上，防止桑叶老化； （2）发病初期叶背喷洒 1 % ~2 % 硫酸钾或 5% 多硫化钡，或喷 50% 多菌灵可湿性粉剂 800 倍液。采叶期喷 70 % 甲基托布津 1 500 倍液，隔 7 d ~ 10 d 再喷 1 次。冬季喷 2 °Bé ~ 4 °Bé 的石硫合剂或 90 % 五氯酚钠 100 倍液。
桑污叶病	（1）延迟桑叶硬化，晚秋清除病叶； （2）发病初期喷洒 70% 代森锰锌可湿性粉剂 500 倍液，65 % 甲霉灵可湿性粉剂 1 000 倍液，50% 多霉灵可湿性粉剂 800 倍液。
桑青枯病	（1）加强检疫，严禁带病苗进入无病区； （2）栽植抗青 10、抗青 283 等桑品种； （3）田间发现病株及时刨除，对病穴及周围土壤用 1：100 的福尔马林液消毒； （4）栽桑时用青枯病拮抗菌 MA –7 等浸根，也可在发病初期喷洒或灌注 72% 农用硫酸链霉素可溶性粉剂 4 000 倍液或 50 % 琥胶肥酸铜可湿性粉剂 500 倍液，隔 7 d ~10 d 1 次，连续防治 2 次 ~3 次； （5）实行轮作，病重田块改种禾本科作物 4 年 ~5 年。
桑黄化型萎缩病	（1）严格检疫，严禁从病区购买苗木和接穗； （2）及时挖出病株； （3）加强桑园管理，合理采叶； （4）及时消灭病原介体昆虫； （5）栽植抗病桑品种； （6）病树截干钻孔灌注“桑萎灵”。
桑疫病	（1）冬季剪除病梢，发病季节及时剪除病芽、病枝； （2）春季和夏伐后桑树发芽前后及生长季喷施 30 % 琥胶肥酸铜悬浮剂 500 mg/kg，隔 2 d 再喷 1 次，有很好的预防效果；发病初期用土霉素 300 mg/kg ~500 mg/kg 或者链霉素 100 mg/kg 喷洒嫩梢、嫩叶，隔 7d ~10 d 喷 1 次，连喷 3 次 ~4 次，可控制病情扩展。
桑象甲	（1）桑树夏伐后立即喷洒 33 % 桑保清乳油或者 40 % 毒死蜱乳油或者乙酰甲胺磷乳油或者 50 % 锌硫磷乳油与 80 % 敌敌畏乳油混合液的 1 000 倍液； （2）冬季剪除半枯枝桩，春季气温上升至 15℃ 以前烧毁。

（续表）

名称	防治方法和措施
桑吸浆虫（桑瘿蚊）	（1）桑树夏伐后，每1 000 m^2用3 %甲基异柳磷颗粒剂5 kg～6 kg，或者40 %甲基异柳磷乳油0.3 kg～0.5 kg拌细沙或土均匀撒入桑园，中耕翻入土中； （2）各代幼虫发生盛期，顶芽喷洒40 %桑宝3 700倍液（残毒期5 d），或者敌敌畏乳油或者40 %乐果乳油1 000倍液； （3）桑园春肥施入后在桑地覆盖黑色地膜，除揭膜施夏肥外，一直覆盖至10月份。
桑螟	（1）在幼虫2龄末，喷布40 %桑宝3 700倍液或者50 %辛硫磷1 500倍液； （2）捏杀幼虫； （3）用振频式杀虫灯诱杀成虫； （4）晚秋蚕上簇后打好“关门药”，可用久效磷或拟除虫菊酯类农药。
桑蓟马	（1）成虫盛发期用黄色胶板诱杀； （2）用50 %杀螨隆2 000倍液（残留期7 d）或40 %乐果乳油1 200倍液或80 %敌敌畏乳油1 000倍液喷杀； （3）栽植抗虫桑品种农桑系列； （4）秋冬清除桑园内落叶、杂草，集中深埋或烧毁。
桑天牛	（1）捕捉成虫； （2）发现产卵刻槽，及时捅破卵粒或刺杀幼虫，也可用敌敌畏10倍液～20倍液涂抹产卵刻槽； （3）蛀入木质部的幼虫，可用洗耳球或将喷雾器的喷头改装成注射针头向最下一个排粪孔灌入80 %敌敌畏乳油150倍液～200倍液，或灭蛀灵200倍液； （4）向新鲜排粪孔注入少许花生油，诱导蚂蚁咬死天牛幼虫； （5）栽植抗天牛桑品种新一之濑、大种桑、湖桑7号等。
桑园叶甲	（1）利用成虫的假死习性，于清晨露水未干前振动树枝，使其落于盛肥皂水的脸盘中，集中杀死； （2）成虫盛发期喷洒40 %桑宝3 700倍液或80 %敌敌畏乳油1 000倍液； （3）桑树夏伐时留少量桑树枝叶不剪，诱杀成虫。

国 家 蚕 桑 产 业 技 术 体 系 标 准

TX23—04—2020

新疆果桑栽培收获技术规程

国家蚕桑产业技术体系 发 布

新疆果桑栽培收获技术规程

1 范围

本标准规定了新疆地区果桑栽培收获的术语和定义，桑园建立、桑树栽植、树形养成、桑园施肥、桑园管理、病虫害防治、桑果采收、包装及贮运等技术要求。

本标准适用于新掘地区果桑栽培收获，生态条件相似地区可参照执行。

2 规范性引用文件

下列文件对于本文件的应用是必不可少的。凡是注日期的引用文件，仅所注日期的版本适用于本文件。凡是不注日期的引用文件，其最新版本（包括所有的修改单）适用于本文件。

GB 5084 农田灌溉水质标准

GB 19173—2010 桑树种子和苗木

GB/T 19177—2003 桑树种子和苗木检验规程

NY/T 1027—2006 桑园用药技术规程

NY/T 496 肥料合理使用准则 通则

GB/T 29572—2013 桑椹（桑果）

GB/T 8321. 1—2000 农药合理使用准则（一）

3 术语和定义

3. 1 果桑

指果用或果叶兼用的桑树。

3. 2 等级果率

指一果桑园产出参照 GB/T 29572—2013 桑椹（桑果）中规定的符合 GB 19173—2010 的要求。

3. 3 主栽品种

选择适宜当地气候条件、品质好、果形大、丰产性好、抗逆性强的优良品种，质量符合 GB 19173—2010 的要求。

4 相关指标

结果枝条长度在 1. 2 m ~ 1. 8 m，每株达到 15 ~ 20 根枝条，树冠高大于 3 m，亩产桑果 1 000 ~ 1 500 kg。

5 桑园建设

5.1 桑园地的选择

应选择在远离公路主干道和无污染源的地方进行建园。地势平坦、土层深厚、土壤肥沃、水源充足、排灌方便、土壤 pH 值在8.5 左右，含盐量小于0.2 %，无病虫害、土质疏松、阳光充足、通风良好，如风沙较大地区，最好有防风林带。

5.2 防风林带建设

在果桑园四周的道路边山，种植生态桑，品种为沙漠桑 1 号，株行距为 2 m×3 m，栽植 3 行。种植后苗木长到1.6 m~1.8 m 定干，定干高度为1.5 m。留新梢3~4 根，养成一级枝干。第二年春季在一级枝干 30~40 cm 处剪伐，养成二级枝干。留 6~8 根枝条，每根枝条上留 2~3 根条、多余枝条去掉，形成每株上有新生枝条 15~20 根。形成一个中等防护林带，风沙较大地区，再在果树园四周内侧种植篱笆桑 1 行，株距 30 cm。栽植后定下高度为 5 cm，待长到 1 米后从 60~80 cm 处剪去形成矮低的防风篱笆墙。

5.3 建园标准

5.3.1 苗木的选择

根据各产区生态条件，选用通过国家审定或省级审定的果桑品种，或是经认定的适宜本地种植的优质、高产品种。

苗木要求鲜活，苗茎在0.6 cm 以上，苗木高度在50 cm 以上，根系发达，无机械损伤、无检疫性病虫害，苗木质量符合桑树苗木 GB 19173—2010。

5.3.2 土地整理

全面深翻整地、深耕 20~30 cm 后细作平整土地、挖好排灌渠道，按栽植规格开沟或挖坑。宽 50 cm，深 50 cm，施底肥，每穴施腐熟农家肥 5 kg（20 cm 厚），盖土 10 cm，每亩约施 1 000~1 500 kg。

5.3.3 栽植时期

因新疆地区南北气候差异大，栽植时期不同。一般春季东疆地区在 2 月下旬至 3 月上旬，南疆在 3 月中下旬，北疆在 4 月下旬至 5 月上旬，应根据当地气温而定，以 5cm 的土层，地温稳定在 5℃时，桑树萌芽前栽植为宜。秋季栽植在桑树开始休眠时进行。一般东疆在 11 月下旬至 12 月上旬，南疆在 11 月中下旬。北疆在 10 月中下旬。

5.3.4 栽植密度

新疆地区果桑主要有 3 种栽植密度：种植每 667 m^2 220 株，株行距为 1.5 m×2.0 m；每 667 m^2 148 株，株行距为 1.5 m×3.0 m；每 667 m^2 110 株，株行距为 2.0 m×3.0 m。

5.3.5 栽植方法

把分级选择好的桑苗栽植前放到清水中将根系浸泡 4~6 小时，然后将苗木放入沟（穴）内，先舒展苗根，达到苗正根伸，然后将表土填入根部，捏住苗干，轻轻向上提一下，把全部土填入沟（穴）内，再填一层表土，培土至嫁接口上方 2~3 cm 为宜，后踏实，使土充分填满根系部，无空隙，及时浇水。

5.3.6 栽植后的管理

栽植后应及时浇定根水，每 7 天左右浇 1 次水，连续 3 次定根水，以后根据情况适时补足水分。

浇水后及时将漏下的土填紧压实，做到无空隙，确保苗木的成活。

6 桑树树形的养成及修剪

6.1 树形的养成

苗木定植后，当新栽果桑苗长到35～40 cm时，选行短截定干，主干高度定为35～40 cm，发芽后留5～6根新梢，长到30～40 cm时，选留3～4根枝条，其余疏去，离地面55～60 cm处摘去，养成一层枝干，每个枝干上留2～3个新梢。当年每株养成6～8根枝条。为当年枝条，第二年夏伐后，离地面80～90 cm处剪去，形成第二层枝干，发芽后每个枝干上选留2～3根枝条，其余疏去，留大去小，留强去弱，每株可选留15～18根结果母枝（枝条）。

6.2 树形的修剪

6.2.1 抹芽

一般在4月上中旬进行抹芽，主要对2年以上投产桑园，把结果的枝条基部的弱小芽和主干上萌发的不定芽抹去。

6.2.2 夏季修剪

夏季修剪是在桑椹采收后，将所有结果的枝条剪除，只保留基部2～3个芽，促进新梢萌发，一般在6月初进行，夏伐后10～15天就可以萌发出大量的芽，因而应及时抹去多余的芽定梢，每枝（拳）留不同方位芽（新梢）35个，作为翌年结果母枝，每株可留15～18根枝条。

7 水肥管理

7.1 施肥的原则

施肥的原则按NY/T 496执行。使用的肥料应在农业行政主管部门已登记或免于登记的肥料。

7.2 施肥时期及施肥量

施肥时期和施肥量应根据土壤质地、肥力和桑树生长情况适当调整，一般4个时期。

春期（催芽肥）：3月底至4月初，果桑树冬芽萌芽脱苞开叶及开花结果的青果期。一般每亩施用复合肥15～20 kg。为促使结果迅速膨大，在开花期用0.3%磷酸二氢钾溶液在叶的正反面喷施1次；在桑果膨大至着色期施入复合肥15～20 kg。从4月中旬开始每10 d左右于傍晚用0.3%磷酸二氢钾溶液进行根外施肥，使桑果第二次膨大，有利于提高桑果的色泽和含糖量。

夏期（夏伐后）：6月初，促进桑树快速萌芽发条。以施氮肥为主，配施磷肥。每亩施尿素20 kg、磷肥20 kg、钾肥5 kg及腐熟农家肥800～1000 kg。

早秋（7月中旬）：以磷钾肥为主，促进枝条成熟，在芽分化时期，每亩施磷肥20 kg、钾肥10 kg。

冬期（入冬前）：结合冬灌水，施入腐熟的农家肥1 000～1 500 kg/亩。

8 灌溉

新疆地区气候干燥，土壤水分含量低，要根据桑树生长需要及时灌溉浇水。桑树有3个浇水关键期。

催芽水：在早春萌芽前结合施肥进行灌溉，以后每 10 ~ 15 天浇水 1 次至 9 月上旬。在桑果采收前 7 ~ 10 天停止浇水。

保果水 ：在果实膨大期结合追肥及时浇水，可提高产果量及品质。

封冻水：在土壤上冻前结合施基肥，浇水 1 次，增强桑树抗寒能力及提高土壤墒情，有利于桑树安全越冬。

9 桑园管理

9.1 冬季修剪

在 11 月中下旬，桑树自然落叶后至早春时进行修剪，修剪的长短根据桑树品种而定。枝条短、节间距密、发芽数多，剪梢宜短，反之剪梢宜长。一般在枝条 1.5 m 以上剪去条长的 1/3，枝条长 1.3 ~ 1.5 m 的剪去 1/6，枝条在 1 m 以内的剪去未木质化的部分。

9.2 桑园清洁注意事项

剪梢时要留好剪口芽，在剪口上方 1 cm 处剪，剪口要平滑，避免抓伤健枝，不劈不裂，利于伤口愈合。将桑树及枝条上的枯桩、病枝及弱枝剪去，剪掉的枝条全部清除桑园集中烧毁。

9.3 提高果实品质

在 4 月下旬至 5 月初，当桑果快成熟时，适当摘除枝条中下部密集的桑叶，以利于通风透光，提高桑果的糖度。也可在开花期和幼果期分别用 0.3% 的尿素加 0.2% 磷酸二氢钾喷正反叶面，可提高桑果的含糖量，促进早熟、果大色艳、达到稳产增产的效果。

9.4 桑园除草

每年分春、夏、秋结合中耕及浅耕进行除草 3 ~ 5 次。另外每年 4 月至 10 月上旬人工除草 6 次。每年深翻 1 次，在 15 ~ 30 cm，改良土壤理化性质，增加肥力。

10 病虫害防治

10.1 防治原则

坚持“预防为主、综合防治”的植保方针，以改善桑园生态环境，加强管理为基础，综合应用各种防治措施。优先采用农业防治、生物防治和物理防治等措施，配合使用高效、低毒、低残留农药。农药使用按 GB/T 8321.1 规定执行。禁止使用高毒、高残留农药及有机磷农药，收获期前 30 天禁止使用化学农药。

10.2 农业防治

加强肥水管理，增施有机肥、磷肥及钾肥，提高桑树抗病虫害能力；消除病源，及时摘除病、老、残叶及发病果实，剔除发病果桑并销毁，冬季休眠期彻底清园，减少病菌侵染、出园。

10.3 生物防治

危害桑叶的主要虫害有桑尺蠖、桑螟虫、桑毛虫等，近年来新疆桑树有春尺蠖大爆发时期。采用生物方法添食多角体病毒（AciNPv）与新疆生物防疫站共同联合防治，将春尺蠖杀灭。

10.4 物理防治

采用人工捕捉桑尺蠖、桑天牛等害虫。2 月底至 3 月初，采用诱杀灯诱杀飞蛾、成虫。

10.5 化学防治

参照 GB/T 8321.1 中有关农药使用准则和规定，严格掌握农药使用剂量、次数、用药方法、安全间隔期，严格按照农药说明书中规定的使用浓度范围和倍数，不得随意加大剂量和浓度。

11 桑椹的采收、包装及贮运

11.1 成熟标志

桑果的果椹由绿变黄白，紫黑色品种由红变紫黑色。一般在 5 月上旬至 6 月上旬。

11.2 采收时间

果桑采收时间以气温较好的清晨为佳。

11.3 采收方法

分批采摘，采摘前戴上无菌手套，注意轻拿轻放。

11.4 包装销售

按果形大小筛选分级，先用小塑料盒、覆盖保鲜膜包装，每盒 500 ~ 800 g，再按级别分装入专用果桑箱，在箱外印制桑椹等级、品牌名称、果实照片、装箱重量。种植基地名称等，装箱后及时销售。

11.5 贮存

采摘的桑果可在 4 ~ 6 ℃中保管、贮藏 4 ~ 5 天。

本规程主要起草人：刘和洋、吴丽莉、左少纯、丁天龙

ICS 65.020.20
B 05

GB

中华人民共和国国家标准

GB/T 29573—2013

热带亚热带桑树栽培管理技术规程

Technical regulations for planting and management of mulberry tree in the tropical and subtropical zones

2013-07-19 发布 2013-12-06 实施

中华人民共和国国家质量监督检验检疫总局
中国国家标准化管理委员会 发布

前 言

本标准按照 GB/T 1.1—2009 给出的规则起草。

本标准由中华人民共和国农业部提出。

本标准由全国桑蚕业标准化技术委员会（SAC/TC 437）归口。

本标准起草单位：广东省罗定市质量技术监督局、广东省农科院蚕业与农产品加工研究所、广西壮族自治区蚕业技术推广总站。

本标准主要起草人：吴伟杏、罗国庆、祁广军、吴福泉、朱方容、李玉泉、彭碧权、区植生、李凯明。

热带亚热带桑树栽培管理技术规程

1 范围

本标准规定了热带亚热带桑树的栽培管理技术规范，包括桑苗繁育、桑园建设、管理与收获等规范。本标准适用于海南、广东、广西、云南、福建、湖南和江西省南部等地处热带、亚热带地区的丝茧育桑园。

2 规范性引用文件

下列文件对于本文件的应用是必不可少的。凡是注日期的引用文件，仅注日期的版本适用于本文件。凡是不注日期的引用文件，其最新版本（包括所有的修改单）适用于本文件。

GB 19173 桑树种子和苗木

GB/T 19177 桑树种子和苗木检验规程

NY/T 1027 桑园用药技术规程

3 术语和定义

下列术语和定义适用于本文件。

3.1

袋接 pocket grafting

把接穗接到砧木根基部的嫁接方式。

3.2

接穗 scion or budwood

用来嫁接的枝条或芽。

3.3

砧木 rootstock

被接的茎或根。

3.4

根接 root grafting

把砧木的根基部接到接穗的嫁接方式。

3.5

嫁接体　graft combination
把接穗接合到砧木上的嫁接组合。

3.6

撒播　broadcast sowing
把桑种子均匀撒到畦面上的播种形式。

3.7

条播　line seeding
把桑种子均匀撒到播种沟的播种形式。

3.8

叶位　leaf order
以顶芽已开的小叶为第一叶序顺数桑叶所处的位置。

4　品种选择

选用适合热带、亚热带地区推广的桑树品种，质量符合 GB 19173 的要求。

5　桑苗繁育

5.1　苗圃地选择

选择地势平坦、灌溉与排水方便、土壤肥沃、土层较厚、土质松软的砂质壤土或壤土作苗圃地。前作没有青枯病、紫纹羽病、根结线虫等病虫害。

5.2　苗圃地整备

平整土地，清除杂草，翻耕，起畦，充分碎土并轻轻压实，减少土壤间隙。

5.3　杂交桑苗繁育

5.3.1　播种适期
春播在 3 月下旬至 5 月上旬；秋播在 8 月下旬至 10 月中旬。
5.3.2　播种方法
有撒播或条播。撒播每 667 m^2 用种子 1.0 kg ~ 1.5 kg，条播每 667 m^2 用种子 0.5 kg ~ 0.7 kg。播后盖 0.5 cm ~ 1 cm 厚细土，盖上稻草、麦秆或阙草等，淋水并保持土壤湿润。当幼苗长出 2 片真叶时，逐步分批揭开覆盖物。
5.3.3　苗期管理
及时灌溉与排水，避免干旱或水涝，幼苗期及时除草。幼苗长出 4 片 ~ 7 片真叶时，用 0.2% ~ 0.3% 尿素液喷淋，以后每隔 10 d ~ 15 d 施肥 1 次。

5.3.4　病虫害防治

播种时注意防治蚂蚁等害虫；幼苗期注意防治蜗牛、地老虎等害虫及立枯病、猝倒病等病害。

5.3.5　出圃

桑苗达到 GB 19173 的质量要求，可分批起苗出圃，起苗时尽量保持根系完整、根部枝干不受损伤。

5.3.6　分级

按 GB 19173 和 GB/T 19177 标准进行分级。

5.4　嫁接苗繁育

5.4.1　嫁接适期

宜在 12 月至次年 2 月，也可在 7 月 ~8 月。

5.4.2　接穗和砧木准备

5.4.2.1　接穗准备

选用品种纯正、成熟适度、桑芽饱满、无病虫害的枝条，在桑芽萌发前采集，用塑料薄膜包扎，置于温度 5℃ ~10℃、相对湿度 70% 的环境中保存备用。

5.4.2.2　砧木苗准备

采集新鲜、木质化程度较高、根系完整、无病虫害的实生桑苗木，分级捆扎，置于温度 5℃ ~10℃、相对湿度 70% 的环境中保存备用。

5.4.3　嫁接方法

5.4.3.1　袋接法

在枝条芽的背面往下 0.7 cm ~1 cm 处削约 3 cm 的斜面，在斜面两侧稍削露出形成层，在芽的上方 0.5 cm 处平剪枝段得到接穗；选粗度适当的砧木苗根，剪成平滑斜面，捏开剪口，使皮层与木质部分离成袋状，将接穗先端斜面向外对着砧木袋口皮层紧贴插入袋内，保持皮层完好。

5.4.3.2　根接法

剪取有 2 个 ~3 个健壮芽的穗条，在其下端芽的背面 0.7 cm ~1 cm 处削成 45°斜面；剪取砧木苗根，正反面各削一刀成 0.7 cm ~1 cm 的尖斜面，捏开接穗斜面先端皮层成袋状，把砧木插入袋内，使接穗与砧木紧贴，保持皮层完好。

5.4.3.3　嫁接体预处理

以 50 株 ~70 株嫁接体为一包，用干净塑料薄膜捆扎包装，置于室内阴凉处 7 d ~10 d，其间开包换气 2 次 ~3 次；也可将嫁接体埋于沙床，保持沙床湿润。

5.4.4　育苗与管理

5.4.4.1　嫁接体栽植

与畦向垂直开种植沟，行距 25 cm ~30 cm，株距 8 cm ~10 cm。栽植时将嫁接体倾斜摆放，顶端整齐，覆土至嫁接体顶端的芽为宜，栽植后立即浇水并用地膜覆盖，保持土壤湿润。

5.4.4.2　水肥管理

植后保持苗圃地湿润，嫁接体长出 2 片叶后揭去薄膜，并及时除草。桑苗长出 5 片真叶时，施液肥，每 667 m^2 用尿素 5 kg 或相应含氮量的速效氮肥，以后根据苗木生长情况及时追肥。

5.4.4.3　病虫害防治

注意防治桑白绢病等病虫害。

5.4.5 出圃

按 GB 19173 和 GB/T 19177 标准分级出圃。

5.5 扦插苗繁殖

5.5.1 插穗准备

每条插穗留 4 个 ~5 个芽或留长度 15 cm ~ 20 cm，芽尖方向一致，30 条 ~50 条扎成一捆。

5.5.2 预处理

插穗基部可用发根剂处理，清水冲洗，埋在干净的沙床上 10 d ~ 20 d。

5.5.3 种植及苗期管理

按 5.4.4 执行。

6 桑园建设

6.1 桑园规划

选择远离工业污染和烟草种植区、适合桑树生长的土地，相对集中，连片种植。

6.2 土地整备

翻耕平整土地，开种植沟，施足基肥。

6.3 种植适期

12 月 ~ 次年 3 月。

6.4 种植密度

广东、广西、海南等地区，密植桑园每 667 m^2 种植 4 000 株 ~6 000 株，株距 17 cm ~ 20 cm，行距 65 cm ~ 83 cm。云南、福建、湖南、江西南部等地区每 667 m^2 种植 1 500 株 ~2 500 株，株距 27 cm ~ 37 cm，行距 100 cm ~ 120 cm。

6.5 新桑管理

种植后浇定根水，2d 内进行植株剪定，留杆高度 5 cm ~ 10 cm。保持土壤湿润，排水防渍。发现缺株，及时补植。新桑发芽后，施 0.5% 的尿素液或同等含氮量的速效肥料液 1 次，以后追施肥 1 次 ~2 次。

7 桑园管理与收获

7.1 施肥

按测土配方施肥。根据肥料种类与特点，采取埋施、撒施或喷施。冬期施足有机肥；春期施催芽肥，每收获 1 次 ~2 次桑叶施肥 1 次。施肥 15 d 后才采桑养蚕。

7.2 桑园排灌

保持桑园土壤适宜的含水量，缺水时及时灌溉，积水时及时排水。

7.3 桑园翻耕与除草

剪伐后除草和清园，冬期翻耕桑园。

7.4 病虫害防治

按 NY/T 1027 执行。桑青枯病防治实行桑苗检疫、轮作、土壤消毒和选用抗病品种等防治措施。桑花叶病防治采用冬伐剪留 30 cm ~ 60 cm 下半年生枝条的措施，抑制桑花叶病的发生。

7.5 桑叶收获

7.5.1 片叶收获

全年片叶收获，每隔 20 d ~ 30 d 收获 1 次。其间进行冬伐和夏伐，更新枝条。

7.5.2 条桑收获

7.5.2.1 冬根刈法

冬期进行根刈。春期第 1 批养蚕每株选留 4 条 ~ 5 条健壮枝，摘除弱枝，收获选留枝第 7 叶位以下叶片；第 2 批养蚕继续摘片叶并摘除顶芽；第 3 批养蚕在离枝条基部 50 cm ~ 60 cm 处剪伐，收获上部条桑。以后根据桑园的水肥条件采用在新枝条基部留 2 个 ~ 3 个芽剪伐或适当降枝剪伐的方式收获横枝桑。

7.5.2.2 冬留低中干法

冬期剪留主干 30 cm ~ 50 cm，翌年每批养蚕均从新枝条基部留 2 个 ~ 3 个芽剪伐新枝条。

第四部分　加工储运

DB

吐 鲁 番 市 地 方 标 准

DB6521/T 278—2020

桑葚制干技术规程

2020-06-20 发布 2020-07-15 实施

吐鲁番市市场监督管理局 发布

前　言

本标准根据 GB/T 1. 1—2009《标准化工作导则　第 1 部分：标准的结构和编写》进行编写。

本标准由吐鲁番市林果业技术推广服务中心提出。

本标准由吐鲁番市林业和草原局归口。

本标准由吐鲁番市林果业技术推广服务中心、新疆农业科学院吐鲁番农业科学研究所负责起草。

本标准主要起草人：周慧、刘丽媛、徐彦兵、武云龙、吾尔尼沙·卡得尔、王婷、吴久赟。

桑葚制干技术规程

1 范围

本标准规定了桑葚制干技术的术语和定义、基本要求、原料选择、清洗、干燥、回软、检验、包装、标识、贮存和运输等要求。

本标准适用于以新鲜桑葚为原料加工制成的桑葚干。

2 规范性引用文件

下列文件中的条款通过本标准的引用成为本标准的条款，凡是注日期的引用文件，仅所注日期的版本适用于本标准。凡是不注日期的引用文件，其最新版本（包括所有的修改单）适用于本文件。

GB 2760 食品安全国家标准 食品添加剂使用标准

GB 7718 预包装食品标签通则

GB 50073 洁净厂房设计规范

NY/T 1041 绿色食品 干果

3 术语与定义

下列术语和定义适用于本文件。

3.1 桑葚

又名桑果，桑树的果穗。

3.2 损伤果

刺伤、碰伤、压伤和病虫危害等一种或者多种损伤的果穗。

3.3 桑葚干

以新鲜桑葚为原料，不经过浸糖或者糖渍，经脱水干燥得到的桑葚干制品。

4 基本要求

4.1 制干过程的用水应清洁、无污染，其他辅料符合 GB 2760 标准要求。

4.2 制干场地 1 km 范围内应无垃圾场、畜牧场等污染源。有防止家禽、家畜出入制干场地的相关设施。

4.3 制干开始前应全面打扫制干场地，清洗制干设备、用具、器具；制干期间应坚持定期打扫。

5 桑葚选择

选用色泽鲜亮，发育正常、饱满、粒大、无损伤、无腐烂的桑葚果实。采收桑葚选择在天气晴好的时间，最好在早晨太阳未出来之前，采收后的桑葚装在耐压容器中，低温预冷 12 h 或常温 3 h 内运送到制干场地。

6 桑葚制干技术

6.1 制干场地要求

桑葚干制干场地设计严格按照 GB 50073 执行。

6.2 制干技术

6.2.1 清洗

去除叶、梗等杂物，先水清洗 1 ~2 遍，然后可将桑葚放入 1.0% 的氯化钠溶液或 1 mg/L 的 SO_2 溶液中浸泡 10 ~15 min，沥干后再以纯净水冲洗，除去桑葚表面污垢和大部分微生物；清洗的过程中用流动水空气鼓泡滚，防止桑葚挤压破碎。

6.2.2 干燥

6.2.2.1 日晒法

选择空旷干净场地，天气晴好时将桑葚薄摊在匾内晾晒，一到两天后翻动一次桑葚，使粘连在匾上的桑葚均匀干燥；为防止苍蝇、蚊虫等叮咬，在桑葚上方铺盖一层纱布。直至桑葚水分含量在 25 % 以下。

6.2.2.2 烘烤法

采用烘干箱对桑葚进行烘烤。烘烤温度控制在 55 ~65 ℃之间，干燥的过程中翻动 2 ~3 次，防止粘托盘，桑葚水分含量降低到 25 % 以下时停止干燥，冷却后待包装。

6.2.3 回软

将干燥后的桑葚干放到库房降温装入洁净、经消毒的塑料袋或桶里，回软 12 h 左右。

6.2.4 挑选

挑出颜色偏生、不完整的桑葚干。

7 检验

产品检验标准按照 NY/T 1041 标准执行。

8 包装、标识、贮存、运输

8.1 包装

包装材料应符合食品卫生要求，回软后的桑葚干包装在干净、完好和干燥的容器中，包装材料不得影响其质量，包装应能防止外来污染，阻断水分增减等包装也要符合国家有关环保法规要求。具体按 GB 7718 标准执行。

8.2 标识

按 GB 7718 标准要求标注标志和标签，下列各项应直按标注在每一个包装成标签上：

a）品名和商标名；

b）制造商或包装者的姓名，地址，商标；

c）批号，代号；

d）净重；

e）购买者要求的其他信息（包装时间等）。

8.3 贮存

包装好的桑葚干应贮存在干燥通风的库房内，避免日光直射、高温、潮湿；地面要有垫仓板并能防虫、防鼠，不能与墙壁直接接触；不能与有毒、有害、潮湿物品共同存放。

8.4 运输

运输工具干燥，清洁，须有防雨防晒设施；严禁与有毒物质或有污染的物品混装，混运。

ICS

DB

吐 鲁 番 市 农 业 地 方 标 准

DB6521/T 210—2020

绿色食品　吐鲁番市桑叶绿茶加工技术规程

2020－5－30 发布　　2020－6－15 实施

吐鲁番市市场监督管理局　发布

前　言

本标准按 GB/T 1. 1—2009《标准化工作导则 第 1 部分：标准的结构和编写》进行编写。

本标准由新疆农业科学院吐鲁番农业科学研究所提出。

本标准由吐鲁番市农业农村局归口。

本标准主要起草单位：新疆农业科学院吐鲁番农业科学研究所。

本标准主要起草人：郭红梅、任红松、刘志刚、李海峰、胡西旦·买买提、阿木提·库尔班、王瑞华、吴久赟、梁睢、阿依加马力·加帕尔、雷静、廉苇佳、陈雅、阿力木·阿不迪里木、赵龙、刘翔宇、徐桂香、艾日肯·卡马力。

绿色食品　吐鲁番市桑叶绿茶加工技术规程

1　范围

本标准规定了桑叶茶的原料要求、术语和定义、品质要求、加工条件、加工流程及技术要点，以及产品检验规则、运输与贮存。

本标准适用于吐鲁番市桑叶绿茶的加工技术。

2　规范性引用文件

下列文件中的条款通过本标准的引用成为本标准的条款，凡是注日期的引用文件，仅所注日期的版本适用于本标准。凡是不注日期的引用文件，其最新版本适用于本标准。

GB/T 14456.1　绿茶　第1部分：基本要求

NY/T 391　绿色食品　产地环境质量

NY/T 393　绿色食品　农药使用规则

GH/T 1070　茶叶包装通则

GB 7718　预包装食品标签通则

GH/T 1071　茶叶贮存通则

3　术语和定义

下列术语和定义适用于本标准。

3.1　绿色食品

绿色食品是指产自优良生态环境、按照绿色食品标准生产、实行全程质量控制并获得绿色食品标志使用权的安全、优质食用农产品及相关产品。

3.2　桑叶绿茶

以新鲜桑叶或芽为原料，未经发酵，经杀青、整形、干燥等工序制成的绿茶。

3.3　摊晾

将采摘后的桑叶均匀摊放，使叶片温度降低，各个部位含水量逐渐均匀减少的过程。

3.4　杀青

利用高温（80 ℃以上）迅速破坏鲜叶中酶的活性，防止鲜叶中茶多酚的酶促氧化，从而保持鲜叶色泽翠绿，去除桑叶中青涩味的过程。

3.5 揉捻

通过搓揉、捻条等方法使叶组织破损后，部分叶片的汁液黏附于表面，形成一定形状的过程。

3.6 干燥

揉捻结束后，用烘干、炒干等形式，使叶片进一步蒸发水分，发挥茶香，达到促干的过程。

3.7 提香

在加工后期，通过高温对茶叶在运动状态下烘焙，提高桑叶茶香度的技术过程。

4 品质要求

品质要求应符合 GB/T 14456.1《绿茶 第1部分：基本要求》的要求。

5 产地环境

产地环境条件应符合 NY/T 391《绿色食品 产地环境质量》和 NY/T 393《绿色食品 农药使用规则》的要求。

6 加工技术

6.1 品种范围

对不同品种的桑叶均适宜加工成桑叶绿茶，其中植株矮小，叶片软嫩的更为适宜。如蛋白桑、台湾长果等。

6.2 鲜叶采摘

采摘时期为4~7月或霜冻后。采摘部位为梢部第1~6位成形叶，于晴朗天气上午7：00~10：00采摘，去除叶柄。

6.3 摊放

鲜叶经清水清洗后，在室温25~30 ℃均匀室内摊放在洁净的器具上2~6 h，摊放厚度3~5 cm，每1 h翻动1次。使叶片水分蒸发、叶质变软，叶色变深绿，促进叶片中内含物质的水解。摊晾结束时，叶片含水量达到68~78%。

6.4 切分

将叶片横切成4×2 cm^2的条，均匀混合。

6.5 杀青

杀青可采用滚筒杀青、微波杀青、蒸气杀青、铁锅炒青等方式，使鲜叶温度迅速升高。杀青后桑叶青草气消失，茶香增进，叶色暗绿，手握成团且松手缓慢散开，叶脉折而不断。杀青后，叶片含水量达到 60 ~ 65 %，韧性增强，为揉捻成形创造条件。

6.5.1　微波杀青：温度控制在 100 ℃，杀青频率 250 MHz，杀青时间 2 min。

6.5.2　炒锅杀青：温度控制在 180 ℃，杀青时间 1.5 min，手工杀青，闷抖结合，使茶叶失水均匀。

6.5.3　蒸汽杀青：将鲜叶放置在已经产生蒸气的蒸屉上（平摊厚度 2 cm），杀青时间 2.5 min。

6.5.4　滚筒杀青：将鲜叶匀速小撮投放在杀青机中，温度控制在 230 ~ 280 ℃，投叶量 30 ~ 60 kg/h，杀青时间为 60 ~ 90s。

6.6　揉捻

将杀青后的叶片摊凉后，用人工或机械等方法将叶片搓揉，使叶细胞组织破碎，促进进一步散失水分。叶性卷曲成条，叶汁部分溢出黏在叶面上，手搓有润滑感。手工揉捻将叶片放置在器具上，沿一个方向摊滚，直至成条。机械揉捻投叶量每桶 10 kg，时间 25 ~ 40 min。揉捻后成条率在 80 % 以上，细胞破碎率在 45% 以上。

6.7　干燥

可采用烘干、炒干等方式干燥。烘干机烘干作用在于蒸发部分水分，减少黏性，提高芽叶的可塑性便于成形。炒干所制茶叶具有条索紧结，卷曲匀齐的特点。干燥后的桑叶茶含水量降低至 6 % 以下，具有清香。

6.7.1　使用烘干机时，温度控制在 100 ~ 120 ℃，要求薄摊快烘，烘至含水量 40% 时下机冷却，回潮 15 ~ 20 min 后二次烘干。

6.7.2　在蒸锅中进行烘干，锅内铺放洁净的纱布，将茶坯均匀薄摊于纱布上。木炭在盆中燃烧到无烟时，开始烘焙，温度 60 ~ 70 ℃，5 ~ 10 分钟翻叶 1 次，烘至手捏茶叶成粉末后停止烘干，稍经冷却即可。

6.7.3　使用炒干机时，做形温度 120 ~ 170 ℃，时间 30 ~ 50 min，炒至茶条卷曲成形即可出机摊凉。

6.7.4　在铁锅中进行炒干，锅温 60 ~ 65 ℃，用手将茶叶沿锅壁往上推，使茶叶呈弧形的自由翻落。先快后慢，先重后轻，以免茶叶断碎。滚炒至手捏茶叶成粉末即可。

6.8　筛选

用 2 mm 孔径的竹筛或不锈钢丝编制的方孔筛，把碎茶或沫茶筛选去。

6.9　包装出厂

6.9.1　产品包装应符合 GH/T 1070《茶叶包装通则》的规定。

6.9.2　包装标识应符合 GB 7718《预包装食品标签通则》的规定。

6.10　贮存

产品贮存应符合 GH/T 1071《茶叶贮存通则》的规定。

6.11　档案记录管理

对生产进行记录和文件管理，内容准确、完整。

6.12 加工技术应符合食品卫生的要求。

7 检验规则

检验规则应符合 GB/T 14456.1《绿茶 第1部分：基本要求》的要求。

ICS 67.040
X 09

中 华 人 民 共 和 国 农 业 行 业 标 准

NY/T 1762—2009

农产品质量安全追溯操作规程 水果

Operating rules for quality and safety traceability of agricultural products—Fruit

2009-04-23 发布 2009-05-22 实施

中华人民共和国农业部 发布

前　言

本标准由中华人民共和国农业部农垦局提出并归口。

本标准起草单位：中国农垦经济发展中心、农业部热带农产品质量监督检验测试中心。

本标准主要起草人：徐志、韩学军、王生。

农产品质量安全追溯操作规程　水果

1　范围

本标准规定了水果质量安全追溯的术语和定义、要求、编码方法、信息采集、信息管理、追溯标识、体系运行自检、质量安全问题处置。

本标准适用于水果质量安全追溯体系的实施。

2　规范性引用文件

下列文件中的条款通过本标准的引用而成为本标准的条款。凡是注日期的引用文件，其随后所有的修改单（不包括勘误的内容）或修订版均不适用于本标准，然而，鼓励根据本标准达成协议的各方研究是否可使用这些文件的最新版本。凡是不注日期的引用文件，其最新版本适用于本标准。

NY/T 1761　农产品质量安全追溯操作规程　通则

3　术语和定义

NY/T 1761 确立的术语和定义适用于本标准。

4　要求

4.1　追溯目标

追溯的水果产品可根据追溯码追溯到各个生产、采后处理、流通环节的产品、投入品信息及相关责任主体。

4.2　机构和人员

追溯的水果生产企业（组织或机构）应指定部门或人员负责追溯的组织、实施、监控和信息的采集、上报、核实及发布等工作。

4.3　设备和软件

追溯的水果生产企业（组织或机构）应配备必要的计算机、网络设备、标签打印机、条码读写设备及相关软件等。

4.4　管理制度

追溯的水果生产企业应制定产品质量安全追溯工作规范、信息采集规范、信息系统维护和管理规范、质量安全问题处置规范等相关制度，并组织实施。

5 编码方法

5.1 种植环节

5.1.1 产地编码

产地编码按 NY/T 1761 的规定执行。

5.1.2 地块编码

应对每个追溯地块编码。以种植时间、种植品种、生产措施相对一致的地理区域为一单位地块，按排列顺序编码，并建立编码地块档案。编码地块档案至少包括区域、面积、产地环境等信息。

5.1.3 种植者编码

生产、管理相对统一的种植户或种植组统称为种植者，应对种植者进行编码并建立种植者档案。种植者编码档案至少包括姓名（户名或组名）、种植区域、种植面积、种植品种等信息。

5.1.4 采摘批次编码

应对采摘批次进行编码，并建立采摘批次编码档案。采摘批次编码档案至少包括姓名（户名或组名）、采摘区域、采摘面积、采摘品种、采摘数量、采摘标准等信息。

5.2 采后处理环节

5.2.1 采后处理地点编码

应对采后处理地点进行编码，并建立采后处理地点编码档案。编码档案至少包括温度、卫生条件、地点等信息。

5.2.2 采后处理批次编码

应对采后处理批次进行编码，并建立采后处理批次编码档案。编码档案至少包括处理工艺、处理标准等信息。

5.2.3 包装批次编码

应对编制包装批次进行编码，并建立包装批次编码档案。编码档案至少包括产品等级、规格及检测结果等信息。

5.3 贮运环节

5.3.1 贮存设施编码

应对储存设施按照位置进行编码，并建立贮存设施编码档案。编码档案至少包括位置、通风防潮状况、卫生条件等信息。

5.3.2 储存批次编码

应对存储批次进行编码，并建立存储批次编码档案。编码档案至少记录温度、湿度等信息。

5.3.3 运输设施编码

应对运输设施按照位置、牌号等进行编码，并建立运输设施编码档案。编码档案至少记录卫生条件、车辆类型、牌号等信息。

5.3.4 运输批次编码

应对运输批次编码，并建立运输批次编码档案。运输批次编码档案至少记录运输产品来自的存储设施、包装批次或逐件记录、运输起止地点、运输设施等。

5.3.5　销售环节

销售编码可用以下方式：

——企业编码的预留代码位加入销售代码，成为追溯码。

——在企业编码外标出销售代码。

6　信息采集

6.1　产地信息

产地代码、产地环境监测情况（包括取样地点、时间、监测机构、监测结果等）、种植者档案等信息。

6.2　生产信息

种苗、农业投入品的品名、来源、使用和管理；采摘信息，包括采摘人员、采摘时间、采摘数量、预冷等信息。

6.3　采后处理信息

清洗、分级、包装的批次、日期、设施、投入品和规格、包装责任人等信息。

6.4　产品存储信息

存储位置、存储日期、存储设施、存储环境等信息。

6.5　产品运输信息

运输车型、车号、运输环境条件、运输日期、运输起止地点、数量等信息。

6.6　市场销售信息

市场流向、分销商、零售商、进货时间、销售时间等信息。

6.7　产品检验信息

产品来源、检验日期、检验机构、检验结果等信息。

7　信息管理

7.1　信息存储

应建立信息管理制度。纸质记录应及时归档，电子记录应每2周备份一次，所有信息档案至少保存2年以上。

7.2　信息传输

上环节操作结束时，相关企业（组织或机构）应及时通过网络、纸质记录等形式将代码和相关信息传递给下一环节，企业（组织或机构）汇总诸环节信息后传输到追溯系统。

7.3 信息查询

凡经相关法律法规要求，应予向社会发布的信息，应建立相应的查询平台。内容至少包括种植者、产品、产地、采后处理企业、批次、质量检验结果、产品标准。

8 追溯标识

水果追溯标识按 NY/T 1761 的规定执行。

9 体系运行自查和质量安全问题处置

企业追溯体系运行自查和质量安全问题处置按 NY/T 1761 的规定执行。

ICS 67.080.10
B 31

中华人民共和国农业行业标准

NY/T 3026—2016
代替 NY/T 1199—2006

鲜食浆果类水果采后预冷保鲜技术规程

Technical code for pre-cooling and storage of postharvest fresh berry fruits

2016-12-23 发布　　2017-04-01 实施

中华人民共和国农业部　发布

前　言

本标准按照 GB/T 1.1—2009 给出的规则起草。

本标准代替 NY/T 1199—2006《葡萄保鲜技术规范》。与 NY/ T 1199—2006 相比，除编辑性修改外，主要技术变化如下：

——修订了标准范围，将范围扩大到鲜食浆果类果品；

——修订了标准规范性引用文件引导语和引用文件；

——增加了术语和定义部分；

——删除了保鲜葡萄的栽培技术要求部分；

——增加了预冷用冷库要求条款；修订了冷库的消毒、冷库的降温等条款位置；

——将采收时期和采收要求两部分修订为采收要求；

——修订葡萄果实的质量要求条款为质量要求条款，修订条款位置；

——修订采后的分级、包装、运输章为分级、包装两个条款，修订条款位置；

——删除果实的预处理条款，增加了预冷章节；

——修改温度条款的内容；修订病害防治条款的位置，修改病害防治条款的内容；

——修改湿度条款的内容；

——增加气体调节条款；

——删除二氧化硫处理条款，增加保鲜处理条款；

——增加储藏管理条款；

——修订出库果实的检测、质量标准和注意事项章节为出库章节，并修改章节内容；

——增加了附录 A“常见浆果预冷条件”；

——增加了附录 B“常见浆果储藏保鲜条件”。

本标准由农业部种植业管理司提出并归口。

本标准起草单位：农业部规划设计研究院。

本标准主要起草人：孙静、孙洁、王希卓、程勤阳、刘晓军、王萍、陈全、孙海亭、程方、沈瑾、叶俊松、庞中伟、高逢敬、郭淑珍。

本标准的历次版本发布情况为：

——NY/T 1199—2006。

鲜食浆果类水果采后预冷保鲜技术规程

1 范围

本标准规定了鲜食浆果类果品的术语和定义、基本要求、预冷和储藏。

本标准适用于葡萄、猕猴桃、草莓、蓝莓、树莓、蔓越莓、无花果、石榴、番石榴、醋栗、穗醋栗、杨桃、番木瓜、人心果等鲜食浆果类果品的采后预冷和储藏保鲜。

2 规范性引用文件

下列文件对于本文件的应用是必不可少的。凡是注日期的引用文件，仅所注日期的版本适用于本文件。凡是不注日期的引用文件，其最新版本（包括所有的修改单）适用于本文件。

GB 2762 食品安全国家标准 食品中污染物限量

GB 2763 食品安全国家标准 食品中农药最大残留限量

GB/T 8559 苹果冷藏技术

GB 50072 冷库设计规范

NY/T 658 绿色食品 包装通用准则

NY/T 1394—2007 浆果贮运技术条件

3 术语和定义

下列术语和定义适用于本文件。

3.1

浆果 berry

由子房或子房与其他花器共同发育而成的柔软多汁的肉质果。

3.2

预冷 pre－cooling

新鲜采收的浆果，在长途运输销售或储藏之前，通过必要的装置或设施，迅速除去田间热和呼吸热，使果心温度尽快降低到适宜温度范围的操作过程。

3.3

预冷终止温度 final temperature of pre－cooling

预冷终止时，浆果果实的果心温度。

3.4

普通冷库预冷　cold room pre – cooling

利用普通高温库降温的预冷方式。

3.5

预冷库预冷　special cold room pre – cooling

利用在普通冷库隔热防潮设计的基础上，通过加大制冷量和库内风速而设计的专门冷库降温的预冷方式。

3.6

差压预冷库预冷　forced – air pre – cooling

利用专门的压差通风装置强制通风降温的预冷方式。

3.7

自发气调储藏　modified atmosphere storage

在塑料薄膜帐或袋中，通过果实自身的呼吸代谢和塑料膜选择透气性双相调节储藏环境中的氧气和二氧化碳浓度的储藏方式。

3.8

人工气调储藏　controlled atmosphere storage

在冷藏的基础上，把果品放置在密闭的气调室中，利用产品自身的呼吸作用，通过专用设备调节储藏环境中氧气和二氧化碳浓度的储藏方式。

4　基本要求

4.1　冷库要求

4.1.1　预冷用冷库设计要求

4.1.1.1　普通冷库

应满足 GB 50072 的基本要求，风速不低于 0.5 m/s，浆果类果品入库量为库容 20% 时，应在 24 h 内将果心温度降至适宜的温度范围。

4.1.1.2　预冷库

应满足 GB 50072 的要求，风速不低于 1 m/s，浆果类果品入库量为库容 80% 时，应在 24 h 内将果心温度降至适宜的温度范围。

4.1.1.3　差压预冷库

应满足 GB 50072 的要求，风速 0.9 m/s ~ 1.5 m/s，空气流量不少于 0.06m^3/（kg · min），应在 6 h ~ 8 h 内将入库浆果类果品的果心温度降至适宜的温度范围。

4.1.2　入库前准备

4.1.2.1　预冷或储藏前对制冷设备检修并调试正常。选择食品卫生法规定允许使用的消毒剂对库房、包装容器、工具等进行消毒灭菌，并及时通风换气。

4.1.2.2　入库前应提前进行空库降温，在入库前 1 d 将库温降至适宜温度。

4.2　果实要求

4.2.1　采收要求

4.2.1.1　跃变型浆果应在适宜储藏、运输的成熟期适时采收，非跃变型浆果应在适宜储藏、运输的成熟期适时晚采收，浆果类水果采收成熟度判断依据应按照 NY/T 1394—2007 的规定执行。

4.2.1.2　采收前应至少 15 d 严格控制浇水，至少 30 d 严格控制施药。

4.2.1.3　采收应在早晨露水干后或下午气温凉爽时进行。不宜雾天、雨天、烈日暴晒下采收。

4.2.1.4　采收过程中做到轻拿轻放，尽量避免碰伤果实。如需剪采时，应采用圆头型采果剪。

4.2.1.5　对机械伤果、病虫果、落地果、残次果、腐烂果、沾地果进行单独存放、处理。

4.2.1.6　采后果实应放置阴凉处，避免受太阳光直射。

4.2.2　质量要求

用于预冷保鲜的浆果类果品应有该果品固有的色泽、形状、大小等特征。卫生指标应符合 GB 2762 和 GB 2763 的规定。

4.2.3　分级

果实采收、修整后，按产品大小、质量进行分级，相同等级集中堆放。

4.2.4　包装

4.2.4.1　根据要求，采用果盘、盒、箱、筐等进行包装。

4.2.4.2　包装材料应符合 NY/T 658 的卫生要求。

4.2.4.3　同批次预冷果实外包装箱规格应一致。

4.2.4.4　包装箱要牢固、有良好通风性能，内壁应光滑。包装内衬应有防震、减伤、调湿、调气等功能。

4.2.4.5　果实如需使用内包装，应在内包装材料上打孔，内包装的开孔需与外包装的开孔相配合；如因储藏要求内包装不能打孔，预冷时必须将内包装袋口打开。

5　预冷

5.1　入库

5.1.1　入库时间

浆果类果品采收后应及时入库预冷，采收到入库时间不宜超过 12 h。

5.1.2　堆码

5.1.2.1　基本要求

小心装卸，合理安排货位及堆码方式，包装件的堆码方式应保证库内空气正常流通。货垛应按产地、品种、等级分别堆码并悬挂标牌。

5.1.2.2　普通冷库预冷和预冷库预冷堆码要求

码垛要松散，普通冷库预冷堆码密度不宜超过 125 kg/m^3；预冷库预冷堆码密度不宜超过 200 kg/m^3。货垛排列方式、走向应与库内空气环流方向一致。

普通冷库预冷和预冷库预冷货位堆码要求：

a）距墙≥0.2 m；

b）距顶≥1.0 m；

c）距冷风机≥1.5 m；

d）垛间距离≥0.3 m；

e）库内通道宽≥1.2 m；

f）垛底垫木（石）高度≥0.15 m。

5.1.2.3 差压预冷库预冷堆码要求

果品包装箱置于差压预冷设备前，码垛要紧密，使包装箱有孔侧面垂直于进风风道，堆垛后包装箱开孔应对齐。包装箱应对称摆放在风道两侧、高度相同，用油布或帆布平铺覆盖中央风道上面及末端，包装箱高度不应高于油布或帆布高度。

5.2 预冷

5.2.1 预冷温度控制

5.2.1.1 预冷时库温

不同种类浆果类果品采用普通冷库预冷、预冷库预冷和差压预冷库预冷时的库温参见附录 A。

5.2.1.2 预冷终止温度

不同种类浆果类果品冰点和预冷终止温度参见附录 A。

5.2.1.3 温度测定与记录

测量温度的仪器，误差≤0.2℃。测温点的选择符合 GB/ T 8559 的要求。

5.2.2 预冷湿度控制

5.2.2.1 相对湿度值

普通冷库预冷和预冷库预冷时库内相对湿度 85 % ~90 %。差压预冷库预冷时库内相对湿度 90 % ~95 %。当库房内湿度低于预冷浆果的适宜湿度下限，应采取加湿措施。

5.2.2.2 湿度测定与记录

测量湿度的仪器要求误差≤5 %。测湿点的选择与测温点相同。

5.3 出预冷冷库

5.3.1 果品温度降至预冷终止温度后，及时出库。

5.3.2 普通冷库和预冷库预冷果品，预冷终止后可就库储藏；差压预冷库预冷果品，预冷终止后应移入普通冷库储藏，移动过程中应保持低温状态。

6 储藏

6.1 入库堆码

6.1.1 按产地、品种分库、分垛、分等级堆码，垛位不宜过大，以 200 kg/m^3 ~300 kg/m^3 的密度堆码，大木箱包装、托盘堆码时，堆码密度可增加 10 % ~20 %。

6.1.2 在冷库不同部位摆放 1 箱 ~2 箱观察果，以便随时观察箱内变化。

6.1.3 入库后应及时填写货位标签和平面货位图。

6.1.4 货位堆码按照 GB/ T 8559 中相关规定执行。

6.2 储藏方式

根据浆果类果品的储藏特性、对气调储藏的反应和拟储藏的时间长短，决定采取冷藏、自发气调

储 藏或人工气调储藏方式。

6.3 保鲜技术条件

6.3.1 温度

入满库房后要求 24 h 内库温达到所储产品要求的储藏温度，不同种类浆果类果品储藏温度参见附录 B。应尽量避免库温波动，如有波动，波动范围不超过 ±0.5 ℃。

6.3.2 湿度

不同种类浆果类果品储藏适宜的相对湿度参见附录 B，储藏过程中应防止外界热空气进入而造成库内大的湿度变化，当库房内湿度低于储藏浆果的适宜湿度下限时，应采取加湿措施。

6.3.3 气体调节

6.3.3.1 冷藏时，如有大量腐烂或熏药等特殊情况，应利用夜间或早上气温较低时对冷库进行通风换 气，但应注意避免发生冻害。

6.3.3.2 不同种类浆果类果品储藏时适宜的氧气和二氧化碳浓度参见附录 B。

6.3.4 保鲜处理

浆果类储藏期间，按照其储藏特性要求，选择适宜的保鲜处理方式和处理工艺，并严格遵守食品安 全的相关规定。

6.4 储藏管理

6.4.1 定期检查浆果类果品储藏期间的质量变化情况，并及时处理腐烂变质果实。

6.4.2 浆果在储藏过程中主要病害的防治措施按照 NY/T 1394—2007 附录 B 执行。

6.5 出库

6.5.1 果实出库时，可一次出库或按市场需要分批出库。储藏温度在 0 ℃左右的果品，一次全部出库上市时，应提前停止制冷机运行，使库温缓慢回升至 5 ℃ ~8 ℃后再出库；分批出库时，应先将果实移至温度为 5 ℃ ~8 ℃的干净场所，当果温和环境温度相近时上市。

6.5.2 气调储藏结束时，应先打开储藏间，开动风机 1 h ~2 h，待排除过高的二氧化碳、氧气含量接近大气水平时，工作人员方可不戴安全防护面具进入库内进行出库操作。

附　录　A
(资料性附录)
常见浆果预冷条件

常见浆果预冷方式和预冷时库温见表 A. 1。

表 A. 1　　常见浆果预冷方式和预冷时库温

名称	冰点温度 ℃	预冷时库温 ℃			预冷终止温度 ℃
		普通冷库预冷	预冷库预冷	差压预冷库预冷	
葡萄	-2.1	-1~0	-1~0	0~2	3~5
猕猴桃	-1.5	0~2	0~2	1~3	3~5
草莓	-0.8	3~5	3~5	4~6	7~9
蓝莓	-1.3	2~4	2~4	3~5	5~7
树莓	-0.9	0~2	0~2	1~3	3~5
蔓越莓	-0.9	0~2	0~2	1~3	3~5
无花果	-2.4	0~2	0~2	1~3	3~5
石榴	-3.0	5~7	5~7	6~8	10~12
番石榴	-2.4	5~10	5~10	6~11	10~15
醋栗	-1.1	0~2	0~2	1~3	3~5
穗醋栗	-1.1	0~2	0~2	1~3	3~5
杨桃	-1.2	5~7	5~7	6~8	9~10
番木瓜	-0.9	5~7	5~7	6~8	10~13
人心果	-1.1	15~18	15~18	16~19	15~18

附　录　B
（资料性附录）
常见浆果储藏保鲜条件

常见浆果储藏保鲜条件见表 B. 1。

表 B. 1　　常见浆果储藏保鲜条件

名称	适宜储藏温度 ℃	适宜储藏湿度 %	乙烯敏感性	推荐储藏时间 d	适宜储藏气体条件	
					O_2 %	CO_2 %
葡萄	-1~0	90~95	L	30~90	2~5	1~5
猕猴桃	0~1	90~95	H	90~150	2~3	3~5
草莓	2~4	85~95	L	3~5	5~10	15~20
蓝莓	0~2	85~95	L	20~40	2~5	15~20
树莓	0±0.5	90~95	L	3~6	5~10	15~20
蔓越莓	0±0.5	90~95	L	8~16	1~2	0~5
无花果	-1~0	90~95	L	7~14	5~10	5~10
石榴	5~7	90~95	L	60~90	3~5	5~6
番石榴	5~10	90~95	M	10~20	8~10	5~6
醋栗	0±0.5	90~95	L	14~30	5~10	15~20
穗醋栗	-1~0	90	L	7~15	1~5	7~15
杨桃	5~7	85~90	M	20~30	3~6	4~6
番木瓜	7~13	85~90	M	10~20	2~5	5~8
人心果	15~18	85~90	H	30~50	2~5	5~10

注：L 代表低敏感性；M 代表中敏感性；H 代表高敏感性。

ICS 03.080.01
A 12
备案号：40327－2013

SB

中华人民共和国国内贸易行业标准

SB/T 11000—2013

酒类行业流通服务规范

The standard of circulation and service for alcohol industry

2013－04－16 发布　　2013－11－01 实施

中华人民共和国商务部　发布

前 言

本标准按照 GB/T 1. 1—2009 给出的规则起草。

本标准由中国商业联合会提出。

本标准由中华人民共和国商务部归口。

本标准起草单位：中国商业联合会零售供货商专业委员会、中国人民大学、北京五洲创意营销策划 有限公司、宜宾五粮液股份有限公司、中国贵州茅台酒厂（集团）有限责任公司、安徽古井贡酒股份有限公司、四川剑南春集团有限责任公司、江苏洋河酒厂股份有限公司、山西杏花村汾酒厂股份有限公司、四川水井坊股份有限公司、湖北稻花香酒业股份有限公司、河南省宋河酒业股份有限公司、山东扳倒井股份有限公司、山东景芝酒业股份有限公司、古贝春集团有限公司、重庆诗仙太白酒业（集团）有限公司、安徽迎驾贡酒股份有限公司、安徽双轮酒业有限责任公司、浙江致中和实业有限公司、浙江省东阳市荣鑫酒业有限公司、宜宾红楼梦酒业有限公司、贵州茅台镇荣和烧坊酒业有限公司、山西戎子酒庄有限公司、北京酒仙电子商务有限公司、山东天地缘酒业有限公司、新华锦（青岛）即墨老酒有限公司、山东即墨妙府老酒有限公司、广州星河湾酒业有限公司、北京糖业烟酒公司、北京五洲天宇认证中心。

本标准起草人：谭新政、褚峻、卢成绪、刘凤翔、高杰楷、袁仁国、吕云怀、杜光义、李安军、田锋、朱峰、韩建书、赖登燡、陈萍、李学思、张辉、来安贵、赵殿臣、刘中利、广家权、程剑、李小兵、马荣金、文万彬、仇福广、王庆伟、郝鸿峰、王建、杜祖远、于秦峰、赵技敏、白宇涛、杨谨蜚。

酒类行业流通服务规范

1 范围

本标准规定了酒类流通的术语和定义、经营、服务、流通信息、酒类商品保护、宣传、监督与评价等方面的要求。

本标准适用于酒类行业的流通服务。

2 规范性引用文件

下列文件对于本文件的应用是必不可少的。凡是注日期的引用文件，仅注日期的版本适用于本文件。凡是不注日期的引用文件，其最新版本（包括所有的修改单）适用于本文件。

GB 2757 食品安全国家标准 蒸馏酒及其配制酒

GB 7718 食品安全国家标准 预包装食品标签通则

GB 10344 预包装饮料酒标签通则

GB/T 15109—2008 白酒工业术语

GB/T 17204 饮料酒分类

GB/T 19001—2008 质量管理体系 要求

GB 23350 限制商品过度包装要求 食品和化妆品

GB/T 27922 商品售后服务评价体系

GB/T 27925 商业企业品牌评价与企业文化建设指南

SB/T 10391—2005 酒类商品批发经营管理规范

SB/T 10392—2005 酒类商品零售经营管理规范

SB/T10467 零售商供应商公平交易行为规范

《中华人民共和国广告法》（中华人民共和国主席令 1994 年第 34 号）

《中华人民共和国食品安全法》（中华人民共和国主席令 2009 年第 9 号）

《中华人民共和国道路运输条例》（中华人民共和国国务院令 2012 年第 628 号）

《中华人民共和国水路运输管理条例》（中华人民共和国国务院令 2008 年第 544 号）

《酒类广告管理办法》（国家工商总局令 1995 年第 39 号）

《中国民用航空货物国内运输规则》（中国民航总局令 1996 年第 50 号）

《中国民用航空危险品运输管理规定》（中国民航总局令 2004 年第 121 号）

《酒类流通管理办法》（商务部令 2005 年第 25 号）

《地理标志产品保护规定》（国家质检总局令 2005 年第 78 号）

3 术语和定义

下列术语和定义适用于本文件。

3.1

酒类商品　alcohol commodities

乙醇含量大于0.5 % vol的含酒精饮料，包括发酵酒、蒸馏酒、配制酒、食用酒精以及其他含有酒精成分的饮品。经国家有关行政管理部门依法批准生产的药酒、保健食品酒类除外。

注1：有关酒类商品的分类，依照GB/T 17204的规定。

注2：白酒类商品的名称与定义，依照GB/T 15109—2008的规定；其他酒类商品的名称与定义，依照GB/T 17204的规定。

3.2

酒类流通　alcohol circulation

酒类商品从生产领域向消费领域的流动过程，包括采购、储运、批发、零售、宣传以及服务等与此有关的系列活动。

3.3

随附单　receipt of alcohol circulation

批发销售时由供应商开具的，用于记录该批次酒类商品的来源、去向、品名、数量等相关流通信息的流通单据。

注3：随附单是根据《酒类流通管理办法》的要求，由国家商务主管部门统一制定。

3.4

白酒基础酒　crude spirits

亦称基础酒、原酒。经发酵、蒸馏而得到的未经勾兑的酒。[GB/T 15109—2008，定义3.5.19]

3.5

地理标志产品　geographical indication

以酒类商品（或其关键成分）的来源地区名作为该酒类商品的特征标志。该酒类商品的特定品质、信誉或者其他特征，受该地区的自然因素或者人文因素影响。

3.6

原产地名称　appellation origin

标示酒类商品的产出地，并表示其与某种地理条件或传统技术有关的区别标志。

3.7

酒文化　liquor culture

酒在生产、销售、消费过程中，以酒为中心所产生的物质文化和精神文化总和，包括可查证的历史文献、技艺传承，是制酒饮酒活动过程中由习惯、规则和心理积淀总和形成的特定文化形态。

4　经营

4.1　条件

4.1.1　从事酒类商品批发经营的企业，应按SB/T 10391—2005中的第4章执行。

4.1.2 从事酒类商品零售经营的企业，应按 SB/T 10392—2005 中的第 4 章执行。

4.1.3 聘用或培养从事酒类经营、服务及管理的专业人才，应对其岗位提出相应的职业化和规范化要求。

4.2 采购

4.2.1 酒类经营者应制定采购流程和采购制度以控制酒类质量。

4.2.2 选择酒类商品供应商时，应索取并查验其与酒类商品相关的生产或经营资质，例如酒类生产许可证、酒类商品经销授权、酒类经营许可证或酒类流通备案登记表等。

4.2.3 采购酒类商品时，应索取并查验其随批质量检验合格证明和酒类商品流通随附单（含复印件，啤酒可不用随附单）。对于进口酒类商品，应索取并查验进口酒类经营许可证，及国家进出口管理部门核发的相应批次的证明文件。

4.2.4 酒类商品采购过程中，应签订内容详细、责任明确的采购合同，符合 GB/T 19001—2008 中的 7.4 的要求。

4.2.5 酒类商品采购过程中，应按本标准 6.1 和有关规定做好酒类流通信息记录工作。

4.2.6 利用互联网平台进行酒类电子商务的企业应符合以上要求。

4.3 包装与储运

4.3.1 酒类商品应适度包装，降低成本，减少资源消耗。

4.3.2 酒类商品包装应符合品质保证、运输安全、存储条件等方面的要求。

4.3.3 需要重新分装或预包装的，应有该酒类生产企业的授权，并在履行相关手续后再重新包装。重新包装应符合 GB 7718 和 GB 23350 的规定，应对其过程完整记录，并在标签上对重新包装作出标识。

4.3.4 批量运输酒类商品时，应符合《中华人民共和国道路运输条例》《中华人民共和国水路运输管理条例》《中国民用航空货物国内运输规则》《中国民用航空危险品运输管理规定》等法规的要求。

4.3.5 鼓励酒类流通和生产企业建立或委托建立统一的物流配送体系。

4.4 销售

4.4.1 销售应符合国家生产规范并经检验合格，或经进口检验合格的酒类商品。

4.4.2 酒类商品批发时，应提供与酒类商品相关的生产或经营资质证明，以及酒类商品质量和流通的有关证明。与本标准 4.2.2 和 4.2.3 的要求对应。

4.4.3 酒类商品批发时，批发经营者应详细记录购买机构名称、销售日期、销售商品的品名、规格、产地、生产厂名称、生产批号、生产日期、数量、单位、产品执行标准号等信息，并将这些信息填入《酒类流通随附单》。标签标识应符合 GB 2757 和 GB 7718 要求的信息。

4.4.4 随附单应附随于酒类流通的批发过程，每批一单（啤酒除外），单货相符。

4.4.5 零售酒类商品时，应明码标实价。

4.4.6 酒类零售商应配备酒类商品扫码仪。

4.4.7 通过互联网进行酒类商品零售的，应取得生产企业或供货商提供的授权经营证明，同时应当报知生产厂家进行备案。并按有关规定，提供真实、详细的商品及销售信息。

4.4.8 酒类商品的促销方式，如团购、打折等，应符合国家有关规定。

5 服务

5.1 售前服务

5.1.1 应向购买者提供酒类商品质量证明、防伪证明等材料，以备查验。

5.1.2 应向购买者提供酒类商品的追溯查询服务，包括但不限于生产信息、流通信息、原产地信息、防伪信息等。

5.1.3 酒类商品包装上粘贴的标签应符合 GB 2757、GB 10344、GB 7718 和 GB/T 17204 的规定。销售进口酒类商品时，应按规定加贴中文标签。

5.1.4 酒类宣传应真实可靠，有据可查。

5.2 售中服务

5.2.1 酒类经营网点应持有相应的经营许可证，并亮证经营。

5.2.2 应在酒类零售经营场所的显著位置张贴必要的警示标志。

5.2.3 鼓励酒类经营者开展品牌营销和连锁经营。

5.3 售后服务

5.3.1 应提供酒类商品查询、投诉、举报等渠道并保证相应服务。

5.3.2 对运输过程中的损毁，应制定责任划分及赔偿补偿办法。

5.3.3 酒类经营者应建立酒类商品退市、召回和销毁管理制度。

6 流通信息

6.1 登记与上报

6.1.1 酒类经营者应依法向有关管理部门办理备案登记手续。已登记事项如有变更，应及时办理变更登记。

6.1.2 酒类经营者应按酒类流通主管部门的要求和数据格式，及时上报酒类商品流通的各项数据。

6.1.3 酒类经营者发现流通过程中有价格异常、假冒伪劣、食品安全等重大突发事件时，应主动向有关主管部门报告。主管部门应建立反馈机制和通报制度，并接受企业和消费者的监督。

6.2 查询服务

6.2.1 酒类经营者应建立酒类商品流通的计算机信息管理系统，详细记录和管理酒类商品的流通信息，包括但不限于：

a）本标准 4.2.2、4.2.3、4.4.3 规定的流通信息；

b）GB 7718 要求标示的相关信息。

6.2.2 酒类流通信息管理系统应能为消费者提供信息查询功能，例如酒类商品的防伪查询、资质证明查询、信誉荣誉查询等。

7 酒类商品保护

7.1 专利保护

对于取得专利技术的酒类商品，鼓励企业积极自主创新，实行专利保护。

7.2 品牌保护

7.2.1 酒类商品依法使用注册商标。

7.2.2 酒类商品应准确使用认证标志、标准采用标志、防伪标识等。

7.2.3 酒类商品应保持能力、品质、价值、声誉、影响和企业文化等要素与其他品牌酒类具有显著区别性和排他性。

7.3 地理标志产品保护

7.3.1 酒类商品生产者可依照《地理标志产品保护规定》，申请认定“地理标志产品专用标志”。

7.3.2 经营者应将已注册的地理标志等信息，真实、准确、完整地传递给消费者。

7.3.3 酒类生产者可以用原产地名称来说明该酒类商品的产出地。

7.4 鉴别与争议

7.4.1 酒类生产者应为经营者、消费者提供酒类商品的真假鉴别、品质鉴别的渠道和服务。

7.4.2 对酒类商品的品质有争议时，可以申请法定检测机构进行检测检验。

7.4.3 对酒类商品真伪有争议时，法定检测机构可征求被侵权商品生产企业的意见。

7.4.4 酒类行业管理部门出具或认可的酒类鉴定结论应当以法定检测机构检测结果或者被侵权企业的原始检测报告为依据。

8 宣传

8.1 酒类广告

8.1.1 酒类广告应符合《中华人民共和国广告法》《中华人民共和国食品安全法》和《酒类广告管理办法》等相关法律法规的规定。

8.1.2 从事广告业务（包括设计、制作和传播）的机构，在接受酒类广告业务时，应确认广告内容真实有效。

8.1.3 鼓励酒类经营者做公益性广告。

8.2 酒文化

8.2.1 酒类经营者在传播酒文化时，应倡导良好社会风尚。

8.2.2 酒类经营者用酒文化进行酒类营销时，应本着客观、真实、合法的原则。

8.2.3 鼓励酒类生产或经营者发掘酒文化资源，传承和弘扬酒类传统文化。

8.2.4 鼓励酒类生产或经营者用悠久文化资源打造文化名酒品牌。

8.3 酒类健康知识

8.3.1 酒类经营活动中，应倡导理性消费、节制饮酒的观念，传递正确的饮酒健康知识。

8.3.2　酒类宣传中所传递的健康知识，应有科学依据，数据真实、准确。

9　监督与评价

9.1　经营行为监督

9.1.1　酒类流通管理部门依法履行对酒类流通行为的监督管理职能。

9.1.2　有资质的第三方机构可依据 GB/T 27922、GB/T 27925、SB/T 10467 等有关标准对酒类经营者的诚信经营行为进行监督和评价。

9.2　管理性评价

9.2.1　对酒类企业的售后服务评价，可参照 GB/T 27922 的规定执行。

9.2.2　对酒类企业的品牌评价，可参照 GB/T 27925 的规定执行。

参考文献

[1] 商务部关于“十二五”期间加强酒类流通管理的指导意见（商运发［2011］459 号）

ICS 67.040
X 08

GB

中 华 人 民 共 和 国 国 家 标 准

GB/T 28843—2012

食品冷链物流追溯管理要求

Management requirement for traceability
in food cold chain logistics

2012-11-05 发布　　　　2012-12-01 实施

中华人民共和国国家质量监督检验检疫总局
中国国家标准化管理委员会　发布

前　言

本标准按照 GB/T 1. 1—2009 给出的规则起草。

本标准由全国物流标准化技术委员会（SAC/TC 269）提出并归口。

本标准起草单位：上海市标准化研究院、中国物流技术协会、英格索兰制冷设备有限公司、上海市冷冻食品行业协会、上海海洋大学、河南众品食业股份有限公司。

本标准主要起草人：王晓燕、秦玉青、刘卫战、晏绍庆、王二卫、谢晶、康俊生、金祖卫、刘芳、乐飞红。

食品冷链物流追溯管理要求

1 范围

本标准规定了食品冷链物流的追溯管理总则以及建立追溯体系、温度信息采集、追溯信息管理和实施追溯的管理要求。

本标准适用于预包装食品从生产结束到销售之前的运输、仓储、装卸等冷链物流环节中的追溯管理。

2 规范性引用文件

下列文件对于本文件的应用是必不可少的。凡是注日期的引用文件，仅注日期的版本适用于本文件。凡是不注日期的引用文件，其最新版本（包括所有的修改单）适用于本文件。

GB/T 9829—2008 水果和蔬菜 冷库中物理条件 定义和测量

GB/T 22005 饲料和食品链的可追溯性 体系设计与实施的通用原则和基本要求（ISO 22005：2007，IDT）

3 术语和定义

下列术语和定义适用于本文件。

3.1

食品冷链物流 food cold chain logistics

采用低温控制的方式使预包装食品从生产企业成品库到销售之前始终处于所需温度范围内的物流过程，包括运输、仓储、装卸等环节。

4 追溯管理总则

4.1 冷链物流服务提供方应建立追溯体系、采集追溯信息并在必要时实施追溯。

4.2 冷链物流服务提供方在产品交接时应诚信、协作，互相配合。

4.3 食品冷链物流提供方应建立温度信息记录制度，保证物流全程食品冷链温度可追溯。

5 建立追溯体系

5.1 通用要求

5.1.1 追溯体系的设计和实施应符合 GB/T 22005 的规定，并充分满足客户需求。

5.1.2 追溯体系的设计应将食品冷链物流中的温度信息作为主要追溯内容，建立和完善全程温度监测管理和环节间交接制度，实现温度全程可追溯。

5.1.3 应配置相关的温度测量设备对环境温度和产品温度进行测量和记录。温度测量设备应通过计量检定并定期校准。

5.1.4 应制定详细的食品冷链物流温度监测作业规范，明确食品在不同物流环节的温度监测和记录要求（包括温度测量设备要求、测温点的选择、允许的温度偏差范围、温度监测方法、温度监测结果的记录），以及温度记录保存方法、保存期限等要求。

5.1.5 应制定适宜的培训、监视和审查制度，对操作人员进行必要的培训，使其能够根据检测方法对冷链物流温度进行监测和记录，完成交接确认等操作。

5.1.6 应对食品冷链物流追溯体系进行验证，确保追溯体系的记录连续、真实有效。

5.2 追溯信息

5.2.1 食品冷链物流服务提供方在物流作业过程中应及时、准确、完整地记录各物流环节的追溯信息。

5.2.2 食品冷链物流运输、仓储、装卸环节的追溯信息主要包括客户信息、产品信息、温度信息、收发货信息和交接信息，必要时可增加补充信息，见表1。

表1 食品冷链物流追溯信息

信息类型	信息内容
客户信息	客户名称、服务日期
产品信息	食品名称、数量、生产批号、追溯标识、保质期
温度信息	环境温度记录、产品温度记录（采集时间和温度）、运输载体或仓库名称、运输时间或仓储时间
收发货信息	上、下环节企业或部门名称、收发货时间、收发货地点
交接信息	产品温度确认记录、交接时间、交接地点、外包装良好情况、操作人员签名
补充信息	温度测量设备和方法（包括温度测量设备的名称、精确度、测温位置、测量和记录间隔时间等）；装载前运输载体预冷温度信息（包括预冷时间、预冷温度、装车时间、作业环境温度以及开始装车后的载体内环境温度）；特殊情况追溯信息

5.2.3 常见温度信息采集见第6章。运输和仓储环节追溯温度信息时对环境温度记录有争议的，可通过查验产品温度记录进行追溯。

5.2.4 当食品冷链物流环节中制冷设备或温度记录设备出现异常时，应将出现异常的时间、原因、采取的措施以及采取措施后的温度记录作为特殊情况的温度追溯信息。

5.3 追溯标识

5.3.1 食品冷链物流服务提供方应全程加强食品防护，保证包装完整，并确保追溯标识清晰、完整、未经涂改。

5.3.2 食品冷链物流服务过程中需对食品另行添加包装的，其新增追溯标识应与原标识保持一致。

5.3.3 追溯标识应始终保留在产品包装上，或附在产品的托盘或随附文件上。

5.4 温度记录

5.4.1 追溯体系中的温度记录应便于与外界进行数据交换，温度记录应真实有效，不得涂改。

5.4.2 温度记录载体可以是纸质文件，也可以是电子文件。温度表示可以用数字，也可以用图表。

5.4.3 温度记录在物流作业结束后作为随附文件提交给冷链物流服务需求方。

5.4.4 运输和仓储环节内的温度信息宜采用环境温度，交接时温度信息宜采用产品温度。各环节的产品温度测量方法参见附录A。

5.4.5 产品交接时应按以下顺序检查、测量并记录温度信息：

a）环境温度记录：检查环境温度监测记录是否符合温控要求，并记录；

b）产品表面温度：测量货物外箱表面温度或内包装表面温度，并记录；

c）产品中心温度：如产品表面温度超出可接受范围，还应测量产品中心温度，或采用双方可接受测温方式测温并记录。

6 温度信息采集

6.1 运输环节

6.1.1 产品装运前应对运输载体进行预冷，查看相关产品质量证明文件，确认承运的货物运输包装完好，测量并记录产品温度，并和上一环节操作人员签字确认。

6.1.2 运输过程中应全程连续记录运输载体内环境温度信息。运输载体的环境温度一般可用回风口温度表示运输过程中的温度，必要时以载体三分之二至四分之三处的感应器的温度记录作为辅助温度记录。

6.1.3 运输过程中需提供产品温度记录时，产品温度测量点选取参见A.1.2。

6.1.4 运输结束时，应与下一环节的操作人员对产品温度进行测量、记录，并双方签字确认，产品温度测量点的选取参见A.1.3。

6.1.5 运输服务完成后，根据冷链运输服务需求方要求，提供与运输时间段相吻合的温度记录。

6.1.6 运输过程中每一次转载视为不同的作业和追溯环节。转载装卸时应符合6.3的要求。

6.2 仓储环节

6.2.1 产品入库前，应查看相关产品质量证明文件，并与运输环节的操作人员对食品的运输温度记录、入库时间、交接产品温度进行记录并签字确认。

6.2.2 当接收食品的产品温度超出合理范围时，应详细记录当时产品温度情况，包括接收时产品温度、处理措施和时间、处理后温度以及入库时冷库温度等温度记录的补充信息。

6.2.3 冷库温度记录显示设备宜放置在冷库外便于查看和控制的地方。温度感应器应放置在最能反映产品温度或者平均温度的位置，例如感应器可放在冷库相关位置的高处。温度感应器应远离温度有波动的地方，如远离冷风机和货物进出口旁，确保温度准确记录。

6.2.4 冷库环境温度的测量记录可按GB/T 9829—2008中第3章的要求，冷库内温度感应器的数量设置需满足温度记录的需要。

6.2.5 需提供仓储过程中的产品温度记录时，冷库产品温度的测量参见A.1.1。

6.2.6 产品出冷库时，应与下一环节的操作人员确认冷库环境温度记录，以及交接时的产品温度并签字确认。

6.2.7 涉及分拆、包装等物流加工作业的，应确保追溯标识符合5.3的要求，并详细记录食品名称、数量、批号、保质期、分拆和包装时的环境温度和产品温度，作为仓储环节的加工追溯信息。

6.2.8 仓储服务完成后，根据冷链仓储需求方要求，提供仓储过程中的温度记录。

6.3 装卸环节

6.3.1 装卸前应先对产品的包装完好程度、追溯标识进行检查，对环境温度记录进行确认，选取合适样品测量产品温度并双方确认签字。

6.3.2 装卸环节的温度追溯信息包括装卸前的环境温度、产品温度、装卸时间以及装卸完成后的产品温度和环境温度。

6.3.3 装载时的追溯补充信息包括装车时间、预冷温度、作业环境温度以及开始装车后的运输载体内环境温度。

6.3.4 卸载时的追溯补充信息包括到达时的运输载体环境温度、卸货时间及将要转入的冷库温度。

7 追溯信息管理

7.1 信息存储

7.1.1 应建立信息管理制度。

7.1.2 纸质记录及时归档，电子记录及时备份。记录应至少保存两年。

7.2 信息传输

7.2.1 冷链物流上、下环节交接时应做到信息共享。

7.2.2 每次冷链物流服务完成后服务提供方应将信息提供给服务需求方。

8 实施追溯

8.1 食品冷链物流服务提供方应保留相关追溯信息，积极响应客户的追溯请求并实施追溯。追溯请求和实施条件可在商务协议中进行规定。

8.2 食品冷链物流服务提供方应根据相关法律法规、商业惯例或合同实施追溯，特别是遇到以下情况：

——发现产品有质量问题时，应及时实施追溯；

——根据服务协议或者客户提出的追溯要求，向客户提交相关追溯信息；

——当上、下环节企业对产品有疑问时，应根据情况配合进行追溯；

——当发生食品安全事故时，应快速实施追溯。

8.3 实施追溯时，应将相关追溯信息数据封存，以备检查。

附　录　A
（资料性附录）
食品冷链物流环节产品温度的测量

A.1　直接测量产品温度的取样方法

A.1.1　冷库

冷库中，当货箱紧密地堆在一起时，应测量最外边的单元包装内靠外侧的包装的温度值和本批货物中心的单元包装的内部温度值。它们分别被称为本批产品的外部温度和中心温度。两者的差异视为本批货物的温度差，需进行多次测量，以记录本批货物的准确温度。

A.1.2　运输

运输过程中产品温度测量应测量车厢门开启边缘处的顶部和底部的样品，见图 A.1。

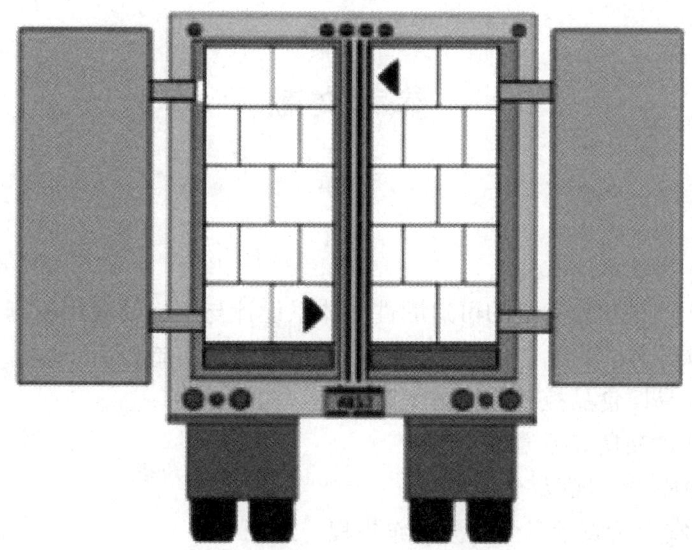

图 A.1　运输途中产品温度测量取样点

A.1.3　卸车

卸车时产品温度测量取样点见图 A.2，包括：

——靠近车门开启边缘处的车厢的顶部和底部；

——车厢的顶部和远端角落处（尽可能地远离制冷温控设备）；

——车厢的中间位置；

——车厢前面的中心（尽可能地靠近制冷温控设备）；

——车厢前面的顶部和底部角落（尽可能地靠近空气回流入口）。

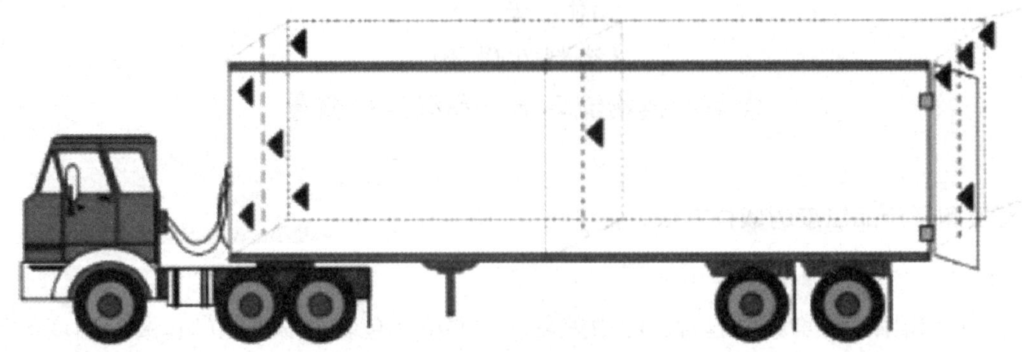

图 A.2　卸车时产品温度的取样点

A.2　间接的产品温度测量方法

食品冷链物流过程中可采取使用模拟产品、包装间放置温度感应器、采用射线或红外温度计等间接的产品温度测量方法进行温度测量。

参考文献

[1] GB/T 18517—2001 制冷术语
[2] GB/T 18354—2006 物流术语
[3] GB/T 22005—2009 饲料和食品链的可追溯性　体系设计与实施的通用原则和基本要求
[4] GB/Z 25008—2010 饲料和食品链的可追溯性　体系设计与实施指南
[5] GB/T 22918—2008 易腐食品控温运输技术要求
[6] GB/T 23346—2009 食品良好流通规范
[7] GB 50072—2010 冷库设计规范
[8] NY/T 1761—2009 农产品质量安全追溯操作规程　通则
[9] SB/T 10428—2007 初级生鲜食品配送良好操作规范
[10] DB 31/T 388—2007 食品冷链物流技术与管理规范
[11] CAC/RCP 8—2008 Recommended international code of practice for the processing and handling of quick frozen foods

ICS 67.080.01
B 31

中 华 人 民 共 和 国 国 家 标 准

GB/T 33129—2016

新鲜水果、蔬菜包装和冷链运输通用操作规程

General code of practice for packaging and cool chain transport of fresh fruits and vegetables

2016-10-13 发布　　2017-05-01 实施

中华人民共和国国家质量监督检验检疫总局
中国国家标准化管理委员会　发布

前 言

本标准按照 GB/T 1. 1—2009 给出的规则起草。

本标准由中国标准化研究院归口。

本标准起草单位：中国标准化研究院、中国农业科学院农业信息所、广东省肇庆市供销合作联社、深圳市中安测标准技术有限公司。

本标准起草人：杨丽、刘文、李哲敏、张永恩、张瑶、谭国熊、张毅、席兴军、初侨、王东杰、张超、于海鹏。

新鲜水果、蔬菜包装和冷链运输通用操作规程

1 范围

本标准规定了新鲜水果、蔬菜包装、预冷、冷链运输的通用操作规程。

本标准适用于新鲜水果、蔬菜的包装、预冷和冷链运输操作。

2 规范性引用文件

下列文件对于本文件的应用是必不可少的。凡是注日期的引用文件，仅注日期的版本适用于本文件。凡是不注日期的引用文件，其最新版本（包括所有的修改单）适用于本文件。

GB/T 5737 食品塑料周转箱

GB/T 6543 运输包装用单瓦楞纸箱和双瓦楞纸箱

GB/T 6980 钙塑瓦楞箱

GB/T 8946 塑料编织袋通用技术要求

GB/T 31550 冷链运输包装用低温瓦楞纸箱

NY/T 1778 新鲜水果包装标识 通则

QC/T 449 保温车、冷藏车技术条件及试验方法

SB/T 10158 新鲜蔬菜包装与标识

3 包装

3.1 基本要求

3.1.1 包装材料、容器和方式的选择应保护所包装的新鲜水果、蔬菜避免磕碰等机械损伤；满足新鲜水果、蔬菜的呼吸作用等基本生理需要，减轻新鲜水果、蔬菜在贮藏、运输期间病害的传染。

3.1.2 包装材料、容器和方式的选择应方便新鲜水果、蔬菜的装载、运输和销售。

3.1.3 包装材料、容器和方式的选择应安全、便捷、适宜，尽量减少包装环境的变化，减少包装次数。

3.1.4 选择的包装材料和容器应节能、环保，可回收利用或可降解，不应过度包装。

3.2 包装材料

3.2.1 包装材料的选择应考虑产品包装和运输的需要，考虑包装方法、可承受的外力强度、成本耗费、实用性等因素。需要冷藏运输的新鲜水果和蔬菜，其包装材料的选择除考虑上述因素外，还应考虑所使用的预冷方法。

3.2.2 包装材料应清洁、无毒，无污染，无异味，具有一定的防潮性、抗压性，包装材料应可回

收利用或可降解。

3.2.3 包装应能够承受得住装、卸载过程中的人工或机械搬运；承受得住上面所码放物品的重量；承受得住运输过程中的挤压和震动；承受得住预冷、运输和存储过程中的低温和高湿度。

3.2.4 可用的包装材料有：

——纸板或纤维板箱子、盒子、隔板、层间垫等；

——木制箱、柳条箱、篮子、托盘、货盘等；

—— 纸质袋、衬里、衬垫等；

——塑料箱、盒、袋、网孔袋等；

——泡沫箱、双耳箱、衬里、平垫等。

3.3 包装容器

3.3.1 包装容器的尺寸、形状应考虑新鲜水果、蔬菜流通、销售的方便和需要。销售包装不宜过大、过重。

3.3.2 新鲜水果常用的包装容器、材料及适用范围可参照 NY/T 1778 的规定，参见附录 A；新鲜水果包装内的支撑物和衬垫物可参照 NY/T 1778 的规定，参见附录 B。

3.3.3 新鲜蔬菜常用的包装容器、材料及适用范围可参照 SB/T 10158 的规定，参见附录 C。

3.3.4 新鲜水果、蔬菜包装使用的单瓦楞纸箱和双瓦楞纸箱应符合 GB/T 6543 的规定；钙塑瓦楞箱应符合 GB/T 6980 的规定；塑料周转箱应符合 GB/T 5737 的规定；塑料编织袋应符合 GB/T 8946 的规定；采用冷链运输的新鲜水果、蔬菜所用的瓦楞纸箱应符合 GB/T 31550 的规定。

3.4 包装方式

3.4.1 应根据新鲜水果、蔬菜的运输目的及准备采取的处理方式，选择以下相应的包装方式；

——按容量填装：用人工或用机器将产品装入集装箱，达到一定的容量、重量或数量；

——托盘或单个包装：将产品装入模具托盘或进行单独包装，减少摩擦损伤；

——定位包装：将产品小心放入容器中的一定位置，减少果蔬损伤；

——消费包装或预包装：为了便于零售而采用有标识定量包装；

——薄膜包装：单个或定量果蔬用薄膜包装，薄膜可用授权使用的杀真菌剂或其他化合物处理，减少水分散失，防止产品腐烂；

——气调包装：减小氧气浓度，增大二氧化碳浓度，降低产品的呼吸强度，延缓后熟过程。

3.4.2 可以在田间直接对新鲜水果和蔬菜进行包装，即田间包装。收货时直接在田间将水果、蔬菜放在纤维板盒子、塑料或木质板条箱中。

3.4.3 在条件允许的情况下，应尽快将经田间包装的新鲜水果、蔬菜送到预冷设施处消除田间热。

3.4.4 在不具备田间包装条件时，应尽快将水果、蔬菜装在柳条箱、大口箱中或用卡车成批从田间运到包装地点进行定点包装。

3.4.5 新鲜水果蔬菜运到包装地点后，应在室内或在有遮盖的位置进行包装和处理，如果可能，可根据产品性质，在装入货运集装箱前进行预冷。

3.4.6 新鲜水果和蔬菜可直接进行零售包装，方便零售需要。若事先没有进行零售包装，在需要时，应将新鲜水果和蔬菜从集装箱中取出，重新分级，再装入零售包装中。

3.5 包装操作

3.5.1 包装前应在包装潮湿或含冰块物品的纤维板盒子的表面上涂一层蜡，或者在盒子的四周涂一层防水材料。所有用胶水粘合的盒子都应该采用防水的粘合剂。

3.5.2 纸盒或柳条箱应从底部到顶部直线堆叠，不应沿封口或侧壁堆叠，以增强纸盒或箱子的抗压能力和保护产品的能力。

3.5.3 为增加抗压强度和保护产品，可以在货物集装箱内装入一些不同材质的填充物。将货物集装箱内部分成几个隔层，增加封口或侧部的厚度可以有效地增加箱子的抗压强度，减少产品损伤。

3.5.4 必要时在包装容器内使用衬垫、包裹、隔垫和细刨花等材料，可以减少新鲜水果和蔬菜的挤压或摩擦。例如：衬垫可以用来为芦笋提供水分；有些化合物可以用于延缓腐烂，二氧化硫处理过的衬垫可减少葡萄的腐烂；高锰酸钾处理过的衬垫可以吸收香蕉和花卉散发出的乙烯，减少后熟作用。

3.5.5 可使用塑料薄膜衬里或塑料袋保持新鲜水果和蔬菜的水分。大多数新鲜水果和蔬菜产品可采用带有细孔的塑料薄膜进行包装，这种薄膜既可以使新鲜蔬菜、水果与外界空气流通，又可以避免潮湿。普通塑料薄膜一般用来密封产品，调整空气浓度，减少果蔬呼吸和后熟所需的氧气含量。薄膜可用于香蕉、草莓、番茄和柑橘等。

4 预冷

4.1 水果、蔬菜应在清晨收获以降低田间热，同时减少预冷设备的冷藏负担。

4.2 水果、蔬菜收货后应尽快预冷，以降低水果和蔬菜的田间热，通过预冷达到推荐的贮藏温度和相对湿度。

4.3 水果、蔬菜预冷前应遮盖以防阳光照射。

4.4 预冷方式的选择取决于水果、蔬菜的属性、价值、质量以及劳动力、设备和材料的消耗。常用的预冷方式包括：

——室内冷却：在冷藏间对整齐堆放的装有产品的集装箱预冷。有些产品可同时采用水淋或水喷的方式；

——强压空气或湿压冷却：在冷藏间抽去整齐堆放的装有产品的集装箱之间的空气，有些产品采用湿压；

——水冷却：用大量冰水冲刷散装箱、大口箱或集装箱中的产品；

——真空冷却：通过抽真空除去集装箱中产品的田间热；

——真空水冷却：在真空冷却前或冷却中增加集装箱中产品的湿度，加快消除田间热；

——包装冰冻冷却：在集装箱中放半融的雪或碎冰块，可用于散装容器。

4.5 预冷措施的选择应考虑以下因素：

——水果、蔬菜收获和预冷之间的时间间隔；

——如果水果、蔬菜已包装完毕的包装类型；

——水果、蔬菜的最初温度；

——用于预冷的冷空气、水、冰块的数量或流速；

——水果、蔬菜预冷后的最终温度；

——用于预冷的冷空气和水的卫生状况，减少可引起腐败的微生物污染；

——预冷后的推荐温度的保持。

4.6 很多水果、蔬菜经田间包装或定点包装后预冷时，采用水和冰预冷方式的水果、蔬菜，可使用绳子捆绑或订装的木质柳条箱或涂蜡的纤维板纸盒包装。

4.7 由于运输和存储过程中，通过包装或包装周围的空气流通有限，应对包装在集装箱内的产品提前预冷再用货盘装载。

4.8 不要在低于推荐的温度下预冷或贮藏，冻坏的水果、蔬菜在销售时会显示出冻坏的迹象，如表面带有冻斑、易腐烂、软化、非正常色泽等。

4.9 预冷设备和水应使用次氯酸盐溶液连续消毒，消除引起产品腐烂的微生物。

4.10 预冷后要采取措施防止产品温度上升，保持推荐的温度和相对湿度。

5 冷链运输

5.1 运输装备

5.1.1 选择运输装备时应考虑的主要因素包括：

——运输的目的地；

——产品价值；

——产品易腐坏程度；

——运输数量；

——推荐的贮藏温度和湿度；

——产地和目的地的室外温度条件；

——陆运、海运和空运的运输时间；

——货运价格、运输服务的质量等。

5.1.2 保温车、冷藏车技术要求和条件应符合 QC/T 449 的规定。

5.1.3 冷藏运输装备和制冷设备不能用于除去已经包装在集装箱中新鲜水果和蔬菜的田间热，只是用于维持经过预冷的水果和蔬菜的温度和相对湿度。

5.1.4 在炎热或寒冷气候条件下进行长途运输时，运输装备应设计合理、结实，以抵抗恶劣的运输环境和保护产品。冷藏拖车和货运集装箱应具备以下特点：

——在炎热的环境温度条件下，冷藏温度可达到 2 ℃；

——拥有高性能、可持续工作的蒸发器吹风机，均衡产品温度和保持较高的相对湿度；

——在拖车的前端配备制冷隔板，以保证装货过程中车内的空气循环；

——后车门处配备垂直板，辅助空气流通；

——配备足够的隔热和制热设备，以备需要；

——地板凹槽深度应合理，以保证货物直接装在地板上时有足够的空气流通截面；

——配备具有空气温度感应装置的冷藏设备，以减少冷却和冰冻对产品的损伤；

——配备通风设备，预防乙烯和二氧化碳的积聚；

——采用气悬吊架减少对集装箱和里面的产品撞击和震动的次数；

——集装箱气流循环方式是：冷空气从集装箱前部出发，空气流动从底部（接近地面）至后部，然后到达集装箱上部。

5.2 运输方式

5.2.1 在条件允许的情况下，通常推荐采用冷藏拖车和货运集装箱运输大量的、运输和贮藏寿命为1周或1周以上的水果、蔬菜。运输后，产品应保持足够的新鲜度。

5.2.2　对于价值高和容易腐烂的产品，可以考虑采取费用较高，但运输时间较短的空运方式。

5.2.3　利用拖车、集装箱、空运货物集装箱可提供取货、送货上门的服务。这样可以减少装卸、暴露、损坏和偷窃等对产品的损害。

5.2.4　很多产品用非冷藏空运集装箱或空运货物托盘方式运输。在这种情况下，当空运航班延误时，就需要产品产地和目的地之间密切协调以保证产品质量。在可能的条件下，应使用冷藏空运集装箱或隔热毯。

5.2.5　遇到特殊季节，产品价格很高而供应量有限时，一些可以通过冷藏拖车和货运集装箱运输的产品有时会通过空运方式运输，这时应精确地监测集装箱内的温度和相对湿度。

5.3　运输装载

5.3.1　装货前检查

5.3.1.1　检查运输装备的清洁情况、设备完好及维修状况，应满足所装载产品的需求。

5.3.1.2　检查运输装备的清洁情况，主要包括：

——货舱应清洁，定期清扫；

——没有前批货物的残留气味；

——没有有毒的化学残留物；

——装备上没有昆虫巢穴；

——没有腐烂农产品的残留物；

——没有阻塞地板上排水孔或气流槽的碎片、废弃物等。

5.3.1.3　检查运输装备是否完备及维修状况是否良好，主要包括：

——门、壁、通风孔没有损坏，密封状况良好；

——外部的冷、热、湿气、灰尘和昆虫不能进入；

——制冷装置运行良好，及时校正，能够提供持续的空气流通，以保证产品温度一致；

——配备货物固定和支撑装置。

5.3.1.4　对于冷藏拖车和货运集装箱，除检查上述事项外，还应检查以下条件：

——在门关闭的情况下，货物装载区检查门垫圈应密闭不透光线；也可以使用烟雾器检查是否有裂缝；

——当达到预计温度时，制冷装置应由高速到低速循环，然后回到高速；

——确定控制冷气释放温度的感应器的位置。如果测定制冷温度，自动调温器设置的温度应稍高，以避免冷却和冷冻对水果、蔬菜的损伤；

——在拖车的前端配置制冷隔板；

——在极端寒冷气候条件下运输时，需要配备制热装置；

——空气配置系统良好，装有斜置的纤维气流槽或顶置的金属气流槽。

5.3.2　装货前处理

5.3.2.1　需要冷链运输的产品在装货前应进行预冷，用温度计测量产品温度，并记录在装货单上以备日后参考。

5.3.2.2　货舱也应预冷到推荐的贮藏和运输温度。

5.3.2.3　装运不同货品时，一定要确定这些货品能够相容。

5.3.2.4　不应将水果、蔬菜与可能受到臭气或有毒化学残留物污染的货品混装在一起。

5.3.3　装货

5.3.3.1　基本的装货方法包括：

——机械或人工装载大量的、未包装的散装货品；

——人工装载使用货盘或不使用货盘的单个集装箱；

——用货盘起重机或叉式升降机对逐层装载的或货盘装载的集装箱进行整体装载。

5.3.3.2　集装箱应按尺寸正确填充，填充容量不宜过大或过小。

5.3.3.3　货品配送中心提供整体货盘装载时，应尽量使用在货盘上整体装载替代搬运单个集装箱，减轻对集装箱和其内部果蔬的损坏。

5.3.3.4　整体装载应使用托盘或隔板；应遵循叉式升降装卸车和货盘起重机的操作规范。

5.3.3.5　箱子之间应有纤维板、塑料或线状垂直内锁带；箱子应有孔以利于空气流通；箱子间应连结在一起避免水平位移；货盘上装载的箱子用塑料网覆盖；箱子和角板周围用塑料或金属带子捆住。

5.3.3.6　货盘应足够牢固，具备一定的承载能力，可以承受货物的交叉整齐堆放而不倒塌。

5.3.3.7　货盘底部的设计应考虑空气流通的需要，可用底部有孔的纤维板放在托盘底部使空气循环流通。

5.3.3.8　箱子不能悬在货盘边缘，这样会导致整个装载坍塌、产品摩擦受损，或造成运输过程中箱子位置的移动。

5.3.3.9　货盘应有适当数量的顶层横板，能承受住纤维板箱子的压力，避免产品摩擦受损或装载倾斜致使货盘倾翻。

5.3.3.10　没有捆绑或罩网的集装箱货盘装载，至少上面三层集装箱应交叉整齐堆放以保证货物的稳定性。除此之外，还可在顶层使用薄膜包裹或胶带。但当产品需要通风时，集装箱不应使用薄膜包裹。

5.3.3.11　可使用隔板代替货盘以降低成本，减少货盘运输和回收的费用。隔板一般是纤维或塑料质地，纤维板质地的隔板在潮湿环境中使用时要涂蜡。隔板应足够牢固，在满载时应能耐受叉式升降机的叉夹和牵拉。隔板还应有孔以保证装载情况下的空气流通，冷链运输不使用地槽浅的隔板以方便空气流通。

5.3.3.12　隔板上的集装箱应交叉整齐堆放，用薄膜缠绕或通过角板和捆绑加以固定。

5.3.3.13　装货时应使用以下一种或多种材料进行固定，防止在运输和搬运过程中震动和挤压对货品的损坏：

——铝制或木制的装载固定锁；

——纸板或纤维板蜂窝状填充物；

——木块和钉条；

——可充气的牛皮纸袋；

——货物网或货带等。

5.3.3.14　顶层纸板箱和集装箱的顶之间应保持一定的间隙以保证空气流通的需要。使用托盘、支架和衬板等使货运集装箱远离地板和墙面。在货品底端、四周和货品之间留有空气流通的间隙。

5.3.3.15　在混合装载时，相似大小的货物集装箱应放在一起。先装载较重的货物集装箱，均匀排列在拖车或集装箱底部，然后由重到轻依次装载，将轻的集装箱放在重的集装箱的上面。锁住和固定住不同尺寸的货运集装箱以确保安全。

5.3.3.16　应在靠近集装箱门的位置放置每种货物的样品，以减少检验时对货品的挪动。

5.3.4　运输操作

5.3.4.1 装货结束后，运输前要确保货舱封闭，装货出入口区域也应密封。

5.3.4.2 装货结束后，需要时要向拖车和集装箱中提供减低了氧气浓度、提高了二氧化碳和氮气浓度的空气。在拖车和集装箱货物装载通道的门旁应装有塑料薄膜帘和通气口。

5.3.4.3 运输过程中要保持货仓内的温度和相对湿度。

5.3.4.4 在温度最高区域的包装箱之间，应配备温度监控记录设备。

5.3.4.5 温度监控记录设备应安装在货品的顶端，靠近墙面，远离直接排出的冷气。当货品顶端放置冰块或湿度高于95%时，温度监控记录设备应防水或密封在塑料袋中。

5.3.4.6 温度的感应和测量应在制冷系统停止运行后进行。应遵循温度记录仪的使用说明，记录所装载货品、开启记录仪时间、记录结果、校准和验证等。

5.3.4.7 制冷系统、墙、顶、地板和门应密封，与外面的空气隔绝。否则形成的气体环境会被破坏。

5.3.4.8 冷链运输装备上应贴警示条，明示注意事项；卸货之前，车箱内应经过良好通风。

附　录　A
（资料性附录）
新鲜水果包装容器的种类、材料及适用范围

新鲜水果常用的包装容器、材料及适用范围见表 A. 1。

表 A. 1　　新鲜水果包装容器的种类、材料及适用范围

种类	材料	适用范围
塑料箱	高密度聚乙烯	适用于任何水果
纸箱	瓦楞纸板	适用于任何水果
纸袋	具有一定强度的纸张	装果量通常不超过 2 kg
纸盒	具有一定强度的纸张	适用于易受机械伤的水果
板条箱	木板条	适用于任何水果
筐	竹子、荆条	适用于任何水果
网袋	天然纤维或合成纤维	适用于不易受机械伤的水果
塑料托盘与塑料膜组成的包装	聚乙烯	适用于蒸发失水率高的水果，装果量通常不超过 1 kg
泡沫塑料箱	聚苯乙烯	适用于任何水果

附 录 B
（资料性附录）
新鲜水果包装内的支撑物和衬垫物

新鲜水果包装内的支撑物和衬垫物的种类和作用见表 B. 1。

表 B. 1 新鲜水果包装内的支撑物和衬垫物

种类	作用
纸	衬垫，缓冲挤压，保洁，减少失水
纸托盘、塑料托盘、泡沫塑料盘	衬垫和分离水果，减少碰撞
瓦楞插板	分离水果，增大支撑强度
泡沫塑料网或网套	衬垫，减少碰撞，缓冲震动
塑料薄膜袋	控制失水和呼吸
塑料薄膜	保护水果，控制失水

附　录　C
（资料性附录）
新鲜蔬菜包装容器的种类、材料及适用范围

新鲜蔬菜常用的包装容器、材料及适用范围见表 C. 1。

表 C. 1　　新鲜蔬菜包装容器的种类、材料及适用范围

种类	材料	适用范围
塑料箱	高密度聚乙烯	任何蔬菜
纸箱	瓦楞板纸	经过修整后的蔬菜
钙塑瓦楞箱	高密度聚乙烯树脂	任何蔬菜
板条箱	木板条	果菜类
筐	竹子、荆条	任何蔬菜
加固竹筐	筐体竹皮、筐盖木板	任何蔬菜
网、袋	天然纤维或合成纤维	不易擦伤、含水量少的蔬菜
发泡塑料箱	可发性聚苯乙烯等	附加值较高，对温度比较敏感，易损伤的蔬菜和水果

第五部分　检验检测

UDC 634/635：543.257.1
B 30

中华人民共和国国家标准

GB 10468—89

水果和蔬菜产品 pH 值的测定方法

Fruit and vegetable products—Determination of pH

1989-03-22 发布

1989-10-01 实施

国家技术监督局 发布

水果和蔬菜产品 pH 值的测定方法

本标准等效采用国际标准 ISO 1842—1975《水果和蔬菜产品 pH 值的测定》。

1 主题内容和适用范围

本标准规定了测定水果和蔬菜产品 pH 值的电位差法。适用于水果和蔬菜产品 pH 值的测定。

2 引用标准

GB 6857 pH 基准试剂 苯二甲酸氢钾
GB 6858 pH 基准试剂 酒石酸氢钾

3 试剂

3.1 新鲜蒸馏水或同等纯度的水：将水煮沸 5～10 min，冷却后立即使用，且存放时间不应超过 30 min。

3.2 pH 标准缓冲溶液：制备方法按 GB 6857、GB 6858 中规定操作。

4 仪器

pH 测定装置：分度值 0.02 单位。在试验温度下用已知 pH 值的标准缓冲溶液进行校正。

5 样品的制备

5.1 液态产品和易过滤的产品［例如：果（菜）汁、水果糖、浆、盐水、发酵的液体等］：将试验样品充分混合均匀。

5.2 稠厚或半稠厚的产品和难以分离出液体的产品（例如：果酱、果冻、糖浆等）：取一部分实验样品，在捣碎机中捣碎或在研钵中研磨，如果得到的样品仍较稠，则加入等量的水混匀。

5.3 冷冻产品：取一部分实验样品解冻，除去核或籽腔硬壁后，根据情况按 5.1 条或 5.2 条方法制备。

5.4 干产品：取一部分实验样品，切成小块，除去核或籽腔硬壁，将其置于烧杯中，加入 2～3 倍重量或更多些的水，以得到合适的稠度。在水浴中加热 30 min，然后在捣碎机中捣至均匀。

5.5 固相和液相明显分开的新鲜制品（例如：糖水水果、盐水蔬菜罐头产品）：按 5.2 条方法制备。

6 分析步骤

6.1 仪器标准

操作程序按仪器说明书进行。先将样品处理液和标准缓冲溶液调至同一温度，并将仪器温度补偿

旋 钮调至该温度上，如果仪器无温度校正系统，则只适合在25℃时进行测定。

6.2 样品测定

在玻璃或塑料容器中加入样品处理液，使其容量足够浸没电极，用 pH 测定装置测定样品处理液，并记录 pH 值，精确至 0.02 单位。同一制备样品至少进行两次测定。

7 分析结果的计算

如能满足第 8 章的要求，取两次测定的算术平均值作为测定结果。准确到小数点后第二位。

8 重复性

对于同一操作者连续两次测定的结果之差不超过 0.1 单位，否则重新测定。

附加说明：

本标准由中华人民共和国商业部副食品局提出。

本标准由北京市食品研究所负责起草。

本标准主要起草人沈兵、回九珍。

ICS 67.080.20
C 53

GB

中 华 人 民 共 和 国 国 家 标 准

GB 14891.5—1997
代替 GB 9980－88
GB 14891.5－94
GB 14891.7－94
GB 14891.8－94
ZB C53 001－84
ZB C53 003－84
ZB C53 004－84
ZB C53 006－84

辐照新鲜水果、蔬菜类卫生标准

Hygienic standard for irradiated
fresh fruits and vegetables

1997－06－16 发布　　　　1998－01－01 实施

中华人民共和国卫生部　发 布

前　言

根据“六五”、“七五”期间已制定的个别食品辐照卫生标准，参考FAO/WHO/IAEA等国际组织食品辐照的指导原则，收集国内外有关资料，制定了本标准。类别卫生标准的研究较完整、较系统，在国际上也是比较超前的，辐照食品的人体试食试验的研究在国际上具有一定的影响。因此，类别标准的制定，既省人力、财力，又可以扩大食品的覆盖面，提高标准的利用率。

本标准从实施之日起，同时代替ZB C53 001—84《辐照大蒜卫生标准》、ZB C53 003—84《辐照蘑菇卫生标准》、ZB C53 004—84《辐照马铃薯卫生标准》、ZB C53 006—84《辐照洋葱卫生标准》、GB 9980—88《辐照苹果卫生标准》、GB 14891. 5—94《辐照番茄卫生标准》、GB 14891. 7—94《辐照荔枝卫生标准》、GB 14891. 8—94《辐照蜜桔卫生标准》。

本标准由中华人民共和国卫生部提出，由中国预防医学科学院营养与食品卫生研究所归口。

本标准由上海市食品卫生监督检验所、中科院上海原子核研究所辐射基地、河南省食品卫生监督检 验所负责起草。

本标准主要起草人：张维兰、姜培珍、徐志成、马洛成、王培仁。

本标准由卫生部委托技术归口单位中国预防医学科学院负责解释。

辐照新鲜水果、蔬菜类卫生标准

1　范围

本标准规定了辐照新鲜水果、蔬菜类食品的技术要求和检验方法。

本标准适用于以抑止发芽、贮藏保鲜或推迟后熟延长货架期为目的，采用^{60}Co或^{137}Cs产生的γ射线或能量低于5 MeV的X射线或能量低于10 MeV的电子束照射处理的新鲜水果、蔬菜。

2　引用标准

下列标准所包含的条文，通过在本标准中引用而构成为本标准的条文。本标准出版时，所示版本均为有效。所有标准都会被修订，使用本标准的各方应探讨使用下列标准最新版本的可能性。

GB 2763—81　粮食、蔬菜等食品中六六六、滴滴涕残留量标准

GB 4788—94　食品中甲拌磷、杀螟硫磷、倍硫磷最大残留限量标准

GB 4809—84　食品中氟允许量标准

GB 4810—94　食品中砷限量卫生标准

GB 5009.11—1996　食品中总砷的测定方法

GB 5009.18—1996　食品中氟的测定方法

GB 5009.19—1996　食品中六六六、滴滴涕残留量的测定方法

GB 5009.20—1996　食品中有机磷农药残留量的测定方法

GB 5127—85　食品中敌敌畏、乐果、马拉硫磷、对硫磷允许残留量标准

3　技术要求

3.1　原料要求

凡需采用辐照处理的水果、蔬菜，在辐照前应经过认真挑拣，剔除腐败变质或已不适宜辐照处理的 食品，以保证辐照产品的卫生质量。

3.2　辐照限量与照射要求

3.2.1　剂量限制：辐照处理的新鲜水果、蔬菜总体平均吸收剂量不大于1.5 kGy。

3.2.2　照射要求：照射均匀，剂量准确，吸收剂量的不均匀度≤2。各种水果、蔬菜典型产品的参照吸收剂量见表1。

表1　　kGy

品种	辐照处理目的	总体平均吸收剂量
马铃薯	抑止发芽	0.1

续 表

品种	辐照处理目的	总体平均吸收剂量
洋葱	抑止发芽	0.1
大蒜	抑止发芽	0.1
生姜	抑止发芽	0.1
番茄	抑止后熟	0.2
冬笋	抑止后熟	0.1
胡萝卜	抑止后熟	0.1
蘑菇	抑止后熟	1.0
刀豆	抑止后熟	0.1
花菜	抑止后熟	0.1
卷心菜	延长保存期	0.1
茭白	延长保存期	0.1
苹果	延长保存期	0.5
荔枝	抑止后熟	0.5
葡萄	抑止后熟	1.0
猕猴桃	抑止后熟	0.5
草莓	延长保存期	1.5

3.3 感官要求

凡经辐照处理的新鲜水果、蔬菜，应保持其原有的色、香、味和形状，且无腐败变质或异味。

3.4 理化指标

理化指标应符合表 2 的规定。

表 2

项目	指 标
六六六、滴滴涕	按 GB 2763 规定
甲拌磷、杀螟硫磷、倍硫磷	按 GB 4788 规定
氟	按 GB 4809 规定
砷	按 GB 4810 规定
敌敌畏、乐果、马拉硫磷、对硫磷	按 GB 5127 规定

4 检验方法

4.1 六六六、滴滴涕残留量的测定按 GB 5009.19 规定执行。

4.2 有机磷农药残留量的测定按 GB 5009.20 规定执行。

4.3 氟的测定按 GB 5009.18 规定执行。

4.4 总砷的测定按 GB 5009.11 规定执行。

ICS 67.080.10
X 53

中华人民共和国国家标准

GB 16325—2005
代替 GB 16325—1996

干果食品卫生标准

Hygienic standard for dried fruits

2005-01-25 发布　　2005-10-01 实施

中华人民共和国卫生部
中国国家标准化管理委员会　发布

前　言

本标准全文强制。

本标准代替并废止 GB 16325—1996《干果食品卫生标准》。

本标准与 GB 16325—1996 相比主要变化如下：

——按照 GB/T 1. 1—2000 对标准文本格式进行了修改；

——对 GB 16325—1996 结构、适用范围进行了修改，增加了原料、食品添加剂、生产加工过程的卫生要求、包装、标识、贮存及运输的卫生要求。

本标准于 2005 年 10 月 1 日起实施，过渡期为一年。即 2005 年 10 月 1 日前生产并符合相应标准要求的产品，允许销售至 2006 年 9 月 30 日止。

本标准由中华人民共和国卫生部提出并归口。

本标准起草单位：浙江省食品卫生监督检验所、新疆维吾尔自治区卫生防疫站、广东省食品卫生监督检验所、四川省食品卫生监督检验所、湖北省卫生防疫站、卫生部卫生监督中心、天津市卫生局公共卫生监督所、辽宁省卫生监督所。

本标准主要起草人：陈安美、刘翠英、邓红、兰真、谷京宇、崔春明、王旭太。

本标准所代替标准的历次版本发布情况为：

——GB 16325—1996。

干果食品卫生标准

1 范围

本标准规定了干果食品的卫生指标和检验方法以及食品添加剂、生产加工过程、包装、标识、贮存、运输的卫生要求。

本标准适用于以新鲜水果（如桂圆、荔枝、葡萄、柿子等）为原料，经晾晒、干燥等脱水工艺加工制成的干果食品。

2 规范性引用文件

下列文件中的条款通过本标准的引用而成为本标准的条款。凡是注日期的引用文件，其随后所有的修改单（不包括勘误的内容）或修订版均不适用于本标准，然而，鼓励根据本标准达成协议的各方研究是否可使用这些文件的最新版本。凡是不注日期的引用文件，其最新版本适用于本标准。

GB 2760 食品添加剂使用卫生标准

GB/T 4789.32 食品卫生微生物学检验 粮谷、果蔬类食品检验

GB/T 5009.3 食品中水分的测定

GB/T 5009.187 干果（桂圆、荔枝、葡萄干、柿饼）中总酸的测定

GB 7718 预包装食品标签通则

GB 14881 食品企业通用卫生规范

3 指标要求

3.1 原料要求

应符合相应的标准和有关规定。

3.2 感官指标

无虫蛀、无霉变、无异味。

3.3 理化指标

理化指标应符合表1的规定。

表1 理化指标

项目	指标			
	桂圆	荔枝	葡萄干	柿饼
水分/（g/100 g） ≤	25	25	20	35
总酸/（g/100 g） ≤	1.5	1.5	2.5	6

3.4 微生物指标

微生物指标应符合表 2 的规定。

表 2　　微生物指标

项目	指标	
	葡萄干	柿饼
致病菌（沙门氏菌、志贺氏菌、金黄色葡萄球菌）	不得检出	不得检出

4 食品添加剂

4.1 食品添加剂质量应符合相应的标准和有关规定。
4.2 食品添加剂品种及其使用量应符合 GB 2760 的规定。

5 食品生产加工过程

应符合 GB 14881 的规定

6 包装卫生要求

包装容器和材料应符合相应的卫生标准和有关规定。

7 标识要求

定型包装的标识按 GB 7718 规定执行。

8 贮存及运输

8.1 贮存

成品应贮存在干燥、通风良好的场所，不得与有毒、有害、有异味、易挥发、易腐蚀的物品同处贮存。

8.2 运输

运输产品时应避免日晒、雨淋。不得与有毒、有害、有异味或影响产品质量的物品混装运输。

9 检验方法

9.1 水分

按 GB/T 5009.3 规定的方法测定。

9.2 总酸

按 GB/T 5009.187 规定的方法测定。

9.3 微生物指标

按 GB/T 4789.32 规定的方法检验。

ICS 67.050
X 04

中 华 人 民 共 和 国 国 家 标 准

GB/T 23380—2009

水果、蔬菜中多菌灵残留的测定 高效液相色谱法

Determination of carbendazim residues in fruits and vegetables—HPLC method

2009-04-08 发布　　2009-05-01 实施

中华人民共和国国家质量监督检验检疫总局
中国国家标准化管理委员会　发布

前　言

本标准的附录 A 为资料性附录。

本标准由安徽省质量技术监督局提出。

本标准由中国标准化研究院归口。

本标准起草单位：国家农副加工食品质量监督检验中心、安徽国家农业标准化与监测中心。

本标准主要起草人：聂磊、卢业举、邵栋梁、张波、张先铃、赵维克、姚彦如。

水果、蔬菜中多菌灵残留的测定
高效液相色谱法

1 范围

本标准规定了水果、蔬菜中多菌灵残留量的高效液相色谱测定方法。

本标准适用于水果、蔬菜中多菌灵残留量的测定。

本标准的方法检出限：0.02 mg/kg。

2 规范性引用文件

下列文件中的条款通过本标准的引用而成为本标准的条款。凡是注日期的引用文件，其随后所有的修改单（不包括勘误的内容）或修订版均不适用于本标准，然而，鼓励根据本标准达成协议的各方研究是否可使用这些文件的最新版本。凡是不注日期的引用文件，其最新版本适用于本标准。

GB/T 6682 分析实验室用水规格和试验方法（GB/T 6682—2008，ISO 3696：1987，MOD）

GB/T 8855 新鲜水果和蔬菜 取样方法（GB/T 8855—2008，ISO 874：1980，IDT）

3 原理

水果、蔬菜样品中多菌灵经加速溶剂萃取仪（ASE）萃取，萃取液经固相萃取（SPE）分离、净化，浓缩、定容后上高效液相色谱仪检测，外标法定量。

4 试剂和材料

除另有说明外，所用试剂均为分析纯，实验用水均为 GB/T 6682 规定的一级水。

4.1 甲醇：色谱纯。

4.2 0.1 mol/L 盐酸。

4.3 2 % 氨水（体积分数）：2 mL 氨水（25 % ~28 %）+98 mL 水。

4.4 2 % 氨水 - 甲醇溶液（体积分数）：2 mL 氨水（25 % ~28 %）+98 mL 甲醇。

4.5 4 % 氨水 - 甲醇溶液（体积分数）：4 mL 氨水（25 % ~28 %）+96 mL 甲醇。

4.6 磷酸盐缓冲溶液（0.02 mol/L，pH =6.8）：1.38 g 磷酸二氢钠和 1.41 g 磷酸氢二钠溶于 900 mL 水中，用磷酸调 pH 至 6.8，定容至 1000mL。

4.7 固相萃取小柱（Oasis MCX6 mL，150 mg，或相当者），使用前需依次用 2 mL 甲醇、3 mL 2% 氨水进行活化。

4.8 多菌灵标准溶液：100ug/mL。低温避光保存。

4.9 多菌灵标准工作溶液：取上述标准溶液根据需要用流动相配制成适当浓度的标准系列工作溶

液，需现配现用。

5 仪器和设备

5.1 液相色谱仪：配二极管阵列检测器（DAD）或紫外检测器（UV）。

5.2 加速溶剂萃取仪（ASE）。萃取参考条件：34mL 萃取池，温度 100 ℃，压强 13.80 MPa（2000 psi），加热 5 min，以甲醇为溶剂静态萃取 5 min，60 % 溶剂快速冲洗试样，60 s 氮气吹扫。

5.3 固相萃取仪（SPE）。

5.4 旋转蒸发器。

5.5 氮吹装置。

5.6 分析天平：感量 0.1 mg。

6 测定步骤

6.1 试样制备、保存

按 GB/T 8855 取水果、蔬菜可食用部分，粉碎，装入密闭洁净容器中标记明示。

试样应置于 4 ℃冷藏保存。

6.2 提取

称取制备样 5.00 g，加入硅藻土适量，上加速溶剂萃取仪，使用 34 mL 萃取池，温度 100 ℃，压强 13.80 MPa（2 000 psi），加热 5 min，以甲醇为溶剂静态萃取 5 min，60 % 溶剂快速冲洗试样，60 s 氮气吹扫，循环一次，收集提取液，于 45 ℃水浴中减压浓缩近干，用 10 mL 0.1 mol/L 盐酸溶液将残余物溶解。

6.3 净化

将上述溶液移入活化后的固相萃取小柱，依次用 2 mL 2% 氨水（4.3）、2 mL 2 % 氨水 - 甲醇溶液（4.4）、2 mL 0.1 mol/L 盐酸溶液（4.2）、3 mL 甲醇淋洗小柱，弃去淋洗液。最后用 3 mL 4 % 氨水 - 甲醇溶液（4.5）洗脱柱子，收集洗脱液，置于 45 ℃水浴中用氮气吹干，用 1 mL 流动相溶解残渣，过 0.45μm 滤膜后供液相色谱测定用。

6.4 参考色谱条件

6.4.1 色谱柱：C_{18}柱（4.6 mm×250 mm，5 μm）。

6.4.2 流动相：磷酸盐缓冲溶液（4.6）+乙腈（80+20），使用前经 0.45 μm 滤膜过滤。

6.4.3 流速：1.0 mL/min。

6.4.4 检测波长：286 nm。

6.4.5 进样量：20 μL。

6.5 测定

取净化后样品测试液和标准溶液各 20 μL，进行高效液相色谱分析，以保留时间为依据进行定性，以峰面积对标准溶液的浓度制作校正曲线，对样品进行定量。多菌灵标准品色谱图参见附录 A。

6.6 平行试验

按以上步骤对同一试样进行平行试验测定。

6.7 空白试验

除不称取样品外，均按上述步骤进行。

7 结果结算

试样中多菌灵残留量按式（1）计算：

$$X = \frac{c \times V \times 1000}{m \times 1000} \tag{1}$$

式中：

X——试样中多菌灵残留量，单位为毫克每千克（mg/kg）；

c——从标准曲线上得到的多菌灵浓度，单位为微克每毫升（μg/mL）；

V——样品定容体积，单位为毫升（mL）；

m——称取试样的质量，单位为克（g）。

8 精密度

在再现性条件下获得的两次独立的测试结果的绝对差值不大于这两个测定值的算术平均值的 15 %。

附　录　A
（资料性附录）
多菌灵标准品色谱图

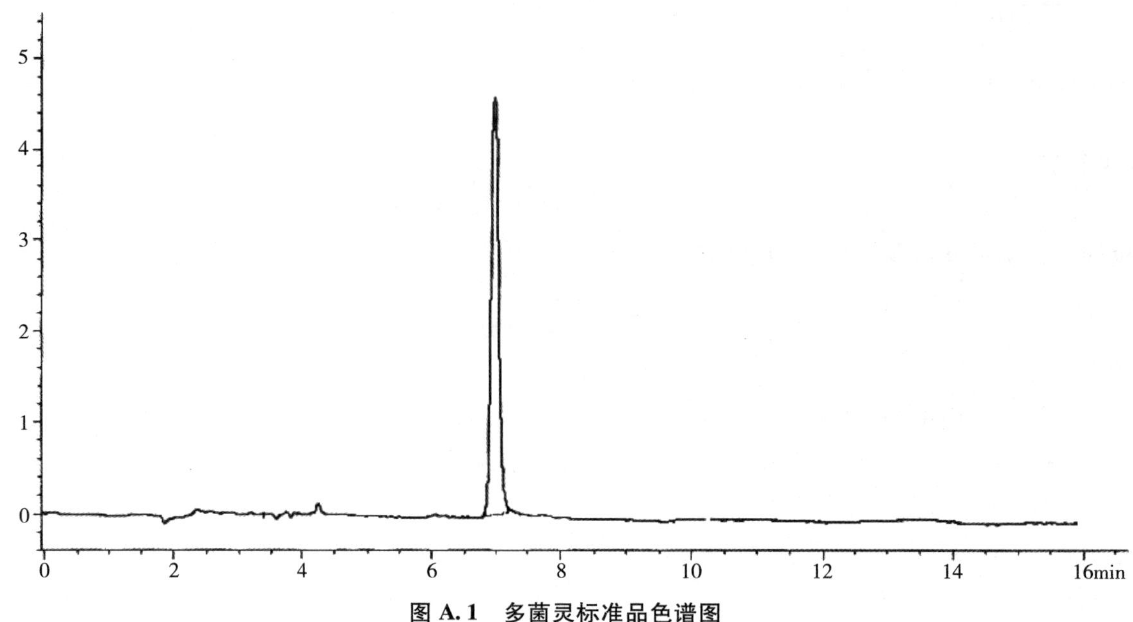

图 A.1　多菌灵标准品色谱图

GB

中华人民共和国国家标准

GB 23200.8—2016
代替 GB/T 19648—2006

食品安全国家标准
水果和蔬菜中500种农药及相关化学品残留量的测定
气相色谱-质谱法

National food safety standards—
Determination of 500 pesticides and related chemicals residues in fruits and vegetables
Gas chromatography – mass spectrometry

2016-12-18 发布　　2017-06-18 实施

中华人民共和国国家卫生和计划生育委员会
中华人民共和国农业部　　发布
国家食品药品监督管理总局

前　言

本标准代替 GB/T 19648—2006《水果和蔬菜中 500 种农药及相关化学品残留的测定　气相色谱－质谱法》。

本标准与 GB/T 19648—2006 相比，主要变化如下：

——标准文本格式修改为食品安全国家标准文本格式；

——标准范围中增加“其他蔬菜和水果可参照执行”。

本标准所代替标准的历次版本发布情况为：

——GB/T 19648—2006。

食品安全国家标准
水果和蔬菜中500种农药及相关化学品残留量的测定
气相色谱－质谱法

1 范围

本标准规定了苹果、柑桔、葡萄、甘蓝、芹菜、西红柿中500种农药及相关化学品（参见附录A）残留量气相色谱－质谱测定方法。

本标准适用于苹果、柑桔、葡萄、甘蓝、芹菜、西红柿中500种农药及相关化学品残留量的测定，其他蔬菜和水果可参照执行。

2 规范性引用文件

下列文件对于本文件的应用是必不可少的。凡是注日期的引用文件，仅所注日期的版本适用于本文件。凡是不注日期的引用文件，其最新版本（包括所有的修改单）适用于本文件。

GB 2763 食品安全国家标准 食品中农药最大残留限量

GB/T 6682 分析实验室用水规格和试验方法

3 原理

试样用乙腈匀浆提取，盐析离心后，取上清液，经固相萃取柱净化，用乙腈－甲苯溶液（3＋1）洗脱农药及相关化学品，溶剂交换后用气相色谱－质谱仪检测。

4 试剂和材料

4.1 试剂

4.1.1 乙腈（CH_3CN，75－05－8）：色谱纯。

4.1.2 氯化钠（NaCl，7647－14－5）：优级纯。

4.1.3 无水硫酸钠（Na_2SO_4，7757－82－6）：分析纯。用前在650℃灼烧4h，贮于干燥器中，冷却后备用。

4.1.4 甲苯（C_7H_8，108－88－3）：优级纯。

4.1.5 丙酮（CH_3COCH_3，67－64－1）：分析纯，重蒸馏。

4.1.6 二氯甲烷（CH_2Cl_2，75－09－2）：色谱纯。

4.1.7 正己烷（C_6H_{14}，110－54－3）：分析纯，重蒸馏。

4.2 标准品

农药及相关化学品标准物质：纯度≥95%，见附录A。

4.3 标准溶液配制

4.3.1 标准储备溶液

分别称取适量（精确至0.1 mg）各种农药及相关化学品标准物分别于10mL容量瓶中，根据标准物的溶解性选甲苯、甲苯+丙酮混合液、二氯甲烷等溶剂溶解并定容至刻度（溶剂选择参见附录A），标准溶液避光4℃保存，保存期为一年。

4.3.2 混合标准溶液（混合标准溶液A、B、C、D和E）

按照农药及相关化学品的性质和保留时间，将500种农药及相关化学品分成A、B、C、D、E五个组，并根据每种农药及相关化学品在仪器上的响应灵敏度，确定其在混合标准溶液中的浓度。本标准对500种农药及相关化学品的分组及其混合标准溶液浓度参见附录A。

依据每种农药及相关化学品的分组号、混合标准溶液浓度及其标准储备液的浓度，移取一定量的单个农药及相关化学品标准储备溶液于100 mL容量瓶中，用甲苯定容至刻度。混合标准溶液避光4 ℃保存，保存期为一个月。

4.3.3 内标溶液

准确称取3.5 mg环氧七氯于100 mL容量瓶中，用甲苯定容至刻度。

4.3.4 基质混合标准工作溶液

A、B、C、D、E组农药及相关化学品基质混合标准工作溶液是将40 μL内标溶液（4.3.3）和50 μL的混合标准溶液（4.3.2）分别加到1.0 mL的样品空白基质提取液中，混匀，配成基质混合标准工作溶液A、B、C、D和E。基质混合标准工作溶液应现用现配。

4.4 材料

4.4.1 Envi－18柱[1)]：12mL，2.0g或相当者。

4.4.2 Envi－Carb[1)]活性碳柱：6mL，0.5g或相当者。

4.4.3 Sep－Pak[2)] NH_2固相萃取柱：3mL，0.5g或相当者。

5 仪器和设备

5.1 气相色谱－质谱仪：配有电子轰击源（EI）。

5.2 分析天平：感量0.01 g和0.0 001 g。

5.3 均质器：转速不低于20 000 r/min。

5.4 鸡心瓶：200 mL。

5.5 移液器：1 mL。

5.6 氮气吹干仪。

6 试样制备

水果、蔬菜样品取样部位按GB 2763附录A执行，将样品切碎混匀均一化制成匀浆，制备好的试

1） Envi－18柱和Envi －Carb柱是SUPELCO公司产品的商品名称，给出这一信息是为了方便本标准的使用者，并不是表示对该产品的认可。如果其他等效产品具有相同的效果，则可使用这些等效产品。

2） Sep－Pak NH2柱是Waters公司产品的商品名称，给出这一信息是为了方便本标准的使用者，并不是表示对该产品的认可。如果其他等效产品具有相同的效果，则可使用这些等效产品。

样均分成两份，装入洁净的盛样容器内，密封并标明标记。将试样于 -18 ℃冷冻保存。

7 分析步骤

7.1 提取

称取 20 g 试样（精确至 0.01 g）于 80 mL 离心管中，加入 40 mL 乙腈，用均质器在 15 000 r/min 匀浆提取 1 min，加入 5 g 氯化钠，再匀浆提取 1 min，将离心管放入离心机，在 3 000 r/min 离心 5 min，取上清液 20 mL（相当于 10 g 试样量），待净化。

7.2 净化

7.2.1 将 Envi -18 柱放入固定架上，加样前先用 10 mL 乙腈预洗柱，下接鸡心瓶，移入上述 20 mL 提取液，并用 15 mL 乙腈洗涤柱，将收集的提取液和洗涤液在 40 ℃水浴中旋转浓缩至约 1 mL，备用。

7.2.2 在 Envi - Carb 柱中加入约 2 cm 高无水硫酸钠，将该柱连接在 Sep - Pak 氨丙基柱顶部，将串联柱下接鸡心瓶放在固定架上。加样前先用 4 mL 乙腈 - 甲苯溶液（3 +1）预洗柱，当液面到达硫酸钠的顶部时，迅速将样品浓缩液（7.2.1）转移至净化柱上，再每次用 2 mL 乙腈 - 甲苯溶液（3 +1）三次洗涤样液瓶，并将洗涤液移入柱中。在串联柱上加上 50 mL 贮液器，用 25 mL 乙腈 - 甲苯溶液（3 +1）洗涤串联柱，收集所有流出物于鸡心瓶中，并在 40 ℃水浴中旋转浓缩至约 0.5 mL。每次加入 5 mL 正己烷在 40 ℃水浴中旋转蒸发，进行溶剂交换二次，最后使样液体积约为 1 mL，加入 40 μL 内标溶液，混匀，用于气相色谱 - 质谱测定。

7.3 测定

7.3.1 气相色谱 - 质谱参考条件

a）色谱柱：DB -1701（30 m ×0.25 mm ×0.25 μm）石英毛细管柱或相当者；

b）色谱柱温度程序：40℃保持 1min，然后以 30℃/min 程序升温至 130℃，再以 5℃/min 升温至 250℃，再以 10℃/min 升温至 300℃，保持 5min；

c）载气：氦气，纯度≥99.999 %，流速：1.2 mL/min；

d）进样口温度：290 ℃；

e）进样量：1 量℃；

f）进样方式：无分流进样，1.5 min 后打开分流阀和隔垫吹扫阀；

g）电子轰击源：70 eV；

h）离子源温度：230℃；

i）GC - MS 接口温度：280 度；

j）选择离子监测：每种化合物分别选择一个定量离子，2 个 ~3 个定性离子。每组所有需要检测的离子按照出峰顺序，分时段分别检测。每种化合物的保留时间、定量离子、定性离子及定量离子与定性离子的丰度比值，参见附录 B。每组检测离子的开始时间和驻留时间参见附录 C。

7.3.2 定性测定

进行样品测定时，如果检出的色谱峰的保留时间与标准样品相一致，并且在扣除背景后的样品质谱图中，所选择的离子均出现，而且所选择的离子丰度比与标准样品的离子丰度比相一致（相对丰度 >50 %，允许 ±10 %偏差；相对丰度 >20 % ~50 %，允许 ±15 %偏差；相对丰度 >10 % ~20 %，

允许 ±20 % 偏差；相对丰度≤10 %，允许 ±50 % 偏差），则可判断样品中存在这种农药或相关化学品。如果不能确证，应重新进样，以扫描方式（有足够灵敏度）或采用增加其他确证离子的方式或用其他灵敏度更高的分析仪器来确证。

7.3.3　定量测定

本方法采用内标法单离子定量测定。内标物为环氧七氯。为减少基质的影响，定量用标准溶液应采用基质混合标准工作溶液。标准溶液的浓度应与待测化合物的浓度相近。本方法的 A、B、C、D、E 五组标准物质在苹果基质中选择离子监测 GC－MS 图参见附录 D。

7.4　平行试验

按以上步骤对同一试样进行平行测定。

7.5　空白试验

除不称取试样外，均按上述步骤进行。

8　结果计算和表述

气相色谱－质谱测定结果可由计算机按内标法自动计算，也可按式（1）计算

$$X = C_s \times \frac{A}{A_s} \times \frac{C_i}{C_{si}} \times \frac{A_{si}}{A_i} \times \frac{V}{m} \times \frac{1000}{1000} \tag{1}$$

式中：

X——试样中被测物残留量，单位为毫克每千克（mg/kg）；

C_s——基质标准工作溶液中被测物的浓度，单位为微克每毫升（μg/mL）；

A——试样溶液中被测物的色谱峰面积；

A_s——基质标准工作溶液中被测物的色谱峰面积；

C_i——试样溶液中内标物的浓度，单位为微克每毫升（μg/mL）；

C_{si}——基质标准工作溶液中内标物的浓度，单位为微克每毫升（μg/mL）；

A_{si}——基质标准工作溶液中内标物的色谱峰面积；

A_i——试样溶液中内标物的色谱峰面积；

V——样液最终定容体积，单位为毫升（mL）；

m——试样溶液所代表试样的质量，单位为克（g）。

计算结果应扣除空白值，测定结果用平行测定的算术平均值表示，保留两位有效数字。

9　精密度

9.1　在重复性条件下获得的两次独立测定结果的绝对差值与其算术平均值的比值（百分率），应符合附录 E 的要求。

9.2　在再现性条件下获得的两次独立测定结果的绝对差值与其算术平均值的比值（百分率），应符合附录 F 的要求。

10 定量限和回收率

10.1 定量限

本方法的定量限见附录 A。

10.2 回收率

当添加水平为 LOQ、2 × LOQ、10 × LOQ 时，添加回收率参见附录 G。

附 录 A
(资料性附录)
500 种农药及相关化学品方法定量限、分组、溶剂选择和混合标准溶液的浓度

A.1 500 种农药及相关化学品中、英文名称、方法定量限、分组、溶剂选择和混合标准溶液浓度表见表 A.1。

表 A.1

序号	中文名称	英文名称	定量限 (mg/kg)	溶剂	混合标准溶液浓度 (mg/L)
内标	环氧七氯	Heptachlor-epoxide		甲苯	
A 组					
1	二丙烯草胺	Allidochlor	0.0250	甲苯	5
2	烯丙酰草胺	Dichlormid	0.0250	甲苯	5
3	土菌灵	Etridiazol	0.0376	甲苯	7.5
4	氯甲硫磷	Chlormephos	0.0250	甲苯	5
5	苯胺灵	Propham	0.0126	甲苯	2.5
6	环草敌	Cycloate	0.0126	甲苯	2.5
7	联苯二胺	Diphenylamine	0.0126	甲苯	2.5
8	杀虫脒	Chlordimeform	0.0126	正己烷	2.5
9	乙丁烯氟灵	Ethalfluralin	0.0500	甲苯	10
10	甲拌磷	Phorate	0.0126	甲苯	2.5
11	甲基乙拌磷	Thiometon	0.0126	甲苯	2.5
12	五氯硝基苯	Quintozene	0.0250	甲苯	5
13	脱乙基阿特拉津	Atrazine-desethyl	0.0126	甲苯 + 丙酮 (8 + 2)	2.5
14	异噁草松	Clomazone	0.0126	甲苯	2.5
15	二嗪磷	Diazinon	0.0126	甲苯	2.5
16	地虫硫磷	Fonofos	0.0126	甲苯	2.5
17	乙嘧硫磷	Etrimfos	0.0126	甲苯	2.5
18	西玛津	Simazine	0.0126	甲醇	2.5
19	胺丙畏	Propetamphos	0.0126	甲苯	2.5
20	仲丁通	Secbumeton	0.0126	甲苯	2.5
21	除线磷	Dichlofenthion	0.0126	甲苯	2.5
22	炔丙烯草胺	Pronamide	0.0126	甲苯 + 丙酮 (9 + 1)	2.5
23	兹克威	Mexacarbate	0.0376	甲苯	7.5
24	艾氏剂	Aldrin	0.0250	甲苯	5
25	氨氟灵	Dinitramine	0.0500	甲苯	10

（续表）

序号	中文名称	英文名称	定量限（mg/kg）	溶剂	混合标准溶液浓度（mg/L）
26	皮蝇磷	Ronnel	0.0250	甲苯	5
27	扑草净	Prometryne	0.0126	甲苯	2.5
28	环丙津	Cyprazine	0.0126	甲苯+丙酮（9+1）	2.5
29	乙烯菌核利	Vinclozolin	0.0126	甲苯	2.5
30	β-六六六	Beta-HCH	0.0126	甲苯	2.5
31	甲霜灵	Metalaxyl	0.0376	甲苯	7.5
32	毒死蜱	Chlorpyrifos（-ethyl）	0.0126	甲苯	2.5
33	甲基对硫磷	Methyl-Parathion	0.0500	甲苯	10
34	蒽醌	Anthraquinone	0.0126	二氯甲烷	2.5
35	δ-六六六	Delta-HCH	0.0250	甲苯	5
36	倍硫磷	Fenthion	0.0126	甲苯	2.5
37	马拉硫磷	Malathion	0.0500	甲苯	10
38	杀螟硫磷	Fenitrothion	0.0250	甲苯	5
39	对氧磷	Paraoxon-ethyl	0.4000	甲苯	80
40	三唑酮	Triadimefon	0.0250	甲苯	5
41	对硫磷	Parathion	0.0500	甲苯	10
42	二甲戊灵	Pendimethalin	0.0500	甲苯	10
43	利谷隆	Linuron	0.0500	甲苯+丙酮（9+1）	10
44	杀螨醚	Chlorbenside	0.0250	甲苯	5
45	乙基溴硫磷	Bromophos-ethyl	0.0126	甲苯	2.5
46	喹硫磷	Quinalphos	0.0126	甲苯	2.5
47	反式氯丹	trans-Chlordane	0.0126	甲苯	2.5
48	稻丰散	Phenthoate	0.0250	甲苯	5
49	吡唑草胺	Metazachlor	0.0376	甲苯	7.5
50	苯硫威	fenothiocarb	0.0250	丙酮	5
51	丙硫磷	Prothiophos	0.0126	甲苯	2.5
52	整形醇	Chlorfurenol	0.0376	甲苯+丙酮（9+1）	7.5
53	狄氏剂	Dieldrin	0.0250	甲苯	5
54	腐霉利	Procymidone	0.0126	甲苯	2.5
55	杀扑磷	Methidathion	0.0250	甲苯	5
56	氰草津	Cyanazine	0.0376	甲苯+丙酮（8+2）	7.5
57	敌草胺	Napropamide	0.0376	甲苯	7.5
58	噁草酮	Oxadiazone	0.0126	甲苯	2.5
59	苯线磷	Fenamiphos	0.0376	甲苯	7.5
60	杀螨氯硫	Tetrasul	0.0126	甲苯	2.5
61	杀螨特	Aramite	0.0126	二氯甲烷	2.5

（续表）

序号	中文名称	英文名称	定量限（mg/kg）	溶剂	混合标准溶液浓度（mg/L）
62	乙嘧酚磺酸酯	Bupirimate	0.0126	甲苯	2.5
63	萎锈灵	Carboxin	0.3000	甲苯	60
64	氟酰胺	Flutolanil	0.0126	甲苯	2.5
65	p,p′-滴滴滴	4,4′-DDD	0.0126	甲苯	2.5
66	乙硫磷	Ethion	0.0250	甲苯	5
67	硫丙磷	Sulprofos	0.0250	甲苯	5
68	乙环唑-1	Etaconazole-1	0.0376	甲苯	7.5
69	乙环唑-2	Etaconazole-2	0.0376	甲苯	7.5
70	腈菌唑	Myclobutanil	0.0126	甲苯	2.5
71	禾草灵	Diclofop-methyl	0.0126	甲苯	2.5
72	丙环唑	Propiconazole	0.0376	甲苯	7.5
73	丰索磷	Fensulfothion	0.0250	甲苯	5
74	联苯菊酯	Bifenthrin	0.0126	正己烷	2.5
75	灭蚁灵	Mirex	0.0126	甲苯	2.5
76	麦锈灵	Benodanil	0.0376	甲苯	7.5
77	氟苯嘧啶醇	Nuarimol	0.0250	甲苯+丙酮(9+1)	5
78	甲氧滴滴涕	Methoxychlor	0.1000	甲苯	20
79	噁霜灵	Oxadixyl	0.0126	甲苯	2.5
80	胺菊酯	Tetramethirn	0.0250	甲苯	5
81	戊唑醇	Tebuconazole	0.0376	甲苯	7.5
82	氟草敏	Norflurazon	0.0126	甲苯+丙酮(9+1)	2.5
83	哒嗪硫磷	Pyridaphenthion	0.0126	甲苯	2.5
84	亚胺硫磷	Phosmet	0.0250	甲苯	5
85	三氯杀螨砜	Tetradifon	0.0126	甲苯	2.5
86	氧化萎锈灵	Oxycarboxin	0.0750	甲苯+丙酮(9+1)	15
87	顺式-氯菊酯	cis-Permethrin	0.0126	甲苯	2.5
88	反式-氯菊酯	trans-Permethrin	0.0126	甲苯	2.5
89	吡菌磷	Pyrazophos	0.0250	甲苯	5
90	氯氰菊酯	Cypermethrin	0.0376	甲苯	7.5
91	氰戊菊酯	Fenvalerate	0.0500	甲苯	10
92	溴氰菊酯	Deltamethrin	0.0750	甲苯	15
B组					
93	茵草敌	EPTC	0.0376	甲苯	7.5
94	丁草敌	Butylate	0.0376	甲苯	7.5
95	敌草腈	Dichlobenil	0.0026	甲苯	0.5
96	克草敌	Pebulate	0.0376	甲苯	7.5

（续表）

序号	中文名称	英文名称	定量限（mg/kg）	溶剂	混合标准溶液浓度（mg/L）
97	三氯甲基吡啶	Nitrapyrin	0.0376	甲苯	7.5
98	速灭磷	Mevinphos	0.0250	甲苯	5
99	氯苯甲醚	Chloroneb	0.0126	甲苯	2.5
100	四氯硝基苯	Tecnazene	0.0250	甲苯	5
101	庚烯磷	Heptanophos	0.0376	甲苯	7.5
102	六氯苯	Hexachlorobenzene	0.0126	甲苯	2.5
103	灭线磷	Ethoprophos	0.0376	甲苯	7.5
104	顺式－燕麦敌	cis－Diallate	0.0250	甲苯	5
105	毒草胺	Propachlor	0.0376	甲苯	7.5
106	反式－燕麦敌	trans－Diallate	0.0250	甲苯	5
107	氟乐灵	Trifluralin	0.0250	甲苯	5
108	氯苯胺灵	Chlorpropham	0.0250	甲苯	5
109	治螟磷	Sulfotep	0.0126	甲苯	2.5
110	菜草畏	Sulfallate	0.0250	甲苯	5
111	α－六六六	Alpha－HCH	0.0126	甲苯	2.5
112	特丁硫磷	Terbufos	0.0250	甲苯	5
113	特丁通	Terbumeton	0.0376	甲苯	7.5
114	环丙氟灵	Profluralin	0.0500	甲苯	10
115	敌噁磷	Dioxathion	0.0500	甲苯	10
116	扑灭津	Propazine	0.0126	甲苯	2.5
117	氯炔灵	Chlorbufam	0.0250	甲苯	5
118	氯硝胺	Dicloran	0.0250	甲苯＋丙酮(9＋1)	5
119	特丁津	Terbuthylazine	0.0126	甲苯	2.5
120	绿谷隆	Monolinuron	0.0500	甲苯	10
121	氟虫脲	Flufenoxuron	0.0376	甲苯＋丙酮(8＋2)	7.5
122	杀螟腈	Cyanophos	0.0250	甲苯	5
123	甲基毒死蜱	Chlorpyrifos－methyl	0.0126	甲苯	2.5
124	敌草净	Desmetryn	0.0126	甲苯	2.5
125	二甲草胺	Dimethachlor	0.0376	甲苯	7.5
126	甲草胺	Alachlor	0.0376	甲苯	7.5
127	甲基嘧啶磷	Pirimiphos－methyl	0.0126	甲苯	2.5
128	特丁净	Terbutryn	0.0250	甲苯	5
129	杀草丹	Thiobencarb	0.0250	甲苯	5
130	丙硫特普	Aspon	0.0250	甲苯	5
131	三氯杀螨醇	Dicofol	0.0250	甲苯	5
132	异丙甲草胺	Metolachlor	0.0126	甲苯	2.5

（续表）

序号	中文名称	英文名称	定量限（mg/kg）	溶剂	混合标准溶液浓度（mg/L）
133	氧化氯丹	Oxy－chlordane	0.0126	甲苯	2.5
134	嘧啶磷	Pirimiphos－ethyl	0.0250	甲苯	5
135	烯虫酯	Methoprene	0.0500	甲苯	10
136	溴硫磷	Bromofos	0.0250	甲苯	5
137	苯氟磺胺	Dichlofluanid	0.6000	甲苯	120
138	乙氧呋草黄	Ethofumesate	0.0250	甲苯	5
139	异丙乐灵	Isopropalin	0.0250	甲苯	5
140	硫丹－1	Endosulfan－1	0.0750	甲苯	15
141	敌稗	Propanil	0.0250	甲苯＋丙酮(9＋1)	5
142	异柳磷	Isofenphos	0.0250	甲苯	5
143	育畜磷	Crufomate	0.0750	甲苯	15
144	毒虫畏	Chlorfenvinphos	0.0376	甲苯	7.5
145	顺式－氯丹	cis－Chlordane	0.0250	甲苯	5
146	甲苯氟磺胺	Tolylfluanide	0.3000	甲苯	60
147	p,p′-滴滴伊	4,4′-DDE	0.0126	甲苯	2.5
148	丁草胺	Butachlor	0.0250	甲苯	5
149	乙菌利	Chlozolinate	0.0250	甲苯	5
150	巴毒磷	Crotoxyphos	0.0750	甲苯	15
151	碘硫磷	Iodofenphos	0.0250	甲苯	5
152	杀虫畏	Tetrachlorvinphos	0.0376	甲苯	7.5
153	氯溴隆	Chlorbromuron	0.3000	甲苯	60
154	丙溴磷	Profenofos	0.0750	甲苯	15
155	氟咯草酮	Fluorochloridone	0.0250	甲苯	5
156	噻嗪酮	Buprofezin	0.0250	甲苯	5
157	o,p′-滴滴滴	2,4′－DDD	0.0126	甲苯	2.5
158	异狄氏剂	Endrin	0.1500	甲苯	30
159	己唑醇	Hexaconazole	0.0750	甲苯	15
160	杀螨酯	Chlorfenson	0.0250	甲苯	5
161	o,p′-滴滴涕	2,4′－DDT	0.0250	甲苯	5
162	多效唑	Paclobutrazol	0.0376	甲苯	7.5
163	盖草津	Methoprotryne	0.0376	甲苯	7.5
164	抑草蓬	Erbon	0.0250	甲苯	5
165	丙酯杀螨醇	Chloropropylate	0.0126	甲苯	2.5
166	麦草氟甲酯	Flamprop－methyl	0.0126	甲苯	2.5
167	除草醚	Nitrofen	0.0750	甲苯	15
168	乙氧氟草醚	Oxyfluorfen	0.0500	甲苯	10

（续表）

序号	中文名称	英文名称	定量限（mg/kg）	溶剂	混合标准溶液浓度（mg/L）
169	虫螨磷	Chlorthiophos	0.0376	甲苯	7.5
170	硫丹-2	Endosulfan-2	0.0750	甲苯	15
171	麦草氟异丙酯	Flamprop-Isopropyl	0.0126	甲苯	2.5
172	p,p'-滴滴涕	4,4'-DDT	0.0250	甲苯	5
173	三硫磷	Carbofenothion	0.0250	甲苯	5
174	苯霜灵	Benalaxyl	0.0126	甲苯	2.5
175	敌瘟磷	Edifenphos	0.0250	甲苯	5
176	三唑磷	Triazophos	0.0376	甲苯	7.5
177	苯腈磷	Cyanofenphos	0.0126	甲苯	2.5
178	氯杀螨砜	Chlorbenside sulfone	0.0250	甲苯	5
179	硫丹硫酸盐	Endosulfan-Sulfate	0.0376	甲苯	7.5
180	溴螨酯	Bromopropylate	0.0250	甲苯	5
181	新燕灵	Benzoylprop-ethyl	0.0376	甲苯	7.5
182	甲氰菊酯	Fenpropathrin	0.0250	甲苯	5
183	溴苯磷	Leptophos	0.0250	甲苯	5
184	苯硫膦	EPN	0.0500	甲苯	10
185	环嗪酮	Hexazinone	0.0376	甲苯	7.5
186	伏杀硫磷	Phosalone	0.0250	甲苯	5
187	保棉磷	Azinphos-methyl	0.0750	甲苯	15
188	氯苯嘧啶醇	Fenarimol	0.0250	甲苯	5
189	益棉磷	Azinphos-ethyl	0.0250	甲苯	5
190	咪鲜胺	Prochloraz	0.0750	甲苯	15
191	蝇毒磷	Coumaphos	0.0750	甲苯	15
192	氟氯氰菊酯	Cyfluthrin	0.1500	甲苯	30
193	氟胺氰菊酯	Fluvalinate	0.1500	甲苯	30
C组					
194	敌敌畏	Dichlorvos	0.0750	甲醇	15
195	联苯	Biphenyl	0.0126	甲苯	2.5
196	灭草敌	Vernolate	0.0126	甲苯	2.5
197	3,5-二氯苯胺	3,5-Dichloroaniline	0.1000	甲苯	20
198	禾草敌	Molinate	0.0126	甲苯	2.5
199	虫螨畏	Methacrifos	0.0126	甲苯	2.5
200	邻苯基苯酚	2-Phenylphenol	0.0126	甲苯	2.5
201	四氢邻苯二甲酰亚胺	Tetrahydrophthalimide	0.0376	甲苯	7.5
202	仲丁威	Fenobucarb	0.0250	甲苯	5
203	乙丁氟灵	Benfluralin	0.0126	甲苯	2.5

（续表）

序号	中文名称	英文名称	定量限（mg/kg）	溶剂	混合标准溶液浓度（mg/L）
204	氟铃脲	Hexaflumuron	0.0750	甲苯	15
205	扑灭通	Prometon	0.0376	甲苯	7.5
206	野麦畏	Triallate	0.0250	甲苯	5
207	嘧霉胺	Pyrimethanil	0.0126	甲苯	2.5
208	林丹	Gamma－HCH	0.0250	甲苯	5
209	乙拌磷	Disulfoton	0.0126	甲苯	2.5
210	莠去净	Atrizine	0.0126	甲苯＋丙酮(9＋1)	2.5
211	七氯	Heptachlor	0.0376	甲苯	7.5
212	异稻瘟净	Iprobenfos	0.0376	甲苯	7.5
213	氯唑磷	Isazofos	0.0250	甲苯	5
214	三氯杀虫酯	Plifenate	0.0250	甲苯	5
215	丁苯吗啉	Fenpropimorph	0.0126	甲苯	2.5
216	四氟苯菊酯	Transfluthrin	0.0126	甲苯	2.5
217	氯乙氟灵	Fluchloralin	0.0500	甲苯	10
218	甲基立枯磷	Tolclofos－methyl	0.0126	甲苯	2.5
219	异丙草胺	Propisochlor	0.0126	甲苯	2.5
220	莠灭净	Ametryn	0.0376	甲苯	7.5
221	西草净	Simetryn	0.0250	甲苯	5
222	溴谷隆	Metobromuron	0.0750	甲苯	15
223	嗪草酮	Metribuzin	0.0376	甲苯	7.5
224	噻节因	Dimethipin	0.0376	甲苯	7.5
225	ε－六六六	HCH，epsilon－	0.0250	甲醇	5
226	异丙净	Dipropetryn	0.0126	甲苯	2.5
227	安硫磷	Formothion	0.0250	甲苯	5
228	乙霉威	Diethofencarb	0.0750	甲苯	15
229	哌草丹	Dimepiperate	0.0250	乙酸乙酯	5
230	生物烯丙菊酯－1	Bioallethrin－1	0.0500	甲苯	10
231	生物烯丙菊酯－2	Bioallethrin－2	0.0500	甲苯	10
232	o，p′－滴滴伊	2，4′－DDE	0.0126	甲苯	2.5
233	芬螨酯	Fenson	0.0126	甲苯	2.5
234	双苯酰草胺	Diphenamid	0.0126	甲苯	2.5
235	氯硫磷	Chlorthion	0.0250	甲苯	5
236	炔丙菊酯	Prallethrin	0.0376	甲苯	7.5
237	戊菌唑	Penconazole	0.0376	甲苯	7.5
238	灭蚜磷	Mecarbam	0.0500	甲苯	10
239	四氟醚唑	Tetraconazole	0.0376	甲苯	7.5

（续表）

序号	中文名称	英文名称	定量限（mg/kg）	溶剂	混合标准溶液浓度（mg/L）
240	丙虫磷	Propaphos	0.0250	甲苯	5
241	氟节胺	Flumetralin	0.0250	甲苯	5
242	三唑醇	Triadimenol	0.0376	甲苯	7.5
243	丙草胺	Pretilachlor	0.0250	甲苯	5
244	醚菌酯	Kresoxim – methyl	0.0126	甲苯	2.5
245	吡氟禾草灵	Fluazifop – butyl	0.0126	甲苯	2.5
246	氟啶脲	Chlorfluazuron	0.0376	甲苯	7.5
247	乙酯杀螨醇	Chlorobenzilate	0.0126	甲苯	2.5
248	烯效唑	Uniconazole	0.0250	环己烷	5
249	氟哇唑	Flusilazole	0.0376	甲苯	7.5
250	三氟硝草醚	Fluorodifen	0.0126	甲苯	2.5
251	烯唑醇	Diniconazole	0.0376	甲苯	7.5
252	增效醚	Piperonyl butoxide	0.0126	甲苯	2.5
253	炔螨特	Propargite	0.0250	甲苯	5
254	灭锈胺	Mepronil	0.0126	甲苯	2.5
255	噁唑隆	Dimefuron	0.0500	甲苯+丙酮(8+2)	10
256	吡氟酰草胺	Diflufenican	0.0126	甲苯	2.5
257	喹螨醚	Fenazaquin	0.0126	甲苯	2.5
258	苯醚菊酯	Phenothrin	0.0126	甲苯	2.5
259	咯菌腈	Fludioxonil	0.0126	甲苯+丙酮(8+2)	2.5
260	苯氧威	Fenoxycarb	0.0750	甲苯	15
261	稀禾啶	Sethoxydim	0.9000	甲苯	180
262	莎稗磷	Anilofos	0.0250	甲苯	5
263	氟丙菊酯	Acrinathrin	0.0250	甲苯	5
264	高效氯氟氰菊酯	Lambda – Cyhalothrin	0.0126	甲苯	2.5
265	苯噻酰草胺	Mefenacet	0.0376	甲苯	7.5
266	氯菊酯	Permethrin	0.0250	甲苯	5
267	哒螨灵	Pyridaben	0.0126	甲苯	2.5
268	乙羧氟草醚	Fluoroglycofen – ethyl	0.1500	甲苯	30
269	联苯三唑醇	Bitertanol	0.0376	甲苯	7.5
270	醚菊酯	Etofenprox	0.0126	甲苯	2.5
271	噻草酮	Cycloxydim	1.2000	甲苯	240
272	顺式–氯氰菊酯	Alpha – Cypermethrin	0.0250	甲苯	5
273	氟氰戊菊酯	Flucythrinate	0.0250	环己烷	5
274	S–氰戊菊酯	Esfenvalerate	0.0500	甲苯	10
275	苯醚甲环唑	Difenonazole	0.0750	甲苯	15

（续表）

序号	中文名称	英文名称	定量限（mg/kg）	溶剂	混合标准溶液浓度（mg/L）
276	丙炔氟草胺	Flumioxazin	0.0250	环己烷	5
277	氟烯草酸	Flumiclorac – pentyl	0.0250	甲苯	5
D组					
278	甲氟磷	Dimefox	0.0376	甲苯	7.5
279	乙拌磷亚砜	Disulfoton – sulfoxide	0.0250	甲苯	5
280	五氯苯	Pentachlorobenzene	0.0126	甲苯	2.5
281	三异丁基磷酸盐	Tri – iso – butyl phosphate	0.0126	甲苯	2.5
282	鼠立死	Crimidine	0.0126	甲苯	2.5
283	4 – 溴 – 3,5 – 二甲苯基 – N – 甲基氨基甲酸酯 – 1	BDMC – 1	0.0250	甲苯	5
284	燕麦酯	Chlorfenprop – methyl	0.0126	甲苯	2.5
285	虫线磷	Thionazin	0.0126	甲苯	2.5
286	2,3,5,6 – 四氯苯胺	2,3,5,6 – tetrachloroaniline	0.0126	甲苯	2.5
287	三正丁基磷酸盐	Tri – n – butyl phosphate	0.0250	甲苯	5
288	2,3,4,5 – 四氯甲氧基苯	2,3,4,5 – tetrachloroanisole	0.0126	甲苯	2.5
289	五氯甲氧基苯	Pentachloroanisole	0.0126	甲苯	2.5
290	牧草胺	Tebutam	0.0250	甲苯	5
291	蔬果磷	Dioxabenzofos	0.1250	甲醇	25
292	甲基苯噻隆	Methabenzthiazuron	0.1250	甲苯 + 丙酮(9 + 1)	25
293	西玛通	Simetone	0.0250	甲苯	5
294	阿特拉通	Atratone	0.0126	甲苯	2.5
295	脱异丙基莠去津	Desisopropyl – atrazine	0.1000	甲苯 + 丙酮(8 + 2)	20
296	特丁硫磷砜	Terbufos sulfone	0.0126	甲苯	2.5
297	七氟菊酯	Tefluthrin	0.0126	甲苯	2.5
298	溴烯杀	Bromocylen	0.0126	甲苯	2.5
299	草达津	Trietazine	0.0126	甲苯	2.5
300	氧乙嘧硫磷	Etrimfos oxon	0.0126	甲苯	2.5
301	环莠隆	Cycluron	0.0376	甲苯	7.5
302	2,6 – 二氯苯甲酰胺	2,6 – dichlorobenzamide	0.0250	甲苯 + 丙酮(8 + 2)	5
303	2,4,4' 三氯联苯	DE – PCB 28	0.0126	甲苯	2.5
304	2,4,5 – 三氯联苯	DE – PCB 31	0.0126	甲苯	2.5
305	脱乙基另丁津	Desethyl – sebuthylazine	0.0250	甲苯 + 丙酮(8 + 2)	5

（续表）

序号	中文名称	英文名称	定量限（mg/kg）	溶剂	混合标准溶液浓度（mg/L）
306	2,3,4,5－四氯苯胺	2,3,4,5－tetrachloroaniline	0.0250	甲苯	5
307	合成麝香	Musk ambrette	0.0126	甲苯	2.5
308	二甲苯麝香	Musk xylene	0.0126	甲苯	2.5
309	五氯苯胺	Pentachloroaniline	0.0126	甲苯	2.5
310	叠氮津	Aziprotryne	0.1000	甲苯	20
311	另丁津	Sebutylazine	0.0126	甲苯＋丙酮(8＋2)	2.5
312	丁咪酰胺	Isocarbamid	0.0626	甲苯＋丙酮(9＋1)	12.5
313	2,2′,5,5′-四氯联苯	DE－PCB 52	0.0126	甲苯	2.5
314	麝香	Musk moskene	0.0126	甲苯	2.5
315	苄草丹	Prosulfocarb	0.0126	甲苯	2.5
316	二甲吩草胺	Dimethenamid	0.0126	甲苯	2.5
317	氧皮蝇磷	Fenchlorphos oxon	0.0250	甲苯	5
318	4－溴－3,5－二甲苯基－N－甲基氨基甲酸酯－2	BDMC－2	0.0500	甲苯	10
319	甲基对氧磷	Paraoxon－methyl	0.0250	甲苯	5
320	庚酰草胺	Monalide	0.0250	甲苯	5
321	西藏麝香	Musk tibeten	0.0126	甲苯	2.5
322	碳氯灵	Isobenzan	0.0126	甲苯	2.5
323	八氯苯乙烯	Octachlorostyrene	0.0126	甲苯	2.5
324	嘧啶磷	Pyrimitate	0.0126	甲苯	2.5
325	异艾氏剂	Isodrin	0.0126	甲苯	2.5
326	丁嗪草酮	Isomethiozin	0.0250	甲苯	5
327	毒壤磷	Trichloronat	0.0126	甲苯	2.5
328	敌草索	Dacthal	0.0126	甲苯	2.5
329	4,4－二氯二苯甲酮	4,4－dichlorobenzophenone	0.0126	甲苯	2.5
330	酞菌酯	Nitrothal－isopropyl	0.0250	甲苯	5
331	麝香酮	Musk ketone	0.0126	甲苯	2.5
332	吡咪唑	Rabenzazole	0.0126	甲苯	2.5
333	嘧菌环胺	Cyprodinil	0.0126	甲苯	2.5
334	麦穗宁	Fuberidazole	0.0626	甲苯＋丙酮(8＋2)	12.5
335	氧异柳磷	Isofenphos oxon	0.0250	甲苯	5
336	异氯磷	Dicapthon	0.0626	甲苯	12.5
337	2,2′,4,5,5′-五氯联苯	DE－PCB 101	0.0126	甲苯	2.5
338	2－甲－4－氯丁氧乙基酯	MCPA－butoxyethyl ester	0.0126	甲苯	2.5

（续表）

序号	中文名称	英文名称	定量限（mg/kg）	溶剂	混合标准溶液浓度（mg/L）
339	水胺硫磷	Isocarbophos	0.0250	甲苯	5
340	甲拌磷砜	Phorate sulfone	0.0126	甲苯	2.5
341	杀螨醇	Chlorfenethol	0.0126	甲苯	2.5
342	反式九氯	Trans – nonachlor	0.0126	甲苯	2.5
343	消螨通	Dinobuton	0.1250	甲苯	25
344	脱叶磷	DEF	0.0250	甲苯	5
345	氟咯草酮	Flurochloridone	0.0250	甲醇	5
346	溴苯烯磷	Bromfenvinfos	0.0126	甲苯 + 丙酮(8 + 2)	2.5
347	乙滴涕	Perthane	0.0126	甲苯	2.5
348	灭菌磷	Ditalimfos	0.0126	甲苯	2.5
349	2,3,4,4′,5 – 五氯联苯	DE – PCB 118	0.0126	甲苯	2.5
350	4,4 – 二溴二苯甲酮	4,4 – Dibromobenzophenone	0.0126	甲苯	2.5
351	粉唑醇	Flutriafol	0.0250	甲苯 + 丙酮(9 + 1)	5
352	地胺磷	Mephosfolan	0.0250	甲苯	5
353	乙基杀扑磷	Athidathion	0.0250	甲苯	5
354	2,2′,4,4′,5,5′ – 六氯联苯	DE – PCB 153	0.0126	甲苯	2.5
355	苄氯三唑醇	Diclobutrazole	0.0500	甲苯 + 丙酮(8 + 2)	10
356	乙拌磷砜	Disulfoton sulfone	0.0250	甲苯	5
357	噻螨酮	Hexythiazox	0.1000	甲苯	20
358	2,2′,3,4,4′,5 – 六氯联苯	DE – PCB 138	0.0126	甲苯	2.5
359	威菌磷	Triamiphos	0.0250	甲苯	5
360	苄呋菊酯 – 1	Resmethrin – 1	0.2000	甲苯	40
361	环丙唑	Cyproconazole	0.0126	甲苯	2.5
362	苄呋菊酯 – 2	Resmethrin – 2	0.2000	甲苯	40
363	酞酸甲苯基丁酯	Phthalic acid, benzyl butyl ester	0.0126	甲苯	2.5
364	炔草酸	Clodinafop – propargyl	0.0250	甲苯	5
365	倍硫磷亚砜	Fenthion sulfoxide	0.0500	甲苯	10
366	三氟苯唑	Fluotrimazole	0.0126	甲苯	2.5
367	氟草烟 – 1 – 甲庚酯	Fluroxypr – 1 – methylheptyl ester	0.0126	甲苯	2.5
368	倍硫磷砜	Fenthion sulfone	0.0500	甲苯	10
369	三苯基磷酸盐	Triphenyl phosphate	0.0126	甲苯	2.5

（续表）

序号	中文名称	英文名称	定量限（mg/kg）	溶剂	混合标准溶液浓度（mg/L）
370	苯嗪草酮	Metamitron	0. 1250	甲苯 + 丙酮(8 + 2)	25
371	2,2,3,4,4′,5,5′ – 七氯联苯	DE – PCB 180	0. 0126	甲苯	2. 5
372	吡螨胺	Tebufenpyrad	0. 0126	甲苯	2. 5
373	解草酯	Cloquintocet – mexyl	0. 0126	甲苯	2. 5
374	环草定	Lenacil	0. 1250	甲苯 + 丙酮(8 + 2)	25
375	糠菌唑 – 1	Bromuconazole – 1	0. 0250	甲苯	5
376	脱溴溴苯磷	Desbrom – leptophos	0. 0126	甲苯	2. 5
377	糠菌唑 – 2	Bromuconazole – 2	0. 0250	甲苯	5
378	甲磺乐灵	Nitralin	0. 1250	甲苯 + 丙酮(8 + 2)	25
379	苯线磷亚砜	Fenamiphos sulfoxide	0. 4000	甲苯	80
380	苯线磷砜	Fenamiphos sulfone	0. 0500	甲苯 + 丙酮(8 + 2)	10
381	拌种咯	Fenpiclonil	0. 0500	甲苯 + 丙酮(8 + 2)	10
382	氟喹唑	Fluquinconazole	0. 0126	甲苯 + 丙酮(8 + 2)	2. 5
383	腈苯唑	Fenbuconazole	0. 0250	甲苯 + 丙酮(8 + 2)	5
E 组					
384	残杀威 – 1	Propoxur – 1	0. 0250	甲苯	5
385	异丙威 – 1	Isoprocarb – 1	0. 0250	甲苯	5
386	甲胺磷	Methamidophos	0. 4000	甲苯	10
387	二氢苊	Acenaphthene	0. 0126	甲苯	2. 5
388	驱虫特	Dibutyl succinate	0. 0250	甲苯	5
389	邻苯二甲酰亚胺	Phthalimide	0. 0250	甲苯	5
390	氯氧磷	Chlorethoxyfos	0. 0250	甲苯	5
391	异丙威 – 2	Isoprocarb – 2	0. 0250	甲苯	5
392	戊菌隆	Pencycuron	0. 0250	甲苯	10
393	丁噻隆	Tebuthiuron	0. 0500	甲苯	10
394	甲基内吸磷	demeton – S – methyl	0. 0500	甲苯	10
395	硫线磷	Cadusafos	0. 0500	甲苯	10
396	残杀威 – 2	Propoxur – 2	0. 0250	甲苯	5
397	菲	Phenanthrene	0. 0126	甲苯	2. 5
398	螺环菌胺 – 1	Spiroxamine – 1	0. 0250	甲苯	5
399	唑螨酯	Fenpyroximate	0. 1000	甲苯	20
400	丁基嘧啶磷	Tebupirimfos	0. 0250	甲苯	5
401	茉莉酮	prohydrojasmon	0. 0500	环已烷	10
402	苯锈啶	Fenpropidin	0. 0250	甲苯	5

（续表）

序号	中文名称	英文名称	定量限（mg/kg）	溶剂	混合标准溶液浓度（mg/L）
403	氯硝胺	Dichloran	0.0250	甲苯	5
404	咯喹酮	Pyroquilon	0.0126	甲苯	2.5
405	螺环菌胺-2	Spiroxamine-2	0.0250	甲苯	5
406	炔苯酰草胺	Propyzamide	0.0250	甲苯	5
407	抗蚜威	Pirimicarb	0.0250	甲苯	5
408	磷胺-1	Phosphamidon-1	0.1000	甲苯	20
409	解草嗪	Benoxacor	0.0250	甲苯	5
410	溴丁酰草胺	Bromobutide	0.0126	环己烷	2.5
411	乙草胺	Acetochlor	0.0250	甲苯	5
412	灭草环	Tridiphane	0.0500	异辛烷	10
413	特草灵	Terbucarb	0.0250	甲苯	5
414	戊草丹	Esprocarb	0.0250	甲苯	5
415	甲呋酰胺	Fenfuram	0.0250	甲苯	5
416	活化酯	Acibenzolar-S-methyl	0.0250	环己烷	5
417	呋草黄	Benfuresate	0.0250	甲苯	5
418	氟硫草定	Dithiopyr	0.0126	甲苯	2.5
419	精甲霜灵	Mefenoxam	0.0250	甲苯	5
420	马拉氧磷	Malaoxon	0.2000	甲苯	40
421	磷胺-2	Phosphamidon-2	0.1000	甲苯	20
422	硅氟唑	Simeconazole	0.0250	甲苯	5
423	氯酞酸甲酯	Chlorthal-dimethyl	0.0250	甲苯	5
424	噻唑烟酸	Thiazopyr	0.0250	甲苯	5
425	甲基毒虫畏	Dimethylvinphos	0.0250	甲苯	5
426	仲丁灵	Butralin	0.0500	甲苯	10
427	苯酰草胺	Zoxamide	0.0250	甲苯+丙酮(8+2)	5
428	啶斑肟-1	Pyrifenox-1	0.1000	甲苯	20
429	烯丙菊酯	Allethrin	0.0500	甲苯	10
430	异戊乙净	Dimethametryn	0.0126	甲苯	2.5
431	灭藻醌	Quinoclamine	0.0500	甲苯	10
432	甲醚菊酯-1	Methothrin-1	0.0250	甲苯	5
433	氟噻草胺	Flufenacet	0.1000	甲苯	20
434	甲醚菊酯-2	Methothrin-2	0.0250	甲苯	5
435	啶斑肟-2	Pyrifenox	0.1000	甲苯	20
436	氰菌胺	Fenoxanil	0.0250	甲苯	5
437	四氯苯酞	Phthalide	0.0500	丙酮	10
438	呋霜灵	Furalaxyl	0.0250	甲苯	5

（续表）

序号	中文名称	英文名称	定量限（mg/kg）	溶剂	混合标准溶液浓度（mg/L）
439	噻虫嗪	Thiamethoxam	0.0500	甲苯	10
440	嘧菌胺	Mepanipyrim	0.0126	甲苯	2.5
441	克菌丹	Captan	0.8000	甲苯	40
442	除草定	Bromacil	0.1000	甲苯	5
443	啶氧茵酯	Picoxystrobin	0.0250	甲苯	5
444	抑草磷	Butamifos	0.0126	环己烷	2.5
445	咪草酸	Imazamethabenz – methyl	0.0376	甲苯	7.5
446	苯氧菌胺 – 1	Metominostrobin – 1	0.0500	乙腈	10
447	苯噻硫氰	TCMTB	0.2000	甲苯	40
448	甲硫威砜	Methiocarb Sulfone	1.6000	甲苯 + 丙酮(8 + 2)	80
449	抑霉唑	Imazalil	0.0500	甲苯	10
450	稻瘟灵	Isoprothiolane	0.0250	甲苯	5
451	环氟菌胺	Cyflufenamid	0.2000	环己烷	40
452	嘧草醚	Pyriminobac – Methyl	0.0500	环己烷	10
453	噁唑磷	Isoxathion	0.1000	环己烷	20
454	苯氧菌胺 – 2	Metominostrobin – 2	0.0500	乙腈	10
455	苯虫醚 – 1	Diofenolan – 1	0.0250	甲苯	5
456	噻呋酰胺	Thifluzamide	0.1000	乙腈	20
457	苯虫醚 – 2	Diofenolan – 2	0.0250	甲苯	5
458	苯氧喹啉	Quinoxyphen	0.0126	甲苯	2.5
459	溴虫腈	Chlorfenapyr	0.1000	甲苯	20
460	肟菌酯	Trifloxystrobin	0.0500	甲苯	10
461	脱苯甲基亚胺唑	Imibenconazole – des – benzyl	0.0500	甲苯 + 丙酮(8 + 2)	10
462	双苯噁唑酸	Isoxadifen – Ethyl	0.0250	甲苯	5
463	氟虫腈	Fipronil	0.1000	甲苯	20
464	炔咪菊酯 – 1	Imiprothrin – 1	0.0250	甲苯	5
465	唑酮草酯	Carfentrazone – Ethyl	0.0250	甲苯	5
466	炔咪菊酯 – 2	Imiprothrin – 2	0.0250	甲苯	5
467	氟环唑 – 1	Epoxiconazole – 1	0.1000	甲苯	20
468	吡草醚	Pyraflufen Ethyl	0.0250	甲苯	5
469	稗草丹	Pyributicarb	0.0250	甲苯	5
470	噻吩草胺	Thenylchlor	0.0250	甲苯	5
471	烯草酮	Clethodim	0.0500	甲苯	10
472	吡唑解草酯	Mefenpyr – diethyl	0.0376	甲苯	7.5
473	伐灭磷	Famphur	0.0500	甲苯	10
474	乙螨唑	Etoxazole	0.0750	环己烷	15

（续表）

序号	中文名称	英文名称	定量限（mg/kg）	溶剂	混合标准溶液浓度（mg/L）
475	吡丙醚	Pyriproxyfen	0.0126	甲苯	5
476	氟环唑－2	Epoxiconazole－2	0.1000	甲苯	20
477	氟吡酰草胺	Picolinafen	0.0126	甲苯	2.5
478	异菌脲	Iprodione	0.0500	甲苯	10
479	哌草磷	Piperophos	0.0376	甲苯	7.5
480	呋酰胺	Ofurace	0.0376	甲苯	7.5
481	联苯肼酯	Bifenazate	0.1000	甲苯	20
482	异狄氏剂酮	Endrin ketone	0.0500	甲苯	10
483	氯甲酰草胺	Clomeprop	0.0126	乙腈	2.5
484	咪唑菌酮	Fenamidone	0.0126	甲苯	2.5
485	萘丙胺	Naproanilide	0.0126	丙酮	2.5
486	吡唑醚菊酯	Pyraclostrobin	0.3000	甲苯	60
487	乳氟禾草灵	Lactofen	0.1000	甲苯	20
488	三甲苯草酮	Tralkoxydim	0.1000	甲苯	20
489	吡唑硫磷	Pyraclofos	0.1000	环已烷	20
490	氯亚胺硫磷	Dialifos	0.1000	甲苯	80
491	螺螨酯	Spirodiclofen	0.1000	甲苯	20
492	苄螨醚	Halfenprox	0.0500	环已烷	5
493	呋草酮	Flurtamone	0.0500	甲苯	5
494	环酯草醚	Pyriftalid	0.0126	甲苯	2.5
495	氟硅菊酯	Silafluofen	0.0126	甲苯	2.5
496	嘧螨醚	Pyrimidifen	0.0500	乙腈	5
497	啶虫脒	Acetamiprid	0.4000	甲苯	10
498	氟丙嘧草酯	Butafenacil	0.0126	甲苯	2.5
499	苯酮唑	Cafenstrole	0.1500	乙腈	10
500	氟啶草酮	Fluridone	0.1000	甲苯	5

附　录　B

（资料性附录）

500 种农药及相关化学品和内标化合物的保留时间、定量离子、定性离子及定量离子与定性离子的比值

B.1　500 种农药及相关化学品和内标化合物的保留时间、定量离子、定性离子及定量离子与定性离子的比值。

见表 B.1。

表 B.1

序号	中文名称	英文名称	保留时间/min	定量离子	定性离子 1	定性离子 2	定性离子 3
内标	环氧七氯	Heptachlor – epoxide	22.10	353（100）	355（79）	351（52）	
A 组							
1	二丙烯草胺	Allidochlor	8.78	138（100）	158（10）	173（15）	
2	烯丙酰草胺	Dichlormid	9.74	172（100）	166（41）	124（79）	
3	土菌灵	Etridiazol	10.42	211（100）	183（73）	140（19）	
4	氯甲硫磷	Chlormephos	10.53	121（100）	234（70）	154（70）	
5	苯胺灵	Propham	11.36	179（100）	137（66）	120（51）	
6	环草敌	Cycloate	13.56	154（100）	186（5）	215（12）	
7	联苯二胺	Diphenylamine	14.55	169（100）	168（58）	167（29）	
8	杀虫脒	Chlordimeform	14.93	196（100）	198（30）	195（18）	183（23）
9	乙丁烯氟灵	Ethalfluralin	15.00	276（100）	316（81）	292（42）	
10	甲拌磷	Phorate	15.46	260（100）	121（160）	231（56）	153（3）
11	甲基乙拌磷	Thiometon	16.20	88（100）	125（55）	246（9）	
12	五氯硝基苯	Quintozene	16.75	295（100）	237（159）	249（114）	
13	脱乙基阿特拉津	Atrazine – desethyl	16.76	172（100）	187（32）	145（17）	
14	异噁草松	Clomazone	17.00	204（100）	138（4）	205（13）	
15	二嗪磷	Diazinon	17.14	304（100）	179（192）	137（172）	
16	地虫硫磷	Fonofos	17.31	246（100）	137（141）	174（15）	202（6）
17	乙嘧硫磷	Etrimfos	17.92	292（100）	181（40）	277（31）	
18	西玛津	Simazine	17.85	201（100）	186（62）	173（42）	
19	胺丙畏	Propetamphos	17.97	138（100）	194（49）	236（30）	
20	仲丁通	Secbumeton	18.36	196（100）	210（38）	225（39）	
21	除线磷	Dichlofenthion	18.80	279（100）	223（78）	251（38）	
22	炔丙烯草胺	Pronamide	18.72	173（100）	175（62）	255（22）	
23	兹克威	Mexacarbate	18.83	165（100）	150（66）	222（27）	
24	艾氏剂	Aldrin	19.67	263（100）	265（65）	293（40）	329（8）
25	氨氟灵	Dinitramine	19.35	305（100）	307（38）	261（29）	

（续表）

序号	中文名称	英文名称	保留时间/min	定量离子	定性离子1	定性离子2	定性离子3
26	皮蝇磷	Ronnel	19.80	285（100）	287（67）	125（32）	
27	扑草净	Prometryne	20.13	241（100）	184（78）	226（60）	
28	环丙津	Cyprazine	20.18	212（100）	227（58）	170（29）	
29	乙烯菌核利	Vinclozolin	20.29	285（100）	212（109）	198（96）	
30	β－六六六	beta－HCH	20.31	219（100）	217（78）	181（94）	254（12）
31	甲霜灵	Metalaxyl	20.67	206（100）	249（53）	234（38）	
32	毒死蜱	Chlorpyrifos（－ethyl）	20.96	314（100）	258（57）	286（42）	
33	甲基对硫磷	Methyl－Parathion	20.82	263（100）	233（66）	246（8）	200（6）
34	蒽醌	Anthraquinone	21.49	208（100）	180（84）	152（69）	
35	δ－六六六	Delta－HCH	21.16	219（100）	217（80）	181（99）	254（10）
36	倍硫磷	Fenthion	21.53	278（100）	169（16）	153（9）	
37	马拉硫磷	Malathion	21.54	173（100）	158（36）	143（15）	
38	杀螟硫磷	Fenitrothion	21.62	277（100）	260（52）	247（60）	
39	对氧磷	Paraoxon－ethyl	21.57	275（100）	220（60）	247（58）	
40	三唑酮	Triadimefon	22.22	208（100）	210（50）	181（74）	
41	对硫磷	Parathion	22.32	291（100）	186（23）	235（35）	263（11）
42	二甲戊灵	Pendimethalin	22.59	252（100）	220（22）	162（12）	
43	利谷隆	Linuron	22.44	61（100）	248（30）	160（12）	
44	杀螨醚	Chlorbenside	22.96	268（100）	270（41）	143（11）	
45	乙基溴硫磷	Bromophos－ethyl	23.06	359（100）	303（77）	357（74）	
46	喹硫磷	Quinalphos	23.10	146（100）	298（28）	157（66）	
47	反式氯丹	trans－Chlordane	23.29	373（100）	375（96）	377（51）	
48	稻丰散	Phenthoate	23.30	274（100）	246（24）	320（5）	
49	吡唑草胺	Metazachlor	23.32	209（100）	133（120）	211（32）	
50	苯硫威	Fenothiocarb	23.79	72（100）	160（37）	253（15）	
51	丙硫磷	Prothiophos	24.04	309（100）	267（88）	162（55）	
52	整形醇	Chlorfurenol	24.15	215（100）	152（40）	274（11）	
53	狄氏剂	Dieldrin	24.43	263（100）	277（82）	380（30）	345（35）
54	腐霉利	Procymidone	24.36	283（100）	285（70）	255（15）	
55	杀扑磷	Methidathion	24.49	145（100）	157（2）	302（4）	
56	氰草津	Cyanazine	24.94	225（100）	240（56）	198（61）	
57	敌草胺	Napropamide	24.84	271（100）	128（111）	171（34）	
58	噁草酮	Oxadiazone	25.06	175（100）	258（62）	302（37）	
59	苯线磷	Fenamiphos	25.29	303（100）	154（56）	288（31）	217（22）
60	杀螨氯硫	Tetrasul	25.85	252（100）	324（64）	254（68）	

（续表）

序号	中文名称	英文名称	保留时间/min	定量离子	定性离子1	定性离子2	定性离子3
61	杀螨特	Aramite	25.60	185（100）	319（37）	334（32）	
62	乙嘧酚磺酸酯	Bupirimate	26.00	273（100）	316（41）	208（83）	
63	萎锈灵	Carboxin	26.25	235（100）	143（168）	87（52）	
64	氟酰胺	Flutolanil	26.23	173（100）	145（25）	323（14）	
65	p，p′-滴滴滴	4，4′-DDD	26.59	235（100）	237（64）	199（12）	165（46）
66	乙硫磷	Ethion	26.69	231（100）	384（13）	199（9）	
67	硫丙磷	Sulprofos	26.87	322（100）	156（62）	280（11）	
68	乙环唑-1	Etaconazole-1	26.81	245（100）	173（85）	247（65）	
69	乙环唑-2	Etaconazole-2	26.89	245（100）	173（85）	247（65）	
70	腈菌唑	Myclobutanil	27.19	179（100）	288（14）	150（45）	
71	禾草灵	Diclofop-methyl	28.08	253（100）	281（50）	342（82）	
72	丙环唑	Propiconazole	28.15	259（100）	173（97）	261（65）	
73	丰索磷	Fensulfothion	27.94	292（100）	308（22）	293（73）	
74	联苯菊酯	Bifenthrin	28.57	181（100）	166（25）	165（23）	
75	灭蚁灵	Mirex	28.72	272（100）	237（49）	274（80）	
76	麦锈灵	Benodanil	29.14	231（100）	323（38）	203（22）	
77	氟苯嘧啶醇	Nuarimol	28.90	314（100）	235（155）	203（108）	
78	甲氧滴滴涕	Methoxychlor	29.38	227（100）	228（16）	212（4）	
79	噁霜灵	Oxadixyl	29.50	163（100）	233（18）	278（11）	
80	胺菊酯	Tetramethirn	29.59	164（100）	135（3）	232（1）	
81	戊唑醇	Tebuconazole	29.51	250（100）	163（55）	252（36）	
82	氟草敏	Norflurazon	29.99	303（100）	145（101）	102（47）	
83	哒嗪硫磷	Pyridaphenthion	30.17	340（100）	199（48）	188（51）	
84	亚胺硫磷	Phosmet	30.46	160（100）	161（11）	317（4）	
85	三氯杀螨砜	Tetradifon	30.70	227（100）	356（70）	159（196）	
86	氧化萎锈灵	Oxycarboxin	31.00	175（100）	267（52）	250（3）	
87	顺式-氯菊酯	cis-Permethrin	31.42	183（100）	184（15）	255（2）	
88	反式-氯菊酯	Trans-Permethrin	31.68	183（100）	184（15）	255（2）	
89	吡菌磷	Pyrazophos	31.60	221（100）	232（35）	373（19）	
90	氯氰菊酯	Cypermethrin	33.19 33.38 33.46 33.56	181（100）	152（23）	180（16）	
91	氰戊菊酯	Fenvalerate	34.45 34.79	167（100）	225（53）	419（37）	181（41）
92	溴氰菊酯	Deltamethrin	35.77	181（100）	172（25）	174（25）	
			B组				
93	茵草敌	EPTC	8.54	128（100）	189（30）	132（32）	

（续表）

序号	中文名称	英文名称	保留时间/min	定量离子	定性离子1	定性离子2	定性离子3
94	丁草敌	Butylate	9. 49	156（100）	146（115）	217（27）	
95	敌草腈	Dichlobenil	9. 75	171（100）	173（68）	136（15）	
96	克草敌	Pebulate	10. 18	128（100）	161（21）	203（20）	
97	三氯甲基吡啶	Nitrapyrin	10. 89	194（100）	196（97）	198（23）	
98	速灭磷	Mevinphos	11. 23	127（100）	192（39）	164（29）	
99	氯苯甲醚	Chloroneb	11. 85	191（100）	193（67）	206（66）	
100	四氯硝基苯	Tecnazene	13. 54	261（100）	203（135）	215（113）	
101	庚烯磷	Heptenophos	13. 78	124（100）	215（17）	250（14）	
102	六氯苯	Hexachlorobenzene	14. 69	284（100）	286（81）	282（51）	
103	灭线磷	Ethoprophos	14. 40	158（100）	200（40）	242（23）	168（15）
104	顺式 - 燕麦敌	cis - Diallate	14. 75	234（100）	236（37）	128（38）	
105	毒草胺	Propachlor	14. 73	120（100）	176（45）	211（11）	
106	反式 - 燕麦敌	trans - Diallate	15. 29	234（100）	236（37）	128（38）	
107	氟乐灵	Trifluralin	15. 23	306（100）	264（72）	335（7）	
108	氯苯胺灵	Chlorpropham	15. 49	213（100）	171（59）	153（24）	
109	治螟磷	Sulfotep	15. 55	322（100）	202（43）	238（27）	266（24）
110	菜草畏	Sulfallate	15. 75	188（100）	116（7）	148（4）	
111	α - 六六六	Alpha - HCH	16. 06	219（100）	183（98）	221（47）	254（6）
112	特丁硫磷	Terbufos	16. 83	231（100）	153（25）	288（10）	186（13）
113	特丁通	Terbumeton	17. 20	210（100）	169（66）	225（32）	
114	环丙氟灵	Profluralin	17. 36	318（100）	304（47）	347（13）	
115	敌噁磷	Dioxathion	17. 51	270（100）	197（43）	169（19）	
116	扑灭津	Propazine	17. 67	214（100）	229（67）	172（51）	
117	氯炔灵	Chlorbufam	17. 85	223（100）	153（53）	164（64）	
118	氯硝胺	Dicloran	17. 89	206（100）	176（128）	160（52）	
119	特丁津	Terbuthylazine	18. 07	214（100）	229（33）	173（35）	
120	绿谷隆	Monolinuron	18. 15	61（100）	126（45）	214（51）	
121	氟虫脲	Flufenoxuron	18. 83	305（100）	126（67）	307（32）	
122	杀螟腈	Cyanophos	18. 73	243（100）	180（8）	148（3）	
123	甲基毒死蜱	Chlorpyrifos - methyl	19. 38	286（100）	288（70）	197（5）	
124	敌草净	Desmetryn	19. 64	213（100）	198（60）	171（30）	
125	二甲草胺	Dimethachlor	19. 80	134（100）	197（47）	210（16）	
126	甲草胺	Alachlor	20. 03	188（100）	237（35）	269（15）	
127	甲基嘧啶磷	Pirimiphos - methyl	20. 30	290（100）	276（86）	305（74）	
128	特丁净	Terbutryn	20. 61	226（100）	241（64）	185（73）	

（续表）

序号	中文名称	英文名称	保留时间/min	定量离子	定性离子1	定性离子2	定性离子3
129	杀草丹	Thiobencarb	20.63	100（100）	257（25）	259（9）	
130	丙硫特普	Aspon	20.62	211（100）	253（52）	378（14）	
131	三氯杀螨醇	Dicofol	21.33	139（100）	141（72）	250（23）	251（4）
132	异丙甲草胺	Metolachlor	21.34	238（100）	162（159）	240（33）	
133	氧化氯丹	Oxy – chlordane	21.63	387（100）	237（50）	185（68）	
134	嘧啶磷	Pirimiphos – ethyl	21.59	333（100）	318（93）	304（69）	
135	烯虫酯	Methoprene	21.71	73（100）	191（29）	153（29）	
136	溴硫磷	Bromofos	21.75	331（100）	329（75）	213（7）	
137	苯氟磺胺	Dichlofluanid	21.68	224（100）	226（74）	167（120）	
138	乙氧呋草黄	Ethofumesate	21.84	207（100）	161（54）	286（27）	
139	异丙乐灵	Isopropalin	22.10	280（100）	238（40）	222（4）	
140	硫丹 – 1	Endosulfan – 1	23.10	241（100）	265（66）	339（46）	
141	敌稗	Propanil	22.68	161（100）	217（21）	163（62）	
142	异柳磷	Isofenphos	22.99	213（100）	255（44）	185（45）	
143	育畜磷	Crufomate	22.93	256（100）	182（154）	276（58）	
144	毒虫畏	Chlorfenvinphos	23.19	323（100）	267（139）	269（92）	
145	顺式 – 氯丹	Cis – Chlordane	23.55	373（100）	375（96）	377（51）	
146	甲苯氟磺胺	Tolylfluanide	23.45	238（100）	240（71）	137（210）	
147	p，p′ – 滴滴伊	4，4′ – DDE	23.92	318（100）	316（80）	246（139）	248（70）
148	丁草胺	Butachlor	23.82	176（100）	160（75）	188（46）	
149	乙菌利	Chlozolinate	23.83	259（100）	188（83）	331（91）	
150	巴毒磷	Crotoxyphos	23.94	193（100）	194（16）	166（51）	
151	碘硫磷	Iodofenphos	24.33	377（100）	379（37）	250（6）	
152	杀虫畏	Tetrachlorvinphos	24.36	329（100）	331（96）	333（31）	
153	氯溴隆	Chlorbromuron	24.37	61（100）	294（17）	292（13）	
154	丙溴磷	Profenofos	24.65	339（100）	374（39）	297（37）	
155	氟咯草酮	Fluorochloridone	25.14	311（100）	313（64）	187（85）	
156	噻嗪酮	Buprofezin	24.87	105（100）	172（54）	305（24）	
157	o，p′ – 滴滴滴	2，4′ – DDD	24.94	235（100）	237（65）	165（39）	199（15）
158	异狄氏剂	Endrin	25.15	263（100）	317（30）	345（26）	
159	己唑醇	Hexaconazole	24.92	214（100）	231（62）	256（26）	
160	杀螨酯	Chlorfenson	25.05	302（100）	175（282）	177（103）	
161	o，p′ – 滴滴涕	2，4′ – DDT	25.56	235（100）	237（63）	165（37）	199（14）
162	多效唑	Paclobutrazol	25.21	236（100）	238（37）	167（39）	
163	盖草津	Methoprotryne	25.63	256（100）	213（24）	271（17）	

（续表）

序号	中文名称	英文名称	保留时间/min	定量离子	定性离子1	定性离子2	定性离子3
164	抑草蓬	Erbon	25.68	169（100）	171（35）	223（30）	
165	丙酯杀螨醇	Chloropropylate	25.85	251（100）	253（64）	141（18）	
166	麦草氟甲酯	Flamprop – methyl	25.90	105（100）	77（26）	276（11）	
167	除草醚	Nitrofen	26.12	283（100）	253（90）	202（48）	139（15）
168	乙氧氟草醚	Oxyfluorfen	26.13	252（100）	361（35）	300（35）	
169	虫螨磷	Chlorthiophos	26.52	325（100）	360（52）	297（54）	
170	硫丹 – Ⅱ	Endosulfan – Ⅱ	26.72	241（100）	265（66）	339（46）	
171	麦草氟异丙酯	Flamprop – Isopropyl	26.70	105（100）	276（19）	363（3）	
172	p，p′ – 滴滴涕	4，4′ – DDT	27.22	235（100）	237（65）	246（7）	165（34）
173	三硫磷	Carbofenothion	27.19	157（100）	342（49）	199（28）	
174	苯霜灵	Benalaxyl	27.54	148（100）	206（32）	325（8）	
175	敌瘟磷	Edifenphos	27.94	173（100）	310（76）	201（37）	
176	三唑磷	Triazophos	28.23	161（100）	172（47）	257（38）	
177	苯腈磷	Cyanofenphos	28.43	157（100）	169（56）	303（20）	
178	氯杀螨砜	Chlorbenside sulfone	28.88	127（100）	99（14）	89（33）	
179	硫丹硫酸盐	Endosulfan – Sulfate	29.05	387（100）	272（165）	389（64）	
180	溴螨酯	Bromopropylate	29.30	341（100）	183（34）	339（49）	
181	新燕灵	Benzoylprop – ethyl	29.40	292（100）	365（36）	260（37）	
182	甲氰菊酯	Fenpropathrin	29.56	265（100）	181（237）	349（25）	
183	溴苯磷	Leptophos	30.19	377（100）	375（73）	379（28）	
184	苯硫膦	EPN	30.06	157（100）	169（53）	323（14）	
185	环嗪酮	Hexazinone	30.14	171（100）	252（3）	128（12）	
186	伏杀硫磷	Phosalone	31.22	182（100）	367（30）	154（20）	
187	保棉磷	Azinphos – methyl	31.41	160（100）	132（71）	77（58）	
188	氯苯嘧啶醇	Fenarimol	31.65	139（100）	219（70）	330（42）	
189	益棉磷	Azinphos – ethyl	32.01	160（100）	132（103）	77（51）	
190	咪鲜胺	Prochloraz	33.07	180（100）	308（59）	266（18）	
191	蝇毒磷	Coumaphos	33.22	362（100）	226（56）	364（39）	334（15）
192	氟氯氰菊酯	Cyfluthrin	32.94 33.12	206（100）	199（63）	226（72）	
193	氟胺氰菊酯	Fluvalinate	34.94 35.02	250（100）	252（38）	181（18）	
C组							
194	敌敌畏	Dichlorvos	7.80	109（100）	185（34）	220（7）	
195	联苯	Biphenyl	9.00	154（100）	153（40）	152（27）	

（续表）

序号	中文名称	英文名称	保留时间/min	定量离子	定性离子1	定性离子2	定性离子3
196	灭草敌	Vernolate	9.82	128（100）	146（17）	203（9）	
197	3，5－二氯苯胺	3，5－Dichloroaniline	11.20	161（100）	163（62）	126（10）	
198	禾草敌	Molinate	11.92	126（100）	187（24）	158（2）	
199	虫螨畏	Methacrifos	11.86	125（100）	208（74）	240（44）	
200	邻苯基苯酚	2－Phenylphenol	12.47	170（100）	169（72）	141（31）	
201	四氢邻苯二甲酰亚胺	Cis－1，2，3，6－Tetrahydrophthalimide	13.39	151（100）	123（16）	122（16）	
202	仲丁威	Fenobucarb	14.60	121（100）	150（32）	107（8）	
203	乙丁氟灵	Benfluralin	15.23	292（100）	264（20）	276（13）	
204	氟铃脲	Hexaflumuron	16.20	176（100）	279（28）	277（43）	
205	扑灭通	Prometon	16.66	210（100）	225（91）	168（67）	
206	野麦畏	Triallate	17.12	268（100）	270（73）	143（19）	
207	嘧霉胺	Pyrimethanil	17.28	198（100）	199（45）	200（5）	
208	林丹	Gamma－HCH	17.48	183（100）	219（93）	254（13）	221（40）
209	乙拌磷	Disulfoton	17.61	88（100）	274（15）	186（18）	
210	莠去净	Atrizine	17.64	200（100）	215（62）	173（29）	
211	七氯	Heptachlor	18.49	272（100）	237（40）	337（27）	
212	异稻瘟净	Iprobenfos	18.44	204（100）	246（18）	288（17）	
213	氯唑磷	Isazofos	18.54	161（100）	257（53）	285（39）	313（14）
214	三氯杀虫酯	Plifenate	18.87	217（100）	175（96）	242（91）	
215	丁苯吗啉	Fenpropimorph	19.22	128（100）	303（5）	129（9）	
216	四氟苯菊酯	Transfluthrin	19.04	163（100）	165（23）	335（7）	
217	氯乙氟灵	Fluchloralin	18.89	306（100）	326（87）	264（54）	
218	甲基立枯磷	Tolclofos－methyl	19.69	265（100）	267（36）	250（10）	
219	异丙草胺	Propisochlor	19.89	162（100）	223（200）	146（17）	
220	莠灭净	Ametryn	20.11	227（100）	212（53）	185（17）	
221	西草净	Simetryn	20.18	213（100）	170（26）	198（16）	
222	溴谷隆	Metobromuron	20.07	61（100）	258（11）	170（16）	
223	嗪草酮	Metribuzin	20.33	198（100）	199（21）	144（12）	
224	噻节因	Dimethipin	20.38	118（100）	210（26）	103（20）	
225	ε－六六六	HCH，epsilon－	20.78	181（100）	219（76）	254（15）	217（40）
226	异丙净	Dipropetryn	20.82	255（100）	240（42）	222（20）	
227	安硫磷	Formothion	21.42	170（100）	224（97）	257（63）	
228	乙霉威	Diethofencarb	21.43	267（100）	225（98）	151（31）	
229	哌草丹	Dimepiperate	22.28	119（100）	145（30）	263（8）	

（续表）

序号	中文名称	英文名称	保留时间/min	定量离子	定性离子 1	定性离子 2	定性离子 3
230	生物烯丙菊酯－1	Bioallethrin－1	22.29	123（100）	136（24）	107（29）	
231	生物烯丙菊酯－2	Bioallethrin－2	22.34	123（100）	136（24）	107（29）	
232	o，p′－滴滴伊	2，4′－DDE	22.64	246（100）	318（34）	176（26）	248（65）
233	芬螨酯	Fenson	22.54	141（100）	268（53）	77（104）	
234	双苯酰草胺	Diphenamid	22.87	167（100）	239（30）	165（43）	
235	氯硫磷	Chlorthion	22.86	297（100）	267（162）	299（45）	
236	炔丙菊酯	Prallethrin	23.11	123（100）	105（17）	134（9）	
237	戊菌唑	Penconazole	23.17	248（100）	250（33）	161（50）	
238	灭蚜磷	Mecarbam	23.46	131（100）	296（22）	329（40）	
239	四氟醚唑	Tetraconazole	23.35	336（100）	338（33）	171（10）	
240	丙虫磷	Propaphos	23.92	304（100）	220（108）	262（34）	
241	氟节胺	Flumetralin	24.10	143（100）	157（25）	404（10）	
242	三唑醇	Triadimenol	24.22	112（100）	168（81）	130（15）	
243	丙草胺	Pretilachlor	24.67	162（100）	238（26）	262（8）	
244	醚菌酯	Kresoxim－methyl	25.04	116（100）	206（25）	131（66）	
245	吡氟禾草灵	Fluazifop－butyl	25.21	282（100）	383（44）	254（49）	
246	氟啶脲	Chlorfluazuron	25.27	321（100）	323（71）	356（8）	
247	乙酯杀螨醇	Chlorobenzilate	25.90	251（100）	253（65）	152（5）	
248	烯效唑	Uniconazole	26.15	234（100）	236（40）	131（15）	
249	氟哇唑	Flusilazole	26.19	233（100）	206（33）	315（9）	
250	三氟硝草醚	Fluorodifen	26.59	190（100）	328（35）	162（34）	
251	烯唑醇	Diniconazole	27.03	268（100）	270（65）	232（13）	
252	增效醚	Piperonyl butoxide	27.46	176（100）	177（33）	149（14）	
253	炔螨特	Propargite	27.87	135（100）	350（7）	173（16）	
254	灭锈胺	Mepronil	27.91	119（100）	269（26）	120（9）	
255	噁唑隆	Dimefuron	27.82	140（100）	105（75）	267（36）	
256	吡氟酰草胺	Diflufenican	28.45	266（100）	394（25）	267（14）	
257	喹螨醚	Fenazaquin	28.97	145（100）	160（46）	117（10）	
258	苯醚菊酯	Phenothrin	29.08 29.21	123（100）	183（74）	350（6）	
259	咯菌腈	Fludioxonil	28.93	248（100）	127（24）	154（21）	
260	苯氧威	Fenoxycarb	29.57	255（100）	186（82）	116（93）	
261	稀禾啶	Sethoxydim	29.63	178（100）	281（51）	219（36）	
262	莎稗磷	Anilofos	30.68	226（100）	184（52）	334（10）	
263	氟丙菊酯	Acrinathrin	31.07	181（100）	289（31）	247（12）	
264	高效氯氟氰菊酯	Lambda－Cyhalothrin	31.11	181（100）	197（100）	141（20）	

（续表）

序号	中文名称	英文名称	保留时间/min	定量离子	定性离子1	定性离子2	定性离子3
265	苯噻酰草胺	Mefenacet	31.29	192（100）	120（35）	136（29）	
266	氯菊酯	Permethrin	31.57	183（100）	184（14）	255（1）	
267	哒螨灵	Pyridaben	31.86	147（100）	117（11）	364（7）	
268	乙羧氟草醚	Fluoroglycofen – ethyl	32.01	447（100）	428（20）	449（35）	
269	联苯三唑醇	Bitertanol	32.25	170（100）	112（8）	141（6）	
270	醚菊酯	Etofenprox	32.75	163（100）	376（4）	183（6）	
271	噻草酮	Cycloxydim	33.05	178（100）	279（7）	251（4）	
272	顺式 – 氯氰菊酯	Alpha – Cypermethrin	33.35	163（100）	181（84）	165（63）	
273	氟氰戊菊酯	Flucythrinate	33.58 33.85	199（100）	157（90）	451（22）	
274	S – 氰戊菊酯	Esfenvalerate	34.65	419（100）	225（158）	181（189）	
275	苯醚甲环唑	Difenonazole	35.40	323（100）	325（66）	265（83）	
276	丙炔氟草胺	Flumioxazin	35.50	354（100）	287（24）	259（15）	
277	氟烯草酸	Flumiclorac – pentyl	36.34	423（100）	308（51）	318（29）	
			D 组				
278	甲氟磷	Dimefox	5.62	110（100）	154（75）	153（17）	
279	乙拌磷亚砜	Disulfoton – sulfoxide	8.41	212（100）	153（61）	184（20）	
280	五氯苯	Pentachlorobenzene	11.11	250（100）	252（64）	215（24）	
281	三异丁基磷酸盐	Tri – iso – butyl phosphate	11.65	155（100）	139（67）	211（24）	
282	鼠立死	Crimidine	13.13	142（100）	156（90）	171（84）	
283	4 – 溴 – 3,5 – 二甲苯基 – N – 甲基氨基甲酸酯 – 1	BDMC – 1	13.25	200（100）	202（104）	201（13）	
284	燕麦酯	Chlorfenprop – methyl	13.57	165（100）	196（87）	197（49）	
285	虫线磷	Thionazin	14.04	143（100）	192（39）	220（14）	
286	2,3,5,6 – 四氯苯胺	2, 3, 5, 6 – tetrachloroaniline	14.22	231（100）	229（76）	158（25）	
287	三正丁基磷酸盐	Tri – n – butyl phosphate	14.33	155（100）	211（61）	167（8）	
288	2, 3, 4, 5 – 四氯甲氧基苯	2, 3, 4, 5 – tetrachloroanisole	14.66	246（100）	203（70）	231（51）	
289	五氯甲氧基苯	Pentachloroanisole	15.19	280（100）	265（100）	237（85）	
290	牧草胺	Tebutam	15.30	190（100）	106（38）	142（24）	
291	蔬果磷	Dioxabenzofos	16.14	216（100）	201（26）	171（5）	
292	甲基苯噻隆	Methabenzthiazuron	16.34	164（100）	136（81）	108（27）	
293	西玛通	Simetone	16.69	197（100）	196（40）	182（38）	
294	阿特拉通	Atratone	16.70	196（100）	211（68）	197（105）	

（续表）

序号	中文名称	英文名称	保留时间/min	定量离子	定性离子1	定性离子2	定性离子3
295	脱异丙基莠去津	Desisopropyl – atrazine	16.69	173（100）	158（84）	145（73）	
296	特丁硫磷砜	Terbufos sulfone	16.79	231（100）	288（11）	186（15）	
297	七氟菊酯	Tefluthrin	17.24	177（100）	197（26）	161（5）	
298	溴烯杀	Bromocylen	17.43	359（100）	357（99）	394（14）	
299	草达津	Trietazine	17.53	200（100）	229（51）	214（45）	
300	氧乙嘧硫磷	Etrimfos oxon	17.83	292（100）	277（35）	263（12）	
301	环莠隆	Cycluron	17.95	89（100）	198（36）	114（9）	
302	2,6 – 二氯苯甲酰胺	2, 6 – dichlorobenzamide	17.93	173（100）	189（36）	175（62）	
303	2,4,4′ – 三氯联苯	DE – PCB 28	18.15	256（100）	186（53）	258（97）	
304	2,4,5 – 三氯联苯	DE – PCB 31	18.19	256（100）	186（53）	258（97）	
305	脱乙基另丁津	Desethyl – sebuthylazine	18.32	172（100）	174（32）	186（11）	
306	2,3,4,5 – 四氯苯胺	2, 3, 4, 5 – tetrachloroaniline	18.55	231（100）	229（76）	233（48）	
307	合成麝香	Musk ambrette	18.62	253（100）	268（35）	223（18）	
308	二甲苯麝香	Musk xylene	18.66	282（100）	297（10）	128（20）	
309	五氯苯胺	Pentachloroaniline	18.91	265（100）	263（63）	230（8）	
310	叠氮津	Aziprotryne	19.11	199（100）	184（83）	157（31）	
311	另丁津	Sebutylazine	19.26	200（100）	214（14）	229（13）	
312	丁咪酰胺	Isocarbamid	19.24	142（100）	185（2）	143（6）	
313	2,2′,5,5′ – 四氯联苯	DE – PCB 52	19.48	292（100）	220（88）	255（32）	
314	麝香	Musk moskene	19.46	263（100）	278（12）	264（15）	
315	苄草丹	Prosulfocarb	19.51	251（100）	252（14）	162（10）	
316	二甲吩草胺	Dimethenamid	19.55	154（100）	230（43）	203（21）	
317	氧皮蝇磷	Fenchlorphos oxon	19.72	285（100）	287（70）	270（7）	
318	4 – 溴 – 3, 5 – 二甲苯基 – N – 甲基氨基甲酸酯 – 2	BDMC – 2	19.74	200（100）	202（101）	201（12）	
319	甲基对氧磷	Paraoxon – methyl	19.83	230（100）	247（93）	200（40）	
320	庚酰草胺	Monalide	20.02	197（100）	199（31）	239（45）	
321	西藏麝香	Musk tibeten	20.40	251（100）	266（25）	252（14）	
322	碳氯灵	Isobenzan	20.55	311（100）	375（31）	412（7）	
323	八氯苯乙烯	Octachlorostyrene	20.60	380（100）	343（94）	308（120）	
324	嘧啶磷	Pyrimitate	20.59	305（100）	153（116）	180（49）	
325	异艾氏剂	Isodrin	21.01	193（100）	263（46）	195（83）	

（续表）

序号	中文名称	英文名称	保留时间/min	定量离子	定性离子1	定性离子2	定性离子3
326	丁嗪草酮	Isomethiozin	21.06	225（100）	198（86）	184（13）	
327	毒壤磷	Trichloronat	21.10	297（100）	269（86）	196（16）	
328	敌草索	Dacthal	21.25	301（100）	332（31）	221（16）	
329	4,4－二氯二苯甲酮	4，4－dichlorobenzophenone	21.29	250（100）	252（62）	215（26）	
330	酞菌酯	Nitrothal－isopropyl	21.69	236（100）	254（54）	212（74）	
331	麝香酮	Musk ketone	21.70	279（100）	294（28）	128（16）	
332	吡咪唑	Rabenzazole	21.73	212（100）	170（26）	195（19）	
333	嘧菌环胺	Cyprodinil	21.94	224（100）	225（62）	210（9）	
334	麦穗宁	Fuberidazole	22.10	184（100）	155（21）	129（12）	
335	氧异柳磷	Isofenphos oxon	22.04	229（100）	201（2）	314（12）	
336	异氯磷	Dicapthon	22.44	262（100）	263（10）	216（10）	
337	2,2′,4,5,5′－五氯联苯	DE－PCB 101	22.62	326（100）	254（66）	291（18）	
338	2－甲－4－氯丁氧乙基酯	MCPA－butoxyethyl ester	22.61	300（100）	200（71）	182（41）	
339	水胺硫磷	Isocarbophos	22.87	136（100）	230（26）	289（22）	
340	甲拌磷砜	Phorate sulfone	23.15	199（100）	171（30）	215（11）	
341	杀螨醇	Chlorfenethol	23.29	251（100）	253（66）	266（12）	
342	反式九氯	Trans－nonachlor	23.62	409（100）	407（89）	411（63）	
343	消螨通	Dinobuton	23.88	211（100）	240（15）	223（15）	
344	脱叶磷	DEF	24.08	202（100）	226（51）	258（55）	
345	氟咯草酮	Flurochloridone	24.31	311（100）	187（74）	313（66）	
346	溴苯烯磷	Bromfenvinfos	24.62	267（100）	323（56）	295（18）	
347	乙滴涕	Perthane	24.81	223（100）	224（20）	178（9）	
348	灭菌磷	Ditalimfos	24.82	130（100）	148（43）	299（34）	
349	2,3,4,4′,5－五氯联苯	DE－PCB 118	25.08	326（100）	254（38）	184（16）	
350	4,4－二溴二苯甲酮	4，4－dibromobenzophenone	25.30	340（100）	259（30）	185（179）	
351	粉唑醇	Flutriafol	25.31	219（100）	164（96）	201（7）	
352	地胺磷	Mephosfolan	25.29	196（100）	227（49）	168（60）	
353	乙基杀扑磷	Athidathion	25.63	145（100）	330（1）	129（12）	
354	2,2′,4,4′,5,5′-六氯联苯	DE－PCB 153	25.64	360（100）	290（62）	218（24）	

（续表）

序号	中文名称	英文名称	保留时间/min	定量离子	定性离子1	定性离子2	定性离子3
355	苄氯三唑醇	Diclobutrazole	25.95	270（100）	272（68）	159（42）	
356	乙拌磷砜	Disulfoton sulfone	26.16	213（100）	229（4）	185（11）	
357	噻螨酮	Hexythiazox	26.48	227（100）	156（158）	184（93）	
358	2,2′,3,4,4′,5－六氯联苯	DE－PCB 138	26.84	360（100）	290（68）	218（26）	
359	威菌磷	Triamiphos	27.02	160（100）	294（28）	251（16）	
360	苄呋菊酯－1	Resmethrin－1	27.26	171（100）	143（83）	338（7）	
361	环丙唑	Cyproconazole	27.23	222（100）	224（35）	223（11）	
362	苄呋菊酯－2	Resmethrin－2	27.43	171（100）	143（80）	338（7）	
363	酞酸甲苯基丁酯	Phthalic acid, benzyl butyl ester	27.56	206（100）	312（4）	230（1）	
364	炔草酸	Clodinafop－propargyl	27.74	349（100）	238（96）	266（83）	
365	倍硫磷亚砜	Fenthion sulfoxide	28.06	278（100）	279（290）	294（145）	
366	三氟苯唑	Fluotrimazole	28.39	311（100）	379（（60）	233（36）	
367	氟草烟－1－甲庚酯	Fluroxypr－1－methylheptyl ester	28.45	366（100）	254（67）	237（60）	
368	倍硫磷砜	Fenthion sulfone	28.55	310（100）	136（25）	231（10）	
369	三苯基磷酸盐	Triphenyl phosphate	28.65	326（100）	233（16）	215（20）	
370	苯嗪草酮	Metamitron	28.63	202（100）	174（52）	186（12）	
371	2,2′,3,4,4′,5,5′-七氯联苯	DE－PCB 180	29.05	394（100）	324（70）	359（20）	
372	吡螨胺	Tebufenpyrad	29.06	318（100）	333（78）	276（44）	
373	解草酯	Cloquintocet－mexyl	29.32	192（100）	194（32）	220（4）	
374	环草定	Lenacil	29.70	153（100）	136（6）	234（2）	
375	糠菌唑－1	Bromuconazole－1	29.90	173（100）	175（65）	214（15）	
376	脱溴溴苯磷	Desbrom－leptophos	30.15	377（100）	171（97）	375（72）	
377	糠菌唑－2	Bromuconazole－2	30.72	173（100）	175（67）	214（14）	
378	甲磺乐灵	Nitralin	30.92	316（100）	274（58）	300（15）	
379	苯线磷亚砜	Fenamiphos sulfoxide	31.03	304（100）	319（29）	196（22）	
380	苯线磷砜	Fenamiphos sulfone	31.34	320（100）	292（57）	335（7）	
381	拌种咯	Fenpiclonil	32.37	236（100）	238（66）	174（36）	
382	氟喹唑	Fluquinconazole	32.62	340（100）	342（37）	341（20）	
383	腈苯唑	Fenbuconazole	34.02	129（100）	198（51）	125（31）	
E组							
384	残杀威－1	Propoxur－1	6.58	110（100）	152（16）	111（9）	

（续表）

序号	中文名称	英文名称	保留时间/min	定量离子	定性离子1	定性离子2	定性离子3
385	异丙威－1	Isoprocarb－1	7.56	121（100）	136（34）	103（20）	
386	甲胺磷	Methamidophos	9.37	94（100）	95（112）	141（52）	
387	二氢苊	Acenaphthene	10.79	164（100）	162（84）	160（38）	
388	驱虫特	Dibutyl succinate	12.20	101（100）	157（19）	175（5）	
389	邻苯二甲酰亚胺	Phthalimide	13.21	147（100）	104（61）	103（35）	
390	氯氧磷	Chlorethoxyfos	13.43	153（100）	125（67）	301（19）	
391	异丙威－2	Isoprocarb－2	13.69	121（100）	136（34）	103（20）	
392	戊菌隆	Pencycuron	14.30	125（100）	180（65）	209（20）	
393	丁噻隆	Tebuthiuron	14.25	156（100）	171（30）	157（9）	
394	甲基内吸磷	demeton－S－methyl	15.19	109（100）	142（43）	230（5）	
395	硫线磷	Cadusafos	15.13	159（100）	213（14）	270（12）	
396	残杀威－2	Propoxur－2	15.48	110（100）	152（19）	111（8）	
397	菲	Phenanthrene	16.97	188（100）	160（9）	189（16）	
398	螺环菌胺－1	Spiroxamine－1	17.26	100（100）	126（7）	198（5）	
399	唑螨酯	Fenpyroximate	17.49	213（100）	142（21）	198（9）	
400	丁基嘧啶磷	Tebupirimfos	17.61	318（100）	261（107）	234（100）	
401	茉莉酮	prohydrojasmon	17.80	153（100）	184（41）	254（7）	
402	苯锈啶	Fenpropidin	17.85	98（100）	273（5）	145（5）	
403	氯硝胺	Dichloran	18.10	176（100）	206（87）	124（101）	
404	咯喹酮	Pyroquilon	18.28	173（100）	130（69）	144（38）	
405	螺环菌胺－2	Spiroxamine－2	18.23	100（100）	126（5）	198（5）	
406	炔苯酰草胺	Propyzamide	19.01	173（100）	255（23）	240（9）	
407	抗蚜威	Pirimicarb	19.08	166（100）	238（23）	138（8）	
408	磷胺－1	Phosphamidon－1	19.66	264（100）	138（62）	227（25）	
409	解草嗪	Benoxacor	19.62	120（100）	259（38）	176（19）	
410	溴丁酰草胺	Bromobutide	19.70	119（100）	232（27）	296（6）	
411	乙草胺	Acetochlor	19.84	146（100）	162（59）	223（59）	
412	灭草环	Tridiphane	19.90	173（100）	187（90）	219（46）	
413	特草灵	Terbucarb	20.06	205（100）	220（52）	206（16）	
414	戊草丹	Esprocarb	20.01	222（100）	265（10）	162（61）	
415	甲呋酰胺	Fenfuram	20.35	109（100）	201（29）	202（5）	
416	活化酯	Acibenzolar－S－Methyl	20.42	182（100）	135（64）	153（34）	
417	呋草黄	Benfuresate	20.68	163（100）	256（17）	121（18）	
418	氟硫草定	Dithiopyr	20.78	354（100）	306（72）	286（74）	
419	精甲霜灵	Mefenoxam	20.91	206（100）	249（46）	279（11）	

（续表）

序号	中文名称	英文名称	保留时间/min	定量离子	定性离子1	定性离子2	定性离子3
420	马拉氧磷	Malaoxon	21.17	127（100）	268（11）	195（15）	
421	磷胺-2	Phosphamidon-2	21.36	264（100）	138（54）	227（17）	
422	硅氟唑	Simeconazole	21.41	121（100）	278（14）	211（34）	
423	氯酞酸甲酯	Chlorthal-dimethyl	21.39	301（100）	332（27）	221（17）	
424	噻唑烟酸	Thiazopyr	21.91	327（100）	363（73）	381（34）	
425	甲基毒虫畏	Dimethylvinphos	22.21	295（100）	297（56）	109（74）	
426	仲丁灵	Butralin	22.24	266（100）	224（16）	295（60）	
427	苯酰草胺	Zoxamide	22.30	187（100）	242（68）	299（9）	
428	啶斑肟-1	Pyrifenox-1	22.50	262（100）	294（15）	227（15）	
429	烯丙菊酯	Allethrin	22.60	123（100）	107（24）	136（20）	
430	异戊乙净	Dimethametryn	22.83	212（100）	255（9）	240（5）	
431	灭藻醌	Quinoclamine	22.89	207（100）	172（259）	144（64）	
432	甲醚菊酯-1	Methothrin-1	22.92	123（100）	135（89）	104（41）	
433	氟噻草胺	Flufenacet	23.09	151（100）	211（61）	363（6）	
434	甲醚菊酯-2	Methothrin-2	23.19	123（100）	135（73）	104（12）	
435	啶斑肟-2	Pyrifenox-2	23.50	262（100）	294（17）	227（16）	
436	氰菌胺	Fenoxanil	23.58	140（100）	189（14）	301（6）	
437	四氯苯酞	Phthalide	23.51	243（100）	272（28）	215（20）	
438	呋霜灵	Furalaxyl	23.97	242（100）	301（24）	152（40）	
439	噻虫嗪	Thiamethoxam	24.38	182（100）	212（92）	247（124）	
440	嘧菌胺	Mepanipyrim	24.29	222（100）	223（53）	221（9）	
441	克菌丹	Captan	24.55	149（100）	264（32）	236（10）	
442	除草定	Bromacil	24.73	205（100）	207（46）	231（5）	
443	啶氧茵酯	Picoxystrobin	24.97	335（100）	303（43）	367（9）	
444	抑草磷	Butamifos	25.41	286（100）	200（57）	232（37）	
445	咪草酸	Imazamethabenz-methyl	25.50	144（100）	187（117）	256（95）	
446	苯氧菌胺-1	Metominostrobin-1	25.61	191（100）	238（56）	196（75）	
447	苯噻硫氰	TCMTB	25.59	180（100）	238（108）	136（30）	
448	甲硫威砜	Methiocarb Sulfone	25.56	200（100）	185（40）	137（16）	
449	抑霉唑	Imazalil	25.72	215（100）	173（66）	296（5）	
450	稻瘟灵	Isoprothiolane	25.87	290（100）	231（82）	204（88）	
451	环氟菌胺	Cyflufenamid	26.02	91（100）	412（11）	294（11）	
452	嘧草醚	Pyriminobac-Methyl	26.34	302（100）	330（107）	361（86）	
453	噁唑磷	Isoxathion	26.51	313（100）	105（341）	177（208）	
454	苯氧菌胺-2	Metominostrobin-2	26.76	196（100）	191（36）	238（89）	

（续表）

序号	中文名称	英文名称	保留时间/min	定量离子	定性离子 1	定性离子 2	定性离子 3
455	苯虫醚 －1	Diofenolan －1	26. 81	186（100）	300（57）	225（25）	
456	噻呋酰胺	Thifluzamide	27. 26	449（100）	447（97）	194（308）	
457	苯虫醚 －2	Diofenolan －2	27. 14	186（100）	300（58）	225（31）	
458	苯氧喹啉	Quinoxyphen	27. 14	237（100）	272（37）	307（29）	
459	溴虫腈	Chlorfenapyr	27. 60	247（100）	328（47）	408（42）	
460	肟菌酯	Trifloxystrobin	27. 71	116（100）	131（40）	222（30）	
461	脱苯甲基亚胺唑	Imibenconazole －des －benzyl	27. 86	235（100）	270（35）	272（35）	
462	双苯噁唑酸	Isoxadifen －Ethyl	27. 90	204（100）	222（76）	294（44）	
463	氟虫腈	Fipronil	28. 34	367（100）	369（69）	351（15）	
464	炔咪菊酯 －1	Imiprothrin －1	28. 31	123（100）	151（55）	107（54）	
465	唑酮草酯	Carfentrazone －Ethyl	28. 29	312（100）	340（135）	376（32）	
466	炔咪菊酯 －2	Imiprothrin －2	28. 50	123（100）	151（21）	107（17）	
467	氟环唑 －1	Epoxiconazole －1	28. 58	192（100）	183（24）	138（35）	
468	吡草醚	Pyraflufen Ethyl	28. 91	412（100）	349（41）	339（34）	
469	稗草丹	Pyributicarb	28. 87	165（100）	181（23）	108（64）	
470	噻吩草胺	Thenylchlor	29. 12	127（100）	288（25）	141（17）	
471	烯草酮	Clethodim	29. 21	164（100）	205（50）	267（15）	
472	吡唑解草酯	Mefenpyr －diethyl	29. 55	227（100）	299（131）	372（18）	
473	伐灭磷	Famphur	29. 80	218（100）	125（27）	217（22）	
474	乙螨唑	Etoxazole	29. 64	300（100）	330（69）	359（65）	
475	吡丙醚	Pyriproxyfen	30. 06	136（100）	226（8）	185（10）	
476	氟环唑 －2	Epoxiconazole －2	29. 73	192（100）	183（13）	138（30）	
477	氟吡酰草胺	Picolinafen	30. 27	238（100）	376（77）	266（11）	
478	异菌脲	Iprodione	30. 24	187（100）	244（65）	246（42）	
479	哌草磷	Piperophos	30. 42	320（100）	140（123）	122（114）	
480	呋酰胺	Ofurace	30. 36	160（100）	232（83）	204（35）	
481	联苯肼酯	Bifenazate	30. 38	300（100）	258（99）	199（100）	
482	异狄氏剂酮	Endrin ketone	30. 45	317（100）	250（31）	281（58）	
483	氯甲酰草胺	Clomeprop	30. 48	290（100）	288（279）	148（206）	
484	咪唑菌酮	Fenamidone	30. 66	268（100）	238（111）	206（32）	
485	萘丙胺	Naproanilide	31. 89	291（100）	171（96）	144（100）	
486	吡唑醚菊酯	Pyraclostrobin	31. 98	132（100）	325（14）	283（21）	
487	乳氟禾草灵	Lactofen	32. 06	442（100）	461（25）	346（12）	
488	三甲苯草酮	Tralkoxydim	32. 14	283（100）	226（7）	268（8）	

（续表）

序号	中文名称	英文名称	保留时间/min	定量离子	定性离子 1	定性离子 2	定性离子 3
489	吡唑硫磷	Pyraclofos	32. 18	360（100）	194（79）	362（38）	
490	氯亚胺硫磷	Dialifos	32. 27	186（100）	357（143）	210（397）	
491	螺螨酯	Spirodiclofen	32. 50	312（100）	259（48）	277（28）	
492	苄螨醚	Halfenprox	32. 62	263（100）	237（6）	476（5）	
493	呋草酮	Flurtamone	32. 78	333（100）	199（63）	247（25）	
494	环酯草醚	Pyriftalid	32. 94	318（100）	274（71）	303（44）	
495	氟硅菊酯	Silafluofen	33. 18	287（100）	286（274）	258（289）	
496	嘧螨醚	Pyrimidifen	33. 63	184（100）	186（32）	185（10）	
497	啶虫脒	Acetamiprid	33. 87	126（100）	152（99）	166（58）	
498	氟丙嘧草酯	Butafenacil	33. 85	331（100）	333（34）	180（35）	
499	苯酮唑	Cafenstrole	34. 36	100（100）	188（69）	119（25）	
500	氟啶草酮	Fluridone	37. 61	328（100）	329（100）	330（100）	

附　录　C
（资料性附录）
GC－MS 测定的 A、B、C、D、E 五组农药及相关化学品选择离子监测分组表

C.1　GC－MS 测定的 A、B、C、D、E 五组农药及相关化学品选择离子监测分组表，见表 C.1。

表 C.1

序号	时间（min）	离子（amu）	驻留时间（ms）
A 组			
1	8.30	138，158，173	200
2	9.60	124，140，166，172，183，211	90
3	10.50	121，154，234	200
4	10.75	120，137，179	200
5	11.70	154，186，215	200
6	14.40	167，168，169	200
7	14.90	121，142，143，153，183，195，196，198，230，231，260，276，292，316	30
8	16.20	88，125，246	200
9	16.70	137，138，145，172，174，179，187，202，204，205，237，246，249，295，304	30
10	17.80	138，173，175，181，186，194，196，201，210，225，236，255，277，292	30
11	18.80	150，165，173，175，222，223，251，255，279	50
12	19.20	125，143，229，261，263，265，293，305，307，329	50
13	19.80	125，261，263，265，285，287，293，305，307，329	50
14	20.10	170，181，184，198，200，206，212，217，219，226，227，233，234，241，246，249，254，258，263，264，266，268，285，286，314	10
15	21.40	143，152，153，158，169，173，180，181，208，217，219，220，247，254，256，260，275，277，278，351，353，355	10
16	22.30	61，143，160，162，181，186，208，210，220，235，248，252，263，268，270，291，351，353，355	20
17	23.00	133，143，146，157，209，211，246，268，270，274，298，303，320，357，359，373，375，377	20
18	23.70	72，104，133，145，152，157，160，162，209，211，215，253，255，260，263，267，274，277，283，285，297，302，309，345，380	10
19	24.80	128，145，154，157，171，175，198，217，225，240，255，258，271，283，285，288，302，303	20
20	25.50	154，185，217，252，253，254，288，303，319，324，334	50
21	26.00	87，139，143，145，165，173，199，208，231，235，237，251，253，273，316，323，384	20

（续表）

序号	时间（min）	离子（amu）	驻留时间（ms）
22	26.80	145，150，156，165，173，179，199，231，235，237，245，247，280，288，322，323，384	20
23	27.90	165，166，173，181，253，259，261，281，292，293，308，342	40
24	28.60	118，160，165，166，181，203，212，227，228，231，235，237，272，274，314，323	30
25	29.30	135，163，164，212，227，228，232，233，250，252，278	40
26	30.00	102，145，159，160，161，188，199，227，303，317，340，356	40
27	31.00	175，183，184，220，221，223，232，250，255，267，373	40
28	33.00	127，180，181	200
29	34.40	167，181，225，419	150
30	35.70	172，174，181	200
B组			
1	7.80	128，132，189	200
2	8.80	146，156，217	200
3	9.70	128，136，161，171，173，203	90
4	10.70	127，164，192，194，196，198	90
5	11.70	191，193，206	200
6	13.40	124，203，215，250，261	100
7	14.40	158，168，200，242，282，284，286	80
8	14.70	116，120，128，148，153，171，176，188，202，211，213，234，236，238，264，266，282，284，286，306，322，335	10
9	16.00	116，148，183，188，219，221，254	80
10	16.80	153，186，231，288	150
11	17.10	153，160，164，169，172，173，176，197，206，210，214，223，225，229，270，318，330，347	20
12	18.20	61，126，160，173，176，206，214，229	60
13	18.70	126，127，134，148，164，171，172，180，192，197，198，210，213，223，243，286，288，305，307	20
14	19.90	134，171，188，197，198，210，213，237，269，276，290，305	40
15	20.60	100，185，211，226，241，253，257，259，378	50
16	21.20	73，139，141，153，161，162，167，185，191，207，213，224，226，237，238，240，250，251，286，304，318，329，331，333，351，353，355，387	10
17	22.00	161，167，207，222，224，226，238，264，280，286，351，353，355	40
18	22.70	161，163，170，171，182，185，205，213，217，241，255，256，265，267，269，276，323，339	20

（续表）

序号	时间（min）	离子（amu）	驻留时间（ms）
19	23.40	137，160，176，188，238，240，246，248，259，267，269，316，318，323，331，373，375，377	20
20	23.90	61，160，166，176，188，193，194，246，248，250，259，292，294，297，316，318，329，331，333，339，374，377，379	20
21	24.90	61，105，165，167，172，175，177，187，199，214，231，235，236，237，238，256，263，292，294，297，302，305，311，313，317，339，345，374	10
22	25.60	77，105，139，141，165，169，171，199，202，213，223，235，237，251，252，253，256，271，276，283，297，300，325，360，361	10
23	26.70	105，157，165，195，199，235，237，246，276，297，325，339，342，360，363	30
24	27.60	148，157，161，169，172，173，201，206，257，303，310，325	40
25	28.90	89，99，126，127，157，161，169，172，181，183，257，260，265，272，292，303，339，341，349，365，387，389	10
26	29.80	79，181，183，265，311，349	90
27	30.00	128，157，169，171，189，252，310，323，341，375，377，379	40
28	31.20	132，139，154，160，161，182，189，251，310，330，341，367	40
29	32.90	180，199，206，226，266，308，334，362，364	50
30	34.00	181，250，252	200
C 组			
1	7.30	109，185，220	200
2	8.70	152，153，154	200
3	9.30	58，128，129，146，188，203	90
4	11.20	126，161，163	200
5	11.75	125，126，141，158，169，170，187，208，240	50
6	13.50	122，123，124，151，215，250	90
7	14.70	107，121，150，264，276，292	90
8	16.00	174，202，217	200
9	16.50	126，141，143，156，168，176，198，199，200，210，225，268，270，277，279	30
10	17.60	88，173，183，186，200，215，219，254，274	50
11	18.40	104，130，159，161，204，237，246，257，272，285，288，313，337	40
12	18.90	128，129，161，163，165，175，204，217，242，246，257，264，285，288，303，306，313，326，335	20
13	19.80	73，89，146，162，185，212，223，227，250，265，267	50
14	20.30	61，144，146，162，170，185，198，199，212，213，223，227，258	40
15	20.70	61，103，118，144，170，181，198，199，210，217，219，222，240，254，255	30
16	21.35	108，117，151，160，161，170，219，221，224，225，257，267，351，353，355	30

（续表）

序号	时间（min）	离子（amu）	驻留时间（ms）
17	22.20	107，108，119，123，136，145，176，219，221，246，248，263，318，351，353，355	20
18	22.70	77，141，165，167，174，176，206，234，239，246，248，267，268，297，299，318	20
19	23.20	105，123，134，161，248，250，267，297，299	50
20	23.50	131，143，157，161，171，220，248，250，262，296，304，329，336，338，404	30
21	24.30	112，130，162，168，238，262	90
22	25.10	112，116，130，131，162，168，206，233，234，235，238，262	40
23	25.30	254，282，321，323，356，383	90
24	26.00	131，152，206，233，234，236，251，253，315	50
25	26.90	149，162，176，177，190，232，268，270，328	50
26	27.90	105，119，120，135，140，173，266，267，269，350，394	50
27	28.80	105，117，123，140，145，160，183，266，267，350，394	50
28	29.00	117，123，127，145，154，160，183，248，350	50
29	29.60	116，178，186，191，219，255	90
30	30.30	132，162，178，184，219，226，281，293，334	50
31	31.10	120，136，141，147，181，183，184，192，197，247，255，289，309，364	30
32	32.00	112，141，147，170，183，184，255，309，364，428，447，449	40
33	32.60	112，141，163，170，183，376，428，447，449	50
34	33.10	163，165，178，181，251，279	90
35	33.80	157，199，451	200
36	34.70	181，225，250，252，419	100
37	35.40	259，265，287，323，325，354	90
38	36.40	308，318，423	200
D 组			
1	5.50	110，153，154	200
2	8.00	153，184，212	200
3	11.00	139，155，211，215，250，252	90
4	13.00	142，156，165，171，196，197，200，201，202	50
5	14.00	143，155，158，167，192，203，211，220，229，231，246	40
6	15.00	106，142，190，237，265，280	90
7	16.00	108，136，145，158，164，171，173，182，186，196，197，201，211，216，213，288	20
8	17.20	161，174，177，197，200，202，214，229，246，357，359，394	40

（续表）

序号	时间（min）	离子（amu）	驻留时间（ms）
9	17.90	89，114，128，172，173，174，175，186，189，198，223，229，230，231，233，253，256，258，263，265，268，277，282，292，297	10
10	19.20	142，143，154，157，162，184，185，199，200，201，202，203，214，220，229，230，247，251，252，255，263，264，270，278，285，287，292	10
11	20.00	153，180，197，199，200，201，202，230，239，247，251，252，266，305，308，311，343，375，380，412	15
12	21.00	115，184，193，195，196，198，215，221，225，250，252，263，269，276，285，297，301，332	20
13	21.60	128，170，194，195，210，212，224，225，236，254，279，294	40
14	22.10	129，155，182，184，200，201，210，212，216，224，225，229，230，254，262，263，291，300，314，326，351，353，355	10
15	23.00	136，171，199，215，230，251，253，266，289，407，409，411	40
16	23.90	130，148，178，187，202，211，223，224，226，240，258，267，295，299，311，313，323	20
17	25.00	129，130，145，148，164，168，184，185，196，201，218，219，227，254，259，290，299，326，330，340，360	15
18	26.00	156，159，184，185，213，218，227，229，270，272，290，360	40
19	27.10	143，160，171，206，222，223，224，230，238，251，266，294，312，338，349	30
20	28.00	136，174，186，202，215，231，233，237，254，278，279，294，310，311，326，366，379	20
21	29.00	136，153，192，194，220，234，276，318，324，333，359，394	40
22	30.00	160，161，171，173，175，214，317，375，377	50
23	30.80	173，175，196，213，230，274，292，300，304，316，319，320，335，373	30
24	32.40	147，236，238，340，341，342	90
25	34.00	125，129，198	200
E 组			
1	5.50	110，111，152	200
2	7.00	103，107，121，122，136	100
3	9.00	94，95，141	200
4	10.40	160，162，164，205，206，220	100
5	12.00	101，157，175	200
6	12.90	103，104，121，125，130，136，147，153，301	60
7	13.90	125，156，157，171，180，209	100
8	14.80	109，110，111，142，145，152，159，185，213，230，370	50
9	16.80	98，100，126，142，145，153，160，184，187，188，189，198，213，232，234，254，261，273，318	30

（续表）

序号	时间（min）	离子（amu）	驻留时间（ms）
10	17.95	98，100，124，126，130，144，145，173，176，177，187，198，206，213，225，232，240，273	30
11	18.70	138，166，173，238，240，255	100
12	19.20	109，119，120，135，138，146，153，162，173，176，182，187，201，202，205，206，219，220，222，223，227，232，259，264，265，296	20
13	20.30	109，121，127，135，153，163，182，195，201，202，206，249，256，268，279，286，306，354	30
14	20.90	121，127，138，195，206，211，221，227，249，264，268，278，279，301，327，332，363，381	30
15	21.95	109，187，224，242，266，295，297，299，351，353，355	50
16	22.30	104，107，123，135，136，144，151，172，187，209，211，212，227，240，242，255，262，294，299，363	35
17	23.30	140，152，189，215，227，272，243，262，272	50
18	24.00	112，128，149，168，182，205，207，212，221，222，223，231，236，247，264，303，335，367	30
19	25.00	91，112，128，136，137，144，168，173，180，185，187，191，196，200，204，215，231，232，238，256，286，290，294，296，412	20
20	26.05	105，125，157，177，186，191，196，225，238，300，302，313，314，330，361	40
21	26.90	116，131，186，194，204，222，225，235，237，247，270，272，294，300，307，328，351，367，369，408，447，449	30
22	28.00	107，123，138，151，183，192，235，260，270，272，295，312，327，340，351，367，369，376	30
23	28.60	108，127，141，164，165，181，205，267，288，339，349，412	50
24	29.20	120，125，136，137，138，164，183，185，187，192，205，206，217，218，226，227，236，240，244，246，249，299，300，330，359，372	20
25	30.05	122，136，140，148，160，185，187，199，204，206，214，226，229，232，238，244，246，250，258，266，268，285，288，290，300，317，319，320，376	20
26	31.60	111，132，137，144，171，186，194，199，210，226，237，247，259，263，268，274，277，291，303，312，318，325，333，346，357，360，362，442，461，476	20
27	33.00	126，152，166，180，184，185，186，258，286，287，331，333	50
28	34.00	100，119，188	200
29	37.00	328，329，330	200

附 录 D

（资料性附录）

标准物质在苹果基质中选择离子监测 GC－MS 图

D.1　A 组标准物质在苹果基质中选择离子监测 GC－MS 图，见图 D.1。

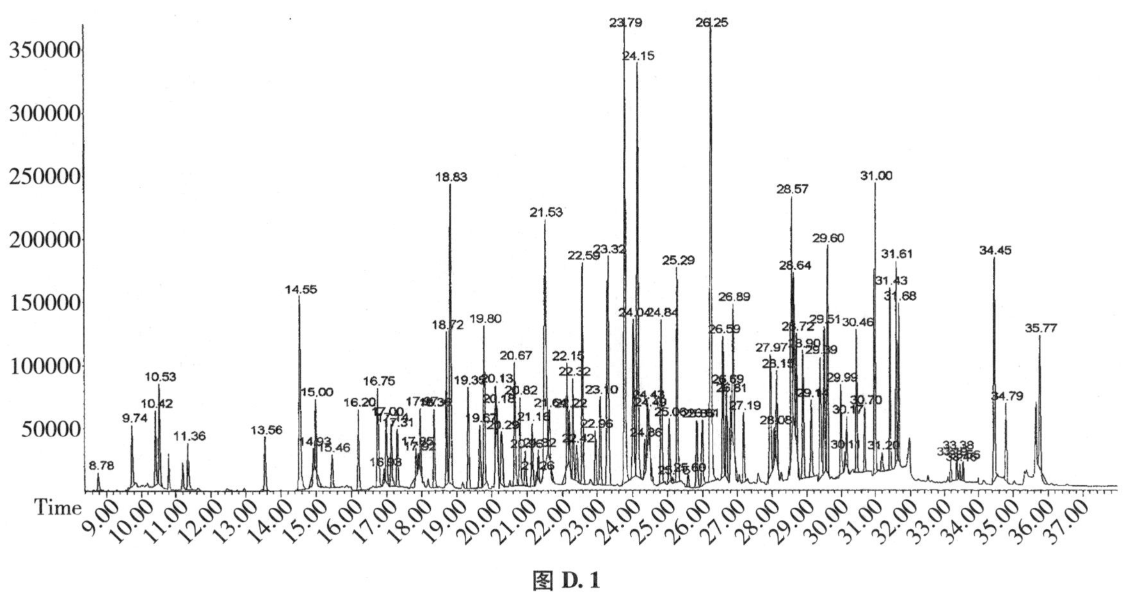

图 D.1

注：农药及相关化学品名称见附录 A 序号 1－92

D.2　B 组标准物质在苹果基质中选择离子监测 GC－MS 图，见图 D.2。

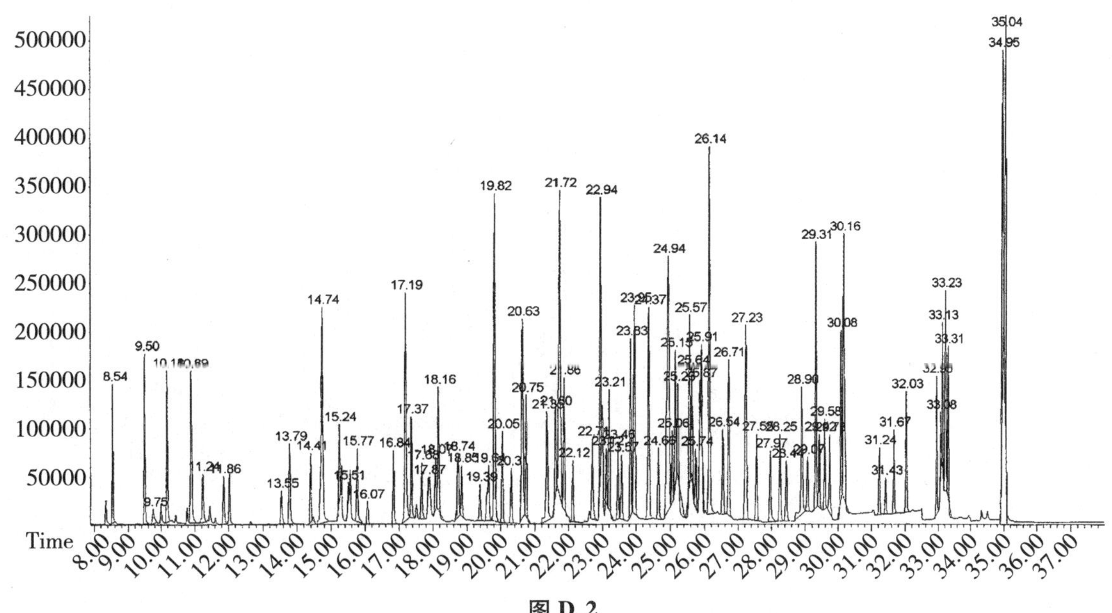

图 D.2

注：农药及相关化学品名称见附录 A 序号 93－193

D.3　C 组标准物质在苹果基质中选择离子监测 GC－MS 图，见图 D.3。

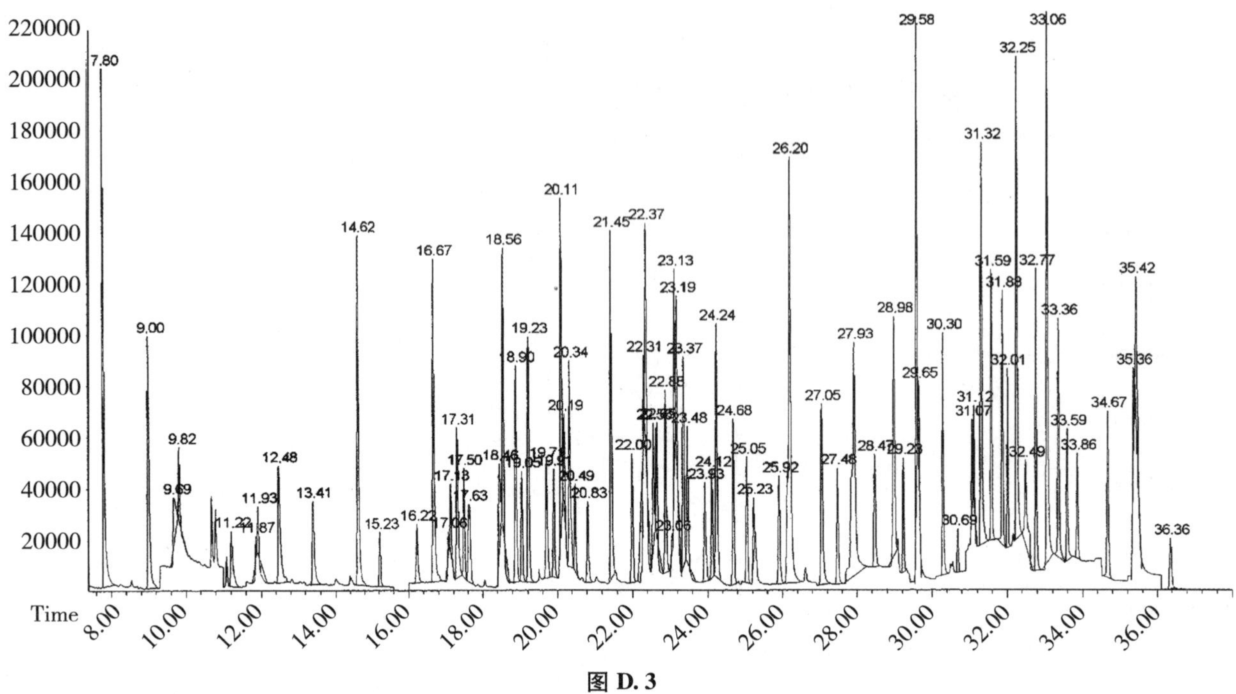

图 D.3

注：农药及相关化学品名称见附录 A 序号 194－277

D.4　D 组标准物质在苹果基质中选择离子监测 GC－MS 图，见图 D.4。

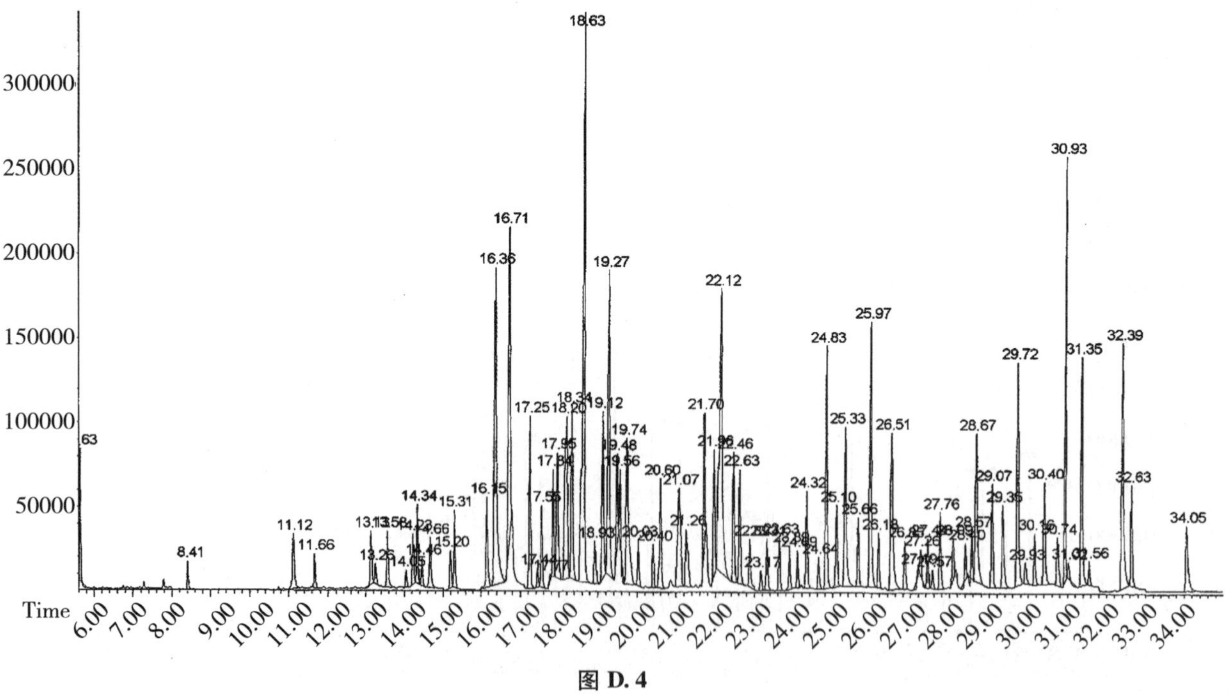

图 D.4

注：农药及相关化学品名称见附录 A 序号 278－383

D. 5　E 组标准物质在苹果基质中选择离子监测 GC－MS 图，见图 D. 5。

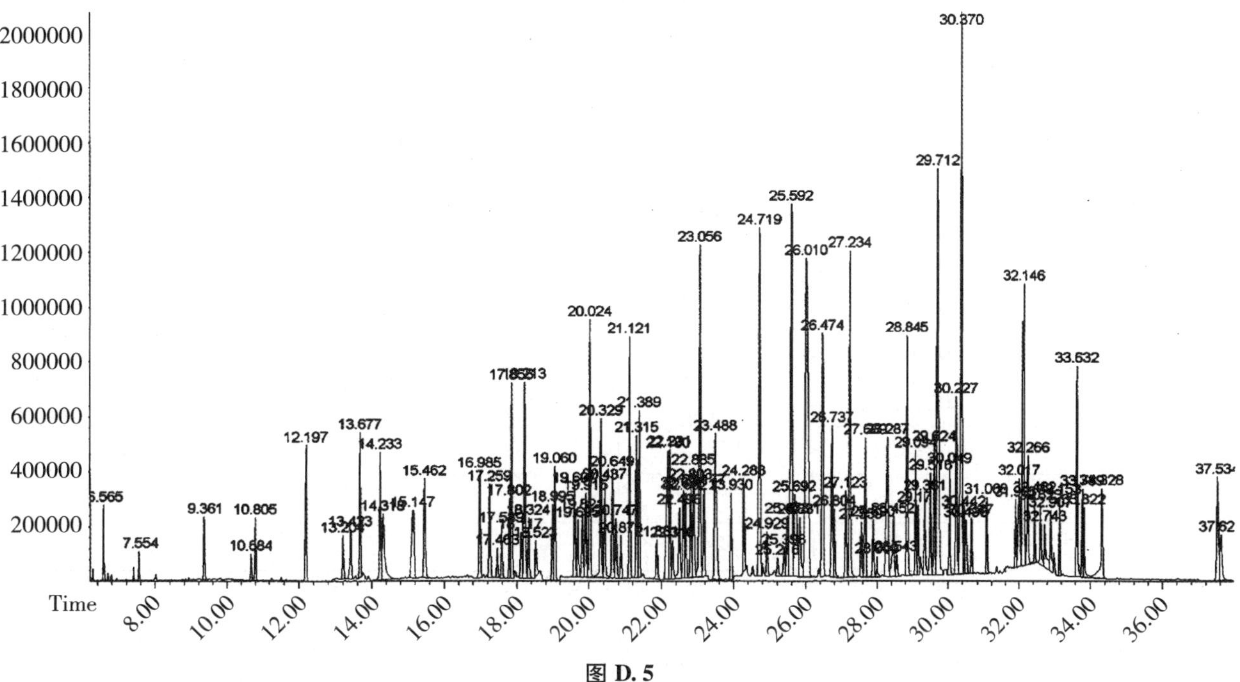

图 D. 5

注：农药及相关化学品名称见附录 A 序号 384－500

附　录　E
（规范性附录）
实验室内重复性要求

表 E.1　　实验室内重复性要求

被测组分含量 mg/kg	精密度 %
≤0.001	36
>0.001≤0.01	32
>0.01≤0.1	22
>0.1≤1	18
>1	14

附　录　F
（规范性附录）
实验室间再现性要求

表 F.1　　实验室间再现性要求

被测组分含量 mg/kg	精密度 %
≤0.001	54
>0.001≤0.01	46
>0.01≤0.1	34
>0.1≤1	25
>1	19

附　录　G
（资料性附录）
样品的添加浓度及回收率的实验数据

表 G.1　　样品的添加浓度及回收率的实验数据　　单位：%

序号	中文名称	低水平添加						中水平添加						高水平添加					
		1LOQ						2LOQ						5LOQ					
		甘蓝	芹菜	西红柿	苹果	葡萄	桔子	甘蓝	芹菜	西红柿	苹果	葡萄	桔子	甘蓝	芹菜	西红柿	苹果	葡萄	桔子
A 组																			
1	二丙烯草胺	62.6	85.5	31.1	90.6	74.9	44.8	96.4	79.7	66.7	86.6	83.0	74.9	80.2	103.0	100.3	80.1	68.2	76.1
2	烯丙酰草胺	61.3	95.2	33.7	78.7	71.3	83.0	87.3	69.1	56.2	78.2	91.7	66.3	74.0	92.0	89.9	82.4	72.1	80.7
3	土菌灵	66.0	92.5	41.4	84.7	67.0	58.4	50.9	50.8	62.3	39.3	80.0	57.3	59.9	99.7	78.6	57.9	47.0	60.7
4	氯甲硫磷	72.1	96.7	40.3	81.4	89.6	102.5	80.4	113.2	88.4	91.3	87.9	120.6	68.4	101.3	95.0	80.5	82.1	79.5
5	苯胺灵	83.9	101.0	70.0	99.1	69.9	92.1	103.3	69.3	81.9	108.6	90.0	86.1	58.0	98.7	96.5	89.5	108.3	97.5
6	环草敌	95.3	113.0	98.4	101.6	59.0	80.8	86.5	69.4	76.9	90.7	86.4	78.3	86.5	111.0	103.0	94.0	83.9	91.7
7	联苯二胺	94.3	586.3	132.6	42.5	96.3	123.0	93.0	110.0	175.6	84.6	96.2	94.3	84.9	105.8	106.6	101.0	90.6	107.6
8	杀虫脒	117.5	62.7	60.7	90.8	129.2	129.9	87.5	76.9	102.8	88.3	76.1	89.6	93.8	79.4	91.9	84.4	75.7	91.9
9	乙丁烯氟灵	89.0	108.9	99.0	111.8	94.1	84.1	80.4	67.8	87.6	61.3	100.0	73.4	89.2	119.5	102.7	80.4	76.8	85.6
10	甲拌磷	79.2	118.4	91.5	108.8	86.6	79.3	59.2	71.0	90.7	74.2	83.8	100.0	91.8	116.7	102.7	91.6	81.7	90.2
11	甲基乙拌磷	81.1	91.2	89.5	103.4	0.0	84.3	49.6	63.0	81.8	65.3	36.8	82.7	86.5	82.0	100.3	90.2	78.8	88.0
12	五氯硝基苯	94.7	129.3	95.8	116.9	90.8	91.3	75.7	79.7	85.5	66.3	99.4	79.9	95.4	117.1	104.1	91.7	80.9	89.5
13	脱乙基阿特拉津	105.5	108.2	108.5	114.4	85.4	65.4	85.6	82.5	86.1	72.4	80.9	70.7	104.1	113.9	115.2	101.3	82.8	77.1
14	异噁草松	103.1	115.1	110.2	117.3	95.5	87.6	87.2	81.0	85.2	84.4	89.8	80.1	105.5	121.6	111.6	99.8	86.0	94.8
15	二嗪磷	102.3	118.4	110.7	116.7	90.4	89.3	88.6	81.1	89.7	82.7	95.3	75.7	107.0	132.6	114.3	96.6	80.4	93.2
16	地虫硫磷	94.6	102.9	94.5	118.7	94.3	90.8	88.5	75.8	85.7	82.7	92.5	83.8	100.1	115.3	107.9	99.6	87.4	95.7
17	乙嘧硫磷	96.6	94.4	105.3	119.6	94.1	88.1	95.2	84.2	93.6	78.7	98.3	99.9	104.2	139.4	115.0	106.3	88.1	99.3

（续表）

序号	中文名称	低水平添加						中水平添加						高水平添加					
		1LOQ						2LOQ						5LOQ					
		甘蓝	芹菜	西红柿	苹果	葡萄	桔子	甘蓝	芹菜	西红柿	苹果	葡萄	桔子	甘蓝	芹菜	西红柿	苹果	葡萄	桔子
18	西玛津	110.1	106.3	116.5	113.3	76.9	65.2	116.3	102.9	99.7	121.1	79.8	83.6	109.8	121.1	116.5	100.7	85.1	93.6
19	胺丙畏	99.1	112.5	115.2	126.4	98.1	87.2	91.3	61.3	89.9	77.2	96.6	74.4	107.4	104.9	115.5	102.4	91.7	99.7
20	仲丁通	100.2	102.9	105.1	117.1	86.7	78.6	82.8	91.7	100.0	81.7	101.9	86.2	105.8	117.6	113.5	97.1	79.9	93.6
21	除线磷	100.2	104.7	111.7	122.9	101.2	101.2	88.5	80.4	88.5	88.2	93.8	83.5	101.2	115.6	113.1	111.8	95.6	105.7
22	炔丙烯草胺	118.9	125.7	117.9	143.4	110.4	105.3	90.8	82.5	91.0	81.6	95.1	80.6	109.3	124.2	114.8	101.9	88.8	98.7
23	兹克威	82.9	74.4	82.0	88.5	59.7	64.2	69.5	68.7	81.5	53.3	90.3	82.5	97.8	109.3	96.0	76.9	56.2	72.2
24	艾氏剂	94.0	98.7	100.6	111.5	93.1	95.0	83.0	75.9	78.8	88.4	83.9	74.9	93.3	107.8	106.4	100.7	87.4	96.5
25	氨氟灵	96.0	108.1	112.5	135.0	103.2	80.8	67.6	62.1	89.4	62.2	109.7	81.2	91.9	114.0	97.1	73.7	78.1	86.7
26	皮蝇磷	97.3	103.3	105.4	124.0	99.0	91.9	87.8	81.6	89.0	83.8	93.5	94.6	102.4	114.5	111.3	116.3	99.9	111.6
27	扑草净	99.2	99.6	103.9	119.2	90.7	83.3	88.8	88.2	88.2	88.4	94.3	85.8	109.0	120.8	112.9	99.5	81.9	98.0
28	环丙津	101.2	106.2	105.5	121.5	99.0	73.2	83.5	83.8	89.7	81.9	92.1	99.4	108.5	116.7	112.8	99.4	83.2	98.6
29	乙烯菌核利	88.1	95.9	102.6	114.4	98.4	79.6	87.9	86.8	90.4	89.5	91.7	87.6	105.2	116.8	111.0	115.6	97.5	108.5
30	β－六六六	87.7	91.5	94.7	108.4	100.4	76.8	87.3	85.3	83.5	93.1	87.0	79.1	108.6	114.9	116.1	117.3	100.1	103.7
31	甲霜灵	102.4	101.7	112.4	116.8	94.1	78.7	85.9	88.5	122.1	76.3	93.7	73.8	108.7	114.6	117.0	103.9	86.2	95.1
32	毒死蜱	99.9	105.9	114.4	124.7	28.6	27.5	95.7	86.2	97.3	87.6	105.6	134.1	106.1	125.8	115.6	94.3	81.8	91.7
33	甲基对硫磷	94.2	110.6	100.7	131.8	110.5	72.3	99.5	105.9	126.2	75.3	105.7	64.3	112.9	133.5	109.4	100.2	96.3	105.7
34	蒽醌	76.6	46.2	83.5	93.5	109.3	85.3	98.6	89.9	58.4	79.5	79.2	99.0	102.7	104.5	99.4	82.2	64.9	100.4
35	δ－六六六	104.7	108.0	110.0	113.0	76.5	66.2	87.8	84.6	85.9	82.1	98.5	149.4	109.1	112.7	113.1	113.4	96.6	108.1
36	倍硫磷	99.4	111.6	114.3	124.5	103.2	86.7	77.7	79.5	90.2	72.4	69.9	85.3	102.7	108.3	111.0	112.5	96.3	114.7
37	马拉硫磷	96.7	116.8	111.0	131.9	100.6	82.4	87.3	86.2	111.8	73.5	103.4	70.9	108.9	122.2	115.7	110.3	94.9	109.6
38	杀螟硫磷	97.5	100.8	100.3	142.4	107.7	76.1	96.0	118.1	136.1	87.5	122.6	64.9	107.8	118.3	107.7	108.3	96.9	108.2
39	对氧磷	82.2	93.7	95.9	153.2	87.0	61.8	79.0	113.9	124.7	112.7	149.3	90.6	107.0	134.3	107.7	108.7	95.7	107.8
40	三唑酮	101.3	105.3	111.1	122.6	93.0	77.8	64.2	73.9	78.6	63.5	76.8	75.0	108.5	117.9	117.9	114.4	93.5	102.9
41	对硫磷	91.6	110.9	103.7	142.6	113.2	84.1	117.9	114.7	63.5	92.6	78.7	93.0	108.0	129.6	112.9	100.8	93.6	107.1

（续表）

序号	中文名称	低水平添加						中水平添加						高水平添加					
		1LOQ						2LOQ						5LOQ					
		甘蓝	芹菜	西红柿	苹果	葡萄	桔子	甘蓝	芹菜	西红柿	苹果	葡萄	桔子	甘蓝	芹菜	西红柿	苹果	葡萄	桔子
42	二甲戊灵	96.9	112.0	108.3	141.9	108.9	88.8	78.7	98.2	112.9	57.7	107.6	75.9	108.2	125.8	111.3	98.3	90.8	104.4
43	利谷隆	99.8	132.3	116.7	130.8	73.8	67.9	64.0	86.3	79.5	81.1	106.2	62.2	56.8	153.6	122.9	83.8	64.5	123.1
44	杀螨醚	99.5	106.7	103.0	118.4	100.6	87.6	82.7	87.4	94.7	81.0	89.5	80.5	106.8	116.4	110.9	115.1	104.1	115.2
45	乙基溴硫磷	92.4	102.2	105.6	123.9	94.4	96.3	91.4	91.7	94.0	88.4	100.8	79.8	107.1	119.0	115.8	127.1	109.1	123.1
46	喹硫磷	96.5	107.2	105.1	131.2	103.1	91.1	106.5	95.2	107.0	88.1	118.2	90.5	111.3	124.6	116.7	109.0	93.9	109.3
47	反式氯丹	96.9	102.4	105.3	125.6	98.3	102.3	86.1	86.5	85.1	90.1	90.6	75.6	103.9	113.8	115.1	123.1	103.5	114.6
48	稻丰散	94.1	107.1	107.0	130.2	103.4	88.0	79.5	93.0	104.1	74.2	111.3	69.3	106.2	117.9	115.2	113.2	97.8	111.9
49	吡唑草胺	102.3	102.8	109.7	118.9	93.4	77.8	87.1	88.5	93.8	74.7	99.9	73.3	107.3	113.8	116.1	108.7	88.6	98.7
50	苯硫威	96.3	108.7	100.9	122.5	108.7	97.8	99.4	112.3	86.5	96.7	106.1	94.3	115.6	118.2	112.2	108.3	100.4	110.3
51	丙硫磷	89.4	97.9	91.3	123.6	110.9	91.0	81.9	84.0	40.2	72.6	70.9	66.7	101.1	117.4	110.6	111.8	98.5	110.6
52	整形醇	98.2	127.7	107.0	123.9	104.2	69.2	83.8	87.8	96.2	85.1	103.7	79.4	107.6	0.6	115.8	114.1	99.2	103.1
53	狄氏剂	99.1	104.7	107.1	118.0	98.7	97.4	107.3	90.8	85.2	94.7	90.2	80.3	105.6	114.5	116.5	115.0	96.4	108.2
54	腐霉利	98.0	100.3	101.7	121.0	117.4	98.6	88.4	89.0	85.2	88.3	90.2	148.6	128.1	120.7	118.1	117.9	96.2	105.2
55	杀扑磷	95.8	102.7	103.2	104.8	89.1	81.4	83.2	112.9	125.9	56.7	102.8	58.5	107.4	996.5	117.5	109.6	97.8	107.1
56	氰草津	87.9	75.3	79.5	93.2	118.7	127.3	84.0	84.7	93.8	116.4	90.5	85.5	88.8	81.3	82.4	125.0	108.0	108.3
57	敌草胺	102.9	102.9	104.0	115.4	90.3	76.9	89.4	91.3	93.0	86.6	94.9	80.2	107.3	117.2	116.4	109.5	90.7	102.2
58	噁草酮	101.9	99.4	105.4	101.0	81.1	78.8	82.8	90.4	103.6	96.7	96.0	78.6	107.6	112.7	116.3	120.0	100.9	114.1
59	苯线磷	69.1	41.8	71.5	126.8	99.9	72.7	69.2	101.2	120.4	51.0	69.7	59.0	93.6	100.1	109.4	98.1	87.2	99.9
60	杀螨氯硫	83.1	95.8	96.4	120.2	97.4	105.6	86.3	86.9	91.7	91.3	90.2	84.0	102.8	118.9	114.8	125.0	106.2	118.6
61	杀螨特	89.4	159.8	101.9	125.8	112.7	102.0	84.6	96.3	107.1	82.2	108.5	73.9	105.6	137.6	124.9	128.6	98.2	107.1
62	乙嘧酚磺酸酯	90.2	102.9	86.6	116.3	88.6	84.2	89.5	91.3	102.0	91.2	99.2	94.6	101.6	128.7	111.9	115.0	93.1	107.9
63	萎锈灵	66.9	48.8	76.5	104.7	79.5	64.7	70.5	47.4	82.6	56.2	77.1	77.5	60.4	28.2	92.7	101.4	85.6	97.5
64	氟酰胺	93.1	113.5	106.0	122.1	95.2	72.9	94.0	97.7	131.7	91.9	103.5	86.3	104.0	122.7	115.3	114.9	95.5	94.6
65	p,p′-滴滴滴	未添加	未添加	未添加	未添加	未添加	未添加	86.3	91.6	97.2	88.8	94.7	76.4	未添加	未添加	未添加	未添加	未添加	未添加

（续表）

序号	中文名称	低水平添加						中水平添加						高水平添加					
		1LOQ						2LOQ						5LOQ					
		甘蓝	芹菜	西红柿	苹果	葡萄	桔子	甘蓝	芹菜	西红柿	苹果	葡萄	桔子	甘蓝	芹菜	西红柿	苹果	葡萄	桔子
66	乙硫磷	92.2	114.4	102.9	130.6	104.4	91.8	91.0	95.9	108.0	78.0	108.4	70.6	106.8	128.7	115.9	121.6	105.8	120.6
67	硫丙磷	94.4	102.8	101.6	118.6	96.8	95.1	76.4	92.2	95.7	74.8	69.1	74.6	102.9	104.9	113.1	113.4	95.4	108.8
68	乙环唑－1	95.6	106.8	73.6	117.1	85.1	77.4	65.4	98.6	110.8	60.4	111.7	53.2	106.5	123.8	158.3	107.5	92.9	113.9
69	乙环唑－2	94.3	109.1	81.8	130.4	77.5	85.1	101.7	89.2	84.5	88.7	89.1	26.7	116.8	131.5	128.5	99.7	77.3	108.2
70	腈菌唑	113.1	104.5	92.4	104.0	80.9	70.7	90.6	91.4	129.1	68.4	101.6	62.9	103.0	115.4	108.2	109.7	89.4	93.4
71	禾草灵	166.6	160.3	104.8	127.3	110.4	94.0	76.1	99.3	111.4	90.4	131.9	133.0	106.9	110.1	117.2	118.5	102.7	112.8
72	丙环唑	91.9	97.1	100.1	115.7	91.0	83.7	79.6	94.1	87.1	57.6	62.7	102.7	104.1	127.0	115.8	108.8	89.7	114.2
73	丰索磷	97.4	89.4	105.3	107.7	87.9	75.3	87.4	138.6	92.2	120.4	58.3	118.2	106.8	86.1	120.3	164.6	132.3	120.0
74	联苯菊酯	92.2	95.6	101.3	124.7	102.7	99.8	89.6	99.1	83.2	95.1	103.7	83.2	102.9	116.9	118.7	112.3	96.6	109.5
75	灭蚁灵	97.7	99.2	105.5	130.9	97.6	100.4	116.5	80.8	93.5	111.2	104.5	66.5	98.7	109.8	114.8	110.8	92.4	105.6
76	麦锈灵	114.3	127.4	125.2	139.9	103.9	78.1	77.6	106.6	109.6	68.7	111.1	68.4	110.8	120.7	124.2	112.8	98.3	93.0
77	氟苯嘧啶醇	104.1	99.2	104.4	92.2	72.1	77.9	93.9	92.3	96.4	82.7	95.9	74.7	107.9	109.9	115.1	104.3	73.6	95.7
78	甲氧滴滴涕	83.1	106.9	108.6	126.0	、94.0	85.9	71.0	92.3	54.9	100.7	124.8	86.0	93.9	124.3	106.6	86.6	63.2	85.4
79	噁霜灵	86.8	102.3	80.0	112.8	97.5	72.1	106.0	76.5	76.4	142.4	107.4	87.3	103.4	118.3	120.5	98.5	84.9	101.4
80	胺菊酯	93.2	96.9	101.7	124.9	95.6	95.2	86.3	102.0	148.8	91.4	116.0	80.2	103.5	114.0	114.0	114.7	95.9	112.6
81	戊唑醇	106.8	85.9	71.6	117.2	87.6	76.6	88.3	100.3	93.7	62.5	119.7	74.2	98.9	95.5	98.8	107.0	86.7	97.2
82	氟草敏	98.2	110.0	95.3	106.6	87.2	66.9	88.9	94.1	98.1	86.6	98.9	85.0	103.2	110.3	114.0	108.1	92.0	75.6
83	哒嗪硫磷	125.0	102.3	104.6	116.8	98.2	82.0	92.2	98.4	121.4	53.2	124.7	53.6	101.3	124.7	115.0	121.3	100.3	108.4
84	亚胺硫磷	87.4	119.4	104.8	131.7	95.7	61.0	86.0	86.9	107.7	99.5	114.5	87.4	109.8	143.5	124.4	106.6	94.8	109.4
85	三氯杀螨砜	99.8	101.6	87.2	127.1	101.7	87.3	92.9	89.7	92.3	89.0	92.4	80.3	105.9	109.2	114.3	124.7	101.3	111.7
86	氧化萎锈灵	78.4	116.4	86.4	96.3	76.0	54.3	84.3	49.8	64.4	100.4	78.0	56.9	78.2	97.8	92.0	78.2	63.5	45.4
87	顺式－氯菊酯	97.5	82.5	102.8	123.8	99.5	101.1	99.6	104.7	118.5	112.1	114.7	116.8	103.3	113.5	119.1	119.4	101.7	115.7
88	反式－氯菊酯	96.2	98.8	123.1	122.1	98.7	97.1	94.1	99.9	108.7	99.0	106.6	76.4	103.2	113.5	118.8	119.9	102.7	116.3
89	吡菌磷	84.4	95.5	109.5	130.7	101.3	85.4	95.7	98.8	112.8	74.0	120.4	57.5	105.3	114.9	120.0	115.7	93.5	115.4

（续表）

序号	中文名称	低水平添加						中水平添加						高水平添加					
		1LOQ						2LOQ						5LOQ					
		甘蓝	芹菜	西红柿	苹果	葡萄	桔子	甘蓝	芹菜	西红柿	苹果	葡萄	桔子	甘蓝	芹菜	西红柿	苹果	葡萄	桔子
90	氯氰菊酯	81.4	102.0	97.7	120.9	48.7	39.3	87.5	110.8	106.6	89.9	132.7	68.1	102.8	112.6	116.7	106.2	91.7	99.2
91	氰戊菊酯	67.1	73.2	84.4	104.8	91.7	91.2	101.9	90.4	104.0	94.2	108.4	80.3	101.0	103.2	112.9	119.9	101.7	109.0
92	溴氰菊酯	111.0	130.7	114.2	131.4	103.2	88.6	82.4	94.0	93.7	143.9	112.1	64.3	104.0	108.2	114.9	121.8	106.8	114.7
B组																			
93	茵草敌	69.8	104.0	62.2	64.3	63.3	39.5	77.3	69.1	74.1	79.7	68.5	81.9	90.2	96.4	65.3	77.3	79.8	78.7
94	丁草敌	77.7	101.2	68.0	75.8	82.0	49.7	76.8	68.2	76.8	83.6	66.8	77.0	94.5	101.7	70.3	82.8	84.1	83.5
95	敌草腈	74.8	74.5	49.6	75.0	81.0	49.8	80.9	69.8	74.9	82.9	62.7	60.4	100.5	107.7	70.3	85.8	87.8	89.3
96	克草敌	79.2	109.7	65.7	72.3	74.1	52.0	78.0	68.3	78.8	81.1	69.6	69.3	101.2	107.2	76.9	86.3	84.6	83.3
97	三氯甲基吡啶	69.0	114.9	56.9	66.5	66.7	48.5	71.3	105.2	67.5	74.7	72.5	81.5	100.9	112.3	70.9	82.9	74.8	82.4
98	速灭磷	97.7	106.0	87.9	81.7	79.5	64.5	70.0	108.8	96.9	101.5	75.0	83.3	118.4	116.8	103.5	94.9	93.4	79.8
99	氯苯甲醚	90.9	106.2	74.6	73.9	75.2	61.2	82.9	71.0	75.9	87.6	81.3	86.7	113.0	115.7	91.6	90.3	89.9	89.3
100	四氯硝基苯	86.5	106.8	71.3	75.0	77.2	62.6	81.5	69.4	91.2	68.7	74.7	69.7	109.3	109.6	88.1	92.8	89.8	87.6
101	庚烯磷	101.5	111.0	96.0	93.7	81.6	78.7	86.4	71.1	81.6	78.6	79.1	78.9	119.3	114.7	106.7	98.8	94.9	90.7
102	六氯苯	81.1	99.2	78.1	75.2	68.5	67.0	73.3	64.9	71.8	77.2	68.0	69.3	105.5	100.5	89.9	84.6	87.0	86.3
103	灭线磷	93.0	96.5	87.7	93.6	85.1	79.9	89.7	76.9	85.7	84.7	81.2	82.2	116.1	110.5	105.9	101.6	94.7	92.8
104	顺式－燕麦敌	100.2	105.0	96.7	88.8	91.3	78.1	83.8	75.2	83.0	85.7	77.4	109.9	115.7	112.1	103.0	97.2	93.0	92.3
105	毒草胺	107.8	106.9	97.3	90.8	87.8	82.5	85.0	119.3	81.1	82.0	75.8	77.4	121.2	115.2	112.0	98.1	92.5	88.9
106	燕麦敌	98.4	103.8	91.8	93.4	84.8	79.6	85.6	101.7	84.0	84.1	77.8	74.9	117.2	112.3	105.7	99.6	93.7	91.7
107	氟乐灵	95.8	105.8	89.3	94.2	85.9	76.3	83.4	57.5	79.9	61.3	78.5	58.8	118.3	119.3	104.0	104.5	97.8	88.7
108	氯苯胺灵	109.3	119.8	110.1	98.6	90.6	90.0	89.6	76.1	87.8	84.9	84.4	84.7	123.6	119.3	114.3	101.0	94.9	90.0
109	治螟磷	102.3	116.7	102.0	95.0	85.8	80.6	88.4	73.5	87.9	83.9	93.1	71.1	120.3	116.7	110.3	101.2	94.1	91.1
110	菜草畏	94.0	97.3	81.6	83.9	77.2	67.8	68.1	92.3	82.8	61.4	66.5	55.9	112.3	80.2	95.6	91.7	89.0	84.0
111	α－六六六	99.3	111.4	97.9	96.6	122.5	126.6	86.1	76.5	87.3	85.6	76.7	122.2	117.8	115.3	106.4	96.5	90.0	89.1
112	特丁硫磷	93.6	102.6	90.0	95.3	86.3	84.1	93.8	79.4	95.2	84.4	86.7	116.3	117.3	113.8	109.4	100.8	94.3	88.3

（续表）

序号	中文名称	低水平添加						中水平添加						高水平添加					
		1LOQ						2LOQ						5LOQ					
		甘蓝	芹菜	西红柿	苹果	葡萄	桔子	甘蓝	芹菜	西红柿	苹果	葡萄	桔子	甘蓝	芹菜	西红柿	苹果	葡萄	桔子
113	特丁通	113.5	102.0	103.9	92.9	89.3	75.7	89.3	79.4	88.7	84.4	88.4	81.2	123.4	115.5	114.8	100.5	91.7	83.4
114	环丙氟灵	104.9	107.4	89.4	99.9	92.0	81.2	86.6	56.3	79.9	60.2	80.1	58.5	125.7	121.6	111.9	106.5	102.2	91.7
115	敌噁磷	120.0	106.9	121.7	102.9	96.1	79.7	94.6	74.0	77.5	94.4	73.5	88.0	129.0	109.2	128.2	104.8	113.9	102.6
116	扑灭津	113.4	131.9	112.0	99.2	91.6	86.2	89.1	77.1	82.3	83.2	78.5	73.0	124.4	146.0	118.9	103.6	96.0	90.4
117	氯炔灵	112.4	104.9	98.0	95.8	85.2	76.0	109.0	81.9	119.4	70.8	101.1	94.5	120.8	120.7	108.4	108.9	98.3	84.1
118	氯硝胺	122.7	116.7	93.3	70.6	94.6	78.4	100.6	84.5	118.4	87.2	87.3	65.2	130.3	122.2	114.6	99.8	97.3	83.6
119	特丁津	118.9	116.6	121.3	102.1	102.6	95.8	88.4	80.6	109.7	67.6	88.2	75.1	134.1	139.7	141.2	105.0	93.4	89.6
120	绿谷隆	112.0	118.5	104.3	94.8	83.0	76.6	97.9	77.2	97.8	51.3	97.9	85.5	127.2	115.1	110.7	102.2	99.8	86.1
121	氟虫脲	128.9	138.1	112.9	106.9	116.0	78.0	77.9	70.4	80.5	63.8	73.6	47.9	121.3	273.9	224.6	100.9	79.8	72.2
122	杀螟腈	111.4	108.4	107.2	96.1	92.3	83.8	88.4	73.5	88.0	76.4	86.7	77.0	125.6	119.5	117.4	102.7	97.2	85.9
123	甲基毒死蜱	106.8	103.9	101.2	102.8	92.4	89.9	88.2	74.8	88.5	77.6	85.7	88.8	122.4	114.2	112.3	104.0	95.1	93.5
124	敌草净	111.0	102.7	102.9	88.5	78.2	74.4	86.1	72.9	86.1	82.0	80.2	75.6	119.2	111.5	108.7	99.8	87.4	80.5
125	二甲草胺	116.3	106.8	112.1	100.8	93.3	88.4	87.7	74.2	90.1	82.0	80.1	88.1	124.5	116.1	118.2	104.4	98.1	90.4
126	甲草胺	112.0	105.6	109.6	100.9	92.3	89.8	89.6	73.1	102.2	82.6	81.2	76.2	125.3	118.4	118.2	105.0	98.4	92.9
127	甲基嘧啶磷	109.5	107.3	107.9	96.5	91.3	87.4	88.0	72.8	91.1	78.5	82.4	92.1	122.5	115.2	112.9	103.7	95.0	90.2
128	特丁净	110.6	106.7	108.9	92.4	90.6	85.0	88.0	74.4	89.1	83.2	80.9	80.3	123.0	115.1	114.7	102.7	93.6	87.2
129	杀草丹	91.8	86.4	90.1	103.7	95.0	93.2	87.5	73.5	85.4	85.9	79.6	86.3	126.2	116.7	118.7	104.6	98.8	94.6
130	丙硫特普	114.2	111.2	109.1	98.9	98.2	90.1	98.6	89.3	86.7	68.9	79.1	80.4	未添加	未添加	未添加	未添加	未添加	未添加
131	三氯杀螨醇	96.1	140.1	115.9	120.7	91.4	108.9	88.2	105.0	134.4	135.6	124.6	165.2	124.7	135.2	138.4	116.7	324.0	123.3
132	异丙甲草胺	113.7	126.3	110.8	103.8	94.1	89.7	89.9	73.7	90.0	80.2	84.4	83.4	124.7	116.0	116.3	106.8	98.9	91.1
133	氧化氯丹	未添加	未添加	未添加	未添加	未添加	未添加	97.1	73.2	110.2	87.9	77.9	81.2	123.8	111.1	114.0	102.0	99.6	94.3
134	嘧啶磷	116.0	102.7	108.4	98.8	91.3	89.5	89.8	72.4	90.3	80.4	88.0	72.3	129.7	115.1	116.6	107.2	95.7	92.9
135	烯虫酯	108.2	123.7	114.3	108.7	95.0	92.8	77.8	69.7	103.7	88.0	92.0	90.7	123.8	129.2	124.0	104.9	98.5	91.6
136	溴硫磷	110.2	111.2	104.4	97.9	84.2	85.1	91.4	82.6	94.6	84.2	84.7	71.2	124.5	119.0	116.4	106.8	98.7	94.0

（续表）

序号	中文名称	低水平添加						中水平添加						高水平添加					
		1LOQ						2LOQ						5LOQ					
		甘蓝	芹菜	西红柿	苹果	葡萄	桔子	甘蓝	芹菜	西红柿	苹果	葡萄	桔子	甘蓝	芹菜	西红柿	苹果	葡萄	桔子
137	苯氟磺胺	82.0	266.4	275.4	100.7	88.6	72.4	82.8	132.4	85.2	72.9	121.2	112.3	110.4	136.6	126.0	98.7	88.4	80.3
138	乙氧呋草黄	116.4	105.9	110.1	101.5	93.0	87.9	84.2	105.7	103.4	107.7	98.6	125.1	125.2	117.9	121.1	106.3	99.8	87.3
139	异丙乐灵	101.7	112.1	100.6	102.6	102.5	93.6	87.5	68.7	110.9	59.5	84.7	87.6	80.3	79.0	82.9	99.9	98.1	97.4
140	硫丹 - I	116.5	106.8	124.4	109.6	100.9	94.4	89.6	76.3	87.6	88.7	85.6	84.0	126.0	115.4	119.4	98.7	93.0	89.8
141	敌稗	111.5	106.9	99.9	102.8	94.4	84.4	99.4	91.4	112.4	82.3	93.8	120.5	125.5	116.3	112.9	106.2	100.1	83.0
142	异柳磷	113.4	105.5	128.5	91.7	81.7	78.0	93.5	71.9	95.2	80.9	92.3	71.0	126.9	116.2	118.4	107.4	100.7	92.9
143	育畜磷	100.0	108.5	91.5	98.0	86.1	77.2	95.7	87.3	74.4	86.4	105.5	78.4	121.6	110.6	107.5	107.1	99.3	82.2
144	毒虫畏	110.0	108.8	108.4	106.6	95.4	92.6	92.1	78.7	94.9	73.7	89.0	63.2	124.6	114.5	115.1	108.1	102.1	92.8
145	顺式 - 氯丹	116.3	107.5	111.6	106.1	96.0	95.5	85.5	77.3	82.3	84.0	79.2	72.1	125.2	116.9	120.0	104.5	98.1	93.9
146	甲苯氟磺胺	35.6	265.5	237.0	104.7	96.7	95.8	101.8	98.7	87.1	70.8	62.0	89.0	23.0	141.3	129.3	102.6	91.7	79.9
147	p, p′ - 滴滴伊	112.5	105.9	110.6	104.2	97.2	94.9	86.0	82.7	80.8	88.6	81.3	113.5	125.1	114.9	119.8	104.8	99.9	95.6
148	丁草胺	115.8	108.8	114.8	95.5	92.0	89.0	91.0	76.9	93.6	81.1	88.1	70.4	122.9	111.3	114.6	106.6	100.2	92.7
149	乙菌利	106.4	99.4	101.0	99.4	86.9	85.9	100.9	92.7	100.1	106.1	95.1	91.7	120.5	113.7	115.7	98.9	94.6	86.9
150	巴毒磷	96.2	110.3	104.2	102.3	93.2	84.2	105.7	85.3	102.0	87.8	86.4	76.9	117.7	106.1	100.8	109.6	104.9	82.5
151	碘硫磷	106.8	110.9	106.4	104.5	95.4	89.6	87.5	84.4	98.7	73.5	88.1	60.4	122.3	114.0	107.8	107.6	98.2	89.0
152	杀虫畏	111.5	115.4	107.9	101.7	95.0	92.7	90.6	74.9	95.7	60.5	95.2	55.5	125.6	115.3	114.6	106.3	100.7	89.4
153	氯溴隆	119.6	234.0	116.5	98.2	86.7	88.1	86.5	105.3	79.4	97.8	90.3	84.5	149.1	199.6	140.8	106.5	105.0	87.6
154	丙溴磷	107.8	110.6	104.0	102.2	92.5	90.3	94.6	76.9	94.8	68.0	93.8	53.8	122.5	112.1	112.9	105.3	99.8	94.2
155	氟咯草酮	未添加	未添加	未添加	未添加	未添加	未添加	91.3	75.9	95.7	75.8	99.8	78.6	115.2	100.3	95.0	101.4	101.4	96.2
156	噻嗪酮	106.7	99.4	105.3	90.2	87.4	87.0	91.0	72.5	75.6	95.9	93.0	99.3	123.0	111.1	107.1	95.2	89.2	87.9
157	o, p′ - 滴滴滴	128.0	551.6	120.0	112.8	117.1	112.2	90.6	80.9	93.5	92.3	82.5	86.1	126.2	128.5	103.5	96.2	108.8	71.0
158	异狄氏剂	117.3	117.0	109.0	102.5	92.2	99.6	89.1	77.9	93.0	72.8	92.2	66.7	125.1	112.3	115.5	105.9	101.8	96.5
159	己唑醇	未添加	未添加	未添加	未添加	未添加	未添加	103.1	76.0	107.1	89.6	101.4	78.6	126.7	114.5	117.4	104.7	100.4	97.2
160	杀螨酯	112.0	99.9	102.2	113.4	107.9	98.2	90.2	81.1	91.4	88.2	86.9	91.1	133.9	121.8	123.1	107.6	101.2	94.9

（续表）

序号	中文名称	低水平添加						中水平添加						高水平添加					
		1LOQ						2LOQ						5LOQ					
		甘蓝	芹菜	西红柿	苹果	葡萄	桔子	甘蓝	芹菜	西红柿	苹果	葡萄	桔子	甘蓝	芹菜	西红柿	苹果	葡萄	桔子
161	o, p′-滴滴涕	109.9	117.2	109.6	107.5	91.9	92.2	85.1	76.2	96.7	77.3	103.8	114.0	123.2	115.1	118.2	106.5	96.4	93.5
162	多效唑	120.7	106.6	101.4	100.0	87.6	74.0	92.6	72.8	96.2	59.1	89.3	63.9	119.6	106.2	105.9	107.0	101.9	74.4
163	盖草津	111.8	106.1	102.9	94.1	87.4	81.3	92.0	77.3	92.2	80.9	86.5	69.5	122.3	112.2	111.5	101.2	90.5	82.6
164	抑草蓬	111.3	135.1	102.8	95.3	92.1	88.4	71.2	102.5	91.7	80.0	91.8	116.7	126.2	117.1	110.6	101.1	93.4	107.3
165	丙酯杀螨醇	113.4	113.3	109.6	106.7	94.9	91.9	95.4	84.8	107.5	81.9	96.7	81.8	125.0	119.1	114.4	106.8	100.8	92.5
166	麦草氟甲酯	114.1	102.4	112.5	101.0	94.1	91.1	91.4	90.6	102.6	90.3	88.9	80.5	125.6	107.1	117.1	106.6	100.8	86.6
167	除草醚	110.2	132.2	95.4	108.6	97.5	88.6	100.3	118.0	107.4	87.2	115.7	97.9	131.5	124.6	116.5	112.9	106.6	94.2
168	乙氧氟草醚	107.4	121.4	96.1	111.4	100.5	89.1	107.0	92.6	111.3	85.0	104.4	86.4	129.2	122.3	117.2	113.6	105.1	92.2
169	虫螨磷	114.4	108.2	110.7	107.4	96.3	96.7	93.7	77.8	107.9	85.5	88.3	70.6	126.0	115.2	117.4	105.9	97.9	91.7
170	硫丹-Ⅱ	未添加	未添加	未添加	未添加	未添加	未添加	100.9	107.4	105.2	97.2	102.6	85.4	105.6	115.2	117.2	99.3	92.6	86.5
171	麦草氟异丙酯	107.5	122.4	105.3	106.7	91.9	88.5	91.6	86.6	92.8	90.5	86.3	80.0	122.6	118.9	114.6	106.9	99.9	90.5
172	p, p′-滴滴涕	105.6	116.0	109.2	108.0	96.0	94.9	96.6	88.3	94.4	82.3	103.0	95.8	124.6	115.2	119.8	107.3	95.9	93.9
173	三硫磷	108.3	103.6	104.3	109.3	99.0	93.4	96.7	81.2	103.3	85.1	93.3	66.6	124.9	113.0	115.0	108.0	99.5	92.3
174	苯霜灵	110.1	118.4	108.2	102.7	94.3	92.9	92.2	82.8	106.3	89.1	87.6	90.5	127.6	122.1	117.7	105.2	98.8	88.6
175	敌瘟磷	92.8	113.9	91.7	70.8	66.9	66.4	101.8	78.8	105.3	88.2	100.3	95.7	121.2	109.0	107.7	106.5	104.1	73.1
176	三唑磷	114.1	196.9	110.2	105.9	92.4	89.4	117.4	88.1	113.0	97.3	113.2	81.7	127.3	127.5	115.5	107.7	94.3	82.7
177	苯腈磷	110.3	99.1	104.2	109.7	99.1	94.0	95.3	77.3	93.8	93.2	116.1	69.8	126.5	110.3	114.5	106.9	100.2	90.4
178	氯杀螨砜	114.9	105.9	103.0	103.8	97.9	91.9	92.9	80.6	87.9	91.9	87.7	85.5	125.4	112.9	115.4	104.6	99.6	83.4
179	硫丹硫酸盐	125.0	112.0	110.6	110.1	96.8	121.7	91.1	86.5	96.1	87.5	111.6	74.7	124.9	116.4	119.7	105.8	98.6	86.7
180	溴螨酯	113.0	105.2	109.7	110.8	99.0	95.9	100.9	90.0	110.7	95.7	117.1	87.3	127.2	110.7	116.2	106.7	101.0	93.6
181	新燕灵	118.6	106.7	116.6	105.9	103.5	95.2	93.1	80.1	94.5	86.6	83.2	76.7	128.7	116.0	120.1	104.7	98.3	91.0
182	甲氰菊酯	100.8	105.3	107.5	105.7	99.2	102.0	102.0	82.8	108.1	89.3	91.5	72.1	125.1	110.9	115.5	109.1	101.3	94.9
183	溴苯磷	112.9	105.4	109.2	98.4	91.4	96.8	97.3	85.7	104.0	83.7	99.0	67.7	125.2	108.1	112.9	107.1	98.5	93.5
184	苯硫膦	104.2	82.6	73.3	122.3	103.0	103.5	88.7	113.1	87.0	78.9	111.8	73.8	126.1	111.9	109.6	113.0	105.3	89.9

（续表）

序号	中文名称	低水平添加						中水平添加						高水平添加					
		1LOQ						2LOQ						5LOQ					
		甘蓝	芹菜	西红柿	苹果	葡萄	桔子	甘蓝	芹菜	西红柿	苹果	葡萄	桔子	甘蓝	芹菜	西红柿	苹果	葡萄	桔子
185	环嗪酮	115.9	105.4	107.4	94.6	92.0	64.9	82.9	84.5	97.5	66.9	78.8	53.5	120.8	115.6	118.4	101.2	94.4	68.0
186	伏杀硫磷	127.3	70.4	114.3	107.4	99.8	99.4	113.1	86.9	115.8	77.3	115.1	90.2	122.8	104.8	109.7	109.0	96.5	85.0
187	保棉磷	101.6	120.2	93.0	94.0	94.9	101.1	113.7	81.1	97.5	104.3	105.5	84.7	131.9	106.6	107.7	115.7	96.3	76.5
188	氯苯嘧啶醇	116.5	108.6	111.3	87.7	91.0	86.4	96.9	82.8	93.9	85.2	90.0	78.8	126.1	109.1	115.0	94.6	97.1	80.9
189	益棉磷	122.3	107.5	110.4	107.3	95.8	92.8	91.6	93.6	105.6	71.2	86.1	99.1	128.6	111.7	114.1	108.7	97.6	84.6
190	咪鲜胺	79.1	81.6	70.7	75.6	69.8	77.8	95.8	107.1	96.7	79.7	81.8	90.0	106.9	94.5	106.2	85.9	91.5	59.8
191	氟氯氰菊酯	102.6	94.2	81.6	99.3	90.8	92.9	98.7	98.5	130.2	110.8	113.8	96.7	124.5	108.5	115.5	106.3	98.7	95.9
192	蝇毒磷	114.1	107.3	106.0	103.5	99.0	95.6	104.9	82.0	109.1	93.8	105.6	84.5	129.6	107.6	115.2	107.9	97.6	84.2
193	氟胺氰菊酯	111.4	100.4	108.2	107.4	97.9	94.9	108.9	97.4	108.4	86.5	111.0	92.0	127.4	108.0	118.4	108.1	100.0	94.9
C组																			
194	敌敌畏	103.5	64.9	79.5	66.9	49.7	57.0	69.4	91.3	67.9	83.9	64.8	81.7	92.2	85.1	63.8	65.6	46.8	75.9
195	联苯	113.4	64.8	79.9	73.0	58.1	57.6	75.4	68.7	64.3	87.0	63.0	74.9	104.6	81.7	66.1	68.6	46.1	70.7
196	灭草敌	114.4	77.6	94.2	71.6	58.5	50.2	78.7	89.5	70.4	94.8	67.5	81.7	99.4	60.9	83.3	75.7	56.5	80.7
197	3，5－二氯苯胺	102.9	49.7	94.9	27.0	40.3	33.6	50.8	56.2	63.0	76.1	67.9	46.1	79.8	63.0	69.6	51.8	32.4	66.3
198	禾草敌	124.3	81.2	114.0	83.0	66.0	73.4	76.6	77.7	73.5	95.6	64.4	86.7	107.4	98.6	96.9	81.3	60.4	83.3
199	虫螨畏	98.2	88.8	104.6	82.3	66.1	70.7	104.5	69.0	68.4	94.9	86.4	83.9	118.3	109.7	109.0	78.5	54.5	86.0
200	邻苯基苯酚	110.6	92.4	121.1	95.8	83.3	78.9	74.1	81.9	83.9	98.2	70.0	101.8	110.9	112.3	111.5	91.1	64.1	81.8
201	四氢邻苯二甲酰亚胺	93.9	90.6	108.9	90.2	80.5	64.6	61.2	82.4	87.7	77.5	58.9	123.7	94.7	102.4	85.3	89.5	66.4	78.3
202	仲丁威	103.0	98.6	105.3	95.1	99.4	85.5	82.8	112.9	86.2	91.8	92.3	132.7	99.6	110.3	103.4	93.9	68.5	87.8
203	乙丁氟灵	134.6	99.7	145.6	95.1	78.6	83.2	90.2	89.5	96.4	91.6	86.6	88.0	127.8	114.6	129.2	98.1	66.2	86.4
204	氟铃脲	未添加	未添加	未添加	未添加	未添加	未添加	69.4	57.7	66.0	81.8	60.5	72.7	49.8	154.6	56.3	68.9	63.3	83.0
205	扑灭通	113.6	93.7	114.2	89.2	79.5	72.9	90.2	88.5	89.0	97.9	84.9	99.6	107.7	107.6	112.2	97.3	66.8	89.0
206	野麦畏	120.6	100.0	120.1	95.8	85.1	90.4	79.5	80.9	76.9	94.0	71.4	86.1	107.0	111.8	109.0	95.7	70.9	89.8

（续表）

序号	中文名称	低水平添加						中水平添加						高水平添加					
		1LOQ						2LOQ						5LOQ					
		甘蓝	芹菜	西红柿	苹果	葡萄	桔子	甘蓝	芹菜	西红柿	苹果	葡萄	桔子	甘蓝	芹菜	西红柿	苹果	葡萄	桔子
207	嘧霉胺	117.9	98.0	116.5	86.6	82.4	72.5	82.9	87.9	82.9	97.9	70.7	125.6	106.7	114.5	108.6	95.8	72.1	85.9
208	林丹	104.6	88.4	143.9	97.2	88.7	91.3	95.4	83.4	76.8	95.9	71.5	96.8	108.5	119.1	108.7	94.0	71.6	87.3
209	乙拌磷	77.5	108.6	115.9	92.6	95.3	82.8	51.0	81.0	79.1	70.9	75.2	79.5	84.2	46.6	105.9	94.9	68.9	88.2
210	莠去净	118.2	104.7	122.8	95.2	86.3	74.1	82.7	73.8	82.1	92.3	70.4	86.8	107.8	111.7	114.1	98.6	71.6	86.2
211	七氯	87.4	102.7	95.2	92.4	84.3	88.5	90.7	85.8	82.4	81.6	79.0	107.9	84.2	105.9	87.4	94.8	69.5	89.3
212	异稻瘟净	121.4	111.1	136.9	74.2	57.3	68.8	95.9	102.8	110.3	90.5	92.7	83.1	27.4	112.6	27.2	101.7	102.8	96.3
213	氯唑磷	109.0	77.6	264.0	93.5	79.8	78.6	89.5	277.6	127.9	107.3	87.3	109.7	106.5	108.5	128.8	98.4	72.4	90.0
214	三氯杀虫酯	129.0	85.2	128.2	97.4	85.3	92.3	71.0	83.6	89.4	98.3	76.9	261.5	104.3	112.3	106.9	96.8	71.5	90.3
215	丁苯吗啉	102.0	93.1	106.5	89.0	85.2	80.4	86.2	104.6	89.8	106.1	79.6	96.1	94.0	97.3	98.7	94.5	64.7	86.7
216	四氟苯菊酯	116.3	101.6	125.4	98.0	91.1	93.2	84.7	86.7	82.3	100.6	85.3	321.1	104.4	112.1	108.2	99.2	76.0	92.0
217	氯乙氟灵	133.3	101.2	150.2	97.7	92.4	89.5	82.9	80.1	95.2	86.0	84.6	86.8	118.7	113.8	122.6	99.1	71.9	88.1
218	甲基立枯磷	114.5	101.9	123.1	98.5	92.2	93.1	81.2	82.6	83.6	94.6	74.0	86.2	107.6	113.1	112.5	97.8	76.2	91.4
219	异丙草胺	未添加	未添加	未添加	94.9	90.8	86.8	未添加	未添加	未添加	未添加	未添加	未添加	未添加	未添加	未添加	107.3	80.2	100.0
220	莠灭净	116.7	100.7	120.4	88.3	89.8	74.3	81.2	82.6	86.2	94.2	73.3	87.8	108.9	112.1	112.8	96.6	72.2	87.3
221	西草净	102.8	120.3	119.1	88.3	91.5	79.1	81.5	85.3	90.9	102.2	72.4	90.5	109.3	109.9	115.6	94.9	73.5	89.0
222	溴谷隆	112.1	98.2	114.3	91.2	79.8	65.5	101.1	107.6	127.9	63.1	86.8	70.9	100.9	106.7	105.1	96.6	68.1	85.0
223	嗪草酮	107.2	93.0	116.2	91.5	87.5	71.3	83.5	79.9	95.6	86.4	72.1	71.6	97.6	109.2	103.3	96.1	67.7	83.4
224	噻节因	未添加	未添加	未添加	未添加	未添加	未添加	68.7	79.2	70.8	91.0	65.0	102.2	未添加	未添加	未添加	未添加	未添加	未添加
225	ε－六六六	未添加	未添加	未添加	未添加	未添加	未添加	82.0	75.5	84.8	77.8	83.6	107.7	未添加	未添加	未添加	未添加	未添加	未添加
226	异丙净	120.0	106.8	126.4	92.7	101.3	78.8	83.7	86.2	88.0	98.7	75.5	89.3	106.9	112.1	113.3	99.8	72.9	88.3
227	安硫磷	未添加	未添加	未添加	未添加	未添加	未添加	98.5	117.7	85.7	74.4	77.2	65.9	100.2	135.9	108.9	106.2	85.3	93.0
228	乙霉威	115.9	103.9	129.8	100.4	85.0	80.6	90.9	98.0	109.2	102.8	85.2	142.3	99.4	117.2	98.2	99.6	77.5	87.6
229	哌草丹	116.9	97.6	130.0	103.3	112.3	123.0	115.9	104.8	127.7	89.7	90.4	111.9	101.1	111.4	103.5	110.2	83.4	110.3
230	生物烯丙菊酯	103.1	91.8	163.6	95.7	83.7	79.1	88.7	93.6	110.2	95.9	112.8	79.3	108.0	115.3	109.9	100.6	62.3	76.3

（续表）

序号	中文名称	低水平添加						中水平添加						高水平添加					
		1LOQ						2LOQ						5LOQ					
		甘蓝	芹菜	西红柿	苹果	葡萄	桔子	甘蓝	芹菜	西红柿	苹果	葡萄	桔子	甘蓝	芹菜	西红柿	苹果	葡萄	桔子
231	生物烯丙菊酯	130.4	111.1	155.4	95.5	81.4	79.8	81.8	88.3	120.2	97.9	110.0	83.7	99.4	93.7	104.0	100.7	74.5	92.0
232	o，p′－滴滴伊	104.1	101.2	110.4	98.7	95.3	97.9	76.8	81.6	78.6	96.4	71.3	85.6	101.6	111.2	106.3	97.1	75.7	93.0
233	芬螨酯	103.6	101.4	137.4	101.3	90.9	89.8	95.0	83.7	85.3	98.7	86.7	84.9	100.9	101.0	124.7	99.7	76.5	89.3
234	双苯酰草胺	118.2	103.5	119.1	94.4	93.6	83.5	87.5	90.3	90.0	103.2	78.6	148.9	103.5	110.2	109.5	99.9	73.9	86.4
235	氯硫磷	129.3	101.3	153.4	99.0	89.9	97.1	102.1	122.9	158.1	114.0	102.2	82.2	125.7	130.7	129.2	109.1	77.5	88.1
236	炔丙菊酯	96.1	111.7	108.1	98.2	102.1	84.9	93.6	120.5	115.0	87.5	95.8	266.8	118.8	111.2	126.5	105.1	77.3	91.9
237	戊菌唑	105.6	99.6	108.6	93.1	86.0	78.4	76.5	91.8	71.3	61.5	52.3	48.3	100.1	109.6	102.9	97.4	70.8	86.6
238	灭蚜磷	111.6	102.4	122.0	98.8	111.3	87.0	87.9	102.1	100.8	100.2	84.5	84.7	101.0	112.2	105.4	100.6	77.9	91.8
239	四氟醚唑	105.8	99.8	113.9	94.3	90.5	75.9	89.2	92.3	96.4	92.3	79.0	76.8	101.6	112.8	107.2	100.6	73.5	85.3
240	丙虫磷	63.9	81.4	62.7	50.1	73.0	59.2	88.7	92.1	68.0	56.5	76.0	58.6	71.1	78.7	74.6	65.9	47.2	64.7
241	氟节胺	138.9	101.8	119.7	101.5	92.3	79.7	89.5	126.2	108.2	116.7	105.1	118.7	117.1	88.1	124.5	104.5	76.1	87.3
242	三唑醇	88.8	91.1	124.9	91.7	80.3	67.1	84.1	86.6	98.2	85.1	84.8	107.9	95.4	116.4	112.2	100.5	70.5	81.8
243	丙草胺	97.7	101.1	108.8	103.5	90.0	85.7	83.9	87.1	99.7	92.6	79.0	76.8	97.5	114.6	103.6	102.3	75.2	89.7
244	醚菌酯	93.3	102.5	106.0	99.7	94.1	84.7	73.0	75.1	98.9	85.0	64.5	86.1	91.5	114.6	99.0	101.4	77.2	88.4
245	吡氟禾草灵	98.1	94.1	104.1	100.1	97.0	85.7	88.3	95.9	100.7	109.6	86.0	98.6	98.0	114.4	101.9	103.1	80.1	94.4
246	氟啶脲	56.2	88.9	30.4	110.2	160.0	119.7	71.1	53.6	33.6	78.4	42.5	55.8	69.6	127.0	51.3	67.5	72.5	82.4
247	乙酯杀螨醇	109.8	94.5	120.3	95.0	91.1	87.1	93.4	109.4	116.7	98.9	90.9	115.3	97.3	116.7	105.6	101.9	76.8	89.4
248	烯效唑	32.9	92.9	120.9	129.6	85.2	92.5	122.5	126.8	146.8	115.7	131.4	28.7	106.7	115.5	116.8	97.5	78.8	89.3
249	氟哇唑	97.2	101.5	104.2	91.8	131.1	86.8	97.7	102.0	112.9	93.5	87.6	87.2	95.5	111.4	99.7	100.2	80.0	89.6
250	三氟硝草醚	未添加	未添加	未添加	未添加	未添加	未添加	116.9	127.4	159.6	154.0	100.6	90.4	未添加	未添加	未添加	未添加	未添加	未添加
251	烯唑醇	90.9	95.0	132.4	91.9	75.0	56.7	88.0	98.3	114.1	101.5	87.8	63.2	91.3	118.0	104.5	99.9	75.2	80.9
252	增效醚	110.1	101.5	129.8	100.7	83.5	85.5	91.6	102.6	106.9	109.2	90.4	80.9	96.7	150.2	104.4	104.3	80.2	92.5
253	炔螨特	52.0	68.4	65.6	110.8	88.1	88.2	89.3	76.0	79.7	77.6	116.5	106.6	99.0	114.9	85.3	80.2	68.4	84.4
254	灭锈胺	214.6	101.1	154.8	101.0	96.7	81.4	98.5	104.0	101.2	129.4	87.2	90.8	106.8	114.0	112.4	99.8	77.7	83.6

（续表）

序号	中文名称	低水平添加						中水平添加						高水平添加					
		1LOQ						2LOQ						5LOQ					
		甘蓝	芹菜	西红柿	苹果	葡萄	桔子	甘蓝	芹菜	西红柿	苹果	葡萄	桔子	甘蓝	芹菜	西红柿	苹果	葡萄	桔子
255	噁唑隆	54.4	116.0	110.2	124.1	115.1	60.6	70.5	82.9	60.0	91.4	55.0	52.9	83.7	168.3	44.3	94.9	85.1	63.5
256	吡氟酰草胺	98.8	99.0	105.8	99.7	88.7	82.9	97.2	101.2	105.6	114.1	92.7	96.7	94.8	114.7	99.5	105.0	83.3	91.2
257	喹螨醚	68.7	59.4	93.9	70.5	63.4	56.4	94.1	98.1	152.5	107.3	88.7	94.9	86.8	86.4	86.4	77.6	48.5	72.4
258	苯醚菊酯	128.2	89.6	99.2	95.6	87.8	92.7	83.9	92.2	115.7	110.2	98.6	101.5	91.1	111.3	94.8	103.6	83.5	97.1
259	咯菌腈	82.5	81.2	84.6	98.2	81.3	83.6	87.3	109.3	120.8	103.7	72.8	115.5	76.9	100.9	75.3	99.9	80.3	74.1
260	苯氧威	5.8	68.8	138.5	110.6	119.7	106.5	74.3	61.6	42.7	89.5	69.1	85.2	42.6	102.9	33.5	90.4	79.5	96.4
261	稀禾啶	31.3	38.7	84.7	62.2	54.4	64.7	61.2	63.8	104.6	72.0	58.6	107.1	62.6	82.7	58.1	92.8	48.2	76.5
262	莎稗磷	115.9	101.4	162.7	100.1	73.0	79.2	108.7	112.1	148.0	76.5	116.0	88.6	101.1	118.7	114.6	105.9	77.2	94.7
263	氟丙菊酯	94.4	79.7	132.2	104.9	95.2	92.2	133.4	140.0	182.4	132.6	143.9	198.3	85.9	109.5	96.4	109.1	109.4	94.8
264	高效氯氟氰菊酯	80.3	99.5	98.7	101.3	92.4	95.7	102.8	111.1	414.1	139.0	102.9	143.0	95.2	116.3	98.9	113.8	88.2	88.2
265	苯噻酰草胺	86.7	101.7	99.1	95.5	82.9	74.1	88.0	104.8	206.0	75.4	83.2	144.0	80.7	115.0	87.6	101.7	78.9	88.2
266	氯菊酯	85.8	97.5	93.2	100.9	93.0	92.9	88.2	105.8	104.4	124.7	86.3	97.6	88.3	114.7	91.8	102.9	84.4	95.3
267	哒螨灵	83.7	96.2	93.9	83.8	68.6	68.0	89.3	103.9	121.7	79.5	243.3	68.3	87.7	117.9	92.2	100.7	80.8	92.6
268	乙羧氟草醚	107.9	97.1	125.8	95.8	88.7	78.3	104.3	125.0	169.4	76.7	120.3	64.4	85.3	129.1	90.4	109.3	82.0	90.0
269	联苯三唑醇	76.8	96.9	92.0	90.1	84.5	67.1	130.5	134.1	174.8	108.4	133.9	75.2	82.7	114.8	92.3	103.2	70.6	82.5
270	醚菊酯	82.3	166.2	91.6	102.2	97.0	98.9	72.4	80.6	86.9	123.8	100.7	110.3	82.0	114.2	84.4	102.2	85.9	96.5
271	噻草酮	11.4	23.0	31.1	63.4	79.3	60.9	65.2	50.5	58.2	66.9	47.5	53.8	65.4	66.6	52.9	80.1	33.6	74.3
272	顺式－氯氰菊酯	74.7	230.5	100.7	117.5	97.0	90.1	53.5	8.2	51.6	63.6	53.0	53.1	60.9	77.0	85.6	67.7	88.2	77.7
273	氟氰戊菊酯	82.5	89.3	102.4	107.3	103.3	99.2	95.5	99.5	93.1	84.0	91.3	74.0	79.6	114.6	69.3	100.6	82.4	91.1
274	S－氰戊菊酯	72.9	97.7	81.7	101.3	90.5	89.3	106.6	105.7	107.4	225.1	104.9	127.3	77.1	101.8	82.3	97.6	77.9	92.2
275	苯醚甲环唑	92.4	66.0	171.2	84.5	79.0	97.2	122.4	132.6	123.8	112.2	109.9	93.3	59.1	91.7	65.6	97.6	77.5	85.7
276	丙炔氟草胺	99.8	57.4	103.8	111.2	121.6	68.6	110.5	116.8	113.3	126.2	121.9	76.2	未添加	未添加	未添加	未添加	未添加	未添加
277	氟烯草酸	73.9	89.2	83.5	97.6	91.3	87.0	113.0	104.3	111.8	108.0	118.8	74.9	80.1	112.0	88.6	107.4	84.3	91.7
D组																			
278	甲氟磷	83.3	66.0	59.1	58.0	67.1	59.5	74.3	71.9	63.5	66.1	48.7	37.2	124.0	96.8	102.9	112.8	123.5	97.0

（续表）

序号	中文名称	低水平添加						中水平添加						高水平添加					
		1LOQ						2LOQ						5LOQ					
		甘蓝	芹菜	西红柿	苹果	葡萄	桔子	甘蓝	芹菜	西红柿	苹果	葡萄	桔子	甘蓝	芹菜	西红柿	苹果	葡萄	桔子
279	乙拌磷亚砜	116.4	103.0	112.4	86.8	107.4	81.6	115.7	114.6	124.6	108.1	100.7	64.1	115.4	97.1	117.7	109.1	110.8	81.3
280	五氯苯	83.5	92.4	53.1	68.3	81.1	78.3	86.8	93.0	75.1	75.6	64.9	53.2	96.5	95.7	93.0	102.7	117.3	105.0
281	三异丁基磷酸盐	112.5	108.6	123.9	54.5	99.5	73.6	115.2	105.8	135.8	95.6	84.7	63.5	121.3	115.0	108.7	112.9	110.4	113.7
282	鼠立死	124.5	104.3	108.0	79.1	87.2	66.0	112.9	106.6	117.5	85.0	56.7	57.0	115.5	102.8	111.9	98.5	83.8	108.3
283	4－溴－3，5－二甲苯基－N－甲基氨基甲酸酯－1	未添加	80.6	未添加	99.4	未添加	未添加	78.0	131.9	78.3	113.3	106.7	74.0	115.8	102.3	120.1	110.1	118.2	114.7
284	燕麦酯	92.4	100.5	84.9	87.2	95.0	103.4	104.3	109.6	103.0	91.3	71.9	65.8	111.9	98.2	107.6	109.2	120.8	120.8
285	虫线磷	89.2	106.1	123.8	83.1	未添加	未添加	124.2	112.6	133.1	96.9	86.5	93.2	120.3	112.9	114.7	107.0	108.4	115.1
286	2，3，5，6－四氯苯胺	112.4	88.5	95.6	83.4	97.5	92.5	104.6	107.3	105.9	94.4	80.5	66.0	106.5	102.9	109.9	107.4	114.0	117.9
287	三丁基磷酸盐	136.2	124.9	139.9	95.2	114.4	86.3	125.0	115.2	144.8	105.2	87.8	64.6	116.9	101.7	119.5	101.6	106.7	118.4
288	2，3，4，5－四氯甲氧基苯	109.9	98.6	93.4	84.9	98.7	94.2	105.9	105.9	110.0	96.6	81.0	68.8	109.3	104.1	111.2	107.8	113.1	116.6
289	五氯甲氧基苯	108.8	97.3	93.4	82.0	95.0	88.9	105.0	109.7	106.6	94.0	79.4	67.2	105.7	99.8	106.7	108.5	113.9	114.5
290	牧草胺	116.7	99.2	110.9	90.9	100.0	96.5	117.0	110.9	121.9	105.2	80.7	70.8	117.1	102.8	115.0	108.5	113.9	115.1
291	蔬果磷	116.2	103.5	107.0	90.8	99.6	79.9	112.8	119.5	117.9	98.9	86.1	62.7	117.4	104.3	112.1	109.6	116.1	113.8
292	甲基苯噻隆	184.4	125.7	199.2	92.4	88.3	64.2	116.9	121.7	129.7	93.2	73.2	46.2	117.3	97.1	116.7	101.1	103.7	105.8
293	西玛通	128.3	112.0	125.4	87.9	93.6	64.1	122.9	113.2	126.8	94.4	71.9	52.5	119.0	99.4	117.7	100.1	97.2	93.5
294	阿特拉通	121.4	93.9	116.9	95.4	98.5	80.0	123.1	114.2	126.2	97.7	74.8	59.9	116.5	98.7	115.6	100.4	101.3	98.2
295	脱异丙基莠去津	102.8	100.0	93.8	88.8	91.6	38.0	118.8	106.6	110.8	92.5	84.3	37.9	105.8	96.9	110.9	94.0	88.0	50.4
296	特丁硫磷砜	127.0	103.5	120.7	89.2	103.7	97.9	116.0	107.1	124.9	101.8	87.6	72.5	113.8	103.5	113.4	109.3	115.1	117.8
297	七氟菊酯	123.4	103.2	123.1	95.2	103.8	108.1	116.4	113.7	122.1	108.3	91.8	81.0	117.5	106.0	118.6	109.3	114.7	122.1

（续表）

序号	中文名称	低水平添加						中水平添加						高水平添加					
		1LOQ						2LOQ						5LOQ					
		甘蓝	芹菜	西红柿	苹果	葡萄	桔子	甘蓝	芹菜	西红柿	苹果	葡萄	桔子	甘蓝	芹菜	西红柿	苹果	葡萄	桔子
298	溴烯杀	109.5	102.9	105.5	86.3	未添加	未添加	107.1	109.1	114.1	99.0	86.5	72.6	109.3	104.3	110.1	109.6	115.3	115.4
299	草达津	120.4	105.0	126.7	90.2	98.6	91.7	118.5	116.9	130.9	107.9	82.1	71.0	116.3	123.9	121.1	107.4	107.4	113.0
300	氧乙嘧硫磷	126.9	104.9	124.4	93.0	104.7	96.5	119.2	113.3	126.3	108.1	88.1	72.7	116.7	104.8	115.1	108.5	113.4	117.8
301	环莠隆	367.9	84.6	492.7	91.2	134.9	70.2	318.4	93.3	323.0	101.9	66.8	45.4	98.4	83.5	94.8	87.2	94.7	92.0
302	2,6－二氯苯甲酰胺	120.0	94.3	128.3	87.5	94.5	34.0	144.9	109.7	146.3	111.7	89.5	31.8	93.4	101.5	114.2	99.9	97.1	38.3
303	2，4，4′－三氯联苯	61.0	92.1	50.8	46.9	78.9	61.2	64.0	129.8	65.3	430.7	645.6	99.0	78.4	75.3	87.8	52.3	50.9	63.3
304	2，4，5－三氯联苯	114.1	99.4	110.1	51.1	104.7	104.2	110.2	112.8	63.5	61.6	51.3	74.5	115.6	108.0	125.3	120.9	124.5	136.0
305	脱乙基另丁津	119.0	106.9	117.3	91.7	104.1	67.4	119.9	109.0	124.5	100.0	94.2	54.4	114.1	99.5	115.3	102.3	105.5	72.5
306	2,3,4,5－四氯苯胺	100.6	93.1	103.1	74.2	101.4	72.5	109.1	89.6	119.1	97.5	82.0	63.6	105.9	94.7	109.9	104.7	114.1	116.3
307	合成麝香	125.6	未添加	129.6	未添加	100.7	92.8	128.2	未添加	144.5	110.0	93.1	75.4	120.3	118.9	119.2	106.2	107.7	112.0
308	二甲苯麝香	121.3	未添加	130.0	未添加	98.5	88.4	125.8	未添加	140.8	112.5	96.6	75.7	115.8	115.5	114.3	105.4	108.3	111.4
309	五氯苯胺	130.5	97.1	112.9	94.3	117.3	115.4	109.9	109.9	126.5	106.9	84.3	72.8	113.6	102.4	114.0	108.6	112.4	115.9
310	叠氮津	140.2	102.0	118.8	95.7	117.5	94.6	131.9	110.1	129.9	114.7	100.1	70.6	124.1	107.7	119.6	113.2	121.3	126.0
311	另丁津	116.5	104.4	119.2	90.6	107.2	91.8	118.6	113.0	129.1	106.1	84.3	67.1	115.5	101.1	115.9	105.7	109.8	110.1
312	丁咪酰胺	109.7	98.2	112.1	90.5	105.0	53.0	117.3	103.9	121.2	94.7	95.3	47.1	99.3	98.9	114.2	98.9	94.0	66.9
313	2，2′，5，5′－四氯联苯	114.8	103.7	116.4	89.6	102.0	109.4	108.5	119.1	114.3	111.0	93.3	78.8	113.3	101.1	116.0	107.2	113.0	117.8
314	麝香	120.8	未添加	126.0	未添加	100.8	92.2	123.6	未添加	138.6	115.3	97.2	77.4	120.1	116.8	115.3	106.6	108.3	112.7
315	芊草丹	114.5	105.0	113.0	96.2	105.2	105.6	120.6	113.4	127.9	106.4	90.6	77.4	117.2	100.1	115.0	107.1	113.3	119.3
316	二甲吩草胺	118.5	106.4	119.3	92.7	104.8	94.3	115.0	115.6	124.8	107.5	85.4	69.6	115.2	98.0	115.3	107.3	113.8	111.3

（续表）

序号	中文名称	低水平添加						中水平添加						高水平添加					
		1LOQ						2LOQ						5LOQ					
		甘蓝	芹菜	西红柿	苹果	葡萄	桔子	甘蓝	芹菜	西红柿	苹果	葡萄	桔子	甘蓝	芹菜	西红柿	苹果	葡萄	桔子
317	氧皮蝇磷	114.0	105.7	114.2	94.0	109.9	100.1	114.7	112.0	122.7	111.4	92.1	73.5	115.5	98.9	113.2	110.6	115.5	118.0
318	4－溴－3，5－二甲苯基－N－甲基氨基甲酸酯－2	73.5	129.3	67.8	87.6	106.2	62.6	60.4	101.2	63.3	99.1	88.7	53.3	116.4	100.7	110.8	107.8	110.0	97.6
319	甲基对氧磷	117.9	105.2	116.4	86.7	106.2	99.2	105.9	102.1	125.0	105.8	87.2	70.2	104.2	86.4	101.5	105.2	103.4	58.5
320	庚酰草胺	120.4	101.3	120.1	95.7	107.5	94.3	120.4	123.4	126.1	109.6	88.4	68.7	117.7	100.7	118.7	111.2	115.6	113.7
321	西藏麝香	112.6	141.3	123.1	96.1	100.9	92.9	124.0	138.8	135.8	111.0	96.8	76.7	119.1	113.5	114.4	108.3	110.2	112.5
322	碳氯灵	108.6	104.6	110.9	90.8	未添加	未添加	105.4	113.1	114.0	108.9	91.0	79.1	113.7	98.2	114.3	110.0	114.0	117.5
323	八氯苯乙烯	94.0	98.8	100.6	92.6	104.7	108.7	102.7	109.6	111.4	106.3	88.6	79.1	108.3	96.9	110.6	108.3	108.6	117.7
324	嘧啶磷	86.2	100.3	109.2	92.3	113.2	84.2	105.7	85.3	102.0	87.8	86.4	76.9	117.7	106.1	100.8	109.6	104.9	82.5
325	异狄氏剂	124.5	76.7	133.3	90.7	100.6	64.4	195.0	95.7	137.7	136.8	110.6	113.5	104.0	96.7	110.0	109.6	122.7	118.2
326	丁嗪草酮	92.8	96.8	105.1	69.6	77.7	29.6	108.2	94.3	120.3	75.2	61.2	48.7	101.2	78.4	90.9	98.1	96.9	74.2
327	毒壤磷	115.2	109.4	120.9	87.7	106.7	102.0	116.8	114.5	128.1	110.1	95.7	77.9	114.6	98.4	112.7	109.5	112.6	116.7
328	敌草素	117.9	105.9	118.0	95.8	106.1	101.4	116.9	118.7	122.8	113.4	89.9	72.8	119.6	108.6	120.0	111.7	115.9	119.7
329	4,4－二氯二苯甲酮	108.2	107.3	105.0	94.3	105.6	100.1	115.6	114.2	113.7	126.0	91.3	78.8	120.2	101.2	117.4	107.0	111.3	117.0
330	酞菌酯	127.2	110.8	134.9	81.7	112.2	103.9	130.2	108.3	147.2	119.4	90.6	67.0	122.6	110.4	115.6	109.3	114.0	116.1
331	麝香酮	113.6	未添加	122.6	未添加	102.1	93.1	118.9	未添加	133.7	116.1	94.1	72.9	119.0	118.3	115.4	105.3	106.5	107.6
332	吡咪唑	83.0	72.7	103.9	83.7	未添加	未添加	88.0	122.6	77.2	未添加	76.4	未添加	113.0	84.0	104.9	98.2	81.7	61.8
333	嘧菌环胺	115.4	104.8	112.9	90.6	103.6	80.0	113.5	115.2	116.5	102.4	70.3	66.2	117.1	102.6	113.9	102.7	103.7	109.5
334	麦穗宁	55.4	45.3	82.7	70.8	7.9	23.6	121.9	55.5	95.9	70.4	11.8	17.2	147.2	156.5	230.3	94.2	30.0	37.5
335	氧异柳磷	90.7	73.6	52.3	76.1	89.6	44.2	50.0	66.4	85.5	39.2	50.0	59.8	56.6	58.0	62.6	46.8	40.7	59.6
336	异氯磷	127.8	111.2	127.1	90.5	121.1	84.5	117.1	108.9	128.8	103.9	89.7	56.2	117.0	98.6	108.7	106.9	113.5	108.5

（续表）

序号	中文名称	低水平添加						中水平添加						高水平添加					
		1LOQ						2LOQ						5LOQ					
		甘蓝	芹菜	西红柿	苹果	葡萄	桔子	甘蓝	芹菜	西红柿	苹果	葡萄	桔子	甘蓝	芹菜	西红柿	苹果	葡萄	桔子
337	2，2′，4，5，5′－五氯联苯	110.2	103.5	108.8	95.3	108.0	108.4	110.2	114.1	117.9	109.2	92.7	79.9	115.2	99.0	114.6	108.7	112.4	118.1
338	2－甲－4－氯丁氧乙基酯	114.4	109.4	131.4	95.2	未添加	未添加	115.7	115.7	123.3	109.0	97.6	75.0	118.5	101.5	114.3	111.9	116.1	120.6
339	水胺硫磷	112.8	85.7	117.1	未添加	105.6	74.9	106.4	796.9	114.8	105.9	94.4	60.9	121.8	112.4	114.8	109.8	107.5	83.6
340	甲拌磷砜	119.8	103.2	122.3	94.8	115.8	81.4	125.7	111.7	134.8	106.2	98.7	59.9	117.2	100.0	113.3	109.7	114.0	88.9
341	杀螨醇	129.7	105.2	135.3	94.5	110.0	101.4	119.8	115.2	130.7	110.8	89.9	68.2	116.3	101.1	114.0	107.6	113.1	110.1
342	反式九氯	109.9	104.8	113.2	94.1	109.9	109.4	110.8	114.7	118.6	108.9	93.5	76.4	114.4	100.5	114.5	109.5	116.6	117.0
343	消螨通	未添加	61.2	未添加	80.6	未添加	未添加	97.0	84.0	74.7	103.9	121.5	102.6	137.2	95.2	141.9	103.0	118.8	109.0
344	脱叶磷	129.9	95.5	152.1	47.2	150.0	125.8	111.7	89.6	187.2	90.2	82.6	63.9	112.3	232.7	118.7	109.4	113.9	115.4
345	氟咯草酮	112.7	105.0	119.5	93.9	113.2	87.7	108.9	115.5	119.9	108.0	92.1	60.9	117.8	105.0	115.8	108.1	113.7	99.5
346	溴苯烯磷	116.2	103.8	183.3	96.5	123.4	103.8	119.7	113.5	159.5	105.7	92.9	69.7	112.5	98.0	112.5	108.5	113.4	109.4
347	乙滴涕	86.9	107.8	92.3	96.0	116.1	108.4	96.7	114.8	107.4	109.9	94.6	75.2	115.4	103.4	117.8	108.5	114.4	116.4
348	灭菌磷	80.4	52.8	67.3	77.1	61.9	59.6	70.0	61.7	82.8	59.6	70.1	58.3	54.0	87.6	66.2	74.3	70.9	61.7
349	2，3，4，4′，5－五氯联苯	101.0	111.0	132.6	91.9	121.3	113.3	105.1	117.7	110.8	107.9	89.4	74.9	113.4	98.3	112.3	106.6	111.2	115.9
350	4,4－二溴二苯甲酮	95.9	106.2	108.2	93.0	未添加	未添加	103.6	114.1	109.4	98.7	90.2	89.7	114.0	98.6	110.5	105.6	116.0	113.2
351	粉唑醇	114.6	107.5	122.4	87.0	110.9	64.9	100.9	106.9	105.7	115.5	96.7	60.0	112.1	96.3	113.5	107.9	110.8	72.4
352	地胺磷	87.0	103.3	101.8	92.7	147.8	89.9	105.8	107.1	118.4	85.4	108.0	55.3	101.9	93.0	109.2	102.7	102.9	67.2
353	艾赛达松	127.8	108.0	95.1	124.8	未添加	未添加	107.3	99.5	104.0	115.2	91.7	83.9	111.7	90.9	113.3	104.7	109.8	119.3
354	2，2′，4，4′，5，5′－六氯联苯	101.9	100.8	107.4	95.6	106.8	109.0	107.5	113.8	113.7	109.6	87.1	77.1	110.5	100.9	112.8	106.7	107.6	115.4
355	苄氯三唑醇	115.4	100.4	118.4	86.1	120.5	92.4	101.5	110.9	113.6	110.7	88.4	69.0	113.0	101.4	111.3	104.1	108.1	99.4

（续表）

序号	中文名称	低水平添加						中水平添加						高水平添加					
		1LOQ						2LOQ						5LOQ					
		甘蓝	芹菜	西红柿	苹果	葡萄	桔子	甘蓝	芹菜	西红柿	苹果	葡萄	桔子	甘蓝	芹菜	西红柿	苹果	葡萄	桔子
356	乙拌磷砜	90.2	107.1	98.1	93.5	117.4	86.7	103.3	114.2	109.8	107.3	100.2	58.1	114.8	104.5	114.3	109.3	112.1	75.2
357	噻螨酮	92.5	103.0	90.6	93.3	108.4	104.0	82.5	112.8	90.5	121.3	84.3	63.9	113.8	99.5	113.5	111.1	110.3	109.1
358	2，2′，3，4，4′，5－六氯联苯	22.3	102.6	25.6	88.7	129.4	116.2	49.7	113.4	57.2	105.0	90.8	68.7	115.2	107.5	131.8	117.0	123.3	122.0
359	威菌磷	63.4	46.8	52.6	33.2	51.0	49.7	86.2	100.3	120.7	119.5	103.2	83.0	91.6	111.7	95.6	89.4	85.7	56.3
360	苄呋菊酯	43.2	77.3	57.6	61.4	74.4	55.2	62.5	75.7	97.0	75.6	58.6	62.8	10.2	63.9	97.9	55.4	79.9	77.8
361	环菌唑	94.1	75.0	67.7	78.0	97.8	80.6	91.5	104.4	96.8	158.2	78.6	42.7	102.2	93.2	107.6	101.9	104.1	99.3
362	苄呋菊酯	59.5	106.2	84.1	61.1	74.5	57.4	69.0	83.7	112.0	63.5	56.3	67.4	9.9	68.9	99.9	54.3	80.6	102.3
363	酞酸甲苯基丁酯	114.7	99.1	109.2	92.7	114.8	111.5	114.4	110.9	129.0	110.1	90.4	70.5	114.2	104.4	114.1	106.3	113.8	112.1
364	炔草酸	105.5	111.0	117.6	86.6	119.0	86.0	103.6	110.4	124.0	102.1	87.9	53.4	114.1	109.6	108.0	105.9	109.7	94.5
365	倍硫磷亚砜	71.9	97.0	73.0	93.0	146.9	90.4	85.0	142.8	83.7	99.6	89.1	62.4	102.6	89.4	114.0	106.3	106.8	71.5
366	三氟苯唑	87.6	100.9	88.7	76.5	90.1	59.6	99.8	105.5	100.7	77.9	57.6	58.5	107.0	91.3	99.9	105.4	111.5	91.5
367	氟草烟－1－甲庚酯	未添加	102.3	未添加	96.9	未添加	未添加	97.0	117.2	112.2	107.6	88.6	106.3	110.5	96.6	109.7	109.0	113.7	111.2
368	倍硫磷砜	100.2	109.2	110.7	91.3	114.9	58.2	113.1	114.4	123.3	101.5	88.0	46.4	107.1	97.6	109.5	104.8	112.8	57.2
369	三苯基磷酸盐	96.8	104.7	98.4	95.5	114.3	98.5	100.8	113.8	105.1	117.1	85.3	65.8	115.8	101.9	115.2	107.5	113.5	106.1
370	苯嗪草酮	155.3	256.5	179.1	356.2	213.1	86.8	163.8	255.5	173.2	101.7	160.4	54.5	118.6	217.4	116.0	120.3	127.9	74.9
371	2，2，3，4，4′，5，5′－七氯联苯	75.5	96.8	96.5	95.7	107.0	108.8	99.8	112.8	108.5	108.6	85.0	75.7	106.2	95.7	109.6	104.3	104.4	112.0
372	吡螨胺	81.0	103.0	85.7	99.1	113.9	107.2	112.1	115.0	106.9	109.9	85.3	73.2	112.8	97.1	112.6	106.4	112.2	111.9
373	解草酯	72.5	105.3	68.8	87.0	117.0	84.0	68.0	109.7	70.8	79.3	62.8	58.2	103.6	84.5	95.2	98.8	101.8	102.7
374	环草定	94.9	98.3	100.0	89.6	107.6	79.7	99.6	108.7	105.6	99.4	85.7	56.3	104.9	96.1	111.8	101.7	102.8	76.0
375	糠菌唑－1	94.4	83.7	101.0	92.1	118.0	84.1	128.6	101.8	127.0	86.0	64.3	70.3	102.3	87.1	107.6	103.0	103.3	101.3
376	脱溴溴苯磷	100.3	104.5	105.6	92.0	122.8	108.3	101.6	112.2	114.3	106.1	85.9	66.7	106.9	96.8	109.7	106.0	111.7	109.4

（续表）

序号	中文名称	低水平添加 1LOQ						中水平添加 2LOQ						高水平添加 5LOQ					
		甘蓝	芹菜	西红柿	苹果	葡萄	桔子	甘蓝	芹菜	西红柿	苹果	葡萄	桔子	甘蓝	芹菜	西红柿	苹果	葡萄	桔子
377	糠菌唑 -2	93.4	96.0	91.9	90.6	96.4	65.7	100.6	114.1	101.4	91.6	69.9	54.3	109.2	93.3	111.2	102.3	103.7	91.1
378	甲磺乐灵	116.0	101.5	129.7	78.4	121.8	76.3	135.5	108.7	170.9	105.9	96.3	46.3	113.4	96.7	112.5	107.6	113.6	65.2
379	苯线磷亚砜	77.4	97.0	68.3	86.0	未添加	未添加	64.2	85.1	87.9	66.0	68.2	56.4	59.3	126.1	104.6	88.1	77.1	27.7
380	苯线磷砜	84.2	107.9	96.1	91.4	100.1	27.3	100.6	108.2	122.4	93.6	61.4	30.0	76.6	98.7	118.3	97.6	85.8	23.9
381	拌种咯	74.7	92.3	74.8	93.4	130.2	69.0	79.6	101.1	85.3	114.1	73.7	25.3	94.0	90.7	106.6	101.1	119.0	40.1
382	氟喹唑	83.6	103.7	84.2	89.2	135.2	115.1	79.3	114.7	94.5	104.8	69.4	52.2	109.1	94.8	114.4	105.0	110.2	86.3
383	腈苯唑	81.0	180.1	78.0	51.6	108.9	68.8	87.6	162.8	85.2	185.9	114.9	101.0	106.7	93.4	109.0	103.5	107.9	58.6

续 G－1　　水果蔬菜中 124 种农药及相关化学品（E 组）添加回收率精密度数据

序号	英文名称	低水平添加 1LOQ						高水平添加 4LOQ					
		甘蓝	苹果	柑桔	芹菜	西红柿	葡萄	甘蓝	苹果	柑桔	芹菜	西红柿	葡萄
1	Propoxur -1	99.9	103.6	97.5	118.5	101.4	104.5	96.8	97.6	90.7	91.9	96.2	86.8
2	Isoprocarb -1	109.3	87.7	101.9	125.9	113.3	95.6	82.9	87.4	78.1	77.9	82.5	86.6
3	Methamidophos	90.7	119.5	100.6	95.7	85.6	24.2	81.1	73.1	89.2	61.7	66.5	56.4
4	Acenaphthene	79.3	84.1	83.0	87.9	73.9	86.8	87.8	76.5	71.1	85.9	73.7	68.2
5	Dibutyl succinate	92.4	105.3	94.8	106.6	89.6	96.6	106.5	97.3	91.7	98.7	98.8	83.0
6	Phthalimide	78.2	150.5	103.0	108.5	74.8	81.9	93.7	93.1	86.8	101.5	79.2	91.5
7	Chlorethoxyfos	97.1	87.7	87.5	98.4	91.7	134.9	114.5	102.9	97.6	103.9	97.1	75.8
8	Isoprocarb -2	87.3	118.1	95.7	101.0	83.5	99.4	124.3	109.0	105.8	111.8	112.1	87.2
9	Pencycuron	86.3	115.1	97.9	134.0	81.9	134.1	115.3	106.5	99.7	79.8	62.9	116.0
10	Tebuthiuron	91.4	121.9	104.6	109.6	87.4	93.4	113.9	104.9	98.8	101.8	100.5	85.2
11	Demeton -S -methyl	80.8	86.2	94.9	98.4	82.0	100.5	155.3	130.6	128.8	93.4	111.9	85.9
12	Cadusafos	91.6	113.8	101.3	107.1	93.8	99.8	116.8	107.8	101.6	103.3	104.5	89.2

（续表）

序号	英文名称	低水平添加						高水平添加					
		1LOQ						4LOQ					
		甘蓝	苹果	柑桔	芹菜	西红柿	葡萄	甘蓝	苹果	柑桔	芹菜	西红柿	葡萄
13	Propoxur - 2	87.9	121.5	89.9	99.3	73.4	88.6	152.4	115.2	118.7	99.0	122.4	91.9
14	Naled	217.4	108.4	68.5	99.2	214.6	67.3	83.4	58.4	74.1	85.3	78.2	68.6
15	Phenanthrene	95.7	102.3	96.0	107.6	95.2	99.3	107.2	98.1	91.8	102.2	101.4	94.3
16	Spiroxamine - 1	96.2	107.6	103.8	113.4	90.9	97.3	119.4	111.9	99.7	93.5	105.7	86.4
17	Fenpyroximate	88.5	137.3	101.8	114.5	86.1	95.4	127.5	115.8	93.0	104.0	101.0	147.6
18	Tebupirimfos	93.7	106.9	98.7	106.3	91.6	98.4	118.0	108.0	103.2	104.3	105.6	92.7
19	Prohydrojamon	117.5	70.1	82.4	60.3	102.5	54.0	99.4	99.9	97.6	110.1	127.4	69.0
20	Fenpropidin	93.6	109.6	102.4	87.6	86.9	75.5	125.4	117.4	112.6	99.8	98.2	86.2
21	Dichloran	91.3	133.2	97.0	88.9	88.0	96.5	118.0	108.4	98.9	105.0	98.3	101.8
22	Pyroquilon	86.8	115.5	102.6	106.9	85.3	102.9	112.6	102.7	98.0	101.5	100.6	91.3
23	Spiroxamine - 2	88.6	113.0	101.9	112.8	84.9	91.5	121.5	112.5	104.5	88.5	98.2	85.1
24	Dinoterb	76.7	75.8	66.6	122.8	58.9	123.0	173.0	108.5	72.9	68.4	22.5	80.9
25	propyzamide	95.8	113.6	103.2	108.9	93.1	101.7	119.5	110.0	103.9	104.8	104.5	91.3
26	Pirimicicarb	95.1	97.9	96.3	101.1	91.1	95.0	108.0	99.1	90.1	97.9	103.0	89.1
27	Phosphamidon - 1	74.4	114.4	115.9	95.1	59.0	78.1	171.6	127.0	134.6	121.1	106.5	98.9
28	Benoxacor	89.2	98.6	104.6	102.8	90.2	108.7	132.5	117.4	113.2	110.5	96.4	82.0
29	Bromobutide	103.0	100.7	63.8	91.4	98.4	132.3	96.3	102.5	97.6	102.2	88.6	83.2
30	Acetochlor	95.9	105.5	102.3	106.5	93.8	98.9	114.9	105.4	98.2	103.4	107.1	88.9
31	Tridiphane	100.5	未添加	未添加	94.5	92.0	未添加	126.8	122.5	124.3	91.3	76.8	88.4
32	Terbucarb - 2	95.1	108.2	101.0	109.7	93.5	104.9	114.1	104.5	97.9	106.8	111.0	89.5
33	Esprocarb	48.5	未添加	未添加	112.8	48.2	未添加	102.3	102.6	103.1	103.0	106.1	89.5
34	Fenfuram	74.7	61.9	102.4	48.8	72.2	83.8	109.2	100.9	96.3	41.6	98.2	92.3
35	Acibenzolar - S - methyl	94.4	未添加	未添加	10.1	93.4	未添加	94.1	98.6	94.8	85.2	未添加	未添加
36	Benfuresate	97.5	100.1	95.8	110.3	95.5	93.7	108.9	100.4	95.9	103.8	107.1	89.8

（续表）

序号	英文名称	低水平添加						高水平添加					
		1LOQ						4LOQ					
		甘蓝	苹果	柑桔	芹菜	西红柿	葡萄	甘蓝	苹果	柑桔	芹菜	西红柿	葡萄
37	Dithiopyr	98. 0	107. 1	100. 4	109. 8	95. 6	99. 8	114. 6	105. 2	99. 5	103. 6	106. 8	88. 7
38	Mefenoxam	90. 0	111. 6	101. 8	106. 0	88. 5	93. 9	111. 4	104. 1	97. 4	103. 3	106. 0	87. 3
39	Malaoxon	78. 6	126. 5	109. 8	101. 8	57. 9	87. 3	145. 4	157. 0	161. 4	137. 4	106. 3	97. 9
40	Phosphamidon – 2	65. 2	133. 5	113. 3	100. 7	57. 2	77. 2	157. 8	140. 5	137. 3	118. 0	95. 4	92. 8
41	Simeconazole	91. 2	120. 6	103. 9	109. 7	87. 9	84. 2	125. 8	114. 1	105. 9	98. 8	99. 4	88. 5
42	Chlorthal – dimethyl	96. 8	105. 8	98. 5	111. 2	95. 3	107. 6	114. 4	109. 3	99. 5	104. 3	108. 4	90. 9
43	Thiazopyr	99. 1	106. 3	100. 8	114. 6	96. 9	98. 3	116. 2	106. 9	98. 8	103. 6	108. 2	89. 0
44	Dimethylvinphos	82. 2	132. 7	111. 7	111. 8	78. 1	112. 2	153. 2	131. 9	127. 7	120. 2	111. 5	91. 7
45	Butralin	95. 6	118. 4	110. 8	108. 4	90. 0	93. 8	140. 6	123. 3	115. 4	108. 3	103. 5	89. 3
46	Zoxamide	103. 7	97. 9	102. 5	111. 9	96. 9	88. 3	110. 3	107. 4	101. 7	82. 3	91. 6	93. 0
47	Pyrifenox – 1	92. 4	115. 7	101. 6	107. 7	91. 3	89. 5	115. 9	107. 6	96. 7	99. 5	102. 5	86. 1
48	Allethrin	89. 0	114. 5	105. 7	106. 6	84. 9	97. 5	118. 4	107. 5	101. 3	106. 7	107. 1	88. 0
49	Dimethametryn	97. 5	111. 5	102. 1	110. 1	94. 4	96. 6	116. 6	106. 3	97. 8	104. 3	106. 6	90. 5
50	Quinoclamine	74. 9	74. 6	112. 4	103. 0	70. 6	86. 7	129. 5	116. 5	110. 3	106. 9	94. 8	96. 5
51	Methothrin – 1	100. 9	108. 2	102. 2	103. 3	97. 0	97. 7	118. 3	107. 5	99. 6	103. 0	110. 3	92. 1
52	Flufenacet	73. 2	104. 0	107. 7	108. 9	68. 6	131. 0	148. 6	130. 0	124. 2	115. 8	112. 4	91. 4
53	Methothrin – 2	96. 0	107. 6	101. 8	105. 6	91. 9	98. 7	116. 8	107. 8	98. 3	102. 6	110. 8	91. 7
54	Pyrifenox – 2	90. 4	114. 9	104. 3	109. 5	89. 2	86. 8	116. 5	106. 8	97. 0	100. 3	101. 2	85. 3
55	Fenoxanil	105. 5	119. 7	107. 5	141. 2	112. 7	130. 1	91. 6	97. 3	89. 0	96. 1	151. 4	78. 9
56	Phthalide	未添加	未添加	未添加	未添加	未添加	未添加	未添加	未添加	未添加	未添加	未添加	未添加
57	Furalaxyl	94. 8	106. 6	102. 4	105. 0	93. 0	99. 7	113. 5	104. 0	99. 1	102. 0	106. 2	89. 4
58	Thiamethoxam	57. 5	107. 4	91. 8	93. 6	85. 6	71. 6	47. 6	32. 8	47. 3	57. 7	61. 3	78. 9
59	Mepanipyrim	92. 1	117. 6	110. 6	110. 2	90. 3	91. 1	132. 2	118. 0	105. 9	106. 6	101. 9	97. 7
60	Captan	100. 3	100. 9	83. 8	94. 3	110. 6	138. 3	112. 3	114. 6	130. 6	131. 7	131. 3	106. 5

（续表）

序号	英文名称	低水平添加						高水平添加					
		1LOQ						4LOQ					
		甘蓝	苹果	柑桔	芹菜	西红柿	葡萄	甘蓝	苹果	柑桔	芹菜	西红柿	葡萄
61	Bromacil	59.7	95.7	111.4	77.6	57.5	67.4	114.1	110.9	96.4	113.2	0.0	82.0
62	Picoxystrobin	98.3	110.8	103.3	109.7	95.9	98.8	115.8	109.9	101.2	104.9	108.1	88.4
63	Butamifos	94.0	未添加	未添加	未添加	87.4	未添加	129.1	132.7	124.0	未添加	未添加	未添加
64	Imazamethabenz – methyl	75.4	108.5	95.6	106.8	75.8	101.6	91.0	89.9	88.2	153.9	101.7	83.1
65	Metominostrobin – 1	98.5	未添加	未添加	未添加	未添加	未添加	98.6	108.2	99.3	101.8	92.2	91.9
66	TCMTB	83.0	未添加	未添加	未添加	未添加	未添加	146.3	148.8	144.0	99.1	87.2	94.1
67	Methiocarb sulfone	26.5	57.3	113.4	77.7	16.4	85.2	89.3	81.9	89.0	99.7	50.4	108.9
68	Imazalil	81.2	134.7	112.2	108.1	75.3	75.6	90.3	100.9	84.8	57.2	100.0	59.9
69	Isoprothiolane	92.4	124.3	103.0	105.2	91.4	94.7	120.2	110.2	103.8	105.9	98.7	90.9
70	Cyflufenamid	未添加	未添加	未添加	未添加	未添加	未添加	未添加	未添加	未添加	未添加	未添加	未添加
71	Methyl trithion	未添加	未添加	未添加	未添加	未添加	未添加	未添加	未添加	未添加	未添加	未添加	未添加
72	Pyriminobac – methyl	未添加	未添加	未添加	未添加	未添加	未添加	未添加	未添加	未添加	未添加	未添加	未添加
73	Isoxathion	未添加	未添加	未添加	未添加	未添加	未添加	146.1	176.4	133.1	87.5	118.4	135.2
74	Metominostrobin – 2	未添加	未添加	未添加	未添加	未添加	未添加	143.2	144.2	139.5	92.5	97.6	110.6
75	Diofenolan – 1	95.9	113.7	105.6	109.0	92.5	98.8	119.0	108.7	100.8	104.9	106.2	94.3
76	Thifluzamide	未添加	未添加	未添加	未添加	未添加	未添加	未添加	未添加	未添加	未添加	未添加	未添加
77	Diofenolan – 2	96.9	109.7	105.9	109.4	95.5	103.7	115.5	107.6	99.2	105.4	106.9	96.0
78	Quinoxyphen	97.4	101.7	103.4	110.2	91.3	88.0	115.2	108.2	93.2	103.7	106.0	98.2
79	Chlorfenapyr	98.3	106.7	100.9	106.9	95.1	106.0	116.4	107.6	100.1	108.5	111.9	93.2
80	Trifloxystrobin	95.3	108.2	104.9	108.7	90.0	90.2	122.4	112.3	105.3	108.5	105.6	90.4
81	Imibenconazole – des – benzyl	44.8	193.4	132.2	101.1	47.8	76.1	81.6	60.9	84.5	92.0	77.4	99.2
82	Isoxadifen – ethyl	103.0	未添加	未添加	94.6	96.0	未添加	104.4	105.7	101.6	98.8	未添加	未添加
83	Fipronil	94.9	108.2	103.2	102.6	92.0	122.6	121.0	107.4	107.6	115.3	110.4	90.9
84	Imiprothrin – 1	54.2	76.3	87.8	106.9	54.8	68.7	140.0	99.1	93.4	64.9	69.9	101.3

（续表）

序号	英文名称	低水平添加						高水平添加					
		1LOQ						4LOQ					
		甘蓝	苹果	柑桔	芹菜	西红柿	葡萄	甘蓝	苹果	柑桔	芹菜	西红柿	葡萄
85	Carfentrazone – ethyl	87. 0	102. 8	110. 0	107. 5	87. 4	101. 3	125. 7	115. 3	107. 3	108. 9	106. 7	91. 8
86	Imiprothrin – 2	78. 6	105. 1	99. 7	113. 6	73. 7	90. 5	150. 9	141. 3	125. 5	107. 9	95. 4	104. 5
87	Halosulfuran – methyl	未添加	未添加	未添加	未添加	未添加	未添加	未添加	未添加	未添加	未添加	未添加	未添加
88	Epoxiconazole – 1	96. 0	122. 3	96. 4	108. 3	86. 5	97. 2	91. 3	90. 3	79. 6	95. 1	123. 9	116. 6
89	Pyraflufen ethyl	95. 2	108. 6	103. 2	110. 6	90. 5	97. 0	116. 5	106. 8	100. 3	104. 6	109. 4	93. 3
90	Pyributicarb	84. 2	113. 7	108. 3	108. 3	85. 3	110. 6	122. 0	112. 4	103. 9	105. 8	103. 1	91. 5
91	Thenylchlor	76. 8	98. 0	102. 9	106. 8	83. 5	98. 8	124. 1	113. 6	104. 8	101. 9	106. 1	86. 5
92	Clethodim	84. 4	48. 3	67. 3	30. 9	51. 5	59. 9	96. 5	79. 8	39. 8	29. 5	36. 7	22. 5
93	Chrysene	0. 0	0. 0	0. 0	0. 0	0. 0	0. 0	0. 6	1. 2	0. 8	0. 4	0. 5	0. 8
94	Mefenpyr – diethyl	94. 8	111. 5	97. 3	105. 5	92. 5	96. 6	118. 0	106. 5	101. 8	104. 9	107. 8	91. 4
95	Famphur	87. 3	122. 3	112. 7	109. 4	84. 1	171. 1	141. 9	132. 1	126. 7	127. 9	121. 1	94. 9
96	Etoxazole	95. 0	110. 9	102. 4	108. 4	90. 5	101. 5	114. 3	106. 9	98. 7	103. 8	107. 5	89. 1
97	Pyriproxyfen	84. 7	110. 1	103. 9	101. 6	78. 9	90. 0	119. 8	107. 6	96. 3	101. 5	98. 7	89. 6
98	Epoxiconazole – 2	90. 3	110. 7	111. 1	106. 4	86. 8	92. 4	128. 6	116. 2	114. 6	104. 9	91. 6	87. 5
99	Tepraloxydim	205. 6	39. 5	119. 7	105. 2	93. 6	99. 9	35. 1	20. 2	102. 6	120. 6	117. 9	97. 5
100	Picolinafen	93. 7	100. 8	107. 0	108. 9	95. 2	97. 0	119. 3	110. 8	99. 3	105. 7	104. 8	103. 3
101	Iprodione	89. 5	147. 7	108. 1	110. 9	85. 3	95. 1	128. 9	119. 4	109. 3	90. 4	85. 1	93. 9
102	Piperophos	89. 4	84. 8	109. 9	89. 6	82. 6	98. 9	113. 5	91. 3	109. 3	108. 0	108. 3	90. 1
103	Ofurace	52. 1	102. 1	108. 9	106. 1	55. 7	102. 7	107. 7	97. 0	100. 9	105. 0	99. 9	87. 8
104	Bifenazate	未添加	未添加	未添加	未添加	未添加	未添加	143. 3	149. 8	138. 0	120. 4	127. 4	0. 0
105	Chromafenozide	未添加	未添加	未添加	未添加	未添加	未添加	96. 6	89. 3	88. 6	109. 4	98. 4	90. 9
106	Endrin ketone	90. 0	92. 8	98. 1	116. 4	88. 4	147. 3	129. 2	116. 3	111. 2	109. 3	110. 5	83. 6
107	Clomeprop	112. 2	未添加	未添加	未添加	102. 4	未添加	104. 1	109. 1	100. 5	未添加	未添加	未添加
108	Fenamidone	95. 9	未添加	未添加	未添加	90. 0	未添加	99. 6	108. 2	103. 4	未添加	未添加	未添加

（续表）

序号	英文名称	低水平添加						高水平添加					
		1LOQ						4LOQ					
		甘蓝	苹果	柑桔	芹菜	西红柿	葡萄	甘蓝	苹果	柑桔	芹菜	西红柿	葡萄
109	Naproanilide	92.6	未添加	未添加	未添加	85.8	未添加	104.7	108.9	103.0	未添加	未添加	未添加
110	Pyraclostrobin	79.2	215.6	131.6	112.2	99.5	94.2	101.1	106.8	140.2	90.5	106.0	105.2
111	Lactofen	91.9	108.9	119.2	101.4	81.2	94.4	195.9	162.2	144.6	118.4	102.5	90.8
112	Tralkoxydim	94.2	53.7	62.0	38.2	57.2	63.0	96.4	80.6	43.4	40.5	35.9	20.0
113	Pyraclofos	74.0	未添加	未添加	未添加	68.4	未添加	173.1	170.7	166.5	未添加	未添加	未添加
114	Dialifos	79.1	未添加	未添加	未添加	77.9	未添加	129.7	133.6	130.6	未添加	未添加	未添加
115	Spirodiclofen	109.9	107.0	97.8	113.0	107.8	114.6	111.7	103.5	105.5	104.1	123.3	84.9
116	Halfenprox	94.6	95.6	116.6	66.8	84.2	79.5	120.5	124.9	117.2	116.1	未添加	未添加
117	Flurtamone	65.2	95.5	124.8	108.0	57.8	88.4	126.8	116.8	118.3	105.5	90.5	103.3
118	Pyriftalid	93.9	131.5	99.6	109.2	86.1	96.3	124.4	111.4	105.1	104.6	103.1	102.4
119	Silafluofen	93.0	119.0	116.3	108.2	85.8	80.3	120.1	111.1	102.7	104.3	107.4	100.0
120	Pyrimidifen	87.2	未添加	未添加	未添加	86.1	未添加	109.2	114.5	77.9	未添加	未添加	未添加
121	Acetamiprid	11.2	11.7	13.8	12.9	11.9	20.0	83.5	59.6	91.6	57.4	98.0	71.8
122	Butafenacil	90.9	95.9	108.7	104.9	80.5	86.2	122.4	114.0	108.7	104.2	104.7	92.2
123	Cafenstrole	63.0	未添加	未添加	未添加	64.5	未添加	136.6	137.6	135.9	未添加	未添加	未添加
124	Fluridone	37.9	119.9	107.8	106.5	40.0	66.2	121.9	101.2	115.2	88.9	64.7	96.1

GB

中华人民共和国国家标准

GB 23200.17—2016
代替 NY/T 1649—2008

食品安全国家标准
水果、蔬菜中噻菌灵残留量的测定
液相色谱法

National food safety standards—
Determination of thiabendazole residue in fruits and vegetables
Liquid chromatography

2016-12-18 发布　　2017-06-18 实施

中华人民共和国国家卫生和计划生育委员会
中华人民共和国农业部　发布
国家食品药品监督管理总局

前　言

本标准代替 NY/T 1649—2008《水果、蔬菜中噻苯咪唑残留量的测定　高效液相色谱法》。

本标准与 NY/T 1649—2008 相比主要修改如下：

——对标准名称进行了修改，增加了食品安全国家标准部分；

——根据食品安全标准的格式进行了修改。

——规范性引用文件中增加 GB 2763《食品中农药最大残留限量》标准；

——在试样制备中增加了取样部位的规定及细化了试样制备的要求；

——增加了精密度要求。

食品安全国家标准
水果、蔬菜中噻菌灵残留量的测定　液相色谱法

1　范围

本标准规定了蔬菜和水果中噻菌灵残留量的高效液相色谱测定方法。

本标准适用于蔬菜和水果中噻菌灵残留量的测定。

2　规范性引用文件

下列文件对于本文件的应用是必不可少的。凡是注日期的应用文件，仅注日期的版本适用于本文件。凡是不注日期的引用文件，其最新版本（包括所有的修改单）适用于本文件。

GB 2763　食品安全国家标准　食品中农药最大残留限量

GB/T 6682　分析实验室用水规格和试验方法

3　原理

样品中噻菌灵经甲醇提取后，根据噻菌灵在酸性条件下溶于水，碱性条件下溶于乙酸乙酯的原理，进行净化，再经反相色谱分离，紫外检测器 300 nm 检测，根据保留时间定性，外标法定量。

4　试剂与材料

除非另有说明，在分析中仅使用确认为分析纯的试剂和符合 GB/T 6682 一级的水。

4.1　试剂

4.1.1　甲醇（CH_3OH），色谱纯。

4.1.2　乙酸乙酯（$CH_3COOC_2H_5$）。

4.1.3　氯化钠（NaCl）。

4.1.4　无水硫酸钠（Na_2SO_4）：650 ℃灼烧 4 h，干燥器中保存。

4.2　溶液配制

4.2.1　盐酸溶液（0.1 mol/L）：吸取 8.33 mL 盐酸，用水定容至 1 L。

4.2.2　氢氧化钠溶液（1.0 mol/L）：称取 40 g 氢氧化钠，用水溶解，并定容至 1 L。

4.3　标准品

噻菌灵（CAS 148－79－8）：纯度大于 99 %。

4.4 标准溶液配制

标准贮备溶液（100 mg/L）：准确称取噻菌灵 0.0 100 g，用甲醇溶解后，定容至 100 mL，置 4 ℃保存，有效期 3 个月。

5 仪器与设备

5.1 高效液相色谱仪，配有紫外检测器。
5.2 分析天平：感量 0.01 g 和 0.1 mg。
5.3 组织捣碎机。
5.4 旋转蒸发仪。
5.5 机械往复式振荡器。
5.6 布氏漏斗。

6 试样制备

将蔬菜和水果样品取样部位按 GB 2763—2014 附录 A 规定取样，对于个体较小的样品，取样后全部处理；对于个体较大的基本均匀样品，可在对称轴或对称面上分割或切成小块后处理；对于细长、扁平或组分含量在各部分有差异的样品，可在不同部位切取小片或截成小段或处理；取后的样品将其切碎，充分混匀，用四分法取样或直接放入组织捣碎机中捣碎成匀浆。匀浆放入聚乙烯瓶中于 -16 ℃ ~ -20 ℃条件下保存。

7 分析步骤

7.1 提取及净化

称取 10 g 样品，精确至 0.01 g，放入 250 mL 具塞锥形瓶中，加 40 mL 甲醇，均质 1 min，在机械往复式振荡器上振摇 20 min，布氏漏斗抽滤，并用适量甲醇洗涤残渣 2 次，合并滤液于 150 mL 梨形瓶中，在 50 ℃下减压蒸发至剩余 5 mL ~ 10mL，用 20 mL 盐酸溶液洗入 250 mL 分液漏斗中，加入 20 mL 乙酸乙酯振荡、静置，乙酸乙酯层再用 20 mL 盐酸溶液萃取一次。合并水相用氢氧化钠溶液调 pH 至 8 ~ 9，加入 4 g 氯化钠，移入 250 mL 分液漏斗中，用 40 mL 乙酸乙酯分别萃取 2 次，合并乙酸乙酯，经无水硫酸钠脱水，在 50 ℃下减压旋转蒸发近干，残渣用流动相溶解并定容至 5 mL，经 0.45 μm 滤膜过滤后待测。

7.2 液相色谱参考条件

检测器：紫外检测器。
色谱柱：C_{18}，4.6 × 250 mm（5 μm）或相当者。
流动相：甲醇 + 水 = 50 + 50。
流速：1.0 mL/min。
检测波长：300 nm。
柱温：室温。

进样量：10 μL。

7.3 标准工作曲线

吸取标准储备溶液0 mL、0.1 mL、0.5 mL、1 mL和2 mL，用流动相定容至10 mL，此标准系列质量浓度为0 mg/L、1.00mg/L、5.00 mg/L、10.0 mg/L和20.0 mg/L，以测得峰面积为纵坐标，对应的标准溶液质量浓度为横坐标，绘制标准曲线，求回归方程和相关系数。

7.4 测定

将标准工作溶液和待测溶液分别注入高效液相色谱仪中，以保留时间定性，以待测液峰面积代入标准曲线中定量，样品中噻菌灵质量浓度应在标准工作曲线质量浓度范围内。同时做空白试验。

8 结果计算

试料中噻菌灵残留量以质量分数 w 计，单位以毫克每千克（mg/kg）表示，按公式（1）计算：

$$w = \frac{\rho \times V}{m} \tag{1}$$

式中：

ρ——由标准曲线得出试样溶液中噻菌灵的质量浓度，单位为毫克每升（mg/L）；

V——最终定容体积，单位为毫升（mL）；

m——试样质量，单位为克（g）。

计算结果应扣除空白值，计算结果以重复性条件下获得的两次独立测定结果的算术平均值表示，保留两位有效数字。

9 精密度

在重复性条件下获得的两次独立测定结果的绝对差值与其算术平均值的比值（百分率），应符合附录A的要求。

在再现性条件下获得的两次独立测定结果的绝对差值与其算术平均值的比值（百分率），应符合附录B的要求。

10 定量限

本标准方法定量限为0.05 mg/kg。

11 色谱图

噻菌灵标准溶液图谱见图1。

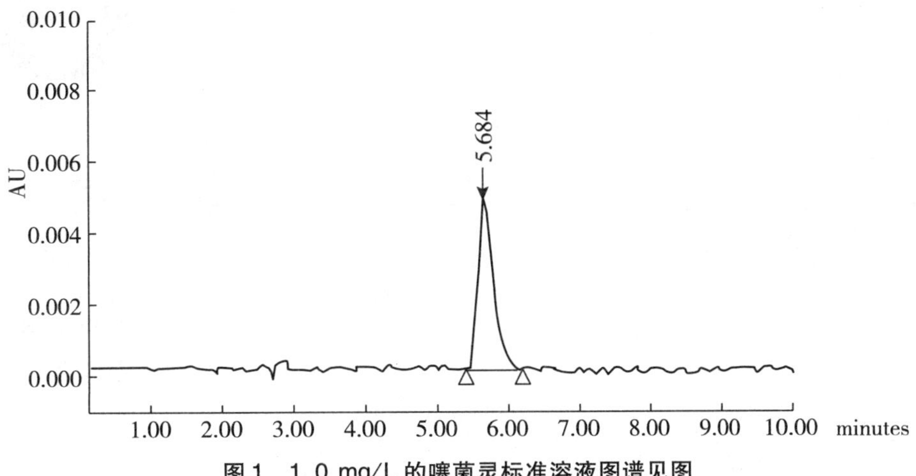

图 1　1.0 mg/L 的噻菌灵标准溶液图谱见图

附　录　A
（规范性附录）
实验室内重复性要求

表 A.1　实验室内重复性要求

被测组分含量 mg/kg	精密度 %
≤0.001	36
>0.001≤0.01	32
>0.01≤0.1	22
>0.1≤1	18
>1	14

附　录　B
（规范性附录）
实验室间再现性要求

表 B.1　实验室间再现性要求

被测组分含量 mg/kg	精密度 %
≤0.001	54
>0.001≤0.01	46
>0.01≤0.1	34
>0.1≤1	25
>1	19

GB

中 华 人 民 共 和 国 国 家 标 准

GB 23200.19—2016
代替 SN/T 2114—2008

食品安全国家标准
水果和蔬菜中阿维菌素残留量的测定
液相色谱法

National food safety standards—
Determination of abamectin residue in fruits and vegetables
Liquid chromatography

2016-12-18 发布　　　　2017-06-18 实施

中华人民共和国国家卫生和计划生育委员会
中 华 人 民 共 和 国 农 业 部　发布
国 家 食 品 药 品 监 督 管 理 总 局

前　言

本标准代替 SN/T 2114—2008《进出口水果和蔬菜中阿维菌素残留量检测方法　液相色谱法》。

本标准与 SN/T 2114—2008 相比，主要变化如下：

——标准文本格式修改为食品安全国家标准文本格式；

——标准名称中“进出口水果和蔬菜”改为“水果和蔬菜”。

——标准范围中增加“其他食品可参照执行”。

本标准所代替标准的历次版本发布情况为：

——SN/T 2114—2008

食品安全国家标准
水果和蔬菜中阿维菌素残留量的测定　液相色谱法

1　范围

本标准规定了水果及蔬菜中阿维菌素检测的制样和液相色谱检测方法。

本标准适用于苹果及菠菜中阿维菌素残留量的检测。其他食品可参照执行。

2　规范性引用文件

下列文件对于本文件的应用是必不可少的。凡是注日期的引用文件，仅所注日期的版本适用于本文件。凡是不注日期的引用文件，其最新版本（包括所有的修改单）适用于本文件。

GB 2763　食品安全国家标准　食品中农药最大残留限量

GB/T 6682　分析实验室用水规格和试验方法

3　方法提要

试样中的阿维菌素用丙酮提取，经浓缩后，用 SPE C18 柱净化，并用甲醇洗脱。洗脱液经浓缩、定容、过滤后，用配有紫外检测器的高效液相色谱测定，外标法定量。

4　试剂和材料

除另有规定外，所有试剂均为分析纯，水为符合 GB/T 6682 中规定的一级水。

4.1　试剂

4.1.1　丙酮（C_3H_6O）：色谱纯。

4.1.2　甲醇（CH_4O）：色谱纯。

4.2　标准品

阿维菌素标准品（分子式 $C_{48}H_{72}O_{14}$）：纯度≥96.0%。

4.3　标准溶液配制

4.3.1　阿维菌素标准储备液：称取 0.1 g（准确至 0.0002 g）阿维菌素标准品于 100 mL 容量瓶中，用甲醇溶解并定容至刻度配制成浓度为 1.0 mg/mL 的标准储备液。

4.3.2　阿维菌素标准工作液：根据需要移取适量的阿维菌素标准储备液，用甲醇稀释成适当浓度的标准。标准工作液需每周配制一次。

5 仪器和设备

5.1 高效液相色谱仪：配有紫外检测器。

5.2 分析天平：感量0.01 g和0.0001 g。

5.3 组织捣碎机。

5.4 振荡器。

5.5 旋转蒸发器。

5.6 固相萃取柱：SPE C18。规格：60 mg/3 mL使用前用5 mL甲醇和5 mL水活化。

6 试样制备与保存

6.1 试样制备

将所取样品缩分出1 kg，取样部位按GB 2763附录A执行，样品经组织捣碎机捣碎，均分为两份，装入洁净容器内，作为试样密封并标明标记。

6.2 试样保存

将试样于-18 ℃以下保存。

在抽样和制样的操作过程中，应防止样品受到污染或发生残留物含量的变化。

7 分析步骤

7.1 提取

称取试样约20 g（精确至0.1 g）于100 mL具塞锥形瓶中，加入50 mL丙酮，于振荡器上振荡0.5 h用布氏漏斗抽滤，用20 mL×2丙酮洗涤锥形瓶及残渣。合并丙酮提取液，于40 ℃水浴旋转蒸发至约2 mL。

7.2 净化

将上述的浓缩提取液完全转入SPE C18柱，再用5 mL水淋洗，去掉淋洗液。最后用5 mL甲醇洗脱，收集洗脱液，用氮气吹至近干。准确加入1.0 mL甲醇溶解残渣，用0.45 μm滤膜过滤，滤液供液相色谱测定。外标法定量。

7.3 测定

7.3.1 高效液相色谱参考条件

a）色谱柱：ODS-C_{18}反相柱，4.6 mm×125 mm；

b）流动相：甲醇：水=（90+10，V/V）；

c）流速：1.0 mL/min；

d）检测波长：245 nm；

e）柱温：40 ℃；

f）进样量：20 μL。

7.3.2　色谱测定

根据样液中阿维菌素含量情况，选定峰高相近的标准工作液，标准工作液和样液中阿维菌素响应值均应在仪器检测线性范围内，标准工作液和样液等体积参插进样。在上述色谱条件下，阿维菌素保留时间约为5.3 min。

标准色谱图参见附录A，标准品紫外光谱图参见附录B。

7.4　空白试验

除不加试样外，均按照上述测定步骤进行。

8　结果计算与表述

用色谱数据处理机，或按式（1）计算试样中阿维菌素残留量：

$$X = h \cdot c \cdot V / h_s \cdot m \qquad (1)$$

式中：

X——试样中阿维菌素残留量，单位为毫克每千克（mg/kg）；

h——样液中阿维菌素峰高，单位为毫米（mm）；

h_s——标准工作液中阿维菌素峰高，单位为毫米（mm）；

c——标准工作液中阿维菌素浓度，单位为毫克每升（mg/L）；

V——样液最终定容体积，单位为毫升（mL）；

m——最终样液代表的试样量，单位为克（g）。

注：计算结果须扣除空白值，测定结果用平行测定的算术平均值表示，保留两位有效数字。

9　精密度

9.1　在重复性条件下获得的两次独立测定结果的绝对差值与其算术平均值的比值（百分率），应符合附录C的要求。

9.2　在再现性条件下获得的两次独立测定结果的绝对差值与其算术平均值的比值（百分率），应符合附录D的要求。

10　定量限和回收率

10.1　定量限

本方法的定量限为0.01 mg/kg。

10.2　回收率

苹果样品中添加阿维菌素的浓度和回收率的实验数据：

——在0.01 mg/kg时，回收率为82.5 %；

——在0.05 mg/kg时，回收率为87.5 %；

——在0.50 mg/kg时，回收率为95.0 %。

菠菜中添加阿维菌素的浓度和回收率的实验数据：

——在 0. 01 mg/kg 时，回收率为 83. 0 %；

——在 0. 05 mg/kg 时 ，回收率为 89. 0 %；

——在 0. 50 mg/kg 时，回收率为 97. 0 %。

Annex A
(informative)
Chromatogram of the standard

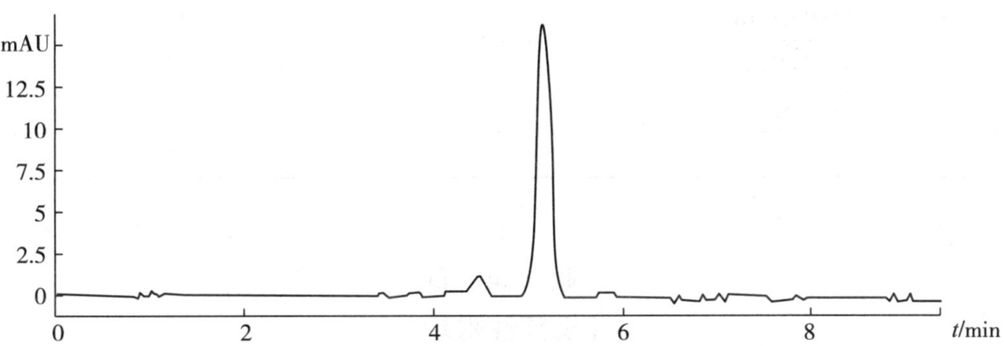

Figure A. 1 – Liquid chromatogram of abamectin standard

Annex B
(informative)
Spectrogram of the standard

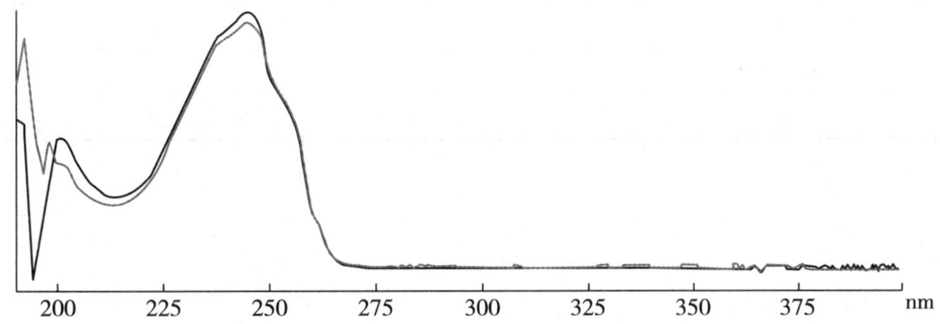

Figure B. 1 – Spectrogram of abamectin standard

附　录　C
（规范性附录）
实验室内重复性要求

表 C.1　实验室内重复性要求

被测组分含量 mg/kg	精密度 %
≤0.001	36
>0.001≤0.01	32
>0.01≤0.1	22
>0.1≤1	18
>1	14

附　录　D
（规范性附录）
实验室间再现性要求

表 D.1　实验室间再现性要求

被测组分含量 mg/kg	精密度 %
≤0.001	54
>0.001≤0.01	46
>0.01≤0.1	34
>0.1≤1	25
>1	19

GB

中 华 人 民 共 和 国 国 家 标 准

GB 23200.21—2016
代替 SN 0350—2012

食品安全国家标准
水果中赤霉酸残留量的测定
液相色谱-质谱/质谱法

National food safety standards—
Determination of gibberellic acid residue in fruit
Liquid chromatography-mass spectrometry

2016-12-18 发布　　2017-06-18 实施

中华人民共和国国家卫生和计划生育委员会
中 华 人 民 共 和 国 农 业 部 发布
国 家 食 品 药 品 监 督 管 理 总 局

前　言

本标准代替 SN/T 0350—2012《进出口水果中赤霉素残留量的测定　液相色谱－质谱/质谱法》。

本标准与 SN/T 0350—2012 相比，主要变化如下：

——标准文本格式修改为食品安全国家标准文本格式；

——标准名称中“进出口水果”改为“水果”。

——标准范围中增加“其他食品可参照执行”。

本标准所代替标准的历次版本发布情况为：

——SN/T 0350—2012。

食品安全国家标准
水果中赤霉酸残留量的测定　液相色谱－质谱/质谱法

1　范围

本标准规定了水果中赤霉酸残留量的制样和液相色谱－质谱/质谱测定方法。

本标准适用于进出口苹果、桔子、桃子、梨和葡萄中赤霉酸残留量的检测，其他食品可参照执行。

2　规范性引用文件

下列文件对于本文件的应用是必不可少的。凡是注日期的引用文件，仅所注日期的版本适用于本文件。凡是不注日期的引用文件，其最新版本（包括所有的修改单）适用于本文件。

GB 2763　食品安全国家标准 食品中农药最大残留限量

GB/T 6682　分析实验室用水规格和试验方法

3　原理

用乙腈提取试样中残留的赤霉酸，提取液经液－液分配净化后，用液相色谱－质谱/质谱测定和确证，外标法定量。

4　试剂和材料

除另有规定外，所有试剂均为分析纯，水为符合 GB/T 6682 中规定的一级水。

4.1　试剂

4.1.1　乙腈（C_2H_3N）：色谱纯。

4.1.2　甲醇（CH_4O）：色谱纯。

4.1.3　乙酸乙酯（$C_4H_8O_2$）：色谱纯。

4.1.4　甲酸（CH_2O_2）：色谱纯。

4.1.5　磷酸二氢钾（K_2HPO_4）。

4.1.6　氢氧化钠（NaOH）。

4.1.7　硫酸（H_2SO_4）。

4.1.8　氯化钠（NaCl）。

4.2　溶液配制

4.2.1　硫酸水溶液（pH 2.5）：1 滴硫酸加入 100 mL 水中，调节水 pH 为 2.5。

4.2.2　磷酸盐缓冲溶液（pH7）：6.7 g 磷酸二氢钾和 1.2 g 氢氧化钠溶解于 1 L 水中。

4.2.3　0.15 % 甲酸溶液：移取 0.15 mL 甲酸，用水稀释至 100 mL。

4.3　标准品

赤霉酸标准品（gibberellic acid，CAS NO. 为 77－06－5，$C_{19}H_{22}O_6$）：纯度≥98 %。

4.4　标准溶液配制

4.4.1　赤霉酸标准储备溶液：称取适量标准品，用甲醇溶解，溶液浓度为 100 μg/mL。0 ℃～4 ℃ 冷藏避光保存。有效期三个月。

4.4.2　标准工作溶液：根据需要用空白样品溶液将标准储备液稀释成 4、5、10、100 和 150 ng/mL 的标准工作溶液，相当于样品中含有 8 μg/kg、10 μg/kg、20 μg/kg、200 μg/kg、300 μg/kg 赤霉酸。临用前配制。

4.5　材料

有机相微孔滤膜：0.45 μm。

5　仪器和设备

5.1　液相色谱－质谱/质谱仪：配有电喷雾离子源。

5.2　分析天平：分析天平：感量 0.01 g 和 0.0001 g。

5.3　pH 计。

5.4　旋转蒸发器。

5.5　旋涡混合器。

5.6　离心机：4 000 r/min。

6　试样制备与保存

从所取全部样品中取出有代表性样品约 500 g，取样部位按 GB 2763 附录 A 执行，用粉碎机粉碎，混合均匀，均分成两份，分别装入洁净容器作为试样，密封，并标明标记。将试样于－18℃冷冻保存。

在抽样和制样的操作过程中，应防止样品污染或发生残留物含量的变化。

7　测定步骤

7.1　提取

称取 5 g 试样（精确到 0.01 g）置于 50 mL 塑料离心管中，加入 25 mL 乙腈和 2 g 氯化钠，涡旋 1 min，以 4 000 r/min 离心 5 min，将上层乙腈提取液转移至浓缩瓶中，下层溶液再用 20 mL 乙腈提取一次，合并乙腈提取液，在 45℃以下水浴减压浓缩至近干，用 10 mL 硫酸水溶液将残渣转移至 50 mL 塑料离心管中，加入 20 mL 乙酸乙酯，涡旋 1 min，以 4 000 r/min 离心 5 min，乙酸乙酯转移至另一 50 mL 塑料离心管中，再加入 20 mL 乙酸乙酯，重复上述操作，合并乙酸乙酯提取液，加入 10 mL 磷酸盐缓冲溶液，涡旋，以4 000 r/min离心5 min，分取磷酸盐缓冲盐溶液，乙酸乙酯层中再加入10 mL磷酸盐缓冲溶液提取一次，合并磷酸盐缓冲溶液，滴加50%硫酸溶液调节溶液pH为2.5 ±0.2，加入20 mL乙酸乙酯，涡旋1 min，以4 000 r/min离心5 min，将上层乙酸乙酯转移至浓缩瓶中，磷酸盐缓冲盐溶液层中再加入20 mL乙酸乙酯提取一次，合并乙酸乙酯提取液在45 ℃以下水浴减压浓缩至近干，加10.0 mL甲醇－水（1 +1，体积比）溶解残渣，混匀，过0.45 μm滤膜，供液相色谱－质谱/质谱仪测定。

7.2 测定

7.2.1 液相色谱－质谱/质谱

液相色谱－质谱/质谱参考条件如下：

a）色谱柱：C_{18}柱，150 mm×4.6 mm（i. d），5 μm或相当者；

b）流动相：乙腈－0.15 %甲酸水溶液（35 +65，体积比）；

c）流速：0.4 mL/min；

d）进样量：30 μL；

e）离子源：电喷雾离子源；

f）扫描方式：负离子扫描；

g）检测方式：多反应监测；

h）雾化气、气帘气、辅助气、碰撞气均为高纯氮气；使用前应调节各气体流量以使质谱灵敏度达到检测要求，参考条件参见附录A表A.1。

7.2.2 液相色谱－质谱/质谱测定

根据样液中赤霉酸的含量情况，选定响应值适宜的标准工作液进行色谱分析，标准工作液应有五个浓度水平。待测样液中赤霉酸的响应值均应在仪器检测的工作曲线范围内。在上述色谱条件下，赤霉酸的参考保留时间约为4.9 min。标准溶液的选择性离子流图参见附录B中图B.1。

7.2.3 液相色谱－质谱/质谱确证

按照上述条件测定样品和标准工作液，如果检测的质量色谱峰保留时间与标准工作液一致，允许偏差小于±2.5 %；定性离子对的相对丰度与浓度相当标准工作液的相对丰度一致，相对丰度允许偏差不超过表1规定，则可判断样品中存在相应的被测物。

表1　定性确证时相对离子丰度的最大允许偏差

相对丰度（基峰）	>50 %	>20 %至50 %	>10 %至20 %	≤10 %
允许的相对偏差	±20 %	±25 %	±30 %	±50 %

7.3 空白试验

除不加试样外，均按上述操作步骤进行。

8 结果计算和表述

用色谱数据处理机或按式（1）计算试样中赤霉酸残留含量，计算结果需扣除空白值：

$$X = \frac{C_i \times V \times 1000}{m \times 1000} \tag{1}$$

式中：

X——试样中赤霉酸的残留量，单位为微克每千克（μg/kg）；

C_i——从标准曲线上得到的赤霉酸浓度，单位为纳克每毫升（ng/mL）；

V——样液最终定容体积，单位为毫升（mL）；

m——最终样液代表的试样质量，单位为克（g）。

注：计算结果须扣除空白值，测定结果用平行测定的算术平均值表示，保留两位有效数字。

9 精密度

9.1 在重复性条件下获得的两次独立测定结果的绝对差值与其算术平均值的比值（百分率），应符合附录 D 的要求。

9.2 在再现性条件下获得的两次独立测定结果的绝对差值与其算术平均值的比值（百分率），应符合附录 E 的要求。

10 定量限和回收率

10.1 定量限

本方法的定量限为 10 μg/kg。

10.2 回收率

在不同添加水平条件下的回收率数据见附录 C。

附　录　A
（资料性附录）
API 4000 LC－MS/MS 系统电喷雾离子源参考条件

监测离子对及电压参数

a）电喷雾电压（IS）：－4500 V；

b）雾化气压力（GS1）：241.15 kPa（35 psi）；

c）气帘气压力（CUR）：172.25 kPa（25 psi）；

d）辅助气流速（GS2）：310.05 kPa（45 psi）；

e）离子源温度（TEM）：550 ℃；

f）碰撞气（CAD）：6；

g）离子对、去簇电压（DP）、碰撞气能量（CE）及碰撞室出口电压（CXP）见 A.1。

表 A.1　　离子对、去簇电压、碰撞气能量和碰撞室出口电压

名称	母离子 *m/z*	子离子 *m/z*	去簇电压（DP） V	碰撞气能量（CE） V	碰撞室出口电压（CXP） V
赤霉酸	345.1	239.2*	－45	－21	－11
		143.2		－34	

注：“＊”为定量离子

非商业性声明：附录表 B 所列参数是在 API 4000 质谱仪完成的，此处列出试验用仪器型号仅是为了提供参考，并不涉及商业目的，鼓励标准使用者尝试不同厂家和型号的仪器。

附　录　B
（资料性附录）
赤霉酸标准品选择性离子流图

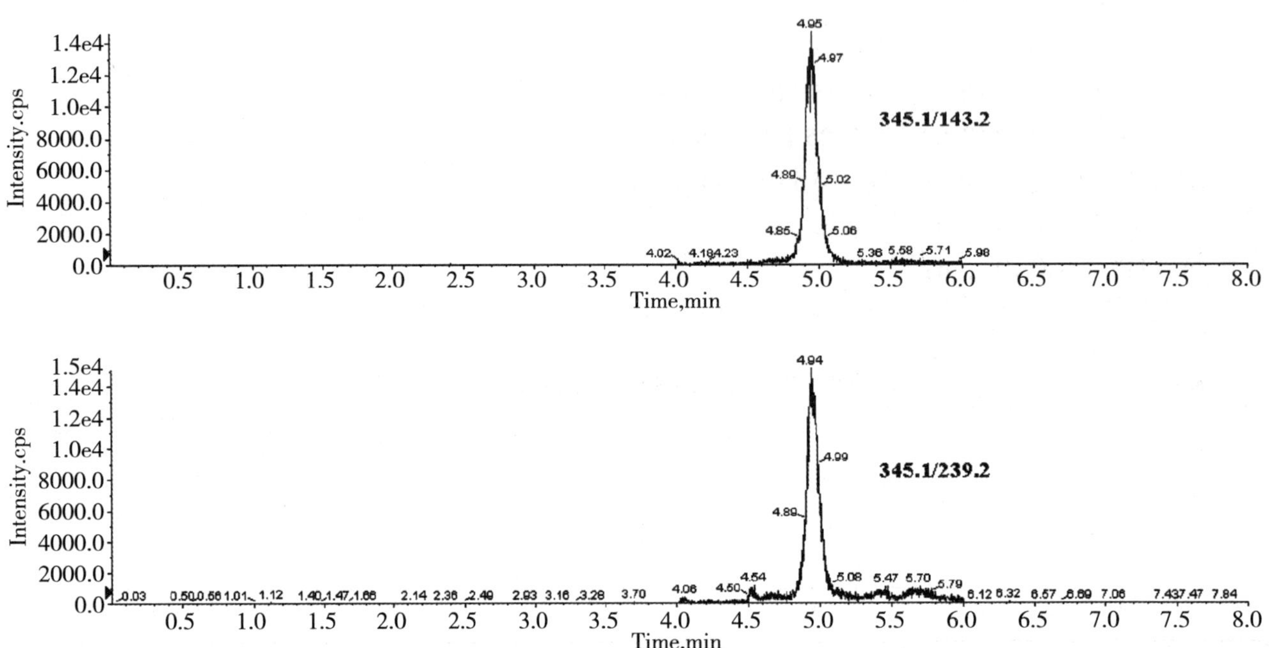

图 B.1　赤霉酸（5ng/mL）标准品的选择性离子流图

附 录 C
(资料性附录)
样品的添加浓度及回收率的实验数据

表 C.1 样品的添加浓度及回收率的实验数据

基质	添加浓度/μg/kg	回收率范围/%	精密度范围/%
苹果	10	70.4～98.7	7.5
	20	70.8～100.8	5.2
	200	70.3～106.0	3.2
桔子	10	74.0～97.4	4.2
	20	74.0～97.5	4.3
	200	75.2～103.6	7.1
桃子	10	71.6～99.3	13.7
	20	73.8～102.8	10.5
	200	71.6～103.0	12.6
梨	10	70.4～109.0	5.3
	20	73.3～102.2	8.8
	200	73.7～101.0	5.7
葡萄	10	70.2～98.3	13.0
	20	70.3～98.1	9.4
	200	70.0～102.0	8.9

附　录　D
（规范性附录）
实验室内重复性要求

表 D.1　　实验室内重复性要求

被测组分含量 mg/kg	精密度 %
≤0.001	36
>0.001≤0.01	32
>0.01≤0.1	22
>0.1≤1	18
>1	14

附　录　E
（规范性附录）
实验室间再现性要求

表 E.1　　实验室间再现性要求

被测组分含量 mg/kg	精密度 %
≤0.001	54
>0.001≤0.01	46
>0.01≤0.1	34
>0.1≤1	25
>1	19

GB

中 华 人 民 共 和 国 国 家 标 准

GB 23200.25—2016
代替 SN/T 1115—2002

食品安全国家标准
水果中噁草酮残留量的检测方法

National food safety standards—
Determination of oxadiazon residue in fruits

2016-12-18 发布　　　　2017-06-18 实施

中华人民共和国国家卫生和计划生育委员会
中 华 人 民 共 和 国 农 业 部 发布
国 家 食 品 药 品 监 督 管 理 总 局

前 言

本标准代替 SN/T 1115—2002《进出口水果中嗯草酮残留量的检验方法》。

本标准与 SN/T 1115—2002，主要变化如下：

——标准文本格式修改为食品安全国家标准文本格式；

——标准名称中“进出口水果”改为“水果”；

——标准范围中增加“其他食品可参照执行”。

本标准所代替标准的历次版本发布情况为：

——SN/T 1115—2002。

食品安全国家标准
水果中噁草酮残留量的检测方法

1 范围

本标准规定了水果中噁草酮残留量检验的抽样、制样和气相色谱—质谱测定及确证方法。

本标准适用于柑桔、苹果中噁草酮残留量的检验，其他食品可参照执行。

2 规范性引用文件

下列文件对于本文件的应用是必不可少的。凡是注日期的引用文件，仅所注日期的版本适用于本文件。凡是不注日期的引用文件，其最新版本（包括所有的修改单）适用于本文件。

GB 2763 食品安全国家标准 食品中农药最大残留限量

GB/T 6682 分析实验室用水规格和试验方法

3 试剂和材料

除另有规定外，所有试剂均为分析纯，水为符合 GB/T 6682 中规定的一级水。

3.1 试剂

3.1.1 苯（C_6H_6）：重蒸馏。

3.1.2 正己烷（C_6H_{14}）：重蒸馏。

3.1.3 氯化钠（NaCl）。

3.1.4 无水硫酸钠（Na_2SO_4）：经过 650℃灼烧 4h，置于干燥器中备用。

3.2 溶液配制

3.2.1 苯-正己烷溶液（1+1）：取 100 mL 苯，加入 100 mL 正己烷，摇匀备用。

3.2.2 苯-正己烷溶液（2+1）：取 200 mL 苯，加入 100 mL 正己烷，摇匀备用。

3.3 标准品

噁草酮标准品：纯度≥99%。

3.4 标准溶液配制

噁草酮储备液：准确称取适量噁草酮标准品，用少量正己烷溶解，并以正己烷配制成浓度为 1 000 μg/mL 标准储备液。根据需要再用正己烷将标准储备液稀释成适当浓度的标准工作液。

3.5 材料

活性碳小柱：SUPELCLEAN ENVI－CARB 小柱，125 mg，3 mL 或相当者。

4 仪器和设备

4.1 气相色谱仪，配质量选择性检测器。
4.2 分析天平：感量 0.01 g 和 0.0 001 g。
4.3 固相萃取装置，带真空泵。
4.4 离心机：3000r/min。
4.5 涡旋混匀器。
4.6 离心管：15 mL。
4.7 刻度试管：15 mL。
4.8 微量注射器：10 μL。

5 试样制备与保存

5.1 试样制备

将所取原始样品缩分出 1kg，取样部位按 GB 2763 附录 A 执行，经组织捣碎机捣碎，均分成两份，装入洁净容器内，作为试样。密封，并标明标记。

5.2 试样保存

将试样于－18 ℃以下冷冻保存。

注：在抽样和制样的操作过程中，必须防止样品受到污染或发生残留物含量的变化。

6 分析步骤

试样中噁草酮残留物用苯—正己烷提取，然后过活性炭小柱净化，用配有质量选择性检测器的气相色谱仪测定及确证，外标法定量。

6.1 提取

准确称取 2.0 g 均匀试样（精确至 0.001g）于 15mL 离心管中，加入 1 g 氯化钠，于混匀器上混匀 30 s，加入 2 mL 苯－正已烷混合溶液在混匀器上充分混匀 3 min，于 2 500 r/min 离心 2 min，将上清液移动到另一 15 mL 刻度试管中，残渣再分别用 2 mL 苯－正已烷混合溶液重复提取 2 次，合并提取液，加入 1.0 g 无水硫酸钠使之干燥。

6.2 净化

将活动碳小柱安装固相萃取的真空抽滤装置上，用 1 mL×3 苯先预淋洗小柱，保持流速为 0.5 mL/min，弃去洗脱液。将样品提取液加到小柱上，再用 1.5 mL×3 苯－正已烷混合溶液洗涤试管并一起转移到小柱中，收集全部洗脱液，在 45 ℃下。空气流吹至近干，用正已烷溶解残渣并定容于

0.50mL，供CC/MSD分析。

6.3 测定

6.3.1 气相色谱－质谱参考条件

a）色谱柱：石英毛细管柱 HP－5，25 m×0.2 mm（内径），膜厚0.33 μm，或相当者；

b）色谱柱温度：100 ℃保持1 min，以5 ℃/min 上升至200 ℃，再以10 ℃/min，上升至280 ℃，保持5min；

c）进样口温度：280 ℃；

d）色谱－质谱接口温度：250 ℃；

e）载气：氦气，纯度≥99，995%，0.6 mL/min；

f）进样量：1 μL；

g）进样方式：无分流进样，1 min 后开阀；

h）电离方式：EI；

i）电离能量：70 ev；

j）测定方式：选择离子检测方式（SIM）；

k）检测离子（m/z）：177、258、344；

l）溶剂延迟：20 min。

6.3.2 色谱测定

根据样液中噁草酮的含量，选定峰面积相近的标准工作溶液，标准工作溶液和样液中噁草酮的响应值均应在仪器检测的线性范围内，对标准工作液和样液等体积参插进样测定，在上述色谱条件下，噁草酮的保留时间约为25.95 min，标准品SIM色谱图及全扫描质谱图见附录A中图A.1、A.2。

6.3.3 质谱确证

对标准溶液及样液均按6.3.2规定的条件进行测定，如果样液中与标准溶液相同的保留时间有峰出现，则对其进行质谱确证。在上述气相色谱－质谱条件下，噁草酮的保留时间约为25.95 min，监测离子强度比（m/z）258：177：344－（65±10）：100：（16±2）。

6.4 空白实验

除不加试样外，均按上述测定步骤进行。

7 结果计算和表述

用色谱数据处理机或按下式（1）计算式样中的噁草酮的含量：

$$X = \frac{A \times C_s \times V}{A_s \times m} \tag{1}$$

式中：

X——试样中噁草酮的含量，单位为毫克每千克（mg/kg）；

A——样液中噁草酮的峰面积；

C_s——标准工作液中噁草酮的浓度，单位为微克每毫升（μg/mL）；

A_s——标准工作液中噁草酮的峰面积；

V——样液最终定容体积，单位为毫升（mL）；

m——最终样液所代表的试样量，单位为克（g）；

注：计算结果须扣除空白值，测定结果用平行测定的算术平均值表示，保留两位有效数字。

8 精密度

8.1 在重复性条件下获得的两次独立测定结果的绝对差值与其算术平均值的比值（百分率），应符合附录C的要求。

8.2 在再现性条件下获得的两次独立测定结果的绝对差值与其算术平均值的比值（百分率），应符合附录D的要求。

9 定量限和回收率

9.1 定量限

本方法噁草酮的定量限为0.010 mg/kg。

9.2 回收率

当添加水平为0.01mg/kg、0.05mg/kg、0.5mg/kg时，噁草酮在不同基质中的添加回收率参见附录B。

附　录　A
（资料性附录）
噁草酮标准品色谱和质谱图

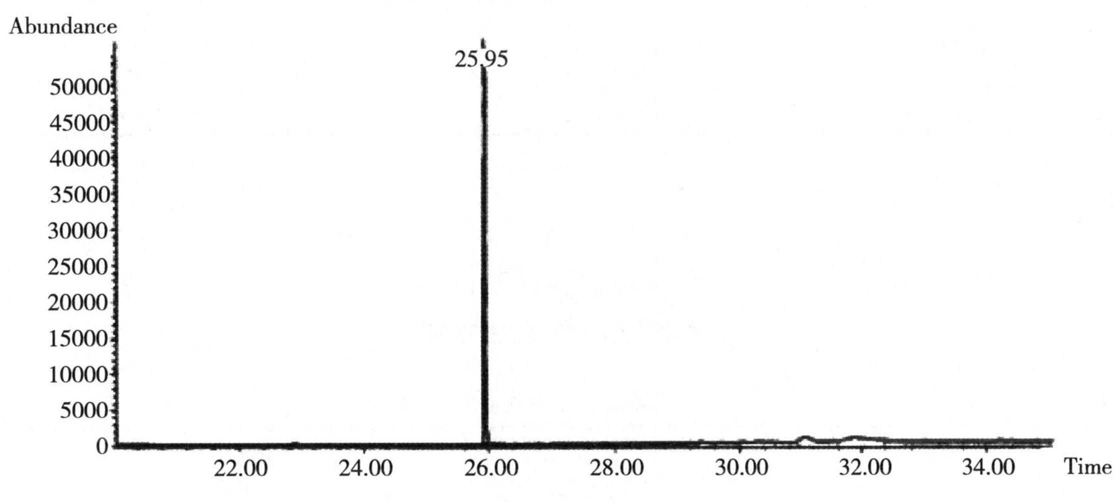

图 A.1　噁草酮标准品 SIM 色谱图

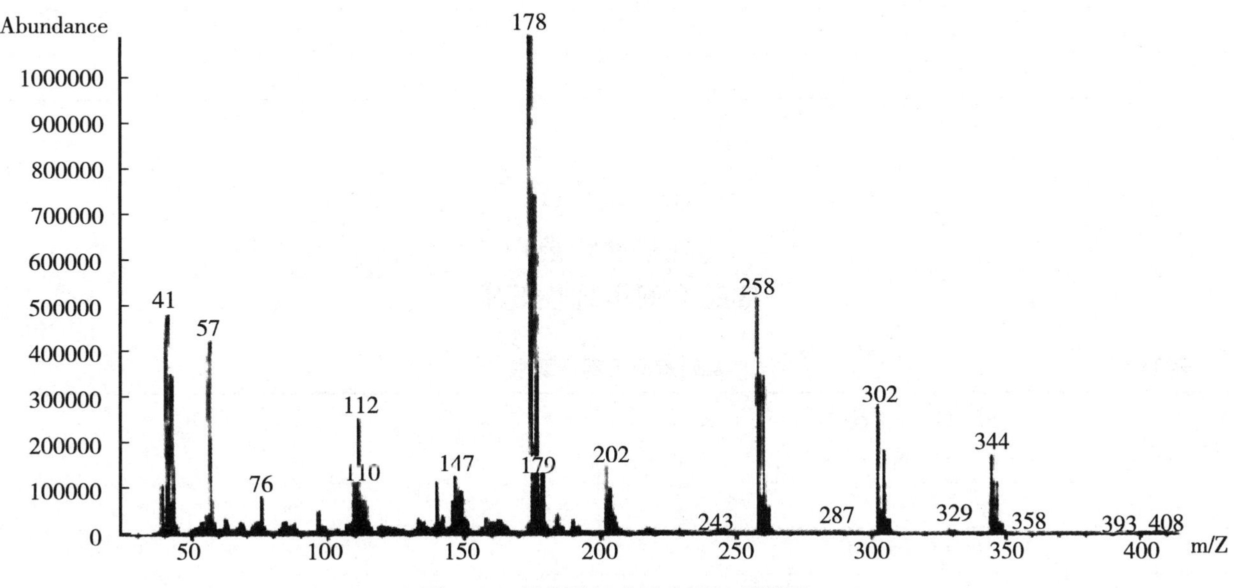

图 A.2　噁草酮标准品 SCAN 质谱图

附　录　B
（资料性附录）
不同基质中噁草酮的添加回收率

表 B.1　不同基质中噁草酮的添加回收率　单位：%

农药名称	样品基质	
	柑橘	苹果
噁草酮	95.0－98.4	96.7－98.3

附　录　C
（规范性附录）
实验室内重复性要求

表 C.1　实验室内重复性要求

被测组分含量 mg/kg	精密度 %
≤0.001	36
>0.001≤0.01	32
>0.01≤0.1	22
>0.1≤1	18
>1	14

附　录　D
（规范性附录）
实验室间再现性要求

表 D.1　实验室间再现性要求

被测组分含量 mg/kg	精密度 %
≤0.001	54
>0.001≤0.01	46
>0.01≤0.1	34
>0.1≤1	25
>1	19

GB

中 华 人 民 共 和 国 国 家 标 准

GB 23200.10—2016
代替 GB/T 23200—2008

食品安全国家标准
桑枝、金银花、枸杞子和荷叶中488种农药及相关化学品残留量的测定
气相色谱-质谱法

National food safety standards—
Determination of 488 pesticides and related chemicals residues in mulberry twig, honeysuckle, barbary wolfberry fruit and lotus leaf
Gas chromatography-mass spectrometry

2016-12-18 发布　　2017-06-18 实施

中华人民共和国国家卫生和计划生育委员会
中 华 人 民 共 和 国 农 业 部 发布
国家食品药品监督管理总局

前　言

本标准代替 GB/T 23200—2008《桑枝、金银花、枸杞子和荷叶中 488 种农药及相关化学品残留量的测定　气相色谱 - 质谱法》。

本标准与 GB/T 23200—2008 相比，主要变化如下：

——标准文本格式修改为食品安全国家标准文本格式；

——标准范围中增加“其他食品可参照执行”。

本标准所代替标准的历次版本发布情况为：

——GB/T 23200—2008。

食品安全国家标准
桑枝、金银花、枸杞子和荷叶中 488 种农药及相关化学品残留量的测定　气相色谱-质谱法

1　范围

本标准规定了桑枝、金银花、枸杞子和荷叶中 488 种农药及相关化学品（参见附录 A 和附录 F）残留量气相色谱-质谱测定方法。

本标准适用于桑枝、金银花、枸杞子和荷叶中 488 种农药及相关化学品的定性鉴别，431 种农药及相关化学品的定量测定，其他食品可参照执行。

2　规范性引用文件

下列文件对于本文件的应用是必不可少的。凡是注日期的引用文件，仅所注日期的版本适用于本文件。凡是不注日期的引用文件，其最新版本（包括所有的修改单）适用于本文件。

GB 2763　食品安全国家标准 食品中农药最大残留限量

GB/T 6682　分析实验室用水规格和试验方法

3　原理

试样用乙腈匀浆提取，盐析离心，固相萃取柱净化，用正己烷-丙酮洗脱农药及相关化学品，气相色谱-质谱仪测定，内标法定量。

4　试剂和材料

除另有规定外，所有试剂均为分析纯，水为符合 GB/T 6682 中规定的一级水。

4.1　试剂

4.1.1　乙腈（CH_3CN，75-05-8）：色谱纯。

4.1.2　氯化钠（NaCl，7647-14-5）：优级纯。

4.1.3　二氯甲烷（CH_2Cl_2，75-09-2）：色谱纯。

4.1.4　丙酮（CH_3COCH_3，67-64-1）：色谱纯。

4.1.5　正己烷（C_6H_{14}，110-54-3）：色谱纯，重蒸馏。

4.1.6　甲苯（C_7H_8，108-88-3）：色谱纯。

4.1.7　无水硫酸钠（Na_2SO_4，7757-82-6）：分析纯。650℃灼烧 4 h，贮于干燥器中，冷却后备用。

4.2 标准品

农药及相关化学品标准物质：纯度≥95 %，参见附录 A。

4.3 标准溶液配制

4.3.1 标准储备溶液

分别称取适量（精确至 0.1 mg）各种农药及相关化学品标准物分别于 10mL 容量瓶中，根据标准物的溶解性选甲苯、甲苯－丙酮混合液、二氯甲烷等溶剂（溶剂均使用色谱纯）溶解并定容至刻度（溶剂选择参见附录 A），标准溶液避光 0 ℃ ~4 ℃保存，保存期为一年。

4.3.2 混合标准溶液（混合标准溶液 A、B、C、D、E 和 F）

按照农药及相关化学品的性质和保留时间，将 488 种农药及相关化学品分成 A、B、C、D、E、F 六个组，并根据每种农药及相关化学品在仪器上的响应灵敏度，确定其在混合标准溶液中的浓度。本标准对 488 种农药及相关化学品的分组及其混合标准溶液浓度参见附录 A。

依据每种农药及相关化学品的分组号、混合标准溶液浓度及其标准储备液的浓度，移取一定量的单个农药及相关化学品标准储备溶液于 100 mL 容量瓶中，用甲苯定容至刻度。混合标准溶液避光 0 ℃ ~4 ℃保存，保存期为一个月。

4.3.3 内标溶液

准确称取 3.5 mg 环氧七氯于 100 mL 容量瓶中，用甲苯定容至刻度。

4.3.4 基质混合标准工作溶液

A、B、C、D、E、F 组农药及相关化学品基质混合标准工作溶液是将 40 μL 内标溶液和一定体积的 A、B、C、D、E、F 组混合标准溶液分别加到 1.0 mL 的样品空白基质提取液中，混匀，配成基质混合标准工作溶液 A、B、C、D、E 和 F。基质混合标准工作溶液应现用现配。

4.4 材料

4.4.1 固相萃取柱：CleanertTPH[1)] 10 mL，2.0 g，或相当者。

4.4.2 微孔过滤膜（尼龙）：13 mm ×0.2 μm。

5 仪器和设备

5.1 气相色谱－质谱仪：配有电子轰击源（EI）。

5.2 分析天平：感量 0.01 g 和 0.0001 g。

5.3 旋转蒸发器。

5.4 均质器：最大转速为 24 000 r/min。

5.5 离心机：最大转速为 4 200 r/min。

5.6 鸡心瓶：150 mL。

5.7 移液器：1 mL。

---

1) Cleanert TPH 是由 Agela 公司产品的商品名称，给出这一信息是为了方便本标准的使用者，并不是表示对该产品的认可。如果其他等效产品具有相同的效果，则可使用这些等效产品。

6 试样制备与保存

6.1 试样的制备

将桑枝、金银花、枸杞子和荷叶四种中草药研磨成细粉，样品全部过425 μm的标准网筛，混匀，制备好的试样均分成两份，装入清洁容器内，密封后，标明标记。

7 分析步骤

7.1 提取

分别称取金银花、枸杞子试样5 g或荷叶、桑枝试样2.5 g（精确至0.01 g）于50 mL离心管中，加入15 mL乙腈（枸杞子试样需再加入5 mL水），15 000 r/min匀浆提取1 min，加入2 g氯化钠，再匀浆提取1 min，4 200 r/min离心5 min，取全部上清液于150 mL鸡心瓶中，再在离心管中加入15 mL乙腈，重复匀浆提取1 min，在4 200 r/min离心5 min，取全部上清液与之前的提取液合并，提取液于40 ℃水浴旋转蒸发至1 mL～2 mL，待净化。

7.2 净化

在Cleanert TPH固相萃取柱上加入约2 cm高无水硫酸钠，置于固定架上。加样前先用10 mL正己烷－丙酮溶液预洗柱，当预洗液液面到达无水硫酸钠的顶部时，迅速将上述样品浓缩液（7.1）移入柱中，并用鸡心瓶接收淋出液。用2 mL正己烷－丙酮溶液洗涤鸡心瓶，重复三次，洗涤液也同样转入柱中，柱上连接25 mL贮液器，用25 mL正己烷－丙酮溶液洗脱农药及相关化学品，洗脱液于40 ℃水浴旋转浓缩至近干，加入1 mL正己烷溶解残渣，加入40 μL内标溶液，混匀，0.2 μm滤膜过滤，供气相色谱－质谱测定。

7.3 测定

7.3.1 气相色谱－质谱参考条件

a）色谱柱：DB－1701石英毛细管柱［14%氰丙基－苯基－甲基聚硅氧烷；30 m×0.25 mm（内径），0.25 μm］或相当者；

b）色谱柱温度：40 ℃保持1 min，然后以30 ℃/min程序升温至130 ℃，再以5 ℃/min升温至250 ℃，再以10 ℃/min升温至300 ℃，保持5 min；

c）载气：氦气，纯度≥99.999%，流速：1.2 mL/min；

d）进样口温度：290 ℃；

e）进样量：1 μL；

f）进样方式：无分流进样，1.5 min后开阀；

g）电子轰击源：70 eV；

h）离子源温度：230 ℃；

i）GC－MS接口温度：280 ℃；

j）溶剂延迟：A组为8.3 min，B组为7.8 min，C组为7.3 min，D组为5.5 min，E组为6.1 min，F组为5.5 min；

k）选择离子监测：每种化合物分别选择一个定量离子，2 个 ~3 个定性离子。每组所有需要检测的离子按照出峰顺序，分时段分别检测。每种化合物的保留时间、定量离子、定性离子及定量离子与定性离子的丰度比值，参见附录 B。每组检测离子的开始时间和驻留时间参见附录 C。

7.3.2　定性测定

进行样品测定时，如果检出的色谱峰的保留时间与标准样品相一致，并且在扣除背景后的样品质谱图中，所选择的离子均出现，而且所选择的离子丰度比与标准样品的离子丰度比相一致（相对丰度 >50 %，允许 ±10 % 偏差；相对丰度 >20 % 至 50 %，允许 ±15 % 偏差；相对丰度 >10 % 至 20 %，允许 ±20 % 偏差；相对丰度≤10 %，允许 ±50 % 偏差），则可判断样品中存在这种农药或相关化学品。如果不能确证，应重新进样，以扫描方式（有足够灵敏度）或采用增加其他确证离子的方式或用其他灵敏度更高的分析仪器来确证。

7.3.3　定量测定

本标准采用内标法单离子定量测定。内标物为环氧七氯。为减少基质的影响，定量用标准应采用基质样品液配制混合标准工作溶液。标准溶液的浓度应与待测化合物的浓度相近。本方法的 A、B、C、D、E、F 组标准物质在枸杞基质中选择离子监测 GC – MS 图参见附录 D。

7.4　平行试验

按以上步骤对同一试样进行平行试验测定。

7.5　空白试验

除不称取试样外，均按上述步骤进行。

8　结果计算和表述

气相色谱 – 质谱测定结果可由计算机按内标法自动计算，也可按式（1）计算：

$$X_i = c_s \times \frac{A}{A_s} \times \frac{c_i}{c_{si}} \times \frac{A_{si}}{A_i} \times \frac{V}{m} \times \frac{1000}{1000} \tag{1}$$

式中：

X_i——试样中被测物残留量，单位为毫克每千克（mg/kg）；

c_s——基质标准工作溶液中被测物的浓度，单位为微克每毫升（μg/mL）；

A——试样溶液中被测物的色谱峰面积；

A_s——基质标准工作溶液中被测物的色谱峰面积；

c_i——试样溶液中内标物的浓度，单位为微克每毫升（μg/mL）；

c_{si}——基质标准工作溶液中内标物的浓度，单位为微克每毫升（μg/mL）；

A_{si}——基质标准工作溶液中内标物的色谱峰面积；

A_i——试样溶液中内标物的色谱峰面积；

V——样液最终定容体积，单位为毫升（mL）；

m——试样溶液所代表试样的质量，单位为克（g）。

计算结果应扣除空白值，测定结果用平行测定的算术平均值表示，保留两位有效数字。

9 精密度

9.1 在重复性条件下获得的两次独立测定结果的绝对差值与其算术平均值的比值（百分率），应符合附录 E 的要求。

9.2 在再现性条件下获得的两次独立测定结果的绝对差值与其算术平均值的比值（百分率），应符合附录 F 的要求。

10 定量限和回收率

10.1 定量限

本方法的定量限见附录 A。

10.2 回收率

当添加水平为 LOQ、20 × LOQ 时，添加回收率参见附录 G。

附　录　A
（资料性附录）
488 种农药及相关化学品中文与英文名称、方法定量限、分组、溶剂选择和混合标准溶液浓度

A. 1　488 种农药及相关化学品中文与英文名称、方法定量限、分组、溶剂选择和混合标准溶液浓度见表 A. 1。

表 A. 1　　单位：%

序号	中文名称	英文名称	定量限/（mg/kg）	溶剂	混合标准溶液浓度/（mg/L）
内标	环氧七氯	heptachlor-epoxide		甲苯	
A 组					
1	二丙烯草胺	allidochlor	0. 0500	甲苯	5
2	烯丙酰草胺	dichlormid	0. 0500	甲苯	5
3	土菌灵	etridiazol	0. 0750	甲苯	7. 5
4	氯甲硫磷	chlormephos	0. 0500	甲苯	5
5	苯胺灵	propham	0. 0250	甲苯	2. 5
6	环草敌	cycloate	0. 0250	甲苯	2. 5
7	联苯二胺	diphenylamine	0. 0250	甲苯	2. 5
8	杀虫脒	chlordimeform	0. 0250	正己烷	2. 5
9	乙丁烯氟灵	ethalfluralin	0. 1000	甲苯	10
10	甲拌磷	phorate	0. 0250	甲苯	2. 5
11	甲基乙拌磷	thiometon	0. 0250	甲苯	2. 5
12	五氯硝基苯	quintozene	0. 0500	甲苯	5
13	脱乙基阿特拉津	atrazine – desethyl	0. 0250	甲苯 + 丙酮（8 + 2）	2. 5
14	异噁草松	clomazone	0. 0250	甲苯	2. 5
15	二嗪磷	diazinon	0. 0250	甲苯	2. 5
16	地虫硫磷	fonofos	0. 0250	甲苯	2. 5
17	乙嘧硫磷	etrimfos	0. 0250	甲苯	2. 5
18	胺丙畏	propetamphos	0. 0250	甲苯	2. 5
19	仲丁通	secbumeton	0. 0250	甲苯	2. 5
20	炔丙烯草胺	pronamide	0. 0250	甲苯 + 丙酮（9 + 1）	2. 5
21	除线磷	dichlofenthion	0. 0250	甲苯	2. 5
22	兹克威	mexacarbate	0. 0750	甲苯	7. 5
23	乐果[a]	dimethoate	0. 1000	甲苯	10
24	氨氟灵	dinitramine	0. 1000	甲苯	10

（续表）

序号	中文名称	英文名称	定量限/（mg/kg）	溶剂	混合标准溶液浓度/（mg/L）
25	艾氏剂	aldrin	0.0500	甲苯	5
26	皮蝇磷	ronnel	0.0500	甲苯	5
27	扑草净	prometryne	0.0250	甲苯	2.5
28	环丙津	cyprazine	0.0250	甲苯+丙酮（9+1）	2.5
29	乙烯菌核利	vinclozolin	0.0250	甲苯	2.5
30	β-六六六	*beta*-HCH	0.0250	甲苯	2.5
31	甲霜灵	metalaxyl	0.0750	甲苯	7.5
32	甲基对硫磷	methyl-parathion	0.1000	甲苯	10
33	毒死蜱	chlorpyrifos（-ethyl）	0.0250	甲苯	2.5
34	δ-六六六	*delta*-HCH	0.0500	甲苯	5
35	倍硫磷	fenthion	0.0250	甲苯	2.5
36	马拉硫磷	malathion	0.1000	甲苯	10
37	对氧磷	paraoxon-ethyl	0.8000	甲苯	80
38	杀螟硫磷	fenitrothion	0.0500	甲苯	5
39	三唑酮	triadimefon	0.0500	甲苯	5
40	利谷隆	linuron	0.1000	甲苯+丙酮（9+1）	10
41	二甲戊灵	pendimethalin	0.1000	甲苯	10
42	杀螨醚	chlorbenside	0.0500	甲苯	5
43	乙基溴硫磷	bromophos-ethyl	0.0250	甲苯	2.5
44	喹硫磷	quinalphos	0.0250	甲苯	2.5
45	反式氯丹	*trans*-chlordane	0.0250	甲苯	2.5
46	稻丰散	phenthoate	0.0500	甲苯	5
47	吡唑草胺	metazachlor	0.0750	甲苯	7.5
48	丙硫磷	prothiophos	0.0250	甲苯	2.5
49	整形醇	chlorfurenol	0.0750	甲苯+丙酮（9+1）	7.5
50	腐霉利	procymidone	0.0250	甲苯	2.5
51	狄氏剂	dieldrin	0.0500	甲苯	5
52	杀扑磷[a]	methidathion	0.0500	甲苯	5
53	敌草胺	napropamide	0.0750	甲苯	7.5
54	氰草津	cyanazine	0.0750	甲苯+丙酮（8+2）	7.5
55	噁草酮	oxadiazone	0.0250	甲苯	2.5
56	苯线磷	fenamiphos	0.0750	甲苯	7.5
57	杀螨氯硫	tetrasul	0.0250	甲苯	2.5
58	乙嘧酚磺酸酯	bupirimate	0.0250	甲苯	2.5
59	氟酰胺[a]	flutolanil	0.0250	甲苯	2.5

（续表）

序号	中文名称	英文名称	定量限/（mg/kg）	溶剂	混合标准溶液浓度/（mg/L）
60	萎锈灵[a]	carboxin	0.6000	甲苯	60
61	*p*，*p*′－滴滴滴	*p*，*p*′－DDD	0.0250	甲苯	2.5
62	乙硫磷	ethion	0.0500	甲苯	5
63	乙环唑－1	etaconazole－1	0.0750	甲苯	7.5
64	硫丙磷	sulprofos	0.0500	甲苯	5
65	乙环唑－2	etaconazole－2	0.0750	甲苯	7.5
66	腈菌唑	myclobutanil	0.0250	甲苯	2.5
67	丰索磷	fensulfothion	0.0500	甲苯	5
68	禾草灵	diclofop－methyl	0.0250	甲苯	2.5
69	丙环唑－1	propiconazole－1	0.0750	甲苯	7.5
70	丙环唑－2	propiconazole－2	0.0750	甲苯	7.5
71	联苯菊酯	bifenthrin	0.0250	正己烷	2.5
72	灭蚁灵	mirex	0.0250	甲苯	2.5
73	丁硫克百威	carbosulfan	0.0750	甲苯	7.5
74	氟苯嘧啶醇	nuarimol	0.0500	甲苯＋丙酮（9＋1）	5
75	麦锈灵	benodanil	0.0750	甲苯	7.5
76	甲氧滴滴涕	methoxychlor	0.2000	甲苯	20
77	噁霜灵	oxadixyl	0.0250	甲苯	2.5
78	戊唑醇	tebuconazole	0.0750	甲苯	7.5
79	胺菊酯	tetramethirn	0.0500	甲苯	5
80	氟草敏	norflurazon	0.0250	甲苯＋丙酮（9＋1）	2.5
81	哒嗪硫磷	pyridaphenthion	0.0250	甲苯	2.5
82	三氯杀螨砜	tetradifon	0.0250	甲苯	2.5
83	顺式－氯菊酯	*cis*－permethrin	0.0250	甲苯	2.5
84	吡菌磷	pyrazophos	0.0500	甲苯	5
85	反式－氯菊酯	*trans*－permethrin	0.0250	甲苯	2.5
86	氯氰菊酯	cypermethrin	0.0750	甲苯	7.5
87	氰戊菊酯－1	fenvalerate－1	0.1000	甲苯	10
88	氰戊菊酯－2[a]	fenvalerate－2	0.1000	甲苯	10
89	溴氰菊酯	deltamethrin	0.1500	甲苯	15
B 组					
90	茵草敌	EPTC	0.0750	甲苯	7.5
91	丁草敌	butylate	0.0750	甲苯	7.5
92	敌草腈	dichlobenil	0.0050	甲苯	0.5
93	克草敌	pebulate	0.0750	甲苯	7.5

（续表）

序号	中文名称	英文名称	定量限/（mg/kg）	溶剂	混合标准溶液浓度/（mg/L）
94	三氯甲基吡啶	nitrapyrin	0.0750	甲苯	7.5
95	速灭磷	mevinphos	0.0500	甲苯	5
96	氯苯甲醚	chloroneb	0.0250	甲苯	2.5
97	四氯硝基苯	tecnazene	0.0500	甲苯	5
98	庚烯磷	heptanophos	0.0750	甲苯	7.5
99	灭线磷	ethoprophos	0.0750	甲苯	7.5
100	六氯苯[a]	hexachlorobenzene	0.0250	甲苯	2.5
101	毒草胺	propachlor	0.0750	甲苯	7.5
102	顺式-燕麦敌	*cis*-diallate	0.0500	甲苯	5
103	氟乐灵	trifluralin	0.0500	甲苯	5
104	反式-燕麦敌	*trans*-diallate	0.0500	甲苯	5
105	氯苯胺灵	chlorpropham	0.0500	甲苯	5
106	治螟磷	sulfotep	0.0250	甲苯	2.5
107	菜草畏	sulfallate	0.0500	甲苯	5
108	α-六六六	*alpha*-HCH	0.0250	甲苯	2.5
109	特丁硫磷	terbufos	0.0500	甲苯	5
110	环丙氟灵	profluralin	0.1000	甲苯	10
111	敌噁磷[a]	dioxathion	0.1000	甲苯	10
112	扑灭津	propazine	0.0250	甲苯	2.5
113	氯炔灵	chlorbufam	0.0500	甲苯	5
114	氯硝胺	dicloran	0.0500	甲苯	5
115	特丁津	terbuthylazine	0.0250	甲苯	2.5
116	绿谷隆	monolinuron	0.1000	甲苯	10
117	氟虫脲	flufenoxuron	0.0750	甲苯	7.5
118	甲基毒死蜱	chlorpyrifos-methyl	0.0250	甲苯	2.5
119	敌草净	desmetryn	0.0250	甲苯	2.5
120	二甲草胺	dimethachlor	0.0750	甲苯	7.5
121	甲草胺	alachlor	0.0750	甲苯	7.5
122	甲基嘧啶磷	pirimiphos-methyl	0.0250	甲苯	2.5
123	特丁净	terbutryn	0.0500	甲苯	5
124	丙硫特普	aspon	0.0500	甲苯	5
125	杀草丹	thiobencarb	0.0500	甲苯	5
126	三氯杀螨醇	dicofol	0.0500	甲苯	5
127	异丙甲草胺	metolachlor	0.0250	甲苯	2.5
128	嘧啶磷	pirimiphos-ethyl	0.0500	甲苯	5

（续表）

序号	中文名称	英文名称	定量限/（mg/kg）	溶剂	混合标准溶液浓度/（mg/L）
129	苯氟磺胺[a]	dichlofluanid	1.2000	甲苯+丙酮（9+1）	120
130	烯虫酯	methoprene	0.1000	甲苯	10
131	溴硫磷	bromofos	0.0500	甲苯	5
132	乙氧呋草黄	ethofumesate	0.0500	甲苯	5
133	异丙乐灵	isopropalin	0.0500	甲苯	5
134	敌稗	propanil	0.0500	甲苯	5
135	育畜磷	crufomate	0.1500	甲苯	15
136	异柳磷	isofenphos	0.0500	甲苯	5
137	硫丹-1	endosulfan-1	0.1500	甲苯	15
138	毒虫畏	chlorfenvinphos	0.0750	甲苯	7.5
139	甲苯氟磺胺[a]	tolylfluanide	0.6000	甲苯	60
140	顺式-氯丹	*cis*-chlordane	0.0500	甲苯	5
141	丁草胺	butachlor	0.0500	甲苯	5
142	乙菌利[a]	chlozolinate	0.0500	甲苯	5
143	*p*，*p*′-滴滴伊	*p*，*p*′-DDE	0.0250	甲苯	2.5
144	碘硫磷	iodofenphos	0.0500	甲苯	5
145	杀虫畏	tetrachlorvinphos	0.0750	甲苯	7.5
146	氯溴隆	chlorbromuron	0.6000	甲苯	60
147	丙溴磷	profenofos	0.1500	甲苯	15
148	噻嗪酮	buprofezin	0.0500	甲苯	5
149	己唑醇[a]	hexaconazole	0.1500	甲苯	15
150	*o*，*p*′-滴滴滴	*o*，*p*′-DDD	0.0250	甲苯	2.5
151	杀螨酯	chlorfenson	0.0500	甲苯	5
152	氟咯草酮	fluorochloridone	0.0500	甲苯	5
153	异狄氏剂	endrin	0.3000	甲苯	30
154	多效唑	paclobutrazol	0.0750	甲苯	7.5
155	*o*，*p*′-滴滴涕	*o*，*p*′-DDT	0.0500	甲苯	5
156	盖草津	methoprotryne	0.0750	甲苯	7.5
157	丙酯杀螨醇	chloropropylate	0.0250	甲苯	2.5
158	麦草氟甲酯	flamprop-methyl	0.0250	甲苯+丙酮（8+2）	2.5
159	除草醚	nitrofen	0.1500	甲苯	15
160	乙氧氟草醚	oxyfluorfen	0.1000	甲苯	10
161	虫螨磷	chlorthiophos	0.0750	甲苯	7.5
162	麦草氟异丙酯	flamprop-isopropyl	0.0250	甲苯	2.5
163	硫丹-2	endosulfan -2	0.1500	甲苯	15

（续表）

序号	中文名称	英文名称	定量限/（mg/kg）	溶剂	混合标准溶液浓度/（mg/L）
164	三硫磷	carbofenothion	0.0500	甲苯	5
165	p，p′－滴滴涕	p，p′－DDT	0.0500	甲苯	5
166	苯霜灵	benalaxyl	0.0250	甲苯	2.5
167	敌瘟磷	edifenphos	0.0500	甲苯	5
168	三唑磷	triazophos	0.0750	甲苯	7.5
169	苯腈磷	cyanofenphos	0.0250	甲苯	2.5
170	氯杀螨砜	chlorbenside sulfone	0.0500	甲苯	5
171	硫丹硫酸盐	endosulfan－sulfate	0.0750	甲苯	7.5
172	溴螨酯	bromopropylate	0.0500	甲苯	5
173	新燕灵	benzoylprop－ethyl	0.0750	甲苯	7.5
174	甲氰菊酯	fenpropathrin	0.0500	甲苯	5
175	苯硫膦	EPN	0.1000	甲苯	10
176	环嗪酮[a]	hexazinone	0.0750	甲苯	7.5
177	溴苯磷	leptophos	0.0500	甲苯	5
178	治草醚	bifenox	0.0500	甲苯	5
179	伏杀硫磷	phosalone	0.0500	甲苯	5
180	保棉磷	azinphos－methyl	0.1500	甲苯	15
181	氯苯嘧啶醇	fenarimol	0.0500	甲苯	5
182	益棉磷	azinphos－ethyl	0.0500	甲苯	5
183	氟氯氰菊酯	cyfluthrin	0.3000	甲苯	30
184	咪鲜胺	prochloraz	0.1500	甲苯	15
185	蝇毒磷	coumaphos	0.1500	甲苯	15
186	氟胺氰菊酯	fluvalinate	0.3000	甲苯	30
C组					
187	敌敌畏[a]	dichlorvos	0.1500	甲苯	15
188	联苯	biphenyl	0.0250	甲苯	2.5
189	霜霉威	propamocarb	0.0750	甲苯	7.5
190	灭草敌	vernolate	0.0250	甲苯	2.5
191	3，5－二氯苯胺	3，5－dichloroaniline	0.0250	甲苯	2.5
192	虫螨畏	methacrifos	0.0250	甲苯	2.5
193	禾草敌	molinate	0.0250	甲苯	2.5
194	邻苯基苯酚[a]	2－phenylphenol	0.0250	甲苯	2.5
195	四氢邻苯二甲酰亚胺	*cis*－1，2，3，6－tetrahydrophthalimide	0.0750	甲醇	7.5
196	仲丁威	fenobucarb	0.0500	甲苯	5

（续表）

序号	中文名称	英文名称	定量限/（mg/kg）	溶剂	混合标准溶液浓度/（mg/L）
197	乙丁氟灵	benfluralin	0.0250	甲苯	2.5
198	氟铃脲	hexaflumuron	0.1500	甲苯	15
199	扑灭通	prometon	0.0750	甲苯	7.5
200	野麦畏	triallate	0.0500	环己烷	5
201	嘧霉胺	pyrimethanil	0.0250	甲苯	2.5
202	林丹	gamma – HCH	0.0500	甲苯	5
203	乙拌磷	disulfoton	0.0250	甲苯	2.5
204	莠去净	atrizine	0.0250	甲苯	2.5
205	异稻瘟净	iprobenfos	0.0750	甲苯	7.5
206	七氯	heptachlor	0.0750	甲苯	7.5
207	氯唑磷	isazofos	0.0500	甲苯	5
208	三氯杀虫酯	plifenate	0.0500	甲苯	5
209	氯乙氟灵	fluchloralin	0.1000	环己烷	10
210	四氟苯菊酯	transfluthrin	0.0250	甲苯	2.5
211	丁苯吗啉	fenpropimorph	0.0250	甲苯	2.5
212	甲基立枯磷	tolclofos – methyl	0.0250	甲苯	2.5
213	异丙草胺	propisochlor	0.0250	甲苯	2.5
214	溴谷隆	metobromuron	0.1500	甲苯	15
215	莠灭净	ametryn	0.0750	甲苯 + 丙酮（9 + 1）	7.5
216	西草净	simetryn	0.0500	甲苯	5
217	嗪草酮	metribuzin	0.0750	甲苯	7.5
218	噻节因[a]	dimethipin	0.0750	甲苯	7.5
219	异丙净	dipropetryn	0.0250	甲苯	2.5
220	安硫磷	formothion	0.0500	甲醇	5
221	乙霉威	diethofencarb	0.1500	甲苯	15
222	哌草丹	dimepiperate	0.0500	甲苯	5
223	生物烯丙菊酯 – 1	bioallethrin – 1	0.1000	甲苯	10
224	生物烯丙菊酯 – 2	bioallethrin – 2	0.1000	甲苯	10
225	芬螨酯	fenson	0.0250	甲苯	2.5
226	*o*，*p*′– 滴滴伊	*o*，*p*′– DDE	0.0250	甲苯	2.5
227	双苯酰草胺	diphenamid	0.0250	甲苯	2.5
228	戊菌唑	penconazole	0.0750	甲苯	7.5
229	四氟醚唑	tetraconazole	0.0750	甲苯	7.5

（续表）

序号	中文名称	英文名称	定量限/（mg/kg）	溶剂	混合标准溶液浓度/（mg/L）
230	灭蚜磷	mecarbam	0.1000	甲苯	10
231	丙虫磷	propaphos	0.0500	甲苯	5
232	氟节胺	flumetralin	0.0500	环己烷	5
233	三唑醇－1	triadimenol－1	0.0750	甲苯	7.5
234	三唑醇－2	triadimenol－2	0.0750	甲苯	7.5
235	丙草胺	pretilachlor	0.0500	甲苯	5
236	醚菌酯	kresoxim－methyl	0.0250	甲苯	2.5
237	吡氟禾草灵	fluazifop－butyl	0.0250	环己烷	2.5
238	氟啶脲	chlorfluazuron	0.0750	甲苯	7.5
239	乙酯杀螨醇	chlorobenzilate	0.0250	甲苯	2.5
240	氟哇唑	flusilazole	0.0750	甲苯	7.5
241	三氟硝草醚	fluorodifen	0.0250	甲苯	2.5
242	烯唑醇	diniconazole	0.0750	甲苯	7.5
243	增效醚[a]	piperonyl butoxide	0.0250	甲苯	2.5
244	噁唑隆	dimefuron	0.1000	甲苯	10
245	炔螨特	propargite	0.0500	甲苯	5
246	灭锈胺[a]	mepronil	0.0250	甲苯	2.5
247	吡氟酰草胺[a]	diflufenican	0.0250	乙酸乙酯	2.5
248	咯菌腈	fludioxonil	0.0250	甲苯	2.5
249	喹螨醚	fenazaquin	0.0250	甲苯	2.5
250	苯醚菊酯	phenothrin	0.0250	甲苯	2.5
251	稀禾啶[a]	sethoxydim	1.8000	甲苯	180
252	莎稗磷	anilofos	0.0500	甲苯	5
253	氟丙菊酯	acrinathrin	0.0500	甲苯	5
254	高效氯氟氰菊酯	lambda－cyhalothrin	0.0250	甲苯	2.5
255	苯噻酰草胺	mefenacet	0.0750	甲苯	7.5
256	氯菊酯	permethrin	0.0500	甲苯	5
257	哒螨灵	pyridaben	0.0250	甲苯	2.5
258	乙羧氟草醚	fluoroglycofen－ethyl	0.3000	甲苯	30
259	联苯三唑醇	bitertanol	0.0750	甲苯	7.5
260	醚菊酯	etofenprox	0.0250	甲苯	2.5
261	噻草酮[a]	cycloxydim	2.4000	甲苯	240
262	α－氯氰菊酯	*alpha*－cypermethrin	0.0500	甲苯	5

（续表）

序号	中文名称	英文名称	定量限/（mg/kg）	溶剂	混合标准溶液浓度/（mg/L）
263	氟氰戊菊酯－1	flucythrinate－1	0.0500	甲苯＋丙酮（8＋2）	5
264	氟氰戊菊酯－2	flucythrinate－2	0.0500	甲苯	5
265	*S*－氰戊菊酯	esfenvalerate	0.1000	甲苯	10
266	苯醚甲环唑－2	difenconazole－2	0.1500	甲苯	15
267	苯醚甲环唑－1	difenonazole－1	0.1500	甲苯＋丙酮（8＋2）	15
268	丙炔氟草胺	flumioxazin	0.0500	甲苯	5
269	氟烯草酸	flumiclorac－pentyl	0.0500	甲苯	5
		D 组			
270	甲氟磷[a]	dimefox	0.0750	甲苯	7.5
271	乙拌磷亚砜	disulfoton－sulfoxide	0.0500	甲苯	5
272	五氯苯	pentachlorobenzene	0.0250	甲苯	2.5
273	鼠立死	crimidine	0.0250	甲苯	2.5
274	4－溴－3，5－二甲苯基－*N*－甲基氨基甲酸酯－1	BDMC－1	0.0500	甲苯＋丙酮（8＋2）	5
275	燕麦酯	chlorfenprop－methyl	0.0250	甲苯	2.5
276	虫线磷	thionazin	0.0250	甲苯	2.5
277	2，3，5，6－四氯苯胺	2，3，5，6－tetrachloroaniline	0.0250	甲苯	2.5
278	三正丁基磷酸盐	*tri*－*n*－butyl phosphate	0.0500	甲苯	5
279	2，3，4，5－四氯甲氧基苯	2，3，4，5－tetrachloroanisole	0.0250	甲苯＋丙酮（8＋2）	2.5
280	五氯甲氧基苯	pentachloroanisole	0.0250	甲苯	2.5
281	牧草胺	tebutam	0.0500	甲苯	5
282	甲基苯噻隆	methabenzthiazuron	0.2500	甲苯	25
283	西玛通	simetone	0.0500	甲苯	5
284	阿特拉通	atratone	0.0250	甲苯	2.5
285	七氟菊酯	tefluthrin	0.0250	甲苯	2.5
286	溴烯杀	bromocylen	0.0250	甲苯	2.5
287	草达津	trietazine	0.0250	甲苯	2.5
289	环莠隆	cycluron	0.0750	甲苯	7.5
290	2，4，4′－三氯联苯	*de*－PCB 28	0.0250	甲苯	2.5
291	2，4，5－三氯联苯	*de*－PCB 31	0.0250	甲苯	2.5
292	2，3，4，5－四氯苯胺	2，3，4，5－tetrachloroaniline	0.0500	甲苯	5
293	合成麝香	musk ambrette	0.0250	甲苯	2.5

（续表）

序号	中文名称	英文名称	定量限/（mg/kg）	溶剂	混合标准溶液浓度/（mg/L）
294	二甲苯麝香[a]	musk xylene	0.0250	甲苯	2.5
295	五氯苯胺	pentachloroaniline	0.0250	甲苯	2.5
296	叠氮津	aziprotryne	0.2000	甲苯	20
297	丁咪酰胺	isocarbamid	0.1250	甲苯	12.5
298	另丁津	sebutylazine	0.0250	甲苯	2.5
299	麝香	musk moskene	0.0250	甲苯	2.5
300	2，2′，5，5′–四氯联苯	*de* – PCB 52	0.0250	甲苯 + 丙酮（8 + 2）	2.5
301	苄草丹	prosulfocarb	0.0250	甲苯	2.5
302	二甲吩草胺	dimethenamid	0.0250	甲醇	2.5
303	4–溴–3，5–二甲苯基–N–甲基氨基甲酸酯–2	BDMC – 2	0.0500	甲苯	5
304	庚酰草胺	monalide	0.0500	甲苯	5
305	碳氯灵	isobenzan	0.0250	甲苯	2.5
306	八氯苯乙烯	octachlorostyrene	0.0250	甲苯	2.5
307	异艾氏剂	isodrin	0.0250	甲苯	2.5
308	丁嗪草酮	isomethiozin	0.0500	甲苯	5
309	毒壤磷	trichloronat	0.0250	甲苯	2.5
310	敌草索	dacthal	0.0250	甲苯	2.5
311	4，4–二氯二苯甲酮	4，4 – dichlorobenzophenone	0.0250	甲苯	2.5
312	酞菌酯	nitrothal – isopropyl	0.0500	甲苯	5
313	麝香酮[a]	musk ketone	0.0250	甲苯	2.5
314	吡咪唑[a]	rabenzazole	0.0250	甲苯	2.5
315	嘧菌环胺	cyprodinil	0.0250	甲苯	2.5
316	麦穗灵[a]	fuberidazole	0.1250	甲苯	12.5
317	异氯磷	dicapthon	0.1250	甲苯	12.5
318	2–甲–4–氯丁氧乙基酯	*mcpa* – butoxyethyl ester	0.0250	甲苯 + 丙酮（8 + 2）	2.5
319	2，2′，4，5，5′–五氯联苯	*de* – PCB 101	0.0250	甲苯	2.5
320	水胺硫磷	isocarbophos	0.0500	甲苯	5
321	甲拌磷砜	phorate sulfone	0.0250	甲苯	2.5
322	杀螨醇	chlorfenethol	0.0250	甲苯	2.5
323	反式九氯	*trans* – nonachlor	0.0250	甲苯	2.5
324	脱叶磷	DEF	0.0500	甲苯	5

（续表）

序号	中文名称	英文名称	定量限/（mg/kg）	溶剂	混合标准溶液浓度/（mg/L）
325	氟咯草酮	flurochloridone	0.0500	甲苯+丙酮（9+1）	5
326	溴苯烯磷	bromfenvinfos	0.0250	甲苯	2.5
327	乙滴涕	perthane	0.0250	甲苯	2.5
328	2，3，4，4′，5－五氯联苯	*de*－PCB 118	0.0250	甲苯	2.5
329	地胺磷	mephosfolan	0.0500	甲苯+丙酮（9+1）	5
330	4，4－二溴二苯甲酮	4，4－dibromobenzophenone	0.0250	甲苯	2.5
331	粉唑醇	flutriafol	0.0500	甲苯	5
332	2，2′，4，4′，5，5′－六氯联苯	*de*－PCB 153	0.0250	甲苯	2.5
333	苄氯三唑醇	diclobutrazole	0.1000	甲苯	10
334	乙拌磷砜[a]	disulfoton sulfone	0.0500	甲苯	5
335	噻螨酮	hexythiazox	0.2000	甲苯+丙酮（9+1）	20
336	2，2′，3，4，4′，5－六氯联苯	*de*－PCB 138	0.0250	甲苯	2.5
337	环丙唑	cyproconazole	0.0250	甲苯	2.5
338	苄呋菊酯－1[a]	resmethrin－1	0.4000	甲苯+丙酮（8+2）	40
339	苄呋菊酯－2[a]	resmethrin－2	0.4000	甲苯	40
340	酞酸甲苯基丁酯	phthalic acid，benzyl butyl ester	0.0250	甲苯	2.5
341	炔草酸	clodinafop－propargyl	0.0500	甲苯	5
342	倍硫磷亚砜	fenthion sulfoxide	0.1000	甲苯+丙酮（8+2）	10
343	三氟苯唑	fluotrimazole	0.0250	甲醇	2.5
344	氟草烟－1－甲庚酯	fluroxypr－1－methylheptyl ester	0.0250	甲苯+丙酮（8+2）	2.5
345	倍硫磷砜	fenthion sulfone	0.1000	甲苯	10
346	苯嗪草酮[a]	metamitron	0.2500	甲苯	25
347	三苯基磷酸盐	triphenyl phosphate	0.0250	甲苯	2.5
348	2，2，3，4，4′，5，5′－七氯联苯	*de*－PCB 180	0.0250	甲苯	2.5
349	吡螨胺	tebufenpyrad	0.0250	甲苯	2.5
350	解草酯	cloquintocet－mexyl	0.0250	甲苯	2.5
351	环草定	lenacil	0.2500	甲苯	25
352	糠菌唑－1	bromuconazole－1	0.0500	甲苯	5
353	糠菌唑－2	bromuconazole－2	0.0500	甲苯	5
354	甲磺乐灵	nitralin	0.2500	甲苯	25

（续表）

序号	中文名称	英文名称	定量限/（mg/kg）	溶剂	混合标准溶液浓度/（mg/L）
355	苯线磷亚砜[a]	fenamiphos sulfoxide	0.8000	甲苯	80
356	苯线磷砜[a]	fenamiphos sulfone	0.1000	甲苯+丙酮（8+2）	10
357	拌种咯[a]	fenpiclonil	0.1000	甲苯	10
358	氟喹唑	fluquinconazole	0.0250	甲苯	2.5
359	腈苯唑	fenbuconazole	0.0500	甲苯+丙酮（8+2）	5
E组					
360	残杀威-1	propoxur-1	0.0500	甲苯	5
361	灭除威	XMC	0.0500	甲苯	5
362	异丙威-1	isoprocarb-1	0.0500	甲苯	5
363	二氢苊[a]	acenaphthene	0.0250	环己烷	2.5
364	特草灵-1	terbucarb-1	0.0500	甲苯	5
365	氯氧磷	chlorethoxyfos	0.0500	甲苯	5
366	异丙威-2	isoprocarb-2	0.0500	环己烷	5
367	丁噻隆	tebuthiuron	0.1000	甲苯	10
368	戊菌隆	pencycuron	0.1000	甲苯	10
369	甲基内吸磷	demeton-*s*-methyl	0.1000	甲苯	10
370	二溴磷[a]	naled	0.4000	甲苯	40
371	菲	phenanthrene	0.0250	甲苯	2.5
372	唑螨酯	fenpyroximate	0.2000	甲苯	20
373	丁基嘧啶磷	tebupirimfos	0.0500	甲苯	5
374	茉莉酮	prohydrojasmon	0.1000	甲苯	10
375	苯锈啶	fenpropidin	0.0500	甲苯	5
376	氯硝胺	dichloran	0.0500	甲苯	5
377	咯喹酮	pyroquilon	0.0250	甲苯	2.5
378	炔苯酰草胺	propyzamide	0.0500	甲苯	5
379	抗蚜威	pirimicarb	0.0500	甲苯	5
380	溴丁酰草胺	bromobutide	0.0250	环己烷	2.5
381	灭草环	tridiphane	0.1000	甲苯	10
382	戊草丹[a]	esprocarb	0.0500	甲苯	5
383	特草灵-2	terbucarb-2	0.0500	甲苯	5
384	甲呋酰胺[a]	fenfuram	0.0500	甲苯	5
385	活化酯	acibenzolar-*s*-methyl	0.0500	甲苯	5
386	呋草黄	benfuresate	0.0500	甲苯	5
387	精甲霜灵	mefenoxam	0.0500	甲苯	5
388	马拉氧磷	malaoxon	0.4000	甲苯	40

（续表）

序号	中文名称	英文名称	定量限/（mg/kg）	溶剂	混合标准溶液浓度/（mg/L）
389	磷胺－2[a]	phosphamidon －2	0. 2000	甲苯	20
390	氯酞酸甲酯	chlorthal－dimethyl	0. 0500	甲苯	5
391	硅氟唑	simeconazole	0. 0500	甲苯	5
392	特草净	terbacil	0. 0500	甲苯	5
393	噻唑烟酸	thiazopyr	0. 0500	甲苯	5
394	甲基毒虫畏	dimethylvinphos	0. 0500	甲苯	5
395	苯酰草胺	zoxamide	0. 0500	甲苯	5
396	烯丙菊酯	allethrin	0. 1000	甲苯	10
397	灭藻醌[a]	quinoclamine	0. 1000	甲苯	10
398	氰菌胺	fenoxanil	0. 0500	甲苯	5
399	呋霜灵	furalaxyl	0. 0500	甲苯	5
400	除草定	bromacil	0. 0500	甲苯	5
401	啶氧菌酯	picoxystrobin	0. 0500	甲苯	5
402	抑草磷	butamifos	0. 0250	甲苯	2. 5
403	咪草酸	imazamethabenz－methyl	0. 0750	甲苯	7. 5
404	灭梭威砜	methiocarb sulfone	0. 8000	甲苯	80
405	苯噻硫氰	TCMTB	0. 4000	甲苯	40
406	苯氧菌胺	metominostrobin	0. 1000	甲苯	10
407	抑霉唑	imazalil	0. 1000	甲苯＋丙酮（8＋2）	10
408	稻瘟灵	isoprothiolane	0. 0500	甲苯	5
409	环氟菌胺	cyflufenamid	0. 4000	甲苯	40
410	噁唑磷	isoxathion	0. 2000	甲苯	20
411	苯氧喹啉	quinoxyphen	0. 0250	甲苯	2. 5
412	肟菌酯	trifloxystrobin	0. 1000	甲苯＋丙酮（8＋2）	10
413	脱苯甲基亚胺唑[a]	imibenconazole－*des*－benzyl	0. 1000	甲苯	10
414	氟虫腈	fipronil	0. 2000	甲苯	20
415	氟环唑－1	epoxiconazole－1	0. 2000	甲苯	20
416	稗草丹	pyributicarb	0. 0500	乙腈	5
417	吡草醚	pyraflufen ethyl	0. 0500	甲苯	5
418	噻吩草胺	thenylchlor	0. 0500	甲苯	5
419	烯草酮[a]	clethodim	0. 1000	环己烷	10
420	吡唑解草酯	mefenpyr－diethyl	0. 0750	甲苯	7. 5
421	乙螨唑	etoxazole	0. 1500	甲苯	15
422	氟环唑－2	epoxiconazole－2	0. 2000	环己烷	20
423	伐灭磷	famphur	0. 1000	甲苯	10

（续表）

序号	中文名称	英文名称	定量限/（mg/kg）	溶剂	混合标准溶液浓度/（mg/L）
424	吡丙醚	pyriproxyfen	0. 0500	甲苯	5
425	异菌脲	iprodione	0. 1000	甲苯	10
426	呋酰胺	ofurace	0. 0750	甲苯	7. 5
427	哌草磷	piperophos	0. 0750	环己烷	7. 5
428	氯甲酰草胺	clomeprop	0. 0250	甲苯	2. 5
429	咪唑菌酮	fenamidone	0. 0250	甲苯	2. 5
430	三甲苯草酮	tralkoxydim	0. 2000	甲苯	20
431	吡唑硫磷	pyraclofos	0. 2000	甲苯	20
432	螺螨酯[a]	spirodiclofen	0. 2000	甲苯	20
433	呋草酮	flurtamone	0. 0500	甲苯	5
434	环酯草醚	pyriftalid	0. 0250	环己烷	2. 5
435	氟硅菊酯	silafluofen	0. 0250	甲苯	2. 5
436	嘧螨醚	pyrimidifen	0. 0500	甲苯	5
437	氟丙嘧草酯	butafenacil	0. 0250	乙腈	2. 5
438	氟啶草酮[a]	fluridone	0. 0500	甲苯	5
F 组					
439	苯磺隆[a]	tribenuron – methyl	0. 0250	甲苯	2. 5
440	乙硫苯威[a]	ethiofencarb	0. 2500	甲苯	25
441	二氧威[a]	dioxacarb	0. 2000	甲苯	20
442	避蚊酯	dimethyl phthalate	0. 1000	甲苯	10
443	4 – 氯苯氧乙酸	4 – chlorophenoxy acetic acid	0. 0126	甲苯	1. 3
444	邻苯二甲酰亚胺[a]	phthalimide	0. 0500	甲苯	5
445	避蚊胺	diethyltoluamide	0. 0200	甲苯	2
446	2，4 – 滴	2，4 – D	0. 5000	甲苯	50
447	甲萘威	carbaryl	0. 0750	甲苯	7. 5
448	硫线磷	cadusafos	0. 1000	甲苯	10
449	螺环菌胺 – 1	spiroxamine – 1	0. 0500	甲苯	5
450	百治磷[a]	dicrotophos	0. 2000	甲苯	20
451	2，4，5 – 涕	2，4，5 – T	0. 5000	甲苯	50
452	3 – 苯基苯酚	3 – phenylphenol	0. 1500	甲苯	15
453	拌种胺[a]	furmecyclox	0. 0750	环己烷	7. 5
454	螺环菌胺 – 2	spiroxamine – 2	0. 0500	甲苯	5
455	丁酰肼[a]	dmsa	0. 2000	甲苯	20
456	—[a]	sobutylazine	0. 0500	甲苯	5
457	八氯二甲醚 – 1	s421（octachlorodipropyl ether） – 1	0. 5000	甲苯	50

（续表）

序号	中文名称	英文名称	定量限/（mg/kg）	溶剂	混合标准溶液浓度/（mg/L）
458	八氯二甲醚－2	s421（octachlorodipropyl ether）－2	0.5000	甲苯	50
459	十二环吗啉	dodemorph	0.0750	甲苯	7.5
460	甜菜安[a]	desmedipham	0.5000	甲苯	50
461	氧皮蝇磷	fenchlorphos	0.1000	甲苯	10
462	枯莠隆[a]	difenoxuron	0.2000	甲苯	20
463	仲丁灵	butralin	0.1000	甲苯	10
464	异戊乙净	dimethametryn	0.0250	甲苯	2.5
465	啶斑肟－1	pyrifenox－1	0.2000	甲苯	20
467	缬酶威－1	iprovalicarb－1	0.1000	甲苯	10
468	戊环唑[a]	azaconazole	0.1000	甲苯	10
469	缬酶威－2	iprovalicarb－2	0.1000	甲苯	10
470	苯虫醚－1	diofenolan－1	0.0500	甲苯	5
471	苯虫醚－2	diofenolan－2	0.0500	甲苯	5
472	苯甲醚	aclonifen	0.5000	甲苯	50
473	溴虫腈	chlorfenapyr	0.2000	甲苯	20
474	生物苄呋菊酯	bioresmethrin	0.0500	甲苯	5
475	双苯噁唑酸	isoxadifen－ethyl	0.0500	甲苯	5
476	唑酮草酯	carfentrazone－ethyl	0.0500	甲苯	5
477	氯吡嘧磺隆[a]	halosulfuran－methyl	0.5000	甲苯	50
478	三环唑[a]	tricyclazole	0.1500	甲苯	15
479	环酰菌胺[a]	fenhexamid	0.5000	甲苯	50
480	螺甲螨酯	spiromesifen	0.2500	甲苯	25
481	联苯肼酯	bifenazate	0.2000	甲苯	20
482	异狄氏剂酮	endrin ketone	0.4000	甲苯	40
483	精高效氨氟氰菊酯－1	*gamma*－cyhaloterin－1	0.0200	甲苯	2
484	—	metoconazole	0.1000	甲苯	10
485	氰氟草酯	cyhalofop－butyl	0.0500	甲苯	5
486	精高效氨氟氰菊酯－2	*gamma*－cyhalothrin－2	0.0200	甲苯	2
487	苄螨醚	halfenprox	0.0500	甲苯	5
488	啶虫脒	acetamiprid	0.1000	甲苯	10
489	烟酰碱	boscalid	0.1000	甲苯	10
488	烯酰吗啉[a]	dimethomorph	0.0500	甲苯	5

[a]为可以定性鉴别的品种

附 录 B
(资料性附录)
488 种农药及相关化学品和内标化合物的保留时间、定量离子、定性离子及定量离子与定性离子的丰度比值

B.1 488 种农药及相关化学品和内标化合物的保留时间、定量离子、定性离子及定量离子与定性离子的丰度比值见表 B.1。

表 B.1 488 种农药及相关化学品和内标化合物的保留时间、定量离子、定性离子及定量离子与定性离子的丰度比值表

序号	中文名称	英文名称	保留时间/min	定量离子	定性离子 1	定性离子 2	定性离子 3
内标	环氧七氯	heptachlor - epoxide	22.1	353 (100)	355 (79)	351 (52)	
A 组							
1	二丙烯草胺	allidochlor	8.78	138 (100)	158 (10)	173 (15)	
2	烯丙酰草胺	dichlormid	9.74	172 (100)	166 (41)	124 (79)	
3	土菌灵	etridiazol	10.42	211 (100)	183 (73)	140 (19)	
4	氯甲硫磷	chlormephos	10.53	121 (100)	234 (70)	154 (70)	
5	苯胺灵	propham	11.36	179 (100)	137 (66)	120 (51)	
6	环草敌	cycloate	13.56	154 (100)	186 (5)	215 (12)	
7	联苯二胺	diphenylamine	14.55	169 (100)	168 (58)	167 (29)	
8	杀虫脒	chlordimeform	14.93	196 (100)	198 (30)	195 (18)	183 (23)
9	乙丁烯氟灵	ethalfluralin	15.00	276 (100)	316 (81)	292 (42)	
10	甲拌磷	phorate	15.46	260 (100)	121 (160)	231 (56)	153 (3)
11	甲基乙拌磷	thiometon	16.20	88 (100)	125 (55)	246 (9)	
12	五氯硝基苯	quintozene	16.75	295 (100)	237 (159)	249 (114)	
13	脱乙基阿特拉津	atrazine - desethyl	16.76	172 (100)	187 (32)	145 (17)	
14	异噁草松	clomazone	17.00	204 (100)	138 (4)	205 (13)	
15	二嗪磷	diazinon	17.14	304 (100)	179 (192)	137 (172)	
16	地虫硫磷	fonofos	17.31	246 (100)	137 (141)	174 (15)	202 (6)
17	乙嘧硫磷	etrimfos	17.92	292 (100)	181 (40)	277 (31)	
18	胺丙畏	propetamphos	17.97	138 (100)	194 (49)	236 (30)	
19	仲丁通	secbumeton	18.36	196 (100)	210 (38)	225 (39)	
20	炔丙烯草胺	pronamide	18.72	173 (100)	175 (62)	255 (22)	
21	除线磷	dichlofenthion	18.80	279 (100)	223 (78)	251 (38)	
22	兹克威	mexacarbate	18.83	165 (100)	150 (66)	222 (27)	
23	乐果	dimethoate	19.25	125 (100)	143 (16)	229 (11)	

（续表）

序号	中文名称	英文名称	保留时间/min	定量离子	定性离子1	定性离子2	定性离子3
24	氨氟灵	dinitramine	19.35	305（100）	307（38）	261（29）	
25	艾氏剂	aldrin	19.67	263（100）	265（65）	293（40）	329（8）
26	皮蝇磷	ronnel	19.80	285（100）	287（67）	125（32）	
27	扑草净	prometryne	20.13	241（100）	184（78）	226（60）	
28	环丙津	cyprazine	20.18	212（100）	227（58）	170（29）	
29	乙烯菌核利	vinclozolin	20.29	285（100）	212（109）	198（96）	
30	β－六六六	*beta*－HCH	20.31	219（100）	217（78）	181（94）	254（12）
31	甲霜灵	metalaxyl	20.67	206（100）	249（53）	234（38）	
32	甲基对硫磷	methyl－parathion	20.82	263（100）	233（66）	246（8）	200（6）
33	毒死蜱	chlorpyrifos（－ethyl）	20.96	314（100）	258（57）	286（42）	
34	δ－六六六	*delta*－HCH	21.16	219（100）	217（80）	181（99）	254（10）
35	倍硫磷	fenthion	21.53	278（100）	169（16）	153（9）	
36	马拉硫磷	malathion	21.54	173（100）	158（36）	143（15）	
37	对氧磷	paraoxon－ethyl	21.57	275（100）	220（60）	247（58）	263（11）
38	杀螟硫磷	fenitrothion	21.62	277（100）	260（52）	247（60）	
39	三唑酮	triadimefon	22.22	208（100）	210（50）	181（74）	
40	利谷隆	linuron	22.44	61（100）	248（30）	160（12）	
41	二甲戊灵	pendimethalin	22.59	252（100）	220（22）	162（12）	
42	杀螨醚	chlorbenside	22.96	268（100）	270（41）	143（11）	
43	乙基溴硫磷	bromophos－ethyl	23.06	359（100）	303（77）	357（74）	
44	喹硫磷	quinalphos	23.10	146（100）	298（28）	157（66）	
45	反式氯丹	*trans*－chlordane	23.29	373（100）	375（96）	377（51）	
46	稻丰散	phenthoate	23.30	274（100）	246（24）	320（5）	
47	吡唑草胺	metazachlor	23.32	209（100）	133（120）	211（32）	
48	丙硫磷	prothiophos	24.04	309（100）	267（88）	162（55）	
49	整形醇	chlorfurenol	24.15	215（100）	152（40）	274（11）	
50	腐霉利	procymidone	24.36	283（100）	285（70）	255（15）	
51	狄氏剂	dieldrin	24.43	263（100）	277（82）	380（30）	345（35）
52	杀扑磷	methidathion	24.49	145（100）	157（2）	302（4）	
53	敌草胺	napropamide	24.84	271（100）	128（111）	171（34）	
54	氰草津	cyanazine	24.94	225（100）	240（56）	198（61）	
55	噁草酮	oxadiazone	25.06	175（100）	258（62）	302（37）	
56	苯线磷	fenamiphos	25.29	303（100）	154（56）	288（31）	217（22）
57	杀螨氯硫	tetrasul	25.85	252（100）	324（64）	254（68）	
58	乙嘧酚磺酸酯	bupirimate	26.00	273（100）	316（41）	208（83）	

（续表）

序号	中文名称	英文名称	保留时间/min	定量离子	定性离子1	定性离子2	定性离子3
59	氟酰胺	flutolanil	26.23	173（100）	145（25）	323（14）	
60	萎锈灵	carboxin	26.25	235（100）	143（168）	87（52）	
61	p，p′-滴滴滴	p，p′-DDD	26.59	235（100）	237（64）	199（12）	165（46）
62	乙硫磷	ethion	26.69	231（100）	384（13）	199（9）	
63	乙环唑-1	etaconazole-1	26.81	245（100）	173（85）	247（65）	
64	硫丙磷	sulprofos	26.87	322（100）	156（62）	280（11）	
65	乙环唑-2	etaconazole-2	26.89	245（100）	173（85）	247（65）	
66	腈菌唑	myclobutanil	27.19	179（100）	288（14）	150（45）	
67	丰索磷	fensulfothion	27.94	292（100）	308（22）	293（73）	
68	禾草灵	diclofop-methyl	28.08	253（100）	281（50）	342（82）	
69	丙环唑-1	propiconazole-1	28.15	259（100）	173（97）	261（65）	
70	丙环唑-2	propiconazole-2	28.15	259（100）	173（97）	261（65）	
71	联苯菊酯	bifenthrin	28.57	181（100）	166（25）	165（23）	
72	灭蚁灵	mirex	28.72	272（100）	237（49）	274（80）	
73	丁硫克百威	carbosulfan	28.80	160（100）	118（95）	323（30）	
74	氟苯嘧啶醇	nuarimol	28.90	314（100）	235（155）	203（108）	
75	麦锈灵	benodanil	29.14	231（100）	323（38）	203（22）	
76	甲氧滴滴涕	methoxychlor	29.38	227（100）	228（16）	212（4）	
77	噁霜灵	oxadixyl	29.50	163（100）	233（18）	278（11）	
78	戊唑醇	tebuconazole	29.51	250（100）	163（55）	252（36）	
79	胺菊酯	tetramethirn	29.59	164（100）	135（3）	232（1）	
80	氟草敏	norflurazon	29.99	303（100）	145（101）	102（47）	
81	哒嗪硫磷	pyridaphenthion	30.17	340（100）	199（48）	188（51）	
82	三氯杀螨砜	tetradifon	30.70	227（100）	356（70）	159（196）	
83	顺式-氯菊酯	*cis*-permethrin	31.42	183（100）	184（15）	255（2）	
84	吡菌磷	pyrazophos	31.60	221（100）	232（35）	373（19）	
85	反式-氯菊酯	*trans*-permethrin	31.68	183（100）	184（15）	255（2）	
86	氯氰菊酯	cypermethrin	33.19	181（100）	152（23）	180（16）	
87	氰戊菊酯-1	fenvalerate-1	34.45	167（100）	225（53）	419（37）	181（41）
88	氰戊菊酯-2	fenvalerate-2	34.79	167（101）	225（54）	419（38）	181（42）
89	溴氰菊酯	deltamethrin	35.77	181（100）	172（25）	174（25）	
B组							
90	茵草敌	EPTC	8.54	128（100）	189（30）	132（32）	
91	丁草敌	butylate	9.49	156（100）	146（115）	217（27）	
92	敌草腈	dichlobenil	9.75	171（100）	173（68）	136（15）	

（续表）

序号	中文名称	英文名称	保留时间/min	定量离子	定性离子1	定性离子2	定性离子3
93	克草敌	pebulate	10.18	128（100）	161（21）	203（20）	
94	三氯甲基吡啶	nitrapyrin	10.89	194（100）	196（97）	198（23）	
95	速灭磷	mevinphos	11.23	127（100）	192（39）	164（29）	
96	氯苯甲醚	chloroneb	11.85	191（100）	193（67）	206（66）	
97	四氯硝基苯	tecnazene	13.54	261（100）	203（135）	215（113）	
98	庚烯磷	heptanophos	13.78	124（100）	215（17）	250（14）	
99	灭线磷	ethoprophos	14.40	158（100）	200（40）	242（23）	168（15）
100	六氯苯	hexachlorobenzene	14.69	284（100）	286（81）	282（51）	
101	毒草胺	propachlor	14.73	120（100）	176（45）	211（11）	
102	顺式－燕麦敌	*cis* – diallate	14.75	234（100）	236（37）	128（38）	
103	氟乐灵	trifluralin	15.23	306（100）	264（72）	335（7）	
104	反式－燕麦敌	*trans* – diallate	15.29	234（100）	236（37）	128（38）	
105	氯苯胺灵	chlorpropham	15.49	213（100）	171（59）	153（24）	
106	治螟磷	sulfotep	15.55	322（100）	202（43）	238（27）	266（24）
107	菜草畏	sulfallate	15.75	188（100）	116（7）	148（4）	
108	α－六六六	*alpha* – HCH	16.06	219（100）	183（98）	221（47）	254（6）
109	特丁硫磷	terbufos	16.83	231（100）	153（25）	288（10）	186（13）
110	环丙氟灵	profluralin	17.36	318（100）	304（47）	347（13）	
111	敌噁磷	dioxathion	17.51	270（100）	197（43）	169（19）	
112	扑灭津	propazine	17.67	214（100）	229（67）	172（51）	
113	氯炔灵	chlorbufam	17.85	223（100）	153（53）	164（64）	
114	氯硝胺	dicloran	17.89	206（100）	176（128）	160（52）	
115	特丁津	terbuthylazine	18.07	214（100）	229（33）	173（35）	
116	绿谷隆	monolinuron	18.15	61（100）	126（45）	214（51）	
117	氟虫脲	flufenoxuron	18.83	305（100）	126（67）	307（32）	
118	甲基毒死蜱	chlorpyrifos – methyl	19.38	286（100）	288（70）	197（5）	
119	敌草净	desmetryn	19.64	213（100）	198（60）	171（30）	
120	二甲草胺	dimethachlor	19.80	134（100）	197（47）	210（16）	
121	甲草胺	alachlor	20.03	188（100）	237（35）	269（15）	
122	甲基嘧啶磷	pirimiphos – methyl	20.30	290（100）	276（86）	305（74）	
123	特丁净	terbutryn	20.61	226（100）	241（64）	185（73）	
124	丙硫特普	aspon	20.62	211（100）	253（52）	378（14）	
125	杀草丹	thiobencarb	20.63	100（100）	257（25）	259（9）	
126	三氯杀螨醇	dicofol	21.33	139（100）	141（72）	250（23）	251（4）
127	异丙甲草胺	metolachlor	21.34	238（100）	162（159）	240（33）	

（续表）

序号	中文名称	英文名称	保留时间/min	定量离子	定性离子1	定性离子2	定性离子3
128	嘧啶磷	pirimiphos – ethyl	21. 59	333（100）	318（93）	304（69）	
129	苯氟磺胺	dichlofluanid	21. 68	224（100）	226（74）	167（120）	
130	烯虫酯	methoprene	21. 71	73（100）	191（29）	153（29）	
131	溴硫磷	bromofos	21. 75	331（100）	329（75）	213（7）	
132	乙氧呋草黄	ethofumesate	21. 84	207（100）	161（54）	286（27）	
133	异丙乐灵	isopropalin	22. 10	280（100）	238（40）	222（4）	
134	敌稗	propanil	22. 68	161（100）	217（21）	163（62）	
135	育畜磷	crufomate	22. 93	256（100）	182（154）	276（58）	
136	异柳磷	isofenphos	22. 99	213（100）	255（44）	185（45）	
137	硫丹 – 1	endosulfan – 1	23. 10	241（100）	265（66）	339（46）	
138	毒虫畏	chlorfenvinphos	23. 19	323（100）	267（139）	269（92）	
139	甲苯氟磺胺	tolylfluanide	23. 45	238（100）	240（71）	137（210）	
140	顺式 – 氯丹	*cis* – chlordane	23. 55	373（100）	375（96）	377（51）	
141	丁草胺	butachlor	23. 82	176（100）	160（75）	188（46）	
142	乙菌利	chlozolinate	23. 83	259（100）	188（83）	331（91）	
143	*p*，*p*′ – 滴滴伊	*p*，*p*′ – DDE	23. 92	318（100）	316（80）	246（139）	248（70）
144	碘硫磷	iodofenphos	24. 33	377（100）	379（37）	250（6）	
145	杀虫畏	tetrachlorvinphos	24. 36	329（100）	331（96）	333（31）	
146	氯溴隆	chlorbromuron	24. 37	61（100）	294（17）	292（13）	
147	丙溴磷	profenofos	24. 65	339（100）	374（39）	297（37）	
148	噻嗪酮	buprofezin	24. 87	105（100）	172（54）	305（24）	
149	己唑醇	hexaconazole	24. 92	214（100）	231（62）	256（26）	
150	*o*，*p*′ – 滴滴滴	*o*，*p*′ – DDD	24. 94	235（100）	237（65）	165（39）	199（14）
151	杀螨酯	chlorfenson	25. 05	302（100）	175（282）	177（103）	
152	氟咯草酮	fluorochloridone	25. 14	311（100）	313（64）	187（85）	
153	异狄氏剂	endrin	25. 15	263（100）	317（30）	345（26）	
154	多效唑	paclobutrazol	25. 21	236（100）	238（37）	167（39）	
155	*o*，*p*′ – 滴滴涕	*o*，*p*′ – DDT	25. 56	235（100）	237（63）	165（37）	199（14）
156	盖草津	methoprotryne	25. 63	256（100）	213（24）	271（17）	
157	丙酯杀螨醇	chloropropylate	25. 85	251（100）	253（64）	141（18）	
158	麦草氟甲酯	flamprop – methyl	25. 90	105（100）	77（26）	276（11）	
159	除草醚	nitrofen	26. 12	283（100）	253（90）	202（48）	139（15）
160	乙氧氟草醚	oxyfluorfen	26. 13	252（100）	361（35）	300（35）	
161	虫螨磷	chlorthiophos	26. 52	325（100）	360（52）	297（54）	
162	麦草氟异丙酯	flamprop – isopropyl	26. 70	105（100）	276（19）	363（3）	

（续表）

序号	中文名称	英文名称	保留时间/min	定量离子	定性离子 1	定性离子 2	定性离子 3
163	硫丹 - 2	endosulfan - 2	26.72	241（100）	265（66）	339（46）	
164	三硫磷	carbofenothion	27.19	157（100）	342（49）	199（28）	
165	*p*，*p'* - 滴滴涕	*p*，*p'* - DDT	27.22	235（100）	237（65）	246（7）	165（34）
166	苯霜灵	benalaxyl	27.54	148（100）	206（32）	325（8）	
167	敌瘟磷	edifenphos	27.94	173（100）	310（76）	201（37）	
168	三唑磷	triazophos	28.23	161（100）	172（47）	257（38）	
169	苯腈磷	cyanofenphos	28.43	157（100）	169（56）	303（20）	
170	氯杀螨砜	chlorbenside sulfone	28.88	127（100）	99（14）	89（33）	
171	硫丹硫酸盐	endosulfan - sulfate	29.05	387（100）	272（165）	389（64）	
172	溴螨酯	bromopropylate	29.30	341（100）	183（34）	339（49）	
173	新燕灵	benzoylprop - ethyl	29.40	292（100）	365（36）	260（37）	
174	甲氰菊酯	fenpropathrin	29.56	265（100）	181（237）	349（25）	
175	苯硫膦	EPN	30.06	157（100）	169（53）	323（14）	
176	环嗪酮	hexazinone	30.14	171（100）	252（3）	128（12）	
177	溴苯磷	leptophos	30.19	377（100）	375（73）	379（28）	
178	治草醚	bifenox	30.81	341（100）	189（30）	310（27）	
179	伏杀硫磷	phosalone	31.22	182（100）	367（30）	154（20）	
180	保棉磷	azinphos - methyl	31.41	160（100）	132（71）	77（58）	
181	氯苯嘧啶醇	fenarimol	31.65	139（100）	219（70）	330（42）	
182	益棉磷	azinphos - ethyl	32.01	160（100）	132（103）	77（51）	
183	氟氯氰菊酯	cyfluthrin	32.94	206（100）	199（63）	226（72）	
184	咪鲜胺	prochloraz	33.07	180（100）	308（59）	266（18）	
185	蝇毒磷	coumaphos	33.22	362（100）	226（56）	364（39）	
186	氟胺氰菊酯	fluvalinate	34.94	250（100）	252（38）	181（18）	
C 组							
187	敌敌畏	dichlorvos	7.80	109（100）	185（34）	220（7）	
188	联苯	biphenyl	9.00	154（100）	153（40）	152（27）	
189	霜霉威	propamocarb	9.40	58（100）	129（6）	188（5）	
190	灭草敌	vernolate	9.82	128（100）	146（17）	203（9）	
191	3，5 - 二氯苯胺	3，5 - dichloroaniline	11.20	161（100）	163（62）	126（10）	
192	虫螨畏	methacrifos	11.86	125（100）	208（74）	240（44）	
193	禾草敌	molinate	11.92	126（100）	187（24）	158（2）	
194	邻苯基苯酚	2 - phenylphenol	12.47	170（100）	169（72）	141（31）	
195	四氢邻苯二甲酰亚胺	*cis* - 1，2，3，6 - tetrahydrophthalimide	13.39	151（100）	123（16）	122（16）	

（续表）

序号	中文名称	英文名称	保留时间/min	定量离子	定性离子1	定性离子2	定性离子3
196	仲丁威	fenobucarb	14.60	121（100）	150（32）	107（8）	
197	乙丁氟灵	benfluralin	15.23	292（100）	264（20）	276（13）	
198	氟铃脲	hexaflumuron	16.20	176（100）	279（28）	277（43）	
199	扑灭通	prometon	16.66	210（100）	225（91）	168（67）	
200	野麦畏	triallate	17.12	268（100）	270（73）	143（19）	
201	嘧霉胺	pyrimethanil	17.28	198（100）	199（45）	200（5）	
202	林丹	*gamma* – HCH	17.48	183（100）	219（93）	254（13）	221（40）
203	乙拌磷	disulfoton	17.61	88（100）	274（15）	186（18）	
204	莠去净	atrizine	17.64	200（100）	215（62）	173（29）	
205	异稻瘟净	iprobenfos	18.44	204（100）	246（18）	288（17）	
206	七氯	heptachlor	18.49	272（100）	237（40）	337（27）	
207	氯唑磷	isazofos	18.54	161（100）	257（53）	285（39）	313（15）
208	三氯杀虫酯	plifenate	18.87	217（100）	175（96）	242（91）	
209	氯乙氟灵	fluchloralin	18.89	306（100）	326（87）	264（54）	
210	四氟苯菊酯	transfluthrin	19.04	163（100）	165（23）	335（7）	
211	丁苯吗啉	fenpropimorph	19.22	128（100）	303（5）	129（9）	
212	甲基立枯磷	tolclofos – methyl	19.69	265（100）	267（36）	250（10）	
213	异丙草胺	propisochlor	19.89	162（100）	223（200）	146（17）	
214	溴谷隆	metobromuron	20.07	61（100）	258（11）	170（16）	
215	莠灭净	ametryn	20.11	227（100）	212（53）	185（17）	
216	西草净	simetryn	20.18	213（100）	170（26）	198（16）	
217	嗪草酮	metribuzin	20.33	198（100）	199（21）	144（12）	
218	噻节因	dimethipin	20.38	118（100）	210（26）	103（20）	
219	异丙净	dipropetryn	20.82	255（100）	240（42）	222（20）	
220	安硫磷	formothion	21.42	170（100）	224（97）	257（63）	
221	乙霉威	diethofencarb	21.43	267（100）	225（98）	151（31）	
222	哌草丹	dimepiperate	22.28	119（100）	145（30）	263（8）	
223	生物烯丙菊酯 – 1	bioallethrin – 1	22.29	123（100）	136（24）	107（29）	
224	生物烯丙菊酯 – 2	bioallethrin – 2	22.34	123（100）	136（24）	107（29）	
225	芬螨酯	fenson	22.54	141（100）	268（53）	77（104）	
226	*o*，*p*′ – 滴滴伊	*o*，*p*′ – DDE	22.64	246（100）	318（34）	176（26）	248（70）
227	双苯酰草胺	diphenamid	22.87	167（100）	239（30）	165（43）	
228	戊菌唑	penconazole	23.17	248（100）	250（33）	161（50）	
229	四氟醚唑	tetraconazole	23.35	336（100）	338（33）	171（10）	
230	灭蚜磷	mecarbam	23.46	131（100）	296（22）	329（40）	

（续表）

序号	中文名称	英文名称	保留时间/min	定量离子	定性离子1	定性离子2	定性离子3
231	丙虫磷	propaphos	23.92	304（100）	220（108）	262（34）	
232	氟节胺	flumetralin	24.10	143（100）	157（25）	404（10）	
233	三唑醇-1	triadimenol-1	24.22	112（100）	168（81）	130（15）	
234	三唑醇-2	triadimenol-2	24.94	112（100）	168（71）	130（10）	
235	丙草胺	pretilachlor	24.67	162（100）	238（26）	262（8）	
236	醚菌酯	kresoxim-methyl	25.04	116（100）	206（25）	131（66）	
237	吡氟禾草灵	fluazifop-butyl	25.21	282（100）	383（44）	254（49）	
238	氟啶脲	chlorfluazuron	25.27	321（100）	323（71）	356（8）	
239	乙酯杀螨醇	chlorobenzilate	25.90	251（100）	253（65）	152（5）	
240	氟哇唑	flusilazole	26.19	233（100）	206（33）	315（9）	
241	三氟硝草醚	fluorodifen	26.59	190（100）	328（35）	162（34）	
242	烯唑醇	diniconazole	27.03	268（100）	270（65）	232（13）	
243	增效醚	piperonyl butoxide	27.46	176（100）	177（33）	149（14）	
244	噁唑隆	dimefuron	27.82	140（100）	105（75）	267（36）	
245	炔螨特	propargite	27.87	135（100）	350（7）	173（16）	
246	灭锈胺	mepronil	27.91	119（100）	269（26）	120（9）	
247	吡氟酰草胺	diflufenican	28.45	266（100）	394（25）	267（14）	
248	咯菌腈	fludioxonil	28.93	248（100）	127（24）	154（21）	
249	喹螨醚	fenazaquin	28.97	145（100）	160（46）	117（10）	
250	苯醚菊酯	phenothrin	29.08	123（100）	183（74）	350（6）	
251	稀禾啶	sethoxydim	29.63	178（100）	281（51）	219（36）	
252	莎稗磷	anilofos	30.68	226（100）	184（52）	334（10）	
253	氟丙菊酯	acrinathrin	31.07	181（100）	289（31）	247（12）	
254	高效氯氟氰菊酯	lambda-cyhalothrin	31.11	181（100）	197（100）	141（20）	
255	苯噻酰草胺	mefenacet	31.29	192（100）	120（35）	136（29）	
256	氯菊酯	permethrin	31.57	183（100）	184（14）	255（1）	
257	哒螨灵	pyridaben	31.86	147（100）	117（11）	364（7）	
258	乙羧氟草醚	fluoroglycofen-ethyl	32.01	447（100）	428（20）	449（35）	
259	联苯三唑醇	bitertanol	32.25	170（100）	112（8）	141（6）	
260	醚菊酯	etofenprox	32.75	163（100）	376（4）	183（6）	
261	噻草酮	cycloxydim	33.05	178（100）	279（7）	251（4）	
262	α-氯氰菊酯	*alpha*-cypermethrin	33.35	163（100）	181（84）	165（63）	
263	氟氰戊菊酯-1	flucythrinate-1	33.58	199（100）	157（90）	451（22）	
264	氟氰戊菊酯-2	flucythrinate-2	33.85	199（101）	157（91）	451（23）	
265	*S*-氰戊菊酯	esfenvalerate	34.65	419（100）	225（158）	181（189）	

（续表）

序号	中文名称	英文名称	保留时间/min	定量离子	定性离子1	定性离子2	定性离子3
266	苯醚甲环唑－2	difenconazole－2	35.40	323（100）	325（66）	265（83）	
267	苯醚甲环唑－1	difenonazole－1	35.49	323（100）	325（69）	265（70）	
268	丙炔氟草胺	flumioxazin	35.50	354（100）	287（24）	259（15）	
269	氟烯草酸	flumiclorac－pentyl	36.34	423（100）	308（51）	318（29）	
			D组				
270	甲氟磷	dimefox	5.62	110（100）	154（75）	153（17）	
271	乙拌磷亚砜	disulfoton－sulfoxide	8.41	212（100）	153（61）	184（20）	
272	五氯苯	pentachlorobenzene	11.11	250（100）	252（64）	215（24）	
273	鼠立死	crimidine	13.13	142（100）	156（90）	171（84）	
274	4－溴－3，5－二甲苯基－N－甲基氨基甲酸酯－1	BDMC－1	13.25	200（100）	202（104）	201（13）	
275	燕麦酯	chlorfenprop－methyl	13.57	165（100）	196（87）	197（49）	
276	虫线磷	thionazin	14.04	143（100）	192（39）	220（14）	
277	2，3，5，6－四氯苯胺	2，3，5，6－tetrachloroaniline	14.22	231（100）	229（76）	158（25）	
278	三正丁基磷酸盐	tri－n－butyl phosphate	14.33	155（100）	211（61）	167（8）	
279	2，3，4，5－四氯甲氧基苯	2，3，4，5－tetrachloroanisole	14.66	246（100）	203（70）	231（51）	
280	五氯甲氧基苯	pentachloroanisole	15.19	280（100）	265（100）	237（85）	
281	牧草胺	tebutam	15.30	190（100）	106（38）	142（24）	
282	甲基苯噻隆	methabenzthiazuron	16.34	164（100）	136（81）	108（27）	
283	西玛通	simetone	16.69	197（100）	196（40）	182（38）	
284	阿特拉通	atratone	16.70	196（100）	211（68）	197（105）	
285	七氟菊酯	tefluthrin	17.24	177（100）	197（26）	161（5）	
286	溴烯杀	bromocylen	17.43	359（100）	357（99）	394（14）	
287	草达津	trietazine	17.53	200（100）	229（51）	214（45）	
288	环莠隆	cycluron	17.93	173（100）	189（36）	175（62	
289	2，4，4′－三氯联苯	*de*－PCB 28	17.95	89（100）	198（36）	114（9）	
290	2，4，5－三氯联苯	*de*－PCB 31	18.15	256（100）	186（53）	258（97）	
291	2，3，4，5－四氯苯胺	2，3，4，5－tetrachloroaniline	18.19	256（100）	186（53）	258（97）	
292	合成麝香	musk ambrette	18.55	231（100）	229（76）	233（48）	
293	二甲苯麝香	musk xylene	18.62	253（100）	268（35）	223（18）	

（续表）

序号	中文名称	英文名称	保留时间/min	定量离子	定性离子 1	定性离子 2	定性离子 3
294	五氯苯胺	pentachloroaniline	18.66	282（100）	297（10）	128（20）	
295	叠氮津	aziprotryne	18.91	265（100）	263（63）	230（8）	
296	丁咪酰胺	isocarbamid	19.11	199（100）	184（83）	157（31）	
297	另丁津	sebutylazine	19.24	142（100）	185（2）	143（6）	
298	麝香	musk moskene	19.26	200（100）	214（14）	229（13）	
299	2，2′，5，5′－四氯联苯	*de*－PCB 52	19.46	263（100）	278（12）	264（15）	
300	苄草丹	prosulfocarb	19.48	292（100）	220（88）	255（32）	
301	二甲吩草胺	dimethenamid	19.51	251（100）	252（14）	162（10）	
302	4－溴－3，5－二甲苯基－N－甲基氨基甲酸酯－2	BDMC－2	19.55	154（100）	230（43）	203（21）	
303	庚酰草胺	monalide	19.74	200（100）	202（101）	201（12）	
304	碳氯灵	isobenzan	20.02	197（100）	199（31）	239（45）	
305	八氯苯乙烯	octachlorostyrene	20.55	311（100）	375（31）	412（7）	
306	异艾氏剂	isodrin	20.60	380（100）	343（94）	308（120）	
307	丁嗪草酮	isomethiozin	21.01	193（100）	263（46）	195（83）	
308	毒壤磷	trichloronat	21.06	225（100）	198（86）	184（13）	
309	敌草索	dacthal	21.10	297（100）	269（86）	196（16）	
310	4，4－二氯二苯甲酮	4，4－dichlorobenzophenone	21.25	301（100）	332（31）	221（16）	
311	酞菌酯	nitrothal－isopropyl	21.29	250（100）	252（62）	215（26）	
312	麝香酮	musk ketone	21.69	236（100）	254（54）	212（74）	
313	吡咪唑	rabenzazole	21.70	279（100）	294（28）	128（16）	
314	嘧菌环胺	cyprodinil	21.73	212（100）	170（26）	195（19）	
315	麦穗灵	fuberidazole	21.94	224（100）	225（62）	210（9）	
316	异氯磷	dicapthon	22.10	184（100）	155（21）	129（12）	
317	2－甲－4－氯丁氧乙基酯	*mcpa*－butoxyethyl ester	22.44	262（100）	263（10）	216（10）	
318	2，2′，4，5，5′－五氯联苯	*de*－PCB 101	22.61	300（100）	200（71）	182（41）	
319	水胺硫磷	isocarbophos	22.62	326（100）	254（66）	291（18）	
320	甲拌磷砜	phorate sulfone	22.87	136（100）	230（26）	289（22）	

（续表）

序号	中文名称	英文名称	保留时间/min	定量离子	定性离子1	定性离子2	定性离子3
321	杀螨醇	chlorfenethol	23. 15	199（100）	171（30）	215（11）	
322	反式九氯	*trans* – nonachlor	23. 29	251（100）	253（66）	266（12）	
323	脱叶磷	DEF	23. 62	409（100）	407（89）	411（63）	
324	氟咯草酮	flurochloridone	24. 08	202（100）	226（51）	258（55）	
325	溴苯烯磷	bromfenvinfos	24. 31	311（100）	187（74）	313（66）	
326	乙滴涕	perthane	24. 62	267（100）	323（56）	295（18）	
327	2，3，4，4′，5 – 五氯联苯	*de* – PCB 118	24. 81	223（100）	224（20）	178（9）	
328	地胺磷	mephosfolan	25. 08	326（100）	254（38）	184（16）	
329	4，4 – 二溴二苯甲酮	4，4 – dibromobenzophenone	25. 29	196（100）	227（49）	168（60）	
330	粉唑醇	flutriafol	25. 30	340（100）	259（30）	185（179）	
331	2，2′，4，4′，5，5′ – 六氯联苯	*de* – PCB 153	25. 31	219（100）	164（96）	201（7）	
332	苄氯三唑醇	diclobutrazole	25. 64	360（100）	290（62）	218（24）	
333	乙拌磷砜	disulfoton sulfone	25. 95	270（100）	272（68）	159（42）	
334	噻螨酮	hexythiazox	26. 16	213（100）	229（4）	185（11）	
335	2，2′，3，4，4′，5 – 六氯联苯	*de* – PCB 138	26. 48	227（100）	156（158）	184（93）	
336	环丙唑	cyproconazole	26. 84	360（100）	290（68）	218（26）	
337	苄呋菊酯 – 1	resmethrin – 1	27. 23	222（100）	224（35）	223（11）	
338	苄呋菊酯 – 2	resmethrin – 2	27. 26	171（100）	143（83）	338（7）	
339	酞酸甲苯基丁酯	phthalic acid，benzyl butyl ester	27. 43	171（100）	143（80）	338（7）	
340	炔草酸	clodinafop – propargyl	27. 56	206（100）	312（4）	230（1）	
341	倍硫磷亚砜	fenthion sulfoxide	27. 74	349（100）	238（96）	266（83）	
342	三氟苯唑	fluotrimazole	28. 06	278（100）	279（290）	294（145）	
343	氟草烟 – 1 – 甲庚酯	fluroxypr – 1 – methylheptyl ester	28. 39	311（100）	379（（60）	233（36）	
344	倍硫磷砜	fenthion sulfone	28. 45	366（100）	254（67）	237（60）	
345	苯嗪草酮	metamitron	28. 55	310（100）	136（25）	231（10）	
346	三苯基磷酸盐	triphenyl phosphate	28. 63	202（100）	174（52）	186（12）	
347	2，2，3，4，4′，5，5′ – 七氯联苯	*de* – PCB 180	28. 65	326（100）	233（16）	215（20）	

（续表）

序号	中文名称	英文名称	保留时间/min	定量离子	定性离子1	定性离子2	定性离子3
348	吡螨胺	tebufenpyrad	29.05	394（100）	324（70）	359（20）	
349	解草酯	cloquintocet – mexyl	29.06	318（100）	333（78）	276（44）	
350	环草定	lenacil	29.32	192（100）	194（32）	220（4）	
351	糠菌唑 –1	bromuconazole –1	29.70	153（100）	136（6）	234（2）	
352	糠菌唑 –2	bromuconazole –2	29.90	173（100）	175（65）	214（15）	
353	甲磺乐灵	nitralin	30.72	173（100）	175（67）	214（14）	
354	苯线磷亚砜	fenamiphos sulfoxide	30.92	316（100）	274（58）	300（15）	
355	苯线磷砜	fenamiphos sulfone	31.03	304（100）	319（29）	196（22）	
356	拌种咯	fenpiclonil	31.34	320（100）	292（57）	335（7）	
357	氟喹唑	fluquinconazole	32.37	236（100）	238（66）	174（36）	
358	腈苯唑	fenbuconazole	32.62	340（100）	342（37）	341（20）	
359	残杀威 –1	propoxur –1	34.02	129（100）	198（51）	125（31）	
E 组							
360	灭除威	XMC	6.58	110（100）	152（16）	111（9）	
361	异丙威 –1	isoprocarb –1	7.40	122（100）	121（37）	107（114）	
362	二氢苊	acenaphthene	7.56	121（100）	136（34）	103（20）	
363	特草灵 –1	terbucarb –1	10.79	164（100）	162（84）	160（38）	
364	氯氧磷	chlorethoxyfos	10.89	205（100）	220（51）	206（16）	
365	异丙威 –2	isoprocarb –2	13.43	153（100）	125（67）	301（19）	
366	丁噻隆	tebuthiuron	13.69	121（100）	136（34）	103（20）	
367	戊菌隆	pencycuron	14.25	156（100）	171（30）	157（9）	
368	甲基内吸磷	demeton – s – methyl	14.30	125（100）	180（65）	209（20）	
369	二溴磷	naled	15.19	109（100）	142（43）	230（5）	
370	菲	phenanthrene	15.51	109（100）	145（26）	185（15）	
371	唑螨酯	fenpyroximate	16.97	188（100）	160（9）	189（16）	
372	丁基嘧啶磷	tebupirimfos	17.49	213（100）	142（21）	198（9）	
373	茉莉酮	prohydrojasmon	17.61	318（100）	261（107）	234（100）	
374	苯锈啶	fenpropidin	17.80	153（100）	184（41）	254（7）	
375	氯硝胺	dichloran	17.85	98（100）	273（5）	145（5）	
376	咯喹酮	pyroquilon	18.10	176（100）	206（87）	124（101）	
377	炔苯酰草胺	propyzamide	18.28	173（100）	130（69）	144（38）	
378	抗蚜威	pirimicarb	19.01	173（100）	255（23）	240（9）	
379	溴丁酰草胺	bromobutide	19.08	166（100）	238（23）	138（8）	
380	灭草环	tridiphane	19.70	119（100）	232（27）	296（6）	

（续表）

序号	中文名称	英文名称	保留时间/min	定量离子	定性离子1	定性离子2	定性离子3
381	戊草丹	esprocarb	19.90	173（100）	187（90）	219（46）	
382	特草灵－2	terbucarb－2	20.01	222（100）	265（10）	162（61）	
383	甲呋酰胺	fenfuram	20.06	205（100）	220（52）	206（16）	
384	活化酯	acibenzolar－s－methyl	20.35	109（100）	201（29）	202（5）	
385	呋草黄	benfuresate	20.42	182（100）	135（64）	153（34）	
386	精甲霜灵	mefenoxam	20.68	163（100）	256（17）	121（18）	
387	马拉氧磷	malaoxon	20.91	206（100）	249（46）	279（11）	
388	磷胺－2	phosphamidon－2	21.17	127（100）	268（11）	195（15）	
389	氯酞酸甲酯	chlorthal－dimethyl	21.36	264（100）	138（54）	227（17）	
390	硅氟唑	simeconazole	21.39	301（100）	332（27）	221（17）	
391	特草净	terbacil	21.41	121（100）	278（14）	211（34）	
392	噻唑烟酸	thiazopyr	21.50	161（100）	160（70）	117（39）	
393	甲基毒虫畏	dimethylvinphos	21.91	327（100）	363（73）	381（34）	
394	苯酰草胺	zoxamide	22.21	295（100）	297（56）	109（74）	
395	烯丙菊酯	allethrin	22.30	187（100）	242（68）	299（9）	
396	灭藻醌	quinoclamine	22.60	123（100）	107（24）	136（20）	
397	氰菌胺	fenoxanil	22.89	207（100）	172（259）	144（64）	
398	呋霜灵	furalaxyl	23.58	140（100）	189（14）	301（6）	
399	除草定	bromacil	23.97	242（100）	301（24）	152（40）	
400	啶氧菌酯	picoxystrobin	24.73	205（100）	207（46）	231（5）	
401	抑草磷	butamifos	24.97	335（100）	303（43）	367（9）	
402	咪草酸	imazamethabenz－methyl	25.41	286（100）	200（57）	232（37）	
403	灭梭威砜	methiocarb sulfone	25.50	144（100）	187（117）	256（95）	
404	苯噻硫氰	TCMTB	25.56	200（100）	185（40）	137（16）	
405	苯氧菌胺	metominostrobin	25.59	180（100）	238（108）	136（30）	
406	抑霉唑	imazalil	25.61	191（100）	238（56）	196（75）	
407	稻瘟灵	isoprothiolane	25.72	215（100）	173（66）	296（5）	
408	环氟菌胺	cyflufenamid	25.87	290（100）	231（82）	204（88）	
409	噁唑磷	isoxathion	26.02	91（100）	412（11）	294（11）	
410	苯氧喹啉	quinoxyphen	26.51	313（100）	105（341）	177（208）	
411	肟菌酯	trifloxystrobin	27.14	237（100）	272（37）	307（29）	
412	脱苯甲基亚胺唑	imibenconazole－des－benzyl	27.71	116（100）	131（40）	222（30）	
413	氟虫腈	fipronil	27.86	235（100）	270（35）	272（35）	
414	氟环唑－1	epoxiconazole－1	28.34	367（100）	369（69）	351（15）	

（续表）

序号	中文名称	英文名称	保留时间/min	定量离子	定性离子1	定性离子2	定性离子3
415	稗草丹	pyributicarb	28.58	192（100）	183（24）	138（35）	
416	吡草醚	pyraflufen ethyl	28.87	165（100）	181（23）	108（64）	
417	噻吩草胺	thenylchlor	28.91	412（100）	349（41）	339（34）	
418	烯草酮	clethodim	29.12	127（100）	288（25）	141（17）	
419	吡唑解草酯	mefenpyr – diethyl	29.21	164（100）	205（50）	267（15）	
420	乙螨唑	etoxazole	29.55	227（100）	299（131）	372（18）	
421	氟环唑 – 2	epoxiconazole – 2	29.64	300（100）	330（69）	359（65）	
422	伐灭磷	famphur	29.73	192（100）	183（13）	138（30）	
423	吡丙醚	pyriproxyfen	29.80	218（100）	125（27）	217（22）	
424	异菌脲	iprodione	30.06	136（100）	226（8）	185（10）	
425	呋酰胺	ofurace	30.24	187（100）	244（65）	246（42）	
426	哌草磷	piperophos	30.36	160（100）	232（83）	204（35）	
427	氯甲酰草胺	clomeprop	30.42	320（100）	140（123）	122（114）	
428	咪唑菌酮	fenamidone	30.48	290（100）	288（279）	148（206）	
429	三甲苯草酮	tralkoxydim	30.66	268（100）	238（111）	206（32）	
430	吡唑硫磷	pyraclofos	32.14	283（100）	226（7）	268（8）	
431	螺螨酯	spirodiclofen	32.18	360（100）	194（79）	362（38）	
432	呋草酮	flurtamone	32.50	312（100）	259（48）	277（28）	
433	环酯草醚	pyriftalid	32.78	333（100）	199（63）	247（25）	
434	氟硅菊酯	silafluofen	32.94	318（100）	274（71）	303（44）	
435	嘧螨醚	pyrimidifen	33.18	287（100）	286（274）	258（289）	
436	氟丙嘧草酯	butafenacil	33.63	184（100）	186（32）	185（10）	
437	氟啶草酮	fluridone	33.85	331（100）	333（34）	180（35）	
438	苯磺隆	tribenuron – methyl	37.61	328（100）	329（100）	330（100）	
			F组				
439	乙硫苯威	ethiofencarb	9.34	154（100）	124（45）	110（18）	
440	二氧威	dioxacarb	11.00	107（100）	168（34）	77（26）	
441	避蚊酯	dimethyl phthalate	11.10	121（100）	166（44）	165（36）	
442	4 – 氯苯氧乙酸	4 – chlorophenoxy acetic acid	11.54	163（100）	194（7）	133（5）	
443	邻苯二甲酰亚胺	phthalimide	11.84	200（100）	141（93）	111（61）	
444	避蚊胺	diethyltoluamide	13.21	147（100）	104（61）	103（35）	
445	2，4 – 滴	2，4 – D	14.00	119（100）	190（32）	191（31）	

（续表）

序号	中文名称	英文名称	保留时间/min	定量离子	定性离子1	定性离子2	定性离子3
446	甲萘威	carbaryl	14.35	199（100）	234（63）	175（61）	
447	硫线磷	cadusafos	14.42	144（100）	115（100）	116（43）	
448	螺环菌胺-1	spiroxamine-1	15.14	159（100）	213（14）	270（13）	
449	百治磷	dicrotophos	17.26	100（100）	126（7）	198（5）	
450	2，4，5-涕	2，4，5-T	17.31	127（100）	237（11）	109（8）	
451	3-苯基苯酚	3-phenylphenol	17.75	233（100）	268（49）	209（36）	
452	拌种胺	furmecyclox	18.11	170（100）	141（23）	115（17）	
453	螺环菌胺-2	spiroxamine-2	18.22	123（100）	251（6）	94（10）	
454	丁酰肼	DMSA	18.23	100（100）	126（5）	198（5）	
455	—	sobutylazine	18.45	200（100）	92（123）	121（8）	
456	八氯二甲醚-1	s421（octachlorodipropyl ether）-1	18.63	172（100）	174（32）	186（11）	
457	八氯二甲醚-2	s421（octachlorodipropyl ether）-2	19.31	130（100）	132（96）	211（8）	
458	十二环吗啉	dodemorph	19.57	130（100）	132（97）	211（7）	
459	甜菜安	desmedipham	19.62	154（100）	281（12）	238（10）	
460	氧皮蝇磷	fenchlorphos	19.76	181（100）	109（75）	135（20）	
461	枯莠隆	difenoxuron	19.84	285（100）	287（69）	270（6）	
462	仲丁灵	butralin	20.85	241（100）	226（21）	242（15）	
463	异戊乙净	dimethametryn	22.18	266（100）	224（16）	295（9）	
464	啶斑肟-1	pyrifenox-1	22.75	212（100）	255（9）	213（2）	
465	缬酶威-1	iprovalicarb-1	23.46	262（100）	294（18）	227（15）	
466	戊环唑	azaconazole	24.97	201（100）	174（87）	175（9）	
467	缬酶威-2	iprovalicarb-2	26.13	119（100）	134（126）	158（62）	
468	苯虫醚-1	diofenolan -1	26.50	217（100）	173（59）	219（64）	
469	苯虫醚-2	diofenolan -2	26.54	134（100）	119（75）	158（48）	
470	苯甲醚	aclonifen	26.76	186（100）	300（60）	225（24）	
471	溴虫腈	chlorfenapyr	27.09	186（100）	300（60）	225（29）	
472	生物苄呋菊酯	bioresmethrin	27.24	264（100）	212（65）	194（57）	
473	双苯噁唑酸	isoxadifen-ethyl	27.47	247（100）	328（54）	408（51）	
474	唑酮草酯	carfentrazone-ethyl	27.55	123（100）	171（54）	143（31）	
475	氯吡嘧磺隆	halosulfuran-methyl	27.90	204（100）	222（76）	294（44）	
476	三环唑	tricyclazole	28.09	312（100）	330（52）	290（53）	

（续表）

序号	中文名称	英文名称	保留时间/min	定量离子	定性离子 1	定性离子 2	定性离子 3
477	环酰菌胺	fenhexamid	28.32	327（100）	260（86）	295（33）	
478	螺甲螨酯	spiromesifen	28.34	189（100）	162（54）	161（40）	
479	联苯肼酯	bifenazate	28.86	97（100）	177（33）	301（13）	
480	异狄氏剂酮	endrin ketone	29.56	272（100）	254（27）	370（14）	
481	精高效氨氟氰菊酯－1	*gamma*－cyhaloterin－1	30.38	300（100）	258（99）	199（100）	
482	—	metoconazole	30.40	317（100）	250（28）	281（35）	
483	氰氟草酯	cyhalofop－butyl	31.10	181（100）	197（84）	141（28）	
484	精高效氨氟氰菊酯－2	*gamma*－cyhalothrin－2	31.12	125（100）	319（14）	250（17）	
485	苄螨醚	halfenprox	31.40	256（100）	357（74）	229（79）	
486	啶虫脒	acetamiprid	31.40	181（100）	197（77）	141（20）	
487	烟酰碱	boscalid	32.81	263（100）	237（5）	476（5）	
488	烯酰吗啉	dimethomorph	33.67	126（100）	152（114）	166（64）	

附 录 C
（资料性附录）
A、B、C、D、E、F 六组农药及相关化学品选择离子监测分组

C.1 A、B、C、D、E、F 六组农药及相关化学品选择离子监测分组见表 C.1。

表 C.1 A、B、C、D、E、F 六组农药及相关化学品选择离子监测分组表

序号	时间（min）	离子（amu）	驻留时间（ms）
A 组			
1	8.30	138，158，173	200
2	9.60	124，140，166，172，183，211	90
3	10.50	121，154，234	200
4	10.75	120，137，179	200
5	11.70	154，186，215	200
6	14.40	167，168，169	200
7	14.90	121，142，143，153，183，195，196，198，230，231，260，276，292，316	30
8	16.20	88，125，246	200
9	16.70	137，138，145，172，174，179，187，202，204，205，237，246，249，295，304	30
10	17.80	138，173，175，181，186，194，196，201，210，225，236，255，277，292	30
11	18.80	150，165，173，175，222，223，251，255，279	50
12	19.20	125，143，229，261，263，265，293，305，307，329	50
13	19.80	125，261，263，265，285，287，293，305，307，329	50
14	20.10	170，181，184，198，200，206，212，217，219，226，227，233，234，241，246，249，254，258，263，264，266，268，285，286，314	10
15	21.40	143，152，153，158，169，173，180，181，208，217，219，220，247，254，256，260，275，277，278，351，353，355	10
16	22.30	61，143，160，162，181，186，208，210，220，235，248，252，263，268，270，291，351，353，355	20
17	23.00	133，143，146，157，209，211，246，268，270，274，298，303，320，357，359，373，375，377	20
18	23.70	72，104，133，145，152，157，160，162，209，211，215，253，255，260，263，267，274，277，283，285，297，302，309，345，380	10
19	24.80	128，145，154，157，171，175，198，217，225，240，255，258，271，283，285，288，302，303	20
20	25.50	154，185，217，252，253，254，288，303，319，324，334	50

（续表）

序号	时间（min）	离子（amu）	驻留时间（ms）
21	26.00	87，139，143，145，165，173，199，208，231，235，237，251，253，273，316，323，384	20
22	26.80	145，150，156，165，173，179，199，231，235，237，245，247，280，288，322，323，384	20
23	27.90	165，166，173，181，253，259，261，281，292，293，308，342	40
24	28.60	118，160，165，166，181，203，212，227，228，231，235，237，272，274，314，323	30
25	29.30	135，163，164，212，227，228，232，233，250，252，278	40
26	30.00	102，145，159，160，161，188，199，227，303，317，340，356	40
27	31.00	175，183，184，220，221，223，232，250，255，267，373	40
28	33.00	127，180，181	200
29	34.40	167，181，225，419	150
30	35.70	172，174，181	200
B组			
1	7.80	128，132，189	200
2	8.80	146，156，217	200
3	9.70	128，136，161，171，173，203	90
4	10.70	127，164，192，194，196，198	90
5	11.70	191，193，206	200
6	13.40	124，203，215，250，261	100
7	14.40	158，168，200，242，282，284，286	80
8	14.70	116，120，128，148，153，171，176，188，202，211，213，234，236，238，264，266，282，284，286，306，322，335	10
9	16.00	116，148，183，188，219，221，254	80
10	16.80	153，186，231，288	150
11	17.10	153，160，164，169，172，173，176，197，206，210，214，223，225，229，270，318，330，347	20
12	18.20	61，126，160，173，176，206，214，229	60
13	18.70	126，127，134，148，164，171，172，180，192，197，198，210，213，223，243，286，288，305，307	20
14	19.90	134，171，188，197，198，210，213，237，269，276，290，305	40
15	20.60	100，185，211，226，241，253，257，259，378	50
16	21.20	73，139，141，153，161，162，167，185，191，207，213，224，226，237，238，240，250，251，286，304，318，329，331，333，351，353，355，387	10

（续表）

序号	时间（min）	离子（amu）	驻留时间（ms）
17	22.00	161，167，207，222，224，226，238，264，280，286，351，353，355	40
18	22.70	161，163，170，171，182，185，205，213，217，241，255，256，265，267，269，276，323，339	20
19	23.40	137，160，176，188，238，240，246，248，259，267，269，316，318，323，331，373，375，377	20
20	23.90	61，160，166，176，188，193，194，246，248，250，259，292，294，297，316，318，329，331，333，339，374，377，379	20
21	24.90	61，105，165，167，172，175，177，187，199，214，231，235，236，237，238，256，263，292，294，297，302，305，311，313，317，339，345，374	10
22	25.60	77，105，139，141，165，169，171，199，202，213，223，235，237，251，252，253，256，271，276，283，297，300，325，360，361	10
23	26.70	105，157，165，195，199，235，237，246，276，297，325，339，342，360，363	30
24	27.60	148，157，161，169，172，173，201，206，257，303，310，325	40
25	28.90	89，99，126，127，157，161，169，172，181，183，257，260，265，272，292，303，339，341，349，365，387，389	10
26	29.80	79，181，183，265，311，349	90
27	30.00	128，157，169，171，189，252，310，323，341，375，377，379	40
28	31.20	132，139，154，160，161，182，189，251，310，330，341，367	40
29	32.90	180，199，206，226，266，308，334，362，364	50
30	34.00	181，250，252	200
C 组			
1	7.30	109，185，220	200
2	8.70	152，153，154	200
3	9.30	58，128，129，146，188，203	90
4	11.20	126，161，163	200
5	11.75	125，126，141，158，169，170，187，208，240	50
6	13.50	122，123，124，151，215，250	90
7	14.70	107，121，150，264，276，292	90
8	16.00	174，202，217	200
9	16.50	126，141，143，156，168，176，198，199，200，210，225，268，270，277，279	30
10	17.60	88，173，183，186，200，215，219，254，274	50
11	18.40	104，130，159，161，204，237，246，257，272，285，288，313，337	40
12	18.90	128，129，161，163，165，175，204，217，242，246，257，264，285，288，303，306，313，326，335	20

（续表）

序号	时间 (min)	离子 (amu)	驻留时间 (ms)
13	19.80	73, 89, 146, 162, 185, 212, 223, 227, 250, 265, 267	50
14	20.30	61, 144, 146, 162, 170, 185, 198, 199, 212, 213, 223, 227, 258	40
15	20.70	61, 103, 118, 144, 170, 181, 198, 199, 210, 217, 219, 222, 240, 254, 255	30
16	21.35	108, 117, 151, 160, 161, 170, 219, 221, 224, 225, 257, 267, 351, 353, 355	30
17	22.20	107, 108, 119, 123, 136, 145, 176, 219, 221, 246, 248, 263, 318, 351, 353, 355	20
18	22.70	77, 141, 165, 167, 174, 176, 206, 234, 239, 246, 248, 267, 268, 297, 299, 318	20
19	23.20	105, 123, 134, 161, 248, 250, 267, 297, 299	50
20	23.50	131, 143, 157, 161, 171, 220, 248, 250, 262, 296, 304, 329, 336, 338, 404	30
21	24.30	112, 130, 162, 168, 238, 262	90
22	25.10	112, 116, 130, 131, 162, 168, 206, 233, 234, 235, 238, 262	40
23	25.30	254, 282, 321, 323, 356, 383	90
24	26.00	131, 152, 206, 233, 234, 236, 251, 253, 315	50
25	26.90	149, 162, 176, 177, 190, 232, 268, 270, 328	50
26	27.90	105, 119, 120, 135, 140, 173, 266, 267, 269, 350, 394	50
27	28.80	105, 117, 123, 140, 145, 160, 183, 266, 267, 350, 394	50
28	29.00	117, 123, 127, 145, 154, 160, 183, 248, 350	50
29	29.60	116, 178, 186, 191, 219, 255	90
30	30.30	132, 162, 178, 184, 219, 226, 281, 293, 334	50
31	31.10	120, 136, 141, 147, 181, 183, 184, 192, 197, 247, 255, 289, 309, 364	30
32	32.00	112, 141, 147, 170, 183, 184, 255, 309, 364, 428, 447, 449	40
33	32.60	112, 141, 163, 170, 183, 376, 428, 447, 449	50
34	33.10	163, 165, 178, 181, 251, 279	90
35	33.80	157, 199, 451	200
36	34.70	181, 225, 250, 252, 419	100
37	35.40	259, 265, 287, 323, 325, 354	90
38	36.40	308, 318, 423	200
		D 组	
1	5.50	110, 153, 154	200
2	8.00	153, 184, 212	200
3	11.00	139, 155, 211, 215, 250, 252	90
4	13.00	142, 156, 165, 171, 196, 197, 200, 201, 202	50

（续表）

序号	时间（min）	离子（amu）	驻留时间（ms）
5	14.00	143，155，158，167，192，203，211，220，229，231，246	40
6	15.00	106，142，190，237，265，280	90
7	16.00	108，136，145，158，164，171，173，182，186，196，197，201，211，216，213，288	20
8	17.20	161，174，177，197，200，202，214，229，246，357，359，394	40
9	17.90	89，114，128，172，173，174，175，186，189，198，223，229，230，231，233，253，256，258，263，265，268，277，282，292，297	10
10	19.20	142，143，154，157，162，184，185，199，200，201，202，203，214，220，229，230，247，251，252，255，263，264，270，278，285，287，292	10
11	20.00	153，180，197，199，200，201，202，230，239，247，251，252，266，305，308，311，343，375，380，412	15
12	21.00	115，184，193，195，196，198，215，221，225，250，252，263，269，276，285，297，301，332	20
13	21.60	128，170，194，195，210，212，224，225，236，254，279，294	40
14	22.10	129，155，182，184，200，201，210，212，216，224，225，229，230，254，262，263，291，300，314，326，351，353，355	10
15	23.00	136，171，199，215，230，251，253，266，289，407，409，411	40
16	23.90	130，148，178，187，202，211，223，224，226，240，258，267，295，299，311，313，323	20
17	25.00	129，130，145，148，164，168，184，185，196，201，218，219，227，254，259，290，299，326，330，340，360	15
18	26.00	156，159，184，185，213，218，227，229，270，272，290，360	40
19	27.10	143，160，171，206，222，223，224，230，238，251，266，294，312，338，349	30
20	28.00	136，174，186，202，215，231，233，237，254，278，279，294，310，311，326，366，379	20
21	29.00	136，153，192，194，220，234，276，318，324，333，359，394	40
22	30.00	160，161，171，173，175，214，317，375，377	50
23	30.80	173，175，196，213，230，274，292，300，304，316，319，320，335，373	30
24	32.40	147，236，238，340，341，342	90
25	34.00	125，129，198	200
E 组			
1	6.10	110，111，152	200
2	7.00	103，107，121，122，136	100

（续表）

序号	时间（min）	离子（amu）	驻留时间（ms）
3	9.00	94，95，141	200
4	10.40	160，162，164	200
5	12.00	101，157，175	200
6	12.90	103，121，125，136，153，301	100
7	13.90	125，156，157，171，180，209	100
8	14.80	109，110，111，142，145，152，185，213，230	40
9	16.80	98，142，145，153，160，184，189，198，213，234，254，261，273，318	30
10	17.95	124，130，144，173，176，187，206	50
11	18.70	138，166，173，238，240，255	90
12	19.20	109，119，120，135，138，146，153，162，173，176，182，187，201，202，205，206，219，220，222，223，227，232，259，264，265，296	15
13	20.30	109，121，127，135，153，163，182，195，201，202，206，249，256，268，279，286，306，354	20
14	20.90	117，121，138，160，161，211，221，227，264，278，301，327，332，363，381	20
15	21.95	295，297，299	200
16	22.30	104，107，123，135，136，144，151，172，211，363，207	50
17	23.30	140，152，189，242，301	100
18	24.00	149，182，205，207，212，221，222，223，231，236，247，264，303，335，367	40
19	25.00	91，136，137，144，173，180，185，187，191，196，200，204，215，231，232，238，256，286，290，294，296，412	15
20	26.10	105，125，157，177，302，313，314，330，361	50
21	26.90	116，131，194，222，235，237，270，272，307，447，449	50
22	28.00	107，123，138，151，183，192，351，367，369	50
23	28.60	108，127，141，164，165，181，205，267，288，339，349，412	40
24	29.20	120，125，136，138，183，185，187，192，217，218，226，227，236，240，244，246，299，300，330，359，372	15
25	30.05	122，140，148，160，204，206，232，238，266，268，288，290，320，376	15
26	31.60	132，144，171，186，194，199，210，226，247，259，268，274，277，291，303，312，318，325，333，346，357，360，362，442，461，283	15
27	33.00	180，184，185，186，258，286，287，331，333	50
28	34.00	100，119，188	200
29	37.00	328，329，330	200
F 组			
1	5.50	110，124，154	180

（续表）

序号	时间（min）	离子（amu）	驻留时间（ms）
2	10. 50	77，107，111，121，133，141，163，165，166，168，182，194，200，221，250	40
3	13. 00	94，103，104，115，116，136，144，147，159，175，183，199，213，234，270	40
4	15. 25	68，100，140	170
5	16. 65	88，109，121，127，136，143，169，170，193，209，210，225，233，237，268	40
6	17. 90	86，92，94，101，105，115，116，121，123，138，141，154，163，166，169，170，172，174，186，200，211，238，240，251	20
7	19. 30	122，130，132，135，154，162，181，211，222，238，265，270，281，285，287	35
8	20. 30	97，103，115，226，241，242，285，286，306，311，354，375	30
9	21. 59	43，109，115，142，147，163，185，212，213，224，227，240，255，262，266，294，295，297，351，353，355	30
10	22. 70	77，115，140，141，142，151，170，185，189，211，212，213，215，227，243，255，262，267，269，272，294，301，323，363	30
11	24. 00	112，128，135，168，169，174，175，201，237，258，272，355，378，416	30
12	25. 95	119，134，158，173，186，194，212，217，219，225，264，300	40
13	27. 35	123，143，161，162，171，189，247，250，253，255，260，279，290，295，312，327，328，330，342，345，408	40
14	28. 30	97，109，118，127，128，160，161，162，163，177，189，250，260，279，290，295，301，327，345	30
15	29. 30	88，121，125，145，153，191，199，217，218，250，254，258，272，281，289，300，317，370，371，387，417	30
16	30. 80	88，125，141，145，181，197，229，250，256，289，319，357	30
17	31. 75	109，125，237，263，274，297，303，318，476	50
18	33. 50	112，126，140，152，166，342	90
19	35. 00	171，181，197，251，253，383	80
20	36. 80	165，301，344，404，387，388	80

附　录　D

（资料性附录）

标准物质在枸杞基质中选择离子监测 GC－MS 图

D.1　A 组标准物质在枸杞基质中选择离子监测 GC－MS 图，见图 D.1。

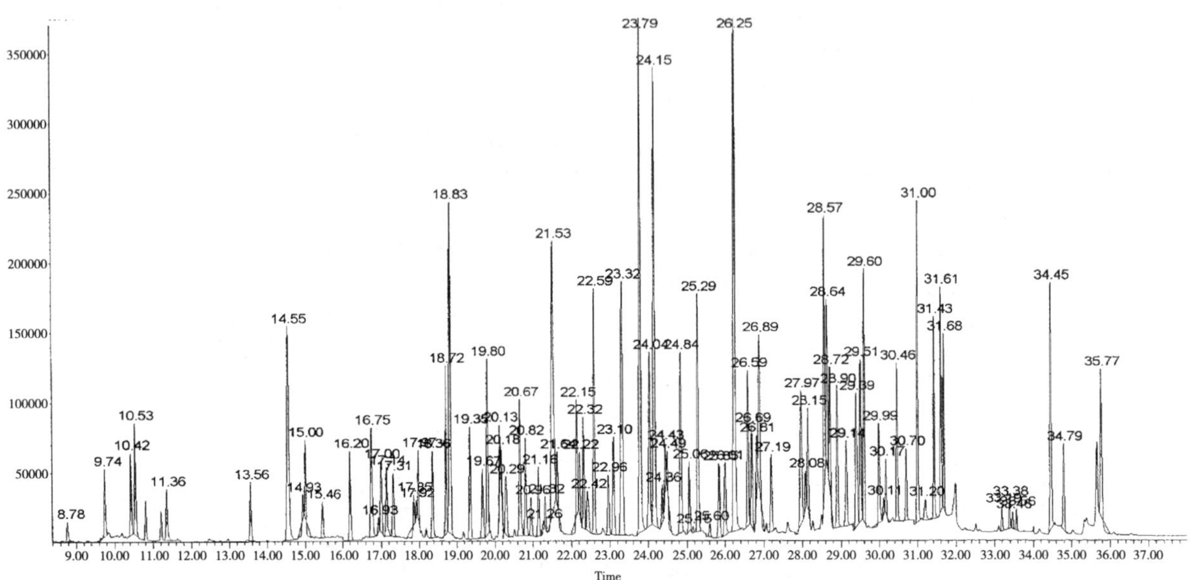

图 D.1　A 组标准物质在枸杞基质中选择离子监测 GC－MS 图

注：农药化合物出峰时间参见附录 B。

D.2　B 组标准物质在枸杞基质中选择离子监测 GC－MS 图，见图 D.2。

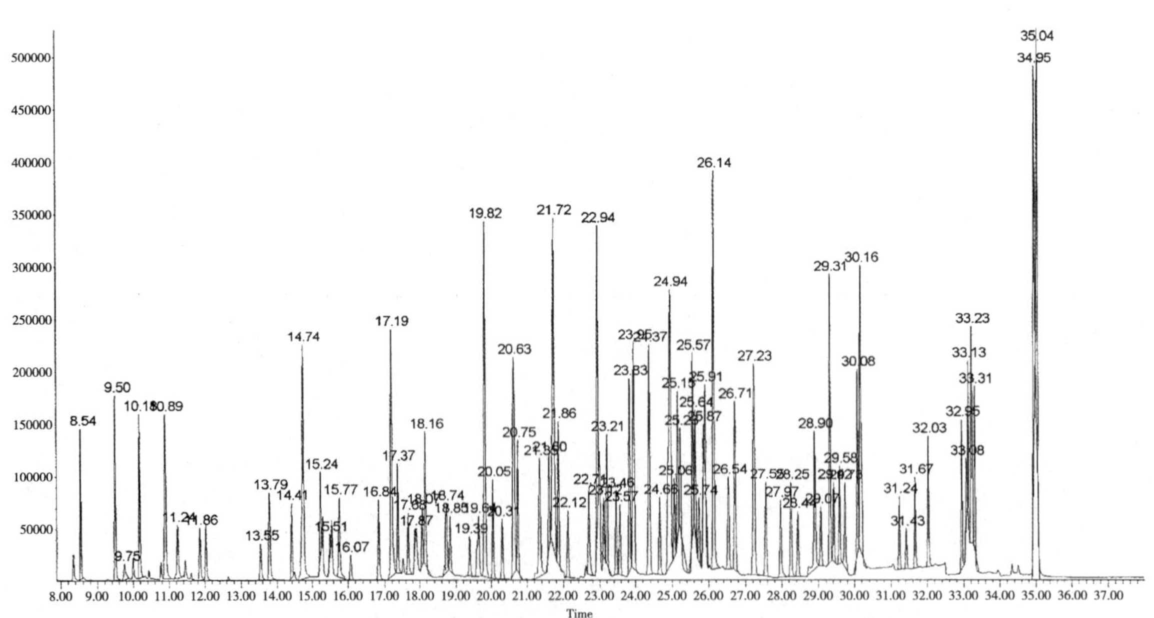

图 D.2　B 组标准物质在枸杞基质中选择离子监测 GC－MS 图

注：农药化合物出峰时间参见附录 B。

D.3　C 组标准物质在枸杞基质中选择离子监测 GC – MS 图，见图 D.3。

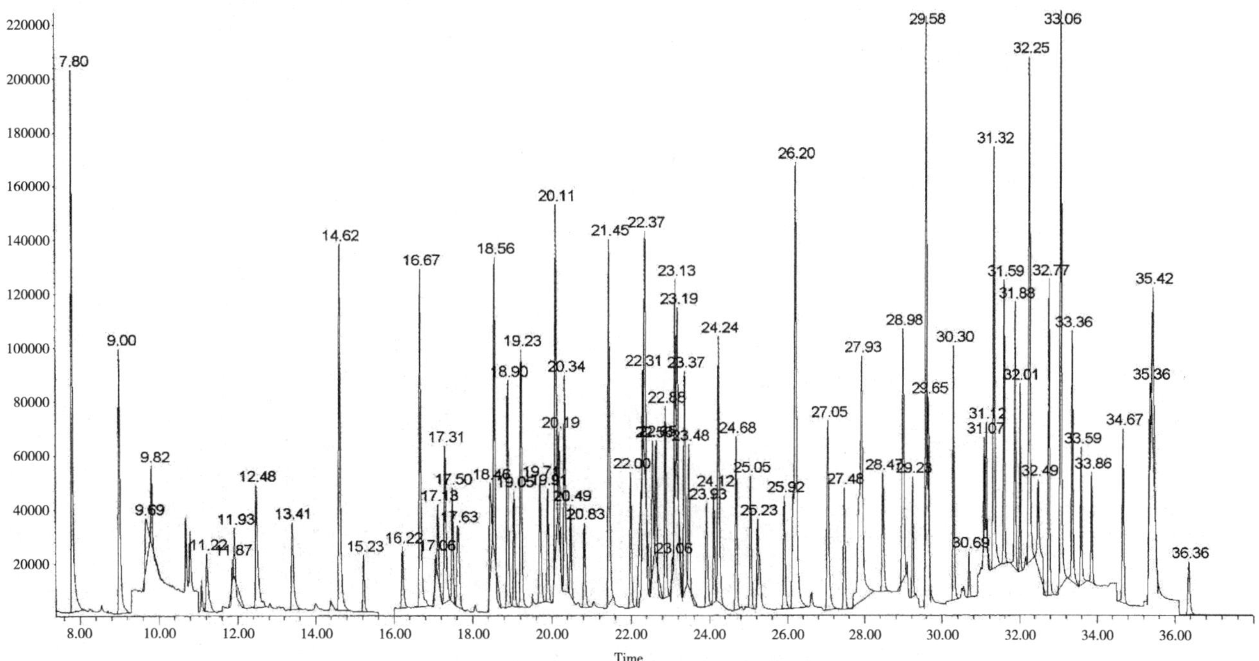

图 D.3　C 组标准物质在枸杞基质中选择离子监测 GC – MS 图

注：农药化合物出峰时间参见附录 B。

D.4　D 组标准物质在枸杞基质中选择离子监测 GC – MS 图，见图 D.4。

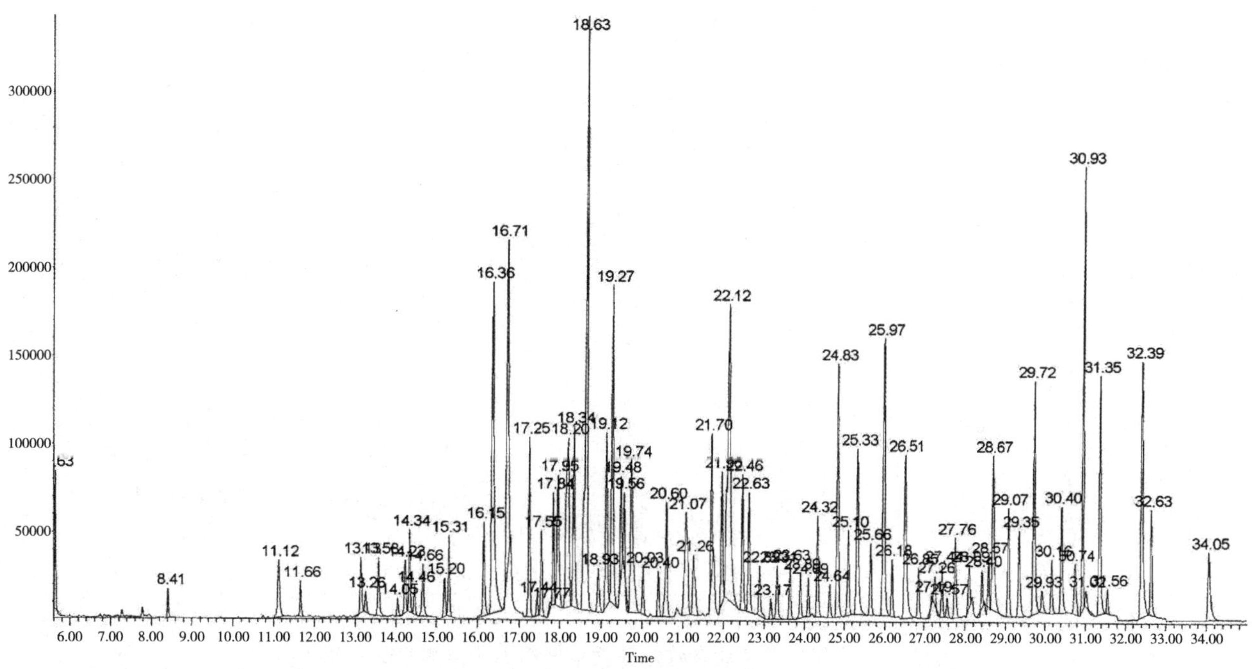

图 D.4　D 组标准物质在枸杞基质中选择离子监测 GC – MS 图

注：农药化合物出峰时间参见附录 B。

D.5　E 组标准物质在枸杞基质中选择离子监测 GC－MS 图，见图 D.5。

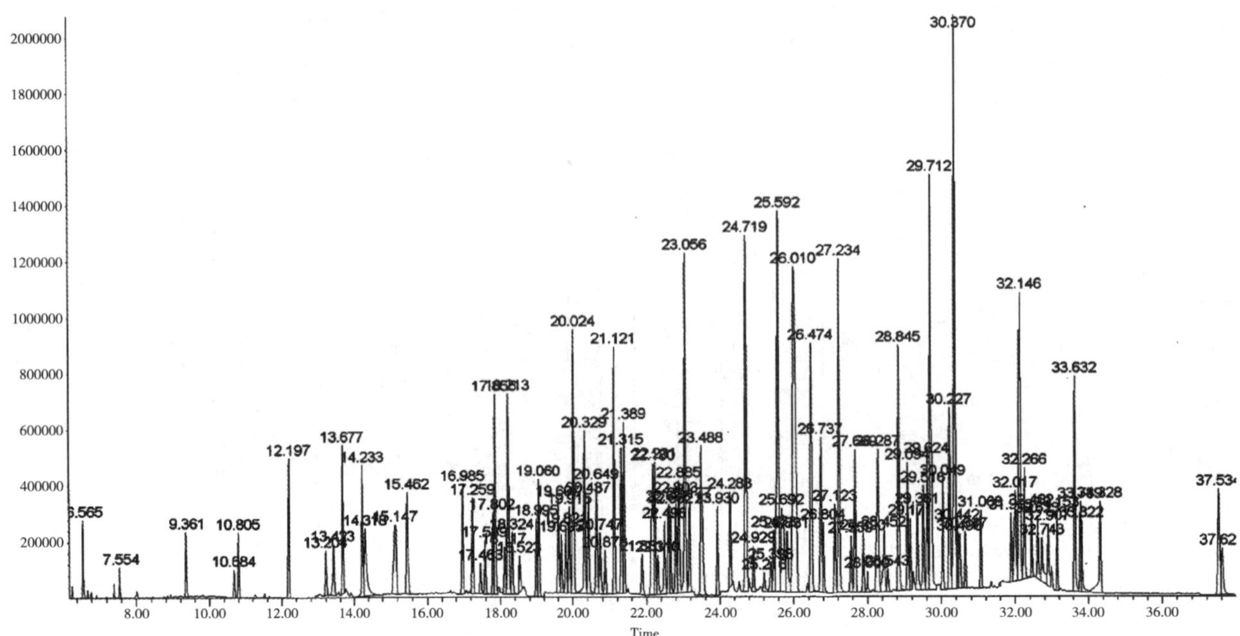

图 D.5　E 组标准物质在枸杞基质中选择离子监测 GC－MS 图

注：农药化合物出峰时间参见附录 B。

D.6　F 组标准物质在枸杞基质中选择离子监测 GC－MS 图，见图 D.6。

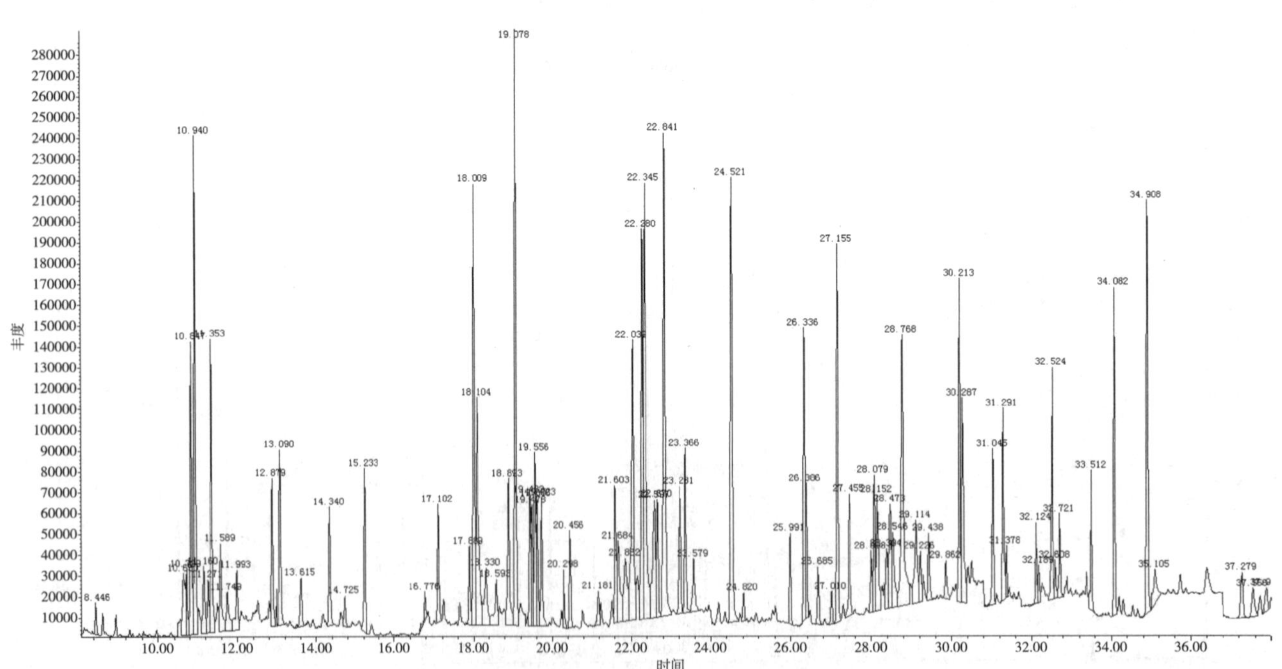

图 D.6　F 组标准物质在枸杞基质中选择离子监测 GC－MS 图

注：农药化合物出峰时间参见附录 B。

附 录 E
（规范性附录）
实验室内重复性要求

表 E.1 实验室内重复性要求

被测组分含量 mg/kg	精密度 %
≤0.001	36
>0.001≤0.01	32
>0.01≤0.1	22
>0.1≤1	18
>1	14

附 录 F
（规范性附录）
实验室间再现性要求

表 F.1 实验室间再现性要求

被测组分含量 mg/kg	精密度 %
≤0.001	54
>0.001≤0.01	46
>0.01≤0.1	34
>0.1≤1	25
>1	19

附 录 G
(资料性附录)
样品的添加浓度及回收率的实验数据

表 G.1　　样品的添加浓度及回收率的实验数据　　单位：%

序号	中文名称	英文名称	低水平添加	高水平添加
			LOQ	20 倍 LOQ
			金银花	荷叶
1	二丙烯草胺	allidochlor	66.7	66.7
2	烯丙酰草胺	dichlormid	82.2	82.2
3	土菌灵	etridiazol	96.7	96.7
4	氯甲硫磷	chlormephos	94.0	94.0
5	苯胺灵	propham	70.5	70.5
6	环草敌	cycloate	75.8	75.8
7	联苯二胺	diphenylamine	86.6	86.6
8	杀虫脒	chlordimeform	70.4	70.4
9	乙丁烯氟灵	ethalfluralin	80.2	80.2
10	甲拌磷	phorate	74.6	74.6
11	甲基乙拌磷	thiometon	81.3	81.3
12	五氯硝基苯	quintozene	73.1	73.1
13	脱乙基阿特拉津	atrazine - desethyl	74.9	74.9
14	异噁草松	clomazone	75.3	75.3
15	二嗪磷	diazinon	80.8	80.8
16	地虫硫磷	fonofos	82.8	82.8
17	乙嘧硫磷	etrimfos	62.0	62.0
18	胺丙畏	propetamphos	61.8	61.8
19	仲丁通	secbumeton	82.9	82.9
20	炔丙烯草胺	pronamide	82.0	82.0
21	除线磷	dichlofenthion	82.6	82.6
22	兹克威	mexacarbate	75.9	75.9
23	乐果[a]	dimethoate		
24	氨氟灵	dinitramine	85.7	85.7
25	艾氏剂	aldrin	51.8	51.8
26	皮蝇磷	ronnel		
27	扑草净	prometryne	85.7	85.7
28	环丙津	cyprazine	98.9	98.9
29	乙烯菌核利	vinclozolin	85.7	85.7

（续表）

序号	中文名称	英文名称	低水平添加	高水平添加
			LOQ	20 倍 LOQ
			金银花	荷叶
30	β－六六六	*beta*－HCH	62.3	62.3
31	甲霜灵	metalaxyl	84.1	84.1
32	甲基对硫磷	methyl－parathion	79.0	79.0
33	毒死蜱	chlorpyrifos（－ethyl）	79.3	79.3
34	δ－六六六	*delta*－HCH	80.3	80.3
35	倍硫磷	fenthion	76.4	76.4
36	马拉硫磷	malathion		
37	对氧磷	paraoxon－ethyl	96.7	96.7
38	杀螟硫磷	fenitrothion	85.9	85.9
39	三唑酮	triadimefon		
40	利谷隆	linuron	86.6	86.6
41	二甲戊灵	pendimethalin	102.0	102.0
42	杀螨醚	chlorbenside		
43	乙基溴硫磷	bromophos－ethyl	90.9	90.9
44	喹硫磷	quinalphos	40.3	40.3
45	反式氯丹	*trans*－chlordane	88.6	88.6
46	稻丰散	phenthoate	0.0	0.0
47	吡唑草胺	metazachlor		
48	丙硫磷	prothiophos	54.9	54.9
49	整形醇	chlorfurenol	73.2	73.2
50	腐霉利	procymidone		
51	狄氏剂	dieldrin	61.0	61.0
52	杀扑磷[a]	methidathion		
53	敌草胺	napropamide	64.1	64.1
54	氰草津	cyanazine	19.9	19.9
55	噁草酮	oxadiazone	81.8	81.8
56	苯线磷	fenamiphos	46.5	46.5
57	杀螨氯硫	tetrasul	68.1	68.1
58	乙嘧酚磺酸酯	bupirimate	76.5	76.5
59	氟酰胺[a]	flutolanil		
60	萎锈灵[a]	carboxin		
61	*p*，*p′*－滴滴滴	*p*，*p′*－DDD	85.7	85.7
62	乙硫磷	ethion	64.5	64.5
63	乙环唑－1	etaconazole－1	78.7	78.7

（续表）

序号	中文名称	英文名称	低水平添加	高水平添加
			LOQ	20 倍 LOQ
			金银花	荷叶
64	硫丙磷	sulprofos		
65	乙环唑－2	etaconazole－2	0. 0	0. 0
66	腈菌唑	myclobutanil	65. 3	65. 3
67	丰索磷	fensulfothion	87. 5	87. 5
68	禾草灵	diclofop－methyl	86. 2	86. 2
69	丙环唑－1	propiconazole－1	72. 2	72. 2
70	丙环唑－2	propiconazole－2	97. 4	97. 4
71	联苯菊酯	bifenthrin	81. 4	81. 4
72	灭蚁灵	mirex	71. 3	71. 3
73	丁硫克百威	carbosulfan	67. 8	67. 8
74	氟苯嘧啶醇	nuarimol	71. 1	71. 1
75	麦锈灵	benodanil	748. 7	748. 7
76	甲氧滴滴涕	methoxychlor	68. 3	68. 3
77	噁霜灵	oxadixyl	75. 8	75. 8
78	戊唑醇	tebuconazole	79. 1	79. 1
79	胺菊酯	tetramethirn	789. 1	789. 1
80	氟草敏	norflurazon	75. 3	75. 3
81	哒嗪硫磷	pyridaphenthion	84. 7	84. 7
82	三氯杀螨砜	tetradifon	77. 9	77. 9
83	顺式－氯菊酯	*cis*－permethrin	81. 8	81. 8
84	吡菌磷	pyrazophos	79. 9	79. 9
85	反式－氯菊酯	*trans*－permethrin	83. 2	83. 2
86	氯氰菊酯	cypermethrin	81. 5	81. 5
87	氰戊菊酯－1	fenvalerate－1	79. 3	79. 3
88	氰戊菊酯－2[a]	fenvalerate－2		
89	溴氰菊酯	deltamethrin	0. 0	0. 0
90	茵草敌	EPTC	79. 5	79. 5
91	丁草敌	butylate	15. 1	15. 1
92	敌草腈	dichlobenil	80. 8	80. 8
93	克草敌	pebulate	82. 6	82. 6
94	三氯甲基吡啶	nitrapyrin	76. 5	76. 5
95	速灭磷	mevinphos	68. 7	68. 7
96	氯苯甲醚	chloroneb	64. 0	64. 0
97	四氯硝基苯	tecnazene	78. 5	78. 5

（续表）

序号	中文名称	英文名称	低水平添加	高水平添加
			LOQ	20 倍 LOQ
			金银花	荷叶
98	庚烯磷	heptanophos	79.6	79.6
99	灭线磷	ethoprophos	69.4	69.4
100	六氯苯[a]	hexachlorobenzene		
101	毒草胺	propachlor	59.0	59.0
102	顺式－燕麦敌	*cis* – diallate	87.3	87.3
103	氟乐灵	trifluralin	79.1	79.1
104	反式－燕麦敌	*trans* – diallate	81.5	81.5
105	氯苯胺灵	chlorpropham	84.6	84.6
106	治螟磷	sulfotep	79.5	79.5
107	菜草畏	sulfallate	87.4	87.4
108	α－六六六	*alpha* – HCH	113.8	113.8
109	特丁硫磷	terbufos	96.0	96.0
110	环丙氟灵	profluralin	82.6	82.6
111	敌噁磷[a]	dioxathion		
112	扑灭津	propazine	80.6	80.6
113	氯炔灵	chlorbufam	75.9	75.9
114	氯硝胺	dicloran	78.3	78.3
115	特丁津	terbuthylazine	72.7	72.7
116	绿谷隆	monolinuron	82.3	82.3
117	氟虫脲	flufenoxuron	82.5	82.5
118	甲基毒死蜱	chlorpyrifos – methyl	99.4	99.4
119	敌草净	desmetryn		
120	二甲草胺	dimethachlor	80.1	80.1
121	甲草胺	alachlor	90.5	90.5
122	甲基嘧啶磷	pirimiphos – methyl	77.8	77.8
123	特丁净	terbutryn	81.8	81.8
124	丙硫特普	aspon	0.0	0.0
125	杀草丹	thiobencarb	58.9	58.9
126	三氯杀螨醇	dicofol	83.1	83.1
127	异丙甲草胺	metolachlor	74.2	74.2
128	嘧啶磷	pirimiphos – ethyl	81.3	81.3
129	苯氟磺胺[a]	dichlofluanid		
130	烯虫酯	methoprene	80.3	80.3
131	溴硫磷	bromofos		

（续表）

序号	中文名称	英文名称	低水平添加	高水平添加
			LOQ	20 倍 LOQ
			金银花	荷叶
132	乙氧呋草黄	ethofumesate	83.0	83.0
133	异丙乐灵	isopropalin	79.5	79.5
134	敌稗	propanil		
135	育畜磷	crufomate	41.1	41.1
136	异柳磷	isofenphos	85.0	85.0
137	硫丹 -1	endosulfan -1	72.8	72.8
138	毒虫畏	chlorfenvinphos	82.9	82.9
139	甲苯氟磺胺[a]	tolylfluanide		
140	顺式 - 氯丹	*cis* - chlordane	79.3	79.3
141	丁草胺	butachlor	107.9	107.9
142	乙菌利[a]	chlozolinate		
143	*p*，*p′* - 滴滴伊	*p*，*p′* - DDE	80.5	80.5
144	碘硫磷	iodofenphos	68.5	68.5
145	杀虫畏	tetrachlorvinphos		
146	氯溴隆	chlorbromuron	92.7	92.7
147	丙溴磷	profenofos	73.5	73.5
148	噻嗪酮	buprofezin	79.5	79.5
149	己唑醇[a]	hexaconazole		
150	*o*，*p′* - 滴滴滴	*o*，*p′* - DDD	81.9	81.9
151	杀螨酯	chlorfenson	81.2	81.2
152	氟咯草酮	fluorochloridone	84.2	84.2
153	异狄氏剂	endrin	81.7	81.7
154	多效唑	paclobutrazol	81.2	81.2
155	*o*，*p′* - 滴滴涕	*o*，*p′* - DDT	79.2	79.2
156	盖草津	methoprotryne	82.8	82.8
157	丙酯杀螨醇	chloropropylate	35.7	35.7
158	麦草氟甲酯	flamprop - methyl	80.5	80.5
159	除草醚	nitrofen	81.5	81.5
160	乙氧氟草醚	oxyfluorfen	85.0	85.0
161	虫螨磷	chlorthiophos	77.6	77.6
162	麦草氟异丙酯	flamprop - isopropyl	81.9	81.9
163	硫丹 -2	endosulfan -2	87.6	87.6
164	三硫磷	carbofenothion	80.1	80.1
165	*p*，*p′* - 滴滴涕	*p*，*p′* - DDT	84.8	84.8

（续表）

序号	中文名称	英文名称	低水平添加	高水平添加
			LOQ	20 倍 LOQ
			金银花	荷叶
166	苯霜灵	benalaxyl	50. 4	50. 4
167	敌瘟磷	edifenphos	81. 5	81. 5
168	三唑磷	triazophos	82. 5	82. 5
169	苯腈磷	cyanofenphos	82. 5	82. 5
170	氯杀螨砜	chlorbenside sulfone	60. 9	60. 9
171	硫丹硫酸盐	endosulfan – sulfate	59. 3	59. 3
172	溴螨酯	bromopropylate	39. 7	39. 7
173	新燕灵	benzoylprop – ethyl	77. 6	77. 6
174	甲氰菊酯	fenpropathrin	82. 1	82. 1
175	苯硫膦	EPN	89. 7	89. 7
176	环嗪酮[a]	hexazinone		
177	溴苯磷	leptophos	79. 5	79. 5
178	治草醚	bifenox	78. 5	78. 5
179	伏杀硫磷	phosalone	75. 6	75. 6
180	保棉磷	azinphos – methyl	80. 7	80. 7
181	氯苯嘧啶醇	fenarimol		
182	益棉磷	azinphos – ethyl	84. 1	84. 1
183	氟氯氰菊酯	cyfluthrin	81. 4	81. 4
184	咪鲜胺	prochloraz	88. 4	88. 4
185	蝇毒磷	coumaphos	86. 6	86. 6
186	氟胺氰菊酯	fluvalinate	81. 9	81. 9
187	敌敌畏[a]	dichlorvos		
188	联苯	biphenyl	73. 0	73. 0
189	霜霉威	propamocarb		
190	灭草敌	vernolate	83. 4	83. 4
191	3，5 – 二氯苯胺	3，5 – dichloroaniline	65. 9	65. 9
192	虫螨畏	methacrifos	93. 0	93. 0
193	禾草敌	molinate	97. 6	97. 6
194	邻苯基苯酚[a]	2 – phenylphenol		
195	四氢邻苯二甲酰亚胺	*cis* – 1，2，3，6 – tetrahydrophthalimide	74. 7	74. 7
196	仲丁威	fenobucarb	83. 0	83. 0
197	乙丁氟灵	benfluralin	88. 8	88. 8
198	氟铃脲	hexaflumuron	0. 0	0. 0
199	扑灭通	prometon	61. 0	61. 0

（续表）

序号	中文名称	英文名称	低水平添加	高水平添加
			LOQ	20 倍 LOQ
			金银花	荷叶
200	野麦畏	triallate	81.7	81.7
201	嘧霉胺	pyrimethanil	96.8	96.8
202	林丹	gamma－HCH	62.7	62.7
203	乙拌磷	disulfoton	79.7	79.7
204	莠去净	atrizine	80.5	80.5
205	异稻瘟净	iprobenfos	74.1	74.1
206	七氯	heptachlor	85.9	85.9
207	氯唑磷	isazofos	77.6	77.6
208	三氯杀虫酯	plifenate	74.2	74.2
209	氯乙氟灵	fluchloralin	61.4	61.4
210	四氟苯菊酯	transfluthrin	759.7	759.7
211	丁苯吗啉	fenpropimorph	84.0	84.0
212	甲基立枯磷	tolclofos－methyl	60.7	60.7
213	异丙草胺	propisochlor	78.7	78.7
214	溴谷隆	metobromuron	81.8	81.8
215	莠灭净	ametryn	82.8	82.8
216	西草净	simetryn	38.7	38.7
217	嗪草酮	metribuzin	81.6	81.6
218	噻节因[a]	dimethipin		
219	异丙净	dipropetryn	91.4	91.4
220	安硫磷	formothion	79.6	79.6
221	乙霉威	diethofencarb	789.3	789.3
222	哌草丹	dimepiperate	83.7	83.7
223	生物烯丙菊酯－1	bioallethrin－1	68.2	68.2
224	生物烯丙菊酯－2	bioallethrin－2	83.7	83.7
225	芬螨酯	fenson	83.1	83.1
226	*o*，*p*′－滴滴伊	*o*，*p*′－DDE	80.5	80.5
227	双苯酰草胺	diphenamid	76.1	76.1
228	戊菌唑	penconazole	84.8	84.8
229	四氟醚唑	tetraconazole	84.2	84.2
230	灭蚜磷	mecarbam	812.9	812.9
231	丙虫磷	propaphos	82.1	82.1
232	氟节胺	flumetralin	76.9	76.9
233	三唑醇－1	triadimenol－1		

（续表）

序号	中文名称	英文名称	低水平添加	高水平添加
			LOQ	20 倍 LOQ
			金银花	荷叶
234	三唑醇 – 2	triadimenol – 2		
235	丙草胺	pretilachlor	68.9	68.9
236	醚菌酯	kresoxim – methyl		
237	吡氟禾草灵	fluazifop – butyl	85.9	85.9
238	氟啶脲	chlorfluazuron	72.0	72.0
239	乙酯杀螨醇	chlorobenzilate	83.2	83.2
240	氟哇唑	flusilazole	85.7	85.7
241	三氟硝草醚	fluorodifen	92.2	92.2
242	烯唑醇	diniconazole	89.9	89.9
243	增效醚[a]	piperonyl butoxide		
244	噁唑隆	dimefuron	88.6	88.6
245	炔螨特	propargite	86.5	86.5
246	灭锈胺[a]	mepronil		
247	吡氟酰草胺[a]	diflufenican		
248	咯菌腈	fludioxonil	90.9	90.9
249	喹螨醚	fenazaquin	80.8	80.8
250	苯醚菊酯	phenothrin	83.2	83.2
251	稀禾啶[a]	sethoxydim		
252	莎稗磷	anilofos	85.5	85.5
253	氟丙菊酯	acrinathrin	77.4	77.4
254	高效氯氟氰菊酯	lambda – cyhalothrin	84.7	84.7
255	苯噻酰草胺	mefenacet	81.9	81.9
256	氯菊酯	permethrin	71.8	71.8
257	哒螨灵	pyridaben	82.3	82.3
258	乙羧氟草醚	fluoroglycofen – ethyl	86.6	86.6
259	联苯三唑醇	bitertanol	78.8	78.8
260	醚菊酯	etofenprox	85.0	85.0
261	噻草酮[a]	cycloxydim		
262	α – 氯氰菊酯	*alpha* – cypermethrin		
263	氟氰戊菊酯	flucythrinate – 1	81.6	81.6
264	氟氰戊菊酯	flucythrinate – 2	81.6	81.6
265	*S* – 氰戊菊酯	esfenvalerate	78.3	78.3
266	苯醚甲环唑 – 2	difenconazole – 2		
267	苯醚甲环唑 – 1	difenonazole – 1	43.1	43.1

（续表）

序号	中文名称	英文名称	低水平添加	高水平添加
			LOQ	20 倍 LOQ
			金银花	荷叶
268	丙炔氟草胺	flumioxazin	0.0	0.0
269	氟烯草酸	flumiclorac – pentyl	102.6	102.6
270	甲氟磷[a]	dimefox		
271	乙拌磷亚砜	disulfoton – sulfoxide	79.5	79.5
272	五氯苯	pentachlorobenzene	82.1	82.1
273	鼠立死	crimidine	80.2	80.2
274	4 – 溴 – 3，5 – 二甲苯基 – *N* – 甲基氨基甲酸酯 – 1	BDMC – 1	78.4	78.4
275	燕麦酯	chlorfenprop – methyl	87.6	87.6
276	虫线磷	thionazin	16.0	16.0
277	2，3，5，6 – 四氯苯胺	2，3，5，6 – tetrachloroaniline	81.1	81.1
278	三正丁基磷酸盐	*tri* – *n* – butyl phosphate	83.4	83.4
279	2，3，4，5 – 四氯甲氧基苯	2，3，4，5 – tetrachloroanisole	826.8	826.8
280	五氯甲氧基苯	pentachloroanisole	88.5	88.5
281	牧草胺	tebutam	81.3	81.3
282	甲基苯噻隆	methabenzthiazuron	62.5	62.5
283	西玛通	simetone	72.2	72.2
284	阿特拉通	atratone	0.0	0.0
285	七氟菊酯	tefluthrin	78.8	78.8
286	溴烯杀	bromocylen	83.2	83.2
287	草达津	trietazine	79.5	79.5
289	环莠隆	cycluron	78.3	78.3
290	2，4，4′ – 三氯联苯	*de* – PCB 28	76.5	76.5
291	2，4，5 – 三氯联苯	*de* – PCB 31	78.7	78.7
292	2，3，4，5 – 四氯苯胺	2，3，4，5 – tetrachloroaniline	74.4	74.4
293	合成麝香	musk ambrette		
294	二甲苯麝香[a]	musk xylene		
295	五氯苯胺	pentachloroaniline	80.7	80.7
296	叠氮津	aziprotryne	74.1	74.1
297	丁咪酰胺	isocarbamid	80.1	80.1
298	另丁津	sebutylazine		
299	麝香	musk moskene		

（续表）

序号	中文名称	英文名称	低水平添加	高水平添加
			LOQ	20 倍 LOQ
			金银花	荷叶
300	2，2′，5，5′－四氯联苯	*de*－PCB 52	69.9	69.9
301	苄草丹	prosulfocarb	72.8	72.8
302	二甲吩草胺	dimethenamid	78.2	78.2
303	4－溴－3，5－二甲苯基－N－甲基氨基甲酸酯－2	BDMC－2	71.7	71.7
304	庚酰草胺	monalide	86.9	86.9
305	碳氯灵	isobenzan	60.8	60.8
306	八氯苯乙烯	octachlorostyrene	74.1	74.1
307	异艾氏剂	isodrin	81.2	81.2
308	丁嗪草酮	isomethiozin	82.8	82.8
309	毒壤磷	trichloronat	57.4	57.4
310	敌草索	dacthal	80.3	80.3
311	4，4－二氯二苯甲酮	4，4－dichlorobenzophenone		
312	酞菌酯	nitrothal－isopropyl	74.7	74.7
313	麝香酮[a]	musk ketone		
314	吡咪唑[a]	rabenzazole		
315	嘧菌环胺	cyprodinil		
316	麦穗灵[a]	fuberidazole		
317	异氯磷	dicapthon	74.7	74.7
318	2－甲－4－氯丁氧乙基酯	*mcpa*－butoxyethyl ester	85.7	85.7
319	2，2′，4，5，5′－五氯联苯	*de*－PCB 101	79.3	79.3
320	水胺硫磷	isocarbophos	81.6	81.6
321	甲拌磷砜	phorate sulfone	84.9	84.9
322	杀螨醇	chlorfenethol	26.6	26.6
323	反式九氯	*trans*－nonachlor	0.0	0.0
324	脱叶磷	DEF	80.4	80.4
325	氟咯草酮	flurochloridone	84.2	84.2
326	溴苯烯磷	bromfenvinfos	79.4	79.4
327	乙滴涕	perthane		
328	2，3，4，4′，5－五氯联苯	*de*－PCB 118	84.1	84.1
329	地胺磷	mephosfolan	804.9	804.9
330	4，4－二溴二苯甲酮	4，4－dibromobenzophenone	74.9	74.9

（续表）

序号	中文名称	英文名称	低水平添加	高水平添加
			LOQ	20 倍 LOQ
			金银花	荷叶
331	粉唑醇	flutriafol		
332	2，2′，4，4′，5，5′-六氯联苯	*de*-PCB 153	79.3	79.3
333	苄氯三唑醇	diclobutrazole	85.3	85.3
334	乙拌磷砜[a]	disulfoton sulfone		
335	噻螨酮	hexythiazox	0.0	0.0
336	2，2′，3，4，4′，5-六氯联苯	*de*-PCB 138	80.6	80.6
337	环丙唑	cyproconazole	81.0	81.0
338	苄呋菊酯-1[a]	resmethrin-1		
339	苄呋菊酯-2[a]	resmethrin-2		
340	酞酸甲苯基丁酯	phthalic acid，benzyl butyl ester	79.9	79.9
341	炔草酸	clodinafop-propargyl	398.8	398.8
342	倍硫磷亚砜	fenthion sulfoxide	35.7	35.7
343	三氟苯唑	fluotrimazole	77.8	77.8
344	氟草烟-1-甲庚酯	fluroxypr-1-methylheptyl ester		
345	倍硫磷砜	fenthion sulfone	84.2	84.2
346	苯嗪草酮[a]	metamitron		
347	三苯基磷酸盐	triphenyl phosphate	53.4	53.4
348	2，2，3，4，4′，5，5′-七氯联苯	*de*-PCB 180	81.1	81.1
349	吡螨胺	tebufenpyrad	108.4	108.4
350	解草酯	cloquintocet-mexyl	82.7	82.7
351	环草定	lenacil	83.8	83.8
352	糠菌唑-1	bromuconazole-1	71.9	71.9
353	糠菌唑-2	bromuconazole-2	81.2	81.2
354	甲磺乐灵	nitralin	82.4	82.4
355	苯线磷亚砜[a]	fenamiphos sulfoxide		
356	苯线磷砜[a]	fenamiphos sulfone		
357	拌种咯[a]	fenpiclonil		
358	氟喹唑	fluquinconazole		
359	腈苯唑	fenbuconazole	859.5	859.5
360	残杀威-1	propoxur-1	67.1	67.1
361	灭除威	XMC	49.9	49.9
362	异丙威-1	isoprocarb-1	56.9	56.9

（续表）

序号	中文名称	英文名称	低水平添加	高水平添加
			LOQ	20 倍 LOQ
			金银花	荷叶
363	二氢苊[a]	acenaphthene		
364	特草灵 -1	terbucarb -1	0.0	0.0
365	氯氧磷	chlorethoxyfos	95.3	95.3
366	异丙威 -2	isoprocarb -2	154.6	154.6
367	丁噻隆	tebuthiuron	46.8	46.8
368	戊菌隆	pencycuron	85.2	85.2
369	甲基内吸磷	demeton - s - methyl	0.0	0.0
370	二溴磷[a]	naled		
371	菲	phenanthrene	87.7	87.7
372	唑螨酯	fenpyroximate	73.3	73.3
373	丁基嘧啶磷	tebupirimfos	78.6	78.6
374	茉莉酮	prohydrojasmon	0.0	0.0
375	苯锈啶	fenpropidin	16.8	16.8
376	氯硝胺	dichloran	78.3	78.3
377	咯喹酮	pyroquilon	92.0	92.0
378	炔苯酰草胺	propyzamide	85.5	85.5
379	抗蚜威	pirimicarb	77.3	77.3
380	溴丁酰草胺	bromobutide	79.7	79.7
381	灭草环	tridiphane	0.0	0.0
382	戊草丹[a]	esprocarb		
383	特草灵 -2	terbucarb -2	79.9	79.9
384	甲呋酰胺[a]	fenfuram		
385	活化酯	acibenzolar - s - methyl	87.4	87.4
386	呋草黄	benfuresate	43.5	43.5
387	精甲霜灵	mefenoxam	88.5	88.5
388	马拉氧磷	malaoxon	0.0	0.0
389	磷胺 -2[a]	phosphamidon -2		
390	氯酞酸甲酯	chlorthal - dimethyl	85.4	85.4
391	硅氟唑	simeconazole	87.5	87.5
392	特草净	terbacil	79.6	79.6
393	噻唑烟酸	thiazopyr	666.8	666.8
394	甲基毒虫畏	dimethylvinphos	87.8	87.8

（续表）

序号	中文名称	英文名称	低水平添加	高水平添加
			LOQ	20 倍 LOQ
			金银花	荷叶
395	苯酰草胺	zoxamide	92.7	92.7
396	烯丙菊酯	allethrin	87.3	87.3
397	灭藻醌[a]	quinoclamine		
398	氰菌胺	fenoxanil	108.7	108.7
399	呋霜灵	furalaxyl	86.5	86.5
400	除草定	bromacil	69.2	69.2
401	啶氧菌酯	picoxystrobin	88.9	88.9
402	抑草磷	butamifos	86.1	86.1
403	咪草酸	imazamethabenz - methyl	69.7	69.7
404	灭梭威砜	methiocarb sulfone	38.5	38.5
405	苯噻硫氰	TCMTB	803.5	803.5
406	苯氧菌胺	metominostrobin	79.5	79.5
407	抑霉唑	imazalil	89.6	89.6
408	稻瘟灵	isoprothiolane	80.1	80.1
409	环氟菌胺	cyflufenamid		
410	噁唑磷	isoxathion	85.3	85.3
411	苯氧喹啉	quinoxyphen		
412	肟菌酯	trifloxystrobin		
413	脱苯甲基亚胺唑[a]	imibenconazole - *des* - benzyl		
414	氟虫腈	fipronil	93.7	93.7
415	氟环唑 - 1	epoxiconazole - 1	894.3	894.3
416	稗草丹	pyributicarb	87.2	87.2
417	吡草醚	pyraflufen ethyl	75.6	75.6
418	噻吩草胺	thenylchlor	0.0	0.0
419	烯草酮[a]	clethodim		
420	吡唑解草酯	mefenpyr - diethyl	63.9	63.9
421	乙螨唑	etoxazole	88.4	88.4
422	氟环唑 - 2	epoxiconazole - 2	76.4	76.4
423	伐灭磷	famphur	0.0	0.0
424	吡丙醚	pyriproxyfen	79.6	79.6
425	异菌脲	iprodione	88.4	88.4
426	呋酰胺	ofurace	79.7	79.7

（续表）

序号	中文名称	英文名称	低水平添加	高水平添加
			LOQ	20 倍 LOQ
			金银花	荷叶
427	哌草磷	piperophos		
428	氯甲酰草胺	clomeprop		
429	咪唑菌酮	fenamidone	63. 8	63. 8
430	三甲苯草酮	tralkoxydim	59. 8	59. 8
431	吡唑硫磷	pyraclofos	61. 0	61. 0
432	螺螨酯[a]	spirodiclofen		
433	呋草酮	flurtamone	73. 5	73. 5
434	环酯草醚	pyriftalid	37. 1	37. 1
435	氟硅菊酯	silafluofen	49. 4	49. 4
436	嘧螨醚	pyrimidifen	63. 4	63. 4
437	氟丙嘧草酯	butafenacil	4. 6	4. 6
438	氟啶草酮[a]	fluridone		
439	苯磺隆[a]	tribenuron – methyl		
440	乙硫苯威[a]	ethiofencarb		
441	二氧威[a]	dioxacarb		
442	避蚊酯	dimethyl phthalate	84. 5	84. 5
443	4 – 氯苯氧乙酸	4 – chlorophenoxy acetic acid	82. 1	82. 1
444	邻苯二甲酰亚胺[a]	phthalimide		
445	避蚊胺	diethyltoluamide	34. 6	34. 6
446	2，4 – 滴	2，4 – D		
447	甲萘威	carbaryl	80. 9	80. 9
448	硫线磷	cadusafos	66. 8	66. 8
449	螺环菌胺 – 1	spiroxamine – 1	750. 5	750. 5
450	百治磷[a]	dicrotophos		
451	2，4，5 涕	2，4，5 – T	77. 6	77. 6
452	3 – 苯基苯酚	3 – phenylphenol	7. 9	7. 9
453	拌种胺[a]	furmecyclox		
454	螺环菌胺 – 2	spiroxamine – 2	41. 1	41. 1
455	丁酰肼[a]	dmsa		
456	—[a]	sobutylazine		
457	八氯二甲醚 – 1	s421 （octachlorodipropyl ether） – 1	76. 9	76. 9
458	八氯二甲醚 – 2	s421 （octachlorodipropyl ether） – 2	77. 0	77. 0

（续表）

序号	中文名称	英文名称	低水平添加	高水平添加
			LOQ	20 倍 LOQ
			金银花	荷叶
459	十二环吗啉	dodemorph	0. 0	0. 0
460	甜菜安[a]	desmedipham		
461	氧皮蝇磷	fenchlorphos	0. 0	0. 0
462	枯莠隆[a]	difenoxuron		
463	仲丁灵	butralin	68. 6	68. 6
464	异戊乙净	dimethametryn	72. 4	72. 4
465	啶斑肟 - 1	pyrifenox - 1	80. 5	80. 5
467	缬霉威 - 1	iprovalicarb - 1	0. 0	0. 0
468	戊环唑[a]	azaconazole		
469	缬霉威 - 2	iprovalicarb - 2	47. 3	47. 3
470	苯虫醚 - 1	diofenolan - 1	46. 5	46. 5
471	苯虫醚 - 2	diofenolan - 2	66. 4	66. 4
472	苯甲醚	aclonifen	0. 0	0. 0
473	溴虫腈	chlorfenapyr	67. 5	67. 5
474	生物苄呋菊酯	bioresmethrin	70. 9	70. 9
475	双苯噁唑酸	isoxadifen - ethyl		
476	唑酮草酯	carfentrazone - ethyl	93. 5	93. 5
477	氯吡嘧磺隆[a]	halosulfuran - methyl		
478	三环唑[a]	tricyclazole		
479	环酰菌胺[a]	fenhexamid		
480	螺甲螨酯	spiromesifen	90. 7	90. 7
481	联苯肼酯	bifenazate	0. 0	0. 0
482	异狄氏剂酮	endrin ketone		
483	精高效氨氟氰菊酯 - 1	*gamma* - cyhaloterin - 1	0. 0	0. 0
484	—	metoconazole		
485	氰氟草酯	cyhalofop - butyl	75. 5	75. 5
486	精高效氨氟氰菊酯 - 2	*gamma* - cyhalothrin - 2	80. 8	80. 8
487	苄螨醚	halfenprox	78. 3	78. 3
488	啶虫脒	acetamiprid	83. 6	83. 6
489	烟酰碱	boscalid	91. 4	91. 4
488	烯酰吗啉 a	dimethomorph		

[a] 为可以定性鉴别的品种

GB

中 华 人 民 共 和 国 国 家 标 准

GB 23200.11—2016
代替 GB/T 23201—2008

食品安全国家标准
桑枝、金银花、枸杞子和荷叶中413种农药及相关化学品残留量的测定
液相色谱－质谱法

National food safety standards—
Determination of 413 pesticides and related chemicals residues in mulberry twig, honeysuckle, barbary wolfberry fruit and lotus leaf
Liqulid chromatography－mass spectrometry

2016－12－18 发布　　2017－06－18 实施

中华人民共和国国家卫生和计划生育委员会
中 华 人 民 共 和 国 农 业 部　　发布
国 家 食 品 药 品 监 督 管 理 总 局

前　言

本标准代替 GB/T 23201—2008《桑枝、金银花、枸杞子和荷叶中 413 种农药及相关化学品残留量的测定　液相色谱 - 串联质谱法》。

本标准与 GB/T 23201—2008 相比，主要变化如下：

——标准文本格式修改为食品安全国家标准文本格式；

——标准范围中增加“其他食品可参照执行”。

本标准所代替标准的历次版本发布情况为：

——GB/T 23201—2008。

食品安全国家标准
桑枝、金银花、枸杞子和荷叶中 413 种农药及相关化学品残留量的测定　液相色谱 - 质谱法

1　范围

本标准规定了桑枝、金银花、枸杞子和荷叶中 413 种农药及相关化学品（参见附录 A 和附录 E）残留量液相色谱 - 质谱测定方法。

本标准适用于桑枝、金银花、枸杞子和荷叶中 413 种农药及相关化学品残留量的测定，其他食品可参照执行。

2　规范性引用文件

下列文件对于本文件的应用是必不可少的。凡是注日期的引用文件，仅所注日期的版本适用于本文件。凡是不注日期的引用文件，其最新版本（包括所有的修改单）适用于本文件。

GB 2763　食品安全国家标准 食品中农药最大残留限量

GB/T 6682　分析实验室用水规格和试验方法

3　原理

试样用乙腈匀浆提取，盐析离心，固相萃取柱净化，用乙腈 - 甲苯溶液（3 +1）洗脱农药及相关化学品，用液相色谱 - 串联质谱仪测定，外标法定量。

4　试剂和材料

除另有规定外，所有试剂均为分析纯，水为符合 GB/T 6682 中规定的一级水。

4.1　试剂

4.1.1　乙腈（CH_3CN，75 -05 -8）：色谱纯。

4.1.2　甲苯（C_7H_8，108 -88 -3）：色谱纯。

4.1.3　甲醇（CH_3OH，67 -56 -1/170082 -17 -4）：色谱纯。

4.1.4　环己烷（C_6H_{12}，110 -82 -7）：色谱纯。

4.1.5　异辛烷（C_8H_{18}，540 -84 -1）：色谱纯。

4.1.6　氯化钠（NaCl，7647 -14 -5）。

4.1.7　无水硫酸钠（Na_2SO_4，7757 -82 -6）：650℃灼烧 4h，贮于干燥器中，冷却后备用。

4.2 标准品

农药及相关化学品标准物质：纯度≥95%，参见附录 A。

4.3 标准溶液配制

4.3.1 标准储备溶液

分别称取适量（精确至 0.1mg）农药及相关化学品标准物于 10mL 容量瓶中，根据标准物的溶解度选甲醇、甲苯、环己烷或异辛烷等溶剂溶解并定容至刻度（溶剂选择参见附录 A）。标准储备溶液避光 0℃ ~4℃保存，保存期为一年。

4.3.2 混合标准溶液（混合标准溶液 A、B、C、D、E、F 和 G）

按照农药及相关化学品的性质和保留时间，将 413 种农药及相关化学品分成 A、B、C、D、E、F 和 G 七个组，并根据每种农药及相关化学品在仪器上的响应灵敏度，确定其在混合标准溶液中的浓度。本标准对 413 种农药及相关化学品的分组及其混合标准溶液浓度（参见附录 A）。

依据每种农药及相关化学品的分组、混合标准溶液浓度及其标准储备溶液的浓度，移取一定量的单个农药及相关化学品标准储备溶液于 100mL 容量瓶中，用甲醇定容至刻度。混合标准溶液避光 0℃ ~4℃保存，保存期为一个月。

4.3.3 基质混合标准工作溶液

农药及相关化学品基质混合标准工作溶液是用样品空白溶液配成不同浓度的基质混合标准工作溶液 A、B、C、D、E、F 和 G，用于做标准工作曲线。

基质混合标准工作溶液应现用现配。

4.4 材料

4.4.1 Cleanert TPH[1] 柱：10mL2.0g，或相当者。

4.4.2 微孔过滤膜（尼龙）：13mm ×0.2μm。

5 仪器和设备

5.1 液相色谱 - 串联质谱仪：配有电喷雾离子源（ESI）。

5.2 分析天平：感量 0.01 g 和 0.0001 g。

5.3 均质器：最大转速为 24 000 r/min。

5.4 离心机：最大转速为 4 200 r/min。

5.5 旋转蒸发器。

5.6 鸡心瓶：150 mL。

5.7 移液器：1 mL。

5.8 具塞离心管：50 mL。

5.9 样品瓶：2 mL，带聚四氟乙烯旋盖。

5.10 氮气吹干仪。

1） Cleanert TPH 是由 Agela 公司产品的商品名称，给出这一信息是为了方便本标准的使用者，并不是表示对该产品的认可。如果其他等效产品具有相同的效果，则可使用这些等效产品。

6 试样制备

将桑枝、金银花和荷叶三种中草药研磨成细粉，样品全部过 425μm 的标准网筛，混匀，制备好的试样均分成两份，装入清洁容器内，密封后，标明标记。枸杞可直接使用。

7 分析步骤

7.1 提取

分别称取金银花、枸杞子、荷叶和桑枝试样 2g（精确至 0.01g）于 50mL 离心管中，加入 15mL 乙腈（枸杞子试样需再加入 5mL 水），1 5000 r/min 匀浆提取 1min，加入 2g 氯化钠，再匀浆提取 1min，4 200 r/min 离心 5min，取全部上清液于 150 mL 鸡心瓶中，在离心管中再加入 15mL 乙腈，重复匀浆提取 1min，4 200 r/min 离心 5min，取全部上清液与之前的提取液合并，于 40℃水浴旋转蒸发至 1 mL ~ 2mL，待净化。

7.2 净化

在 Cleanert TPH 柱上加入约 2cm 高无水硫酸钠，置于固定架上。加样前先用 10mL 乙腈 – 甲苯溶液预洗柱，当预洗液液面到达无水硫酸钠的顶部时，迅速将上述样品浓缩液移入柱中，并用鸡心瓶接收淋出液。分别用 2mL 乙腈 – 甲苯溶液洗涤鸡心瓶两次，洗涤液也同样转入柱中，柱上连接 25mL 贮液器，用 25mL 乙腈 – 甲苯溶液洗脱农药及相关化学品，洗脱液于 40℃水浴中旋转浓缩至 1 mL ~ 2 mL，将浓缩液置于氮气吹干仪上吹干，加入 1mL 的乙腈 – 水溶液，混匀，0.2μm 滤膜过滤，液相色谱 – 串联质谱测定。

7.3 测定

7.3.1 液相色谱 – 串联质谱条件

7.3.1.1 A、B、C、D、E、F 组 LC – MS – MS 测定条件（ESI 正离子源）

a）色谱柱：ZORBOX SB – C_{18}，3.5μm，100mm × 2.1mm（内径）或相当者；

b）流动相及梯度洗脱条件见表 1；

表 1 流动相及梯度洗脱条件表

步骤	总时间/min	流速/（μL/min）	流动相 A（0.1% 甲酸水）/%	流动相 B（乙腈）/%
0	0.00	400	99.0	1.0
1	3.00	400	70.0	30.0
2	6.00	400	60.0	40.0
3	9.00	400	60.0	40.0
4	15.00	400	40.0	60.0
5	19.00	400	1.0	99.0
6	23.00	400	1.0	99.0
7	23.01	400	99.0	1.0

c）柱温：40℃；

d）进样量：10μL；

e）离子源：ESI；

f）扫描方式：正离子扫描；

g）检测方式：多反应监测；

h）离子喷雾电压：4 000V；

i）雾化气压力：0.28MPa；

j）干燥气温度：350℃；

k）干燥气流速：10L/min；

l）监测离子对，碰撞能量和源内碎裂电压参见附录 B。

7.3.1.2 G 组 LC－MS－MS 测定条件（ESI 负离子源）

a）色谱柱：ZORBOX SB－C_{18}，3.5μm，100mm×2.1mm（内径）或相当者；

b）流动相及梯度洗脱条件见表 2；

表 2　　流动相及梯度洗脱条件表

步骤	总时间/min	流速/（μL/min）	流动相 A（5mmol/L 乙酸铵水）/%	流动相 B（乙腈）/%
0	0.00	400	99.0	1.0
1	3.00	400	70.0	30.0
2	6.00	400	60.0	40.0
3	9.00	400	60.0	40.0
4	15.00	400	40.0	60.0
5	19.00	400	1.0	99.0
6	23.00	400	1.0	99.0
7	23.01	400	99.0	1.0

c）柱温：40℃；

d）进样量：10μL；

e）离子源：ESI；

f）扫描方式：负离子扫描；

g）检测方式：多反应监测；

h）离子喷雾电压：4 000V；

i）雾化气压力：0.28 MPa；

j）干燥气温度：350℃；

k）干燥气流速：10L/min；

l）监测离子对，碰撞能量和源内碎裂电压参见附录 B。

7.3.2 定性测定

在相同实验条件下进行样品测定时，如果检出的色谱峰的保留时间与标准样品相一致，并且在扣除背景后的样品质谱图中，所选择的离子均出现，而且所选择的离子丰度比与标准样品的离子丰度比相一致（相对丰度>50%，允许±20%偏差；相对丰度>20%至 50%，允许±25%偏差；相对丰度>

10%至20%，允许±30%偏差；相对丰度≤10%，允许±50%偏差)，则可判断样品中存在这种农药或相关化学品。

7.3.3 定量测定

本标准中液相色谱－串联质谱采用外标－校准曲线法定量测定。为减少基质对定量测定的影响，定量用标准溶液应采用基质混合标准工作溶液绘制标准曲线。并且保证所测样品中农药及相关化学品的响应值均在仪器的线性范围内。413 种农药及相关化学品多反应监测（MRM）色谱图，参见附录 C。

7.4 平行试验

按以上步骤对同一试样进行平行试验。

7.5 空白试验

除不称取试样外，均按上述步骤进行。

8 结果计算和表述

液相色谱－串联质谱测定采用标准曲线法定量，标准曲线法定量结果按式（1）计算：

$$X_i = c_i \times \frac{V}{m} \times \frac{1000}{1000} \tag{1}$$

式中：

X_i——试样中被测组分残留量，单位为毫克每千克（mg/kg）；

c_i——从标准曲线上得到的被测组分溶液浓度，单位为微克每毫升（μg/mL）；

V——样品溶液定容体积，单位为毫升（mL）；

m——样品溶液所代表试样的重量，单位为克（g）。

计算结果应扣除空白值，测定结果用平行测定的算术平均值表示，保留两位有效数字。

9 精密度

9.1 在重复性条件下获得的两次独立测定结果的绝对差值与其算术平均值的比值（百分率），应符合附录 D 的要求。

9.2 在再现性条件下获得的两次独立测定结果的绝对差值与其算术平均值的比值（百分率），应符合附录 E 的要求。

10 定量限和回收率

10.1 定量限

本方法的定量限见附录 A。

10.2 回收率

当添加水平为 LOQ、4×LOQ 时，添加回收率参见附录 F。

附 录 A
(资料性附录)
413 种农药及相关化学品中英文名称、方法定量限、分组、溶剂选择和混合标准溶液浓度表

A. 1 413 种农药及相关化学品中英文名称、方法定量限、分组、溶剂选择和混合标准溶液浓度表见表 A. 1。

表 A. 1 413 种农药及相关化学品中英文名称、方法定量限、分组、溶剂选择和混合标准溶液浓度表

序号	中文名称	英文名称	定量限/(μg/kg)	溶剂	混合标准溶液浓度/(mg/L)
A 组					
1	苯胺灵	propham	220.0000	甲苯	11
2	异丙威	isoprocarb	4.6000	甲醇	0.23
3	3,4,5-混杀威	3,4,5-trimethacarb	0.6800	甲醇	0.03
4	环莠隆	cycluron	0.4200	甲醇	0.02
5	甲萘威	carbaryl	20.6400	甲醇	1.03
6	毒草胺	propachlor	0.5400	甲醇	0.03
7	吡咪唑	rabenzazole	2.6600	甲醇	0.13
8	西草净[a]	simetryn	0.2800	甲醇	0.01
9	绿谷隆	monolinuron	7.1200	甲醇	0.36
10	速灭磷	mevinphos	3.1400	甲苯	0.16
11	叠氮津	aziprotryne	2.7600	甲醇	0.14
12	密草通	secbumeton	0.1400	甲醇	0.01
13	嘧菌磺胺	cyprodinil	1.4800	甲醇	0.07
14	播土隆	buturon	17.9200	甲醇	0.9
15	双酰草胺	carbetamide	7.2800	甲醇	0.36
16	抗蚜威	pirimicarb	0.3000	甲醇	0.02
17	异噁草松	clomazone dimethazone	0.8400	甲醇	0.04
18	氰草津	cyanazine	0.3200	甲醇	0.02
19	扑草净	prometryne	0.3200	甲醇	0.02
20	甲基对氧磷	paraoxon methyl	1.5200	甲醇	0.08
21	噻虫啉	thiacloprid	0.7400	甲醇	0.04
22	吡虫啉	imidacloprid	44.0000	甲醇	2.2

（续表）

序号	中文名称	英文名称	定量限/（μg/kg）	溶剂	混合标准溶液浓度/（mg/L）
23	磺噻隆	ethidimuron	3. 0000	甲醇	0. 15
24	丁嗪草酮	isomethiozin	2. 1400	甲醇	0. 11
25	燕麦敌	diallate	178. 4000	甲醇	8. 92
26	乙草胺	acetochlor	94. 8000	甲醇	4. 74
27	烯啶虫胺	nitenpyram	34. 2400	甲醇	1. 71
28	甲氧丙净	methoprotryne	0. 4800	甲醇	0. 02
29	二甲酚草胺	dimethenamid	8. 6000	甲醇	0. 43
30	特草灵	terbucarb	4. 2000	甲醇	0. 21
31	戊菌唑	penconazole	4. 0000	甲醇	0. 2
32	腈菌唑	myclobutanil	2. 0000	甲醇	0. 1
33	多效唑	paclobutrazol	1. 1400	甲醇	0. 06
34	倍硫磷亚砜	fenthion sulfoxide	0. 6200	甲醇	0. 03
35	三唑醇	triadimenol	21. 1000	甲醇	1. 06
36	仲丁灵	butralin	3. 8000	甲醇	0. 19
37	螺环菌胺	spiroxamine	0. 1000	甲醇	0. 01
38	甲基立枯磷	tolclofos methyl	133. 1200	甲醇	6. 66
39	甜菜胺	desmedipham	8. 0600	甲醇	0. 4
40	杀扑磷	methidathion	21. 3200	甲醇	1. 07
41	烯丙菊酯	allethrin	120. 8000	甲醇	6. 04
42	二嗪磷	diazinon	1. 4200	甲苯	0. 07
43	敌瘟磷	edifenphos	1. 5000	甲醇	0. 08
44	氟硅唑	flusilazole	1. 1600	甲醇	0. 06
45	丙森锌	iprovalicarb	4. 6400	甲醇	0. 23
46	麦锈灵	benodanil	6. 9600	甲醇	0. 35
47	氟酰胺	flutolanil	2. 3000	甲醇	0. 11
48	氨磺磷	famphur	7. 2000	甲醇	0. 36
49	苯霜灵	benalyxyl	2. 4800	甲醇	0. 12
50	苄氯三唑醇	diclobutrazole	0. 9400	甲醇	0. 05
51	乙环唑	etaconazole	3. 5600	甲醇	0. 18
52	氯苯嘧啶醇	fenarimol	1. 2200	甲醇	0. 06
53	胺菊酯	tetramethirn	3. 6400	甲醇	0. 18
54	解草酯	cloquintocet mexyl	3. 7600	甲醇	0. 19
55	联苯三唑醇	bitertanol	66. 8000	甲醇	3. 34
56	甲基毒死蜱	chlorprifos methyl	32. 0000	甲醇	1. 6

（续表）

序号	中文名称	英文名称	定量限/（μg/kg）	溶剂	混合标准溶液浓度/（mg/L）
57	益棉磷	azinphos ethyl	217.8600	甲醇	10.89
58	炔草酸	clodinafop propargyl	4.8800	甲醇	0.24
59	杀铃脲	triflumuron	7.8400	甲醇	0.39
60	异噁唑草酮	isoxaflutole	7.8000	甲醇	0.39
61	喹禾灵	quizalofop – ethyl	1.3600	甲醇	0.07
62	精氟吡甲禾灵	haloxyfop – methyl	5.2800	甲醇	0.26
63	吡氟禾草灵	fluazifop butyl	0.5200	甲醇	0.03
64	乙基溴硫磷	bromophos – ethyl	1135.3800	甲醇	56.77
65	地散磷	bensulide	68.4000	甲醇	3.42
66	溴苯烯磷	bromfenvinfos	6.0400	甲醇	0.3
67	嘧菌酯	azoxystrobin	0.9000	甲醇	0.05
68	吡菌磷	pyrazophos	3.2400	甲醇	0.16
69	氟虫脲	flufenoxuron	6.3400	甲醇	0.32
70	茚虫威	indoxacarb	15.0800	甲醇	0.75
B组					
71	乙撑硫脲	ethylene thiourea	104.4000	甲醇	5.22
72	棉隆	dazomet	254.0000	甲醇	12.7
73	烟碱	nicotine	4.4000	甲醇	0.22
74	非草隆	fenuron	2.0600	甲醇	0.1
75	鼠立死	crimidine	3.1200	甲醇	0.16
76	禾草敌	molinate	4.2000	甲醇	0.21
77	6 – 氯 – 4 – 羟基 – 3 – 苯基哒嗪	6 – chloro – 4 – hydroxy – 3 – phenyl – pyridazin	3.3000	甲醇	0.17
78	残杀威	propoxur	48.8000	甲醇	2.44
79	异唑隆	isouron	0.8200	甲醇	0.04
80	绿麦隆	chlorotoluron	1.2400	甲醇	0.06
81	久效威	thiofanox	314.0000	甲醇	15.7
82	氯草灵	chlorbufam	366.0000	甲醇	18.3
83	噁虫威	bendiocarb	6.3600	甲醇	0.32
84	扑灭津	propazine	0.6400	甲醇	0.03
85	特丁津	terbuthylazine	0.9400	甲醇	0.05
86	敌草隆	diuron	3.1200	甲醇	0.16
87	氯甲硫磷	chlormephos	896.0000	甲醇	44.8

（续表）

序号	中文名称	英文名称	定量限/(μg/kg)	溶剂	混合标准溶液浓度/(mg/L)
88	萎锈灵	carboxin	1. 1200	甲醇	0. 06
89	噻虫胺	clothianidin	126. 0000	甲醇	6. 3
90	拿草特	pronamide	30. 7600	甲醇	1. 54
91	二甲草胺	dimethachloro	3. 8000	甲醇	0. 19
92	溴谷隆	methobromuron	33. 6800	甲苯	1. 68
93	甲拌磷	phorate	628. 0000	甲醇	31. 4
94	苯草醚	aclonifen	48. 4000	甲醇	2. 42
95	地安磷	mephosfolan	4. 6400	甲醇	0. 23
96	脱苯甲基亚胺唑	imibenzonazole – des – benzyl	12. 4400	甲醇	0. 62
97	草不隆	neburon	14. 2000	甲醇	0. 71
98	精甲霜灵	mefenoxam	3. 0800	甲醇	0. 15
99	乙氧呋草黄	ethofume sate	744. 0000	甲醇	37. 2
100	异稻瘟净	iprobenfos	16. 5600	甲醇	0. 83
101	环丙唑醇	cyproconazole	1. 4600	甲醇	0. 07
102	噻虫嗪	thiamethoxam	66. 0000	甲醇	3. 3
103	育畜磷	crufomate	1. 0400	甲醇	0. 05
104	乙嘧硫磷	etrimfos	37. 5200	甲醇	1. 88
105	赛灭磷	cythioate	160. 0000	甲醇	8
106	磷胺	phosphamidon	7. 7600	甲醇	0. 39
107	甜菜宁[a]	phenmedipham	17. 9200	甲醇	0. 45
108	环酰菌胺	fenhexamid	1. 9000	甲醇	0. 09
109	粉唑醇	flutriafol	17. 1600	甲醇	0. 86
110	抑菌丙胺酯	furalaxyl	1. 5400	甲醇	0. 08
111	生物丙烯菊酯	bioallethrin	396. 0000	甲醇	19. 8
112	苯腈磷	cyanofenphos	41. 6000	甲醇	2. 08
113	甲基嘧啶磷	pirimiphos methyl	0. 4000	甲醇	0. 02
114	噻嗪酮	buprofezin	1. 7600	甲醇	0. 09
115	乙拌磷砜	disulfoton sulfone	4. 9200	甲醇	0. 25
116	喹螨醚	fenazaquin	0. 6400	甲醇	0. 03
117	三唑磷	triazophos	1. 3600	甲苯	0. 07
118	脱叶磷[a]	DEF	3. 2200	甲醇	0. 16
119	环酯草醚	pyriftalid	1. 2400	甲醇	0. 06

（续表）

序号	中文名称	英文名称	定量限/(μg/kg)	溶剂	混合标准溶液浓度/(mg/L)
120	叶菌唑	metconazole	2. 6400	甲醇	0. 13
121	蚊蝇醚	pyriproxyfen	0. 8600	甲醇	0. 04
122	异噁酰草胺	isoxaben	0. 3800	甲醇	0. 02
123	呋草酮	flurtamone	0. 8800	甲醇	0. 04
124	氟乐灵	trifluralin	669. 6000	甲苯	33. 48
125	甲基麦草氟异丙酯	flamprop methyl	40. 4000	甲醇	2. 02
126	丙环唑	propiconazole	3. 5200	甲醇	0. 18
127	毒死蜱	chlorpyrifos	107. 6000	甲醇	5. 38
128	氯乙氟灵	fluchloralin	976. 0000	甲醇	48. 8
129	麦草氟异丙酯	flamprop isopropyl	0. 8600	甲醇	0. 04
130	杀虫畏	tetrachlorvinphos	4. 4400	甲苯	0. 22
131	炔螨特	propargite	137. 2000	甲醇	6. 86
132	糠菌唑	bromuconazole	6. 2800	甲醇	0. 31
133	氟吡酰草胺	picolinafen	1. 4600	甲醇	0. 07
134	氟噻乙草酯	fluthiacet methyl	10. 6000	甲醇	0. 53
135	肟菌酯	trifloxystrobin	4. 0000	甲醇	0. 2
136	氟铃脲	hexaflumuron	50. 4000	甲醇	2. 52
137	氟酰脲	novaluron	16. 0800	甲醇	0. 8
138	—	flurazuron	53. 6000	甲醇	2. 68
C 组					
139	抑芽丹	maleic hydrazide	160. 0000	甲醇	8
140	甲胺磷	methamidophos	9. 8600	甲醇	0. 49
141	茵草敌	EPTC	74. 6800	甲醇	3. 73
142	避蚊胺	diethyltoluamide	1. 1000	甲醇	0. 06
143	灭草隆	monuron	69. 4800	甲醇	3. 47
144	嘧霉胺	pyrimethanil	1. 3600	甲醇	0. 07
145	甲呋酰胺[a]	fenfuram	1. 5600	甲醇	0. 08
146	灭藻醌	quinoclamine	15. 8400	甲醇	0. 79
147	仲丁威	fenobucarb	11. 8000	甲醇	0. 59
148	敌稗	propanil	43. 1800	甲醇	2. 16
149	克百威	carbofuran	26. 1200	甲醇	1. 31
150	啶虫脒[a]	acetamiprid	2. 8800	甲醇	0. 14
151	嘧菌胺	mepanipyrim	0. 6400	甲醇	0. 03

（续表）

序号	中文名称	英文名称	定量限/（μg/kg）	溶剂	混合标准溶液浓度/（mg/L）
152	扑灭通	prometon	0. 2600	甲醇	0. 01
153	甲硫威	methiocarb	82. 4000	甲醇	4. 12
154	甲氧隆	metoxuron	1. 2800	甲醇	0. 06
155	乐果	dimethoate	15. 2000	甲醇	0. 76
156	伏草隆	fluometuron	1. 8400	甲醇	0. 09
157	百治磷	dicrotophos	2. 2800	甲醇	0. 11
158	庚酰草胺	monalide	2. 4000	甲醇	0. 12
159	双苯酰草胺	diphenamid	0. 2800	甲醇	0. 01
160	灭线磷	ethoprophos	5. 5200	甲醇	0. 28
161	地虫硫磷	fonofos	14. 9200	甲醇	0. 75
162	土菌灵	etridiazol	200. 8400	甲醇	10. 04
163	环嗪酮	hexazinone	0. 2400	甲醇	0. 01
164	阔草净	dimethametryn	0. 2200	甲醇	0. 01
165	内吸磷	demeton（o + s）	13. 5400	甲醇	0. 68
166	解草酮	benoxacor	13. 8000	甲醇	0. 69
167	除草定	bromacil	47. 2000	甲醇	2. 36
168	甲拌磷亚砜	phorate sulfoxide	736. 5600	甲醇	36. 83
169	溴莠敏	brompyrazon	7. 2000	甲醇	0. 36
170	灭锈胺	mepronil	0. 7600	甲醇	0. 04
171	乙拌磷	disulfoton	939. 4000	甲醇	46. 97
172	倍硫磷	fenthion	104. 0000	甲醇	5. 2
173	甲霜灵	metalaxyl	1. 0000	甲醇	0. 05
174	甲呋酰胺	ofurace	2. 0000	甲醇	0. 1
175	吗菌灵	dodemorph	0. 8000	甲醇	0. 04
176	甲基咪草酯	imazamethabenz – methyl	0. 3200	甲醇	0. 02
177	稻瘟灵	isoprothiolane	3. 7000	甲醇	0. 18
178	抑霉唑	imazalil	4. 0000	甲醇	0. 2
179	辛硫磷	phoxim	165. 6000	甲醇	8. 28
180	喹硫磷	quinalphos	4. 0000	甲醇	0. 2
181	苯氧威	fenoxycarb	36. 5400	甲醇	1. 83
182	嘧啶磷	pyrimitate	0. 3400	甲醇	0. 02
183	丰索磷	fensulfothin	4. 0000	甲醇	0. 2
184	氯咯草酮	fluorochloridone	27. 5600	甲醇	1. 38
185	丁草胺	butachlor	40. 1400	甲醇	2. 01

（续表）

序号	中文名称	英文名称	定量限/(μg/kg)	溶剂	混合标准溶液浓度/(mg/L)
186	醚菌酯	kresoxim – methyl	201. 1600	甲醇	10. 06
187	灭菌唑	triticonazole	6. 0400	异辛烷	0. 3
188	苯线磷亚砜	fenamiphos sulfoxide	1. 4800	甲醇	0. 07
189	噻吩草胺	thenylchlor	48. 2800	甲醇	2. 41
190	稻瘟酰胺	fenoxanil	78. 8000	甲醇	3. 94
191	杀草吡啶	fluridone	0. 3600	甲醇	0. 02
192	氟环唑	epoxiconazole	8. 1200	甲醇	0. 41
193	氯辛硫磷	chlorphoxim	155. 1400	甲醇	7. 76
194	苯线磷砜	fenamiphos sulfone	0. 9000	甲醇	0. 04
195	腈苯唑	fenbuconazole	3. 3000	甲醇	0. 16
196	异柳磷	isofenphos	437. 3400	甲醇	21. 87
197	苯醚菊酯	phenothrin	678. 4000	甲醇	33. 92
198	哌草磷	piperophos	18. 4800	甲醇	0. 92
199	增效醚	piperonyl butoxide	2. 2600	甲醇	0. 11
200	乙氧氟草醚	oxyflurofen	117. 1000	甲醇	5. 85
201	蝇毒磷	coumaphos	4. 2000	甲醇	0. 21
202	氟噻草胺	flufenacet	10. 6000	甲醇	0. 53
203	伏杀硫磷	phosalone	96. 0800	甲醇	4. 8
204	甲氧虫酰肼	methoxyfenozide	7. 4000	甲醇	0. 37
205	咪鲜胺	prochloraz	4. 1400	甲醇	0. 21
206	丙硫特普	aspon	3. 4600	甲醇	0. 17
207	乙硫磷	ethion	5. 9200	甲醇	0. 3
208	丁醚脲	diafenthiuron	0. 5600	甲醇	0. 03
209	氟硫草定	dithiopyr	20. 8000	甲醇	1. 04
210	唑螨酯	fenpyroximate	2. 7200	甲醇	0. 14
211	胺氟草酸	flumiclorac – pentyl	21. 2200	甲醇	1. 06
212	双硫磷	temephos	2. 4400	甲醇	0. 12
213	氟丙嘧草酯	butafenacil	19. 0000	甲醇	0. 95
D 组					
214	噻菌灵	thiabendazole	0. 9800	甲醇	0. 05
215	苯嗪草酮	metamitron	12. 7200	甲醇	0. 64
216	异丙隆	isoproturon	0. 2800	甲醇	0. 01
217	莠去通	atratone	0. 3600	甲醇	0. 02
218	敌草净	oesmetryn	0. 3400	甲醇	0. 02

（续表）

序号	中文名称	英文名称	定量限/（μg/kg）	溶剂	混合标准溶液浓度/（mg/L）
219	嗪草酮	metribuzin	1.0800	甲苯	0.05
220	—	DMST	80.0000	甲醇	4
221	环草敌	cycloate	8.8800	甲醇	0.44
222	莠去津	atrazine	0.7200	甲醇	0.04
223	丁草敌	butylate	604.0000	甲醇	30.2
224	吡蚜酮	pymetrozin	68.5600	甲醇	3.43
225	氯草敏	chloridazon	4.6600	甲醇	0.23
226	菜草畏	sulfallate	414.4000	甲苯	20.72
227	乙硫苯威	ethiofencarb	9.8400	甲醇	0.49
228	特丁通	terbumeton	0.2000	甲醇	0.01
229	环丙津	cyprazine	0.0800	甲醇	0.4
230	莠灭津	ametryn	1.9200	甲醇	0.1
231	木草隆	tebuthiuron	0.4400	甲醇	0.02
232	草达津	trietazine	1.2000	甲醇	0.06
233	另丁津	sebutylazine	0.6200	甲醇	0.03
234	蓄虫避	dibutyl succinate	444.8000	甲醇	22.24
235	牧草胺	tebutam	0.2800	甲醇	0.01
236	久效威亚砜	thiofanox - sulfoxide	16.5800	甲醇	0.83
237	虫螨畏	methacrifos	484.7400	甲醇	242.37
238	特丁净	terbutryn	0.0400	甲醇	0.002
239	虫线磷	thionazin	45.3600	甲醇	2.27
240	利谷隆	linuron	23.2600	甲醇	1.16
241	庚虫磷	heptanophos	11.6800	甲醇	0.58
242	苄草丹	prosulfocarb	0.7400	甲醇	0.04
243	杀草净	dipropetryn	13.9200	甲醇	0.7
244	禾草丹	thiobencarb	0.5400	甲醇	0.03
245	三正丁基磷酸盐	*tri* - *n* - butyl phosphate	0.7400	甲醇	0.04
246	乙霉威	diethofencarb	4.0000	甲醇	0.2
247	甲草胺	alachlor	14.8000	甲醇	0.74
248	硫线磷	cadusafos	2.3000	甲醇	0.12
249	吡唑草胺	metazachlor	1.9600	甲醇	0.1
250	胺丙畏	propetamphos	108.0000	甲醇	5.4
251	硅氟唑	simeconazole	5.8800	甲醇	0.29
252	三唑酮	triadimefon	15.7600	甲醇	0.79

（续表）

序号	中文名称	英文名称	定量限/（μg/kg）	溶剂	混合标准溶液浓度/（mg/L）
253	甲拌磷砜	phorate sulfone	84.0000	甲醇	4.2
254	十三吗啉	tridemorph	5.2000	甲醇	0.26
255	苯噻酰草胺	mefenacet	4.4200	甲醇	0.22
256	丁苯吗啉	fenpropimorph	0.3600	甲醇	0.02
257	戊唑醇	tebuconazole	4.4600	甲醇	0.22
258	异丙乐灵	isopropalin	60.0000	甲醇	3
259	氟苯嘧啶醇	nuarimol	2.0000	甲醇	0.1
260	乙嘧酚磺酸酯	bupirimate	1.4000	甲醇	0.07
261	保棉磷	azinphos – methyl	220.8660	甲醇	110.43
262	丁基嘧啶磷	tebupirimfos	0.2600	甲醇	0.01
263	稻丰散	phenthoate	184.7000	甲醇	9.24
264	治螟磷	sulfotep	5.2000	甲醇	0.26
265	硫丙磷	sulprofos	11.6800	甲苯	0.58
266	苯硫磷	EPN	66.0000	甲醇	3.3
267	烯唑醇	diniconazole	2.6800	甲醇	0.13
268	纹枯脲	pencycuron	0.5400	甲醇	0.03
269	灭蚜磷	mecarbam	39.2000	甲醇	1.96
270	苯草酮	tralkoxydim	0.6400	甲醇	0.03
271	马拉硫磷	malathion	11.2800	甲醇	0.56
272	稗草畏	pyributicarb	0.6800	甲醇	0.03
273	哒嗪硫磷	pyridaphenthion	1.7400	甲醇	0.09
274	嘧啶磷	pirimiphos – ethyl	0.1000	甲醇	0.5
275	吡唑硫磷	pyraclofos	2.0000	甲醇	0.1
276	啶氧菌酯	picoxystrobin	16.8800	甲醇	0.84
277	四氟醚唑	tetraconazole	3.4400	甲醇	0.17
278	吡唑解草酯	mefenpyr – diethyl	25.1200	甲醇	1.26
279	丙溴磷	profenefos	4.0400	甲醇	0.2
280	百克敏	pyraclostrobin	1.0200	甲醇	0.05
281	噻唑烟酸	thiazopyr	3.9200	甲醇	0.2
E组					
282	4 – 氨基吡啶[a]	4 – aminopyridine	1.7400	甲醇	0.09
283	灭多威	methomyl	19.1200	甲醇	0.96
284	咯喹酮	pyroquilon	6.9600	甲醇	0.35
285	麦穗灵	fuberidazole	3.7800	甲醇	0.19

（续表）

序号	中文名称	英文名称	定量限/（μg/kg）	溶剂	混合标准溶液浓度/（mg/L）
286	丁脒酰胺	isocarbamid	3. 4000	甲醇	0. 17
287	丁酮威	butocarboxim	3. 1400	甲醇	0. 16
288	杀虫脒	chlordimeform	2. 6600	甲醇	0. 13
289	霜脲氰[a]	cymoxanil	111. 2000	甲醇	5. 56
290	灭草敌	vernolate	0. 5200	甲醇	0. 03
291	氯硫酰草胺	chlorthiamid	17. 6400	甲醇	0. 88
292	灭害威	aminocarb	32. 8400	甲醇	1. 64
293	甲菌定	dimethirimol	0. 2400	甲醇	0. 01
294	氧乐果	omethoate	19. 3000	甲醇	0. 97
295	乙氧呋啉	ethoxyquin	7. 0400	甲醇	0. 35
296	敌敌畏	dichlorvos	1. 1000	甲醇	0. 05
297	涕灭威砜	aldicarb sulfone	42. 8000	甲醇	2. 14
298	二氧威	dioxacarb	6. 7200	甲醇	0. 34
299	乙硫苯威亚砜	ethiofencarb－sulfoxide	448. 0000	甲醇	22. 4
300	杀螟腈[a]	cyanophos	20. 2400	甲醇	1. 01
301	甲基乙拌磷	thiometon	1156. 0000	甲醇	57. 8
302	灭菌丹	folpet	277. 2000	甲醇	13. 86
303	砜吸磷	demeton－s－methyl sulfone	39. 5200	甲醇	1. 98
304	哌草丹	dimepiperate	2520. 0000	甲醇	126
305	苯锈定	fenpropidin	0. 3600	甲醇	0. 02
306	赛硫磷	amidithion	1316. 0000	甲醇	65. 8
307	乙基对氧磷	paraoxon－ethyl	0. 9400	甲醇	0. 05
308	4－十二烷基－2，6－二甲基吗啉	aldimorph	6. 3200	甲醇	0. 32
309	乙烯菌核利	vinclozolin	5. 0800	甲醇	0. 25
310	烯效唑	uniconazole	4. 8000	甲醇	0. 24
311	啶斑肟	pyrifenox	0. 5400	甲醇	0. 03
312	异氯磷	dicapthon	0. 4800	甲醇	0. 02
313	四螨嗪	clofentezine	1. 5200	甲醇	0. 08
314	氟草敏	norflurazon	0. 5200	甲醇	0. 03
315	野麦畏	triallate	92. 4000	甲醇	4. 62
316	苯氧喹啉	quinoxyphen	306. 8000	甲醇	15. 34
317	倍硫磷砜	fenthion sulfone	34. 9200	甲醇	1. 75
318	氟咯草酮	flurochloridone	2. 5800	甲醇	0. 13

（续表）

序号	中文名称	英文名称	定量限/（μg/kg）	溶剂	混合标准溶液浓度/（mg/L）
319	酞酸苯甲基丁酯	phthalic acid，benzyl butyl ester	1264.0000	甲醇	63.2
320	氯唑磷	isazofos	0.3600	甲醇	0.02
321	除线磷	dichlofenthion	60.4000	甲醇	3.02
322	蚜灭多砜	vamidothion sulfone	952.0000	甲醇	47.6
323	特丁硫磷砜	terbufos sulfone	177.2000	甲醇	8.86
324	敌乐胺	dinitramine	3.5800	甲苯	0.18
325	毒壤磷	trichloronate	133.6000	甲醇	6.68
326	苄呋菊酯－2	resmethrin－2	0.6000	甲醇	0.03
327	啶酰菌胺	boscalid	9.5200	甲醇	0.48
328	甲磺乐灵	nitralin	68.8000	甲醇	3.44
329	甲氰菊酯	fenpropathrin	490.0000	甲醇	24.5
330	噻螨酮	hexythiazox	47.2000	甲醇	2.36
331	苯螨特[a]	benzoximate	39.3200	甲醇	1.97
332	新燕灵	benzoylprop－ethyl	616.0000	甲醇	30.8
333	嘧螨醚	pyrimidifen	28.0000	甲醇	1.4
334	呋线威	furathiocarb	3.8400	甲醇	0.19
335	反式氯菊酯	*trans*－permethin	9.6000	甲醇	0.48
336	醚菊酯	etofenprox	456.0000	甲醇	228
337	呋草唑	pyrazoxyfen	0.6600	甲醇	0.03
338	己体氯氰菊酯	*zeta* cypermethrin	1.3600	甲醇	0.07
339	精氟吡乙禾灵	haloxyfop－2－ethoxyethyl	5.0000	甲醇	0.25
340	氟胺氰菊酯	*tau*－fluvalinate	460.0000	甲醇	23
		F组			
341	丙烯酰胺	acrylamide	35.6000	甲醇	1.78
342	叔丁基胺	*tert*－butylamine	77.9000	甲醇	3.9
343	邻苯二甲酰亚胺	phthalimide	86.0000	甲醇	4.3
344	甲氟磷	dimefox	136.4000	甲醇	6.82
345	速灭威	metolcarb	50.8000	甲醇	2.54
346	二苯胺	diphenylamin	0.8200	甲醇	0.04
347	萘乙酸基乙酰亚胺	1－naphthy acetamide	1.6200	甲醇	0.08
348	脱乙基莠去津	atrazine－desethyl	1.2400	甲醇	0.06
349	2，6－二氯苯甲酰胺	2，6－dichlorobenzamide	9.0000	甲醇	0.45
350	涕灭威	aldicarb	522.0000	甲醇	26.1

（续表）

序号	中文名称	英文名称	定量限/(μg/kg)	溶剂	混合标准溶液浓度/(mg/L)
351	酞酸二甲酯	dimethyl phthalate	26. 4000	甲醇	1. 32
352	杀虫脒盐酸盐[a]	chlordimeform hydrochloride	5. 2800	甲醇	0. 26
353	西玛通	simeton	2. 2000	甲醇	0. 11
354	呋虫胺	dinotefuram	20. 3600	甲醇	1. 02
355	克草敌	pebulate	6. 8000	甲醇	0. 34
356	活化酯	acibenzolar – s – methyl	6. 1600	甲醇	0. 31
357	蔬果磷	dioxabenzofos	27. 6800	甲醇	1. 38
358	杀线威肟	oxamyl – oxime	1096. 1200	甲醇	54. 81
359	甲基苯噻隆	methabenzthiazuron	0. 1400	甲醇	0. 01
360	丁酮砜威	butoxycarboxim	53. 2000	甲醇	2. 66
361	砜吸磷亚砜	demeton – s – methyl sulfoxide	7. 8400	甲醇	0. 39
362	久效威砜	thiofanox sulfone	48. 1600	甲醇	2. 41
363	硫环磷	phosfolan	0. 9800	环己烷	0. 05
364	硫赶内吸磷	demeton – s	160. 0000	甲醇	8
365	氧倍硫磷	fenthion oxon	2. 3800	甲醇	0. 12
366	萘丙胺	napropamide	2. 5400	甲醇	0. 13
367	杀螟硫磷	fenitrothion	53. 6000	甲醇	2. 68
368	酞酸二丁酯	phthalic acid, dibutyl ester	79. 2000	甲醇	3. 96
369	丙草胺	metolachlor	0. 7800	甲醇	0. 04
370	腐霉利	procymidone	173. 2000	甲醇	8. 66
371	蚜灭多	vamidothion	9. 1200	甲醇	0. 46
372	威菌磷	triamiphos	0. 0200	甲醇	0. 1
373	苄草隆	cumyluron	2. 6400	甲醇	0. 13
374	亚胺硫磷	phosmet	35. 4400	甲醇	1. 77
375	皮蝇磷	ronnel (fenchlorphos)	26. 2600	甲醇	1. 31
376	除虫菊素	pyrethrin	71. 6000	甲醇	3. 58
377	酞酸二环已酯	phthalic acid, biscyclohexyl ester	1. 3600	甲醇	0. 07
378	环丙酰胺	carpropamid	10. 4000	甲醇	0. 52
379	吡螨胺	tebufenpyrad	0. 5000	甲醇	0. 03
380	虫酰肼	tebufenozide	55. 6000	甲醇	2. 78
381	虫螨磷	chlorthiophos	63. 6000	甲醇	3. 18
382	氯亚磷	dialifos	314. 0000	甲醇	15. 7
383	吲哚酮草酯	cinidon – ethyl	29. 1600	甲醇	1. 46
384	鱼滕酮	rotenone	4. 6400	甲醇	0. 23

（续表）

序号	中文名称	英文名称	定量限/（μg/kg）	溶剂	混合标准溶液浓度/（mg/L）
385	亚胺唑	imibenconazole	20.5200	甲醇	1.03
386	恶草酸	propaquiafop	2.4800	甲醇	0.12
387	乳氟禾草灵	lactofen	124.0000	甲醇	6.2
388	吡草酮	benzofenap	0.1600	甲醇	0.01
389	地乐酯	dinoseb acetate	82.5600	甲醇	4.13
390	甲基咪草烟	imazapic	3.3600	甲醇	0.17
391	异丙草胺	propisochlor	1.6000	甲醇	0.08
392	氟硅菊酯	silafluofen	1216.0000	甲醇	60.8
393	四唑酰草胺	fentrazamide	24.8000	甲醇	1.24
394	五氯苯胺	pentachloroaniline	7.4800	甲醇	0.37
395	苯醚氰菊酯	cyphenothrin	33.6000	甲醇	1.68
396	恶唑隆[a]	dimefuron	8.0000	甲醇	0.4
397	马拉氧磷	malaoxon	9.3800	甲醇	0.47
G组					
398	茅草枯	dalapon	461.4800	甲醇	23.07
399	2-苯基苯酚	2-phenylphenol	339.7600	甲醇	16.99
400	3-苯基苯酚	3-phenylphenol	8.0000	甲醇	0.4
401	氯硝胺	dicloran	97.1200	甲醇	4.86
402	氯苯胺灵	chlorpropham	31.5400	甲醇	1.58
403	特草定	terbacil	1.7600	甲醇	0.09
404	杀螨醇	chlorfenethol	328.6000	甲醇	16.43
405	灭幼脲	chlorobenzuron	40.8000	甲醇	2.04
406	氯霉素	chloramphenicolum	7.7600	甲醇	0.39
407	氨磺乐灵	oryzalin	9.8200	甲醇	0.49
408	恶唑菌酮	famoxadone	90.5800	甲醇	4.53
409	吡氟酰草胺	diflufenican	56.5400	甲醇	2.83
410	乙虫腈	ethiprole	79.7000	甲醇	3.99
411	氟啶胺	fluazinam	141.2000	甲醇	7.06
412	克来范	kelevan	1928.5640	甲醇	964.28
413	氟丙菊酯	acrinathrin	16.1600	甲醇	0.81

[a]为定性鉴别的农药及相关化学品品种。

附　录　B

（资料性附录）

413 种农药及相关化学品监测离子对、碰撞气能量、源内碎裂电压和保留时间表

B. 1　413 种农药及相关化学品监测离子对、碰撞气能量、源内碎裂电压和保留时间见表 B. 1。

表 B. 1　　413 种农药及相关化学品监测离子对、碰撞气能量、源内碎裂电压和保留时间表

序号	中文名称	英文名称	保留时间/min	定量离子	定性离子	源内碎裂电压/V	碰撞气能量/V
A 组							
1	苯胺灵	propham	8. 80	180. 1/138. 0	180. 1/138. 0；180. 1/120. 0	80	5；15
2	异丙威	isoprocarb	8. 38	194. 1/95. 0	194. 1/95. 0；194. 1/137. 1	80	20；5
3	3，4，5 - 混杀威	3，4，5 - trimethacarb	8. 38	194. 2/137. 2	194. 2/137. 2；194. 2/122. 2	80	5；20
4	环莠隆	cycluron	7. 73	199. 4/72. 0	199. 4/72. 0；199. 4/89. 0	120	25；15
5	甲萘威	carbaryl	7. 45	202. 1/145. 1	202. 1/145. 1；202. 1/127. 1	80	10；5
6	毒草胺	propachlor	8. 75	212. 1/170. 1	212. 1/170. 1；212. 1/94. 1	100	10；30
7	吡咪唑	rabenzazole	7. 54	213. 2/172. 0	213. 2/172. 0；213. 2/118. 0	120	25；25
8	西草净	simetryn	5. 32	214. 2/124. 1	214. 2/124. 1；214. 2/96. 1	120	20；25
9	绿谷隆	monolinuron	7. 82	215. 1/126. 0	215. 1/126. 0；215. 1/148. 1	100	15；10
10	速灭磷	mevinphos	5. 17	225. 0/127. 0	225. 0/127. 0；225. 0/193. 0	80	15；1
11	叠氮津	aziprotryne	10. 40	226. 1/156. 1	226. 1/156. 1；226. 1/198. 1	100	10；10
12	密草通	secbumeton	5. 56	226. 2/170. 1	226. 2/170. 1；226. 2/142. 1	120	20；25
13	嘧菌磺胺	cyprodinil	9. 24	226. 0/93. 0	226. 0/93. 0；226. 0/108. 0	120	40；30
14	播土隆	buturon	9. 38	237. 1/84. 1	237. 1/84. 1；237. 1/126. 1	120	30；15
15	双酰草胺	carbetamide	5. 80	237. 1/192. 1	237. 1/192. 1；237. 1/118. 1	80	5；10
16	抗蚜威	pirimicarb	4. 20	239. 2/72. 0	239. 2/72. 0；239. 2/182. 2	120	20；15
17	异噁草松	clomazonedimethazone	9. 36	240. 1/125. 0	240. 1/125. 0；240. 1/89. 1	100	20；50
18	氰草津	cyanazine	6. 38	241. 1/214. 1	241. 1/214. 1；241. 1/174. 0	120	15；15
19	扑草净	prometryne	7. 66	242. 2/158. 1	242. 2/158. 1；242. 2/200. 2	120	20；20
20	甲基对氧磷	paraoxon - methyl	6. 20	248. 0/202. 1	248. 0/202. 1；248. 0/90. 0	120	20；30
21	噻虫啉	thiacloprid	5. 65	253. 1/126. 1	253. 1/126. 1；253. 1/186. 1	120	20；10
22	吡虫啉	imidacloprid	4. 73	256. 1/209. 1	256. 1/209. 1；256. 1/175. 1	80	10；10
23	磺噻隆	ethidimuron	4. 62	265. 1/208. 1	265. 1/208. 1；265. 1/162. 1	80	10；25
24	丁嗪草酮	isomethiozin	14. 20	269. 1/200. 0	269. 1/200. 0；269. 1/172. 1	120	15；25
25	燕麦敌	diallate	17. 40	270. 0/86. 0	270. 0/86. 0；270. 0/109. 0	100	15；35
26	乙草胺	acetochlor	13. 70	270. 2/224. 0	270. 2/224. 0；270. 2/148. 2	80	5；20

（续表）

序号	中文名称	英文名称	保留时间/min	定量离子	定性离子	源内碎裂电压/V	碰撞气能量/V
27	烯啶虫胺	nitenpyram	3. 87	271. 1/224. 1	271. 1/224. 1；271. 1/237. 1	100	15；15
28	甲氧丙净	methoprotryne	6. 47	272. 2/198. 2	272. 2/198. 2；272. 2/170. 1	140	25；30
29	二甲酚草胺	dimethenamid	10. 50	276. 1/244. 1	276. 1/244. 1；276. 1/168. 1	120	10；15
30	特草灵	terbucarb	16. 50	278. 2/166. 1	278. 2/166. 1；278. 2/109. 0	80	15；30
31	戊菌唑	penconazole	13. 70	284. 1/70. 0	284. 1/70. 0；284. 1/159. 0	120	15；20
32	腈菌唑	myclobutanil	12. 10	289. 1/125. 0	289. 1/125. 0；289. 1/70. 0	120	20；15
33	多效唑	paclobutrazol	10. 32	294. 2/70. 0	294. 2/70. 0；294. 2/125. 0	100	15；25
34	倍硫磷亚砜	fenthionsulfoxide	7. 31	295. 1/109. 0	295. 1/109. 0；295. 1/280. 0	140	35；20
35	三唑醇	triadimenol	10. 15	296. 1/70. 0	296. 1/70. 0；296. 1/99. 1	80	10；10
36	仲丁灵	butralin	18. 60	296. 1/240. 1	296. 1/240. 1；296. 1/222. 1	100	10；20
37	螺环菌胺	spiroxamine	9. 90	298. 2/144. 2	298. 2/144. 2；298. 2/100. 1	120	20；35
38	甲基立枯磷	tolclofosmethyl	16. 60	301. 2/269. 0	301. 2/269. 0；301. 2/125. 2	120	15；20
39	甜菜胺	desmedipham	10. 65	301. 2/182. 1	301. 2/182. 1；301. 2/136. 1	80	5；20
40	杀扑磷	methidathion	10. 69	303. 0/145. 1	303. 0/145. 1；303. 0/85. 0	80	5；10
41	烯丙菊酯	allethrin	18. 10	303. 2/135. 1	303. 2/135. 1；303. 2/123. 2	60	10；20
42	二嗪磷	diazinon	15. 95	305. 0/169. 1	305. 0/169. 1；305. 0/153. 2	160	20；20
43	敌瘟磷	edifenphos	3. 00	311. 1/283. 0	311. 1/283. 0；311. 1/109. 0	100	10；35
44	氟硅唑	flusilazole	13. 60	316. 1/247. 1	316. 1/247. 1；316. 1/165. 1	120	15；20
45	丙森锌	iprovalicarb	12. 00	321. 1/119. 0	321. 1/119. 0；321. 1/203. 2	100	25；5
46	麦锈灵	benodanil	9. 80	324. 1/203. 0	324. 1/203. 0；324. 1/231. 0	120	25；40
47	氟酰胺	flutolanil	14. 00	324. 2/262. 1	324. 2/262. 1；324. 2/282. 1	120	20；10
48	氨磺磷	famphur	10. 30	326. 0/217. 0	326. 0/217. 0；326. 0/281. 0	100	20；10
49	苯霜灵	benalyxyl	15. 19	326. 2/148. 1	326. 2/148. 1；326. 2/294. 0	120	1；5
50	苄氯三唑醇	diclobutrazole	12. 20	328. 0/159. 0	328. 0/159. 0；328. 0/70. 0	120	35；30
51	乙环唑	etaconazole	11. 75	328. 1/159. 1	328. 1/159. 1；328. 1/205. 1	80	25；20
52	氯苯嘧啶醇	fenarimol	12. 20	331. 0/268. 1	331. 0/268. 1；331. 0/81. 0	120	25；30
53	胺菊酯	tetramethirn	17. 85	332. 2/164. 1	332. 2/164. 1；332. 2/135. 1	100	15；15
54	解草酯	cloquintocetmexyl	17. 36	336. 1/238. 1	336. 1/238. 1；336. 1/192. 1	120	15；20
55	联苯三唑醇	bitertanol	13. 90	338. 2/70. 0	338. 2/70. 0；338. 2/269. 2	60	5；1
56	甲基毒死蜱	chlorprifosmethyl	16. 72	322. 0/125. 0	322/125. 0；322. 0/290. 0	80	15；15
57	益棉磷	azinphosethyl	14. 00	346. 0/233. 0	346. 0/233. 0；346. 0/261. 1	120	10；5
58	炔草酸	clodinafoppropargyl	16. 09	350. 1/266. 1	350. 1/266. 1；350. 1/238. 1	120	15；20
59	杀铃脲	triflumuron	15. 59	359. 0/156. 1	359. 0/156. 1；359. 0/139. 0	120	15；30
60	异噁唑草酮	isoxaflutole	12. 00	360. 0/251. 1	360. 0/251. 1；360. 0/220. 1	120	10；45
61	喹禾灵	quizalofop – ethyl	17. 40	373. 0/299. 1	373. 0/299. 1；373. 0/91. 0	140	15；30

（续表）

序号	中文名称	英文名称	保留时间/min	定量离子	定性离子	源内碎裂电压/V	碰撞气能量/V
62	精氟吡甲禾灵	haloxyfop – methyl	17. 11	376. 0/316. 0	376. 0/316. 0；376. 0/288. 0	120	15；20
63	吡氟禾草灵	fluazifopbutyl	18. 24	384. 1/282. 1	384. 1/282. 1；384. 1/328. 1	120	20；15
64	乙基溴硫磷	bromophos – ethyl	19. 15	393. 0/337. 0	393. 0/337. 0；393. 0/162. 1	100	20；30
65	地散磷	bensulide	16. 18	398. 0/158. 1	398. 0/158. 1；398. 0/314. 0	80	20；5
66	溴苯烯磷	bromfenvinfos	15. 22	402. 9/170. 0	402. 9/170. 0；402. 9/127. 0	100	35；20
67	嘧菌酯	azoxystrobin	12. 50	404. 0/372. 0	404. 0/372. 0；404. 0/344. 1	120	10；15
68	吡菌磷	pyrazophos	16. 20	374. 0/222. 0	374. 0/222. 0；374. 0/194. 0	120	20；30
69	氟虫脲	flufenoxuron	18. 30	489. 0/158. 1	489. 0/158. 1；489. 0/141. 1	80	10；15
70	茚虫威	indoxacarb	17. 43	528. 0/150. 0	528. 0/150. 0；528. 0/218. 0	120	20；20
B 组							
71	乙撑硫脲	ethylenethiourea	0. 74	103. 0/60. 0	103. 0/60. 0；103. 0/86. 0	100	35；10
72	棉隆	dazomet	3. 80	163. 1/120. 0	163. 1/120. 0；163. 1/77. 0	80	10；35
73	烟碱	nicotine	0. 74	163. 2/130. 1	163. 2/130. 1；163. 2/117. 1	100	25；30
74	非草隆	fenuron	4. 50	165. 1/72. 0	165. 1/72. 0；165. 1/120. 0	120	15；15
75	鼠立死	crimidine	4. 47	172. 1/107. 1	172. 1/107. 1；172. 1/136. 2	120	30；25
76	禾草敌	molinate	11. 30	188. 1/126. 1	188. 1/126. 1；188. 1/83. 0	120	10；15
77	6 – 氯 – 4 – 羟基 – 3 – 苯基哒嗪	6 – chloro – 4 – hydroxy – 3 – phenyl – pyridazin	12. 86	207. 1/77. 0	207. 1/77. 0；207. 1/104. 0	120	25；35
78	残杀威	propoxur	6. 79	210. 1/111. 0	210. 1/111. 0；210. 1/168. 1	80	10；5
79	异唑隆	isouron	6. 11	212. 2/167. 1	212. 2/167. 1；212. 2/72. 0	120	15；25
80	绿麦隆	chlorotoluron	7. 23	213. 1/72. 0	213. 1/72. 0；213. 1/140. 1	80	25；25
81	久效威	thiofanox	1. 00	241. 0/184. 0	241. 0/184. 0；241. 0/57. 1	120	15；5
82	氯草灵	chlorbufam	11. 67	224. 1/172. 1	224. 1/172. 1；224. 1/154. 1	120	5；15
83	噁虫威	bendiocarb	6. 87	224. 1/109. 0	224. 1/109. 0；224. 1/167. 1	80	5；10
84	扑灭津	propazine	9. 37	229. 9/146. 1	229. 9/146. 1；229. 9/188. 1	120	20；15
85	特丁津	terbuthylazine	10. 15	230. 1/174. 1	230. 1/174. 1；230. 1/132. 0	120	15；20
86	敌草隆	diuron	7. 82	233. 1/72. 0	233. 1/72. 0；233. 1/160. 1	120	20；20
87	氯甲硫磷	chlormephos	13. 70	235. 0/125. 0	235. 0/125. 0；235. 0/75. 0	100	10；10
88	萎锈灵	carboxin	7. 67	236. 1/143. 1	236. 1/143. 1；236. 1/87. 0	120	15；20
89	噻虫胺	clothianidin	4. 40	250. 2/169. 1	250. 2/169. 1；250. 2/132. 0	80	10；15
90	拿草特	pronamide	11. 81	256. 1/190. 1	256. 1/190. 1；256. 1/173. 0	80	10；20
91	二甲草胺	dimethachloro	8. 96	256. 1/224. 2	256. 1/224. 2；256. 1/148. 2	120	10；20
92	溴谷隆	methobromuron	8. 25	259. 0/170. 1	259. 0/170. 1；259. 0/148. 0	80	15；15
93	甲拌磷	phorate	16. 55	261. 0/75. 0	261. 0/75. 0；261. 0/199. 0	80	10；5
94	苯草醚	aclonifen	14. 70	265. 1/248. 0	265. 1/248. 0；265. 1/193. 0	120	15；15

（续表）

序号	中文名称	英文名称	保留时间/min	定量离子	定性离子	源内碎裂电压/V	碰撞气能量/V
95	地安磷	mephosfolan	5.97	270.1/140.1	270.1/140.1；270.1/168.1	100	25；15
96	脱苯甲基亚胺唑	imibenzonazole－des－benzyl	5.96	271.0/174.0	271.0/174.0；271/70.0	120	25；25
97	草不隆	neburon	14.17	275.1/57.0	275.1/57.0；275.1/88.1	120	20；15
98	精甲霜灵	mefenoxam	7.92	280.1/192.1	280.1/192.1；280.1/220.0	100	15；10
99	乙氧呋草黄	ethofumesate	12.86	287.0/121.0	287.0/121.0；287.0/161.0	80	10；20
100	异稻瘟净	iprobenfos	13.50	289.1/91.0	289.1/91.0；289.1/205.1	80	25；5
101	环丙唑醇	cyproconazole	10.59	292.1/70.0	292.1/70.0；292.1/125.0	120	15；15
102	噻虫嗪	thiamethoxam	4.05	292.1/211.2	292.1/211.2；292.1/181.1	80	10；20
103	育畜磷	crufomate	11.56	292.1/236.0	292.1/236.0；292.1/108.1	120	20；30
104	乙嘧硫磷	etrimfos	6.16	293.1/125.0	293.1/125.0；293.1/265.1	80	20；15
105	赛灭磷	cythioate	6.59	298.0/217.1	298.0/217.1；298.0/125.0	100	15；25
106	磷胺	phosphamidon	5.77	300.1/174.1	300.1/174.1；300.1/127.0	120	10；20
107	甜菜宁	phenmedipham	10.69	301.1/168.1	301.1/168.1；301.1/136.0	80	5；20
108	环酰菌胺	fenhexamid	12.33	302.0/97.1	302.0/97.1；302.0/55.0	80	30；25
109	粉唑醇	flutriafol	7.55	302.1/70.0	302.1/70.0；302.1/123.0	120	15；20
110	抑菌丙胺酯	furalaxyl	10.77	302.2/242.2	302.2/242.2；302.2/270.2	100	15；5
111	生物丙烯菊酯	bioallethrin	18.00	303.1/135.1	303.1/135.1；303.1/107.0	80	10；20
112	苯腈磷	cyanofenphos	16.44	304.0/157.0	304.0/157.0；304.0/276.0	100	20；10
113	甲基嘧啶磷	pirimiphosmethyl	15.50	306.2/164.0	306.2/164.0；306.2/108.1	120	20；30
114	噻嗪酮	buprofezin	13.34	306.2/201.0	306.2/201.0；306.2/116.1	120	15；10
115	乙拌磷砜	disulfotonsulfone	9.79	307.0/97.0	307.0/97.0；307.0/125.0	100	30；10
116	喹螨醚	fenazaquin	18.80	307.2/57.1	307.2/57.1；307.2/161.2	120	20；15
117	三唑磷	triazophos	13.80	314.1/162.1	314.1/162.1；314.1/286.0	120	20；10
118	脱叶磷	DEF	19.21	315.1/169.0	315.1/169.0；315.1/113.0	100	10；20
119	环酯草醚	pyriftalid	12.00	319.0/139.1	319.0/139.1；319.0/179.0	140	35；35
120	叶菌唑	metconazole	13.77	320.2/70.0	320.2/70.0；320.2/125.0	140	35；55
121	蚊蝇醚	pyriproxyfen	18.00	322.1/96.0	322.1/96.0；322.1/227.1	120	15；10
122	异噁酰草胺	isoxaben	13.21	333.1/165.0	333.1/165.0；333.1/150.1	120	15；50
123	呋草酮	flurtamone	11.25	334.1/247.1	334.1/247.1；334.1/303.0	120	30；20
124	氟乐灵	trifluralin	12.86	336.0/138.9	336.0/138.9；336.0/103.0	120	20；45
125	甲基麦草氟异丙酯	flampropmethyl	13.20	336.1/105.1	336.1/105.1；336.1/304.0	80	20；5

（续表）

序号	中文名称	英文名称	保留时间/min	定量离子	定性离子	源内碎裂电压/V	碰撞气能量/V
126	丙环唑	propiconazole	14. 29	342. 1/159. 1	342. 1/159. 1；342. 1/69. 0	120	20；20
127	毒死蜱	chlorpyrifos	18. 29	350. 0/198. 0	350. 0/198. 0；350. 0/79. 0	100	20；35
128	氯乙氟灵	fluchloralin	17. 68	356. 0/186. 0	356. 0/314. 1；356. 0/63. 0	80	15；30
129	麦草氟异丙酯	flampropisopropyl	16. 00	364. 1/105. 1	364. 1/105. 1；364. 1/304. 1	80	20；5
130	杀虫畏	tetrachlorvinphos	13. 70	365. 0/127. 0	365. 0/127. 0；365. 0/239. 0	120	15；15
131	炔螨特	propargite	18. 77	368. 1/231. 0	368. 1/231. 0；368. 1/175. 1	100	5；15
132	糠菌唑	bromuconazole	12. 70	376. 0/159. 0	376. 0/159. 0；376. 0/70. 0	80	20；20
133	氟吡酰草胺	picolinafen	17. 74	377. 0/238. 0	377. 0/238. 0；377. 0/359. 0	120	20；20
134	氟噻乙草酯	fluthiacetmethyl	14. 80	404. 0/215. 0	404. 0/215. 0；404. 0/274. 0	180	50；10
135	肟菌酯	trifloxystrobin	17. 44	409. 3/186. 1	409. 3/186. 1；409. 3/206. 2	120	15；10
136	氟铃脲	hexaflumuron	16. 90	461. 0/141. 1	461. 0/141. 1；461. 0/158. 1	120	35；35
137	氟酰脲	novaluron	17. 39	493. 0/158. 0	493. 0/158. 0；493. 0/141. 1	80	15；55
138	—	flurazuron	18. 10	506. 0/158. 1	506. 0/158. 1；506. 0/141. 1	120	15；50
C 组							
139	抑芽丹	maleichydrazide	0. 73	113. 1/67. 1	113. 1/67. 1；113. 1/85. 0	100	20；20
140	甲胺磷	methamidophos	0. 74	142. 1/94. 0	142. 1/94. 0；142. 1/125. 0	80	15；10
141	茵草敌	EPTC	14. 00	190. 2/86. 0	190. 2/86. 0；190. 2/128. 1	100	10；10
142	避蚊胺	diethyltoluamide	7. 70	192. 2/119. 0	192. 2/119. 0；192. 2/91. 0	100	15；30
143	灭草隆	monuron	5. 94	199. 0/72. 0	199. 0/72. 0；199. 0/126. 0	120	15；15
144	嘧霉胺	pyrimethanil	6. 70	200. 2/107. 0	200. 2/107. 0；200. 2/183. 1	120	25；25
145	甲呋酰胺	fenfuram	7. 48	202. 1/109. 0	202. 1/109. 0；202. 1/83. 0	120	20；20
146	灭藻醌	quinoclamine	6. 09	208. 1/105. 0	208. 1/105. 0；208. 1/154. 1	120	30；20
147	仲丁威	fenobucarb	9. 92	208. 2/95. 0	208. 2/95. 0；208. 2/152. 1	80	10；5
148	敌稗	propanil	9. 09	218. 0/162. 1	218. 0/162. 1；218. 0/127. 0	120	15；20
149	克百威	carbofuran	6. 81	222. 3/165. 1	222. 3/165. 1；222. 3/123. 1	120	5；20
150	啶虫脒	acetamiprid	4. 86	223. 2/126. 0	223. 2/126. 0；223. 2/56. 0	120	15；15
151	嘧菌胺	mepanipyrim	12. 23	224. 2/77. 0	224. 2/77. 0；224. 2/106. 0	120	30；25
152	扑灭通	prometon	5. 40	226. 2/142. 0	226. 2/142. 0；226. 2/184. 1	120	20；20
153	甲硫威	methiocarb	4. 51	226. 2/121. 1	226. 2/121. 1；226. 2/169. 1	80	10；5
154	甲氧隆	metoxuron	5. 59	229. 1/72. 0	229. 1/72. 0；229. 1/156. 1	120	20；20
155	乐果	dimethoate	4. 88	230. 0/199. 0	230. 0/199. 0；230. 0/171. 0	80	5；10
156	伏草隆	fluometuron	7. 27	233. 1/72. 0	233. 1/72. 0；233. 1/160. 0	120	20；20
157	百治磷	dicrotophos	3. 97	238. 1/112. 1	238. 1/112. 1；238. 1/193. 0	80	10；5
158	庚酰草胺	monalide	14. 50	240. 1/85. 1	240. 1/85. 1；240. 1/57. 0	120	15；35

（续表）

序号	中文名称	英文名称	保留时间/min	定量离子	定性离子	源内碎裂电压/V	碰撞气能量/V
159	双苯酰草胺	diphenamid	9.00	240.1/134.1	240.1/134.1；240.1/167.1	120	20；25
160	灭线磷	ethoprophos	11.98	243.1/173.0	243.1/173.0；243.1/215.0	120	10；10
161	地虫硫磷	fonofos	16.10	247.1/109.0	247.1/109.0；247.1/137.1	80	15；5
162	土菌灵	etridiazol	17.20	247.1/183.1	247.1/183.1；247.1/132.0	120	15；15
163	环嗪酮	hexazinone	5.66	253.2/171.1	253.2/171.1；253.2/71.0	120	15；20
164	阔草净	dimethametryn	8.79	256.2/186.1	256.2/186.1；256.2/96.1	140	20；35
165	内吸磷	demeton（o+s）	8.59	259.1/89.0	259.1/89.0；259.1/61.0	60	10；35
166	解草酮	benoxacor	10.83	260.0/149.2	260.0/149.2；260/134.1	120	15；20
167	除草定	bromacil	5.78	261.0/205.0	261.0/205.0；261.0/188.0	80	10；20
168	甲拌磷亚砜	phoratesulfoxide	7.34	277.0/143.0	277.0/143.0；277.0/199.0	100	15；5
169	溴莠敏	brompyrazon	4.69	266.0/92.0	266.0/92.0；266.0/104.0	120	30；30
170	灭锈胺	mepronil	13.15	270.2/119.1	270.2/119.1；270.2/228.2	100	30；15
171	乙拌磷	disulfoton	16.80	275.0/89.0	275.0/89.0；275.0/61.0	80	5；20
172	倍硫磷	fenthion	15.54	279.0/169.1	279.0/169.1；279.0/247.0	120	15；10
173	甲霜灵	metalaxyl	7.75	280.1/192.2	280.1/192.2；280.1/220.2	120	15；20
174	甲呋酰胺	ofurace	7.65	282.1/160.2	282.1/160.2；282.1/254.2	120	20.1
175	吗菌灵	dodemorph	8.45	282.3/116.1	282.3/116.1；282.3/98.1	120	20；30
176	噻唑硫磷	imazamethabenz－methyl	4.38	284.1/228.1	284.1/228.1；284.1/104.0	80	5；20
177	稻瘟灵	isoprothiolane	13.17	291.1/189.1	291.1/189.1；291.1/231.1	80	20；5
178	抑霉唑	imazalil	6.86	297.0/159.0	297.0/159.0；297/255.0	120	20；20
179	辛硫磷	phoxim	16.80	299.0/77.0	299.0/77.0；299.0/129.0	80	20；10
180	喹硫磷	quinalphos	14.80	299.1/147.1	299.1/147.1；299.1/163.1	120	20；20
181	苯氧威	fenoxycarb	18.10	362.1/288.0	362.1/288.0；362.1/244.0	120	20；20
182	嘧啶磷	pyrimitate	14.00	306.1/170.2	306.1/170.2；306.1/154.2	120	20；20
183	丰索磷	fensulfothin	8.55	309.0/157.1	309.0/157.1；309.0/253.0	120	25；15
184	氯咯草酮	fluorochloridone	13.80	312.1/292.1	312.1/292.1；312.1/89.0	100	25；25
185	丁草胺	butachlor	18.00	312.2/238.1	312.2/238.1；312.2/162.0	80	10；20
186	醚菌酯	kresoxim－methyl	15.20	314.1/267.0	314.1/267.0；314.1/206.0	80	5；5
187	灭菌唑	triticonazole	10.55	318.2/70.0	318.2/70.0；318.2/125.1	120	15；35
188	苯线磷亚砜	fenamiphossulfoxide	5.87	320.1/171.1	320.1/171.1；320.1/292.1	140	25；15
189	噻吩草胺	thenylchlor	14.00	324.1/127.0	324.1/127.0；324.1/59.0	80	10；45
190	稻瘟酰胺	fenoxanil	18.81	329.1/302.0	329.1/302.0；329.1/189.1	80	5；30
191	杀草吡啶	fluridone	10.30	330.1/309.1	330.1/309.1；330.1/259.2	160	40；55
192	氟环唑	epoxiconazole	18.81	330.1/141.1	330.1/141.1；330.1/121.1	120	20；20
193	氯辛硫磷	chlorphoxim	17.15	333.0/125.0	333.0/125.0；333/163.1	80	5；5

（续表）

序号	中文名称	英文名称	保留时间/min	定量离子	定性离子	源内碎裂电压/V	碰撞气能量/V
194	苯线磷砜	fenamiphossulfone	6.63	336.1/188.2	336.1/188.2；336.1/266.2	120	30；20
195	腈苯唑	fenbuconazole	13.40	337.1/70.0	337.1/70.0；337.1/125.0	120	20；20
196	异柳磷	isofenphos	17.25	346.1/217.0	346.1/217.0；346.1/245.0	80	20；10
197	苯醚菊酯	phenothrin	19.70	351.1/183.2	351.1/183.2；351.1/237.0	100	15；5
198	哌草磷	piperophos	17.00	354.1/171.0	354.1/171.0；354.1/143.0	100	20；30
199	增效醚	piperonylbutoxide	17.75	356.2/177.1	356.2/177.1；356.2/119.0	100	10；35
200	乙氧氟草醚	oxyflurofen	18.00	362.0/316.1	362.0/316.1；362/237.1	120	10；25
201	蝇毒磷	coumaphos	16.42	363.1/227.2	363.1/227.2；363.1/307.1	120	20；15
202	氟噻草胺	flufenacet	14.00	364.0/194.0	364.0/194.0；364.0/152.0	80	5；10
203	伏杀硫磷	phosalone	16.79	368.1/182.0	368.1/182.0；368.1/322.0	80	10；5
204	甲氧虫酰肼	methoxyfenozide	13.41	313.0/149.0	313.0/149.0；313.0/91.0	100	10；35
205	咪鲜胺	prochloraz	11.79	376.1/308.0	376.1/308.0；376.1/266.0	80	10；10
206	丙硫特普	aspon	19.22	379.1/115.0	379.1/115.0；379.1/210.0	80	30；15
207	乙硫磷	ethion	18.46	385.0/199.1	385.0/199.1；385.0/171.0	80	5；15
208	丁醚脲	diafenthiuron	6.40	388.1/167.0	388.1/167.0；388.1/141.1	120	10；10
209	氟硫草定	dithiopyr	17.81	402.0/354.0	402.0/354.0；402.0/272.0	120	20；30
210	唑螨酯	fenpyroximate	18.66	422.2/366.2	422.2/366.2；422.2/135.0	120	10；35
211	胺氟草酸	flumiclorac – pentyl	18.00	441.1/308.0	441.1/308.0；441.1/354.0	100	25；10
212	双硫磷	temephos	18.30	467.0/125.0	467.0/125.0；467.0/155.0	100	30；30
213	氟丙嘧草酯	butafenacil	15.00	492.0/180.0	492.0/180.0；492.0/331.0	120	35；25
			D组				
214	噻菌灵	thiabendazole	3.32	202.1/175.1	202.1/175.1；202.1/131.1	120	30；30
215	苯嗪草酮	metamitron	4.18	203.1/175.1	203.1/175.1；203.1/104.0	120	15；20
216	异丙隆	isoproturon	7.44	207.2/72.0	207.2/72.0；207.2/165.1	120	15；15
217	莠去通	atratone	4.46	212.2/170.2	212.2/170.2；212.2/100.1	120	15；30
218	敌草净	oesmetryn	4.92	214.1/172.1	214.1/172.1；214.1/82.1	120	15；25
219	嗪草酮	metribuzin	7.16	215.1/187.2	215.1/187.2；215.1/131.1	120	15；20
220	—	DMST	7.06	215.3/106.1	215.3/106.1；215.3/151.2	80	10；5
221	环草敌	cycloate	15.95	216.2/83.0	216.2/83.0；216.2/154.1	120	15；10
222	莠去津	atrazine	7.20	216.0/174.2	216.0/174.2；216.0/132	120	15；20
223	丁草敌	butylate	17.20	218.1/57.0	218.1/57.0；218.1/156.2	80	10；5
224	吡蚜酮	pymetrozin	0.73	218.1/105.1	218.1/105.1；218.1/78.0	100	20；40
225	氯草敏	chloridazon	4.35	222.1/104.0	222.1/104.0；222.1/92.0	120	25；35
226	菜草畏	sulfallate	15.25	224.1/116.1	224.1/116.1；224.1/88.2	100	10；20
227	乙硫苯威	ethiofencarb	4.48	227.0/107.0	227.0/107.0；227.0/164.0	80	5；5

（续表）

序号	中文名称	英文名称	保留时间/min	定量离子	定性离子	源内碎裂电压/V	碰撞气能量/V
228	特丁通	terbumeton	5. 25	226. 2/170. 1	226. 2/170. 1；226. 2/114. 0	120	15；20
229	环丙津	cyprazine	7. 15	228. 2/186. 1	228. 2/186. 1；228. 2/108. 1	120	15；25
230	莠灭津	ametryn	5. 85	228. 2/186. 0	228. 2/186. 0；228. 2/68. 0	120	20；35
231	木草隆	tebuthiuron	5. 30	229. 2/172. 2	229. 2/172. 2；229. 2/116. 0	120	15；20
232	草达津	trietazine	12. 00	230. 1/202. 0	230. 1/202. 0；230. 1/132. 1	160	20；20
233	另丁津	sebutylazine	8. 65	230. 1/174. 1	230. 1/174. 1；230. 1/104. 0	12	15；30
234	蓄虫避	dibutylsuccinate	14. 80	231. 1/101. 0	231. 1/101. 0；231. 1/157. 1	60	1；10
235	牧草胺	tebutam	13. 04	234. 2/91. 1	234. 2/91. 1；234. 2/192. 2	120	20；15
236	久效威亚砜	thiofanox – sulfoxide	4. 08	235. 1/104. 0	235. 1/104. 0；235. 1/57. 0	60	5；20
237	虫螨畏	methacrifos	10. 03	241. 0/209. 0	241. 0/209；241. 0/125. 0	60	5；20
238	特丁净	terbutryn	7. 44	242. 2/186. 1	242. 2/186. 1；242. 2/71. 0	120	15；20
239	虫线磷	thionazin	8. 84	249. 1/97. 0	249. 1/97. 0；249. 1/193. 0	80	30；10
240	利谷隆	linuron	9. 84	249. 0/160. 1	249. 0/160. 1；249. 0/182. 1	100	15；15
241	庚虫磷	heptanophos	7. 85	251. 0/127. 0	251. 0/127. 0；251. 0/109. 0	80	10；30
242	苄草丹	prosulfocarb	17. 10	252. 1/91. 0	252. 1/91. 0；252. 1/128. 1	120	15；10
243	杀草净	dipropetryn	8. 58	256. 1/144. 1	256. 1/144. 1；256. 1/214. 0	140	30；20
244	禾草丹	thiobencarb	15. 80	258. 1/125. 0	258. 1/125. 0；258. 1/89. 0	80	20；55
245	三正丁基磷酸盐	*tri* – *n* – butylphosphate	15. 45	267. 2/99. 0	267. 2/99. 0；267. 2/155. 1	80	5；15
246	乙霉威	diethofencarb	10. 40	268. 1/226. 2	268. 1/226. 2；268. 1/152. 1	80	5；20
247	甲草胺	alachlor	13. 15	270. 2/238. 2	270. 2/238. 2；270. 2/162. 2	80	10；20
248	硫线磷	cadusafos	15. 27	271. 1/159. 1	271. 1/159. 1；271. 1/131. 0	80	10；20
249	吡唑草胺	metazachlor	8. 36	278. 1/134. 1	278. 1/134. 1；278. 1/210. 1	80	20；5
250	胺丙畏	propetamphos	13. 60	282. 1/138. 0	282. 1/138；282. 1/156. 1	80	15；10
251	硅氟唑	simeconazole	11. 00	294. 2/70. 1	294. 2/70. 1；294. 2/135. 1	120	15；15
252	三唑酮	triadimefon	11. 88	294. 2/69. 0	294. 2/69. 0；294. 2/197. 1	100	20；15
253	甲拌磷砜	phoratesulfone	9. 34	293. 0/171. 0	293. 0/171. 0；293. 0/143. 1	60	5；15
254	十三吗啉	tridemorph	14. 00	298. 3/130. 1	298. 3/130. 1；298. 3/57. 1	160	25；35
255	苯噻酰草胺	mefenacet	11. 60	299. 1/148. 1	299. 1/148. 1；299. 1/120. 1	100	15；25
256	丁苯吗琳	fenpropimorph	9. 10	304. 0/147. 2	304. 0/147. 2；304. 0/130. 0	120	30；30
257	戊唑醇	tebuconazole	12. 44	308. 2/70. 0	308. 2/70. 0；308. 2/125. 0	100	25；25
258	异丙乐灵	isopropalin	19. 05	310. 2/225. 7	310. 2/225. 7；310. 2/207. 7	120	15；20
259	氟苯嘧啶醇	nuarimol	9. 20	315. 1/252. 1	315. 1/252. 1；315. 1/81. 0	120	25；30
260	乙嘧酚磺酸酯	bupirimate	9. 52	317. 2/166. 0	317. 2/166. 0；317. 2/272. 0	120	25；20
261	保棉磷	azinphos – methyl	10. 45	318. 1/125. 0	318. 1/125. 0；318. 1/160. 0	80	15；10
262	丁基嘧啶磷	tebupirimfos	18. 15	319. 1/277. 1	319. 1/277. 1；319. 1/153. 2	120	10；30

（续表）

序号	中文名称	英文名称	保留时间/min	定量离子	定性离子	源内碎裂电压/V	碰撞气能量/V
263	稻丰散	phenthoate	15.57	321.1/247.0	321.1/247.0；321.1/163.1	80	5；10
264	治螟磷	sulfotep	16.35	323.0/171.1	323.0/171.1；323.0/143.0	120	10；20
265	硫丙磷	sulprofos	18.40	323.0/219.1	323.0/219.1；323.0/247.0	120	15；10
266	苯硫磷	EPN	17.10	324.0/296.0	324.0/296.0；324.0/157.1	120	10；20
267	烯唑醇	diniconazole	13.67	326.1/70.0	326.1/70.0；326.1/159.0	120	25；30
268	纹枯脲	pencycuron	16.33	329.2/125.0	329.2/125.0；329.2/218.1	120	20；15
269	灭蚜磷	mecarbam	14.46	330.0/227.0	330.0/227.0；330.0/199.0	80	5；10
270	苯草酮	tralkoxydim	18.09	330.2/284.2	330.2/284.2；330.2/138.1	100	10；20
271	马拉硫磷	malathion	13.20	331.0/127.1	331.0/127.1；331.0/99.0	80	5；10
272	稗草畏	pyributicarb	18.26	331.1/181.1	331.1/181.1；331.1/108.0	120	10；20
273	哒嗪硫磷	pyridaphenthion	12.32	341.1/189.2	341.1/189.2；341.1/205.2	120	20；20
274	嘧啶磷	pirimiphos – ethyl	17.75	334.2/198.2	334.2/198.2；334.2/182.2	120	20；25
275	吡唑硫磷	pyraclofos	15.34	361.1/257.0	361.1/257.0；361.1/138.0	120	25；35
276	啶氧菌酯	picoxystrobin	15.40	368.1/145.0	368.1/145.0；368.1/205.0	80	20；5
277	四氟醚唑	tetraconazole	12.54	372.0/159.0	372.0/159.0；372.0/70.0	120	35；35
278	吡唑解草酯	mefenpyr – diethyl	16.80	373.0/327.0	373.0/327.0；373.0/160.0	80	15；35
279	丙溴磷	profenefos	16.74	373.0/302.9	373.0/302.9；373.0/345.0	120	15；10
280	百克敏	pyraclostrobin	16.04	388.0/163.0	388.0/163.0；388.0/194.0	120	20；10
281	噻唑烟酸	thiazopyr	16.15	397.1/377.0	397.1/377.0；397.1/335.1	140	20；30
E组							
282	4 – 氨基吡啶	4 – aminopyridine	0.72	95.1/52.1	95.1/52.1；95.1/78.1	120	25；5
283	灭多威	methomyl	3.76	163.2/88.1	163.2/88.1；163.2/106.1	80	5；10
284	咯喹酮	pyroquilon	5.87	174.1/117.1	174.1/117.1；174.1/132.2	140	35；25
285	麦穗灵	fuberidazole	3.66	185.2/157.2	185.2/157.2；185.2/92.1	120	20；25
286	丁脒酰胺	isocarbamid	4.35	186.2/87.1	186.2/87.1；186.2/130.1	80	20；5
287	丁酮威	butocarboxim	5.30	213.0/75.1	213.0/75.1；213.0/156.1	100	15；5
288	杀虫脒	chlordimeform	4.13	197.2/117.1	197.2/117.1；197.2/89.1	120	25；50
289	霜脲氰	cymoxanil	4.95	199.1/111.1	199.1/111.1；199.1/128.1	80	20；15
290	灭草敌	vernolate	3.47	204.2/128.2	204.2/128.2；204.2/175.5	100	10；10
291	氯硫酰草胺	chlorthiamid	5.80	206.0/189.0	206.0/189.0；206.0/119.0	80	15；50
292	灭害威	aminocarb	0.75	209.3/137.1	209.3/137.1；209.3/152.1	100	20；10
293	甲菌定	dimethirimol	4.20	210.2/71.1	210.2/71.1；210.2/140.0	120	25；20
294	氧乐果	omethoate	0.75	214.1/125.0	214.1/125.0；214.1/183.0	80	20；5
295	乙氧呋啉	ethoxyquin	7.19	218.2/174.2	218.2/174.2；218.2/160.1	120	30；35
296	敌敌畏	dichlorvos	4.20	222.9/109.0	222.9.0/109.0；222.9/79.0	120	15；30

（续表）

序号	中文名称	英文名称	保留时间/min	定量离子	定性离子	源内碎裂电压/V	碰撞气能量/V
297	涕灭威砜	aldicarbsulfone	3. 50	223. 1/76. 0	223. 1/76. 0；223. 1/148. 0	80	5；5
298	二氧威	dioxacarb	4. 70	224. 1/123. 1	224. 1/123. 1；224. 1/167. 1	80	15；5
299	乙硫苯威亚砜	ethiofencarb－sulfoxide	3. 95	242. 2/107. 1	242. 2/107. 1；242. 2/185. 1	80	15；5
300	杀螟腈	cyanophos	6. 89	244. 2/180. 0	244. 2/180. 0；244. 2/125. 0	120	20；15
301	甲基乙拌磷	thiometon	7. 16	247. 1/171. 0	247. 1/171. 0；247. 1/89. 1	100	10；10
302	灭菌丹	folpet	12. 82	260. 0/130. 0	260. 0/130. 0；260. 0/102. 3	100	10；40
303	砜吸磷	demeton－s－methylsulfone	3. 96	263. 1/169. 1	263. 1/169. 1；263. 1/125. 0	80	15；20
304	哌草丹	dimepiperate	16. 82	286. 1/168. 0	286. 1/168. 0；286. 1/119. 1	80	10；10
305	苯锈定	fenpropidin	8. 96	274. 0/147. 1	274. 0/147. 1；274. 0/86. 1	160	25；25
306	甲咪唑烟酸	amidithion	4. 80	276. 2/163. 2	276. 2/163. 2；276. 2/216. 2；276. 2/86. 1	120	20；20；25
307	乙基对氧磷	paraoxon－ethyl	8. 00	276. 2/220. 1	276. 2/220. 1；276. 2/94. 1	100	10；40
308	4－十二烷基－2；6－二甲基吗啉	aldimorph	14. 10	284. 4/57. 2	284. 4/57. 2；284. 4/98. 1	160	30；30
309	乙烯菌核利	vinclozolin	14. 66	286. 1/242. 0	286. 1/242. 0；286. 1/145. 1	100	5；45
310	烯效唑	uniconazole	11. 69	292. 1/70. 1	292. 1/70. 1；292. 1/125. 1	120	30；30
311	啶斑肟	pyrifenox	7. 42	295. 0/93. 1	295. 0/93. 1；295. 0/163. 0	120	15；15
312	异氯磷	dicapthon	14. 47	298. 0/125. 0	298. 0/125. 0；298. 0/266. 1	80	10；10
313	四螨嗪	clofentezine	16. 18	303. 0/138. 0	303. 0/138. 0；303. 0/156. 0	100	25；25
314	氟草敏	norflurazon	8. 08	304. 0/284. 0	304. 0/284. 0；304. 0/160. 1	140	25；35
315	野麦畏	triallate	18. 52	304. 0/143. 0	304. 0/143. 0；304. 0/86. 1	120	25；15
316	苯氧喹啉	quinoxyphen	17. 05	308. 0/197. 0	308. 0/197. 0；308. 0/272. 0	180	35；35
317	倍硫磷砜	fenthionsulfone	8. 71	311. 1/125. 0	311. 1/125. 0；311. 1/109. 0	140	15；20
318	氟咯草酮	flurochloridone	13. 34	312. 2/292. 2	312. 2/292. 2；312. 2/53. 1	140	25；30
319	酞酸苯甲基丁酯	phthalicacid，benzylbutyl ester	17. 34	313. 2/91. 1	313. 2/91. 1；313. 2/149. 0；313. 2/205. 1	80	10；10；5
320	氯唑磷	isazofos	13. 67	314. 1/162. 1	314. 1/162. 1；314. 1/120. 0	100	10；35
321	除线磷	dichlofenthion	18. 15	315. 0/259. 0	315. 0/259. 0；315. 0/287. 0	100	10；5
322	蚜灭多砜	vamidothionsulfone	2. 45	178. 0/87. 0	178. 0/87. 0；178. 0/60. 0	100	15；10
323	特丁硫磷砜	terbufossulfone	12. 57	321. 2/171. 1	321. 2/171. 1；321. 2/143. 0	80	5；15
324	敌乐胺	dinitramine	15. 80	323. 1/305. 0	323. 1/305. 0；323. 1/247. 0	120	10；15
325	毒壤磷	trichloronate	5. 10	325. 2/261. 3	325. 2/261. 3；325. 2/108. 0	80	5；15
326	苄呋菊酯－2	resmethrin－2	12. 35	339. 2/171. 1	339. 2/171. 1；339. 2/143. 1	80	10；25

（续表）

序号	中文名称	英文名称	保留时间/min	定量离子	定性离子	源内碎裂电压/V	碰撞气能量/V
327	啶酰菌胺	boscalid	12. 20	343. 2/307. 2	343. 2/307. 2；343. 2/271. 0	140	20；35
328	甲磺乐灵	nitralin	15. 15	346. 1/304. 1	346. 1/304. 1；346. 1/262. 1	100	10；20
329	甲氰菊酯	fenpropathrin	19. 00	350. 2/125. 2	350. 2/125. 2；350. 2/97. 0	120	5；20
330	噻螨酮	hexythiazox	18. 23	353. 1/168. 1	353. 1/168. 1；353. 1/228. 1	120	20；10
331	苯螨特	benzoximate	17. 00	386. 1/197. 0	386. 1/197. 0；386. 1/199. 2	140	30；30
332	新燕灵	benzoylprop – ethyl	16. 00	366. 1/105. 0	366. 1/105. 0；366. 1/77. 0	80	15；35
333	嘧螨醚	pyrimidifen	13. 69	378. 2/184. 1	378. 2/184. 1；378. 2/150. 2	140	15；40
334	呋线威	furathiocarb	17. 85	383. 3/195. 1	383. 3/195. 1；383. 3/252. 1；383. 3/167. 0	100	10；5；25
335	反式氯菊酯	*trans* – permethin	21. 00	391. 3/149. 1	391. 3/149. 1；391. 3/167. 1	100	10；10
336	醚菊酯	etofenprox	19. 73	394. 0/177. 0	394. 0/177. 0；394. 0/359. 0	100	15；5
337	呋草唑	pyrazoxyfen	14. 30	403. 2/91. 1	403. 2/91. 1；403. 2/105. 1；403. 2/139. 1	140	25；20；20
338	己体氯氰菊酯	*zeta* cypermethrin	20. 45	433. 3/416. 2	433. 3/416. 2；433. 3/191. 2	100	5；10
339	精氟吡乙禾灵	haloxyfop – 2 – ethoxyethyl	17. 65	434. 1/316. 0	434. 1/316. 0；434. 1/288. 0；434. 1/91. 2	120	15；20；45
340	氟胺氰菊酯	*tau* – fluvalinate	19. 58	503. 2/181. 2	503. 2/181. 2；503. 2/208. 1	80	25；15
				F 组			
341	丙烯酰胺	acrylamide	0. 73	72. 0/55. 0	72. 0/55. 0；72. 0/27. 0	100	10；10
342	叔丁基胺	*tert* – butylamine	0. 65	74. 1/46. 0	74. 1/46. 0；74. 1/56. 8	120	5；5
343	邻苯二甲酰亚胺	phthalimide	0. 74	148. 0/130. 1	148. 0/130. 1；148. 0/102. 0	100	10；25
344	甲氟磷	dimefox	3. 88	155. 1/110. 1	155. 1/110. 1；155. 1/135. 0	120	20；10
345	速灭威	metolcarb	6. 50	166. 2/109. 0	166. 2/109. 0；166. 2/97. 1	80	15；50
346	二苯胺	diphenylamin	13. 06	170. 2/93. 1	170. 2/93. 1；170. 2/152. 0	120	30；30
347	萘乙酸基乙酰亚胺	1 – naphthyacetamide	5. 30	186. 2/141. 1	186. 2/141. 1；186. 2/115. 1	100	15；45
348	脱乙基莠去津	atrazine – desethyl	4. 43	188. 2/146. 1	188. 2/146. 1；188. 2/104. 1	120	10；20
349	2，6 – 二氯苯甲酰胺	2，6 – dichlorobenzamide	3. 85	190. 1/173. 0	190. 1/173. 0；190. 1/145. 0	100	20；30
350	涕灭威	aldicarb	5. 42	213. 0/89. 0	213. 0/89. 0；213. 0/116. 0	100	30；10
351	酞酸二甲酯	dimethylphthalate	3. 50	217. 0/86. 0	217. 0/86. 0；217. 0/156. 0	100	15；20
352	杀虫脒盐酸盐	chlordimeformhydrochl oride	4. 00	197. 2/117. 1	197. 2/117. 1；197. 2/89. 1	120	25；50
353	西玛通	simeton	3. 94	198. 2/100. 1	198. 2/100. 1；198. 2/128. 2	120	25；20

（续表）

序号	中文名称	英文名称	保留时间/min	定量离子	定性离子	源内碎裂电压/V	碰撞气能量/V
354	呋虫胺	dinotefuram	3. 06	203. 3/129. 2	203. 3/129. 2；203. 3/87. 1	80	5；10
355	克草敌	pebulate	16. 05	204. 2/72. 1	204. 2/72. 1；204. 2/128. 0	100	10；10
356	活化酯	acibenzolar – s – methyl	10. 00	211. 1/91. 0	211. 1/91. 0；211. 1/136. 0	120	20；30
357	蔬果磷	dioxabenzofos	10. 15	217. 0/77. 1	217. 0/77. 1；217. 0/107. 1	100	40；30
358	杀线威肟	oxamyl – oxime	3. 46	241. 0/72. 0	241. 0/72. 0；242. 0/121. 0	120	15；10
359	甲基苯噻隆	methabenzthiazuron	6. 80	222. 2/165. 1	222. 2/165. 1；222. 2/149. 9	100	15；35
360	丁酮砜威	butoxycarboxim	3. 30	223. 2/63. 0	223. 2/63. 0；223. 2/106. 1	80	10；5
361	砜吸磷亚砜	demeton – s – methylsulfox ide	3. 42	247. 1/109. 0	247. 1/109. 0；247. 1/169. 1	80	20；10
362	久效威砜	thiofanoxsulfone	7. 30	251. 1/57. 2	251. 1/57. 2；251. 1/76. 1	80	5；5
363	硫环磷	phosfolan	4. 95	256. 2/140. 0	256. 2/140. 0；256. 2/228. 0	100	25；10
364	硫赶内吸磷	demeton – s	5. 44	259. 1/89. 1	259. 1/89. 1；259. 1/61. 0	60	10；35
365	氧倍硫磷	fenthionoxon	8. 15	263. 2/230. 0	263. 2/230. 0；263. 2/216. 0	100	10；20
366	萘丙胺	napropamide	12. 45	272. 2/171. 1	272. 2/171. 1；272. 2/129. 2	120	15；15
367	杀螟硫磷	fenitrothion	13. 60	278. 1/125. 0	278. 1/125. 0；278. 1/246. 0	140	15；15
368	酞酸二丁酯	phthalicacid，dibutylester	17. 50	279. 2/149. 0	279. 2/149. 0；279. 2/121. 1	80	10；45
369	丙草胺	metolachlor	13. 15	284. 1/252. 2	284. 1/252. 2；284. 1/176. 2	120	10；15
370	腐霉利	procymidone	13. 33	284. 0/256. 0	284. 0/256. 0；284. 0/145. 0	140	10；45
371	蚜灭多	vamidothion	4. 18	288. 2/146. 1	288. 2/146. 1；288. 2/118. 1	80	10；20
372	威菌磷	triamiphos	6. 58	295. 2/135. 1	295. 2/135. 1；295. 2/92. 0	100	25；35
373	苄草隆	cumyluron	11. 70	303. 3/185. 1	303. 3/185. 1；303. 3/125. 0	100	5；45
374	亚胺硫磷	phosmet	11. 14	318. 0/160. 1	318. 0/160. 1；318. 0/133. 0	80	10；35
375	皮蝇磷	ronnel（fenchlorphos）	17. 70	320. 9/125. 0	320. 9/125. 0；320. 9/288. 8	120	10；10
376	除虫菊素	pyrethrin	18. 78	329. 2/161. 1	329. 2/161. 1；329. 2/133. 1	100	5；15
377	酞酸二环已酯	phthalicacid，biscyclohex ylester	19. 10	331. 3/149. 1	331. 3/149. 1；331. 3/167. 1；331. 3/249. 0	80	10；5；5
378	环丙酰胺	carpropamid	15. 36	334. 2/196. 1	334. 2/196. 1；334. 2/139. 1	120	10；15
379	吡螨胺	tebufenpyrad	17. 32	334. 3/147. 0	334. 3/147. 0；334. 3/117. 1	160	25；40
380	虫酰肼	tebufenozide	14. 70	297. 0/133. 0	297. 0/133. 0；297. 0/105. 0	80	15；35
381	虫螨磷	chlorthiophos	18. 58	361. 0/305. 0	361. 0/305. 0；361. 0/225. 0	100	10；15
382	氯亚磷	dialifos	17. 15	394. 0/208. 0	394. 0/208. 0；394. 0/187. 0	100	5；20
383	吲哚酮草酯	cinidon – ethyl	17. 63	394. 2/348. 1	394. 2/348. 1；394. 2/107. 1	120	15；45
384	鱼滕酮	rotenone	14. 00	395. 3/213. 2	395. 3/213. 2；395. 3/192. 2	160	20；20

（续表）

序号	中文名称	英文名称	保留时间/min	定量离子	定性离子	源内碎裂电压/V	碰撞气能量/V
385	亚胺唑	imibenconazole	17.16	411.0/125.1	411.0/125.1；411.0/171.1；411.0/342.0	120	25；15；10
386	恶草酸	propaquiafop	17.56	444.2/100.1	444.2/100.1；444.2/299.1	140	15；25
387	乳氟禾草灵	lactofen	18.23	479.1/344.0	479.1/344.0；479.1/223.0	120	15；35
388	吡草酮	benzofenap	16.95	431.0/105.0	431.0/105.0；431.0/119.0	140	30；20
389	地乐酯	dinosebacetate	0.75	283.1/89.2	283.1/89.2；283.1/133.1；283.1/177.2	120	10；10；10
390	甲基咪草烟	imazapic	4.76	276.1/163.2	276.1/163.2；276.1/86.1；276.1/216.0	120	20；25；20
391	异丙草胺	propisochlor	15.00	284.0/224.0	284.0/224.0；284.0/212.0	80	5；15
392	氟硅菊酯	silafluofen	20.80	412.0/91.0	412.0/91.0；412.0/72.1	100	40；30
393	四唑酰草胺	fentrazamide	16.00	372.1/219.0	372.1/219.0；372.1/83.2	200	5；35
394	五氯苯胺	pentachloroaniline	14.30	285.0/99.1	285.0/99.1；285.0/127.0	100	15；5
395	苯醚氰菊酯	cyphenothrin	19.40	376.2/151.2	376.2/151.2；376.2/123.2	100	5；15
396	恶唑隆	dimefuron	13.00	339.1/167.0	339.1/167.0；339.1/72.1	140	20；30
397	马拉氧磷	malaoxon	13.80	331.0/99.0	331.0/99.0；331.0/127.0	120	20；5
			G组				
398	茅草枯	dalapon	0.60	140.8/58.8	140.8/58.8；140.8/62.9	100	10；15
399	2－苯基苯酚	2－phenylphenol	9.78	169.0/115.0	169.0/115.0；169.0/93.0	140	35；20
400	3－苯基苯酚	3－phenylphenol	9.78	169.0/115.0	169.0/115.0；169.0/141.1	140	35；35
401	氯硝胺	dicloran	8.82	205.1/169.3	205.1/169.3；205.1/123.2	120	15；30
402	氯苯胺灵	chlorpropham	12.55	212.0/152.0	212.0/152.0；212.0/57.0	80	5；20
403	特草定	terbacil	5.94	215.1/159.0	215.1/159.0；215.1/73.0	120	10；40
404	杀螨醇	chlorfenethol	11.81	265.0/96.7	265.0/96.7；265.0/152.7	120	15；5
405	灭幼脲	chlorobenzuron	14.05	306.9/154.0	306.9/154.0；306.9/125.9	100	5；20
406	氯霉素	chloramphenicolum	5.07	321.0/152.0	321.0/152.0；321.0/257.0	100	15；10
407	氨磺乐灵	oryzalin	14.04	345.0/281.1	345.0/281.1；345.0/146.9；345.0/78.1	120	10；10；5
408	恶唑菌酮	famoxadone	16.52	373.0/282.0	373.0/282.0；373.0/328.9	120	20；15
409	吡氟酰草胺	diflufenican	17.30	393.1/329.1	393.1/329.1；393.1/272.0	100	10；10
410	乙虫腈	ethiprole	10.74	394.9/331.0	394.9/331.0；394.9/250.0	100	5；25
411	氟啶胺	fluazinam	17.25	462.9/415.9	462.9/415.9；462.9/398.0	120	20；15
412	克来范	kelevan	19.50	628.1/169.0	628.1/169.0；628.1/422.6	120	24；22
413	氟丙菊酯	acrinathrin	19.60	540.0/345.0	540.0/345.0；540.0/372.0	120	15；5

附 录 C

（资料性附录）

413 种农药及相关化学品多反应监测（MRM）色谱图

A、B、C、D、E、F 和 G 七组农药及相关化学品多反应监测（MRM）色谱图如下：

A 组

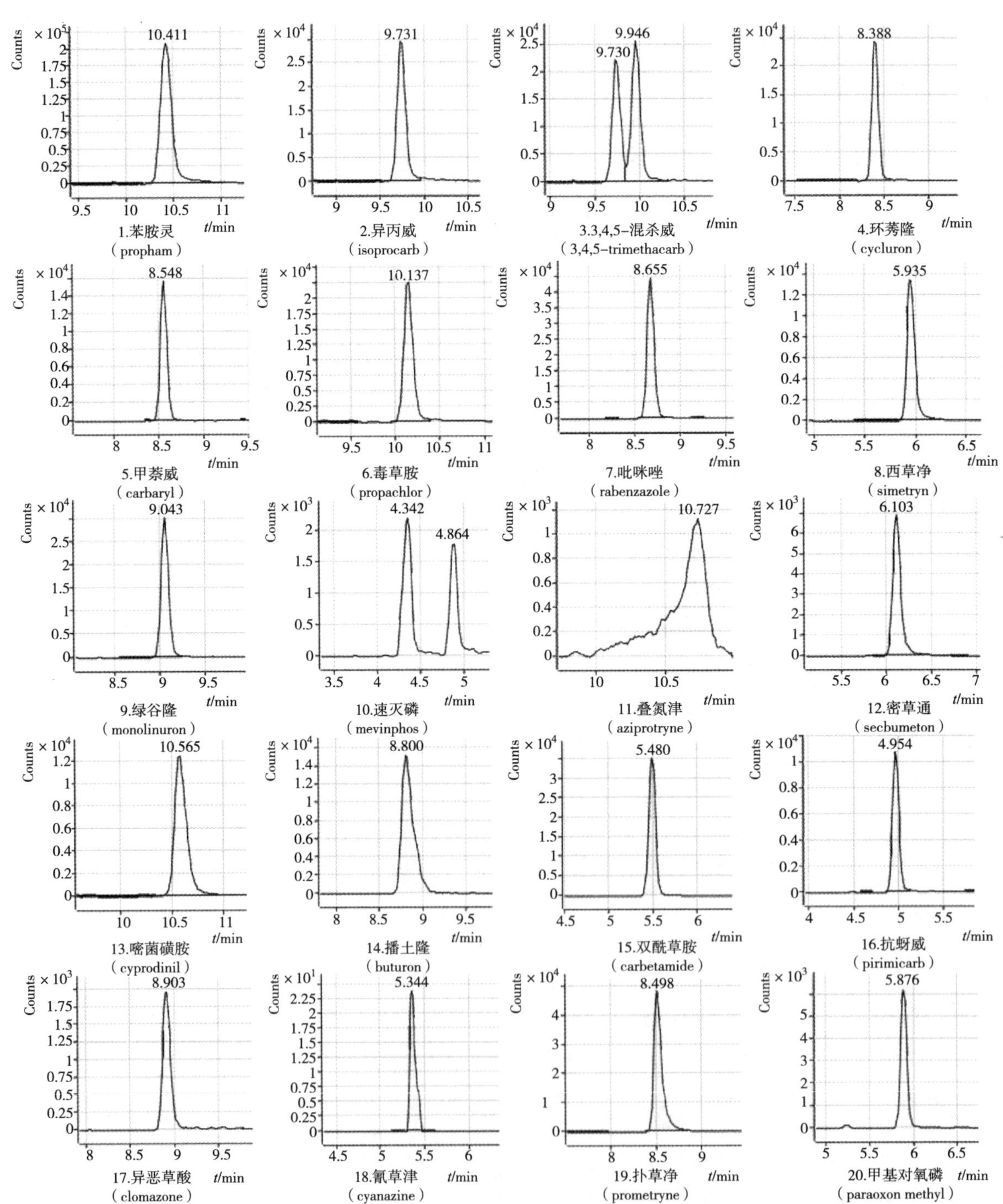

1.苯胺灵（propham） 2.异丙威（isoprocarb） 3.3,4,5-混杀威（3,4,5-trimethacarb） 4.环莠隆（cycluron）

5.甲萘威（carbaryl） 6.毒草胺（propachlor） 7.吡咪唑（rabenzazole） 8.西草净（simetryn）

9.绿谷隆（monolinuron） 10.速灭磷（mevinphos） 11.叠氮津（aziprotryne） 12.密草通（secbumeton）

13.嘧菌磺胺（cyprodinil） 14.播土隆（buturon） 15.双酰草胺（carbetamide） 16.抗蚜威（pirimicarb）

17.异恶草酸（clomazone） 18.氰草津（cyanazine） 19.扑草净（prometryne） 20.甲基对氧磷（paraoxon methyl）

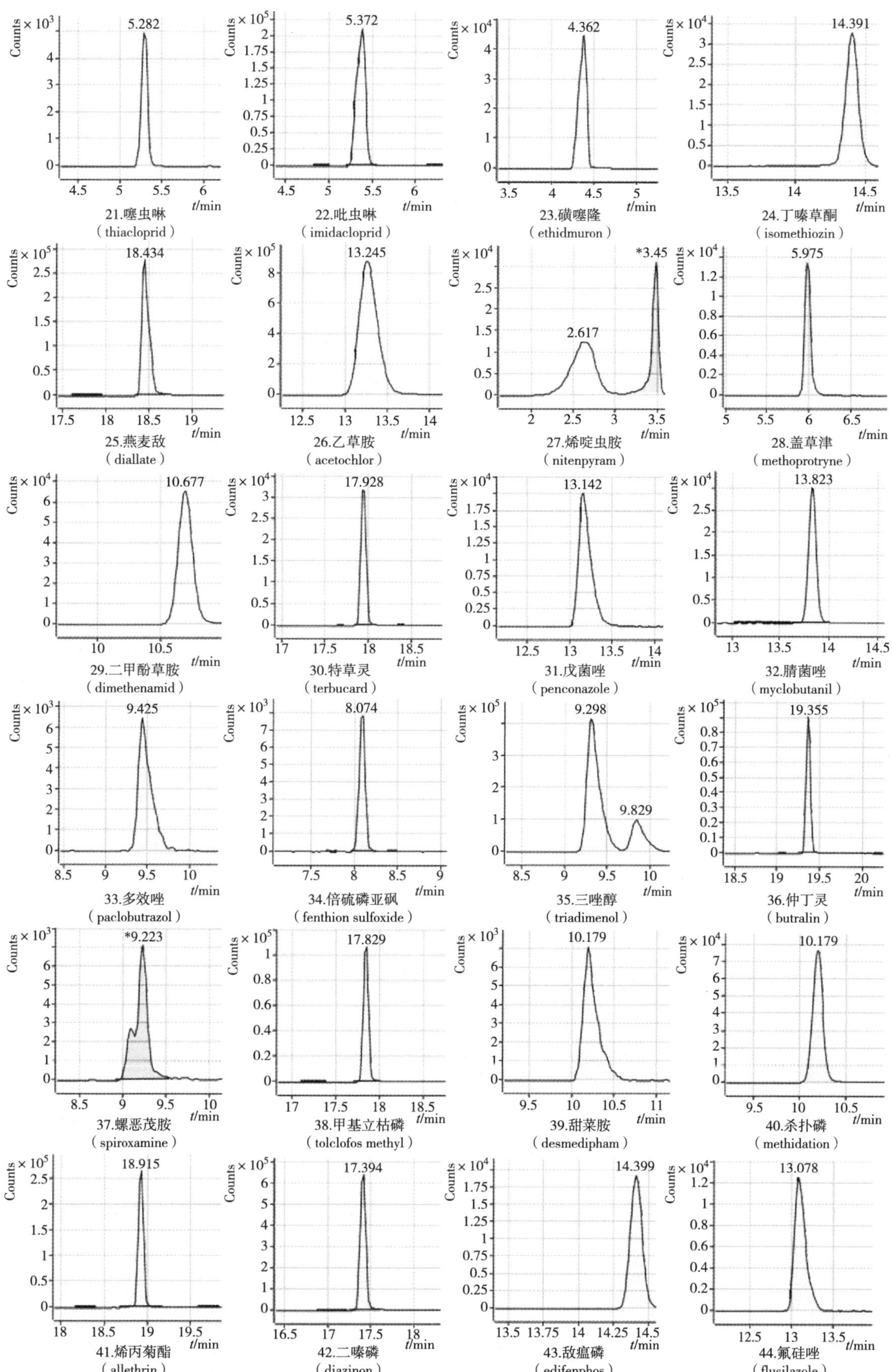

21.噻虫啉（thiacloprid）

22.吡虫啉（imidacloprid）

23.磺噻隆（ethidmuron）

24.丁嗪草酮（isomethiozin）

25.燕麦敌（diallate）

26.乙草胺（acetochlor）

27.烯啶虫胺（nitenpyram）

28.盖草津（methoprotryne）

29.二甲酚草胺（dimethenamid）

30.特草灵（terbucard）

31.戊菌唑（penconazole）

32.腈菌唑（myclobutanil）

33.多效唑（paclobutrazol）

34.倍硫磷亚砜（fenthion sulfoxide）

35.三唑醇（triadimenol）

36.仲丁灵（butralin）

37.螺恶茂胺（spiroxamine）

38.甲基立枯磷（tolclofos methyl）

39.甜菜胺（desmedipham）

40.杀扑磷（methidation）

41.烯丙菊酯（allethrin）

42.二嗪磷（diazinon）

43.敌瘟磷（edifenphos）

44.氟硅唑（flusilazole）

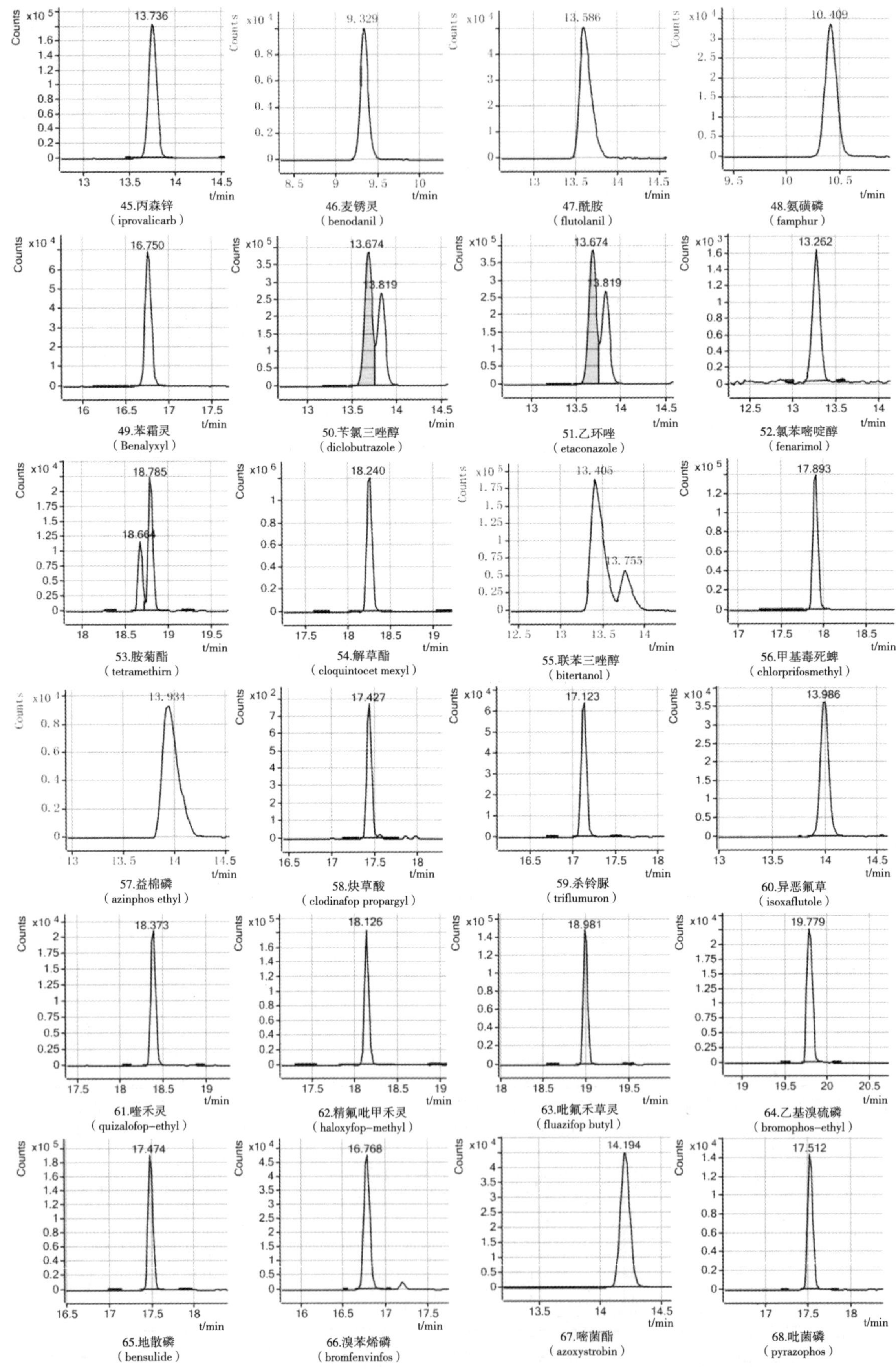

45.丙森锌（iprovalicarb）
46.麦锈灵（benodanil）
47.酰胺（flutolanil）
48.氨磺磷（famphur）
49.苯霜灵（Benalyxyl）
50.苄氯三唑醇（diclobutrazole）
51.乙环唑（etaconazole）
52.氯苯嘧啶醇（fenarimol）
53.胺菊酯（tetramethirn）
54.解草酯（cloquintocet mexyl）
55.联苯三唑醇（bitertanol）
56.甲基毒死蜱（chlorprifosmethyl）
57.益棉磷（azinphos ethyl）
58.炔草酸（clodinafop propargyl）
59.杀铃脲（triflumuron）
60.异恶氟草（isoxaflutole）
61.喹禾灵（quizalofop-ethyl）
62.精氟吡甲禾灵（haloxyfop-methyl）
63.吡氟禾草灵（fluazifop butyl）
64.乙基溴硫磷（bromophos-ethyl）
65.地散磷（bensulide）
66.溴苯烯磷（bromfenvinfos）
67.嘧菌酯（azoxystrobin）
68.吡菌磷（pyrazophos）

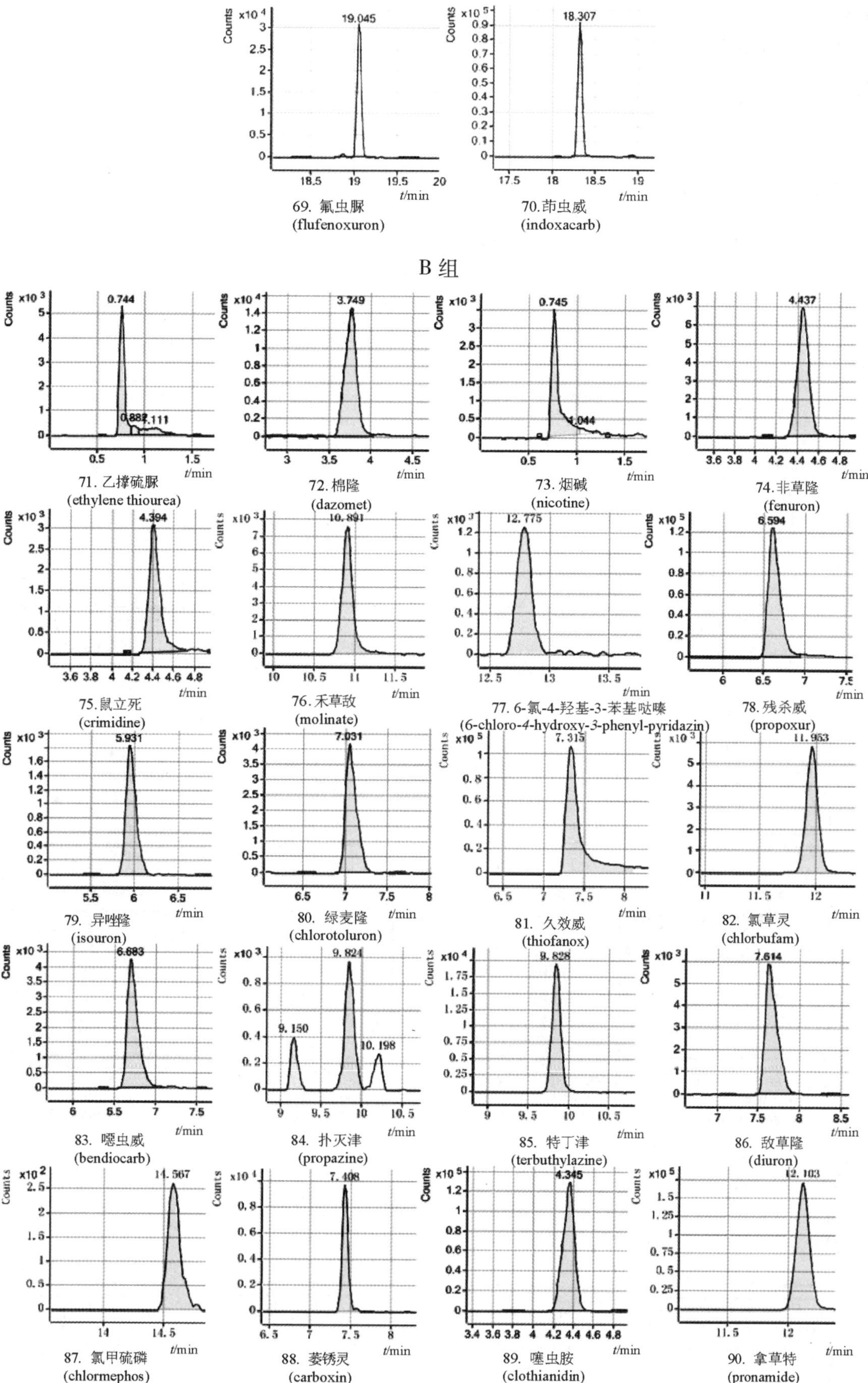

69. 氟虫脲 (flufenoxuron)　70. 茚虫威 (indoxacarb)

B 组

71. 乙撑硫脲 (ethylene thiourea)　72. 棉隆 (dazomet)　73. 烟碱 (nicotine)　74. 非草隆 (fenuron)

75. 鼠立死 (crimidine)　76. 禾草敌 (molinate)　77. 6-氯-4-羟基-3-苯基哒嗪 (6-chloro-4-hydroxy-3-phenyl-pyridazin)　78. 残杀威 (propoxur)

79. 异唑隆 (isouron)　80. 绿麦隆 (chlorotoluron)　81. 久效威 (thiofanox)　82. 氯草灵 (chlorbufam)

83. 噁虫威 (bendiocarb)　84. 扑灭津 (propazine)　85. 特丁津 (terbuthylazine)　86. 敌草隆 (diuron)

87. 氯甲硫磷 (chlormephos)　88. 萎锈灵 (carboxin)　89. 噻虫胺 (clothianidin)　90. 拿草特 (pronamide)

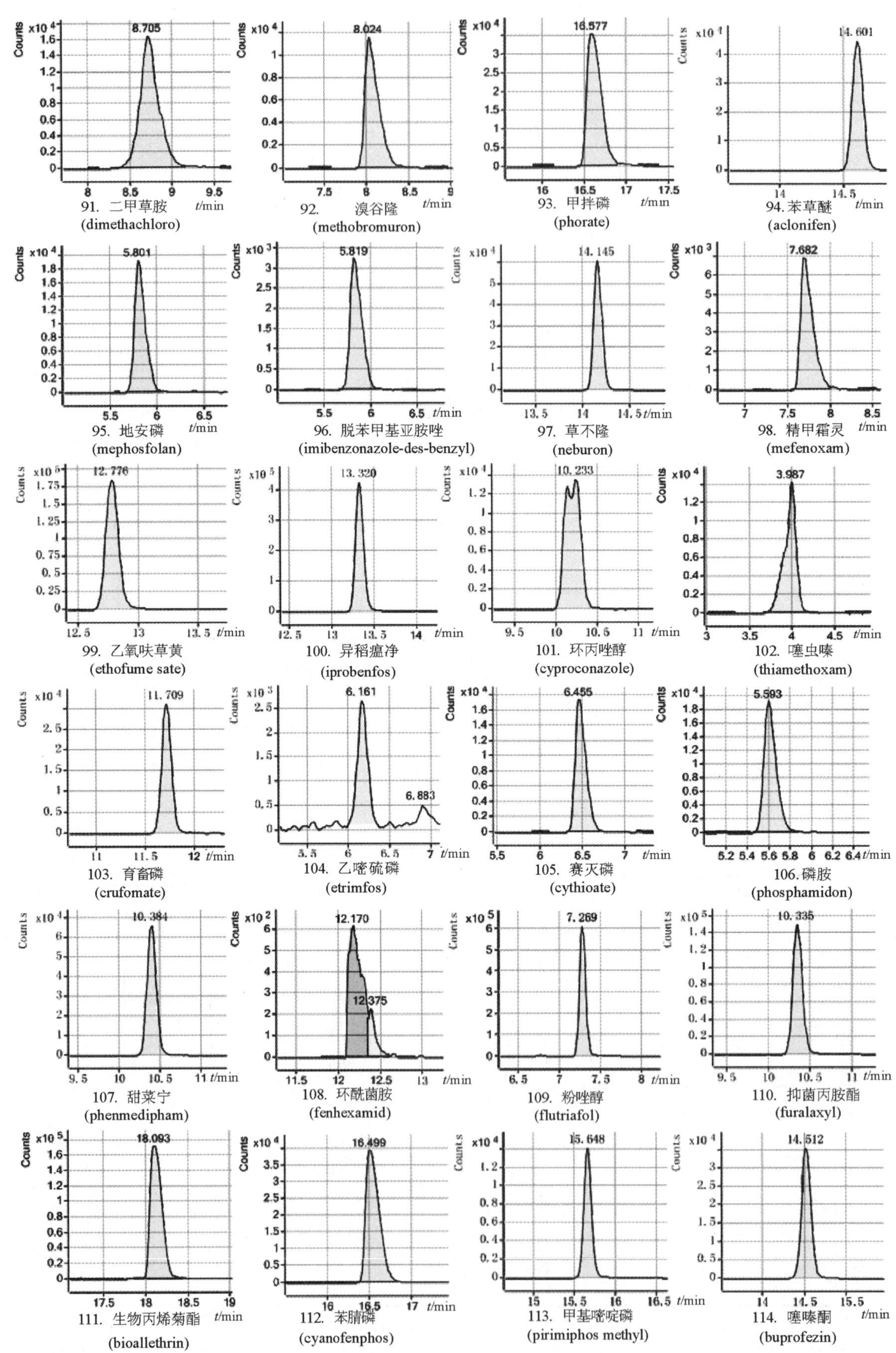
91. 二甲草胺 (dimethachloro)
92. 溴谷隆 (methobromuron)
93. 甲拌磷 (phorate)
94. 苯草醚 (aclonifen)
95. 地安磷 (mephosfolan)
96. 脱苯甲基亚胺唑 (imibenzonazole-des-benzyl)
97. 草不隆 (neburon)
98. 精甲霜灵 (mefenoxam)
99. 乙氧呋草黄 (ethofume sate)
100. 异稻瘟净 (iprobenfos)
101. 环丙唑醇 (cyproconazole)
102. 噻虫嗪 (thiamethoxam)
103. 育畜磷 (crufomate)
104. 乙嘧硫磷 (etrimfos)
105. 赛灭磷 (cythioate)
106. 磷胺 (phosphamidon)
107. 甜菜宁 (phenmedipham)
108. 环酰菌胺 (fenhexamid)
109. 粉唑醇 (flutriafol)
110. 抑菌丙胺酯 (furalaxyl)
111. 生物丙烯菊酯 (bioallethrin)
112. 苯腈磷 (cyanofenphos)
113. 甲基嘧啶磷 (pirimiphos methyl)
114. 噻嗪酮 (buprofezin)

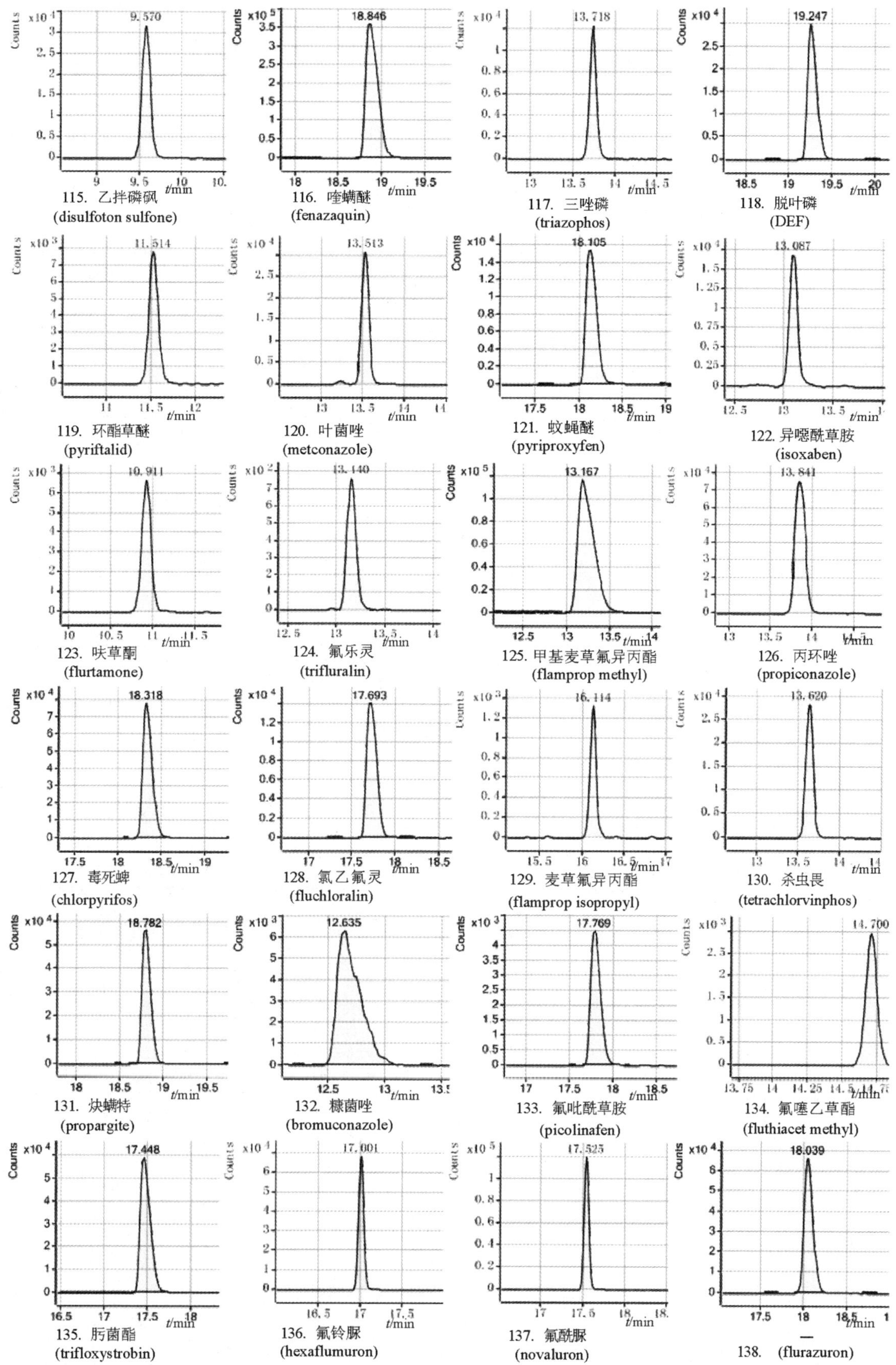

115. 乙拌磷砜 (disulfoton sulfone)

116. 喹螨醚 (fenazaquin)

117. 三唑磷 (triazophos)

118. 脱叶磷 (DEF)

119. 环酯草醚 (pyriftalid)

120. 叶菌唑 (metconazole)

121. 蚊蝇醚 (pyriproxyfen)

122. 异噁酰草胺 (isoxaben)

123. 呋草酮 (flurtamone)

124. 氟乐灵 (trifluralin)

125. 甲基麦草氟异丙酯 (flamprop methyl)

126. 丙环唑 (propiconazole)

127. 毒死蜱 (chlorpyrifos)

128. 氯乙氟灵 (fluchloralin)

129. 麦草氟异丙酯 (flamprop isopropyl)

130. 杀虫畏 (tetrachlorvinphos)

131. 炔螨特 (propargite)

132. 糠菌唑 (bromuconazole)

133. 氟吡酰草胺 (picolinafen)

134. 氟噻乙草酯 (fluthiacet methyl)

135. 肟菌酯 (trifloxystrobin)

136. 氟铃脲 (hexaflumuron)

137. 氟酰脲 (novaluron)

138. — (flurazuron)

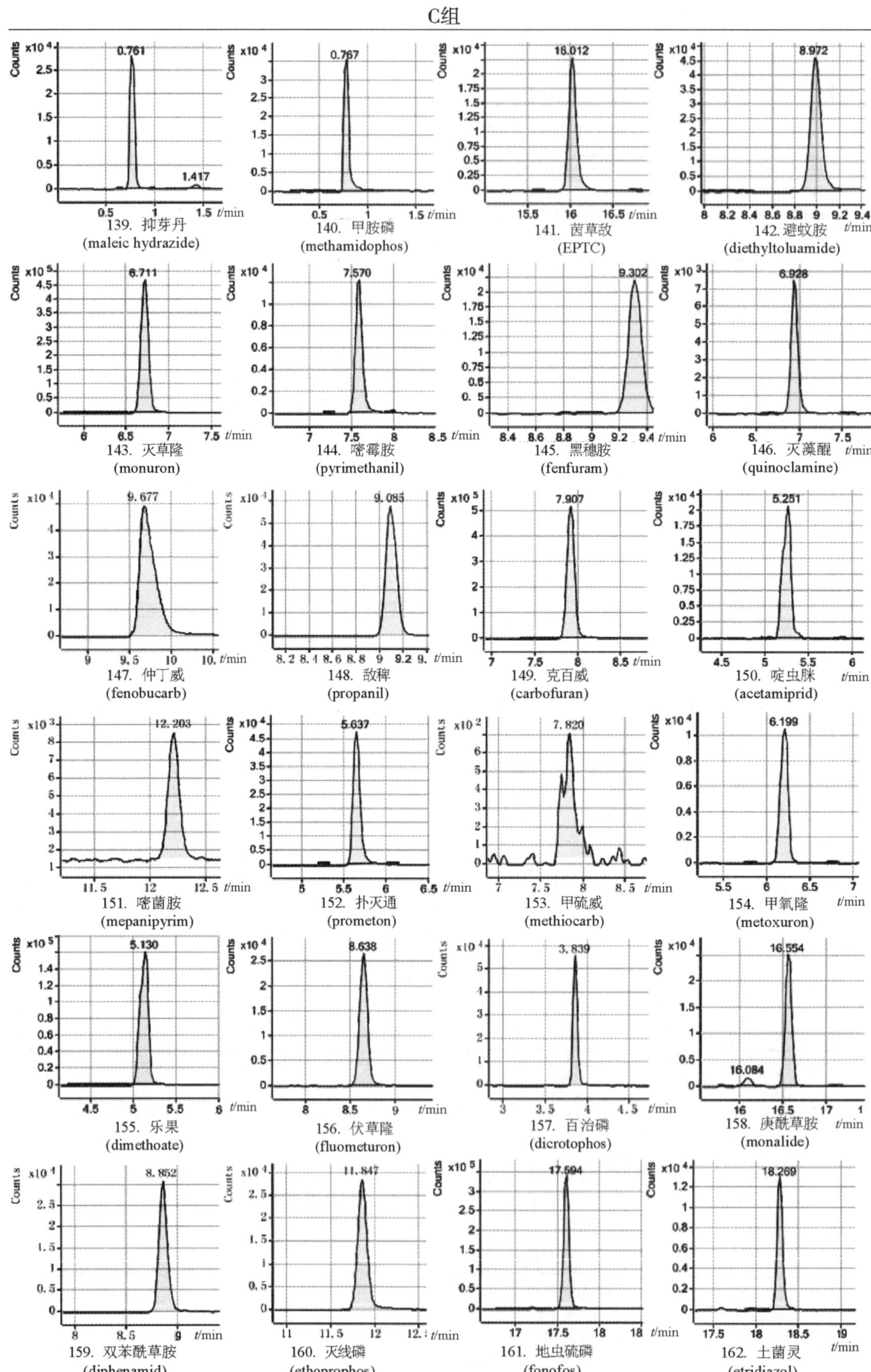
C组
139. 抑芽丹 (maleic hydrazide)
140. 甲胺磷 (methamidophos)
141. 茵草敌 (EPTC)
142. 避蚊胺 (diethyltoluamide)
143. 灭草隆 (monuron)
144. 嘧霉胺 (pyrimethanil)
145. 黑穗胺 (fenfuram)
146. 灭藻醌 (quinoclamine)
147. 仲丁威 (fenobucarb)
148. 敌稗 (propanil)
149. 克百威 (carbofuran)
150. 啶虫脒 (acetamiprid)
151. 嘧菌胺 (mepanipyrim)
152. 扑灭通 (prometon)
153. 甲硫威 (methiocarb)
154. 甲氧隆 (metoxuron)
155. 乐果 (dimethoate)
156. 伏草隆 (fluometuron)
157. 百治磷 (dicrotophos)
158. 庚酰草胺 (monalide)
159. 双苯酰草胺 (diphenamid)
160. 灭线磷 (ethoprophos)
161. 地虫硫磷 (fonofos)
162. 土菌灵 (etridiazol)

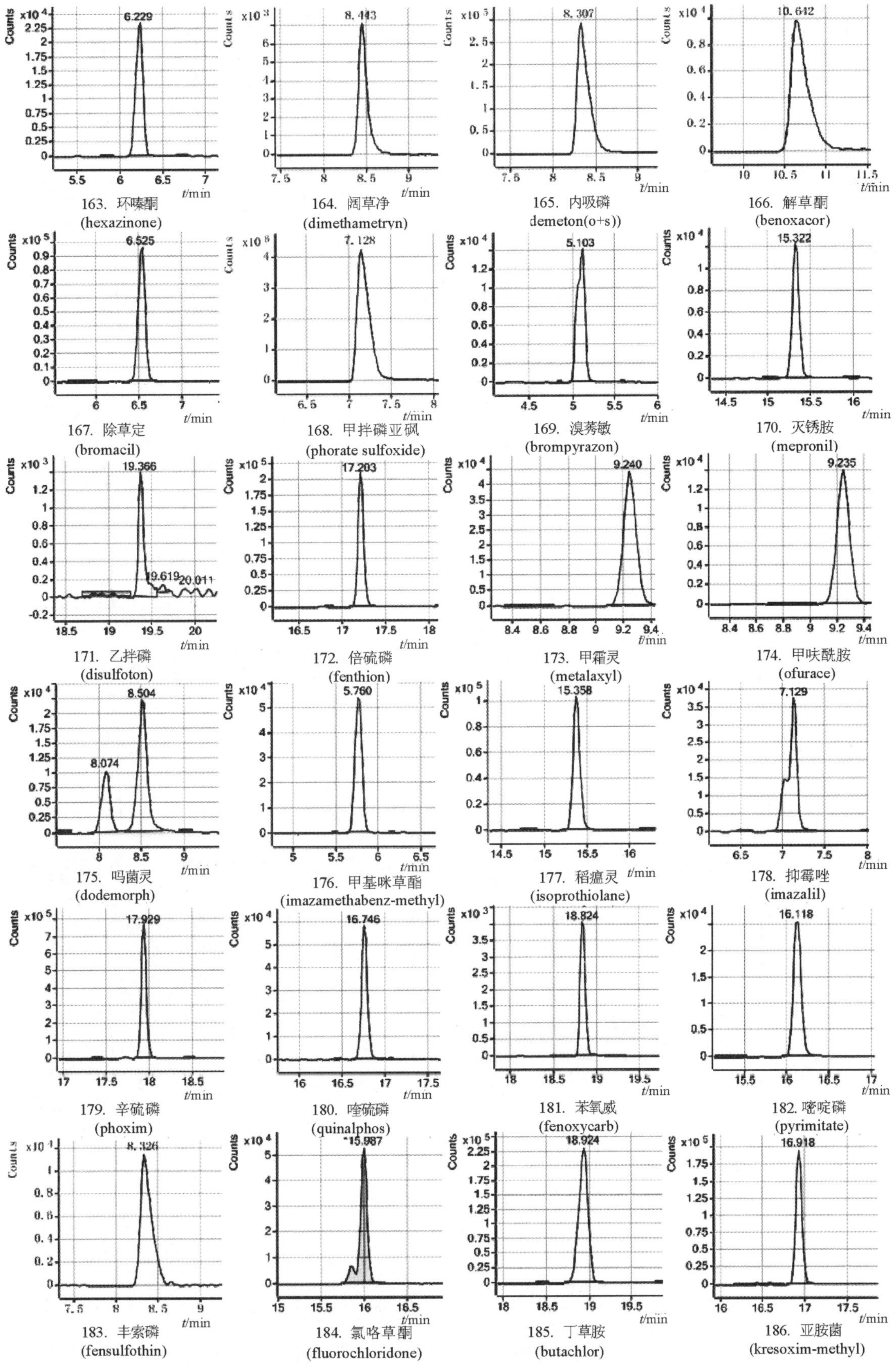

163. 环嗪酮 (hexazinone)　164. 阔草净 (dimethametryn)　165. 内吸磷 demeton(o+s))　166. 解草酮 (benoxacor)

167. 除草定 (bromacil)　168. 甲拌磷亚砜 (phorate sulfoxide)　169. 溴莠敏 (brompyrazon)　170. 灭锈胺 (mepronil)

171. 乙拌磷 (disulfoton)　172. 倍硫磷 (fenthion)　173. 甲霜灵 (metalaxyl)　174. 甲呋酰胺 (ofurace)

175. 吗菌灵 (dodemorph)　176. 甲基咪草酯 (imazamethabenz-methyl)　177. 稻瘟灵 (isoprothiolane)　178. 抑霉唑 (imazalil)

179. 辛硫磷 (phoxim)　180. 喹硫磷 (quinalphos)　181. 苯氧威 (fenoxycarb)　182. 嘧啶磷 (pyrimitate)

183. 丰索磷 (fensulfothin)　184. 氯咯草酮 (fluorochloridone)　185. 丁草胺 (butachlor)　186. 亚胺菌 (kresoxim-methyl)

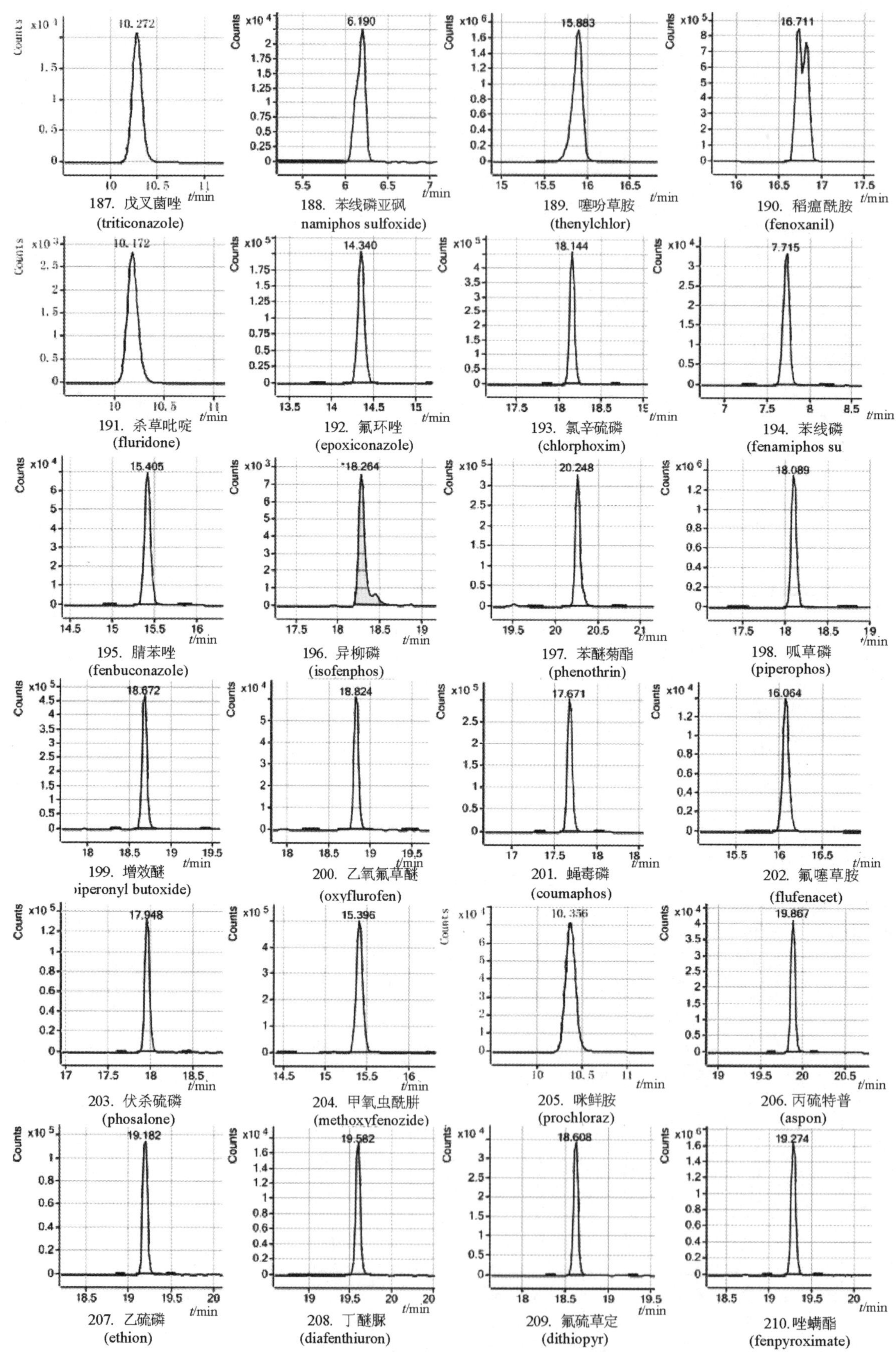

187. 戊叉菌唑 (triticonazole)

188. 苯线磷亚砜 namiphos sulfoxide)

189. 噻吩草胺 (thenylchlor)

190. 稻瘟酰胺 (fenoxanil)

191. 杀草吡啶 (fluridone)

192. 氟环唑 (epoxiconazole)

193. 氯辛硫磷 (chlorphoxim)

194. 苯线磷 (fenamiphos su

195. 腈苯唑 (fenbuconazole)

196. 异柳磷 (isofenphos)

197. 苯醚菊酯 (phenothrin)

198. 哌草磷 (piperophos)

199. 增效醚 piperonyl butoxide)

200. 乙氧氟草醚 (oxyflurofen)

201. 蝇毒磷 (coumaphos)

202. 氟噻草胺 (flufenacet)

203. 伏杀硫磷 (phosalone)

204. 甲氧虫酰肼 (methoxyfenozide)

205. 咪鲜胺 (prochloraz)

206. 丙硫特普 (aspon)

207. 乙硫磷 (ethion)

208. 丁醚脲 (diafenthiuron)

209. 氟硫草定 (dithiopyr)

210. 唑螨酯 (fenpyroximate)

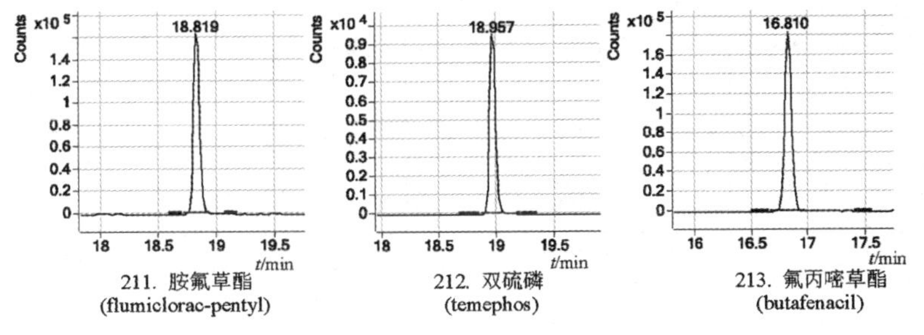

211. 胺氟草酯 (flumiclorac-pentyl)

212. 双硫磷 (temephos)

213. 氟丙嘧草酯 (butafenacil)

D组

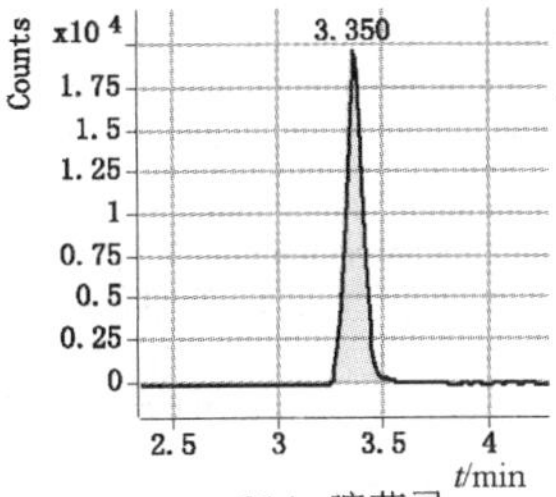

214. 噻菌灵 (thiabendazole)

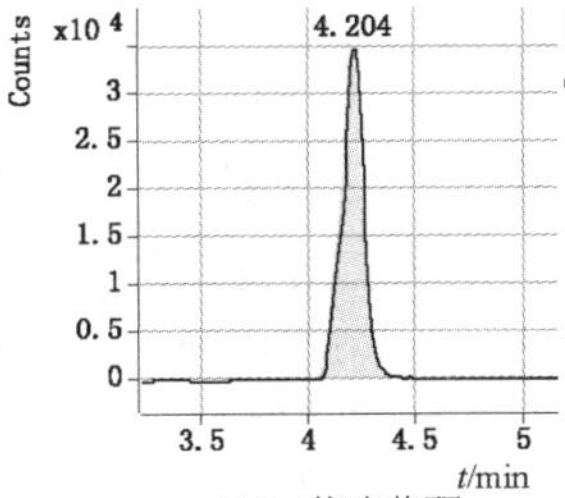

215. 苯嗪草酮 (metamitron)

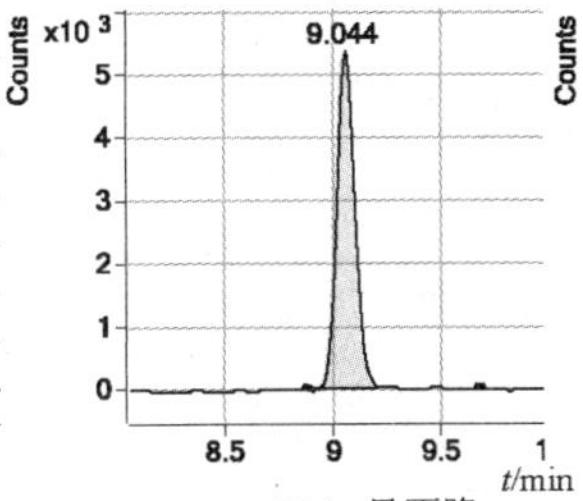

216. 异丙隆 (isoproturon)

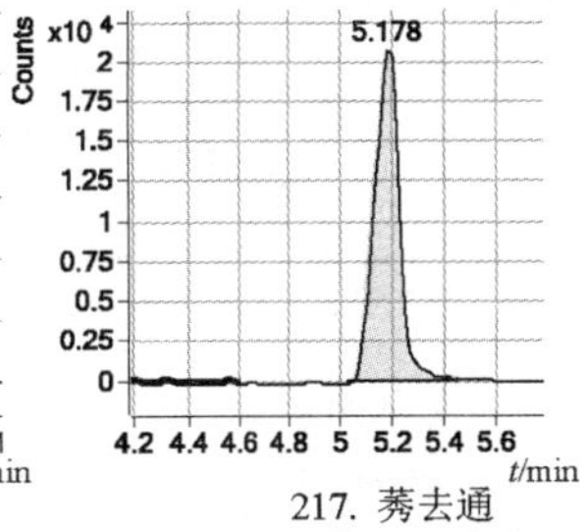

217. 莠去通 (atratone)

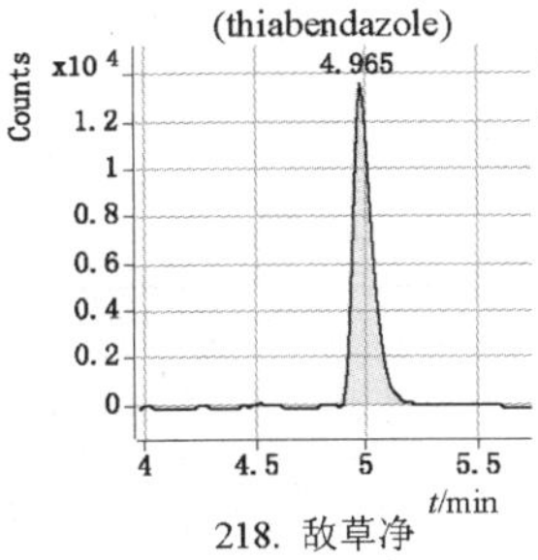

218. 敌草净 (oesmetryn)

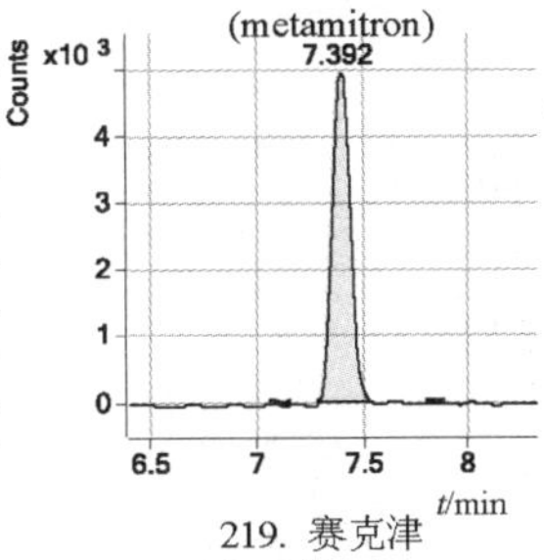

219. 赛克津 (metribuzin)

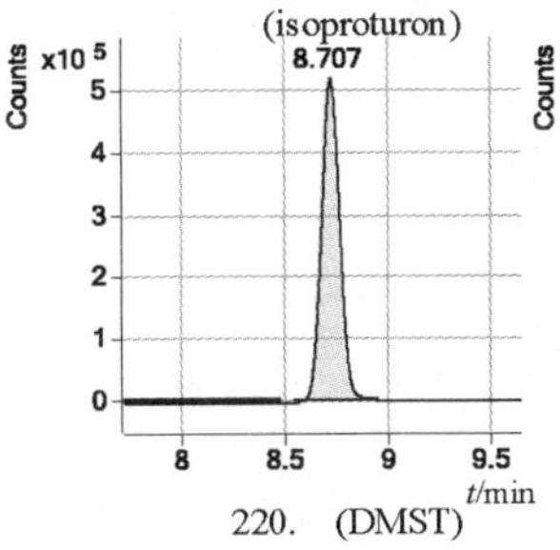

220. (DMST)

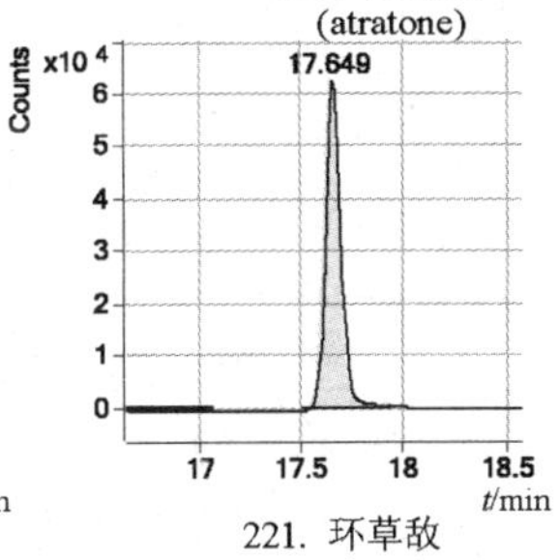

221. 环草敌 (cycloate)

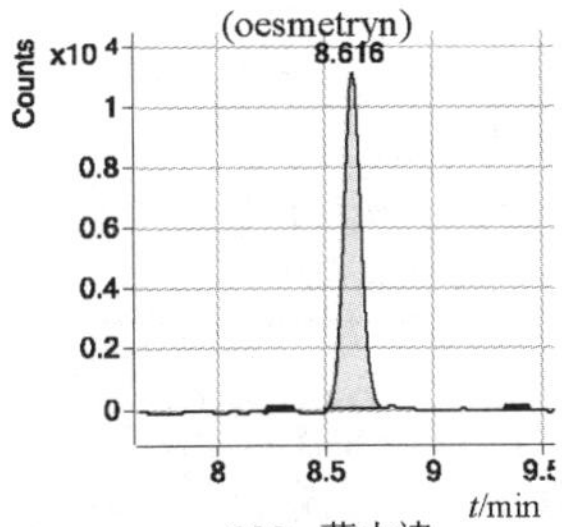

222. 莠去津 (atrazine)

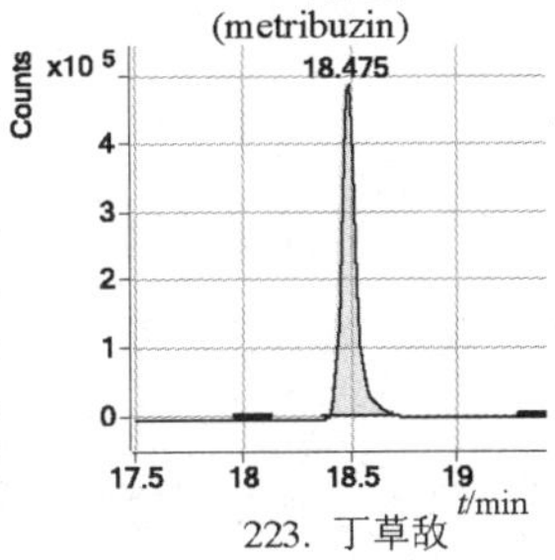

223. 丁草敌 (butylate)

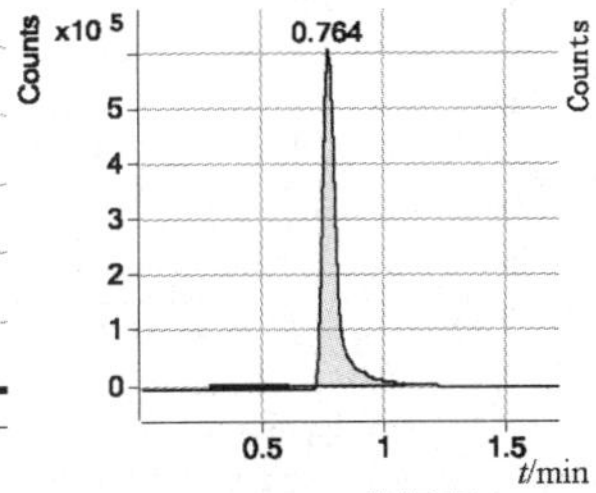

224. 吡蚜酮 (pymetrozin)

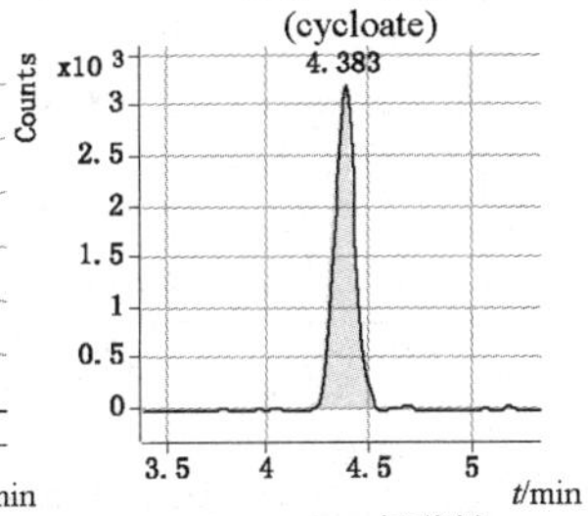

225. 氯草敏 (chloridazon)

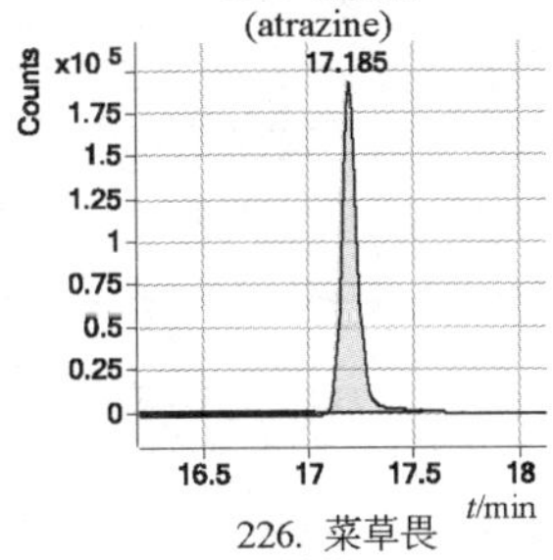

226. 菜草畏 (sulfallate)

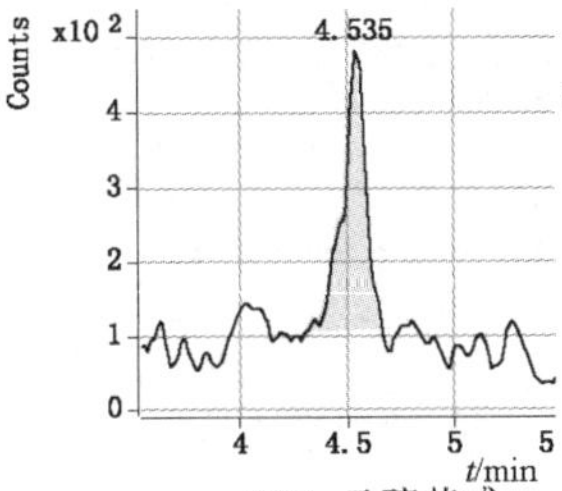

227. 乙硫苯威 (ethiofencarb)

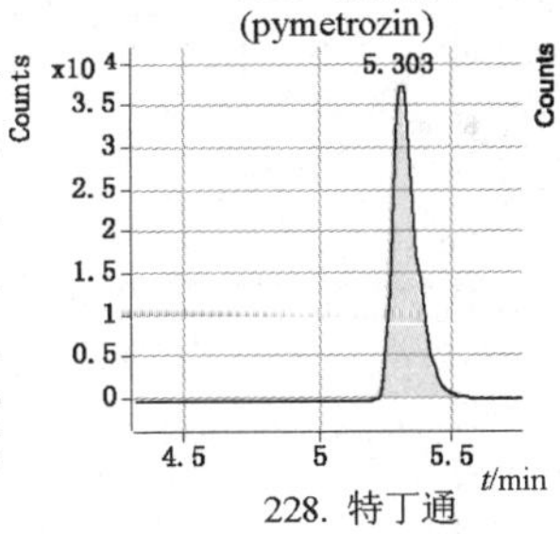

228. 特丁通 (terbumeton)

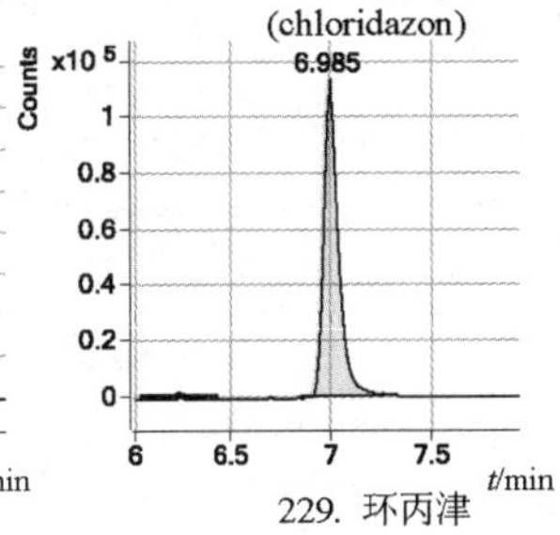

229. 环丙津 (cyprazine)

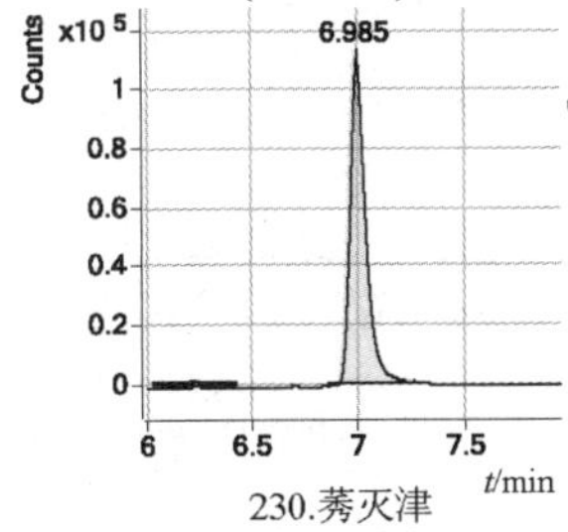

230.莠灭津 (ametryn)

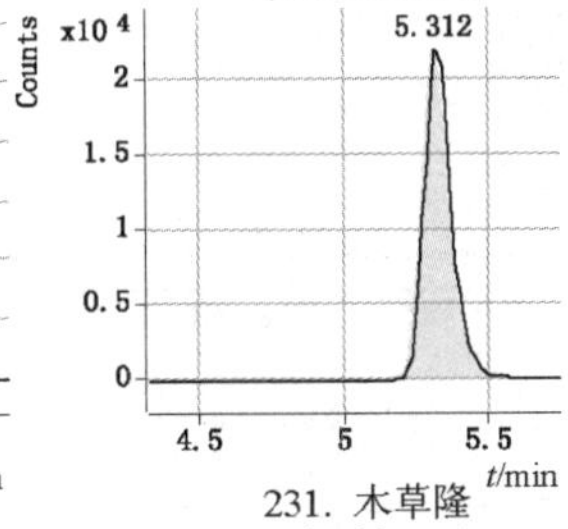

231. 木草隆 (tebuthiuron)

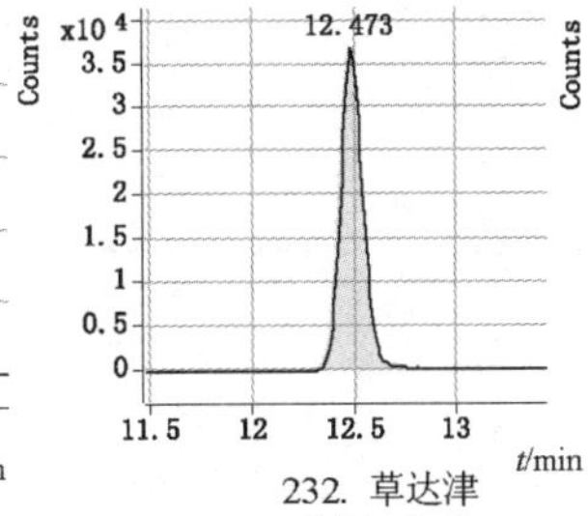

232. 草达津 (trietazine)

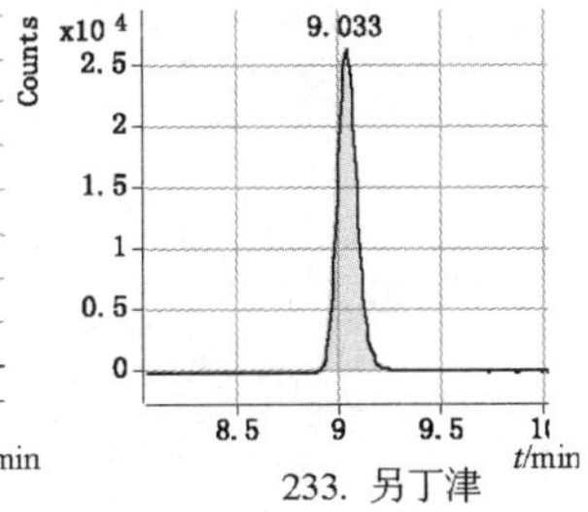

233. 另丁津 (sebutylazine)

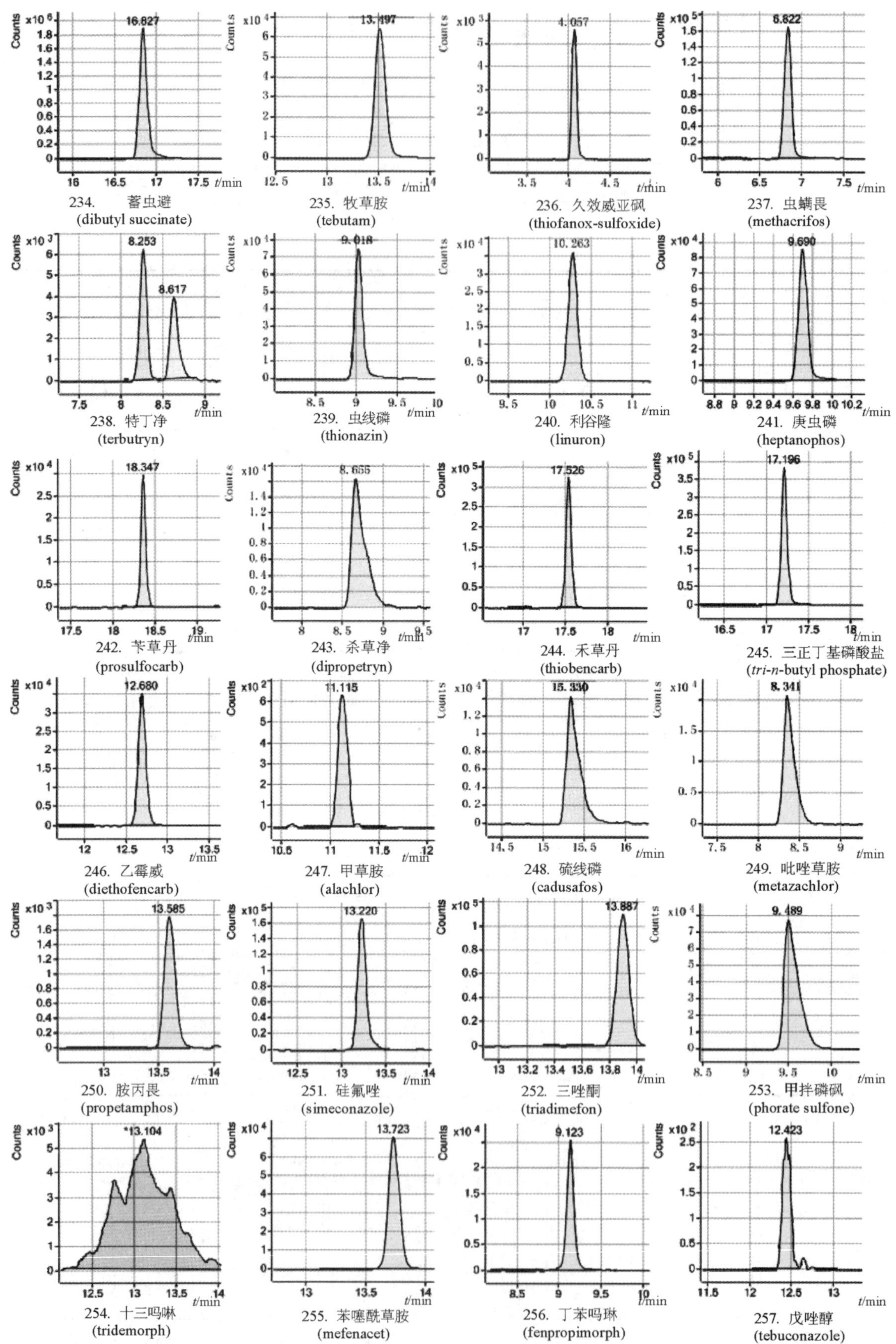

234. 蓄虫避 (dibutyl succinate)
235. 牧草胺 (tebutam)
236. 久效威亚砜 (thiofanox-sulfoxide)
237. 虫螨畏 (methacrifos)
238. 特丁净 (terbutryn)
239. 虫线磷 (thionazin)
240. 利谷隆 (linuron)
241. 庚虫磷 (heptanophos)
242. 苄草丹 (prosulfocarb)
243. 杀草净 (dipropetryn)
244. 禾草丹 (thiobencarb)
245. 三正丁基磷酸盐 (*tri-n*-butyl phosphate)
246. 乙霉威 (diethofencarb)
247. 甲草胺 (alachlor)
248. 硫线磷 (cadusafos)
249. 吡唑草胺 (metazachlor)
250. 胺丙畏 (propetamphos)
251. 硅氟唑 (simeconazole)
252. 三唑酮 (triadimefon)
253. 甲拌磷砜 (phorate sulfone)
254. 十三吗啉 (tridemorph)
255. 苯噻酰草胺 (mefenacet)
256. 丁苯吗啉 (fenpropimorph)
257. 戊唑醇 (tebuconazole)

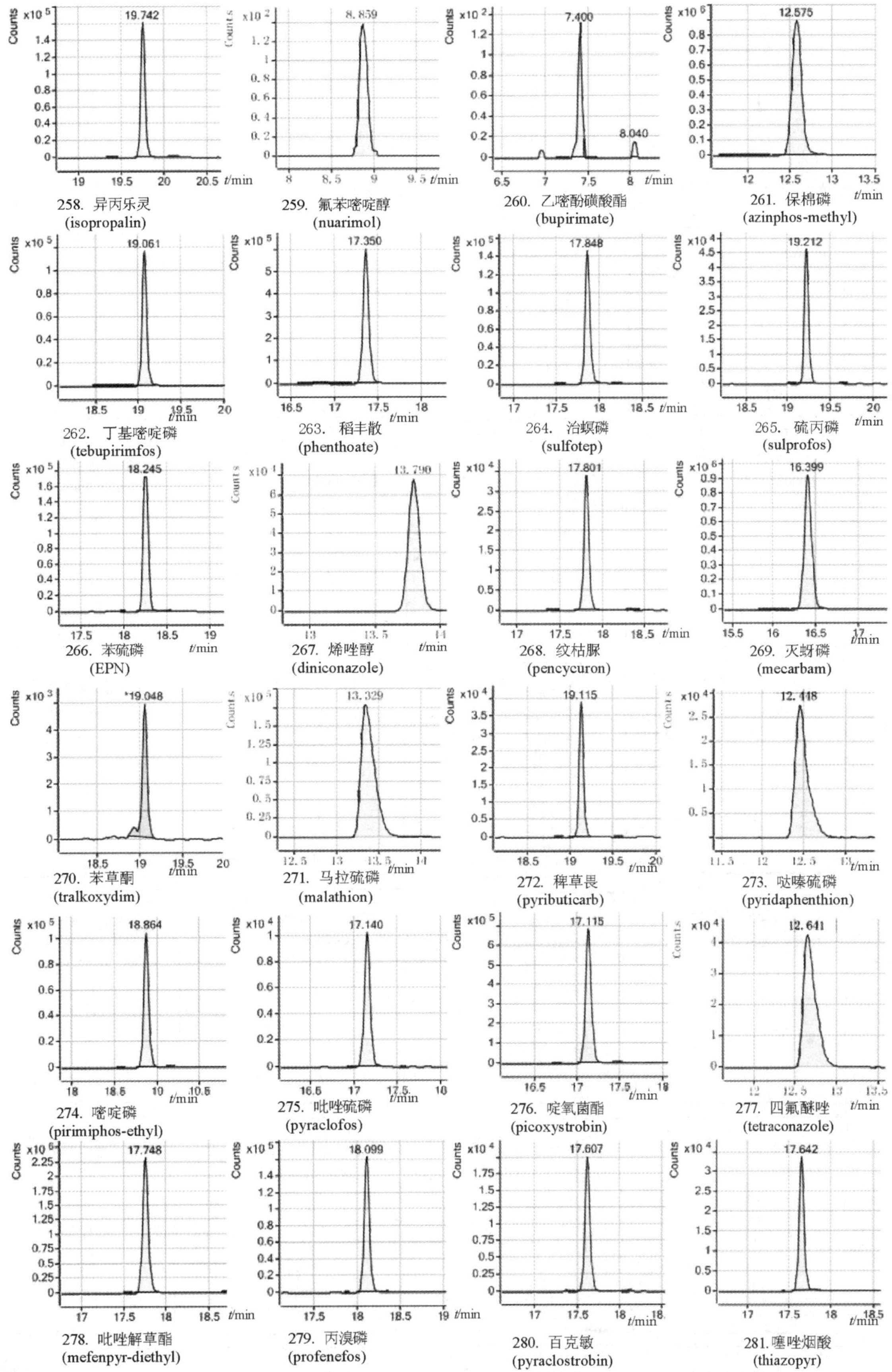

258. 异丙乐灵 (isopropalin)
259. 氟苯嘧啶醇 (nuarimol)
260. 乙嘧酚磺酸酯 (bupirimate)
261. 保棉磷 (azinphos-methyl)
262. 丁基嘧啶磷 (tebupirimfos)
263. 稻丰散 (phenthoate)
264. 治螟磷 (sulfotep)
265. 硫丙磷 (sulprofos)
266. 苯硫磷 (EPN)
267. 烯唑醇 (diniconazole)
268. 纹枯脲 (pencycuron)
269. 灭蚜磷 (mecarbam)
270. 苯草酮 (tralkoxydim)
271. 马拉硫磷 (malathion)
272. 稗草畏 (pyributicarb)
273. 哒嗪硫磷 (pyridaphenthion)
274. 嘧啶磷 (pirimiphos-ethyl)
275. 吡唑硫磷 (pyraclofos)
276. 啶氧菌酯 (picoxystrobin)
277. 四氟醚唑 (tetraconazole)
278. 吡唑解草酯 (mefenpyr-diethyl)
279. 丙溴磷 (profenefos)
280. 百克敏 (pyraclostrobin)
281. 噻唑烟酸 (thiazopyr)

E组

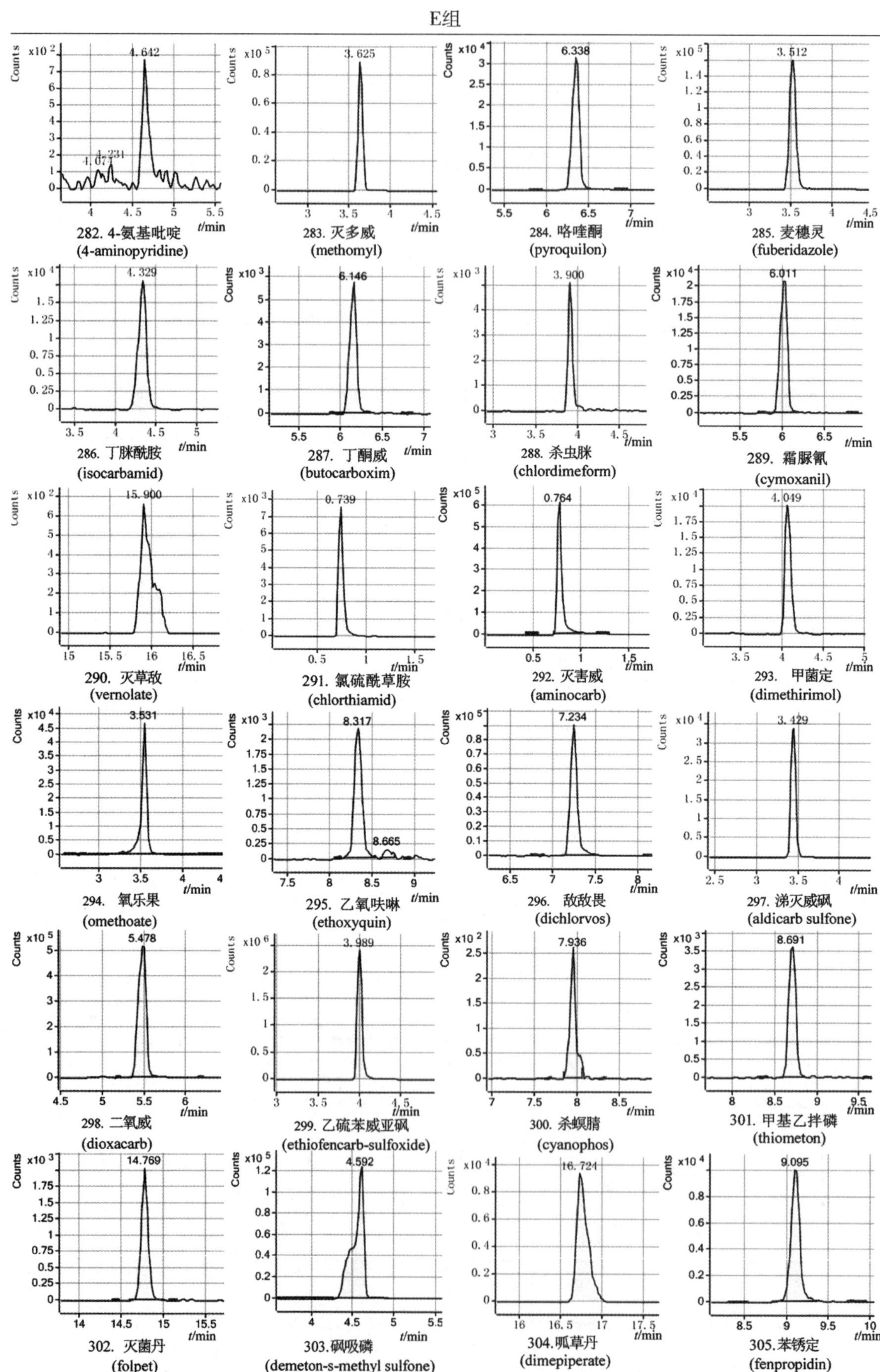
282. 4-氨基吡啶
(4-aminopyridine)
283. 灭多威
(methomyl)
284. 咯喹酮
(pyroquilon)
285. 麦穗灵
(fuberidazole)
286. 丁脒酰胺
(isocarbamid)
287. 丁酮威
(butocarboxim)
288. 杀虫脒
(chlordimeform)
289. 霜脲氰
(cymoxanil)
290. 灭草敌
(vernolate)
291. 氯硫酰草胺
(chlorthiamid)
292. 灭害威
(aminocarb)
293. 甲菌定
(dimethirimol)
294. 氧乐果
(omethoate)
295. 乙氧呋啉
(ethoxyquin)
296. 敌敌畏
(dichlorvos)
297. 涕灭威砜
(aldicarb sulfone)
298. 二氧威
(dioxacarb)
299. 乙硫苯威亚砜
(ethiofencarb-sulfoxide)
300. 杀螟腈
(cyanophos)
301. 甲基乙拌磷
(thiometon)
302. 灭菌丹
(folpet)
303. 砜吸磷
(demeton-s-methyl sulfone)
304. 哌草丹
(dimepiperate)
305. 苯锈啶
(fenpropidin)

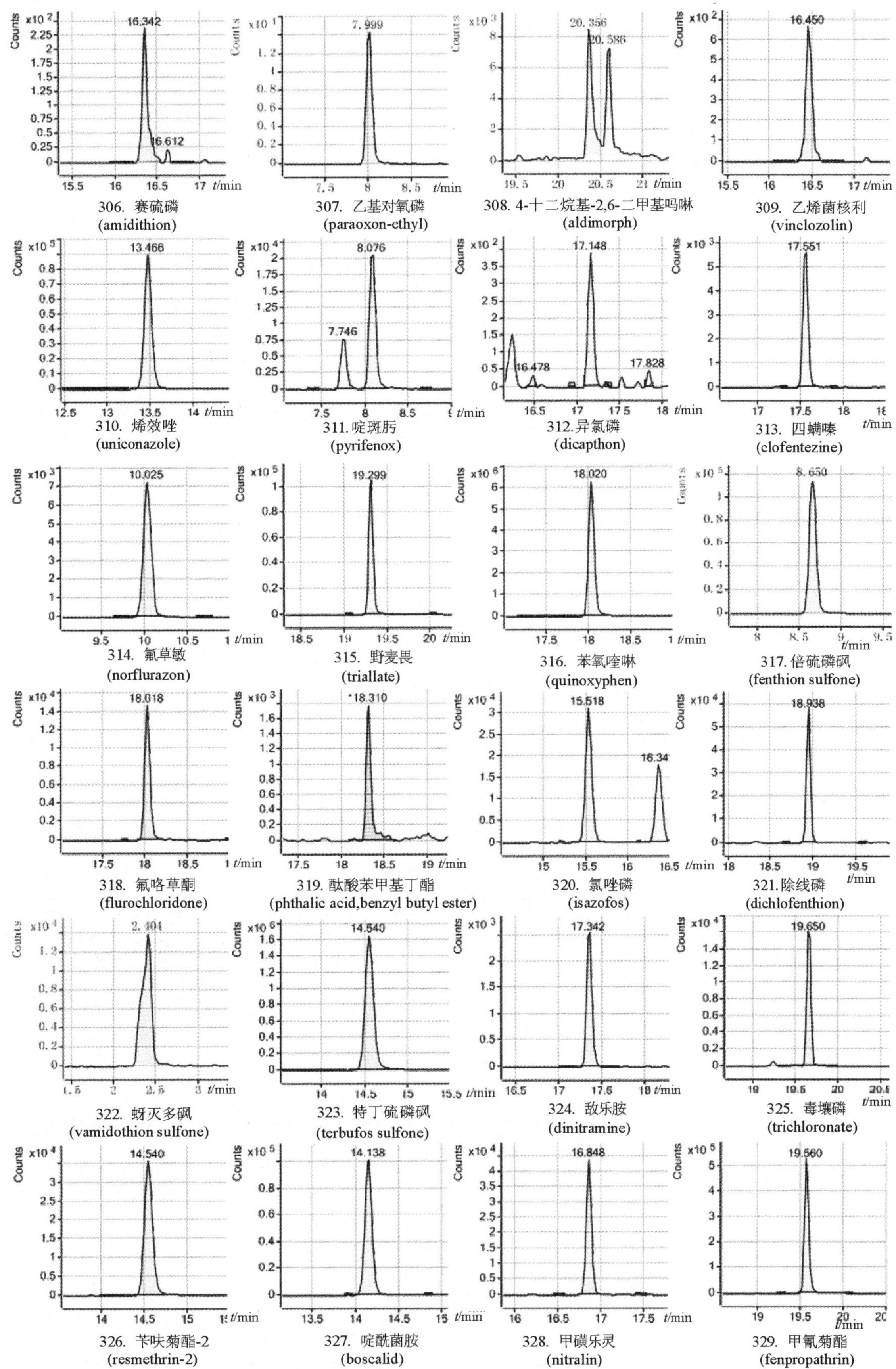

306. 赛硫磷 (amidithion)
307. 乙基对氧磷 (paraoxon-ethyl)
308. 4-十二烷基-2,6-二甲基吗啉 (aldimorph)
309. 乙烯菌核利 (vinclozolin)
310. 烯效唑 (uniconazole)
311. 啶斑肟 (pyrifenox)
312. 异氯磷 (dicapthon)
313. 四螨嗪 (clofentezine)
314. 氟草敏 (norflurazon)
315. 野麦畏 (triallate)
316. 苯氧喹啉 (quinoxyphen)
317. 倍硫磷砜 (fenthion sulfone)
318. 氟咯草酮 (flurochloridone)
319. 酞酸苯甲基丁酯 (phthalic acid,benzyl butyl ester)
320. 氯唑磷 (isazofos)
321. 除线磷 (dichlofenthion)
322. 蚜灭多砜 (vamidothion sulfone)
323. 特丁硫磷砜 (terbufos sulfone)
324. 敌乐胺 (dinitramine)
325. 毒壤磷 (trichloronate)
326. 苄呋菊酯-2 (resmethrin-2)
327. 啶酰菌胺 (boscalid)
328. 甲磺乐灵 (nitralin)
329. 甲氰菊酯 (fenpropathrin)

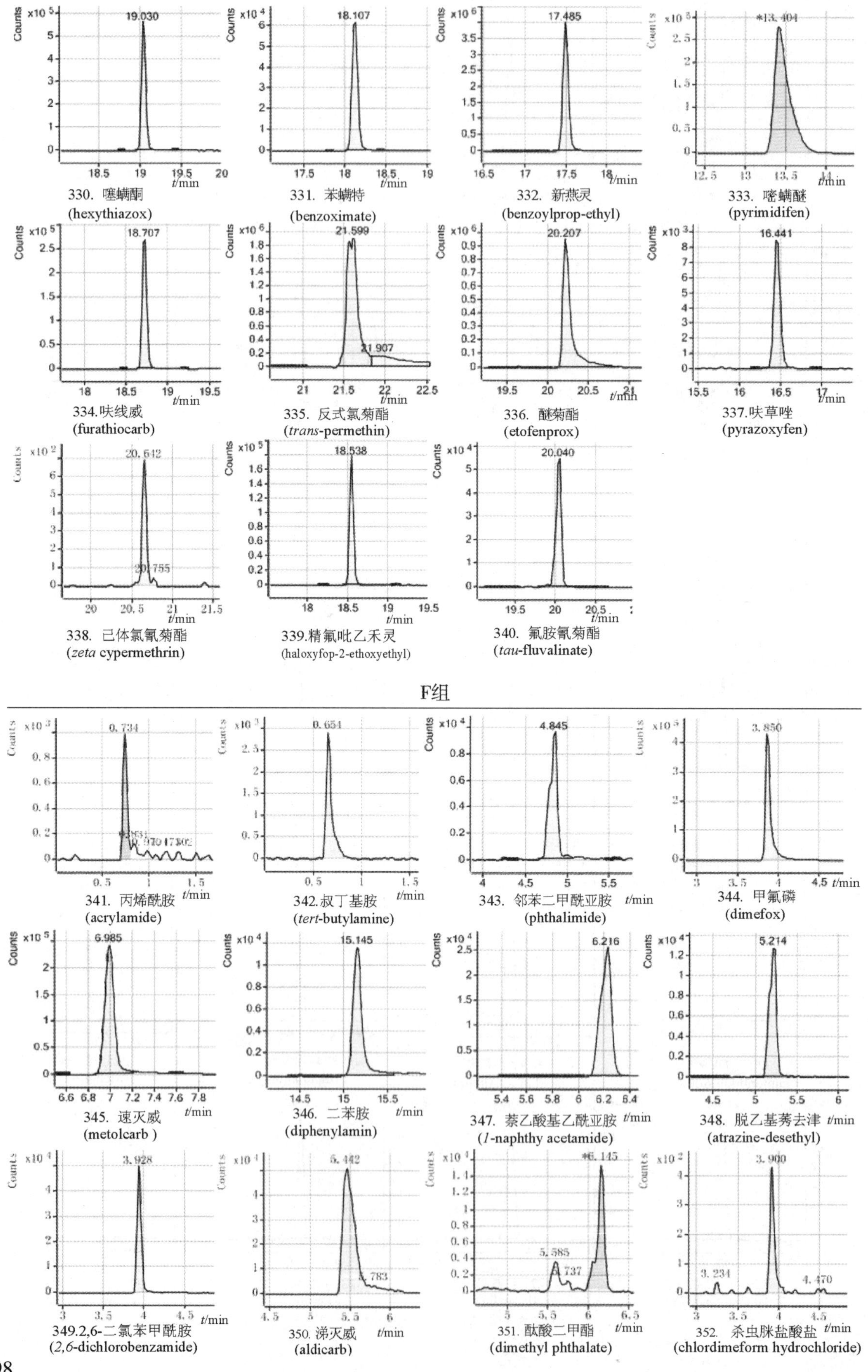

330. 噻螨酮 (hexythiazox)

331. 苯螨特 (benzoximate)

332. 新燕灵 (benzoylprop-ethyl)

333. 嘧螨醚 (pyrimidifen)

334.呋线威 (furathiocarb)

335. 反式氯菊酯 (*trans*-permethin)

336. 醚菊酯 (etofenprox)

337.呋草唑 (pyrazoxyfen)

338. 己体氯氰菊酯 (*zeta* cypermethrin)

339.精氟吡乙禾灵 (haloxyfop-2-ethoxyethyl)

340. 氟胺氰菊酯 (*tau*-fluvalinate)

F组

341. 丙烯酰胺 (acrylamide)

342.叔丁基胺 (*tert*-butylamine)

343. 邻苯二甲酰亚胺 (phthalimide)

344. 甲氟磷 (dimefox)

345. 速灭威 (metolcarb)

346. 二苯胺 (diphenylamin)

347. 萘乙酸基乙酰亚胺 (*1*-naphthy acetamide)

348. 脱乙基莠去津 (atrazine-desethyl)

349.2,6-二氯苯甲酰胺 (*2,6*-dichlorobenzamide)

350. 涕灭威 (aldicarb)

351. 酞酸二甲酯 (dimethyl phthalate)

352. 杀虫脒盐酸盐 (chlordimeform hydrochloride)

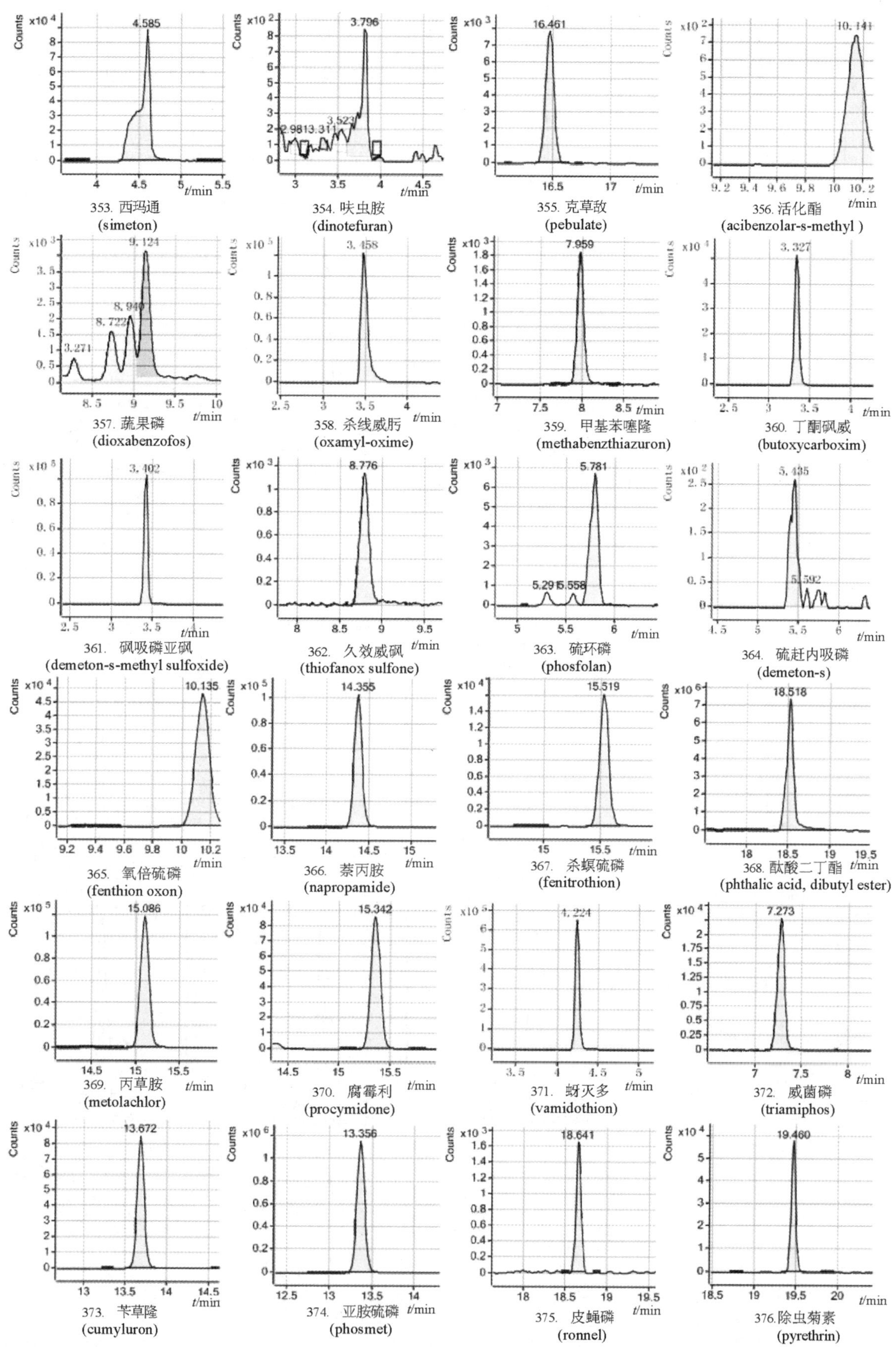

353. 西玛通 (simeton)
354. 呋虫胺 (dinotefuran)
355. 克草敌 (pebulate)
356. 活化酯 (acibenzolar-s-methyl)
357. 蔬果磷 (dioxabenzofos)
358. 杀线威肟 (oxamyl-oxime)
359. 甲基苯噻隆 (methabenzthiazuron)
360. 丁酮砜威 (butoxycarboxim)
361. 砜吸磷亚砜 (demeton-s-methyl sulfoxide)
362. 久效威砜 (thiofanox sulfone)
363. 硫环磷 (phosfolan)
364. 硫赶内吸磷 (demeton-s)
365. 氧倍硫磷 (fenthion oxon)
366. 萘丙胺 (napropamide)
367. 杀螟硫磷 (fenitrothion)
368. 酞酸二丁酯 (phthalic acid, dibutyl ester)
369. 丙草胺 (metolachlor)
370. 腐霉利 (procymidone)
371. 蚜灭多 (vamidothion)
372. 威菌磷 (triamiphos)
373. 苄草隆 (cumyluron)
374. 亚胺硫磷 (phosmet)
375. 皮蝇磷 (ronnel)
376. 除虫菊素 (pyrethrin)

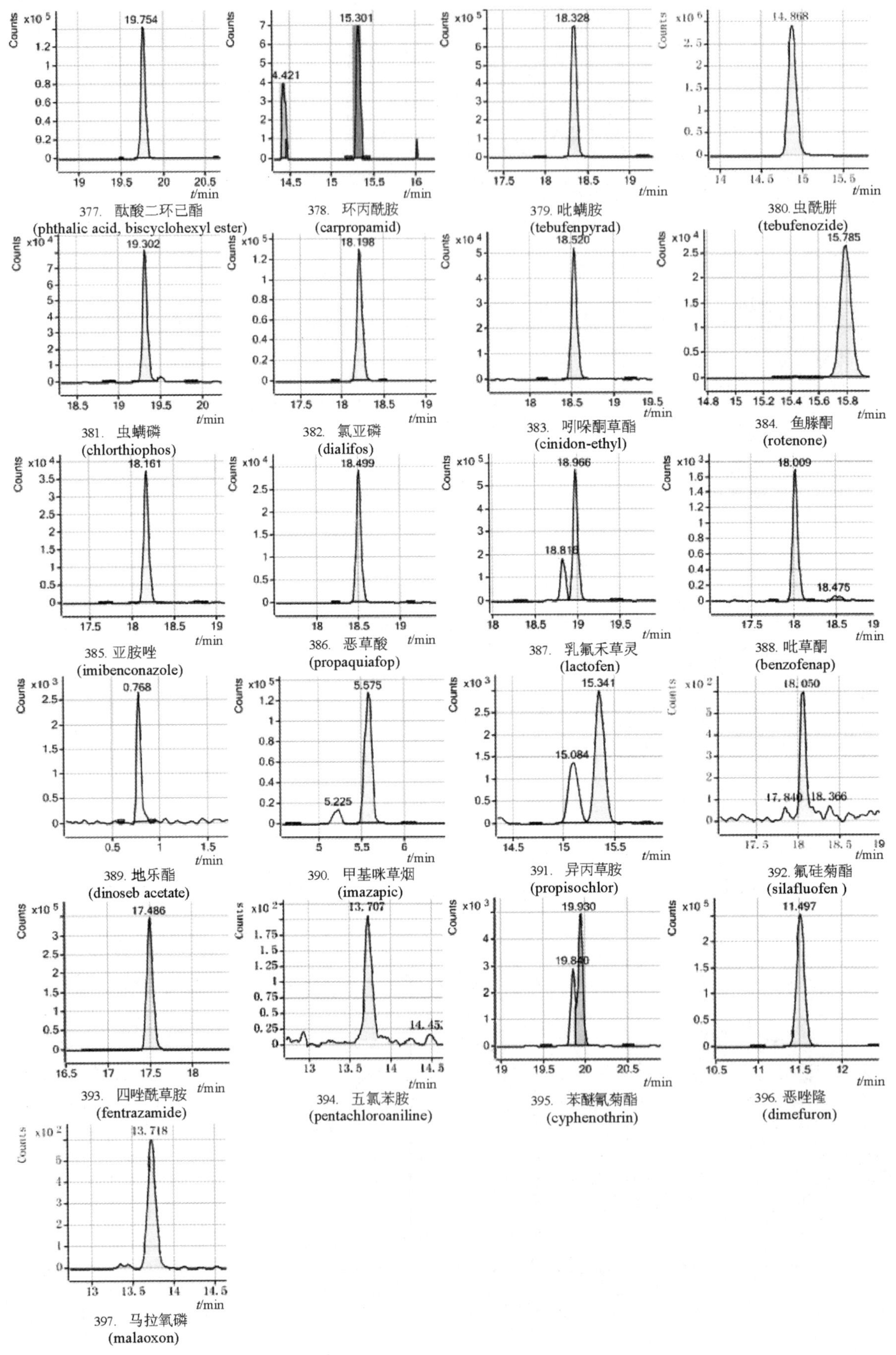

377. 酞酸二环已酯 (phthalic acid, biscyclohexyl ester)

378. 环丙酰胺 (carpropamid)

379. 吡螨胺 (tebufenpyrad)

380. 虫酰肼 (tebufenozide)

381. 虫螨磷 (chlorthiophos)

382. 氯亚磷 (dialifos)

383. 吲哚酮草酯 (cinidon-ethyl)

384. 鱼滕酮 (rotenone)

385. 亚胺唑 (imibenconazole)

386. 恶草酸 (propaquiafop)

387. 乳氟禾草灵 (lactofen)

388. 吡草酮 (benzofenap)

389. 地乐酯 (dinoseb acetate)

390. 甲基咪草烟 (imazapic)

391. 异丙草胺 (propisochlor)

392. 氟硅菊酯 (silafluofen)

393. 四唑酰草胺 (fentrazamide)

394. 五氯苯胺 (pentachloroaniline)

395. 苯醚氰菊酯 (cyphenothrin)

396. 恶唑隆 (dimefuron)

397. 马拉氧磷 (malaoxon)

G组

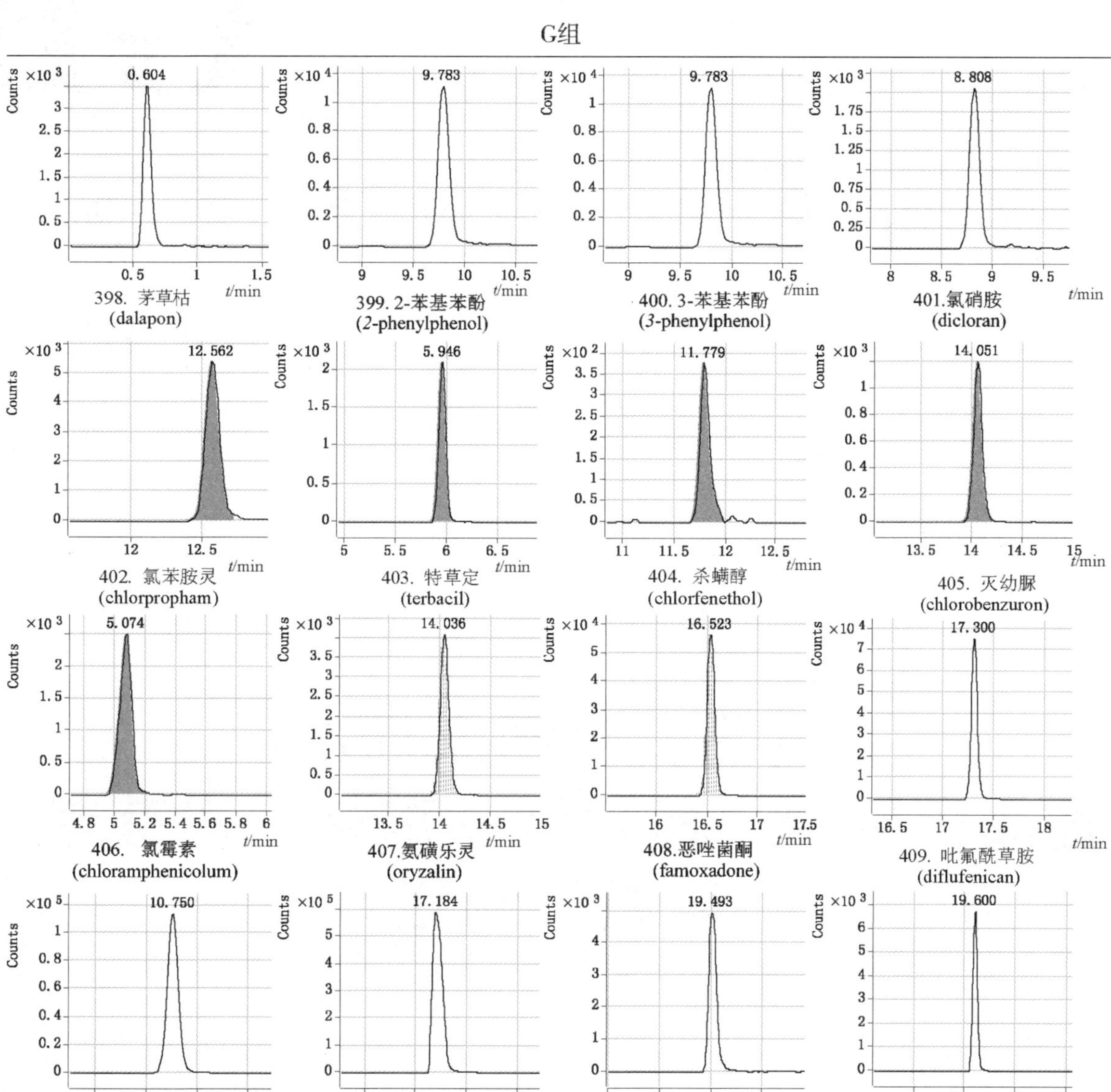

398. 茅草枯 (dalapon)

399. 2-苯基苯酚 (*2*-phenylphenol)

400. 3-苯基苯酚 (*3*-phenylphenol)

401.氯硝胺 (dicloran)

402. 氯苯胺灵 (chlorpropham)

403. 特草定 (terbacil)

404. 杀螨醇 (chlorfenethol)

405. 灭幼脲 (chlorobenzuron)

406. 氯霉素 (chloramphenicolum)

407.氨磺乐灵 (oryzalin)

408.恶唑菌酮 (famoxadone)

409. 吡氟酰草胺 (diflufenican)

410.乙虫清 (ethiprole)

411. 氟啶胺 (fluazinam)

412. 克来范 (kelevan)

413. 氟丙菊酯 (acrinathrin)

GB

中　华　人　民　共　和　国　国　家　标　准

GB 5009.8—2016

食品安全国家标准
食品中果糖、葡萄糖、蔗糖、麦芽糖、乳糖的测定

2016－12－23 发布　　　　2017－06－23 实施

中华人民共和国国家卫生和计划生育委员会
国家食品药品监督管理局
发布

前　言

本标准代替 GB/T 5009.8—2008《食品中蔗糖的测定》、GB/T 18932.22—2003《蜂蜜中果糖、葡萄糖、蔗糖、麦芽糖含量的测定方法　液相色谱示差折光检测法》、GB/T 22221—2008《食品中果糖、葡萄糖、蔗糖、麦芽糖、乳糖的测定　高效液相色谱法》。

本标准与 GB/T 5009.8—2008 相比，主要变化如下：

——标准名称修改为“食品安全国家标准 食品中果糖、葡萄糖、蔗糖、麦芽糖、乳糖的测定”；

——增加了部分样品前处理。

食品安全国家标准
食品中果糖、葡萄糖、蔗糖、麦芽糖、乳糖的测定

1　范围

本标准规定了食品中果糖、葡萄糖、蔗糖、麦芽糖、乳糖的测定方法。

本标准第一法适用于食品中果糖、葡萄糖、蔗糖、麦芽糖、乳糖的测定，第二法适用于食品中蔗糖的测定。

“第一法”高效液相色谱法，本法适用于谷物类、乳制品、果蔬制品、蜂蜜、糖浆、饮料等食品中果糖、葡萄糖、蔗糖、麦芽糖和乳糖的测定。

“第二法”酸水解－莱因－埃农氏法，本法适用于食品中蔗糖的测定。

第一法　高效液相色谱法

2　原理

试样中的果糖、葡萄糖、蔗糖、麦芽糖和乳糖经提取后，利用高效液相色谱柱分离，用示差折光检测器或蒸发光散射检测器检测，外标法进行定量。

3　试剂和材料

除非另有说明，本方法所用试剂均为分析纯，水为 GB/T 6682 规定的一级水。

3.1　试剂

3.1.1　乙腈：色谱纯。

3.1.2　乙酸锌［$Zn(CH_3COO)_2 \cdot 2H_2O$］。

3.1.3　亚铁氰化钾｛$K_4[Fe(CN)_6] \cdot 3H_2O$｝。

3.1.4　石油醚：沸程 30 ℃～60 ℃。

3.2　试剂配制

3.2.1　乙酸锌溶液：称取乙酸锌 21.9 g，加冰乙酸 3 mL，加水溶解并稀释至 100 mL。

3.2.2　亚铁氰化钾溶液：称取亚铁氰化钾 10.6 g，加水溶解并稀释至 100 mL。

3.3　标准品

3.3.1　果糖（$C_6H_{12}O_6$，CAS 号：57－48－7）纯度为 99 %，或经国家认证并授予标准物质证书的标准物质。

3.3.2　葡萄糖（$C_6H_{12}O_6$，CAS 号：50－99－7）纯度 99 %，或经国家认证并授予标准物质证书的标准物质。

3.3.3　蔗糖（$C_{12}H_{22}O_{11}$，CAS 号：57－50－1）纯度为99%，或经国家认证并授予标准物质证书的标准物质。

3.3.4　麦芽糖（$C_{12}H_{22}O_{11}$，CAS 号：69－79－4）纯度为99 %，或经国家认证并授予标准物质证书的标准物质。

3.3.5　乳糖（$C_6H_{12}O_6$，CAS 号：63－42－3）纯度为 99 %，或经国家认证并授予标准物质证书的标准物质。

3.4　标准溶液配制

3.4.1　糖标准贮备液（20 mg/mL）：分别称取上述经过 96 ℃ ±2 ℃干燥 2 h 的果糖、葡萄糖、蔗糖、麦芽糖和乳糖各 1 g，加水定容于 50 mL，置于 4 ℃密封可贮藏一个月。

3.4.2　糖标准使用液：分别吸取糖标准贮备液 1.00 mL、2.00 mL、3.00 mL、5.00 mL 于 10 mL 容量瓶、加水定容，分别相当于 2.0 mg/mL、4.0 mg/mL、6.0 mg/mL、10.0 mg/mL 浓度标准溶液。

4　仪器和设备

4.1　天平：感量为 0.1 mg。

4.2　超声波振荡器。

4.3　磁力搅拌器。

4.4　离心机：转速≥4 000 r/min。

4.5　高效液相色谱仪，带示差折光检测器或蒸发光散射检测器。

4.6　液相色谱柱：氨基色谱柱，柱长 250 mm，内径 4.6 mm，膜厚 5 μm，或具有同等性能的色谱柱。

5　试样的制备和保存

5.1　试样的制备

5.1.1　固体样品

取有代表性样品至少 200 g，用粉碎机粉碎，并通过 2.0 mm 圆孔筛，混匀，装入洁净容器，密封，标明标记。

5.1.2　半固体和液体样品（除蜂蜜样品外）

取有代表性样品至少 200 g（mL），充分混匀，装入洁净容器，密封，标明标记。

5.1.3　蜂蜜样品

本结晶的样品将其用力搅拌均匀；有结晶析出的样品，可将样品瓶盖塞紧后置于不超过 60 ℃的水浴中温热，待样品全部溶化后，搅匀，迅速冷却至室温以备检验用。在融化时应注意防止水分侵入。

5.2　保存

蜂蜜等易变质试样置于 0 ℃ ~4 ℃保存。

6 分析步骤

6.1 样品处理

6.1.1 脂肪小于10 %的食品

称取粉碎或混匀后的试样0.5 g~10 g（含糖量≤5时称取10 g；含糖量5 %~10 %时称取5 g；含糖量10 %~40 %时称取2 g；含糖量≥40 %时称取0.5 g）（精确到0.001 g）于100 mL容量瓶中，加水约50 mL溶解，缓慢加入乙酸锌溶液和亚铁氰化钾溶液各5 mL，加水定容至刻度，磁力搅拌或超声30 min，用干燥滤纸过滤，弃去初滤液，后续滤液用0.45 μm微孔滤膜过滤或离心获取上清液过0.45 μm微孔滤膜至样品瓶，供液相色谱分析。

6.1.2 糖浆、蜂蜜类

称取混匀后的试样1 g~2 g（精确到0.001 g）于50 mL容量瓶，加水定容至50 mL，充分摇匀，用干燥滤纸过滤，弃去初滤液，后续滤液用0.45 μm微孔滤膜过滤或离心获取上清液过0.45 μm微孔滤膜至样品瓶，供液相色谱分析。

6.1.3 含二氧化碳的饮料

吸取混匀后的试样于蒸发皿中，在水浴上微热搅拌去除二氧化碳，吸取50.0 mL移入100 mL容量瓶中，缓慢加入乙酸锌溶液和亚铁氰化钾溶液各5 mL，用水定容至刻度，摇匀，静置30 min，用干燥滤纸过滤，弃去初滤液，后续滤液用0.45 μm微孔滤膜过滤或离心获取上清液过0.45 μm微孔滤膜至样品瓶，供液相色谱分析。

6.1.4 脂肪大于10%的食品

称取粉碎或混匀后的试样5 g~10 g（精确到0.001 g）置于100 mL具塞离心管中，加入50 mL石油醚，混匀，放气，振摇2 min，1 800 r/min离心15 min，去除石油醚后重复以上步骤至去除大部分脂肪。蒸发残留的石油醚，用玻璃棒将样品捣碎并转移至100 mL容量瓶中，用50 mL水分两次冲洗离心管，洗液并入100 mL容量瓶中，缓慢加入乙酸锌溶液和亚铁氰化钾溶液各5 mL，加水定容至刻度，磁力搅拌或超声30 min，用干燥滤纸过滤，弃去初滤液，后续滤液用0.45 μm微孔滤膜过滤或离心获取上清液过0.45 μm微孔滤膜至样品瓶，供液相色谱分析。

6.2 色谱参考条件

色谱条件应当满足果糖、葡萄糖、蔗糖、麦芽糖和乳糖之间的分离度大于1.5。色谱图参见附录A中图A.1和图A.2。

a）流动相：乙腈+水=70+30（体积比）；

b）流动相流速：1.0 mL/min；

c）柱温：40 ℃；

d）进样量：20 μL；

e）示差折光检测器条件：温度40 ℃；

f）蒸发光散射检测器条件：飘移管温度：80 ℃~90 ℃；氮气压力：350 kPa；撞击器：关。

6.3 标准曲线的制作

将糖标准使用液标准依次按上述推荐色谱条件上机测定，记录色谱图峰面积或峰高，以峰面积或峰高为纵坐标，以标准工作液的浓度为横坐标，示差折光检测器采用线性方程；蒸发光散射检测器采用幂函数方程绘制标准曲线。

6.4 试样溶液的测定

将试样溶液注入高效液相色谱仪中，记录峰面积或峰高，从标准曲线中查得试样溶液中糖的浓度。可根据具体试样进行稀释（n）。

6.5 空白试验

除不加试样外，均按上述步骤进行。

7 分析结果的表述

试样中目标物的含量按式（1）计算，计算结果需扣除空白值：

$$X = \frac{(\rho - \rho_0) \times V \times n}{m \times 1000} \times 100 \tag{1}$$

式中：

X——试样中糖（果糖、葡萄糖、蔗糖、麦芽糖和乳糖）的含量，单位为克每百克（g/100 g）；

ρ——样液中糖的浓度，单位为毫克每毫升（mg/mL）；

ρ_0——空白中糖的浓度，单位为毫克每毫升（mg/mL）；

V——样液定容体积，单位为毫升（mL）；

n——稀释倍数；

m——试样的质量，单位为克（g）或毫升（mL）；

1 000——换算系数；

100——换算系数。

糖的含量≥10 g/100 g 时，结果保留三位有效数字，糖的含量＜10 g/100 g 时，结果保留两位有效数字。

8 精密度

在重复条件下获得的两次独立测定结果的绝对差值不得超过算术平均值的 10 %。

9 其他

当称样量为 10 g 时，果糖、葡萄糖、蔗糖、麦芽糖和乳糖检出限为 0.2 g/100 g。

第二法　酸水解－莱因－埃农氏法

10　原理

本法适用于各类食品中蔗糖的测定：试样经除去蛋白质后，其中蔗糖经盐酸水解转化为还原糖，按还原糖测定。水解前后的差值乘以相应的系数即为蔗糖含量。

11　试剂和溶液

除非另有说明，本方法所用试剂均为分析纯，水为 GB/T6682 规定的三级水。

11.1　试剂

11.1.1　乙酸锌［$Zn(CH_3COO)_2 \cdot 2H_2O$］。

11.1.2　亚铁氰化钾｛$K_4[Fe(CN)_6] \cdot 3H_2O$｝。

11.1.3　盐酸（HCl）。

11.1.4　氢氧化钠（NaOH）。

11.1.5　甲基红（$C_{15}H_{15}N_3O_2$）：指示剂。

11.1.6　亚甲蓝（$C_{16}H_{18}ClN_3S \cdot 3H_2O$）：指示剂。

11.1.7　硫酸铜（$CuSO_4 \cdot 5H_2O$）。

11.1.8　酒石酸钾钠（$C_4H_4O_6KNa \cdot 4H_2O$）。

11.2　试剂配制

11.2.1　乙酸锌溶液：称取乙酸锌 21.9 g，加冰乙酸 3 mL，加水溶解并定容于 100 mL。

11.2.2　亚铁氰化钾溶液：称取亚铁氰化钾 10.6 g，加水溶解并定容至 100 mL。

11.2.3　盐酸溶液（1＋1）：量取盐酸 50 mL，缓慢加入 50 mL 水中，冷却后混匀。

11.2.4　氢氧化钠（40 g/L）：称取氢氧化钠 4 g，加水溶解后，放冷，加水定容至 100 mL。

11.2.5　甲基红指示液（1g/L）：称取甲基红盐酸盐 0.1 g，用 95% 乙醇溶解并定容至 100 mL。

11.2.6　氢氧化钠溶液（200 g/L）：称取氢氧化钠 20 g，加水溶解后，放冷，加水并定容至 100 mL。

11.2.7　碱性酒石酸铜甲液：称取硫酸铜 15 g 和亚甲蓝 0.05 g，溶于水中，加水定容至 1 000 mL。

11.2.8　碱性酒石酸铜乙液：称取酒石酸钾钠 50g 和氢氧化钠 75 g，溶解于水中，再加入亚铁氰化钾 4 g，完全溶解后，用水定容至 1 000 mL，贮存于橡胶塞玻璃瓶中。

11.3　标准品

葡萄糖（$C_6H_{12}O_6$，CAS 号：50－99－7）标准品：纯度≥99 %，或经国家认证并授予标准物质证书的标准物质。

11.4　标准溶液配制

葡萄糖标准溶液（1.0 mg/mL）：称取经过 98 ℃～100 ℃烘箱中干燥 2 h 后的葡萄糖 1 g（精确 0.001 g），加水溶解后加入盐酸 5 mL，并用水定容至 1 000 mL。此溶液每毫升相当于 1.0 mg 葡萄糖。

12 仪器和设备

12.1 天平：感量为0.1 mg。

12.2 水浴锅。

12.3 可调温电炉。

12.4 酸式滴定管：25 mL。

13 试样的制备和保存

13.1 试样的制备

13.1.1 固体样品

取有代表性样品至少200 g，用粉碎机粉碎，混匀，装入洁净容器，密封，标明标记。

13.1.2 半固体和液体样品

取有代表性样品至少200 g（mL），充分混匀，装入洁净容器，密封，标明标记。

13.2 保存

蜂蜜等易变质试样于0 ℃ ~4 ℃保存。

14 分析步骤

14.1 试样处理

14.1.1 含蛋白质食品

称取粉碎或混匀后的固体试样2.5 g~5 g（精确到0.001 g）或液体试样5 g~25 g（精确到0.001 g），置250 mL容量瓶中，加水50 mL，缓慢加入乙酸锌溶液5 mL和亚铁氰化钾溶液5 mL，加水至刻度，混匀，静置30 min，用干燥滤纸过滤，弃去初滤液，取后续滤液备用。

14.1.2 含大量淀粉的食品

称取粉碎或混匀后的试样10 g~20 g（精确到0.001 g），置250 mL容量瓶中，加水200 mL，在45 ℃水浴中加热1h，并时时振摇，冷却后加水至刻度，混匀，静置，沉淀。吸取200 mL上清液于另一250 mL容量瓶中，缓慢加入乙酸锌溶液5 mL和亚铁氰化钾溶液5 mL，加水至刻度，混匀，静置30 min，用干燥滤纸过滤，弃去初滤液，取后续滤液备用。

14.1.3 酒精饮料

称取混匀后的试样100 g（精确到0.01 g），置于蒸发皿中，用（40 g/L）氢氧化钠溶液中和至中性，在水浴上蒸发至原体积的1/4后，移入250 mL容量瓶中，缓慢加入乙酸锌溶液5 mL和亚铁氰化钾溶液5 mL，加水至刻度，混匀，静置30 min，用干燥滤纸过滤，弃去初滤液，取后续滤液备用。

14.1.4 碳酸饮料

称取混匀后的试样100 g（精确到0.01 g）于蒸发皿中，在水浴上微热搅拌除去二氧化碳后，移入250 mL容量瓶中，用水洗蒸发皿，洗液并入容量瓶，加水至刻度，混匀后备用。

14.2 酸水解

14.2.1 吸取2份试样各50.0 mL，分别置于100 mL容量瓶中。

14.2.1.1 转化前：一份用水稀释至100 mL。

14.2.1.2 转化后：另一份加（1+1）盐酸5 mL，在68 ℃~70 ℃水浴中加热15 min，冷却后加甲基红指示液2滴，用200 g/L氢氧化钠溶液中和至中性，加水至刻度。

14.3 标定碱性酒石酸铜溶液

吸取碱性酒石酸铜甲液5.0 mL和碱性酒石酸铜乙液5.0 mL于150 mL锥形瓶中，加水10mL，加入2粒~4粒玻璃珠，从滴定管中加葡萄糖标准溶液约9 mL，控制在2 min中内加热至沸，趁热以每两秒一滴的速度滴加葡萄糖，直至溶液颜色刚好褪去，记录消耗葡萄糖总体积，同时平行操作三份，取其平均值，计算每10 mL（碱性酒石酸甲、乙液各5 mL）碱性酒石酸铜溶液相当于葡萄糖的质量（mg）。

注：也可以按上述方法标定4 mL~20 mL碱性酒石酸铜溶液（甲、乙液各半）来适应试样中还原糖的浓度变化。

14.4 试样溶液的测定

14.4.1 预测滴定：吸取碱性酒石酸铜甲液5.0 mL和碱性酒石酸铜乙液5.0 mL于同一150mL锥形瓶中，加入蒸馏水10 mL，放入2粒~4粒玻璃珠，置于电炉上加热，使其在2 min内沸腾，保持沸腾状态15 s，滴入样液至溶液蓝色完全褪尽为止，读取所用样液的体积。

14.4.2 精确滴定：吸取碱性酒石酸铜甲液5.0 mL和碱性酒石酸铜乙液5.0 mL于同一150mL锥形瓶中，加入蒸馏水10 mL，放入几粒玻璃珠，从滴定管中放出的（转化前样液14.2.1.1或转化后样液14.2.1.2）样液（比预测滴定14.4.1预测的体积少1 mL），置于电炉上，使其在2 min内沸腾，维持沸腾状态2 min，以每两秒一滴的速度徐徐滴入样液，溶液蓝色完全褪尽即为终点，分别记录转化前样液（14.2.1.1）和转化后样液（14.2.1.2）消耗的体积（V）。

注：对于蔗糖含量在0.x%水平的样品，可以采用反滴定的方式进行测定。

15 分析结果的表述

15.1 转化糖的含量

试样中转化糖的含量（以葡萄糖计）按式（2）进行计算：

$$R = \frac{A}{m \times \frac{50}{250} \times \frac{V}{100} \times 1000} \times 100 \tag{2}$$

式中：

R——试样中转化糖的质量分数，单位为克每百克（g/100 g）；

A——碱性酒石酸铜溶液（甲、乙液各半）相当于葡萄糖的质量，单位为毫克（mg）；

m——样品的质量，单位为克（g）；

50——酸水解（14.2）中吸取样液体积，单位为毫升（mL）；

250——试样处理（14.1）中样品定容体积，单位为毫升（mL）；

V——滴定时平均消耗试样溶液体积，单位为毫升（mL）；
100——酸水解（14.2）中定容体积，单位为毫升（mL）；
1000——换算系数；
100——换算系数。
注：样液（14.2.1.1）的计算值为转化前转化糖的质量分数 R_1，样液（14.2.1.2）的计算值为转化后转化糖的质量分数 R_2。

15.2 蔗糖的含量

试样中蔗糖的含量 X 按式（3）计算：

$$X = (R_2 - R_1) \times 0.95 \quad (3)$$

式中：
X——试样中蔗糖的质量分数，单位为克每百克（g/100 g）；
R_2——转化后转化糖的质量分数，单位为克每百克（g/100 g）；
R_1——转化前转化糖的质量分数，单位为克每百克（g/100 g）；
0.95——转化糖（以葡萄糖计）换算为蔗糖的系数。

蔗糖含量≥10 g/100 g 时，结果保留三位有效数字，蔗糖含量<10 g/100 g 时，结果保留两位有效数字。

16 精密度

在重复性条件下获得的两次独立测定结果的绝对差值不得超过算术平均值的 10 %。

17 其他

当称样量为 5g 时，定量限为 0.24 g/100 g。

附　录　A
色谱图

果糖、葡萄糖、蔗糖、麦芽糖和乳糖标准物质的蒸发光散射检测色谱图见图 A. 1。

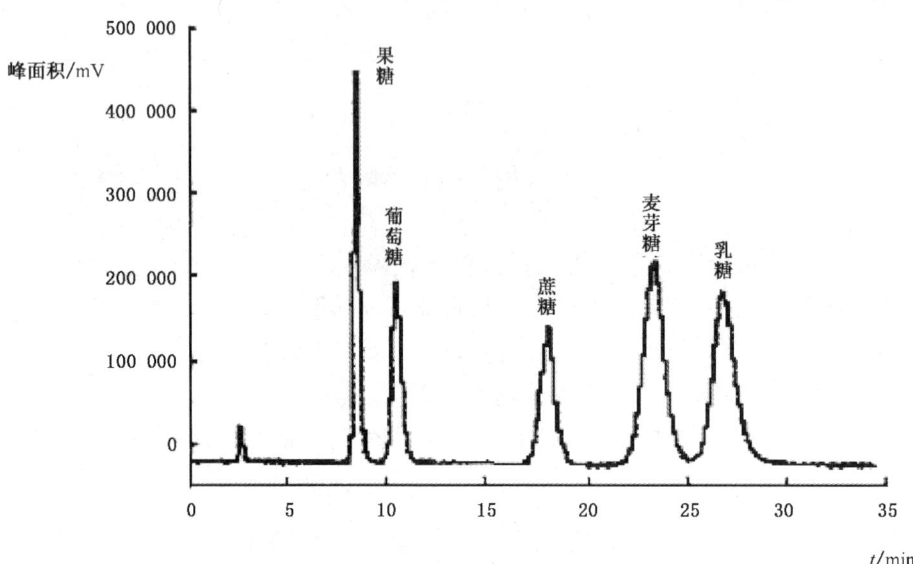

图 A. 1　果糖、葡萄糖、蔗糖、麦芽糖和乳糖标准物质的蒸发光散射检测色谱图

果糖、葡萄糖、蔗糖、麦芽糖和乳糖标准物质的示差折光检测色谱图见图 A. 2。

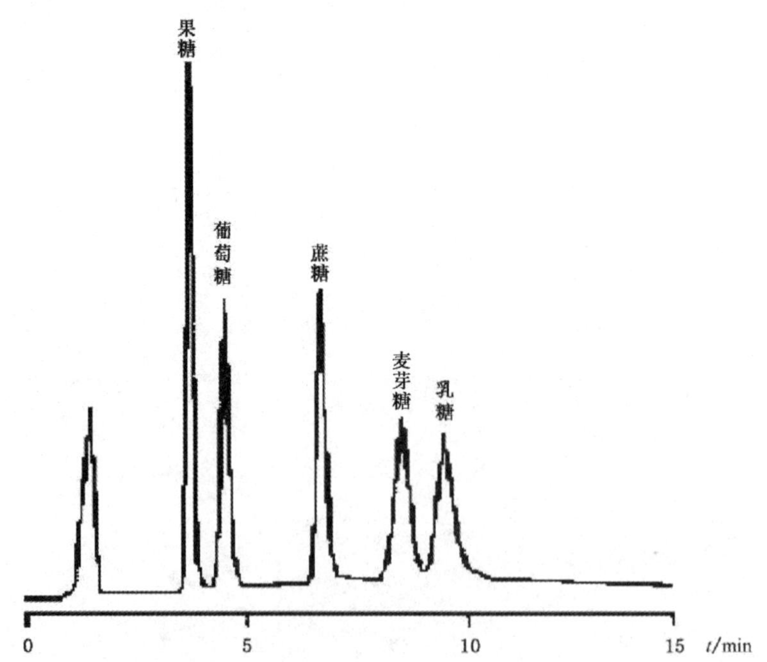

图 A. 2　果糖、葡萄糖、蔗糖、麦芽糖和乳糖标准物质的示差折光检测色谱图

GB

中 华 人 民 共 和 国 国 家 标 准

GB 12696—2016

食品安全国家标准
发酵酒及其配制酒生产卫生规范

2016－12－23 发布　　　　2017－12－23 实施

中华人民共和国国家卫生和计划生育委员会
国家食品药品监督管理总局
发布

前　言

本标准代替 GB 12696—1990《葡萄酒厂卫生规范》、GB 12697—1990《果酒厂卫生规范》和 GB 12698—1990《黄酒厂卫生规范》。

本标准与 GB 12696—1990、GB 12697—1990 和 GB 12698—1990 相比，主要变化如下：

——标准名称修改为“食品安全国家标准　发酵酒及其配制酒生产卫生规范”；

——修改了标准适用范围；

——修改了标准结构；

——增加了产品召回和管理的要求；

——增加了培训的要求；

——增加了管理制度和人员的要求；

——增加了附录 A“葡萄酒（果酒）加工过程的微生物监控程序指南”、附录 B“黄酒加工过程的微生物监控程序指南”、附录 C“配制酒加工过程的微生物监控程序指南”。

食品安全国家标准
发酵酒及其配制酒生产卫生规范

1 范围

本标准规定了发酵酒及其配制酒生产过程中原料采购、加工、包装、贮存和运输等环节的场所、设施、人员的基本要求和管理准则。

本标准适用于葡萄酒、果酒（发酵型）、黄酒以及发酵酒的配制酒的生产。

2 术语和定义

GB 14881—2013 中的术语和定义适用于本标准。

3 选址及厂区环境

应符合 GB 14881—2013 中第 3 章的相关规定。

4 厂房和车间

4.1 设计和布局

应符合 GB 14881—2013 中 4.1 的规定。

4.2 建筑内部结构与材料

应符合 GB 14881—2013 中 4.2 的规定。

4.3 葡萄酒（果酒）厂房设计要求

4.3.1 根据生产工艺需要，葡萄酒（果酒）生产区应划分为葡萄（水果）原料加工区、发酵区、贮存陈酿区、原酒后加工区、灌装区等，各区域应布局合理。

4.3.2 葡萄酒（果酒）的酒窖应保持卫生，墙面和天花板的材料应具有防潮功能。酒窖应具有一定的通风功能，根据生产需要可以进行温度和湿度的控制。

4.3.3 葡萄酒（果酒）原酒生产企业应根据生产工艺需要合理设计厂房。

4.4 黄酒厂房设计特性要求

根据生产工艺需要，黄酒生产区应设置原料仓库、制曲、制酒、灌装、贮存陈酿等区域，各区域应布局合理。

4.5 配制酒厂房设计特性要求

4.5.1 根据生产工艺需要，配制酒生产区应设置原料处理区、制酒区、储酒区、灌装区等区域。

4.5.2 若设置制酒区，应能满足配料、发酵或提取、调配、澄清处理的要求。

5 设施与设备

5.1 应符合 GB 14881—2013 中第 5 章的相关规定。

5.2 新不锈钢罐在使用前应进行酸洗和钝化。

5.3 葡萄酒（果酒）及配制酒若采用水泥池发酵或储酒时，水泥池内壁应涂有防腐层，防腐层应满足以下要求：

a）无毒，耐酸、耐碱、耐腐蚀，对酒的风味无任何不良影响；

b）应有很强的附着力，不应脱落；

c）应具有光滑平整的表面；

d）应有较高的机械强度、致密的结构和足够的厚度，不应渗漏；

e）敷设工艺应简单易行。

5.4 起泡葡萄酒（果酒）发酵罐应符合相关的要求。

5.5 葡萄酒（果酒）橡木桶在使用前应根据其使用情况，采用水清洗、蒸汽熏蒸法、酸碱浸泡法、酒精浸泡法、熏硫等其中一种或几种方法进行处理，保持清洁卫生。

5.6 仅生产葡萄酒（果酒）原酒的厂区应根据生产需要合理配置设施与设备。

5.7 黄酒生产中传统的工器具应易于清洁和保养。

6 卫生管理

应符合 GB 14881—2013 中第 6 章的相关规定。

7 原料、食品添加剂和食品相关产品

7.1 葡萄酒（果酒）及其配制酒原料

7.1.1 应符合 GB 14881—2013 中 7.1 和 7.2 的规定。

7.1.2 采购葡萄（水果）原料，应有采购记录和验收记录。采购记录应详细记录原料的品种、产地。原料应符合 GB 2763 中的相关规定。

7.1.3 采购的国产葡萄汁（果汁）或原酒，应是取得生产许可证的产品。采购时，应索取葡萄汁（果汁）或原酒生产企业的相应有效资质及详细的生产过程记录材料，包括原料信息、加工工艺信息、食品添加剂和食品加工助剂使用信息等内容，并有相应的检验合格证明文件。应按国家有关规定或标准要求对葡萄汁（果汁）或原酒进行验收。

7.1.4 采购进口葡萄汁（果汁），应向供货方索取有效的产品信息和检验检疫证明。

7.1.5 采购进口原酒，应向供货方索取有效的原酒信息（品种、工艺、食品添加剂使用情况等）和检验检疫证明。

7.1.6 发酵过程中使用的酵母、乳酸菌、食品加工助剂及其他辅料等应符合相应的要求，并制定

管理制度和操作规程。

7.1.7 特种葡萄酒（果酒）及其配制酒所用原料应符合其生产工艺或相关标准对原料的特殊要求。

7.2 黄酒及其配制酒原料

7.2.1 应符合 GB 14881—2013 中 7.1 和 7.2 的规定。

7.2.2 使用的粮食原料应有采购记录和验收记录，应符合相关食品安全国家标准，不得使用发霉、变质或含有毒、有害物以及被有毒、有害物污染的原料。

7.2.3 生产特型黄酒的原料应使用普通食品原料、国家批准的既是食品又是药品的物品及新食品原料目录中的产品，并符合相应的要求。

7.3 食品添加剂

7.3.1 应符合 GB 14881—2013 中 7.3 的规定。

7.3.2 黄酒生产中调色用焦糖色应符合 GB 1886.64 和 GB 2760 中的相关规定。

7.3.3 黄酒生产中助滤用硅藻土应符合 GB 14936 中的相关规定。

7.4 食品相关产品

应符合 GB 14881—2013 中 7.4 的规定。

8 葡萄酒（果酒）生产过程的食品安全控制

8.1 发酵

8.1.1 葡萄（水果）加工前后，应对发酵车间、发酵过程中使用的设备、工器具、容器、管道及其附件进行清洗或消毒。车间应设置专用的工器具清洗、消毒场所。

8.1.2 发酵过程中应监测不良代谢产物产生情况，如赭曲霉毒素 A 和氨基甲酸乙酯，必要时采取适当的控制措施。

8.2 原酒贮存与陈酿

8.2.1 原酒贮存、陈酿、运输和周转容器应用无毒、无害、无异味、抗腐蚀、易清洗的材料。使用前应进行清洗或杀菌。

8.2.2 贮存和陈酿过程中应合理控制温度，并适量使用二氧化硫，适时分离酒脚，防止原酒氧化或微生物繁殖。

8.3 稳定处理

葡萄酒（果酒）稳定处理过程中使用的加工助剂在使用之前应进行确定添加量的试验。

8.4 过滤和灌装

8.4.1 灌装使用的输酒管路、装酒机、储酒罐、过滤机等，应经过灭菌操作，保证输酒管路和装酒机卫生。半成品酒在进入灌装机前应经过过滤除菌或其他方式灭菌。

8.4.2 过滤器应定期清洗，更换滤膜、滤棒、滤芯。

8.4.3 灌装前，空瓶应清洗干净，经检查无污物、无杂质、无破损后方可使用。使用的瓶盖

（塞）应确保清洁卫生。每日生产结束后，灌装设备应进行清洗和灭菌操作。

8.4.4 葡萄酒（果酒）若进行热处理如巴氏杀菌处理，采用的升温或其他技术不应引起酒的外观、香气和口感的明显变化。

8.5 微生物监控

可建立葡萄酒（果酒）加工过程的微生物监控程序，包括生产环境的微生物监控和生产过程中的微生物监控，参见附录 A。

9 黄酒生产过程的食品安全控制

9.1 原料处理

9.1.1 制曲

9.1.1.1 制曲发酵间及过程中使用的仪器、设备、工器具等进行清洗，必要时应进行消毒。

9.1.1.2 纯种制曲中对使用的菌种应制定管理制度及操作规程。

9.1.2 浸米

原料使用应采取先进先出的原则，浸米容器和工器具应采用无毒、无害、无异味、抗腐蚀、易清洗的材料，使用前应清洗干净。

9.1.3 蒸（煮）饭

9.1.3.1 蒸（煮）饭用的仪器、设备、输送管道等工器具及盛器应符合食品安全要求。

9.1.3.2 糊化后采用合适的方式进行冷却，如摊冷、风冷、水淋，饭冷后应尽快投料使用。

9.2 制酒

9.2.1 发酵

9.2.1.1 发酵前后，应对发酵场所、发酵过程中使用的设备、工器具、容器、管道及附件进行清洗或消毒。应设置专用的工器具清洗、消毒场所。

9.2.1.2 发酵过程中使用的麦曲、酒药、酵母、食品加工助剂及其他辅料等，应制定管理制度和操作规程。

9.2.1.3 发酵过程中应做好温度控制管理，以及糖度、酒精度和酸度的监测。

9.2.1.4 发酵过程中应监测不良代谢产物产生情况，如氨基甲酸乙酯，必要时采取适当的控制措施。

9.2.2 压榨过滤

9.2.2.1 压榨过滤场所的地面、墙壁及使用的设备容器应清洁或消毒。压榨过滤用的滤布、滤板应符合安全要求。

9.2.2.2 压滤机应保持清洁及滤孔畅通，滤布应定期清洗或消毒。

9.2.2.3 压榨用压缩空气应进行过滤。

9.2.3 煎酒

9.2.3.1 煎酒设备及容器具等应定期清洗或消毒。

9.2.3.2 煎酒过程中应监控煎酒温度和时间。

9.2.4 原酒贮存及陈酿

9.2.4.1 用于原酒贮存与陈酿的容器应安全无害，使用前应进行清洗或消毒。

9.2.4.2 原酒运输和周转容器应采用无毒、无害、无异味、抗腐蚀、易清洗的材料。使用前应进行清洗或消毒。

9.2.5 勾兑、过滤和灌装

9.2.5.1 过滤和灌装场所的地面、墙壁及使用的设备、容器应定期清洁或消毒。

9.2.5.2 勾兑完成的半成品酒，不宜存放时间过长，必要时进行冷冻处理。

9.2.5.3 半成品酒在进入灌装机前应经过过滤除菌或加温灭菌，或者灌装封盖后加温灭菌。

9.2.5.4 灌装前，空瓶应清洗干净，经检查无污物、无杂质、无破损后方可使用。使用的瓶盖（塞）应确保清洁卫生。

9.2.5.5 灌装好的透明瓶装酒或杀菌后的透明瓶装酒应进行灯光检测，检验人员应实行定时轮换制。

9.3 微生物监控

可建立黄酒加工生产环境和过程的微生物监控程序，参见附录B。

10 配制酒生产过程的食品安全控制

10.1 原料处理和提取

10.1.1 原料处理和提取前后，应对原料处理车间、提取车间、原料处理和提取过程中使用的设备、工器具、容器、管道及其附件进行清洗或消毒。车间应设置专用的工器具清洗或消毒场所。

10.1.2 生产过程中使用的原料、辅料、加工助剂等应符合相应的要求，并制定管理制度和操作规程。

10.2 澄清处理和灌装

10.2.1 调配好的基酒应根据稳定性试验结果，采取相应的澄清处理措施。

10.2.2 根据酒精度、总糖及pH，确定杀菌及灌装方式。

10.3 微生物监控

酒精度≤20 % vol的配制酒应建立生产环境和加工过程的微生物监控程序，参见附录C。

11 包装

应符合GB 14881—2013中8.5的规定。

12 检验

应符合GB 14881—2013中第9章的相关规定。

13 产品的贮存和运输

应符合GB 14881—2013中第10章的相关规定。

14 产品召回管理

应符合 GB 14881—2013 中第 11 章的相关规定。

15 培训

应符合 GB 14881—2013 中第 12 章的相关规定。

16 管理制度和人员

应符合 GB 14881—2013 中第 13 章的相关规定。

17 记录和文件管理

应符合 GB 14881—2013 中第 14 章的相关规定。

附　录　A
葡萄酒（果酒）加工过程的微生物监控程序指南

A.1　葡萄酒（果酒）加工过程的微生物监控要求见表 A.1。

表 A.1　　葡萄酒（果酒）加工过程的微生物监控要求

监控项目		建议取样点	建议监控微生物	建议监控频率	建议监控指标限值
生产过程微生物监控	灌酒设备（灌装机、管路、酒瓶、瓶盖）	成品酒	菌落总数	按产品批次	结合生产实际情况明确指示限值

A.2　微生物监控指标不符合情况的处理要求：各监控点的监控结果应当符合监控指标的限值并保持稳定，当出现轻微不符合时，可通过增加取样频次等措施加强监控；当出现严重不符合时，应当立即纠正，同时查找问题原因，以确定是否需要对微生物监控程序采取相应的纠正措施。

附　录　B
黄酒加工过程的微生物监控程序指南

B.1　黄酒加工过程的微生物监控要求见表 B.1。

表 B.1　　黄酒加工过程的微生物监控要求

监控项目		建议取样点	建议监控微生物	建议监控频率	建议监控指标限值
生产过程的微生物监控	灌酒设备（灌装机、管路、酒瓶、瓶盖）	成品酒	菌落总数	按产品批次	结合生产实际情况明确指示限值

B.2　微生物监控指标不符合情况的处理要求：各监控点的监控结果应当符合监控指标的限值并保持稳定，当出现轻微不符合时，可通过增加取样频次等措施加强监控；当出现严重不符合时，应当立即纠正，同时查找问题原因，以确定是否需要对微生物监控程序采取相应的纠正措施。

附 录 C
配制酒加工过程的微生物监控程序指南

C. 1 配制酒加工过程的微生物监控要求见表 C. 1。

表 C. 1 **配制酒加工过程的微生物监控要求**

监控项目		建议取样点	建议监控微生物	建议监控频率	建议监控指标限值
酒中微生物	原酒（酒精度≤20% vol）、待灌装酒	储酒设备阀门处	菌落总数	自检，定期	结合生产情况明确指示限值
	成品酒	灌装压塞后	菌落总数	按产品批次	结合生产实际情况明确指示限值

C. 2 微生物监控指标不符合情况的处理要求：各监控点的监控结果应当符合监控指标的限值并保持稳定，当出现轻微不符合时，可通过增加取样频次等措施加强监控；当出现严重不符合时，应当立即纠正，同时查找问题原因，以确定是否需要对微生物监控程序采取相应的纠正措施。

GB

中　华　人　民　共　和　国　国　家　标　准

GB 2761—2017

食品安全国家标准
食品中真菌毒素限量

2017-03-17 发布　　　　2017-09-17 实施

中华人民共和国国家卫生和计划生育委员会
国　家　食　品　药　品　监　督　管　理　总　局
发布

前　言

本标准代替 GB 2761—2011《食品安全国家标准　食品中真菌毒素限量》。

本标准与 GB 2761—2011 相比，主要变化如下：

——修改了应用原则；

——增加了葡萄酒和咖啡中赭曲霉毒素 A 限量要求；

——增加了特殊医学用途配方食品、辅食营养补充品、运动营养食品、孕妇及乳母营养补充食品中真菌毒素限量要求；

——删除了表 1 中酿造酱后括号注解；

——更新了检验方法标准号；

——修改了附录 A。

食品安全国家标准
食品中真菌毒素限量

1 范围

本标准规定了食品中黄曲霉毒素 B_1、黄曲霉毒素 M_1、脱氧雪腐镰刀菌烯醇、展青霉素、赭曲霉毒素 A 及玉米赤霉烯酮的限量指标。

2 术语和定义

2.1 真菌毒素

真菌在生长繁殖过程中产生的次生有毒代谢产物。

2.2 可食用部分

食品原料经过机械手段（如谷物碾磨、水果剥皮、坚果去壳、肉去骨、鱼去刺、贝去壳等）去除非食用部分后，所得到的用于食用的部分。

注 1：非食用部分的去除不可采用任何非机械手段（如粗制植物油精炼过程）。

注 2：用相同的食品原料生产不同产品时，可食用部分的量依生产工艺不同而异。如用麦类加工麦片和全麦粉时，可食用部分按 100% 计算；加工小麦粉时，可食用部分按出粉率折算。

2.3 限量

真菌毒素在食品原料和（或）食品成品可食用部分中允许的最大含量水平。

3 应用原则

3.1 无论是否制定真菌毒素限量，食品生产和加工者均应采取控制措施，使食品中真菌毒素的含量达到最低水平。

3.2 本标准列出了可能对公众健康构成较大风险的真菌毒素，制定限量值的食品是对消费者膳食暴露量产生较大影响的食品。

3.3 食品类别（名称）说明（附录 A）用于界定真菌毒素限量的适用范围，仅适用于本标准。当某种真菌毒素限量应用于某一食品类别（名称）时，则该食品类别（名称）内的所有类别食品均适用，有特别规定的除外。

3.4 食品中真菌毒素限量以食品通常的可食用部分计算，有特别规定的除外。

4 指标要求

4.1 黄曲霉毒素 B_1

4.1.1 食品中黄曲霉毒素 B_1 限量指标见表 1。

表 1 食品中黄曲霉毒素 B_1 限量指标

食品类别（名称）	限量 μg/kg
谷物及其制品	
玉米、玉米面（渣、片）及玉米制品	20
稻谷[a]、糙米、大米	10
小麦、大麦、其他谷物	5.0
小麦粉、麦片、其他去壳谷物	5.0
豆类及其制品	
发酵豆制品	5.0
坚果及籽类	
花生及其制品	20
其他熟制坚果及籽类	5.0
油脂及其制品	
植物油脂（花生油、玉米油除外）	10
花生油、玉米油	20
调味品	
酱油、醋、酿造酱	5.0
特殊膳食用食品	
婴幼儿配方食品	
婴儿配方食品[b]	0.5（以粉状产品计）
较大婴儿和幼儿配方食品[b]	0.5（以粉状产品计）
特殊医学用途婴儿配方食品	0.5（以粉状产品计）
婴幼儿辅助食品	
婴幼儿谷类辅助食品	0.5
特殊医学用途配方食品[b]（特殊医学用途婴儿配方食品涉及的品种除外）	0.5（以固态产品计）
辅食营养补充品[c]	0.5
运动营养食品[b]	0.5
孕妇及乳母营养补充食品[c]	0.5

[a] 稻谷以糙米计。

[b] 以大豆及大豆蛋白制品为主要原料的产品。

[c] 只限于含谷类、坚果和豆类的产品。

4.1.2 检验方法：按 GB 5009.22 规定的方法测定。

4.2 黄曲霉毒素 M_1

4.2.1 食品中黄曲霉毒素 M_1 限量指标见表 2。

表 2　　食品中黄曲霉毒素 M_1 限量指标

食品类别（名称）	限量 μg/kg
乳及乳制品[a]	0.5
特殊膳食用食品	
婴幼儿配方食品	
婴儿配方食品[b]	0.5（以粉状产品计）
较大婴儿和幼儿配方食品[b]	0.5（以粉状产品计）
特殊医学用途婴儿配方食品	0.5（以粉状产品计）
特殊医学用途配方食品[b]（特殊医学用途婴儿配方食品涉及的品种除外）	0.5（以固态产品计）
辅食营养补充品[c]	0.5
运动营养食品[b]	0.5
孕妇及乳母营养补充食品[c]	0.5

[a] 乳粉按生乳折算。
[b] 以乳类及乳蛋白制品为主要原料的产品。
[c] 只限于含乳类的产品。

4.2.2 检验方法：按 GB 5009.24 规定的方法测定。

4.3 脱氧雪腐镰刀菌烯醇

4.3.1 食品中脱氧雪腐镰刀菌烯醇限量指标见表 3。

表 3　　食品中脱氧雪腐镰刀菌烯醇限量指标

食品类别（名称）	限量 μg/kg
谷物及其制品	
玉米、玉米面（渣、片）	1 000
大麦、小麦、麦片、小麦粉	1 000

4.3.2 检验方法：按 GB 5009.111 规定的方法测定。

4.4 展青霉素

4.4.1 食品中展青霉素限量指标见表 4。

表 4　　食品中展青霉素限量指标

食品类别（名称）[a]	限量 μg/kg
水果及其制品	
水果制品（果丹皮除外）	50
饮料类	
果蔬汁类及其饮料	50
酒类	50

[a] 仅限于以苹果、山楂为原料制成的产品。

4.4.2　检验方法：按 GB 5009.185 规定的方法测定。

4.5　赭曲霉毒素 A

4.5.1　食品中赭曲霉毒素 A 限量指标见表 5。

表 5　　食品中赭曲霉毒素 A 限量指标

食品类别（名称）	限量 μg/kg
谷物及其制品	
谷物[a]	5.0
谷物碾磨加工品	5.0
豆类及其制品	
豆类	5.0
酒类	
葡萄酒	2.0
坚果及籽类	
烘焙咖啡豆	5.0
饮料类	
研磨咖啡（烘焙咖啡）	5.0
速溶咖啡	10.0

[a] 稻谷以糙米计。

4.5.2　检验方法：按 GB 5009.96 规定的方法测定。

4.6　玉米赤霉烯酮

4.6.1　食品中玉米赤霉烯酮限量指标见表 6。

表 6　食品中玉米赤霉烯酮限量指标

食品类别（名称）	限量 μg/kg
谷物及其制品	
小麦、小麦粉	60
玉米、玉米面（渣、片）	60

4.6.2　检验方法：按 GB 5009.209 规定的方法测定。

附　录　A
食品类别（名称）说明

A.1　食品类别（名称）说明见表 A.1。

表 A.1　　食品类别（名称）说明

水果及其制品	新鲜水果（未经加工的、经表面处理的、去皮或预切的、冷冻的水果） 　　浆果和其他小粒水果 　　其他新鲜水果（包括甘蔗） 水果制品 　　水果罐头 　　水果干类 　　醋、油或盐渍水果 　　果酱（泥） 　　蜜饯凉果（包括果丹皮） 　　发酵的水果制品 　　煮熟的或油炸的水果 　　水果甜品 　　其他水果制品
谷物及其制品（不包括焙烤制品）	谷物 　　稻谷 　　玉米 　　小麦 　　大麦 　　其他谷物［例如粟（谷子）、高粱、黑麦、燕麦、荞麦等］ 谷物碾磨加工品 　　糙米 　　大米 　　小麦粉 　　玉米面（渣、片） 　　麦片 　　其他去壳谷物（例如小米、高粱米、大麦米、黍米等） 谷物制品 　　大米制品（例如米粉、汤圆粉及其他制品等） 　　小麦粉制品 　　　　生湿面制品（例如面条、饺子皮、馄饨皮、烧麦皮等） 　　　　生干面制品 　　　　发酵面制品 　　　　面糊（例如用于鱼和禽肉的拖面糊）、裹粉、煎炸粉面筋 　　　　其他小麦粉制品 　　玉米制品 　　其他谷物制品［例如带馅（料）面米制品、八宝粥罐头等］

（续表）

豆类及其制品	豆类（干豆、以干豆磨成的粉） 豆类制品 　　非发酵豆制品（例如豆浆、豆腐类、豆干类、腐竹类、熟制豆类、大豆蛋白膨化食品、大豆素肉等） 　　发酵豆制品（例如腐乳类、纳豆、豆豉、豆豉制品等） 　　豆类罐头
坚果及籽类	生干坚果及籽类 　　木本坚果（树果） 　　油料（不包括谷物种子和豆类） 　　饮料及甜味种子（例如可可豆、咖啡豆等） 坚果及籽类制品 　　熟制坚果及籽类（带壳、脱壳、包衣） 　　坚果及籽类罐头 　　坚果及籽类的泥（酱）（例如花生酱等） 　　其他坚果及籽类制品（例如腌渍的果仁等）
乳及乳制品	生乳 巴氏杀菌乳 灭菌乳 调制乳 发酵乳 炼乳 乳粉 乳清粉和乳清蛋白粉（包括非脱盐乳清粉） 干酪 再制干酪 其他乳制品（包括酪蛋白）
油脂及其制品	植物油脂 动物油脂（例如猪油、牛油、鱼油、稀奶油、奶油、无水奶油等） 油脂制品 　　氢化植物油及以氢化植物油为主的产品（例如人造奶油、起酥油等） 　　调和油 　　其他油脂制品
调味品	食用盐 味精 食醋 酱油 酿造酱 调味料酒

（续表）

调味品	香辛料类 　　香辛料及粉 　　香辛料油 　　香辛料酱（例如芥末酱、青芥酱等） 　　其他香辛料加工品 水产调味品 　　鱼类调味品（例如鱼露等） 　　其他水产调味品（例如蚝油、虾油等） 复合调味料（例如固体汤料、鸡精、鸡粉、蛋黄酱、沙拉酱、调味清汁等） 其他调味品
饮料类	包装饮用水 　　矿泉水 　　纯净水 　　其他包装饮用水 果蔬汁类及其饮料（例如苹果汁、苹果醋、山楂汁、山楂醋等） 　　果蔬汁（浆） 　　浓缩果蔬汁（浆） 　　其他果蔬汁（肉）饮料（包括发酵型产品） 蛋白饮料 　　含乳饮料（例如发酵型含乳饮料、配制型含乳饮料、乳酸菌饮料等） 　　植物蛋白饮料 　　复合蛋白饮料 　　其他蛋白饮料 碳酸饮料 茶饮料 咖啡类饮料 植物饮料 风味饮料 固体饮料［包括速溶咖啡、研磨咖啡（烘焙咖啡）］ 其他饮料
酒类	蒸馏酒（例如白酒、白兰地、威士忌、伏特加、朗姆酒等） 配制酒 发酵酒（例如葡萄酒、黄酒、啤酒等）
特殊膳食用食品	婴幼儿配方食品 　　婴儿配方食品 　　较大婴儿和幼儿配方食品 　　特殊医学用途婴儿配方食品 婴幼儿辅助食品 　　婴幼儿谷类辅助食品 　　婴幼儿罐装辅助食品 特殊医学用途配方食品（特殊医学用途婴儿配方食品涉及的品种除外） 其他特殊膳食用食品（例如辅食营养补充品、运动营养食品、孕妇及乳母营养补充食品等）

ICS 67.160.10
X 62

中华人民共和国国家标准

GB/T 15038—2006
代替 GB/T 15038—1994

葡萄酒、果酒通用分析方法

Analytical methods of wine and fruit wine

2006-12-11 发布　　2008-01-01 实施

中华人民共和国国家质量监督检验检疫总局
中国国家标准化管理委员会　发布

GB/T 15038-2006《葡萄酒、果酒通用分析方法》国家标准第1号修改单

本修改单业经国家标准化管理委员会于2008年1月17日以国标委农函[2008]9号文批准，自公布之日起实施。

GB/T 15038-2006《葡萄酒、果酒通用分析方法》国家标准修改内容如下：

第4.3.4条第13行后增加以下内容：

“样品中干浸出物含量按式(7)计算。

$$X=X_1-[X_2+(X_3-X_2)\times 0.95] \cdots\cdots (7)$$

式中：

X——样品中干浸出物的含量，单位为克每升(g/L)；

X_1——查附录C得到的样品中总浸出物的含量，单位为克每升(g/L)；

X_2——样品中还原糖的含量，单位为克每升(g/L)；

X_3——按4.2测得的样品中总糖的含量，单位为克每升(g/L)；

0.95——蔗糖水解还原糖换算为蔗糖的系数。”

注：4.3.4后所有公式编号顺延。

刊登于2008年第3期《中国标准化》

前　言

本标准是对GB/T 15038—1994《葡萄酒、果酒通用试验方法》的修订。

本标准代替GB/T 15038—1994。

本标准与GB/T 15038—1994相比主要变化如下：

——将酒精度分析方法中的密度瓶法调整为第一法；气相色谱法改为第二法；酒精计法仍为第三法；

——增加了柠檬酸、甲醇的分析方法；

——增加了防腐剂的分析方法；

——去掉了总糖测定中的液相色谱法；

——将总酸测定电位滴定法中滴定终点pH=9.0改为pH=8.2；

——对挥发酸测定中的修正方法做了适当修改；

——将“葡萄酒中的糖分和有机酸的测定（HPLC法）”作为资料性附录放在附录D中；

——将“葡萄酒中白藜芦醇的测定”作为资料性附录放在附录E中；

——将“葡萄酒、山葡萄酒感官评定要求”作为资料性附录放在附录F中。

本标准的附录A、附录B、附录C为规范性附录，附录D、附录E、附录F为资料性附录。

本标准由中国轻工业联合会提出。

本标准由全国食品工业标准化技术委员会酿酒分技术委员会归口。

本标准起草单位：中国食品发酵工业研究院、烟台张裕葡萄酿酒股份有限公司、中法合营王朝葡萄酿酒有限公司、中国长城葡萄酒有限公司、国家葡萄酒质量监督检验中心、新天国际葡萄酒业股份有限公司。

本标准主要起草人：郭新光、马佩选、王晓红、张春娅、任一平、王焕香、黄百芬。

本标准所代替标准的历次版本发布情况为：

——GB/T 15038—1994

葡萄酒、果酒通用分析方法

1 范围

本标准规定了葡萄酒、果酒产品的分析方法。

本标准适用于葡萄酒、果酒产品。

2 规范性引用文件

下列文件中的条款通过本标准的引用而成为本标准的条款。凡是注日期的引用文件，其随后所有的修改单（不包括勘误的内容）或修订版均不适用于本标准，然而，鼓励根据本标准达成协议的各方研究 是否可使用这些文件的最新版本。凡是不注日期的引用文件，其最新版本适用于本标准。

GB/T 601 化学试剂 标准滴定溶液的制备

GB/T 602 化学试剂 杂质测定用标准溶液的制备

GB/T 603 化学试剂 试验方法中所用制剂及制品的制备

GB/T 6682—1992 分析试验室用水规格和试验方法（neq ISO 3696：1987）

3 感官分析

3.1 原理

感官分析系指评价员通过用口、眼、鼻等感觉器官检查产品的感官特性，即对葡萄酒、果酒产品的色泽、香气、滋味及典型性等感官特性进行检查与分析评定。

3.2 品酒

3.2.1 品尝杯

品尝杯见图 1。

3.2.2 调温

调节酒的温度，使其达到：起泡葡萄酒 9℃ ~10℃；白葡萄酒 10℃ ~15℃；桃红葡萄酒 12℃ ~14℃；红葡萄酒、果酒 16℃ ~18℃；甜红葡萄酒、甜果酒 18℃ ~20℃。

特种葡萄酒可参照上述条件选择合适的温度范围，或在产品标准中自行规定。

3.2.3 顺序和编号

在一次品尝检查有多种类型样品时，其品尝顺序为：先白后红，先干后甜，先淡后浓，先新后老，先低度后高度。按顺序给样品编号，并在酒杯下部注明同样编号。

3.2.4 倒酒

将调温后的酒瓶外部擦干净，小心开启瓶塞（盖），不使任何异物落入。将酒倒入洁净、干燥的品尝杯中，一般酒在杯中的高度为四分之一 ~ 三分之一，起泡和加气起泡葡萄酒的高度为二分之一。

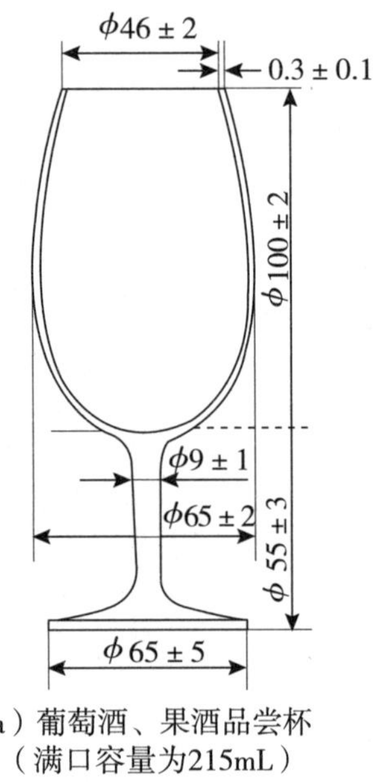

a）葡萄酒、果酒品尝杯
（满口容量为215mL）

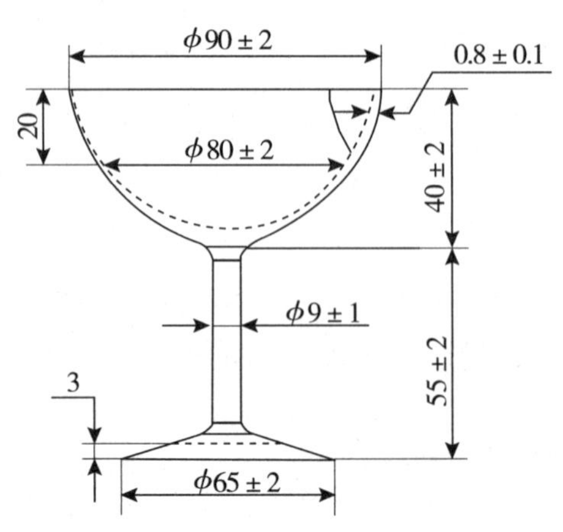

b）起泡葡萄酒（或葡萄汽酒）品尝杯
（满口容量为150mL）

图1　品尝杯

3.3　感官检查与评定

3.3.1　外观

在适宜光线（非直射阳光）下，以手持杯底或用手握住玻璃杯柱，举杯齐眉，用眼观察杯中酒的色泽、透明度与澄清程度，有无沉淀及悬浮物；起泡和加气起泡葡萄酒要观察起泡情况，作好详细记录。

3.3.2　香气

先在静止状态下多次用鼻嗅香，然后将酒杯捧握手掌之中，使酒微微加温，并摇动酒杯，使杯中酒样分布于杯壁上。慢慢地将酒杯置于鼻孔下方，嗅闻其挥发香气，分辨果香、酒香或有否其他异香，写出评语。

3.3.3　滋味

喝入少量样品于口中，尽量均匀分布于味觉区，仔细品尝，有了明确印象后咽下，再体会口感后味，记录口感特征。

3.3.4　典型性

根据外观、香气、滋味的特点综合分析，评定其类型、风格及典型性的强弱程度，写出结论意见（或评分）。

4　理化分析

本方法中所用的水，在没有注明其他要求时，应符合 GB/T 6682—1992 中三级（含三级）以上水要求。所用试剂，在未注明其他规格时，均指分析纯（AR）。配制的“溶液”，除另有说明，均指水溶液。

同一检测项目，有两个或两个以上分析方法时，实验室可根据各自条件选用，但以第一法为仲裁法。

4.1 酒精度

4.1.1 密度瓶法

4.1.1.1 原理

以蒸馏法去除样品中的不挥发性物质，用密度瓶法测定馏出液的密度。根据馏出液（酒精水溶液）的密度，查附录A，求得20℃时乙醇的体积分数，即酒精度，用%（体积分数）表示。

4.1.1.2 仪器

4.1.1.2.1 分析天平：感量0.000 1 g。

4.1.1.2.2 全玻璃蒸馏器：500 mL。

4.1.1.2.3 恒温水浴：精度±0.1℃。

4.1.1.2.4 附温度计密度瓶：25 mL或50 mL。

4.1.1.3 试样的制备

用一洁净、干燥的100 mL容量瓶准确量取100 mL样品（液温20℃）于500 mL蒸馏瓶中，用50 mL水分三次冲洗容量瓶，洗液全部并入蒸馏瓶中，再加几颗玻璃珠，连接冷凝器，以取样用的原容量瓶作接收器（外加冰浴）。开启冷却水，缓慢加热蒸馏。收集馏出液接近刻度，取下容量瓶，盖塞。于20.0℃±0.1℃水浴中保温30 min，补加水至刻度，混匀，备用。

4.1.1.4 分析步骤

4.1.1.4.1 蒸馏水质量的测定

a）将密度瓶洗净并干燥，带温度计和侧孔罩称量。重复干燥和称量，直至恒重（m）。

b）取下温度计，将煮沸冷却至15℃左右的蒸馏水注满恒重的密度瓶，插上温度计，瓶中不得有气泡。将密度瓶浸入20℃±0.1℃的恒温水浴中，待内容物温度达20℃，并保持10 min不变后，用滤纸吸去侧管溢出的液体，使侧管中的液面与侧管管口齐平，立即盖好侧孔罩，取出密度瓶，用滤纸擦干瓶壁上的水，立即称量（m_1）。

4.1.1.4.2 试样质量的测量

将密度瓶中的水倒出，用试样（4.1.1.3）反复冲洗密度瓶3次~5次，然后装满，按4.1.1.4.1 b）同样操作，称量（m_2）。

4.1.1.5 结果计算

样品在20℃时的密度按式（1）计算，空气浮力校正值按式（2）计算。

$$\rho_{20}^{20} = \frac{m_2 - m + A}{m_1 - m + A} \times \rho_0 \tag{1}$$

$$A - \rho_u \times \frac{m_1 - m}{997.0} \tag{2}$$

式中：

ρ_{20}^{20}——样品在20℃时的密度，单位为克每升（g/L）；

m——密度瓶的质量，单位为克（g）；

m_1——20℃时密度瓶与水的质量，单位为克（g）；

m_2——20℃时密度瓶与试样的质量，单位为克（g）；

ρ_0——20℃时蒸馏水的密度（998.20 g/L）；

A——空气浮力校正值；

ρ_u——干燥空气在20℃、1 013.25 hPa时的密度值（≈1.2 g/L）；

997.0——在20℃时蒸馏水与干燥空气密度值之差，单位为克每升（g/L）。

根据试样的密度ρ_{20}^{20}，查附录A，求得酒精度。

所得结果表示至一位小数。

4.1.1.6　精密度

在重复性条件下获得的两次独立测定结果的绝对差值不得超过算术平均值的1%。

4.1.2　气相色谱法

4.1.2.1　原理

试样被气化后，随同载气进入色谱柱，利用被测定的各组分在气液两相中具有不同的分配系数，在柱内形成迁移速度的差异而得到分离。分离后的组分先后流出色谱柱，进入氢火焰离子化检测器，根据色谱图上各组分峰的保留时间与标样相对照进行定性；利用峰面积（或峰高），以内标法定量。

4.1.2.2　试剂与溶液

4.1.2.2.1　乙醇：色谱纯，作标样用。

4.1.2.2.2　4－甲基－2－戊醇：色谱纯，作内标用。

4.1.2.2.3　乙醇标准溶液（A）：取5个100 mL容量瓶，分别吸入2.00 mL，3.00 mL，3.50 mL，4.00 mL，4.50 mL乙醇（4.1.2.2.1），再分别用水定容至100 mL。

4.1.2.2.4　乙醇标准溶液（B）：取5个10 mL容量瓶，分别准确量取10.00 mL不同浓度的乙醇溶液标准（A），再各加入0.20 mL 4－甲基－2－戊醇（4.1.2.2.2），混匀。该溶液用于标准曲线的绘制。

4.1.2.3　仪器和设备

4.1.2.3.1　气相色谱仪：配有氢火焰离子化检测器（FID）。

4.1.2.3.2　色谱柱（不锈钢或玻璃）：2 m× 2 mm或3 m×3 mm，固定相：Chromosorb 103，60目~80目。或采用同等分析效果的其他色谱柱。

4.1.2.3.3　微量注射器：1 μL。

4.1.2.4　试样的制备

同4.1.1.3。

将上述制备的试样准确稀释4倍（或根据酒度适当稀释），然后吸取10.00 mL于10 mL容量瓶中，准确加入0.20 mL 4－甲基－2－戊醇（4.1.2.2.2），混匀。

4.1.2.5　分析步骤

4.1.2.5.1　色谱条件

柱温：200℃；

气化室和检测器温度：240℃；

载气流量（氮气）：40 mL/min；

氢气流量：40 mL/min；

空气流量：500 mL/min。

载气、氢气、空气的流速等色谱条件随仪器而异，应通过试验选择最佳操作条件，以内标峰与酒样中其他组分峰获得完全分离为准，并使乙醇在1 min左右流出。

4.1.2.5.2　标准曲线的绘制；分别吸取不同浓度的乙醇标准溶液（B）0.3 μL，快速从进样口注入色谱仪，以标样峰面积和内标峰面积比值，对应酒精浓度做标准曲线（或建立相应的回归方程）。

4.1.2.5.3　试样的测定：吸取0.3 μL试样（4.1.2.4），按4.1.2.5.2操作。

4.1.2.6 结果计算

用试样的乙醇峰面积与内标峰面积的比值查标准曲线得出的值（或用回归方程计算出的值），乘以稀释倍数，即为酒样中的酒精含量，数值以% 表示。

所得结果应表示至一位小数。

4.1.2.7 精密度

在重复性条件下获得的两次独立测定结果的绝对差值不得超过算术平均值的1%。

4.1.3 酒精计法

4.1.3.1 原理

以蒸馏法去除样品中的不挥发性物质，用酒精计法测得酒精体积分数示值，按附录 B 加以温度校正，求得 20 ℃时乙醇的体积分数，即酒精度。

4.1.3.2 仪器

4.1.3.2.1 酒精计：分度值为 0.1°。

4.1.3.2.2 全玻璃蒸馏器：1 000 mL。

4.1.3.3 试样的制备

用一洁净、干燥的 500 mL 容量瓶准确量取 500 mL（具体取样量应按酒精计的要求增减）样品（液温 20℃）于 1 000 mL 蒸馏瓶中，以下操作同 4.1.1.3。

4.1.3.4 分析步骤

将试样（4.1.3.3）倒入洁净、干燥的 500 mL 量筒中，静置数分钟，待其中气泡消失后，放入洗净、干燥的酒精计，再轻轻按一下，不得接触量筒壁，同时插入温度计，平衡 5 min，水平观测，读取与弯月面相切处的刻度示值，同时记录温度。根据测得的酒精计示值和温度，查附录 B，换算成 20℃时酒精度。

所得结果表示至一位小数。

4.1.3.5 精密度

在重复性条件下获得的两次独立测定结果的绝对差值不得超过算术平均值的1%。

4.2 总糖和还原糖

4.2.1 直接滴定法

4.2.1.1 原理

利用费林溶液与还原糖共沸，生成氧化亚铜沉淀的反应，以次甲基蓝为指示液，以样品或经水解后的样品滴定煮沸的费林溶液，达到终点时，稍微过量的还原糖将蓝色的次甲基蓝还原为无色，以示终点。根据样品消耗量求得总糖或还原糖的含量。

4.2.1.2 试剂和材料

4.2.1.2.1 盐酸溶液（1 +1）。

4.2.1.2.2 氢氧化钠溶液（200 g/L）。

4.2.1.2.3 葡萄糖标准溶液（2.5 g/L）：称取在 105℃ ~110℃烘箱内烘干 3 h 并在干燥器中冷却的无水葡萄糖 2.5 g（精确至 0.000 1 g），用水溶解并定容至 1 000 mL。

4.2.1.2.4 次甲基蓝指示液（10 g/L）：称取 1.0 g 次甲基蓝，用水溶解并定容至 100 mL。

4.2.1.2.5 费林溶液（Ⅰ、Ⅱ）

a）配制

按 GB/T 603 配制。

b）标定

预备试验：吸取费林溶液Ⅰ、Ⅱ各5.00 mL于250 mL三角瓶中，加50 mL水，摇匀，在电炉上加热至沸，在沸腾状态下用葡萄糖标准溶液（4.2.1.2.3）滴定，当溶液的蓝色将消失呈红色时，加2滴次甲基 蓝指示液，继续滴至蓝色消失，记录消耗葡萄糖标准溶液的体积。

正式试验：吸取费林溶液Ⅰ、Ⅱ各5.00 mL于250 mL三角瓶中，加50 mL水和比预备试验少1 mL的葡萄糖标准溶液（4.2.1.2.3），加热至沸，并保持2 min，加2滴次甲基蓝指示液，在沸腾状态下于1 min内用葡萄糖标准溶液滴至终点，记录消耗葡萄糖标准溶液的总体积（V）。

c）计算

费林溶液Ⅰ、Ⅱ各5 mL相当于葡萄糖的克数按式（3）计算：

$$F = \frac{m}{1000} \times V \tag{3}$$

式中：

F——费林溶液Ⅰ、Ⅱ各5 mL相当于葡萄糖的克数，单位为克（g）；

m——称取无水葡萄糖的质量，单位为克（g）；

V——消耗葡萄糖标准溶液的总体积，单位为毫升（mL）。

4.2.1.3　试样的制备

4.2.1.3.1　测总糖用试样：准确吸取一定量的样品（V_1）［液温20℃］于100 mL容量瓶中，使之所含总糖量为0.2 g～0.4 g，加5 mL盐酸溶液（4.2.1.2.1），加水至20 mL，摇匀。于（68±1）℃水浴上水解15 min，取出，冷却。用氢氧化钠溶液（4.2.1.2.2）中和至中性，调温至20℃，加水定容至刻度（V_2），备用。

4.2.1.3.2　测还原糖用试样；准确吸取一定量的样品（V_1）［液温20℃］于100 mL容量瓶中，使之所含还原糖量为0.2 g～0.4 g，加水定容至刻度，备用。

4.2.1.4　分析步骤

以试样（4.2.1.3）代替葡萄糖标准溶液，按4.2.1.2.5 b）同样操作，记录消耗试样的体积（V_3），结果按式（4）计算。

测定干葡萄酒或含糖量较低的半干葡萄酒，先吸取一定量样品（V_3）［液温20℃］于预先装有费林溶液Ⅰ、Ⅱ液各5.0 mL的250 mL三角瓶中，再用葡萄糖标准溶液按4.2.1.2.5 b）操作，记录消耗葡萄糖标准溶液的体积（V），结果按式（5）计算。

4.2.1.5　结果计算

干葡萄酒、半干葡萄酒总糖或还原糖的含量按式（4）计算，其他葡萄酒按式（5）计算。

$$X_1 = \frac{F - c \times V}{(V_1/V_2) \times V_3} \times 1000 \tag{4}$$

$$X_2 = \frac{F}{(V_1/V_2) \times V_3} \times 1000 \tag{5}$$

式中：

X_1——干葡萄酒、半干葡萄酒总糖或还原糖的含量，单位为克每升（g/L）；

F——费林溶液Ⅰ、Ⅱ各5 mL相当于葡萄糖的克数，单位为克（g）；

c——葡萄糖标准溶液的浓度，单位为克每毫升（g/mL）；

V——消耗葡萄糖标准溶液的体积，单位为毫升（mL）；

V_1——吸取样品的体积，单位为毫升（mL）；

V_2——样品稀释后或水解定容的体积，单位为毫升（mL）；

V_3——消耗试样的体积，单位为毫升（mL）；

X_2——其他葡萄酒总糖或还原糖的含量，单位为克每升（g/L）。

所得结果应表示至一位小数。

4.2.1.6 精密度

在重复性条件下获得的两次独立测定结果的绝对差值不得超过算术平均值的2%。

4.3 干浸出物

4.3.1 原理

用密度瓶法测定样品或蒸出酒精后的样品的密度，然后用其密度值查附录C，求得总浸出物的含量。再从中减去总糖的含量，即得干浸出物的含量。

4.3.2 仪器

4.3.2.1 瓷蒸发皿：200 mL。

4.3.2.2 恒温水浴：精度 ±0.1℃。

4.3.2.3 附温度计密度瓶：25 mL 或 50 mL。

4.3.3 试样的制备

用100 mL容量瓶量取100 mL样品（液温20℃），倒入200 mL瓷蒸发皿中，于水浴上蒸发至约为原体积的三分之一取下，冷却后，将残液小心地移入原容量瓶中，用水多次荡洗蒸发皿，洗液并入容量瓶中，于20℃定容至刻度。

也可使用4.1.1.3中蒸出酒精后的残液，在20℃时以水定容至100 mL。

4.3.4 分析步骤

方法一：吸取试样（4.3.3），按4.1.1.4同样操作，并按4.1.1.5计算出脱醇样品20℃时的密度 ρ_1。以 $\rho_1 \times 1.001\,80$ 的值，查附录C，得出总浸出物含量（g/L）。

方法二：直接吸取未经处理的样品，按4.1.1.4同样操作，并按4.1.1.5计算出该样品20℃时的密度 ρ_B。按式（6）计算出脱醇样品20℃时的密度 ρ_2，以 ρ_2 查附录C，得出总浸出物含量（g/L）。

$$\rho_2 = 1.001\,80(\rho_B - \rho) + 1000 \tag{6}$$

ρ_2——脱醇样品20℃时的密度，单位为克每升（g/L）；

ρ_B——含醇样品20℃时密度，单位为克每升（g/L）；

ρ——与含醇样品含有同样酒精度的酒精水溶液在20℃时的密度（该值可用4.1.1方法测出的酒精密度带入，也可用4.1.2或4.1.3测出的酒精含量反查附录A得出的密度带入），单位为克每升（g/L）；

1.001 80——20℃时密度瓶体积的修正系数。

所得结果表示至一位小数。

4.3.5 精密度

在重复性条件下获得的两次独立测定结果的绝对差值不得超过算术平均值的2%。

4.4 总酸

4.4.1 电位滴定法

4.4.1.1 原理

利用酸碱中和原理，用氢氧化钠标准滴定溶液直接滴定样品中的有机酸，以pH=8.2为电位滴定终点，根据消耗氢氧化钠标准滴定溶液的体积，计算试样的总酸含量。

4.4.1.2 试剂和材料

4.4.1.2.1 氢氧化钠标准滴定溶液［c（NaOH）=0.05 mol/L］：按 GB/T 601 配制与标定，并准确稀释。

4.4.1.2.2 酚酞指示液（10 g/L）：按 GB/T 603 配制。

4.4.1.3 仪器

4.4.1.3.1 自动电位滴定仪（或酸度计）：精度 0.01 pH，附电磁搅拌器。

4.4.1.3.2 恒温水浴：精度 ±0.1℃，带振荡装置。

4.4.1.4 试样的制备

吸取约 60 mL 样品于 100 mL 烧杯中，将烧杯置于 40℃ ±0.1℃振荡水浴中恒温 30 min，取出，冷却至室温。

注：试样的制备只针对起泡葡萄酒和葡萄汽酒，目的是排除二氧化碳。

4.4.1.5 分析步骤

4.4.1.5.1 按仪器使用说明书校正仪器。

4.4.1.5.2 测定

吸取 10.00 mL 样品（液温 20℃）于 100 mL 烧杯中，加 50 mL 水，插入电极，放入一枚转子，置于电磁搅拌器上，开始搅拌，用氢氧化钠标准滴定溶液滴定。开始时滴定速度可稍快，当样液 pH = 8.0 后，放慢滴定速度，每次滴加半滴溶液直至 pH = 8.2 为其终点，记录消耗氢氧化钠标准滴定溶液的体积。同时做空白试验。

4.4.1.6 结果计算

样品中总酸的含量按式（7）计算。

$$X = \frac{c \times (V_1 - V_0) \times 75}{V_2} \tag{7}$$

式中：

X——样品中总酸的含量（以酒石酸计），单位为克每升（g/L）；

c——氢氧化钠标准滴定溶液的浓度，单位为摩尔每升（mol/L）；

V_0——空白试验消耗氢氧化钠标准滴定溶液的体积，单位为毫升（mL）；

V_1——样品滴定时消耗氢氧化钠标准滴定溶液的体积，单位为毫升（mL）；

V_2——吸取样品的体积，单位为毫升（mL）；

75——酒石酸的摩尔质量的数值，单位为克每摩尔（g/mol）。

所得结果表示至一位小数。

4.4.1.7 精密度

在重复性条件下获得的两次独立测定结果的绝对差值不得超过算术平均值的 3%。

4.4.2 指示剂法

4.4.2.1 原理

利用酸碱滴定原理，以酚酞作指示剂，用碱标准溶液滴定，根据碱的用量计算总酸含量。

4.4.2.2 试剂和材料

同 4.4.1.2。

4.4.2.3 分析步骤

吸取样品 2 mL～5 mL［液温 20℃；取样量可根据酒的颜色深浅而增减］，置于 250 mL 三角瓶中，加入 50 mL 水，同时加入 2 滴酚酞指示液，摇匀后，立即用氢氧化钠标准滴定溶液滴定至终点，并保持 30 s 内不变色，记下消耗氢氧化钠标准滴定溶液的体积（V_1）。同时做空白试验。

4.4.2.4　结果计算

同 4.4.1.6。

4.4.2.5　精密度

在重复性条件下获得的两次独立测定结果的绝对差值不得超过算术平均值的 5%。

4.5　挥发酸

4.5.1　方法提要

以蒸馏的方式蒸出样品中的低沸点酸类即挥发酸，用碱标准溶液进行滴定，再测定游离二氧化硫和结合二氧化硫，通过计算与修正，得出样品中挥发酸的含量。

4.5.2　试剂与溶液

4.5.2.1　氢氧化钠标准滴定溶液［c（NaOH）＝0.05 mol/L］：按 GB/T 601 配制与标定，并准确稀释。

4.5.2.2　酚酞指示液（10 g/L）：按 GB/T 603 配制。

4.5.2.3　盐酸溶液：将浓盐酸用水稀释 4 倍。

4.5.2.4　碘标准滴定溶液［$c(\frac{1}{2}I_2) = 0.005$ mol/L］：按 GB/T 601 配制与标定，并准确稀释。

4.5.2.5　碘化钾。

4.5.2.6　淀粉指示液（5 g/L）：称取 5 g 淀粉溶于 500 mL 水中，加热至沸，并持续搅拌 10 min。再加入 200 g 氯化钠，冷却后定容至 1 000 mL。

4.5.2.7　硼酸钠饱和溶液：称取 5 g 硼酸钠（$Na_2B_4O_7 \cdot 10H_2O$）溶于 100 mL 热水中，冷却备用。

4.5.3　分析步骤

4.5.3.1　实测挥发酸：安装好蒸馏装置。吸取 10 mL 样品（V）［液温 20℃］在该装置上进行蒸馏，收集 100 mL 馏出液。将馏出液加热至沸，加入 2 滴酚酞指示液，用氢氧化钠标准滴定溶液（4.5.2.1）滴定至粉红色，30 s 内不变色即为终点，记下消耗氢氧化钠标准滴定溶液的体积（V_1）。

4.5.3.2　测定游离二氧化硫：于上述溶液中加入 1 滴盐酸溶液酸化，加 2 mL 淀粉指示液和几粒碘化钾，混匀后用碘标准滴定溶液（4.5.2.4）滴定，得出碘标准滴定溶液消耗的体积（V_2）。

4.5.3.3　测定结合二氧化硫：在上述溶液中加入硼酸钠饱和溶液（4.5.2.7），至溶液显粉红色，继续用碘标准滴定溶液（4.5.2.4）滴定，至溶液呈蓝色，得到碘标准滴定溶液消耗的体积（V_3）。

4.5.4　结果计算

样品中实测挥发酸的含量按式（8）计算。

$$X_1 = \frac{c \times V_1 \times 60.0}{V} \tag{8}$$

式中：

X_1——样品中实测挥发酸的含量（以乙酸计），单位为克每升（g/L）；

c——氢氧化钠标准滴定溶液的浓度，单位为摩尔每升（mol/L）；

V_1——消耗氢氧化钠标准滴定溶液的体积，单位为毫升（mL）；

60.0——乙酸的摩尔质量的数值，单位为克每摩尔（g/mol）；

V——吸取样品的体积，单位为毫升（mL）。

若挥发酸含量接近或超过理化指标时，则需进行修正。修正时，按式（9）换算：

$$X = X_1 - \frac{c_2 \times V_2 \times 32 \times 1.875}{V} - \frac{c_2 \times V_3 \times 32 \times 0.9375}{V} \tag{9}$$

式中：

X——样品中真实挥发酸（以乙酸计）含量，单位为克每升（g/L）；

X_1——实测挥发酸含量，单位为克每升（g/L）；

c_2——碘标准滴定溶液的浓度，单位为摩尔每升（mol/L）；

V——吸取样品的体积，单位为毫升（mL）；

V_2——测定游离二氧化硫消耗碘标准滴定溶液的体积，单位为毫升（mL）；

V_3——测定结合二氧化硫消耗碘标准滴定溶液的体积，单位为毫升（mL）；

32——二氧化硫的摩尔质量的数值，单位为克每摩尔（g/mol）；

1.875——1 g 游离二氧化硫相当于乙酸的质量，单位为克（g）；

0.937 5——1 g 结合二氧化硫相当于乙酸的质量，单位为克（g）。

所得结果应表示至一位小数。

4.5.5 精密度

在重复性条件下获得的两次独立测定结果的绝对差值不得超过算术平均值的 5%。

4.6 柠檬酸

4.6.1 原理

同一时刻进入色谱柱的各组分，由于在流动相和固定相之间溶解、吸附、渗透或离子交换等作用的 不同，随流动相在色谱柱两相之间进行反复多次的分配，由于各组分在色谱柱中的移动速度不同，经过 一定长度的色谱柱后，彼此分离开来，按顺序流出色谱柱，进入信号检测器，在记录仪上或数据处理装置上显示出各组分的谱峰数值，根据保留时间用归一化法或外标法定量。

4.6.2 试剂和材料

4.6.2.1 磷酸。

4.6.2.2 氢氧化钠溶液［c（NaOH）= 0.01 mol/L］：按 GB/T 601 配制，并准确稀释。

4.6.2.3 磷酸二氢钾（KH_2PO_4）水溶液（0.02 mol/L）：称取 2.72 g KH_2PO_4，用水定容至 1 000 mL，用磷酸（4.6.2.1）调 pH 2.9，经 0.45 μm 微孔滤膜过滤。

4.6.2.4 无水柠檬酸。

4.6.2.5 柠檬酸储备溶液：称取无水柠檬酸 0.05 g，精确至 0.000 1 g，用氢氧化钠溶液（4.6.2.2）溶解并定容至 50 mL，此溶液含柠檬酸 1 g/L。

4.6.2.6 柠檬酸标准系列溶液：将柠檬酸储备溶液用氢氧化钠溶液（4.6.2.2）稀释成浓度分别为 0.05 g/L，0.10 g/L，0.20 g/L，0.40 g/L，0.80 g/L 的标准系列溶液。

4.6.3 仪器

4.6.3.1 高效液相色谱仪：配有紫外检测器和色谱柱恒温箱。

4.6.3.2 色谱分离柱：Hypersil ODS2，柱尺寸：Φ5.0 mm × 200 mm，填料粒径：5 μm。或采用同等分析效果的其他色谱柱。

4.6.3.3 微量注射器 10 μL。

4.6.3.4 流动相真空抽滤脱气装置及0.2 μm或0.45 μm微孔膜。

4.6.3.5 分析天平：感量0.000 1 g。

4.6.4 分析步骤

4.6.4.1 试样的制备

吸取10.00 mL样品（液温20℃）于100 mL容量瓶中，加水定容，经0.45 μm微孔滤膜过滤后，备用。

4.6.4.2 测定

4.6.4.2.1 色谱条件

柱温：室温。

流动相：0.02 mol/L KH_2PO_4溶液，pH 2.9（4.6.2.3）。

流速：1.0 mL/min。

检测波长：214 nm。

进样量：10 μL。

4.6.4.2.2 标准曲线

将柠檬酸标准系列溶液（4.6.2.6）分别进样后，以标样浓度对峰面积作标准曲线。线性相关系数应为0.999 0以上。

4.6.4.2.3 将试样（4.6.4.1）进样。根据标准品的保留时间定性样品中柠檬酸的色谱峰。根据样品的峰面积，查标准曲线得出柠檬酸含量。

4.6.5 结果计算

样品中柠檬酸的含量按式（10）计算。

$$X = c \times F \tag{10}$$

式中：

X——样品中柠檬酸的含量，单位为克每升（g/L）；

c——从标准曲线求得测定溶液中柠檬酸的含量，单位为克每升（g/L）；

F——样品的稀释倍数。

所得结果表示至一位小数。

4.6.6 精密度

在重复性条件下获得的两次独立测定结果的绝对差值不得超过算术平均值的5%。

4.7 二氧化碳

4.7.1 仪器

起泡葡萄酒、葡萄汽酒压力测定器见图2。

4.7.2 分析步骤

4.7.2.1 调温：将被测样品在20℃水浴（或恒温箱）中保温2h。

4.7.2.2 测量：将仪器的三爪（A）套在酒瓶的颈上，调节螺杆（B）使采气罩（C）与瓶盖密合。将直柄麻花钻（D）插入，密封。手持麻花钻柄，向下旋转，将瓶盖（软木塞）钻透，摇动酒瓶，待压力表指针稳定后，记录其压力。

所得结果表示至两位小数。

4.7.2.3 精密度

在重复性条件下获得的两次独立测定结果的绝对差值不得超过算术平均值的10%。

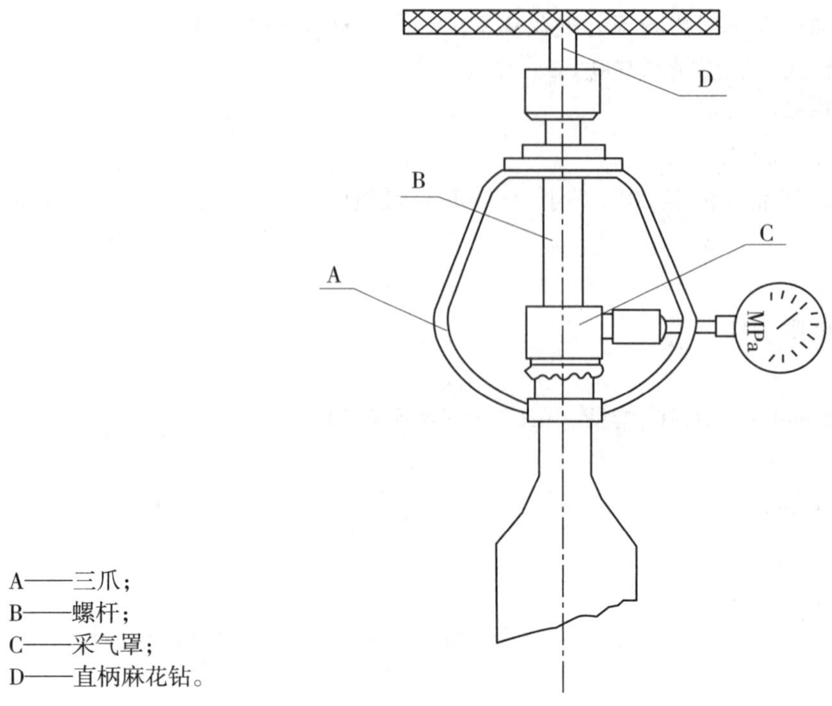

图 2 起泡葡萄酒、葡萄汽酒压力测定器

4.8 二氧化硫

4.8.1 游离二氧化硫

4.8.1.1 氧化法

4.8.1.1.1 原理

在低温条件下，样品中的游离二氧化硫与过氧化氢过量反应生成硫酸，再用碱标准溶液滴定生成的 硫酸。由此可得到样品中游离二氧化硫的含量。

4.8.1.1.2 试剂和材料

a）过氧化氢溶液（0.3%）；吸取 1 mL30% 过氧化氢（开启后存于冰箱），用水稀释至 100 mL。使用当天配制。

b）磷酸溶液（25%）：量取 295 mL85% 磷酸，用水稀释至 1 000 mL。

c）氢氧化钠标准滴定溶液［c（NaOH） = 0.01 mol/L］：准确吸取 100 mL 氢氧化钠标准滴定溶液（4.4.1.2.1），以无二氧化碳水定容至 500 mL。存放在橡胶塞上装有钠石灰管的瓶中，每周重配。

d）甲基红 - 次甲基蓝混合指示液：按 GB/T 603 配制。

4.8.1.1.3 仪器

a）二氧化硫测定装置见图 3。

b）真空泵或抽气管（玻璃射水泵）。

4.8.1.1.4 分析步骤

a）按图 3 所示，将二氧化硫测定装置连接妥当，Ⅰ管与真空泵（或抽气管）相接，D 管通入冷却水。取下梨形瓶（G）和气体洗涤器（H），在 G 瓶中加入 20 mL 过氧化氢溶液、H 管中加入 5 mL 过氧化氢溶液，各加 3 滴混合指示液后，溶液立即变为紫色，滴入氢氧化钠标准溶液，使其颜色恰好变为橄榄绿色，然后重新安装妥当，将 A 瓶浸入冰浴中。

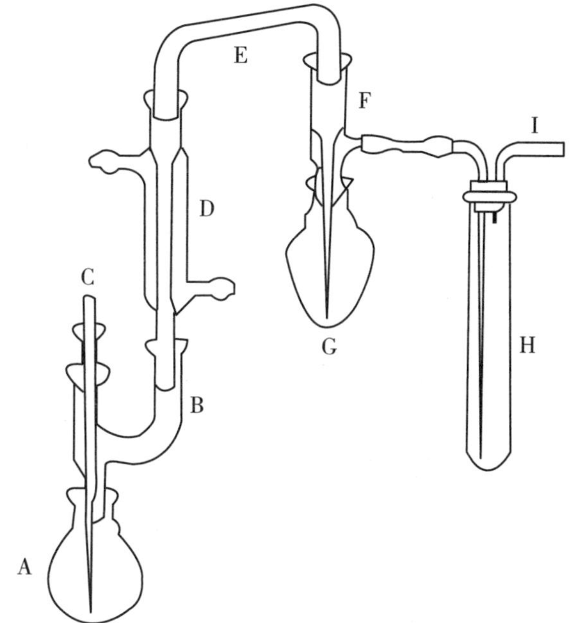

图3　二氧化硫测定装置

b）吸取20.00 mL样品（液温20℃），从C管上口加入A瓶中，随后吸取10 mL磷酸溶液［4.8.1.1.2 b）］，亦从C管上口加入A瓶中。

c）开启真空泵（或抽气管），使抽入空气流量1 000 mL/min～1 500 mL/min，抽气10 min。取下G瓶，用氢氧化钠标准滴定溶液［4.8.1.1.2 c）］滴定至重现橄榄绿色即为终点，记下消耗的氢氧化钠标准滴定溶液的毫升数。以水代替样品做空白试验，操作同上。一般情况下，H管中溶液不应变色，如果溶液变为紫色，也需用氢氧化钠标准滴定溶液滴定至橄榄绿色，并将所消耗的氢氧化钠标准滴定溶液的体积与G瓶消耗的氢氧化钠标准滴定溶液的体积相加。

4.8.1.1.5　结果计算

样品中游离二氧化硫的含量按式（11）计算。

$$X = \frac{c \times (V - V_0) \times 32}{20} \times 1000 \tag{11}$$

式中：

X——样品中游离二氧化硫的含量，单位为毫克每升（mg/L）；

c——氢氧化钠标准滴定溶液的浓度，单位为摩尔每升（mol/L）；

V——测定样品时消耗的氢氧化钠标准滴定溶液的体积，单位为毫升（mL）；

V_0——空白试验消耗的氢氧化钠标准滴定溶液的体积，单位为毫升（mL）；

32——二氧化硫的摩尔质量的数值，单位为克每摩尔（g/mol）；

20——吸取样品的体积，单位为毫升（mL）。

所得结果表示至整数。

4.8.1.1.6　精密度

在重复性条件下获得的两次独立测定结果的绝对差值不得超过算术平均值的10%。

4.8.1.2　直接碘量法

4.8.1.2.1　原理

利用碘可以与二氧化硫发生氧化还原反应的性质，测定样品中二氧化硫的含量。

4.8.1.2.2 试剂和材料

a）硫酸溶液（1+3）：取1体积浓硫酸缓慢注入3体积水中。

b）碘标准滴定溶液［c（1/2 I_2）=0.02 mol/L］：按GB/T 601配制与标定，准确稀释5倍。

c）淀粉指示液（10 g/L）：按GB/T 603配制后，再加入40 g氯化钠。

4.8.1.2.3 分析步骤

吸取50.00 mL样品（液温20℃）于250 mL碘量瓶中，加入少量碎冰块，再加入1 mL淀粉指示液［4.8.1.2.2 c）］、10 mL硫酸溶液［4.8.1.2.2 a）］，用碘标准滴定溶液［4.8.1.2.2 b）］迅速滴定至淡蓝色，保持30s不变即为终点，记下消耗碘标准滴定溶液的体积（V）。

以水代替样品，做空白试验，操作同上。

4.8.1.2.4 结果计算

样品中游离二氧化硫的含量按式（12）计算。

$$X = \frac{c \times (V - V_0) \times 32}{50} \times 1000 \tag{12}$$

式中：

X——样品中游离二氧化硫的含量，单位为毫克每升（mg/L）；

c——碘标准滴定溶液的浓度，单位为摩尔每升（mol/L）；

V——消耗碘标准滴定溶液的体积，单位为毫升（mL）；

V_0——空白试验消耗碘标准滴定溶液的体积，单位为毫升（mL）；

32——二氧化硫的摩尔质量的数值，单位为克每摩尔（g/mol）；

50——吸取样品的体积，单位为毫升（mL）。

所得结果表示至整数。

4.8.1.2.5 精密度

在重复性条件下获得的两次独立测定结果的绝对差值不得超过算术平均值的10%。

4.8.2 总二氧化硫

4.8.2.1 氧化法

4.8.2.1.1 原理

在加热条件下，样品中的结合二氧化硫被释放，并与过氧化氢发生氧化还原反应，通过用氢氧化钠标准溶液滴定生成的硫酸，可得到样品中结合二氧化硫的含量，将该值与游离二氧化硫测定值相加，即得出样品中总二氧化硫的含量。

4.8.2.1.2 试剂和溶液

同4.8.1.1.2。

4.8.2.1.3 仪器

同4.8.1.1.3。

4.8.2.1.4 分析步骤

继4.8.1.1.4测定游离二氧化硫后，将滴定至橄榄绿色的G瓶重新与F管连接。拆除A瓶下的冰浴，用温火小心加热A瓶，使瓶内溶液保持微沸。开启真空泵，以后操作同4.8.1.1.4c）。

4.8.2.1.5 结果计算

同4.8.1.1.5。

计算出来的二氧化硫为结合二氧化硫。将游离二氧化硫与结合二氧化硫相加，即为总二氧化硫。

4.8.2.1.6 精密度

在重复性条件下获得的两次独立测定结果的绝对差值不得超过算术平均值的10%。

4.8.2.2 直接碘量法

4.8.2.2.1 原理

在碱性条件下，结合态二氧化硫被解离出来，然后再用碘标准滴定溶液滴定，得到样品中结合二氧 化硫的含量。

4.8.2.2.2 试剂和材料

a）氢氧化钠溶液（100 g/L）；

b）其他试剂与溶液同4.8.1.2.2。

4.8.2.2.3 分析步骤

吸取25.00 mL氢氧化钠溶液于250 mL碘量瓶中，再准确吸取25.00 mL样品（液温20℃），并以吸管尖插入氢氧化钠溶液的方式，加入碘量瓶中，摇匀，盖塞，静置15 min后，再加入少量碎冰块、1 mL淀粉指示液、10 mL硫酸溶液，摇匀，用碘标准滴定溶液迅速滴定至淡蓝色，30s内不变即为终点，记下消耗碘标准滴定溶液的体积（V）。

以水代替样品做空白试验，操作同上。

4.8.2.2.4 结果计算

样品中总二氧化硫的含量按式（13）计算。

$$X = \frac{c \times (V - V_0) \times 32}{25} \times 1000 \quad (13)$$

式中：

X——样品中总二氧化硫的含量，单位为毫克每升（mg/L）；

c——碘标准滴定溶液的浓度，单位为摩尔每升（mol/L）；

V——测定样品消耗碘标准滴定溶液的体积，单位为毫升（mL）；

V_0——空白试验消耗碘标准滴定溶液的体积，单位为毫升（mL）；

32——二氧化硫的摩尔质量的数值，单位为克每摩尔（g/mol）；

25——吸取样品的体积，单位为毫升（mL）。

所得结果表示至整数。

4.8.2.2.5 精密度

在重复性条件下获得的两次独立测定结果的绝对差值不得超过算术平均值的10%。

4.9 铁

4.9.1 原子吸收分光光度法

4.9.1.1 原理

将处理后的试样导入原子吸收分光光度计中，在乙炔-空气火焰中，试样中的铁被原子化，基态原子铁吸收特征波长（248.3 nm）的光；吸收量的大小与试样中铁原子浓度成正比，测其吸光度，求得铁含量。

4.9.1.2 试剂和材料

本方法中所用水应符合GB/T 6682—1992中二级水规格，所用试剂为优级纯（GR）。

4.9.1.2.1 硝酸溶液（0.5%）：量取8 mL硝酸，稀释至1 000 mL。

4.9.1.2.2 铁标准贮备液（1 mL溶液含有0.1 mg铁）：按GB/T 602配制。

4.9.1.2.3 铁标准使用液（1 mL 溶液含有 10 μg 铁）：吸取 10.00 mL 铁标准贮备液于 100 mL 容量瓶中，用硝酸溶液（4.9.1.2.1）稀释至刻度，此溶液每毫升含 10 μg 铁。

4.9.1.2.4 铁标准系列：吸取铁标准使用液 0.00 mL，1.00 mL，2.00 mL，4.00 mL，5.00 mL（含 0.0 μg，10.0 μg，20.0 μg，40.0 μg，50.0 μg 铁）分别于 5 个 100 mL 容量瓶中，用硝酸溶液（4.9.1.2.1）稀释至刻度，混匀。该系列用于标准工作曲线的绘制。

4.9.1.3 仪器

原子吸收分光光度计：备有铁空心阴极灯。

4.9.1.4 试样的制备

用硝酸溶液（4.9.1.2.1）准确稀释样品至 5 倍 ~ 10 倍，摇匀，备用。

4.9.1.5 分析步骤

4.9.1.5.1 标准工作曲线的绘制：置仪器于合适的工作状态，调波长至 248.3 nm，导入标准系列溶液，以零管调零，分别测定其吸光度。以铁的含量对应吸光度绘制标准工作曲线（或者建立回归方程）。

4.9.1.5.2 试样的删定：将试样导入仪器，测其吸光度，然后根据吸光度在标准曲线上查得铁的含量（或带入回归方程计算）。

4.9.1.6 结果计算

样品中铁的含量按式（14）计算。

$$X = A \times F \tag{14}$$

式中：

X——样品中铁的含量，单位为毫克每升（mg/L）；

A——试样中铁的含量，单位为毫克每升（mg/L）；

F——样品稀释倍数。

所得结果表示至一位小数。

4.9.1.7 精密度

在重复性条件下获得的两次独立测定结果的绝对差值不得超过算术平均值的 10%。

4.9.2 邻菲啰啉比色法

4.9.2.1 原理

样品经处理后，试样中的三价铁在酸性条件下被盐酸羟胺还原成二价铁，二价铁与邻菲啰啉作用生 成红色螯合物，其颜色的深度与铁含量成正比，用分光光度法进行铁的测定。

4.9.2.2 试剂和材料

4.9.2.2.1 浓硫酸。

4.9.2.2.2 过氧化氢溶液（30%）。

4.9.2.2.3 氨水（25% ~ 28%）。

4.9.2.2.4 盐酸羟胺溶液（100 g/L）：称取 100 g 盐酸羟胺，用水溶解并稀释至 1 000 mL，于棕色瓶中低温贮存。

4.9.2.2.5 盐酸溶液（1+1）。

4.9.2.2.6 乙酸 - 乙酸钠溶液（pH = 4.8）：称取 272 g 乙酸钠（$CH_3COONa \cdot 3H_2O$），溶解于 500 mL 水中，加 200 mL 冰乙酸，加水稀释至 1 000 mL。

4.9.2.2.7 1，10 - 菲啰啉溶液（2 g/L）：按 GB/T 603 配制。

4.9.2.2.8 铁标准贮备液（1 mL 溶液含有 0.1 mg 铁）：同 4.9.1.2.2。

4.9.2.2.9 铁标准使用液（1 mL 溶液含有 10 μg 铁）：同 4.9.1.2.3。

4.9.2.2.10　铁标准系列：吸取铁标准使用液 0.00 mL，0.20 mL，0.40 mL，0.80 mL，1.00 mL，1.40 mL（含 0.0 μg，2.0 μg，4.0 μg，8.0 μg，10.0 μg，14.0 μg 铁）分别于 6 支 25 mL 比色管中，补加水至 10 mL，加 5 mL 乙酸－乙酸钠溶液（调 pH 至 3 ~5）、1 mL 盐酸羟胺溶液，摇匀，放置 5 min 后，再加入 1 mL 1，10－菲啰啉溶液，然后补加水至刻度，摇匀，放置 30 min，备用。该系列用于标准工作曲线的绘制。

4.9.2.3　仪器

4.9.2.3.1　分光光度计。

4.9.2.3.2　高温电炉：550℃ ±25℃。

4.9.2.3.3　瓷蒸发皿：100mL。

4.9.2.4　试样的制备

4.9.2.4.1　干法消化：准确吸取 25.00 mL 样品（V）于蒸发皿中，在水浴上蒸干，置于电炉上小心炭化，然后移入 550℃ ±25℃ 高温电炉中灼烧，灰化至残渣呈白色，取出，加入 10 mL 盐酸溶液溶解，在水浴上蒸至约 2 mL，再加入 5 mL 水，加热煮沸后，移入 50 mL 容量瓶中，用水洗涤蒸发皿，洗液并入容量瓶，加水稀释至刻度（V_1），摇匀。同时做空白试验。

4.9.2.4.2　湿法消化：准确吸取 1.00 mL 样品（V）（可根据铁含量，适当增减）于 10 mL 凯氏烧瓶中，置电炉上缓缓蒸发至近干，取下稍冷后，加 1 mL 浓硫酸（根据含糖量增减）、1 mL 过氧化氢，于通风橱内加热消化。如果消化液颜色较深，继续滴加过氧化氢溶液，直至消化液无色透明。稍冷，加 10 mL 水微火煮沸 3 min ~5 min，取下冷却。同时做空白试验。

注：各实验室可根据各自条件选用干法或湿法进行样品的消化。

4.9.2.5　分析步骤

4.9.2.5.1　标准工作曲线的绘制

在 480 nm 波长下，测定标准系列（4.9.2.2.10）的吸光度。根据吸光度及相对应的铁浓度绘制标准工作曲线（或建立回归方程）。

4.9.2.5.2　试样的测定

准确吸取试样（4.9.2.4.1）5 mL ~10 m（V_1）及试剂空白消化液分别于 25 mL 比色管中，补加水至 10 mL，然后按标准工作曲线的绘制同样操作，分别测其吸光度，从标准工作曲线上查出铁的含量（或用回归方程计算）。

或将试样（4.9.2.4.2）及空白消化液分别洗入 25 mL 比色管中，在每支管中加入一小片刚果红试纸，用氨水中和至试纸显蓝紫色，然后各加 5 mL 乙酸－乙酸钠溶液（调 pH 至 3 ~5），以下操作同标准工作曲线的绘制。以测出的吸光度，从标准工作曲线上查出铁的含量（或用回归方程计算）。

4.9.2.6　结果计算

4.9.2.6.1　干法计算

样品中铁的含量按式（15）计算。

$$X = \frac{(c_1 - c_0) \times 1000}{V \times V_2/V_1 \times 1000} = \frac{(c_1 - c_0) \times V_1}{V \times V_2} \tag{15}$$

式中：

X——样品中铁的含量，单位为毫克每升（mg/L）；

c_1——测定用样品中铁的含量，单位为微克（μg）

c_0——试剂空白液中铁的含量，单位为微克（μg）；

V——吸取样品的体积，单位毫升（mL）；

V_1——样品消化液的总体积，单位为毫升（mL）；

V_2——测定用试样的体积，单位为毫升（mL）。

4.9.2.6.2　湿法计算

样品中铁的含量按式（16）计算。

$$X = \frac{A - A_0}{V} \tag{16}$$

式中：

X——样品中铁的含量，单位为毫克每升（mg/L）；

A——测定用样品中铁的含量，单位为微克（μg）；

A_0——试剂空白液中铁的含量，单位为微克（μg）；

V——吸取样品的体积，单位为毫升（mL）。

所得结果表示至一位小数。

4.9.2.6.3　精密度

在重复性条件下获得的两次独立测定结果的绝对差值不得超过算术平均值的10%。

4.9.3　磺基水杨酸比色法

4.9.3.1　原理

样品经处理后，样液中的三价铁离子在碱性氨溶液中（pH = 8～10.5）与磺基水杨酸反应生成黄色络合物，可根据颜色的深浅进行比色测定。

4.9.3.2　试剂和材料

4.9.3.2.1　磺基水杨酸溶液（100 g/L）。

4.9.3.2.2　氨水（1+1.5）。

4.9.3.2.3　铁标准贮备液（1 mL溶液含有0.1 mg铁）：同4.9.2.2.8。

4.9.3.2.4　铁标准使用液（1 mL溶液含有10 μg铁）：同4.9.2.2.9。

4.9.3.2.5　铁标准系列：吸取铁标准使用液0.00 mL，0.50 mL，1.00 mL，1.50 mL，2.00 mL，2.50 mL（含0.0 μg，5.0 μg，10.0 μg，15.0 μg，20.0 μg，25.0 μg铁）分别于6支25 mL比色管中，分别加入5 mL磺基水杨酸溶液，用氨水中和至溶液呈黄色时，再加0.5 mL后，用水稀释至刻度，摇匀。

4.9.3.3　仪器

同4.9.2.3。

4.9.3.4　试样的制备

同4.9.2.4。

注：湿法消化时，取样量为5 mL。

4.9.3.5　分析步骤

吸取干法试样5.00 mL（可根据铁含量，适当增减）和同量空白消化液分别于25 mL比色管中，或者将湿法试样及空白消化液分别洗入25 mL比色管中，然后按4.9.3.2.5同样操作，将其与标准系列进行目视比色，记下与样液颜色深浅相同的标准管中铁的含量。

4.9.3.6　结果计算

同4.9.2.6。

所得结果表示至整数。

4.9.3.7　精密度

在重复性条件下获得的两次独立测定结果的绝对差值不得超过算术平均值的10%。

4.10 铜

4.10.1 原子吸收分光光度法

4.10.1.1 原理

将处理后的试样导入原子吸收分光光度计中，在乙炔－空气火焰中样品中的铜被原子化，基态原子吸收特征波长（324.7 nm）的光，其吸收量的大小与试样中铜的含量成正比，测其吸光度，求得铜含量。

4.10.1.2 试剂和材料

4.10.1.2.1 硝酸溶液（0.5%）。

4.10.1.2.2 铜标准贮备液（1 mL 溶液含有 0.1 mg 铜）：按 GB/T 602 制备。

4.10.1.2.3 铜标准使用液（1 mL 溶液含有 10 μg 铜）：吸取 10.00 mL 铜标准贮备液于 100 mL 容量瓶中，用硝酸溶液稀释至刻度，此溶液每毫升含 10 μg 铜。

4.10.1.2.4 铜标准系列：吸取铜标准使用液 0.00 mL，0.50 mL，1.00 mL，2.00 mL，4.00 mL，6.00 mL（含 0.0 μg，5.0 μg，10.0 μg，20.0 μg，40.0 μg，60.0 μg 铜）分别置于 6 个 50 mL 容量瓶中，用硝酸溶液稀释至刻度，摇匀。该系列用于标准工作曲线的绘制。

4.10.1.3 仪器

原子吸收分光光度计：备有铜空心阴极灯。

4.10.1.4 试样的制备

用硝酸溶液准确将样品稀释至 5 倍 ~ 10 倍，摇匀，备用。

4.10.1.5 分析步骤

4.10.1.5.1 标准工作曲线的绘制：置仪器于合适的工作状态下，调波长至 324.7 nm，导入标准系列溶液，以零管调零，分别测其吸光度，以铜的含量对应吸光度绘制标准工作曲线（或建立回归方程）。

4.10.1.5.2 试样的测定：将试样（4.10.1.4）导入仪器，测其吸光度，然后根据吸光度在标准工作曲线上查得铜的含量（或者用回归方程计算）。

4.10.1.6 结果计算

样品中铜的含量按式（17）计算。

$$X = A \times F \tag{17}$$

式中：

X——样品中铜的含量，单位为毫克每升（mg/L）；

A——试样中铜的含量，单位为毫克每升（mg/L）；

F——样品稀释倍数。

所得结果表示至一位小数。

4.10.1.7 精密度

在重复性条件下获得的两次独立测定结果的绝对差值不得超过算术平均值的 10%。

4.10.2 二乙基二硫代氨基甲酸钠比色法

4.10.2.1 原理

在碱性溶液中铜离子与二乙基二硫代氨基甲酸钠（DDTC）作用生成棕黄色络合物，用四氯化碳萃取后比色。

4.10.2.2 试剂和材料

4.10.2.2.1 四氯化碳。

4.10.2.2.2 硫酸溶液［$c(\frac{1}{2}H_2SO_4)=2$ mol/L］：量取浓硫酸 60 mL，缓缓注入 1 000 mL 水中，

冷却，摇匀。

4.10.2.2.3　乙二胺四乙酸二钠（EDTA）柠檬酸铵溶液：称取 5 g 乙二胺四乙酸二钠及 20 g 柠檬酸铵，用水溶解并定容至 100 mL。

4.10.2.2.4　氨水（1+1）。

4.10.2.2.5　氢氧化钠溶液（0.05 mol/L）：按 GB/T 601 配制，并准确稀释。

4.10.2.2.6　二乙基二硫代氨基甲酸钠（铜试剂）溶液（1 g/L）：按 GB/T 603 配制。贮于冰箱中。

4.10.2.2.7　硝酸溶液 0.5%。

4.10.2.2.8　铜标准贮备液（1 mL 溶液含有 0.1 mg 铜）：同 4.10.1.2.2。

4.10.2.2.9　铜标准使用液（1 mL 溶液含有 10 μg 铜）：同 4.10.1.2.3。

4.10.2.2.10　铜标准系列：吸取铜标准使用液 0.00 mL，0.50 mL，1.00 mL，1.50 mL，2.00 mL，2.50 mL（含 0.0 μg，5.0 μg，10.0 μg，15.0 μg，20.0 μg，25.0 μg 铜）分别于 6 支 125 mL 分液漏斗中，各补加硫酸溶液（4.10.2.3.2）至 20 mL。然后再加入 10 mL 乙二胺四乙酸二钠（EDTA）柠檬酸铵溶液和 3 滴麝香草酚蓝指示液，混匀，用氨水调 pH（溶液的颜色由黄至微蓝色），补加水至总体积约 40 mL，再各加 2 mL 二乙基二硫代氨基甲酸钠溶液（铜试剂）和 10.00 mL 四氯化碳，剧烈振摇萃取 2 min，待静置分层后，将四氯化碳层经无水硫酸钠或脱脂棉滤入 2 cm 比色杯中。

4.10.2.2.11　香草酚蓝指示液（1 g/L）：称取 0.1 g 麝香草酚蓝于 4.3 mL 氢氧化钠溶液中，用水定容至 100 mL。

4.10.2.3　仪器

4.10.2.3.1　分光光度计。

4.10.2.3.2　分液漏斗：125 mL。

4.10.2.4　试样的制备

同 4.9.2.4。

注：湿法消化时，取样量为 5 mL。

4.10.2.5　分析步骤

4.10.2.5.1　标准工作曲线的绘制：置仪器于合适的工作状态下，调波长至 440 nm 处，导入标准系列溶液，分别测其吸光度，根据吸光度及相对应的铜浓度绘制标准曲线（或建立回归方程）。

4.10.2.5.2　试样的测定：吸取干法处理的试样 10.00 mL 和同量空白消化液分别于 125 mL 分液漏斗中，或者将湿法处理的全部试样及空白消化液，分别洗入 125 mL 分液漏斗中。然后按 4.10.2.2.10 和 4.10.2.5.1 的同样操作（湿法处理的试样，进行 4.10.2.2.10 步骤时，以水代替硫酸溶液，补加体积至 20 mL，以后步骤不变），分别测其吸光度，从标准工作曲线上查出铜的含量（或用回归方程计算）。

4.10.2.6　结果计算

4.10.2.6.1　干法计算

样品中铜的含量按式（18）计算。

$$X = \frac{(c_1 - c_0) \times 1000}{V \times V_2 / V_1 \times 1000} = \frac{(c_1 - c_0) \times V_1}{V \times V_2} \tag{18}$$

式中：

X——样品中铜的含量，单位为毫克每升（mg/L）；

c_1——测定用试样消化液中铜的含量，单位为微克（μg）；

c_0——试剂空白液中铜的含量，单位为微克（μg）；

V——吸取样品的体积，单位为毫升（mL）；

V_1——试样消化液的总体积，单位为毫升（mL）；

V_2——测定用试样消化液的体积，单位为毫升（mL）。

4.10.2.6.2 湿法计算

样品中铜的含量按式（19）计算。

$$X = \frac{A - A_0}{V} \tag{19}$$

式中：

X——样品中铜的含量，单位为毫克每升（mg/L）；

A——测定用试样中铜的含量，单位为微克（μg）；

A_0——空白试验中铜的含量，单位为微克（μg）；

V——吸取样品的体积，单位为毫升（mL）。

所得结果表示至一位小数。

4.10.2.7 精密度

在重复性条件下获得的两次独立测定结果的绝对差值不得超过算术平均值的10%。

4.11 甲醇

4.11.1 气相色谱法

4.11.1.1 原理

试样被气化后，随同载气进入色谱柱，利用被测定的各组分在气液两相中具有不同的分配系数，在 柱内形成迁移速度的差异而得到分离。分离后的组分先后流出色谱柱，进入氢火焰离子化检测器，根据 色谱图上各组分峰的保留时间与标样相对照进行定性；利用峰面积（或峰高），以内标法定量。

4.11.1.2 试剂和材料

4.11.1.2.1 乙醇溶液［10%（体积分数）］，色谱纯。

4.11.1.2.2 甲醇溶液［2%（体积分数）］，色谱纯。作标样用。用乙醇溶液（4.11.1.2.1）配制。

4.11.1.2.3 4－甲基－2－戊醇溶液［2%（体积分数）］，色谱纯。作内标用。用乙醇溶液（4.11.1.2.1）配制。

4.11.1.3 仪器和设备

4.11.1.3.1 气相色谱仪：备有氢火焰离子化检测器（FID）。

4.11.1.3.2 毛细管柱：PEG 20M 毛细管色谱柱（柱长 35 m～50 m，内径 0.25 mm，涂层 0.2 μm），或其他具有同等分析效果的色谱柱。

4.11.1.3.3 微量注射器：1 μL。

4.11.1.3.4 全玻璃整流器点 500 mL。

4.11.1.4 分析步骤

4.11.1.4.1 色谱参考条件

载气（高纯氮）：流速为 0.5 mL/min～1.0 mL/min，分流比：约 50∶1，尾吹约 20 mL/min～30 mL/min；

氢气：流速为 40 mL/min；

空气：流速为 400 mL/min；

检测器温度（T_o）：220℃；

注样器温度（T_J）：220℃；

柱温（Tc）：起始温度40℃，恒温4 min，以3.5℃/min程序升温至200℃，继续恒温10 min。

载气、氢气、空气的流速等色谱条件随仪器而异，应通过试验选择最佳操作条件，以内标峰与酒样中 其他组分峰获得完全分离为准。

4.11.1.4.2　校正因子（f值）的测定

吸取甲醇溶液（4.11.1.2.2）1.00 mL，移入100 mL容量瓶中，然后加入4－甲基－2－戊醇溶液（4.11.1.2.3）1.00 mL，用乙醇溶液（4.11.1.2.2）稀释至刻度。上述溶液中甲醇和内标的浓度均为0.02%（体积分数）。待色谱仪基线稳定后，用微量注射器进样，进样量随仪器的灵敏度而定。记录甲醇和内标峰的保留时间及其峰面积（或峰高），用其比值计算出甲醇的相对校正因子。

4.11.1.4.3　试样的制备

用一洁净、干燥的100 mL容量瓶准确量取100 mL样品（液温20℃）于500 mL蒸馏瓶中，用50 mL水分三次冲洗容量瓶，洗液并入蒸馏瓶中，再加几颗玻璃珠，连接冷凝器，以取样用的原容量瓶作接收器（外加冰浴）。开启冷却水，缓慢加热蒸馏。收集馏出液接近刻度，取下容量瓶，盖塞。于20℃水浴中保温30 min，补加水至刻度，混匀，备用。

4.11.1.4.4　分析步骤

吸取试样（4.11.1.4.3）10.0 mL于10 mL容量瓶中，加入4－甲基－2－戊醇溶液（4.11.1.2.3）0.10 mL，混匀后，在与f值测定相同的条件下进样，根据保留时间确定甲醇峰的位置，并测定甲醇与内标峰面积（或峰高），求出峰面积（或峰高）之比，计算出酒样中甲醇的含量。

4.11.1.5　结果计算

甲醇的相对校正因子按式（20）计算，样品中甲醇的含量按式（21）计算。

$$f = \frac{A_1}{A_2} \times \frac{d_2}{d_1} \tag{20}$$

$$X_1 = f \times \frac{A_3}{A_4} \times I \tag{21}$$

式中：

X_1——样品中甲醇的含量，单位为毫克每升（mg/L）

f——甲醇的相对校正因子；

A_1——标样f值测定时内标的峰面积（或峰高）；

A_2——标样f值测定时甲醇的峰面积（或峰高）；

A_3——试样中甲醇的峰面积（或峰高）；

A_4——添加于酒样中内标的峰面积（或峰高）；

d_2——甲醇的相对密度；

d_1——内标物的相对密度；

I——内标物含量（添加在酒样中），单位为毫克每升（mg/L）。

所得结果表示至整数。

4.11.1.6　精密度

在重复性条件下获得的两次独立测定结果的绝对差值不得超过算术平均值的10%。

4.11.2　比色法

4.11.2.1　原理

甲醇经氧化成甲醛后，与品红亚硫酸作用生成蓝紫色化合物，与标准系列比较定量。

4.11.2.2　试剂和材料

4.11.2.2.1　高锰酸钾－磷酸溶液：称取 3 g 高锰酸钾，加入 15 mL 磷酸（85%）与 70 mL 水的混合液中，溶解后，加水至 100 mL。贮于棕色瓶内，防止氧化力下降，保存时间不宜过长。

4.11.2.2.2　草酸－硫酸溶液：称取 5 g 无水草酸（$H_2C_2O_4$）或 7 g 含 2 分子结晶水草酸（$C_2H_2O_4 \cdot 2H_2O$），溶于硫酸（1+1）中至 100 mL。

4.11.2.2.3　品红－亚硫酸溶液：称取 0.1 g 碱性品红研细后，分次加入共 60 mL 80℃的水，边加入水边 研磨使其溶解，用滴管吸取上层溶液滤于 100 mL 容量瓶中，冷却后加 10 mL 亚硫酸钠溶液（100 g/L），1 mL 盐酸，再加水至刻度，充分混匀，放置过夜，如溶液有颜色，可加少量活性炭搅拌后过滤，贮于棕色瓶中，置暗处保存，溶液呈红色时应弃去重新配制。

4.11.2.2.4　甲醇标准溶液：称取 1.000 g 甲醇，置于 100 mL 容量瓶中，加水稀释至刻度。此溶液每毫升相当于 10 mg 甲醇。置低温保存。

4.11.2.2.5　甲醇标准使用液：吸取 10.0 mL 甲醇标准溶液，置于 100 mL 容量瓶中，加水稀释至刻度。再取 10.0 mL 稀释液置于 50 mL 容量瓶中，加水至刻度，该溶液每毫升相当于 0.50 mg 甲醇。

4.11.2.2.6　无甲醇的乙醇溶液：取 0.3 mL 按操作方法检查，不应显色。如显色需进行处理。取 300 mL 乙醇（95%），加高锰酸钾少许，蒸馏，收集馏出液。在馏出液中加入硝酸银溶液（取 1 g 硝酸银溶于少量水中）和氢氧化钠溶液（取 1.5 g 氢氧化钠溶于少量水中），摇匀，取上清液蒸馏，弃去最初 50 mL 馏出液，收集中间馏出液约 200 mL，用酒精密度计测其浓度，然后加水配成无甲醇的乙醇（60%）。

4.11.2.2.7　亚硫酸钠溶液（100 g/L）。

4.11.2.3　仪器

分光光度计。

4.11.2.4　试样的制备

用一洁净、干燥的 100 mL 容量瓶准确量取 100 mL 样品（液温 20℃）于 500 mL 蒸馏瓶中，用 50 mL 水分三次冲洗容量瓶，洗液并入蒸馏瓶中，再加几颗玻璃珠，连接冷凝器，以取样用的原容量瓶作接收器（外加冰浴）。开启冷却水，缓慢加热蒸馏。收集馏出液接近刻度，取下容量瓶，盖塞。于 20℃水 浴中保温 30 min，补加水至刻度，混匀，备用。

4.11.2.5　分析步骤

根据样品乙醇浓度适量吸取试样（4.11.2.4）[乙醇浓度 10%，取 1.4 mL；乙醇浓度 20%，取 1.2 mL]。置于 25 mL 具塞比色管中。

吸取 0 mL，0.10 mL，0.20 mL，0.40 mL，0.60 mL，0.80 mL，1.00 mL 甲醇标准使用液（相当于 0 mg，0.05 mg，0.10 mg，0.20 mg，0.30 mg，0.40 mg，0.50 mg 甲醇）分别置于 25 mL 具塞比色管中，并用无甲醇的乙醇稀释至 10 mL。

于样品管及标准管中各加水至 5 mL，再依次各加 2 mL 高锰酸钾－磷酸溶液，混匀，放置 10 min，各加 2 mL 草酸－硫酸溶液，混匀使之褪色，再各加 5 mL 品红－亚硫酸溶液，混匀，于 20℃以上静置 0.5 h，用 2 cm 比色杯，以零管调节零点，于波长 590 nm 处测吸光度，绘制标准曲线比较，或与标准色列目测比较。

4.11.2.6　结果计算

样品中甲醇的含量按式（22）计算。

$$X = \frac{m_1}{V_1} \times 1000 \qquad (22)$$

式中：

X——样品中甲醇的含量，单位为毫克每升（mg/L）；

m_1——测定样品中甲醇的质量，单位为毫克（mg）；

V_1——吸取样品的体积，单位为毫升（mL）。

所得结果表示至整数。

4.11.2.7 精密度

在重复性条件下获得的两次独立测定结果的绝对差值不得超过算术平均值的10%。

4.12 抗坏血酸（维生素C）

4.12.1 原理

还原型抗坏血酸能还原2，6－二氯靛酚染料。该染料在酸性溶液中呈红色，被还原后红色消失。还原型抗坏血酸还原染料后，本身被氧化为脱氢抗坏血酸。在没有杂质干扰时，一定量的样品提取液还原 标准染料的量与样品中所含抗坏血酸的量成正比。

4.12.2 试剂和材料

4.12.2.1 草酸溶液（10 g/L）：称取20 g结晶草酸于700 mL水中，溶解后用水稀释至1 000 mL。取该溶液500 mL，再用水稀释至1 000 mL。

4.12.2.2 碘酸钾标准溶液（0.1 mol/L）：按GB/T 601配制与标定。

4.12.2.3 碘酸钾标准滴定溶液（0.001 mol/L）：吸取1 mL碘酸钾标准溶液（4.12.2.2），用水稀释至100 mL。此溶液1 mL相当于0.088 μg抗坏血酸。

4.12.2.4 碘化钾溶液（60 g/L）。

4.12.2.5 过氧化氢溶液（3%）：吸取5 mL 30%过氧化氢溶液，用水稀释至50 mL（现用现配）。

4.12.2.6 抗坏血酸标准贮备液（2 g/L）：准确称取0.2 g（精确至0.000 1 g）预先在五氧化二磷干燥器 中干燥5 h的抗坏血酸，溶于草酸溶液中，定容至100 mL（置冰箱中保存）。

4.12.2.7 抗坏血酸标准使用液（0.020 g/L）：吸取10 mL抗坏血酸标准贮备液，用草酸溶液（4.12.2.1）定容至100 mL。

标定：吸取抗坏血酸标准使用液5 mL于三角烧瓶中，加入0.5 mL碘化钾溶液（4.12.2.4）、3滴淀粉指示液，用碘酸钾标准滴定溶液滴定至淡蓝色，30 s内不变色为其终点。

抗坏血酸标准使用液的浓度按式（23）计算：

$$c_1 = \frac{V_1 \times 0.088}{V_2} \tag{23}$$

式中：

c_1——抗坏血酸标准使用液的浓度，单位为克每升（g/L）；

V_1——滴定时消耗的碘酸钾标准滴定溶液的体积，单位为毫升（mL）；

V_2——吸取抗坏血酸标准使用液的体积，单位为毫升（mL）；

0.088——1 mL碘酸钾标准溶液相当于抗坏血酸的量，单位为克每升（g/L）。

4.12.2.8 2，6－二氯靛酚标准滴定溶液：称取碳酸氢钠52 mg溶解在200 mL热蒸馏水中，然后称取2，6－二氯靛酚50 mg溶解在上述碳酸氢钠溶液中。冷却定容至250 mL，过滤至棕色瓶内，保存在冰箱中。此液应贮于棕色瓶中并冷藏。每星期至少标定1次。

标定：吸取5 mL抗坏血酸标准使用溶液，加入10 mL草酸溶液（4.12.2.1），摇匀，用2，6－二氯靛酚标准滴定溶液滴定至溶液呈粉红色，30 s不褪色为其终点。

每毫升 2，6 - 二氯靛酚标准滴定溶液相当于抗坏血酸的毫克数按式（24）计算；

$$c_2 = \frac{c_1 \times V_1}{V_2} \tag{24}$$

式中：

c_2——每毫升 2，6 - 二氯靛酚标准滴定溶液相当于抗坏血酸的毫克数（滴定度），单位为克每升（g/L）；

c_1——抗坏血酸标准使用液的浓度，单位为克每升（g/L）；

V_1——滴定用抗坏血酸标准使用溶液的体积，单位为毫升（mL）；

V_2——标定时消耗的 2，6 - 二氯靛酚标准溶液体积，单位为毫升（mL）。

4. 12. 2. 9　淀粉指示液（10 g/L）：按 GB/T 603 配制。

4. 12. 3　分析步骤

准确吸取 5. 00 mL 样品（液温 20℃）于 100 mL 三角瓶中，加入 15 mL 草酸溶液（4. 12. 2. 1）、3 滴过氧化氢溶液（4. 12. 2. 5），摇匀，立即用 2，6 - 二氯靛酚标准滴定溶液滴定，至溶液恰成粉红色，30 s 不褪色即为终点。

注：样品颜色过深影响终点观察时，可用白陶土脱色后再进行测定。

4. 12. 4　结果计算

样品中抗坏血酸的含量按式（25）计算。

$$X = \frac{V \times c_2}{V_1} \tag{25}$$

式中：

X——样品中抗坏血酸的含量，单位为克每升（g/L）；

c_2——每毫升 2，6 - 二氯靛酚标准滴定溶液相当于抗坏血酸的毫克数（滴定度），单位为克每升（g/L）；

V——滴定时消耗的 2，6 - 二氯靛酚标准滴定溶液的体积，单位为毫升（mL）；

V_1——吸取样品的体积，单位为毫升（mL）。

所得结果表示至整数。

4. 12. 5　精密度

在重复性条件下获得的两次独立测定结果的绝对差值不得超过算术平均值的 10%。

4. 13　糖分和有机酸

测定方法参见附录 D。

4. 14　白藜芦醇

测定方法参见附录 E。

4. 15　感官评定

葡萄酒、山葡萄酒感官评定参见附录 F。

附 录 A
（规范性附录）
酒精水溶液密度与酒精度（乙醇含量）对照表（20℃）

表 A.1 酒精水溶液密度与酒精度（乙醇含量）对照表（20℃）

密度/(g/L)	酒精度/(%vol)	密度/(g/L)	酒精度/(%vol)	密度/(g/L)	酒精度/(%vol)
998.20	0.00	997.43	0.51	996.68	1.01
998.18	0.01	997.42	0.52	996.66	1.02
998.16	0.03	997.40	0.53	996.64	1.04
998.14	0.04	997.38	0.54	996.62	1.05
998.12	0.05	997.36	0.56	996.61	1.06
998.10	0.06	997.34	0.57	996.59	1.07
998.08	0.08	997.32	0.58	996.57	1.09
998.07	0.09	997.30	0.59	996.55	1.10
998.05	0.10	997.28	0.61	996.53	1.11
998.03	0.11	997.26	0.62	996.51	1.12
998.01	0.13	997.24	0.63	996.49	1.14
997.99	0.14	997.23	0.64	996.48	1.15
997.97	0.15	997.21	0.66	996.46	1.16
997.95	0.16	997.19	0.67	996.44	1.17
997.93	0.18	997.17	0.68	996.42	1.19
997.91	0.19	997.15	0.69	996.40	1.20
997.89	0.20	997.13	0.71	996.38	1.21
997.87	0.21	997.11	0.72	996.36	1.22
997.85	0.23	997.09	0.73	996.34	1.24
997.83	0.24	997.07	0.75	996.33	1.25
997.82	0.25	997.06	0.76	996.31	1.26
997.80	0.27	997.04	0.77	996.29	1.27
997.78	0.28	997.02	0.78	996.27	1.29
997.76	0.29	997.00	0.80	996.25	1.30
997.74	0.30	996.98	0.81	996.23	1.31
997.72	0.32	996.96	0.82	996.21	1.33
997.70	0.33	996.94	0.83	996.20	1.34
997.68	0.34	996.92	0.85	996.18	1.35
997.66	0.35	996.91	0.86	996.16	1.36
997.64	0.37	996.89	0.87	996.14	1.38
997.62	0.38	996.87	0.88	996.12	1.39
997.61	0.39	996.85	0.90	996.10	1.40
997.59	0.40	996.83	0.91	996.09	1.41
997.57	0.42	996.81	0.92	996.07	1.43
997.55	0.43	996.79	0.93	996.05	1.44
997.53	0.44	996.77	0.95	996.03	1.45
997.51	0.46	996.76	0.96	996.01	1.46
997.49	0.47	996.74	0.97	995.99	1.48
997.47	0.48	996.72	0.99	995.97	1.49
997.45	0.49	996.70	1.00	995.96	1.50

（续表）

密度/（g/L）	酒精度/（% vol）	密度/（g/L）	酒精度/（% vol）	密度/（g/L）	酒精度/（% vol）
995.94	1.51	995.10	2.09	994.27	2.67
995.92	1.53	995.08	2.11	994.25	2.68
995.90	1.54	995.06	2.12	994.23	2.0
995.88	1.55	995.04	2.13	994.22	2.71
995.86	1.56	995.02	2.14	994.20	2.72
995.85	1.58	995.01	2.16	994.18	2.73
995.83	1.59	994.99	2.17	994.16	2.75
995.81	1.60	994.97	2.18	994.15	2.76
995.79	1.62	994.95	2.19	994.13	2.77
995.77	1.63	994.93	2.21	994.11	2.78
995.75	1.64	994.92	2.22	994.09	2.80
995.74	1.65	994.90	2.23	994.07	2.81
995.72	1.67	994.88	2.24	994.06	2.82
995.70	1.68	994.86	2.26	994.04	2.83
995.68	1.69	994.84	2.27	994.02	2.85
995.66	1.70	994.83	2.28	994.00	2.86
995.64	1.72	994.81	2.29	993.99	2.87
995.63	1.73	994.79	2.31	993.97	2.88
995.61	1.74	994.77	2.32	993.95	2.90
995.59	1.75	994.75	2.33	993.93	2.91
995.57	1.77	994.74	2.34	993.91	2.92
995.55	1.78	994.72	2.36	993.90	2.93
995.53	1.79	994.70	2.37	993.88	2.95
995.52	1.80	994.68	2.38	993.86	2.96
995.50	1.82	994.66	2.39	993.84	2.97
995.48	1.83	994.65	2.41	993.83	2.98
995.46	1.84	994.63	2.42	993.81	3.00
995.44	1.85	994.61	2.43	993.79	3.01
995.42	1.87	994.59	2.44	993.77	3.02
995.41	1.88	994.57	2.46	993.76	3.03
995.39	1.89	994.56	2.47	993.74	3.05
995.37	1.90	994.54	2.48	993.72	3.06
995.35	1.92	994.52	2.50	993.70	3.07
995.33	1.93	994.50	2.51	993.69	3.08
995.32	1.94	994.48	2.52	993.67	3.10
995.30	1.95	994.47	2.53	993.65	3.11
995.28	1.97	994.45	2.55	993.63	3.12
995.26	1.98	994.43	2.56	993.61	3.13
995.24	1.99	994.41	2.57	993.60	3.15
995.22	2.01	994.40	2.58	993.58	3.16
995.21	2.02	994.38	2.60	993.56	3.17
995.19	2.03	994.36	2.61	993.54	3.18
995.17	2.04	994.34	2.62	993.53	3.20
995.15	2.06	994.32	2.63	993.51	3.21
995.13	2.07	994.31	2.65	993.49	3.22
995.12	2.08	994.29	2.66	993.47	3.24

（续表）

密度/(g/L)	酒精度/(%vol)	密度/(g/L)	酒精度/(%vol)	密度/(g/L)	酒精度/(%vol)
993.46	3.25	992.66	3.82	991.87	4.40
993.44	3.26	992.64	3.84	991.85	4.41
993.42	3.27	992.62	3.85	991.83	4.42
993.40	3.29	992.60	3.86	991.82	4.44
993.39	3.30	992.59	3.87	991.80	4.45
993.37	3.31	992.57	3.89	991.78	4.46
993.35	3.32	992.55	3.90	991.77	4.47
993.33	3.34	992.54	3.91	991.75	4.49
993.32	3.35	992.52	3.92	991.73	4.50
993.30	3.36	992.50	3.94	991.71	4.51
993.28	3.37	992.48	3.95	991.70	4.52
993.26	3.39	992.47	3.96	991.68	4.54
993.25	3.40	992.45	3.97	991.66	4.55
993.23	3.41	992.43	3.99	991.65	4.56
993.21	3.42	992.41	4.00	991.63	4.57
993.19	3.44	992.40	4.01	991.61	4.59
993.18	3.45	992.38	4.02	991.60	4.60
993.16	3.46	992.36	4.04	991.58	4.61
993.14	3.47	992.35	4.05	991.56	4.62
993.12	3.49	992.33	4.06	991.54	4.64
993.11	3.50	992.31	4.07	991.53	4.65
993.09	3.51	992.29	4.09	991.51	4.66
993.07	3.52	992.28	4.10	991.49	4.67
993.05	3.54	992.26	4.11	991.48	4.69
993.04	3.55	992.24	4.12	991.46	4.70
993.02	3.56	992.23	4.14	991.44	4.71
993.00	3.57	992.21	4.15	991.43	4.72
992.99	3.59	992.19	4.16	991.41	4.74
992.97	3.60	992.17	4.17	991.39	4.75
992.95	3.61	992.16	4.19	991.38	4.76
992.93	3.62	992.14	4.20	991.36	4.77
992.92	3.64	992.12	4.21	991.34	4.79
992.90	3.65	992.11	4.22	991.33	4.80
992.88	3.66	992.09	4.24	991.31	4.81
992.86	3.67	992.07	4.25	991.29	4.82
992.85	3.69	992.05	4.26	991.28	4.84
992.83	3.70	992.04	4.27	991.26	4.85
992.81	3.71	992.02	4.29	991.24	4.86
992.79	3.72	992.00	4.30	991.22	4.87
992.78	3.74	991.99	4.31	991.21	4.89
992.76	3.75	991.97	4.32	991.19	4.90
992.74	3.76	991.95	4.34	991.17	4.91
992.72	3.77	991.94	4.35	991.16	4.92
992.71	3.79	991.92	4.36	991.14	4.94
992.69	3.80	991.90	4.37	991.12	4.95
992.67	3.81	991.88	4.39	991.11	4.96

（续表）

密度/（g/L）	酒精度/（%vol）	密度/（g/L）	酒精度/（%vol）	密度/（g/L）	酒精度/（%vol）
991.09	4.97	990.33	5.55	989.57	6.12
991.07	4.99	990.31	5.56	989.56	6.13
991.06	5.00	990.29	5.57	989.54	6.14
991.04	5.01	990.28	5.58	989.52	6.16
991.02	5.02	990.26	5.60	989.51	6.17
991.01	5.04	990.24	5.61	989.49	6.18
990.99	5.05	990.23	5.62	989.47	6.19
990.97	5.06	990.21	5.63	989.46	6.21
990.96	5.07	990.19	5.65	989.44	6.22
990.94	5.09	990.18	5.66	989.43	6.23
990.92	5.10	990.16	5.67	989.41	6.24
990.91	5.11	990.14	5.68	989.39	6.26
990.89	5.12	990.13	5.70	989.38	6.27
990.87	5.13	990.11	5.71	989.36	6.28
990.86	5.15	990.09	5.72	989.34	6.29
990.84	5.16	990.08	5.73	989.33	6.31
990.82	5.17	990.06	5.75	989.31	6.32
990.81	5.18	990.05	5.76	989.30	6.33
990.79	5.20	990.03	5.77	989.28	6.34
990.77	5.21	990.01	5.78	989.26	6.36
990.76	5.22	990.00	5.80	989.25	6.37
990.74	5.23	989.98	5.81	989.23	6.38
990.72	5.25	989.96	5.82	989.21	6.39
990.71	5.26	989.95	5.83	989.20	6.40
990.69	5.27	989.93	5.85	989.18	6.42
990.67	5.28	989.91	5.86	989.17	6.43
990.66	5.30	989.90	5.87	989.15	6.44
990.64	5.31	989.88	5.88	989.13	6.45
990.62	5.32	989.87	5.89	989.12	6.47
990.61	5.33	989.85	5.91	989.10	6.48
990.59	5.35	989.83	5.92	989.09	6.49
990.57	5.36	989.82	5.93	989.07	6.50
990.56	5.37	989.80	5.94	989.05	6.52
990.54	5.38	989.78	5.96	989.04	6.53
990.52	5.40	989.77	5.97	989.02	6.54
990.51	5.41	989.75	5.98	989.01	6.55
990.49	5.42	989.73	5.99	988.99	6.57
990.47	5.43	989.72	6.01	988.97	6.58
990.46	5.45	989.70	6.02	988.96	6.59
990.44	5.46	989.69	6.03	988.94	6.60
990.42	5.47	989.67	6.04	988.92	6.62
990.41	5.48	989.65	6.06	988.91	6.63
990.39	5.50	989.64	6.07	988.89	6.64
990.37	5.51	989.62	6.08	988.88	6.65
990.36	5.52	989.60	6.09	988.86	6.67
990.34	5.53	989.59	6.11	988.84	6.68

（续表）

密度/ （g/L）	酒精度/ （% vol）	密度/ （g/L）	酒精度/ （% vol）	密度/ （g/L）	酒精度/ （% vol）
988.83	6.69	988.11	7.25	987.39	7.82
988.81	6.70	988.10	7.26	987.37	7.83
988.80	6.72	988.08	7.27	987.36	7.84
988.78	6.73	988.06	7.29	987.34	7.86
988.76	6.74	988.05	7.30	987.33	7.87
988.75	6.75	988.03	7.31	987.31	7.88
988.73	6.77	988.02	7.32	987.30	7.89
988.72	6.78	988.00	7.34	987.28	7.91
988.70	6.79	987.99	7.35	987.27	7.92
988.68	6.80	987.97	7.36	987.25	7.93
988.67	6.81	987.95	7.37	987.23	7.94
988.65	6.83	987.94	7.39	987.22	7.96
988.64	6.84	987.92	7.40	987.20	7.97
988.62	6.85	987.91	7.41	987.19	7.98
988.60	6.86	987.89	7.42	987.17	7.99
988.59	6.88	987.88	7.44	987.16	8.01
988.57	6.89	987.86	7.45	987.14	8.02
988.56	6.90	987.84	7.46	987.13	8.03
988.54	6.91	987.83	7.47	987.11	8.04
988.52	6.93	987.81	7.48	987.09	8.05
988.51	6.94	987.80	7.50	987.08	8.07
988.49	6.95	987.78	7.51	987.06	8.08
988.48	6.96	987.77	7.52	987.05	8.09
988.46	6.98	987.75	7.53	987.03	8.10
988.45	6.99	987.73	7.55	987.02	8.12
988.43	7.00	987.72	7.56	987.00	8.13
988.41	7.01	987.70	7.57	986.99	8.14
988.40	7.03	987.69	7.58	986.97	8.15
988.38	7.04	987.67	7.60	986.96	8.17
988.37	7.05	987.66	7.61	986.94	8.18
988.35	7.06	987.64	7.62	986.92	8.19
988.33	7.08	987.62	7.63	986.91	8.20
988.32	7.09	987.61	7.65	986.89	8.22
988.30	7.10	987.59	7.66	986.88	8.23
988.29	7.11	987.58	7.67	986.86	8.24
988.27	7.12	987.56	7.68	986.85	8.25
988.25	7.14	987.55	7.70	986.83	8.26
988.24	7.15	987.53	7.71	986.82	8.28
988.22	7.16	987.51	7.72	986.80	8.29
988.21	7.17	987.50	7.73	986.79	8.30
988.19	7.19	987.48	7.74	986.77	8.31
988.18	7.20	987.47	7.76	986.75	8.33
988.16	7.21	987.45	7.77	986.74	8.34
988.14	7.22	987.44	7.78	986.72	8.35
988.13	7.24	987.42	7.79	986.71	8.36
		987.41	7.81	986.69	8.38

（续表）

密度/（g/L）	酒精度/（%vol）	密度/（g/L）	酒精度/（%vol）	密度/（g/L）	酒精度/（%vol）
986.68	8.39	985.98	8.96	985.28	9.53
986.66	8.40	985.96	8.97	985.27	9.54
986.65	8.41	985.94	8.98	985.25	9.55
986.63	8.43	985.93	8.99	985.24	9.56
986.62	8.44	985.91	9.01	985.22	9.57
986.60	8.45	985.90	9.02	985.21	9.59
986.59	8.46	985.88	9.03	985.19	9.60
986.57	8.48	985.87	9.04	985.18	9.61
986.55	8.49	985.85	9.06	985.16	9.62
986.54	8.50	985.84	9.07	985.15	9.64
986.52	8.51	985.82	9.08	985.13	9.65
986.51	8.52	985.81	9.09	985.12	9.66
986.49	8.54	985.79	9.11	985.10	9.67
986.48	8.55	985.78	9.12	985.09	9.69
986.46	8.56	985.76	9.13	985.07	9.70
986.45	8.57	985.75	9.14	985.06	9.71
986.43	8.59	985.73	9.16	985.04	9.72
986.42	8.60	985.72	9.17	985.03	9.74
986.40	8.61	985.70	9.18	985.01	9.75
986.39	8.62	985.69	9.19	985.00	9.76
986.37	8.64	985.67	9.20	984.98	9.77
986.36	8.65	985.66	9.22	984.97	9.78
986.34	8.66	985.64	9.23	984.95	9.80
986.33	8.67	985.63	9.24	984.94	9.81
986.31	8.69	985.61	9.25	984.92	9.82
986.29	8.70	985.60	9.27	984.91	9.83
986.28	8.71	985.58	9.28	984.89	9.85
986.26	8.72	985.57	9.29	984.88	9.86
986.25	8.73	985.55	9.30	984.86	9.87
986.23	8.75	985.54	9.32	984.85	9.88
986.22	8.76	985.52	9.33	984.84	9.90
986.20	8.77	985.51	9.34	984.82	9.91
986.19	8.78	985.49	9.35	984.81	9.92
986.17	8.80	985.48	9.36	984.79	9.93
986.16	8.81	985.46	9.38	984.78	9.94
986.14	8.82	985.45	9.39	984.76	9.96
986.13	8.83	985.43	9.40	984.75	9.97
986.11	8.85	985.42	9.41	984.73	9.98
986.10	8.86	985.40	9.43	984.72	9.99
986.08	8.87	985.39	9.44	984.70	10.01
986.07	8.88	985.37	9.45	984.69	10.02
986.05	8.90	985.36	9.46	984.67	10.03
986.04	8.91	985.34	9.48	984.66	10.04
986.02	8.92	985.33	9.49	984.64	10.06
986.01	8.93	985.31	9.50	984.63	10.07
985.99	8.95	985.30	9.51	984.61	10.08

（续表）

密度/(g/L)	酒精度/(%vol)	密度/(g/L)	酒精度/(%vol)	密度/(g/L)	酒精度/(%vol)
984.60	10.09	983.92	10.66	983.26	11.23
984.58	10.10	983.91	10.67	983.24	11.24
984.57	10.12	983.89	10.68	983.23	11.25
984.55	10.13	983.88	10.70	983.21	11.26
984.54	10.14	983.86	10.71	983.20	11.27
984.52	10.15	983.85	10.72	983.18	11.29
984.51	10.17	983.84	10.73	983.17	11.30
984.49	10.18	983.82	10.75	983.15	11.31
984.48	10.19	983.81	10.76	983.14	11.32
984.47	10.20	983.79	10.77	983.13	11.34
984.45	10.22	983.78	10.78	983.11	11.35
984.44	10.23	983.76	10.79	983.10	11.36
984.42	10.24	983.75	10.81	983.08	11.37
984.41	10.25	983.73	10.82	983.07	11.38
984.39	10.27	983.72	10.83	983.05	11.40
984.38	10.28	983.70	10.84	983.04	11.41
984.36	10.29	983.69	10.86	983.03	11.42
984.35	10.30	983.68	10.87	983.01	11.43
984.33	10.31	983.66	10.88	983.00	11.45
984.32	10.33	983.65	10.89	982.98	11.46
984.30	10.34	983.63	10.91	982.97	11.47
984.29	10.35	983.62	10.92	982.95	11.48
984.27	10.36	983.60	10.93	982.94	11.50
984.26	10.38	983.59	10.94	982.93	11.51
984.24	10.39	983.57	10.95	982.91	11.52
984.23	10.40	983.56	10.97	982.90	11.53
984.22	10.41	983.54	10.98	982.88	11.54
984.20	10.43	983.53	10.99	982.87	11.56
984.19	10.44	983.52	11.00	982.85	11.57
984.17	10.45	983.50	11.02	982.84	11.58
984.16	10.46	983.49	11.03	982.82	11.59
984.14	10.47	983.47	11.04	982.81	11.61
984.13	10.49	983.46	11.05	982.80	11.62
984.11	10.50	983.44	11.07	982.78	11.63
984.10	10.51	983.43	11.08	982.77	11.64
984.08	10.52	983.41	11.09	982.75	11.66
984.07	10.54	983.40	11.10	982.74	11.67
984.05	10.55	983.39	11.11	982.72	11.68
984.04	10.56	983.37	11.13	982.71	11.69
984.03	10.57	983.36	11.14	982.70	11.70
984.01	10.59	983.34	11.15	982.68	11.72
984.00	10.60	933.33	11.16	982.67	11.73
983.98	10.61	983.31	11.18	982.65	11.74
983.97	10.62	983.30	11.19	982.64	11.75
983.95	10.63	983.28	11.20	982.63	11.77
983.94	10.65	983.27	11.21	982.61	11.78

（续表）

密度/（g/L）	酒精度/（%vol）	密度/（g/L）	酒精度/（%vol）	密度/（g/L）	酒精度/（%vol）
982.60	11.79	981.94	12.35	981.30	12.92
982.58	11.80	981.93	12.37	981.29	12.93
982.57	11.81	981.92	12.38	981.27	12.94
982.55	11.83	981.90	12.39	981.26	12.96
982.54	11.84	981.89	12.40	981.24	12.97
982.53	11.85	981.87	12.42	981.23	12.98
982.51	11.86	981.86	12.43	981.22	12.99
982.50	11.88	981.85	12.44	981.20	13.00
982.48	11.89	981.83	12.45	981.19	13.02
982.47	11.90	981.82	12.47	981.18	13.03
982.45	11.91	981.80	12.48	981.16	13.04
982.44	11.93	981.79	12.49	981.15	13.05
982.43	11.94	981.78	12.50	981.13	13.07
982.41	11.95	981.76	12.51	981.12	13.08
982.40	11.96	981.75	12.53	981.11	13.09
982.38	11.97	981.73	12.54	981.09	13.10
982.37	11.99	981.72	12.55	981.08	13.11
982.35	12.00	981.71	12.56	981.06	13.12
982.34	12.01	981.69	12.58	981.05	13.14
982.33	12.02	981.68	12.59	981.04	13.15
982.31	12.04	981.66	12.50	981.02	13.15
982.30	12.05	981.65	12.61	981.01	13.18
982.28	12.06	981.64	12.62	980.99	13.19
982.27	12.07	981.62	12.64	980.98	13.20
982.26	12.08	981.61	12.65	980.97	13.21
982.24	12.10	981.59	12.66	980.95	13.22
982.23	12.11	981.58	12.67	980.94	13.24
982.21	12.12	981.57	12.69	980.93	13.25
982.20	12.13	981.55	12.70	980.91	13.26
982.18	12.15	981.54	12.71	980.90	13.27
982.17	12.16	981.52	12.72	980.88	13.29
982.16	12.17	981.51	12.73	980.87	13.30
982.14	12.18	981.50	12.75	980.86	13.31
982.13	12.20	981.48	12.76	980.84	13.32
982.11	12.21	981.47	12.77	980.83	13.33
982.10	12.22	981.45	12.78	980.81	13.35
982.09	12.23	981.44	12.80	980.80	13.36
982.07	12.24	981.43	12.81	980.79	13.37
982.06	12.26	981.41	12.82	980.77	13.38
982.04	12.27	981.40	12.83	980.76	13.40
982.03	12.28	981.38	12.85	980.75	13.41
982.02	12.29	981.37	12.86	980.73	13.42
982.00	12.31	981.36	12.87	980.72	13.43
981.99	12.32	981.34	12.88	980.70	13.45
981.97	12.33	981.33	12.89	980.69	13.46
981.96	12.34	981.31	12.91	980.68	13.47

（续表）

密度/（g/L）	酒精度/（%vol）	密度/（g/L）	酒精度/（%vol）	密度/（g/L）	酒精度/（%vol）
980. 66	13. 48	980. 03	14. 04	979. 41	14. 61
980. 65	13. 49	980. 02	14. 06	979. 39	14. 62
980. 64	13. 51	980. 00	14. 07	979. 38	14. 63
980. 62	13. 52	979. 99	14. 08	979. 36	14. 64
980. 61	13. 53	979. 98	14. 09	979. 35	14. 65
980. 59	13. 54	979. 96	14. 11	979. 34	14. 67
980. 58	13. 56	979. 95	14. 12	979. 32	14. 68
980. 57	13. 57	979. 94	14. 13	979. 31	14. 69
980. 55	13. 58	979. 92	14. 14	979. 30	14. 70
980. 54	13. 59	979. 91	14. 15	979. 28	14. 72
980. 52	13. 60	979. 89	14. 17	979. 27	14. 73
980. 51	13. 62	979. 88	14. 18	979. 26	14. 74
980. 50	13. 63	979. 87	14. 19	979. 24	14. 75
980. 48	13. 64	979. 85	14. 20	979. 23	14. 76
980. 47	13. 65	979. 84	14. 22	979. 22	14. 78
980. 46	13. 67	979. 83	14. 23	979. 20	14. 79
980. 44	13. 68	979. 81	14. 24	979. 19	14. 80
980. 43	13. 69	979. 80	14. 25	979. 18	14. 81
980. 41	13. 70	979. 79	14. 26	979. 16	14. 83
980. 40	13. 71	979. 77	14. 28	979. 15	14. 84
980. 39	13. 73	979. 76	14. 29	979. 13	14. 85
980. 37	13. 74	979. 74	14. 30	979. 12	14. 86
980. 36	13. 75	979. 73	14. 31	979. 11	14. 87
980. 35	13. 76	979. 72	14. 33	979. 09	14. 89
980. 33	13. 78	979. 70	14. 34	979. 08	14. 90
980. 32	13. 79	979. 69	14. 35	979. 07	14. 91
980. 31	13. 80	979. 68	14. 36	979. 05	14. 92
980. 29	13. 81	979. 66	14. 37	979. 04	14. 94
980. 28	13. 82	979. 65	14. 39	979. 03	14. 95
980. 26	13. 84	979. 64	14. 40	979. 01	14. 96
980. 25	13. 85	979. 62	14. 41	979. 00	14. 97
980. 24	13. 86	979. 61	14. 42	978. 99	14. 98
980. 22	13. 87	979. 60	14. 44	978. 97	15. 00
980. 21	13. 89	979. 58	14. 45	978. 96	15. 01
980. 20	13. 90	979. 57	14. 46	978. 95	15. 02
980. 18	13. 91	979. 55	14. 47	978. 93	15. 03
980. 17	13. 92	979. 54	14. 48	978. 92	15. 05
980. 15	13. 93	979. 53	14. 50	978. 91	15. 06
980. 14	13. 95	979. 51	14. 51	978. 89	15. 07
980. 13	13. 96	979. 50	14. 52	978. 88	15. 08
980. 11	13. 97	979. 49	14. 53	978. 87	15. 09
980. 10	13. 98	979. 47	14. 55	978. 85	15. 11
980. 09	14. 00	979. 46	14. 56	978. 84	15. 12
980. 07	14. 01	979. 45	14. 57	978. 83	15. 13
980. 06	14. 02	979. 43	14. 58	978. 81	15. 14
980. 04	14. 03	979. 42	14. 59	978. 80	15. 16

（续表）

密度/(g/L)	酒精度/(%vol)	密度/(g/L)	酒精度/(%vol)	密度/(g/L)	酒精度/(%vol)
978.78	15.17	978.17	15.73	977.56	16.29
978.77	15.18	978.16	15.74	977.54	16.30
978.76	15.19	978.14	15.75	977.53	16.31
978.74	15.20	978.13	15.76	977.52	16.32
978.73	15.22	978.12	15.78	977.50	16.34
978.72	15.23	978.10	15.79	977.49	16.35
978.70	15.24	978.09	15.80	977.48	16.36
978.69	15.25	978.08	15.81	977.46	16.37
978.68	15.26	978.06	15.83	977.45	16.39
978.66	15.28	978.05	15.84	977.44	16.40
978.65	15.29	978.04	15.85	977.43	16.41
978.64	15.30	978.02	15.86	977.41	16.42
978.62	15.31	978.01	15.87	977.40	16.43
978.61	15.33	978.00	15.89	977.39	16.45
978.60	15.34	977.98	15.90	977.37	16.46
978.58	15.35	977.97	15.91	977.36	16.47
978.57	15.36	977.96	15.92	977.35	16.48
978.56	15.37	977.94	15.93	977.33	16.49
978.54	15.39	977.93	15.95	977.32	16.51
978.53	15.40	977.92	15.96	977.31	16.52
978.52	15.41	977.90	15.97	977.29	16.53
978.50	15.42	977.89	15.98	977.28	16.54
978.49	15.44	977.88	16.00	977.27	16.56
978.48	15.45	977.86	16.01	977.25	16.57
978.46	15.46	977.85	16.02	977.24	16.58
978.45	15.47	977.84	16.03	977.23	16.59
978.44	15.48	977.82	16.04	977.21	16.60
978.42	15.50	977.81	16.06	977.20	16.62
978.41	15.51	977.80	16.07	977.19	16.63
978.40	15.52	977.78	16.08	977.17	16.64
978.38	15.53	977.77	16.09	977.16	16.65
978.37	15.55	977.76	16.11	977.15	16.66
978.36	15.56	977.74	16.12	977.13	16.68
978.34	15.57	977.73	16.13	977.12	16.69
978.33	15.58	977.72	16.14	977.11	16.70
978.32	15.59	977.70	16.15	977.09	16.71
978.30	15.61	977.69	16.17	977.08	16.73
978.29	15.62	977.68	16.18	977.07	16.74
978.28	15.63	977.66	16.19	977.06	16.75
978.26	15.64	977.65	16.20	977.04	16.76
978.25	15.65	977.64	16.21	977.03	16.77
978.24	15.67	977.62	16.23	977.02	16.79
978.22	15.68	977.61	16.24	977.00	16.80
978.21	15.69	977.60	16.25	976.99	16.81
978.20	15.70	977.58	16.26	976.98	16.82
978.18	15.72	977.57	16.28	976.96	16.84

（续表）

密度/(g/L)	酒精度/(%vol)	密度/(g/L)	酒精度/(%vol)	密度/(g/L)	酒精度/(%vol)
976. 95	16. 85	976. 35	17. 41	975. 74	17. 96
976. 94	16. 86	976. 33	17. 42	975. 73	17. 98
976. 92	16. 87	976. 32	17. 43	975. 72	17. 99
976. 91	16. 88	976. 31	17. 44	975. 70	18. 00
976. 90	16. 90	976. 29	17. 45	975. 69	18. 01
976. 88	16. 91	976. 28	17. 47	975. 68	18. 02
976. 87	16. 92	976. 27	17. 48	975. 67	18. 04
976. 86	16. 93	976. 25	17. 49	975. 65	18. 05
976. 84	16. 94	976. 24	17. 50	975. 64	18. 06
976. 83	16. 96	976. 23	17. 52	975. 63	18. 07
976. 82	16. 97	976. 21	17. 53	975. 61	18. 08
976. 81	16. 98	976. 20	17. 54	975. 60	18. 10
976. 79	16. 99	976. 19	17. 55	975. 59	18. 11
976. 78	17. 01	976. 18	17. 56	975. 57	18. 12
976. 77	17. 02	976. 16	17. 58	975. 56	18. 13
976. 75	17. 03	976. 15	17. 59	975. 55	18. 15
976. 74	17. 04	976. 14	17. 60	975. 53	18. 16
976. 73	17. 05	976. 12	17. 61	975. 52	18. 17
976. 71	17. 07	976. 11	17. 62	975. 51	18. 18
976. 70	17. 08	976. 10	17. 64	975. 50	18. 19
976. 69	17. 09	976. 08	17. 65	975. 48	18. 21
976. 67	17. 10	976. 07	17. 66	975. 47	18. 22
976. 66	17. 11	976. 06	17. 67	975. 46	18. 23
976. 65	17. 13	976. 04	17. 68	975. 44	18. 24
976. 63	17. 14	976. 03	17. 70	975. 43	18. 25
976. 62	17. 15	976. 02	17. 71	975. 42	18. 27
976. 61	17. 16	976. 00	17. 72	975. 40	18. 28
976. 59	17. 18	975. 99	17. 73	975. 39	18. 29
976. 58	17. 19	975. 98	17. 75	975. 38	18. 30
976. 57	17. 20	975. 97	17. 76	975. 37	18. 32
976. 56	17. 21	975. 95	17. 77	975. 35	18. 33
976. 54	17. 22	975. 94	17. 78	975. 34	18. 34
976. 53	17. 24	975. 93	17. 79	975. 33	18. 35
976. 52	17. 25	975. 91	17. 81	975. 31	18. 36
976. 50	17. 26	975. 90	17. 82	975. 30	18. 38
976. 49	17. 27	975. 89	17. 83	975. 29	18. 39
976. 48	17. 28	975. 87	17. 84	975. 27	18. 40
976. 46	17. 30	975. 86	17. 85	975. 26	18. 41
976. 45	17. 31	975. 85	17. 87	975. 25	18. 42
976. 44	17. 32	975. 84	17. 88	975. 24	18. 44
976. 42	17. 33	975. 82	17. 89	975. 22	18. 45
976. 41	17. 35	975. 81	17. 90	975. 21	18. 46
976. 40	17. 36	975. 80	17. 92	975. 20	18. 47
976. 38	17. 37	975. 78	17. 93	975. 18	18. 48
976. 37	17. 38	975. 77	17. 94	975. 17	18. 50
976. 36	17. 39	975. 76	17. 95	975. 16	18. 51

（续表）

密度/（g/L）	酒精度/（%vol）	密度/（g/L）	酒精度/（%vol）	密度/（g/L）	酒精度/（%vol）
975.14	18.52	974.55	19.08	973.95	19.63
975.13	18.53	974.53	19.09	973.94	19.65
975.12	18.55	974.52	19.10	973.92	19.66
975.11	18.56	974.51	19.11	973.91	19.67
975.09	18.57	974.49	19.13	973.90	19.68
975.08	18.58	974.48	19.14	973.88	19.69
975.07	18.59	974.47	19.15	973.87	19.71
975.05	18.61	974.46	19.16	973.86	19.72
975.04	18.62	974.44	19.17	973.85	19.73
975.03	18.63	974.43	19.19	973.83	19.74
975.01	18.64	974.42	19.20	973.82	19.75
975.00	18.65	974.40	19.21	973.81	19.77
974.99	18.67	974.39	19.22	973.79	19.78
974.97	18.68	974.38	19.23	973.78	19.79
974.96	18.69	974.36	19.25	973.77	19.80
974.95	18.70	974.35	19.26	973.75	19.81
974.94	18.71	974.34	19.27	973.74	19.83
974.92	18.73	974.33	19.28	973.73	19.84
974.91	18.74	974.31	19.30	973.72	19.85
974.90	18.75	974.30	19.31	973.70	19.86
974.88	18.76	974.29	19.32	973.69	19.88
974.87	18.78	974.27	19.33	973.68	19.89
974.86	18.79	974.26	19.34	973.66	19.90
974.84	18.80	974.25	19.36	973.65	19.91
974.83	18.81	974.23	19.37	973.64	19.92
974.82	18.82	974.22	19.38	973.62	19.94
974.81	18.84	974.21	19.39	973.61	19.95
974.79	18.85	974.20	19.40	973.60	19.96
974.78	18.86	974.18	19.42	973.59	19.97
974.77	18.87	974.17	19.43	973.57	19.98
974.75	18.88	974.16	19.44	973.56	20.00
974.74	18.90	974.14	19.45	973.55	20.01
974.73	18.91	974.13	19.46	973.53	20.02
974.71	18.92	974.12	19.48	973.52	20.03
974.70	18.93	974.10	19.49	973.51	20.04
974.69	18.94	974.09	19.50	973.50	20.06
974.68	18.96	974.08	19.51	973.48	20.07
974.66	18.97	974.07	19.53	973.47	20.08
974.65	18.98	974.05	19.54	973.46	20.09
974.64	18.99	974.04	19.55	973.44	20.10
974.62	19.01	974.03	19.56	973.43	20.12
974.61	19.02	974.01	19.57	973.42	20.13
974.60	19.03	974.00	19.59	973.40	20.14
974.59	19.04	973.99	19.60	973.39	20.15
974.57	19.05	973.98	19.61	973.38	20.16
974.56	19.07	973.96	19.62	973.37	20.18

（续表）

密度/（g/L）	酒精度/（%vol）	密度/（g/L）	酒精度/（%vol）	密度/（g/L）	酒精度/（%vol）
973. 35	20. 19	972. 76	20. 74	972. 16	21. 30
973. 34	20. 20	972. 74	20. 76	972. 15	21. 31
973. 33	20. 21	972. 73	20. 77	972. 13	21. 32
973. 31	20. 23	972. 72	20. 78	972. 12	21. 33
973. 30	20. 24	972. 70	20. 79	972. 11	21. 35
973. 29	20. 25	972. 69	20. 80	972. 09	21. 36
973. 28	20. 26	972. 68	20. 82	972. 08	21. 37
973. 26	20. 27	972. 67	20. 83	972. 07	21. 38
973. 25	20. 29	972. 65	20. 84	972. 05	21. 39
973. 24	20. 30	972. 64	20. 85	972. 04	21. 41
973. 22	20. 31	972. 63	20. 86	972. 03	21. 42
973. 21	20. 32	972. 61	20. 88	972. 02	21. 43
973. 20	20. 33	972. 60	20. 89	972. 00	21. 44
973. 18	20. 35	972. 59	20. 90	971. 99	21. 45
973. 17	20. 36	972. 57	20. 91	971. 98	21. 47
973. 16	20. 37	972. 56	20. 92	971. 96	21. 48
973. 15	20. 38	972. 55	20. 94	971. 95	21. 49
973. 13	20. 39	972. 54	20. 95	971. 94	21. 50
973. 12	20. 41	972. 52	20. 96	971. 93	21. 51
973. 11	20. 42	972. 51	20. 97	971. 91	21. 53
973. 09	20. 43	972. 50	20. 98	971. 90	21. 54
973. 08	20. 44	972. 48	21. 00	971. 89	21. 55
973. 07	20. 45	972. 47	21. 01	971. 87	21. 56
973. 05	20. 47	972. 46	21. 02	971. 86	21. 57
973. 04	20. 48	972. 45	21. 03	971. 85	21. 59
973. 03	20. 49	972. 43	21. 04	971. 83	21. 60
973. 02	20. 50	972. 42	21. 06	971. 82	21. 61
973. 00	20. 51	972. 41	21. 07	971. 81	21. 62
972. 99	20. 53	972. 39	21. 08	971. 80	21. 63
972. 98	20. 54	972. 38	21. 09	971. 78	21. 65
972. 96	20. 55	972. 37	21. 10	971. 77	21. 66
972. 95	20. 56	972. 35	21. 12	971. 76	21. 67
972. 94	20. 57	972. 34	21. 13	971. 74	21. 68
972. 92	20. 59	972. 33	21. 14	971. 73	21. 69
972. 91	20. 60	972. 32	21. 15	971. 72	21. 71
972. 90	20. 61	972. 30	21. 17	971. 70	21. 72
972. 89	20. 62	972. 29	21. 18	971. 69	21. 73
972. 87	20. 64	972. 28	21. 19	971. 68	21. 74
972. 86	20. 65	972. 26	21. 20	971. 67	21. 75
972. 85	20. 66	972. 25	21. 21	971. 65	21. 77
972. 83	20. 67	972. 24	21. 23	971. 64	21. 78
972. 82	20. 68	972. 22	21. 24	971. 63	21. 79
972. 81	20. 70	972. 21	21. 25	971. 61	21. 80
972. 80	20. 71	972. 20	21. 26	971. 60	21. 81
972. 78	20. 72	972. 19	21. 27	971. 59	21. 83
972. 77	20. 73	972. 17	21. 29	971. 57	21. 84

（续表）

密度/（g/L）	酒精度/（% vol）	密度/（g/L）	酒精度/（% vol）	密度/（g/L）	酒精度/（% vol）
971.56	21.85	970.96	22.40	970.36	22.95
971.55	21.86	970.95	22.42	970.35	22.97
971.54	21.87	970.94	22.43	970.33	22.98
971.52	21.89	970.92	22.44	970.32	22.99
971.51	21.90	970.91	22.45	970.31	23.00
971.50	21.91	970.90	22.46	970.29	23.01
971.48	21.92	970.88	22.48	970.28	23.03
971.47	21.93	970.87	22.49	970.27	23.04
971.46	21.95	970.86	22.50	970.26	23.05
971.44	21.96	970.84	22.51	970.24	23.06
971.43	21.97	970.83	22.52	970.23	23.07
971.42	21.98	970.82	22.54	970.22	23.09
971.41	21.99	970.81	22.55	970.20	23.10
971.39	22.01	970.79	22.56	970.19	23.11
971.38	22.02	970.78	22.57	970.18	23.12
971.37	22.03	970.77	22.58	970.16	23.13
971.35	22.04	970.75	22.60	970.15	23.15
971.34	22.05	970.74	22.61	970.14	23.16
971.33	22.07	970.73	22.62	970.12	23.17
971.31	22.08	970.71	22.63	970.11	23.18
971.30	22.09	970.70	22.64	970.10	23.19
971.29	22.10	970.69	22.66	970.09	23.21
971.28	22.11	970.67	22.67	970.07	23.22
971.26	22.13	970.66	22.68	970.06	23.23
971.25	22.14	970.65	22.69	970.05	23.24
971.24	22.15	970.64	22.70	970.03	23.25
971.22	22.16	970.62	22.72	970.02	23.27
971.21	22.18	970.61	22.73	970.01	23.28
971.20	22.19	970.60	22.74	969.99	23.29
971.18	22.20	970.58	22.75	969.98	23.30
971.17	22.21	970.57	22.76	969.97	23.31
971.16	22.22	970.56	22.78	969.95	23.33
971.14	22.24	970.54	22.79	969.94	23.34
971.13	22.25	970.53	22.80	969.93	23.35
971.12	22.26	970.52	22.81	969.91	23.36
971.11	22.27	970.50	22.82	969.90	23.37
971.09	22.28	970.49	22.83	969.89	23.39
971.08	22.30	970.48	22.85	969.87	23.40
971.07	22.31	970.47	22.86	969.86	23.41
971.05	22.32	970.45	22.87	969.85	23.42
971.04	22.33	970.44	22.88	969.84	23.43
971.03	22.34	970.43	22.89	969.82	23.45
971.01	22.36	970.41	22.91	969.81	23.46
971.00	22.37	970.40	22.92	969.80	23.47
970.99	22.38	970.39	22.93	969.78	23.48
970.98	22.39	970.37	22.94	969.77	23.49

（续表）

密度/(g/L)	酒精度/(%vol)	密度/(g/L)	酒精度/(%vol)	密度/(g/L)	酒精度/(%vol)
969.76	23.51	969.15	24.06	968.54	24.61
969.74	23.52	969.14	24.07	968.53	24.62
969.73	23.53	969.12	24.08	968.51	24.63
969.72	23.54	969.11	24.09	968.50	24.64
969.70	23.55	969.10	24.10	968.49	24.65
969.69	23.57	969.08	24.12	968.47	24.66
969.68	23.58	969.07	24.13	968.46	24.68
969.66	23.59	969.06	24.14	968.45	24.69
969.65	23.60	969.04	24.15	968.43	24.70
969.64	23.61	969.03	24.16	968.42	24.71
969.62	23.63	969.02	24.18	968.41	24.72
969.61	23.64	969.00	24.19	968.39	24.74
969.60	23.65	968.99	24.20	968.38	24.75
969.59	23.66	968.98	24.21	968.37	24.76
969.57	23.67	968.96	24.22	968.35	24.77
969.56	23.69	968.95	24.24	968.34	24.78
969.55	23.70	968.94	24.25	968.32	24.80
969.53	23.71	968.92	24.26	968.31	24.81
969.52	23.72	968.91	24.27	968.30	24.82
969.51	23.73	968.90	24.28	968.28	24.83
969.49	23.75	968.88	24.29	968.27	24.84
969.48	23.76	968.87	24.31	968.26	24.86
969.47	23.77	968.86	24.32	968.24	24.87
969.45	23.78	968.84	24.33	968.23	24.88
969.44	23.79	968.83	24.34	968.22	24.89
969.43	23.80	968.82	24.35	968.20	24.90
969.41	23.82	968.80	24.37	968.19	24.92
969.40	23.83	968.79	24.38	968.18	24.93
969.39	23.84	968.78	24.39	968.16	24.94
969.37	23.85	968.76	24.40	968.15	24.95
969.36	23.86	968.75	24.41	968.14	24.96
969.35	23.88	968.74	24.42	968.12	24.97
969.33	23.89	968.72	24.44	968.11	24.99
969.32	23.90	968.71	24.45	968.10	25.00
969.31	23.91	968.70	24.46	968.08	25.01
969.29	23.92	968.68	24.47	968.07	25.02
969.28	23.94	968.67	24.49	968.06	25.03
969.27	23.95	968.66	24.50	968.04	25.05
969.25	23.96	968.64	24.51	968.03	25.06
969.24	23.97	968.63	24.52	968.02	25.07
969.23	23.98	968.62	24.53	968.00	25.08
969.22	24.00	968.60	24.55	967.99	25.09
969.20	24.01	968.59	24.56	967.98	25.11
969.19	24.02	968.58	24.57	967.96	25.12
969.18	24.03	968.56	24.58	967.95	25.13
969.16	24.04	968.55	24.59	967.94	25.14

（续表）

密度/（g/L）	酒精度/（%vol）	密度/（g/L）	酒精度/（%vol）	密度/（g/L）	酒精度/（%vol）
967.92	25.15	967.30	25.70	966.68	26.25
967.91	25.17	967.29	25.71	966.67	26.26
967.90	25.18	967.28	25.73	966.65	26.27
967.88	25.19	967.26	25.74	966.64	26.28
967.87	25.20	967.25	25.75	966.63	26.30
967.86	25.21	967.24	25.76	966.61	26.31
967.84	25.23	967.22	25.77	966.60	26.32
967.83	25.24	967.21	25.78	966.59	26.33
967.82	25.25	967.20	25.80	966.57	26.34
967.80	25.26	967.18	25.81	966.56	26.36
967.79	25.27	967.17	25.82	966.54	26.37
967.78	25.28	967.16	25.83	966.53	26.38
967.76	25.30	967.14	25.84	966.52	26.39
967.75	25.31	967.13	25.86	966.50	26.40
967.74	25.32	967.12	25.87	966.49	26.41
967.72	25.33	967.10	25.88	966.48	26.43
967.71	25.34	967.09	25.89	966.46	26.44
967.70	25.36	967.07	25.90	966.45	26.45
967.68	25.37	967.06	25.92	966.43	26.46
967.67	25.38	967.05	25.93	966.42	26.47
967.65	25.39	967.03	25.94	966.41	26.49
967.64	25.40	967.02	25.95	966.39	26.50
967.63	25.42	967.01	25.96	966.38	26.51
967.61	25.43	966.99	25.98	966.37	26.52
967.60	25.44	966.98	25.99	966.35	26.53
967.59	25.45	966.97	26.00	966.34	26.55
967.57	25.46	966.95	26.01	966.33	26.56
967.56	25.48	966.94	26.02	966.31	26.57
967.55	25.49	966.93	26.03	966.30	26.58
967.53	25.50	966.91	26.05	966.28	26.59
967.52	25.51	966.90	26.06	966.27	26.60
967.51	25.52	966.88	26.07	966.26	26.62
967.49	25.53	966.87	26.08	966.24	26.63
967.48	25.55	966.86	26.09	966.23	26.64
967.47	25.56	966.84	26.11	966.22	26.65
967.45	25.57	966.83	26.12	966.20	26.66
967.44	25.58	966.82	26.13	966.19	26.68
967.43	25.59	966.80	26.14	966.17	26.69
967.41	25.61	966.79	26.15	966.16	26.70
967.40	25.62	966.78	26.17	966.15	26.71
967.39	25.63	966.76	26.18	966.13	26.72
967.37	25.64	966.75	26.19	966.12	26.73
967.36	25.65	966.73	26.20	966.11	26.75
967.34	25.67	966.72	26.21	966.09	26.76
967.33	25.68	966.71	26.22	966.08	26.77
967.32	25.69	966.69	26.24	966.06	26.78

（续表）

密度/（g/L）	酒精度/（%vol）	密度/（g/L）	酒精度/（%vol）	密度/（g/L）	酒精度/（%vol）
966.05	26.79	965.42	27.34	964.78	27.88
966.04	26.81	965.40	27.35	964.76	27.90
966.02	26.82	965.39	27.36	964.75	27.91
966.01	26.83	965.37	27.37	964.73	27.92
966.00	26.84	965.36	27.39	964.72	27.93
965.98	26.85	965.35	27.40	964.71	27.94
965.97	26.87	965.33	27.41	964.69	27.95
965.95	26.88	965.32	27.42	964.68	27.97
965.94	26.89	965.31	27.43	964.66	27.98
965.93	26.90	965.29	27.45	964.65	27.99
965.91	26.91	965.28	27.46	964.64	28.00
965.90	26.92	965.26	27.47	964.62	28.01
965.89	26.94	965.25	27.48	964.61	28.03
965.87	26.95	965.24	27.49	964.59	28.04
965.86	26.96	965.22	27.51	964.58	28.05
965.84	26.97	965.21	27.52	964.57	28.06
965.83	26.98	965.19	27.53	964.55	28.07
965.82	27.00	965.18	27.54	964.54	28.08
965.80	27.01	965.17	27.55	964.52	28.10
965.79	27.02	965.15	27.56	964.51	28.11
965.78	27.03	965.14	27.58	964.49	28.12
965.76	27.04	965.12	27.59	964.48	28.13
965.75	27.06	965.11	27.60	964.47	28.14
965.73	27.07	965.10	27.61	964.45	28.16
965.72	27.08	965.08	27.62	964.44	28.17
965.71	27.09	965.07	27.64	964.42	28.18
965.69	27.10	965.05	27.65	964.41	28.19
965.68	27.11	965.04	27.66	964.40	28.20
965.67	27.13	965.03	27.67	964.38	28.21
965.65	27.14	965.01	27.68	964.37	28.23
965.64	27.15	965.00	27.69	964.35	28.24
965.62	27.16	964.99	27.71	964.34	28.25
965.61	27.17	964.97	27.72	964.33	28.26
965.60	27.19	964.96	27.73	964.31	28.27
965.58	27.20	964.94	27.74	964.30	28.29
965.57	27.21	964.93	27.75	964.28	28.30
965.55	27.22	964.92	27.77	964.27	28.31
965.54	27.23	964.90	27.78	964.26	28.32
965.53	27.24	964.89	27.79	964.24	28.33
965.51	27.26	964.87	27.80	964.23	28.34
965.50	27.27	964.86	27.81	964.21	28.36
965.49	27.28	964.85	27.82	964.20	28.37
965.47	27.29	964.83	27.84	964.18	28.38
965.46	27.30	964.82	27.85	964.17	28.39
965.44	27.32	964.80	27.86	964.16	28.40
965.43	27.33	964.79	27.87	964.14	28.41

（续表）

密度/（g/L）	酒精度/（%vol）	密度/（g/L）	酒精度/（%vol）	密度/（g/L）	酒精度/（%vol）
964.13	28.43	963.47	28.97	962.81	29.51
964.11	28.44	963.46	28.98	962.80	29.52
964.10	28.45	963.45	28.99	962.78	29.53
964.09	28.46	963.43	29.00	962.77	29.55
964.07	28.47	963.42	29.02	962.76	29.56
964.06	28.49	963.40	29.03	962.74	29.57
964.04	28.50	963.39	29.04	962.73	29.58
964.03	28.51	963.37	29.05	962.71	29.59
964.01	28.52	963.36	29.06	962.70	29.60
964.00	28.53	963.35	29.08	962.68	29.62
963.99	28.54	963.33	29.09	962.67	29.63
963.97	28.56	963.32	29.10	962.65	29.64
963.96	28.57	963.30	29.11	962.64	29.65
963.94	28.58	963.29	29.12	962.63	29.66
963.93	28.59	963.27	29.13	962.61	29.67
963.92	28.60	963.26	29.15	962.60	29.69
963.90	28.62	963.25	29.16	962.58	29.70
963.89	28.63	963.23	29.17	962.57	29.71
963.87	28.64	963.22	29.18	962.55	29.72
963.86	28.65	963.20	29.19	962.54	29.73
963.84	28.66	963.19	29.20	962.52	29.75
963.83	28.67	963.17	29.22	962.51	29.76
963.82	28.69	963.16	29.23	962.49	29.77
963.80	28.70	963.14	29.24	962.48	29.78
963.79	28.71	963.13	29.25	962.47	29.79
963.77	28.72	963.12	29.26	962.45	29.80
963.76	28.73	963.10	29.28	962.44	29.82
963.75	28.75	963.09	29.29	962.42	29.83
963.73	28.76	963.07	29.30	962.41	29.84
963.72	28.77	963.06	29.31	962.39	29.85
963.70	28.78	963.04	29.32	962.38	29.86
963.69	28.79	963.03	29.33	962.36	29.87
963.67	28.80	963.02	29.35	962.35	29.89
963.66	28.82	963.00	29.36	962.34	29.90
963.65	28.83	962.99	29.37	962.32	29.91
963.63	28.84	962.97	29.38	962.31	29.92
963.62	28.85	962.96	29.39	962.29	29.93
963.60	28.86	962.94	29.40	962.28	29.95
963.59	28.87	962.93	29.42	962.26	29.96
963.57	28.89	962.91	29.43	962.25	29.97
963.56	28.90	962.90	29.44	962.23	29.98
963.55	28.91	962.89	29.45	962.22	29.99
963.53	28.92	962.87	29.46	962.20	30.00
963.52	28.93	962.86	29.48	962.19	30.02
963.50	28.95	962.84	29.49	962.17	30.03
963.49	28.96	962.83	29.50	962.16	30.04

附 录 B
（规范性附录）
酒精计温度、酒精度（乙醇含量）换算表

表 B.1 酒精计温度、酒精度（乙醇含量）换算表

溶液温度/℃	酒精计示值									
	35	34.5	34	33.5	33	32.5	32	31.5	31	30.5
	酒精计温度为20℃时的乙醇含量/（%vol）									
35	28.8	28.2	27.8	27.3	26.8	26.4	26.0	25.5	25.0	24.6
34	29.3	28.8	28.3	27.8	27.3	26.8	26.4	25.9	25.4	25.0
33	29.7	29.2	28.7	28.2	27.7	27.2	26.8	26.3	25.8	25.4
32	30.1	29.6	29.1	28.6	28.1	27.6	27.2	26.7	26.2	25.8
31	30.5	30.0	29.5	29.0	28.5	28.0	27.6	27.1	26.6	26.2
30	30.9	30.4	29.9	29.4	28.9	28.4	28.0	27.5	27.0	26.5
29	31.3	30.8	30.3	29.8	29.4	28.8	28.4	27.9	27.4	26.9
28	31.7	31.2	30.7	30.2	29.8	29.2	28.8	28.3	27.8	27.3
27	32.2	31.6	31.2	30.6	30.2	29.6	29.2	28.7	28.2	27.7
26	32.6	32.0	31.6	31.0	30.6	30.0	29.6	29.1	28.6	28.1
25	33.0	32.5	32.0	31.5	31.0	30.5	30.0	29.5	29.0	28.5
24	33.4	32.9	32.4	31.9	31.4	30.9	30.4	29.9	29.4	28.9
23	33.8	33.3	32.8	32.3	31.8	31.3	30.8	30.3	29.8	29.3
22	34.2	33.7	33.2	32.7	32.2	31.7	31.2	30.7	30.2	29.7
21	34.6	34.1	33.6	33.1	32.6	32.0	31.6	31.1	30.6	30.1
20	35.0	34.5	34.0	33.5	33.0	32.5	32.0	31.5	31.0	30.5
19	35.4	34.9	34.4	33.9	33.4	32.9	32.4	31.9	31.4	30.9
18	35.8	35.3	34.8	34.3	33.8	33.2	32.8	32.3	31.8	31.3
17	36.2	35.7	35.2	34.7	34.2	33.7	33.2	32.7	32.2	31.7
16	36.6	36.1	35.6	35.1	34.6	34.1	33.6	33.1	32.6	32.1
15	37.0	36.5	36.0	35.5	35.0	34.5	34.0	33.5	33.0	32.5
14	37.4	36.9	36.4	35.9	35.4	35.0	34.4	34.0	33.5	32.0
13	37.8	37.3	36.8	36.4	35.9	35.4	34.9	34.4	33.9	32.4
12	38.2	37.8	37.3	36.8	36.3	35.8	35.3	34.8	34.3	33.8
11	38.7	38.2	37.7	37.2	36.7	36.2	35.7	35.2	34.7	34.2
10	39.1	38.6	38.1	37.6	37.1	36.6	36.1	35.6	35.1	34.6

（续表）

溶液温度/℃	酒精计示值									
	30	29.5	29	28.5	28	27.5	27	26.5	26	25.5
	酒精计温度为20℃时的乙醇含量/（%vol）									
35	24.2	23.7	23.2	22.8	22.3	21.8	21.3	20.8	20.4	20.0
34	24.5	24.0	23.5	23.1	22.7	22.2	21.7	21.2	20.8	20.4
33	24.9	24.4	23.9	23.5	23.1	22.6	22.0	21.6	21.2	20.8
32	25.3	24.8	24.2	23.8	23.4	22.9	22.4	22.0	21.6	21.2
31	25.7	25.2	24.7	24.2	23.8	23.3	22.8	22.4	21.9	21.4
30	26.1	25.6	25.1	24.6	24.2	23.7	23.2	22.8	22.3	21.9
29	26.4	26.0	25.5	25.0	24.6	24.1	23.6	23.2	22.7	22.2
28	26.8	26.4	25.9	25.4	24.9	24.4	24.0	23.5	23.0	22.6
27	27.2	26.7	26.3	25.8	25.3	24.8	24.4	23.9	23.4	22.9
26	27.6	27.1	26.6	26.2	25.7	25.2	24.7	24.2	23.8	23.3
25	28.0	27.5	27.0	26.6	26.1	25.6	25.1	24.6	24.1	23.7
24	28.4	27.9	27.4	26.9	26.4	26.0	25.5	25.0	24.5	24.0
23	28.8	28.3	27.8	27.2	26.8	26.3	25.8	25.4	24.9	24.4
22	29.2	28.7	28.2	27.7	27.2	26.7	26.2	25.8	25.3	24.8
21	29.6	29.1	28.6	28.1	27.6	27.1	26.6	26.1	25.6	25.1
20	30.0	29.5	29.0	28.5	28.0	27.5	27.0	26.5	26.0	25.5
19	30.4	29.9	29.4	28.9	28.4	27.9	27.4	26.9	26.4	25.9
18	30.8	30.3	29.8	29.3	28.8	28.3	27.8	27.2	26.7	26.2
17	31.2	30.7	30.2	29.7	29.2	28.6	28.1	27.6	27.1	26.6
16	31.6	31.1	30.6	30.1	29.5	29.0	28.5	28.0	27.5	27.0
15	32.0	31.5	31.0	30.5	29.9	29.5	28.9	28.4	27.9	27.4
14	32.4	31.9	31.4	30.9	30.4	29.9	29.3	28.8	28.3	27.8
13	32.8	32.3	31.8	31.2	30.8	30.3	29.7	29.2	28.7	28.2
12	33.3	32.8	32.1	31.6	31.2	30.7	30.2	29.6	29.1	28.5
11	33.7	33.2	32.7	32.0	31.6	31.1	30.6	30.0	29.5	28.9
10	30.1	33.6	33.1	32.5	32.0	31.5	31.0	30.4	29.9	29.3

（续表）

溶液温度/℃	酒精计示值									
	25	24.5	24	23.5	23	22.5	22	21.5	21	20.5
	酒精计温度为20℃时的乙醇含量/（%vol）									
35	19.6	19.2	18.8	18.4	17.9	17.4	16.9	16.4	16.0	15.6
34	20.0	19.6	19.1	18.6	18.2	17.7	17.2	16.8	16.4	16.0
33	20.3	19.8	19.4	19.0	18.6	18.1	17.6	17.2	16.7	16.2
32	20.7	20.2	19.8	19.4	18.9	18.4	17.9	17.4	17.0	16.6
31	21.0	20.6	20.2	19.8	19.3	18.8	18.3	17.8	17.4	17.0
30	21.4	20.9	20.5	20.0	19.6	19.1	18.6	18.2	17.7	17.3
29	21.8	21.3	20.8	20.4	19.9	19.4	19.0	18.5	18.0	17.6
28	22.1	21.6	21.2	20.7	20.2	19.8	19.3	18.8	18.4	17.9
27	22.5	22.0	21.5	21.0	20.6	20.1	19.6	19.2	18.7	18.2
26	22.8	22.4	21.9	21.4	20.9	20.5	20.0	19.5	19.0	18.6
25	23.2	22.7	22.2	21.8	21.2	20.8	20.3	19.8	19.4	18.9
24	23.5	23.1	22.6	22.1	21.6	21.1	20.7	20.2	19.7	19.2
23	23.9	23.4	22.9	22.4	22.0	21.5	21.0	20.5	20.0	19.5
22	24.3	23.8	23.3	22.8	22.3	21.8	21.3	20.8	20.4	19.9
21	24.6	24.1	23.6	23.1	22.6	22.2	21.7	21.2	20.7	20.2
20	25.0	24.5	24.0	23.5	23.0	22.5	22.0	21.5	21.0	20.5
19	25.4	24.8	24.4	23.8	23.3	22.8	22.3	21.8	21.3	20.8
18	25.7	25.2	24.7	24.2	23.7	23.2	22.6	22.1	21.6	21.1
17	26.1	25.6	25.1	24.5	24.0	23.5	23.0	22.5	22.0	21.4
16	26.5	25.9	25.4	24.9	24.4	23.8	23.3	22.8	22.3	21.8
15	26.8	26.3	25.8	25.3	24.7	24.2	23.7	23.1	22.6	22.1
14	27.2	26.7	26.2	25.6	25.1	24.6	24.0	23.5	23.0	22.4
13	27.6	27.1	26.5	26.0	25.4	24.9	24.4	23.8	23.3	22.7
12	28.0	27.4	26.9	26.4	25.8	25.3	24.7	24.2	23.6	23.0
11	28.4	27.8	27.3	26.7	26.2	25.6	25.0	24.5	23.9	23.4
10	28.8	28.2	27.7	27.1	26.6	26.0	25.4	24.8	24.3	23.7

（续表）

溶液温度/℃	酒精计示值									
	20	19.5	19	18.5	18	17.5	17	16.5	16	15.5
	酒精计温度为20℃时的乙醇含量/（%vol）									
35	15.2	14.8	14.5	14.0	13.6	13.2	12.8	12.4	12.1	11.6
34	15.5	15.2	14.8	14.4	13.9	13.5	13.1	12.8	12.4	12.0
33	15.8	15.4	15.1	14.6	14.2	13.8	13.4	13.0	12.6	12.2
32	16.2	15.8	15.4	15.0	14.5	14.0	13.6	13.2	12.9	12.4
31	16.5	16.1	15.7	15.2	14.8	14.4	13.9	13.5	13.1	12.6
30	16.8	16.4	16.0	15.5	15.1	14.7	14.2	13.8	13.4	12.9
29	17.2	16.7	16.3	15.8	15.4	15.0	14.5	14.1	13.6	13.2
28	17.5	17.0	16.6	16.1	15.7	15.2	14.8	14.4	13.9	13.4
27	17.8	17.3	16.9	16.4	16.0	15.5	15.1	14.6	14.2	13.7
26	18.1	17.6	17.2	16.7	16.3	15.8	15.4	14.9	14.4	14.0
25	18.4	18.0	17.5	17.0	16.6	16.1	15.6	15.2	14.7	14.2
24	18.7	18.3	17.8	17.3	16.9	16.4	15.9	15.4	15.0	14.5
23	19.0	18.6	18.1	17.6	17.1	16.6	16.2	15.7	15.2	14.7
22	19.4	18.9	18.4	17.9	17.4	17.0	16.5	16.0	15.5	15.0
21	19.7	19.2	18.7	18.2	17.7	17.2	16.7	16.2	15.7	15.2
20	20.0	19.5	19.0	18.5	18.0	17.5	17.0	16.5	16.0	15.5
19	20.3	19.8	19.3	18.8	18.3	17.8	17.3	16.8	16.3	15.8
18	20.6	20.1	19.6	19.1	18.6	18.1	17.6	17.0	16.5	16.0
17	20.9	20.4	19.9	19.4	18.9	18.3	17.9	17.3	16.8	16.2
16	21.2	20.7	20.2	19.7	19.2	18.6	18.1	17.5	17.0	16.5
15	21.6	21.0	20.5	20.0	19.4	18.9	18.3	17.8	17.2	16.7
14	21.9	21.3	20.8	20.2	19.7	19.1	18.6	18.0	17.5	16.9
13	22.2	21.6	21.1	20.5	20.0	19.4	18.8	18.3	17.7	17.2
12	22.5	21.9	21.4	20.8	20.2	19.7	19.1	18.5	18.0	17.4
11	22.8	22.2	21.7	21.1	20.5	20.0	19.4	18.8	18.2	17.6
10	23.1	22.5	22.0	21.4	20.8	20.2	19.6	19.0	18.4	17.8

（续表）

溶液温度/℃	酒精计示值									
	15	14.5	14	13.5	13	12.5	12	11.5	11	10.5
	酒精计温度为20℃时的乙醇含量/（%vol）									
35	11.2	10.8	10.4	10.0	9.6	9.2	8.7	8.3	7.9	7.4
34	11.5	11.0	10.6	10.2	9.8	9.4	8.9	8.5	8.1	7.6
33	11.8	11.4	10.9	10.4	10.0	9.6	9.1	8.7	8.3	7.8
32	12.0	11.6	11.0	10.6	10.2	9.8	9.4	9.0	8.5	8.0
31	12.2	11.8	11.4	11.0	10.5	10.0	9.6	9.2	8.7	8.2
30	12.5	12.0	11.6	11.1	10.7	10.2	9.8	9.3	8.9	8.4
29	12.7	12.3	11.8	11.4	10.9	10.5	10.0	9.5	9.1	8.8
28	13.0	12.6	12.1	11.6	11.2	10.7	10.3	9.8	9.2	8.9
27	13.2	12.8	12.3	11.9	11.4	10.9	10.5	10.0	9.5	9.1
26	13.5	13.0	12.6	12.1	11.7	11.2	10.7	10.2	9.8	9.3
25	13.8	13.3	12.8	12.4	11.9	11.4	10.9	10.4	10.0	9.5
24	14.0	13.5	13.1	12.6	12.1	11.6	11.2	10.7	10.2	9.7
23	14.3	13.8	13.3	12.8	12.3	11.8	11.4	10.9	10.4	9.9
22	14.5	14.0	13.6	13.1	12.6	12.1	11.6	11.1	10.6	10.1
21	14.8	14.3	13.8	13.3	12.8	12.3	11.8	11.3	10.8	10.3
20	15.0	14.5	14.0	13.5	13.0	12.5	12.0	11.5	11.0	10.5
19	15.2	14.7	14.2	12.7	13.2	12.7	12.2	11.7	11.2	10.7
18	15.5	15.0	14.4	13.9	13.4	12.9	12.4	11.9	11.4	10.9
17	15.7	15.2	14.7	14.1	13.6	13.1	12.6	12.1	11.5	11.0
16	15.9	15.4	14.9	14.3	13.8	13.3	12.8	12.2	11.7	11.2
15	16.2	15.6	15.1	14.5	14.0	13.5	12.9	12.4	11.9	11.3
14	16.4	15.8	15.2	14.7	14.2	13.6	13.1	12.5	12.0	11.5
13	16.6	16.0	15.5	14.9	14.4	13.8	13.2	12.7	12.2	11.6
12	16.8	16.2	15.7	15.1	14.5	14.0	13.4	12.8	12.3	11.8
11	17.0	16.4	15.8	15.3	14.7	14.1	13.6	13.0	12.4	11.9
10	17.2	16.6	16.0	15.4	14.9	14.3	13.7	13.1	12.6	12.0

（续表）

溶液温度/℃	酒精计示值									
	10	9.5	9	8.5	8	7.5	7	6.5	6	5.5
	酒精计温度为20℃时的乙醇含量/（%vol）									
35	6.8	6.4	6.0	5.6	5.2	4.8	4.3	3.8	3.3	2.8
34	7.1	6.6	6.2	5.8	5.3	4.9	4.5	4.0	3.5	3.0
33	7.3	6.8	6.4	6.0	5.5	5.1	4.7	4.2	3.7	3.2
32	7.5	7.0	6.6	6.2	5.7	5.2	4.8	4.3	3.8	3.4
31	7.7	7.2	6.8	6.4	5.9	5.4	5.0	4.5	4.0	3.6
30	7.9	7.5	7.0	6.6	6.1	5.6	5.2	4.7	4.2	3.8
29	8.2	7.7	7.2	6.8	6.3	5.8	5.4	4.9	4.4	4.0
28	8.4	7.9	7.5	7.0	6.5	6.1	5.6	5.1	4.6	4.2
27	8.6	8.1	7.7	7.2	6.7	6.3	5.8	5.3	4.8	4.3
26	8.8	8.2	7.9	7.4	6.9	6.4	6.0	5.5	5.0	4.5
25	9.0	8.6	8.1	7.6	7.1	6.6	6.2	5.7	5.2	4.7
24	9.2	8.8	8.3	7.8	7.3	6.8	6.3	5.8	5.4	4.9
23	9.4	8.9	8.4	8.0	7.5	7.0	6.5	6.0	5.5	5.0
22	9.6	9.1	8.6	8.2	7.7	7.2	6.7	6.2	5.7	5.2
21	9.8	9.3	8.8	8.3	7.8	7.3	6.8	6.3	5.8	5.4
20	10.0	9.5	9.0	8.5	8.0	7.5	7.0	6.5	6.0	5.5
19	10.2	9.7	9.2	8.7	8.2	7.6	7.2	6.6	6.1	5.6
18	10.4	9.8	9.3	8.8	8.3	7.8	7.3	6.8	6.3	5.8
17	10.5	10.0	9.5	9.0	8.5	8.0	7.4	6.9	6.4	5.9
16	10.7	10.2	9.6	9.1	8.6	8.1	7.6	7.0	6.5	6.0
15	10.8	10.3	9.8	9.3	8.8	8.2	7.7	7.1	6.6	6.1
14	11.0	10.4	9.9	9.4	8.9	8.3	7.8	7.2	6.7	6.2
13	11.1	10.6	10.0	9.5	9.0	8.4	7.9	7.4	6.8	6.3
12	11.2	10.7	10.1	9.6	9.1	8.5	8.0	7.4	6.9	6.4
11	11.3	10.8	10.2	9.7	9.2	8.6	8.1	7.6	7.0	6.5
10	11.4	10.9	10.3	9.8	9.3	8.7	8.2	7.6	7.1	6.5

（续表）

溶液温度/℃	酒精计示值									
	5	4.5	4	3.5	3	2.5	2	1.5	1	0.5
	酒精计温度为20℃时的乙醇含量/（%vol）									
35	2.4	2.0	1.6	1.1	0.6	—	—	—	—	—
34	2.6	2.2	1.8	1.3	0.8	—	—	—	—	—
33	2.8	2.4	1.9	1.2	0.9	—	—	—	—	—
32	3.0	2.6	2.1	1.4	1.1	0.6	0.1	—	—	—
31	3.1	2.6	2.2	1.6	1.2	0.7	0.2	—	—	—
30	3.3	2.8	2.4	1.7	1.4	0.9	0.4	0.1	—	—
29	3.5	3.0	2.5	1.9	1.6	1.1	0.6	0.2	—	—
28	3.7	3.2	2.7	2.1	1.8	1.3	0.8	0.3	—	—
27	3.9	3.4	2.9	2.2	1.9	1.4	1.0	0.4	—	—
26	4.0	3.6	3.1	2.4	2.1	1.6	1.1	0.6	0.1	—
25	4.2	3.7	3.2	2.6	2.3	1.8	1.3	0.8	0.3	—
24	4.4	3.9	3.4	2.8	2.4	1.9	1.4	0.9	0.4	—
23	4.6	4.1	3.6	2.9	2.6	2.1	1.6	1.1	0.6	0.1
22	4.7	4.2	3.7	3.1	2.7	2.2	1.7	1.2	0.7	0.2
21	4.8	4.4	3.9	3.2	2.9	2.4	1.9	1.4	0.9	0.4
20	5.0	4.5	4.0	3.4	3.0	2.5	2.0	1.5	1.0	0.5
19	5.1	4.6	4.1	3.5	3.1	2.6	2.1	1.6	1.1	0.6
18	5.3	4.8	4.2	3.6	3.2	2.7	2.2	1.7	1.2	0.7
17	5.4	4.9	4.4	3.7	3.4	2.8	2.3	1.8	1.3	0.8
16	5.5	5.0	4.5	3.9	3.4	2.9	2.4	1.9	1.4	0.9
15	5.6	5.1	4.6	4.0	3.6	3.0	2.5	2.0	1.5	1.0
14	5.7	5.2	4.7	4.1	3.9	3.1	2.6	2.1	1.6	1.1
13	5.8	5.3	4.8	4.2	3.7	3.2	2.7	2.2	1.7	1.2
12	5.9	5.4	4.8	4.3	3.8	3.3	2.8	2.2	1.8	1.2
11	6.0	5.4	4.9	4.4	3.9	3.3	2.8	2.3	1.8	1.3
10	6.0	5.5	5.0	4.4	3.9	3.4	2.9	2.4	1.8	1.3

附 录 C
（规范性附录）
密度－总浸出物含量对照表

表 C.1　　密度－总浸出物含量对照表（整数位）

单位：克/升

密度（20℃）	密度的第四位整数									
	0	1	2	3	4	5	6	7	8	9
100	0	2.6	5.1	7.7	10.3	12.9	15.4	18.0	20.6	23.2
101	25.8	28.4	31.0	33.6	36.2	38.8	41.3	43.9	46.5	49.1
102	51.7	54.3	56.9	59.5	62.1	64.7	67.3	69.9	72.5	75.1
103	77.7	80.3	82.9	85.5	88.1	90.7	93.3	95.9	98.5	101.1
104	103.7	106.3	109.0	111.6	114.2	116.8	119.4	122.0	124.6	127.2
105	129.8	132.4	135.0	137.6	140.3	142.9	145.5	148.1	150.7	153.3
106	155.9	158.6	161.2	163.8	166.4	169.0	171.6	174.3	176.9	179.5
107	182.1	184.8	187.4	190.0	192.6	195.2	197.8	200.5	203.1	205.8
108	208.4	211.0	213.6	216.2	218.9	221.5	224.1	226.8	229.4	232.0
109	234.7	237.3	239.9	242.5	245.2	247.8	250.4	253.1	255.7	258.4
110	261.0	263.6	266.3	268.9	271.5	274.2	276.8	279.5	282.1	284.8
111	287.4	290.0	292.7	295.3	298.0	300.6	303.3	305.9	308.6	311.2
112	313.9	316.5	319.2	321.8	324.5	327.1	329.8	332.4	335.1	337.8
113	340.4	343.0	345.7	348.3	351.0	353.7	356.3	359.0	361.6	364.3
114	366.9	369.6	372.3	375.0	377.6	380.3	382.9	385.6	388.3	390.9
115	393.6	396.2	398.9	401.6	404.3	406.9	409.6	412.3	415.0	417.6
116	420.3	423.0	425.7	428.3	431.0	433.7	436.4	439.0	441.7	444.4
117	447.1	449.8	452.4	455.2	457.8	460.5	463.2	465.9	468.6	471.3
118	473.9	476.6	479.3	482.0	484.7	487.4	490.1	492.8	495.5	498.2
119	500.9	503.5	506.2	508.9	511.6	514.3	517.0	519.7	522.4	525.1
120	527.8	—	—	—	—	—	—	—	—	—

表 C.2　　密度－总浸出物含量对照表（小数位）

密度的第一位小数	总浸出物/（g/L）	密度的第一位小数	总浸出物/（g/L）	密度的第一位小数	总浸出物/（g/L）
1	0.3	4	1.0	7	1.8
2	0.5	5	1.3	8	2.1
3	0.8	6	1.6	9	2.3

附　录　D
（资料性附录）
葡萄酒中的糖分和有机酸的测定（HPLC 法）

D.1　原理

一定量的葡萄酒样品经阴离子固相萃取柱分离与纯化，将酒样中的糖、醇和有机酸分离。分别在色谱分离柱中，以稀的硫酸溶液为流动相，再经示差折光和紫外检测器检测，分别对蔗糖、葡萄糖、果糖、甘油等糖醇和柠檬酸、酒石酸、苹果酸、琥珀酸、乳酸、醋酸等有机酸定量。

D.2　试剂和材料

D.2.1　甲醇（色谱纯）。

D.2.2　标准物质：柠檬酸，酒石酸，D－苹果酸，琥珀酸，乳酸，醋酸，蔗糖，葡萄糖，D－果糖，甘油。

D.2.3　超纯水：实验室制备。

D.2.4　糖、醇标准储备溶液：分别称取蔗糖、葡萄糖、果糖标准品各 0.05 g，精确至 0.000 1g，用超纯水定容至 50 mL，该溶液分别含蔗糖、葡萄糖、果糖 1 g/L；称取甘油标准品 0.20 g，精确至 0.000 1 g，用超纯水定容至 50 mL，该溶液甘油含量为 4 g/L。

D.2.5　糖、醇标准系列溶液：将各糖、醇标准储备溶液用超纯水稀释成含糖浓度为 0.05 g/L，0.10 g/L，0.20 g/L，0.40 g/L，0.80 g/L 和含甘油浓度为 0.20 g/L，0.40 g/L，0.80 g/L，1.60 g/L，3.20 g/L 的混合标准系列溶液。

D.2.6　有机酸标准储备溶液：分别称取柠檬酸、酒石酸、苹果酸、琥珀酸、乳酸、醋酸各 0.05 g，精确至 0.000 1 g，用超纯水定容至 50 mL，该溶液分别含柠檬酸、酒石酸、苹果酸、琥珀酸、乳酸、醋酸各 1 g/ L。

D.2.7　有机酸标准系列溶液：将各有机酸标准储备溶液用超纯水稀释成浓度为 0.05g/L，0.10g/L，0.20 g/L，0.40 g/L，0.80 g/L 的混合标准系列溶液。

D.2.8　硫酸溶液（1%）：2 mL 浓硫酸加 198 mL 重蒸水。

D.2.9　氨水溶液（1%）。

D.2.10　硫酸溶液（1.5 mol/L）；吸取浓硫酸 4.5 mL，用重蒸水定容至 100 mL。

D.2.11　硫酸溶液（0.0015 mol/L）：准确吸取 1 mL 硫酸溶液（D.2.10），用重蒸水定容至 1 000 mL。

D.2.12　硫酸溶液（0.0075 mol/L）：吸取 5 mL 硫酸溶液（D.2.10），用重蒸水定容至 1 000 mL。

D.2.13　氢氧化钠溶液（8%）：称取 4 g 氢氧化钠，溶于 50 mL 水中。

D.3　仪器

D.3.1　高效液相色谱仪：配有紫外检测器或二极管阵列检测器和色谱柱恒温箱。

D.3.2　色谱分离柱：Fetigsaule RT 300－7，8。或其他具有同等分析效果的固相萃取柱。

D.3.3　强阴离子交换固相萃取柱：LC－SAX SPE（3 mL）。或其他具有同等分析效果的固相萃取柱。

D.3.4　固相萃取装置：ALLTECH。或其他具有同等分析效果的装置。

D.3.5　微量注射器：50 μL 或 100 μL。

D.3.6　流动相真空抽滤脱气装置及 0.2 μm 或 0.45 μm 微孔膜。

D.4　分析步骤

D.4.1　固相萃取柱的活化

将固相萃取柱插在固相萃取装置上，加入 2 mL～3 mL 甲醇，以慢速度下滴（约 4 滴/min～6 滴/min）过柱，待快滴完时，加 2 mL～3 mL 超纯水，继续慢速度下滴过柱，等即将滴完时再加 2 mL～3 mL 1% 氨水，滴至液面高度为 1 mm 左右关上控制阀，切勿滴干。

D.4.2　样品溶液的制备

将收集糖、醇的 10 mL 空容量瓶置于接取处，用微量移液枪准确吸取酒样 2 mL 加入固相萃取柱中。

D.4.2.1　第一步洗脱：糖醇的洗脱

以慢滴速度过柱，滴至液面高度为 1 mm 左右时，继续用 4 mL 超纯水分两次以慢速度下滴洗脱，将洗脱液全部收取在 10 mL 容量瓶中，取出容量瓶，用氢氧化钠溶液（D.2.13）调节洗脱液 pH 至 6 左右，再用超纯水定容至 10 mL。洗脱液即作糖、醇分离样液。

D.4.2.2　第二步洗脱：有机酸的洗脱

将收集有机酸的 10 mL 容量瓶置于接取处，用 4 mL 硫酸溶液（D.2.8）分两次继续以慢速度下滴洗脱，最后抽干柱中洗脱溶液，取出容量瓶，用氢氧化钠溶液（D.2.13）pH 至 6 左右，再用超纯水定容至 10 mL。洗脱液即作有机酸分离样液。

D.4.2.3　样品测定

D.4.2.3.1　糖、醇的测定

D.4.2.3.1.1　色谱条件

色谱柱：Fetigsaule RT 300－7，8。或其他具有同等分析效果的色谱柱。

柱温：30℃。

流动相：硫酸溶液（0.001 5 mol/L）。

流速：0.3 mL/min。

进样量：20 μL。

在测定前装上色谱柱，调柱温至 30℃，以 0.3 mL/min 的流速通入流动相平衡。

D.4.2.3.1.2　测定

待系统稳定后按上述色谱条件依次进样。

将糖、醇混合标准液系列溶液分别进样后，以标样浓度对峰面积作标准曲线。线性相关系数应为 0.999 0 以上。

将样品溶液（D.4.2）进样（样品中糖、醇的含量应控制在标准系列范围内）。根据保留时间定性，根据峰面积，以外标法定量。

D.4.2.3.2　有机酸的测定

D. 4. 2. 3. 2. 1　色谱条件

色谱柱：Fetigsaule RT 300 – 7，8。或其他具有同等分析效果的色谱柱。

柱温：55℃。

流动相：硫酸溶液（0. 007 5 mol/L）。

流速：0. 3 mL/min。

检测波长：210 nm。

进样量：20 μL。

在测定前装上色谱柱，调柱温至 55℃，以 0. 3 mL/min 的流速通入流动相平衡。

D. 4. 2. 3. 2. 2　测定

待系统稳定后按上述色谱条件依次进样。

将有机酸标准系列溶液分别进样后，以标样浓度对峰面积作标准曲线。线性相关系数应为 0. 999 0 以上。

将样品溶液（D. 4. 2）进样（样品中有机酸的含量应控制在标准系列范围内）。根据保留时间定性，根据峰面积，查标准曲线定量。

D. 5　结果计算

样品中各组分的含量按式（D. 1）计算。

$$X_i = c_i \times F \qquad (D.1)$$

式中：

X_i——样品中各组分的含量，单位为克每升（g/L）；

c_i——从标准曲线求得样品溶液中各组分的含量，单位为克每升（g/L）；

F——样品的稀释倍数。

所得结果表示至一位小数。

D. 6　精密度

在重复性条件下获得的两次独立测定结果的绝对差值不得超过算术平均值的 10%。

附　录　E
（资料性附录）
葡萄酒中白藜芦醇的测定

E.1　高效液相色谱法（HPLC）

E.1.1　原理

葡萄酒中白藜芦醇经过乙酸乙酯提取，Cle－4 型柱净化，然后用 HPLC 法测定。

E.1.2　试剂和材料

E.1.2.1　无水乙醇、95% 乙醇、乙酸乙酯、甲苯、氯化钠。

E.1.2.2　乙腈：色谱纯。

E.1.2.3　反式白藜芦醇（trans－resveratrol）。

E.1.2.4　反式白藜芦醇标准储备溶液（1.0 mg/mL）：称取 10.0 mg 反式白藜芦醇于 10 mL 棕色容量瓶中，用甲醇溶解并定容至刻度，存放在冰箱中备用。

E.1.2.5　反式白藜芦醇标准系列溶液：将反式白藜芦醇标准储备溶液用甲醇稀释成 1.0 μg/mL、2.0 μg/mL、5.0 μg/mL，10.0 μg/mL 标准系列溶液。

E.1.2.6　顺式白藜芦醇：将反式白藜芦醇标准储备溶液在 254 nm 波长下照射 30 min，然后按本方法测定反式白藜芦醇含量，同时计算转化率，得顺式白藜芦醇含量，按反式白藜芦醇配制方法配制顺式白藜芦醇标准系列溶液。

E.1.3　仪器

E.1.3.1　高效液相色谱仪，配有紫外检测器；

E.1.3.2　旋转蒸发仪；

E.1.3.3　色谱柱 ODS－C18，或其他具有同等分析效果的色谱柱；

E.1.3.4　Cle－4 型净化柱（1.0 g/5 mL），或其他具有同等分析效果的净化柱。

E.1.4　试样的制备

E.1.4.1　葡萄酒中白藜芦醇的提取：取 20.0 mL 葡萄酒，加 2.0 g 氯化钠溶解后，再加 20.0 mL 乙酸乙酯振荡萃取，分出有机相过无水硫酸钠，重复一次，在 50℃ 水浴中真空蒸发，氮气吹干。加 2.0 mL 无水乙醇溶解剩余物，移到试管中。

E.1.4.2　先用 5 mL 乙酸乙酯淋洗 Cle－4 型净化柱，然后加样（E.1.4.1）2 mL，接着用 5 mL 乙酸乙酯淋洗除杂，然后用 10 mL 95% 乙醇洗脱收集，氮气吹干。加 5 mL 流动相溶解。

E.1.5　分析步骤

E.1.5.1　色谱条件

色谱柱：ODS－C18 柱，4.6 mm×250 mm，5μm。或其他具有同等分析效果的色谱柱。

柱温：室温。

流动相：乙腈＋重蒸水＝30＋70。

流速：1.0 mL/min。

检测波长：306 nm。

进样量：20μL。

在测定前装上色谱柱，以 1.0 mL/min 的流速通入流动相平衡。

E.1.5.2　测定

待系统稳定后按上述色谱条件依次进样。

用顺、反式白藜芦醇标准系列溶液分别进样后，以标样浓度对峰面积作标准曲线。线性相关系数应为 0.999 0 以上。

将样品（E.1.4.2）进样（样品中的白藜芦醇含量应在标准系列范围内）。根据标准品的保留时间定性样品中白藜芦醇的色谱峰。根据样品的峰面积，以外标法计算白藜芦醇的含量。

E.1.6　结果计算

样品中白藜芦醇的含量按式（E.1）计算。

$$X_i = c_i \times F \tag{E.1}$$

式中：

X_i——样品中白藜芦醇的含量，单位为克每升（g/L）；

c_i——从标准曲线求得样品溶液中白藜芦醇的含量，单位为克每升（g/L）；

F——样品的稀释倍数。

所得结果表示至一位小数。

注：总的白藜芦醇含量为顺式、反式白藜芦醇之和。

E.1.7　精密度

在重复性条件下获得的两次独立测定结果的绝对差值不得超过算术平均值的 10%。

E.2　气质联用色谱法（GC-MS）

E.2.1　原理

葡萄酒中白藜芦醇经过乙酸乙酯提取，Cle-4 型柱净化，然后用 BSTFA+1%（φ）TMCS 衍生后，采用 GC-MS 进行定性、定量分析，定量离子为 444。

E.2.2　试剂和材料

E.2.2.1　BSTFA（双三甲基硅基三氟乙酰胺）+1%（φ）TMCS（三甲基氯硅烷）

其他同 E.1.2。

E.2.3　仪器

E.2.3.1　气质联用仪。

E.2.3.2　旋转蒸发仪。

E.2.3.3　色谱柱：HP-5 MS 5% 苯基甲基聚硅氧烷弹性石英毛细管柱（30 m×0.25 mm×0.25 μm）。或其他具有同等分析效果的色谱柱。

E.2.3.4　Cle-4 型净化柱（1.0 g/5 mL），或其他具有同等分析效果的净化柱。

E.2.4　试样的制备

E.2.4.1　葡萄酒中白藜芦醇的提取：取 20.0 mL 葡萄酒，加 2.0 g 氯化钠溶解后，再加 20.0 mL 乙酸乙酯振荡萃取，分出有机相过无水硫酸钠，重复一次，在 50℃水浴中真空蒸发，氮气吹干。

E.2.4.2　衍生化：将 E.2.4.1 处理的样品加 0.1 mL BSTFA+1（φ）% TMCS，加盖瓶于旋涡混合器上振荡，在 80℃下加热 0.5 h，氮气吹干，加 1.0 mL 甲苯溶解。

E.2.4.3　取适量的白藜芦醇标准溶液，氮气吹干，按 E.2.4.2 进行衍生化。

E.2.5　分析步骤

E. 2. 5. 1　质谱条件：

柱温程序：初温 150℃，保持 3 min，然后以 10℃/min 升至 280℃，保持 10 min；

进样口温度：300℃；

载气为高纯氮气（99. 999%），流速 0. 9 mL/min；

分流比：20∶1；

EI 源源温：230℃；

电子能量：70 eV；

接口温度：280℃；

电子倍增器电压：1 765 V；

质量扫描范围（Scan mode m/z）：35 amu ~ 450 amu；

定量离子：444；

溶剂延迟：5 min；

进样量：1. 0 μL。

E. 2. 5. 2　测定

同 E. 1. 5. 2。

E. 2. 6　结果计算

同 E. 1. 6。

E. 2. 7　精密度

在重复性条件下获得的两次独立测定结果的绝对差值不得超过算术平均值的 10%。

附　录　F
（资料性附录）
葡萄酒、山葡萄酒感官评定要求

F.1　基本要求

F.1.1　环境的要求

F.1.1.1　品尝室的要求

a）应有适宜的光线，使人感觉舒适。

b）应便于清扫，且离噪声源较远，最好是隔音的。

c）无任何气味，并便于通风与排气。

F.1.1.2　光源

品尝室的光源可用自然日光或日光灯，但光线应为均匀的散射光。

F.1.1.3　温度与湿度

品尝室内，应保持使人舒适的、稳定的温度和湿度，温度和湿度应分别保持在20℃～22℃和60%～70%之间。

F.1.1.4　品尝间

品尝间应相互隔离，内部设施应便于清洗，便于比较葡萄酒的颜色；应有可饮用的自来水龙头，自来水的龙头最好是脚踏式的，以便于品尝员的双手工作。

F.1.2　品尝杯的要求

应采用葡萄酒标准品尝杯。标准杯由无色透明的含铅量为9%左右的结晶玻璃制成，不应有任何印痕和气泡；杯口应平滑、一致，且为圆边；品尝杯应能承受0℃～100℃的温度变化，其容量为210 mL～225 mL。

F.1.3　人员要求

必须由取得相应资质（应届国家评酒员）的人员进行品评，一般掌握单数，人员尽可能多，最少不得低于7人。

F.1.4　样品的处理

将样品放置于（20±2）℃环境下平衡24 h［或（20±2）℃水浴中保温1 h］后，采取密码标记后进行感官品评。

注：被评样品的相关信息应对评酒员严格保密。

F.1.5　计分方法

每个评酒员按细则要求在给定分数内逐项打分后，累计出总分，再把所有参加打分的评酒员分数累加，取其平均值，即为该酒的感官分数。

F.2　评分标准用语

见表F.1。

F.3 葡萄酒评分细则

见表 F.2。

F.4 山葡萄酒评分细则

见表 F.3。

表 F.1　　评分标准用语

分数段		特点
葡萄酒	山葡萄酒	
90 分 以上	85 分 以上	具有该产品应有的色泽，悦目协调、澄清（透明）、有光泽；果香、酒香浓馥幽雅，协调悦人；酒体丰满，有新鲜感，醇厚协调，舒服，爽口，回味绵延；风格独特，优雅无缺。
89 分～80 分	84 分～75 分	具有该产品的色泽；澄清透明，无明显悬浮物，果香、酒香良好，尚悦怡；酒质柔顺，柔和爽口，甜酸适当；典型明确，风格良好。
79 分～70 分	74 分～65 分	与该产品应有的色泽略有不同，澄清，无夹杂物；果香、酒香较少，但无异香；酒体协调，纯正无杂；有典型性，不够怡雅。
69 分～65 分	64 分～60 分	与该产品应有的色泽明显不符，微浑，失光或人工着色；果香不足，或不悦人，或有异香；酒体寡淡、不协调，或有其他明显的缺陷（除色泽外，只要有其中一条，则判为不合格品）。

表 F.2　　葡萄酒评分细则

<table>
<tr><th colspan="3">项　目</th><th colspan="2">要　求</th></tr>
<tr><td rowspan="5">外观
10 分</td><td colspan="2" rowspan="3">色泽
5 分</td><td>白葡萄酒</td><td>近似无色，浅黄色，禾杆黄，绿禾杆黄色，金黄色</td></tr>
<tr><td>红葡萄酒</td><td>紫红，深红，宝石红，瓦红，砖红，黄红，棕红，黑红色</td></tr>
<tr><td>桃红葡萄酒</td><td>黄玫瑰红，橙玫瑰红，玫瑰红，橙红，浅红，紫玫瑰红色</td></tr>
<tr><td rowspan="2">5 分</td><td>澄清
程度</td><td colspan="2">澄清透明、有光泽、无明显悬浮物（使用软木塞封的酒允许有 3 个以下不大于 1 mm 的木渣）</td></tr>
<tr><td>起泡
程度</td><td colspan="2">起泡葡萄酒注入杯中时，应有细微的串珠状气泡升起，并有一定的持续性、泡沫细腻、洁白</td></tr>
<tr><td rowspan="2">香气
30 分</td><td colspan="3">非加香葡萄酒</td><td>具有纯正、优雅、愉悦和谐的果香与酒香</td></tr>
<tr><td colspan="3">加香葡萄酒</td><td>具有优美纯正的葡萄酒香与和谐的芳香植物香</td></tr>
</table>

（续表）

<table>
<tr><th colspan="2">项　目</th><th>要　求</th></tr>
<tr><td rowspan="4">滋味
40 分</td><td>干葡萄酒、半干葡萄酒
（含加香葡萄酒）</td><td>酒体丰满，醇厚协调，舒服，爽口</td></tr>
<tr><td>甜葡萄酒、半甜葡萄酒
（含加香葡萄酒）</td><td>酒体丰满，酸甜适口，柔细轻快</td></tr>
<tr><td>起泡葡萄酒</td><td>口味优美、醇正、和谐悦人，有杀口力</td></tr>
<tr><td>加气起泡葡萄酒</td><td>口味清新、愉快、纯正、有杀口力</td></tr>
<tr><td colspan="2">典型性 20 分</td><td>典型完美、风格独特，优雅无缺</td></tr>
</table>

表 F.3　山葡萄酒评分细则

<table>
<tr><th colspan="3">项　目</th><th>要　求</th></tr>
<tr><td rowspan="4">外观
10 分</td><td rowspan="2">色泽
5 分</td><td>桃红葡萄酒
（含加香葡萄酒）</td><td>黄玫瑰红，橙玫瑰红，玫瑰红，橙红，浅红，紫玫瑰红色</td></tr>
<tr><td>红葡萄酒
（含加香葡萄酒）</td><td>紫红，深红，宝石红，鲜红，瓦红，砖红，黄红，棕红，黑红色</td></tr>
<tr><td rowspan="2">5 分</td><td>澄清程度</td><td>澄清透明、无明显悬浮物。用软木塞封口的酒，允许有 3 个以下不大于 1 mm 的软木渣</td></tr>
<tr><td>起泡程度</td><td>山葡萄酒注入杯中时，应有洁白或微带红色的气泡</td></tr>
<tr><td rowspan="2">香气
30 分</td><td colspan="2">山葡萄酒</td><td>具有纯正、优雅、和谐的果香与酒香</td></tr>
<tr><td colspan="2">加香山葡萄酒</td><td>具有和谐的芳香植物香与山葡萄酒香</td></tr>
<tr><td rowspan="3">滋味
40 分</td><td colspan="2">干山葡萄酒、半干山葡萄酒
（含加香葡萄酒）</td><td>酒体丰满，醇厚协调，舒服，爽口</td></tr>
<tr><td colspan="2">甜山葡萄酒、半甜山葡萄酒
（含加香葡萄酒）</td><td>酒体丰满，酸甜适口，柔细轻快</td></tr>
<tr><td colspan="2">山葡萄汽酒</td><td>口味优美、醇正、和谐悦人，有杀口力</td></tr>
<tr><td colspan="3">典型性 20 分</td><td>典型完美、风格独特、优雅无缺</td></tr>
</table>

第六部分　进口出口

SN

中华人民共和国出入境检验检疫行业标准

SN/T 1886—2007

进出口水果和蔬菜预包装指南

Guide of prepackaging for export and import fruit and vegetables

2007-04-06发布 2007-10-16实施

中华人民共和国
国家质量监督检验检疫总局 发布

前　言

本标准的附录 A 为资料性附录。

本标准由国家认证认可监督管理委员会提出并归口。

本标准起草单位：中华人民共和国天津出入境检验检疫局等。

本标准主要起草人：王利兵、李秀平、冯智劼、闫婧、郭顺、胡新功。

本标准系首次发布的出入境检验检疫行业标准。

进出口水果和蔬菜预包装指南

1 范围

本标准规定了进出口水果和蔬菜预包装的卫生要求。

本标准适用于水果和蔬菜的预包装。

2 术语和定义

下列术语和定义适用于本标准。

2.1

预包装 prepackaging

对产品可能遇到的伤害，采取保护方法防止产品品质退化使其保持新鲜，并显示给消费者。

3 预包装材料

预包装的材料应符合健康和卫生的标准并且能保护产品。可以使用以下材料：

——便于携带的塑料薄膜和纸包，或塑料薄膜和纸包、塑料板；

——便于携带的网套，或由网套和塑料、纤维胶、纺织纤维或同类材料做成的包；

——平面或底由硬纸板、塑料或木浆做成的浅盘或盒子（盒子的高需大于25 mm）。包装材料应有显示功能的表示面和颜色，比如薄膜应是透明的，黄瓜包装应显其绿色。应使产品在视觉上的瑕疵，不能因其设计、颜色、网孔的大小等所掩盖；

——采用在水果生长期间进行套袋包裹。即在花后幼果期即给果品套上特制的防护纸袋，套袋纸应由100%木浆纸构成，应具有透气、防水、防虫等性能；

——复合保鲜纸袋包装。外层用塑料薄膜，内层用纸基材料袋，且两层之间加入能均匀放出一定量的二氧化碳或山梨酸气体的保鲜剂。塑料薄膜应具有防水性和适当的透气性，使得保鲜袋外部的氧气向袋内渗透，保证水果的正常呼吸。而二氧化碳、乙烯气体向薄膜外渗透。水分和二氧化碳（CO_2）分子在纸袋内停留时间长，保鲜剂可持久发挥作用。纸基材料袋应具有抵御害虫、灰尘等有害物质对水果侵害的能力，纸袋作为保鲜剂的载体，同时应防止保鲜剂直接与水果接触。纸袋透气度应保证保鲜剂释收的二氧化碳（CO_2）和山梨酸气体能透过纸张的孔隙扩散到水果表面。

4 预包装分类

预包装应保持产品的自然品质，清楚地显示给消费者。适当的包装定量应适合消费者的需求，同时便于销售。主要的预包装分类：

a）直接应用伸缩薄膜

主要用于包装大体积的单个水果或蔬菜（如：柑橘类水果，温室的黄瓜、莴苣、莴苣头、圆头卷心菜等）。

b）对浅盘或盒子应用裹包薄膜

专门用于小体积的水果或蔬菜。将几个包装在一起。它由裹包薄膜（通常是收缩的薄膜）包裹的浅盘或盒子构成。

裹包薄膜由浅盘或盒子较长的一侧捆至另一侧以留下缺口。在包装完成后，较短的两侧可以进行空气流通（因为较高的相对湿度会加速由细菌引起的污染）。这种预包装特别适合于那些由于蒸发而水分流失特别快的水果和蔬菜。

不损坏薄膜，应不能从包装中拿出任何一个产品。包装薄膜一般用热接合，平行于容器（浅盘或盒子）的较长方。包装定量一般不超过1kg。

c）对浅盘或盒子应用薄膜构成完整的包装

用于小体积的水果和蔬菜，将几个包装在一起。采用能渗透水蒸气的薄膜（如：带有抗凝结层的聚乙烯薄膜）。

单向的收缩薄膜应等同或略宽于浅盘或盒子的最大尺寸（长度）。双向收缩薄膜应该比浅盘或盒子的最大尺寸宽，以使薄膜收缩后能盖住浅盘或盒子较短方的边缘。

拉伸薄膜一般用热封，平行于浅盘或盒子的较长方。拉伸薄膜一般贴缚于盒子底部。

d）网套预包装

主要用于不易受机械损坏影响的、较小的水果和蔬菜。将几个包装在一起。

网套在填充之前先封闭一端，装满之后封闭另一端，这样就形成封闭的包。当采用直径可增大的网套时，应保证在放入产品后，最终直径不超过原直径的三倍。

网套一般用于球形的产品（如：柑橘类水果，洋葱和马铃薯等）。包装定量一般在 1 kg～3 kg之间。

e）网袋预包装

使用情况类似 d），网袋底部的闭合口可在包装前或制作网袋时做好，第二个闭合口在填充东西后封合。包装定量一般在 1 kg～3 kg 之间。这个系统也可用于大定量包装，有时可至 15 kg（特殊的马铃薯）。

f）塑料薄膜和纸包预包装

使用情况类似 d）和 e），包装定量一般不超过 2 kg，包装可能被打孔，见 g）。

塑料薄膜封合后可能会收缩。

g）可携带的塑料薄膜和纸包或网套预包装

使用情况类似 d）。底和侧面的部分已经由包装生产商或包装者做好，形成一个“半套”。在包装填充前，装入产品后，上面封合，并且留一定长度以便携带包裹。包装定量一般在 2 kg～3 kg 之间。

h）盒子预包装

相对于前面提到的其他系统，用折叠的盒子预包装更加手工化。这种包装主要用在昂贵的水果收获时（如：猕猴桃或其他国外进口的水果），或其他易受机械伤害的水果（如：樱桃、草莓、黑莓）盒子能被直接填装，置放于运输箱中。

5 预包装应用

水果和蔬菜只有符合相关食品质量标准才能被预包装，常见蔬菜和水果的预包装参见附录 A。

6 包装（预包装）前的处理

包装（预包装）前所有的商品应根据相关质量标准分类。

根据蔬菜和水果的种类，实行不同的初步处理方法，如：

——洗或干刷蔬菜的根部；

——磨光苹果；

——去掉菜花外面损坏的叶子；

——去掉洋葱松散的表皮；

——去掉莴苣头，圆头的卷心菜等外面的叶子；

——去掉大头菜的花茎。

7 标记

建议每个预包装包裹或预包装单元根据产品的特点和经销的需要，应标志以下内容：

——产品名称；

——级别（根据相关质量标准）；

——包装公司名称（通常是公司的地点和名称）；

——包装日期；

——包装内商品的净重；

——零售价格；

——每千克的价格（这项不是必需的要求）；

——品种；

——产品的产地。

附　录　A
（资料性附录）
预包装的应用

A.1　蔬菜

常见蔬菜预包装见表 A.1。

表 A.1　　常见蔬菜预包装

蔬　　菜	a	b	c	d	e	f	g	h
芦笋[1)]	+	+	+			+		
小玉米			+					
甜菜根				+	+	+	+	
芽甘蓝				+	+	+		
结球莴苣、莴苣头[5)]	+					+	+	
胡萝卜（无叶子）				+	+	+		
胡萝卜（有叶子）					+	+		
花椰菜	+						+	
芹菜（无叶子）	+			+	+	+	+	
芹菜（有叶子）						+		
大白菜	+					+	+	
菜豆，四季豆（在豆荚中）		+						
黄瓜	+					+	+	
羽衣甘蓝						+		
莳萝	+					+		
茄子	+				+	+		
茴香	+					+		
大蒜			+	+	+			
朝鲜蓟	+	+	+		+	+		
山葵	+				+	+		
青蒜[1)]	+					+	+	
甜瓜	+						+	
混合蔬菜（切碎的）[2)]		+	+		+	+		
洋葱（干）				+	+		+	
洋葱（有叶子）						+		
欧芹					+	+	+	
豌豆，青豆（去壳去皮）		+			+	+	+	+
马铃薯[3)]				+	+	+	+	
萝卜（无叶子）				+	+	+		
萝卜（有叶子）[1)]					+			

（续表）

蔬　菜	a	b	c	d	e	f	g	h
大黄	+					+	+	
圆头卷心菜[4]	+					+	+	
皱叶甘蓝[5]	+					+	+	
菠菜		+	+			+		
南瓜、笋瓜	+			+				
糖豆（有豆荚）		+	+					
小甜玉米	+						+	
番茄		+	+	+	+	+	+	
菊苣	+				+		+	

[1] 捆扎包装。

[2] 只能用网“套”。

[3] 包装好的马铃薯应避光保存。

[4] 只适用于即摘的卷心菜。

[5] 只适用于有结实的连接，并较少受到机械损伤的种类。

A. 2　温带水果

常见温带水果预包装见表 A. 2。

表 A. 2　　常见温带水果预包装

温　带　水　果	a	b	c	d	e	f	g	h
苹果		+	+	+		+	+	+
杏		+	+	+			+	+
越桔			+					+
黑莓			+					+
醋栗		+	+			+		+
葡萄		+	+					+
樱桃		+	+					+
桃子、油桃		+	+			+	+	+
梨子		+	+			+	+	|
李子		+	+			+	+	+
温柏		+	+					+
覆盆子、黑莓		+	+					+
红浆果		+	+					+
酸樱桃		+	+			+	+	+
草莓		+	+					+

A.3 亚热带和热带水果

常见亚热带和热带水果预包装见表 A.3。

表 A.3　常见亚热带和热带水果预包装

亚热带和热带水果	a	b	c	d	e	f	g	h
鳄梨	+	+	+		+	+		
香蕉		+	+			+		
柚子				+	+	+	+	
梅	+	+	+		+	+		
猕猴桃		+	+		+	+		+
柠檬		+	+	+	+	+	+	
橘子		+	+	+	+	+	+	
芒果[1)]	+	+	+		+	+		+
莽吉柿、倒捻子			+					+
甜橙	+	+	+	+	+	+	+	
番木瓜	+							+
菠萝	+					+		+
石榴		+	+		+	+	+	+
山榄果、人心果、赤铁科果实								+
甜酸豆果								+

[1)] 除去易受低氧气浓度影响的种类。

中 华 人 民 共 和 国 出 入 境 检 验 检 疫 行 业 标 准

SN/T 2455—2010

进出境水果检验检疫规程

Rules for the inspection and quarantine of fruit for import and export

2010-01-10 发布　　　　2010-07-16 实施

中 华 人 民 共 和 国
国家质量监督检验检疫总局 发布

前　言

本标准附录 A 为资料性附录。

本标准由国家认证认可监督管理委员会提出并归口。

本标准起草单位：中华人民共和国广东出入境检验检疫局。

本标准主要起草人：郭权、何日荣、陈思源、林宗炘、钟伟强、陈晓路。

本标准系首次发布的出入境检验检疫行业标准。

进出境水果检验检疫规程

1 范围

本标准规定了进出境水果的检验检疫方法和检验检疫结果的判定。

本标准适用于进出境水果的检验检疫。

2 规范性引用文件

下列文件中的条款通过本标准的引用而成为本标准的条款。凡是注日期的引用文件，其随后所有的修改单（不包括勘误的内容）或修订版均不适用于本标准，然而，鼓励根据本标准达成的协议的各方研究是否可使用这些文件的最新版本。凡是不注日期的引用文件，其最新版本适用于本标准。

GB/T 8210—1987 出口柑桔鲜果检验方法

SN/T 0188 进出口商品重量鉴定规程 衡器鉴重

SN/T 0626—1997 出口速冻蔬菜检验规程

3 术语和定义

水果 fruit

新鲜水果、保鲜水果与冷冻水果果实。

4 检验检疫依据

4.1 进境国家或地区的植物检验检疫法律法规和相关要求。

4.2 政府间的双边植物检验检疫协定、协议、议定书、备忘录。

4.3 中国进出境植物检验检疫法律法规及其相关规定。

4.4 进境植物检疫许可证、贸易合同和信用证等文本中订明的植物检验检疫要求。

5 果园、包装厂注册登记

5.1 果园注册登记

出境水果果园应经所在地检验检疫机构考核，取得注册登记资格。

5.2 包装厂注册登记

出境水果包装厂应经所在地检验检疫机构考核，取得注册登记资格。

6 检验检疫准备

6.1 审核报检所附单证资料是否齐全有效，报检单填写是否完整、真实，与进境植物检疫许可证、输出国官方植检证书、贸易合同（或信用证）、装箱单、发票等资料内容是否相符。进境水果应进行植检证书真伪性核查，有网上证书核查要求的应进行网上核查。

6.2 查阅有关法律法规和技术资料，确定检验检疫依据及检验检疫要求。

6.3 了解输出国产地疫情或输入国检验检疫要求，明确检验检疫规定。

7 现场检验检疫

7.1 检验检疫工具

瓷盘或白色硬质塑料纸、手持放大镜、毛刷、指形管、酒精瓶、酒精、剪刀、镊子、样品袋、标签、记号笔、照明设备、照相机等。查验有冷处理要求的进境水果还需要标准水银温度计、搅拌棒、保温壶、洁净的碎冰块、蒸馏水等工具和材料进行冷处理水果果温探针校正检查。

7.2 核查货证

7.2.1 进境水果核查货证

核查核对集装箱等运输工具、所装载货物的号码与封识、货物的标签、品名、唛头、封箱标志、规格、批号、产地、日期、数量、质量、件数、包装、原产国的果园或包装厂的名称或代码等是否与报检单证相符、是否符合第4章规定的检验检疫要求。

核查水果的种类、数（质）量，并检查其间是否夹带、混装未报检的水果品种，是否符合关于进境水果指定入境口岸的规定。经香港和澳门地区中转进入内地的进境水果，要核对货物、封识是否与经国家质量监督检验检疫总局认可的港澳地区检验机构出具的确认证明文件内容相符。

有热处理要求的进境水果应核查植物检疫证书上的热处理技术指标及处理设施等注明内容是否符合第4章规定的检验检疫要求。有冷处理要求的进境水果应核查植物检疫证书上的冷处理温度、处理时间和集装箱号码封识号及附加声明等注明内容，以及由输出国官员签字盖章的果温探针校正记录等，是否符合第4章规定的检验检疫要求。

7.2.2 出境水果核查货证

核对包装上的唛头标记、水果的件数和质量等是否与报检相符。

出境水果应来自经检疫注册登记的果园和包装厂，符合注册登记管理的有关要求。出境查验时还应核对果园、包装厂注册登记证书或其复印件，及水果包装箱上的水果种类、产地、果园和包装厂名称或注册号以及批次号等信息，是否符合第4章规定的检验检疫要求。果园与包装厂不在同一辖区的，还应核查产地供货证明，并对供货证明的数量进行核销。

7.3 运输工具及装载容器检验检疫

检查装运水果的集装箱、汽车、飞机或船舶等运输工具是否干净，有无有害生物、土壤、杂草或其他污染物。

7.4 进境水果冷处理核查

对有冷处理要求的进境水果，核查由船运公司下载的冷处理记录、检查果温探针安插的位置及对果温探针进行校正检查，是否符合第 4 章规定的检验检疫要求。

7.5 出境水果处理

有特殊处理要求的出境水果，包括出口前冷处理、运输途中冷处理、出口前蒸热处理和蒸热低温杀虫处理等处理，应按相关要求和处理指标进行处理，出具相应的处理报告和植检证书，在植物检疫证书中应包含冷处理或热处理相关信息。

7.6 包装物检验检疫

7.6.1 抽样前检查整批包装是否完整、有无破损，检查内外包装有无虫体、霉菌、杂草、土壤、枝叶及其他污染物。

7.6.2 带木包装或其他植物性包装材料的，按相关规定实施检疫。

7.7 抽样与取样

有双边植物检验检疫协定要求的，按双边协定要求进行抽查；无双边协定要求的，按随机和代表性原则多点抽样检查，抽查件数和取样数量如下：

a）进境水果

以每一检验检疫批为单位进行抽查取样，抽查件数和取样数量见表 1。可根据国内外近期有害生物的发生情况及口岸有害生物的截获情况，在范围内相应地调整抽查件数和取样数量。初次进口的水果品种及以往查验发现可疑疫情的，适当增加抽查件数。

表 1　进境水果抽查取样数量表

水果总数/件	抽查数量/件	取样量/kg
≤500	10（不足 10 件的，全部查验）	0.5 ~ 5
501 ~ 1 000	11 ~ 15	6 ~ 10
1 001 ~ 3 000	16 ~ 20	11 ~ 15
3 001 ~ 5 000	21 ~ 25	16 ~ 20
5 001 ~ 50 000	26 ~ 100	21 ~ 50
>50 000	100	50

b）出境水果

以每一检验检疫批为单位进行抽查取样，按水果总件数的 2% ~5%（不少于 5 件）随机开箱抽查，按货物的 0.1% ~0.5%（不少于 5 kg）随机抽取样品，可根据国内近期有害生物的发生情况在范围内适当调整抽查件数和取样数量。

7.8 货物检验检疫

7.8.1 大船运输的，分上、中、下三层边卸货边检查。

7.8.2 集装箱装载运输的，必要时在集装箱中间卸出 60 cm 的通道进行查验。

7.8.3 抽样逐个检查水果是否带虫体、枝叶、土壤和病虫为害状。重点检查果柄、果蒂、果脐及其他凹陷部位；害虫检查包括实蝇类、鳞翅目、介壳虫、蓟马、蚜虫、瘿蚊、螨类等虫体（如：卵、幼虫、蛹及成虫）及其为害状，如虫孔、褐腐斑点、斑块、水渍状斑、边缘呈褐色的圆孔等；病害检查包括霉变、腐烂、畸形、变色、斑点、波纹等病害症状。

收集各种虫体、病虫果及其他可疑的样品，放入样品袋或指形管，作好标记并送实验室检验鉴定。

进境水果还应根据实际进境的水果品种和数（质）量，对进境动植物检疫许可证进行核销。

7.9 现场剖果

7.9.1 剖果数量

对抽查的水果现场剖果检疫。对于进境水果，以每一检验检疫批为单位按表2的规定进行剖果，首先剖检可疑果。发现有可疑疫情的，适当增加剖果数量。

表2　　现场剖果数量表

水果个体大小	剖果数量
个体较小的水果，如葡萄、荔枝、龙眼、樱桃等	每一抽查件数不少于0.5 kg
中等个体的水果，如芒果、柑桔类、苹果、梨等	每一抽查件数不少于5个
个体较大的水果，如西瓜、榴莲、菠萝蜜等	每批不少于5个
香蕉	总件数5 000件以下的，不少于5 kg； 总件数大于等于5 000件的，不少于10 kg

对于出境水果，参照进境水果现场剖果数量进行剖果检查。

7.9.2 剖果后仔细检查果实内有无昆虫虫卵、幼虫及其为害状，有无霉变；收集可疑的样品，放入样品袋、作好标记并送实验室检验鉴定。

7.10 视频监控及拍照或录像

进境水果还应对查验过程按相关要求进行视频摄录保存。查验发现有害生物或可疑疫情的，对有害生物及疑受为害的果实、包装箱及装载的运输工具进行拍照或录像。

7.11 现场查验记录

记录内容包括：查验日期地点、单证核对情况、抽查数量、有害生物发现情况、现场查验人员、相关照片录像等。

8 实验室检验检疫

8.1 品质检验

8.1.1 感官检验

8.1.1.1 外观卫生检验

结合现场查验，检查果面有无破损、是否洁净，是否沾染泥土或不洁污染物。

8.1.1.2 品种规格检验

结合现场查验，检查品种是否具有本品种固有的色泽、形状，检验品种和规格是否符合相关标准规定。

8.1.1.3 风味检验

品尝其风味和口感是否具有本品种固有的风味和滋味，有无异味。

8.1.1.4 杂质检验

结合现场检验检疫，检查果实是否带有本身的废弃部分及外来物质。

8.1.1.5 缺陷检验

进境水果按 GB/T 8210—1987 中 5.4 执行。

出境水果按输入国家或地区要求执行。

8.1.1.6 可食部分检验

进境水果按 GB/T 8210—1987 中 5.7.3 执行。

出境水果按输入国家或地区要求执行。

8.1.1.7 可溶性固形物检验

进境水果按 GB/T 8210—1987 中 5.7.5 执行。

出境水果按输入国家或地区要求执行。

8.1.2 重量鉴定

进境水果按 SN/T 0188 执行。

出境水果按输入国家或地区要求执行。

8.1.3 微生物检验

进境水果按 SN/T 0626 —1997 中 5.7 执行。

出境水果按输入国家或地区要求执行。

8.1.4 理化检验

进境水果果实中的糖、酸、维生素含量的测定方法按 GB/T 8210 执行。

出境水果按输入国家或地区要求执行。

8.1.5 有毒有害物质检验

根据输入国家或地区规定或标准、或合同信用证规定的方法进行有毒有害物质如重金属、农药残留等项目的检验；如无指定方法，按国家标准或检验检疫行业标准检验。

8.2 有害生物检疫鉴定

8.2.1 病害检疫鉴定

对抽取的样品进行仔细的症状检查，检查有无发霉、腐烂等典型病害症状，发现可疑症状的进一步做病原检查。

8.2.2 害虫、螨类检疫鉴定

将现场检验检疫中发现的害虫螨类样本和可疑病虫害水果放入白瓷盘，在光线充足条件下逐袋逐个进行剖果与检查，检查是否有蛆状或其他害虫，将截获的害虫置于解剖镜或显微镜下检验鉴定。

对难以直接鉴定的幼虫、卵、蛹，应进行饲养，需要时连同样品一并置于昆虫饲养箱中进行饲养，成虫羽化后进行鉴定。

8.2.3 杂草检疫鉴定

将截获的杂草籽置于解剖镜或显微镜下或用其他方法进行检验鉴定。

9 结果评定与处置

9.1 合格评定

根据本标准检验检疫结果，对照第 4 章规定的检验检疫要求，综合判定是否合格。感官检验项目如无指定要求，附录 A 供参考。

经检验检疫，符合第 4 章规定的检验检疫要求的，评定为合格。

9.2 不合格评定

检验检疫结果有下列情况之一的水果，评定为不合格：

——发现检疫性有害生物的；

——发现禁止进境物的；

——发现协定应检有害生物的；

——发现包装箱上的产地、种植者或果园、包装厂、官方检验检疫标志等不符合检验检疫议定书要求或其他相关规定的；

——有毒有害物质检出量超过相关安全卫生标准规定的；

——发现水果检疫处理无效的；

——发现其他不符合第 4 章规定的。

9.3 不合格的处理

进境的，应实施检疫除害处理。无有效处理方法的，予以退货或销毁处理。

出境的，应针对情况进行除害处理或换货处理，并对处理后的货物进行复检，复检仍不合格的货物，作不准出境处理。

附 录 A
（资料性附录）
水果感官指标

表 A.1 水果感官指标表

项目	判断	
	合格	不合格
包装	清洁，牢固	变形，不清洁
质量	符合规定	少于规定，或大于规定 2 %
卫生	果面洁净，不沾染泥土或为不洁物污染	果面不洁，附有泥土等
形状	具该品种应有的果形特征	畸形
异品种	≤2 %	>2 %
风味	具该品种正常的风味，无异味	有异味
杂质	不带有水果本身的废弃部分及外来物质	带有水果本身的废弃部分及外来物质
缺陷	一般缺陷或严重缺陷合计≤10 %，其中严重缺陷 <3 %	一般缺陷和严重缺陷合计 >10 %，其中严重缺陷 >3 %

注：上述项目中，杂质、卫生、风味、缺陷四项中有一项不合格，整批判为不合格；其余项目中有两项不合格，整批判为不合格。

中华人民共和国出入境检验检疫行业标准

SN/T 4069—2014

输华水果检疫风险考察评估指南

Guidelines for onsite assessment of quarantine risk of fresh fruit exported to P. R. of China

2014-11-19 发布　　2015-05-01 实施

中华人民共和国国家质量监督检验检疫总局　发布

前　言

本标准按照 GB/T 1.1－2009 给出的规则起草。

本标准由国家认证认可监督管理委员会提出并归口。

本标准起草单位：中华人民共和国广东出入境检验检疫局、中国检验检疫科学研究院。

本标准主要起草人：吴佳教、林莉、何日荣、刘海军、陈乃中、武目涛、李春苑、胡学难。

输华水果检疫风险考察评估指南

1　范围

本标准规定了赴外考察评估输华水果检疫风险的对象、要求和程序。

本标准为检疫专家赴外考察评估输华水果检疫风险提供指南。

本标准适用于检疫专家赴外考察评估输华水果检疫风险。

2　规范性引用文件

下列文件对于本文件的应用是必不可少的。凡是注日期的引用文件，仅所注日期的版本适用于本文件。凡是不注日期的引用文件，其最新版本（包括所有的修改单）适用于本文件。

GB/T 20478　植物检疫术语

GB/T 23694　风险管理　术语

3　术语和定义

GB/T20478 和 GB/T 23694 界定的以及下列术语和定义适用于本文件。

3.1

风险　risk

某一事件发生的概率和其后果的组合。通常仅应用于至少有可能会产生负面结果的情况。

3.2

风险管理　risk management

在本标准中特指有害生物风险管理，即评价和选择降低有害生物传入和扩散风险的方案。

3.3

产地　original area

某种物品的生产、出产或制造的地点。常指某种物品的主要生产地。

3.4

考察　investigation

在本标准中特指官方评估的过程，意为中方检验检疫机构派出检疫专家赴外对水果等原产地进行实地观察调查。

3.5

产地考察　produced – area investigation

产地考察分为植物产地考察和动物产地考察。

植物产地考察是指植物检疫机构在水果等植物种子、苗木等繁殖材料和水果等植物产品生产地（原 种场、良种场、苗圃以及其他繁育基地）进行考察。

3.6

议定书　protocol

经过谈判、协商而制定的共同承认、共同遵守的文件。

4　对象

考察的输华水果是指首次申请输华、或提出解除禁止进境、或已签定了准入协议（如：议定书等）并处于出口季节中的水果。

5　要求

赴外考察专家需熟悉检验检疫相关法律法规，尤其是水果检疫相关的法律法规；收集并掌握双方签定的等考察水果的有关协议（如：议定书）以及与之相关的技术资料信息，如风险分析报告；掌握中方关注的有害生物基础信息。

赴外考察专家需科学、客观和公正。

考察评估内容包括有害生物的监督防治措施和输华果园、包装厂、储藏和冷处理设施、检疫卫生条件、管理措施、以及准入协议（如：议定书等）中列明的其他要求。

6　程序

6.1　由水果输出国家或地区的官方机构发出邀请函，邀约中方检验检疫机构派出检疫专家赴外考察。

6.2　中方检验检疫机构受理申请后，依据相关检验检疫法规条例规定，确定 2 名或以上赴外考察专家。组成专家小组。

6.3　专家小组成员按对方邀请函以及相关批文和规定办理出境手续。

6.4　赴外专家实施考察同时填写相应的考察评估表（参见附录 A、附录 B 和附录 C）。

6.5　为了客观评估检疫风险，赴外专家赴外考察期间，对考察过程中的了解的原则性信息可适时与对方专家做技术层面上的交流。

6.6　赴外专家返回后，对各考察报告要做出评估意见，并形成考察评估报告初稿，参见附录 D。

报告初稿提交，由国家质检总局确定不少于 5 人组成的专家组作进一步审议，形成考察评估报告终稿，上报质检总局。

6.7　国家质检总局将考察评估果报告终稿以公函形式回复给邀请方，并明确作出是否允许向中方输出水果或是否同意解除禁止相关水果进境的答复。

6.8 申请方如对考察评估结果有异议的，可向我方检验检疫机构提出，我方检验检疫机构将于30个工作日内作出回复。

7 结果判定

以外派专家现场考察评估表的信息为基础，由外派专家小组作出评估意见，并形成评估报告初稿，以审核专家组形成的评估报告终稿作为依据，判定输华水果检疫风险，并提出是否允许同意水果输华或是否同意解除禁止水果进境的建议。

附　录　A
（资料性附录）
针对官方职能部门的考察评估表

部门名称：　　　　　　　　　　　　　　　　　　　　日期：

序号	内容	评估结果	备注
1	是否能提供目标水果品种、产区分布、种植面积和采收季节等方面的基本信息	□是 □否	
2	是否能提供目标水果销售情况信息	□是 □否	
3	水果此前是否已向其他国家或地区出口？如是，请列举出口的国家或地区以及各自年出口量	□是 □否	列举：
4	拟输华水果的果园是否经国家植保部门（NPPO）或检疫机构注册登记？如是，请提供名单	□是 □否	
5	拟输华水果的包装厂是否经国家植保部门（NPPO）或检疫机构注册登记？如是，请提供名单	□是 □否	
6	是否能提供果园申请注册登记和审批的相关程序文件	□是 □否	
7	是否能提供包装厂申请注册登记和审批的相关程序文件	□是 □否	
8	是否存在没有通过注册登记的果园？如是，请陈述原因	□是 □否	原因：
9	是否存在没有通过注册登记的包装厂？如是，请陈述原因	□是 □否	原因：
10	是否对每个注册果园质量体系运行情况进行复审？如是，请出示相关报告，并说明复审的频率	□是 □否	频率：
11	是否对每个注册包装厂质量体系运行情况进行复审？如是，请出示相关报告，并说明复审的频率	□是 □否	频率：
12	是否制定了有害生物田间综合防控计划？如是，请陈述或出示相关依据	□是 □否	
13	如果发现检疫性有害生物，是否有相应的执行程序文件？如有，请提供	□是 □否	
14	果实采收前，是否对果园开展合格评定？如有，请出示相关的记录	□是 □否	
15	针对发现中方关注的有害生物，是否有相应的应急措施计划？如有，请陈述或出示相关材料	□是 □否	

（续表）

序号	内容	评估结果	备注
16	是否建立了实蝇等有害生物非疫区或非疫产地或非疫生产点（如有要求）？	□是 □否	
17	是否有非疫区或非疫产区或非疫生产点的维护详细措施（如有要求）？如有，请提供	□是 □否	
18	非疫区或非疫产区的维护是否达到效果（如有要求）？重点查看相关记录	□是 □否	
19	是否有针对实蝇类害虫如地中海实蝇的监测方案（如有要求）？如有，请出示相关资料	□是 □否	
20	是否有针对中方关注的其他有害生物如苹果蠹蛾等的监测方案（如有要求）？如有，请出示相关资料	□是 □否	
21	是否有中方关注的其他有害生物如火疫病的田间和实验室检测要求方案（如有要求）？如有，请出示相关资料	□是 □否	
22	出口前检疫操作相关要求是否明确？重点是了解检查比例、方法和相应的记录	□是 □否	
23	抽查3份此前的出口前检疫记录（如果有），是否发现需对方解释之处	□是 □否	
24	出口前检疫过程中发现不符合要求的水果，是否会及时处理？请陈述具体处理措施	□是 □否	措施：
25	是否明确双方达成的检疫除害处理指标和操作规程（如有要求）	□是 □否	
26	是否对负责签发检疫除害处理（如有要求）报告的官员进行过培训？如有，请出示相关记录	□是 □否	
27	是否建立了药剂（农药、杀菌剂等）和肥料的采购和使用管理制度？如是，请出示相关依据	□是 □否	
评估意见			

附　录　B
（资料性附录）
针对水果包装厂的考察评估表

包装厂名：　　　　　　　　　　　　　　　　　　　　　　　地址：

登记证号：　　　　　　　　　　　　　　　　　　　　　　　考察日期：

序号	内容	评估结果	备注
1	是否经国家植保部门（NPPO）或检疫机构注册登记？如是，请出示批准的文件	□是 □否	
2	是否将所有职责，特别是质量管理体系的职责明确分工？如是，请出示相关依据	□是 □否	
3	是否定期对自身的质量管理体系运行情况进行内容审核？如是，请告知审核的频率，并请出示相关记录	□是 □否	频率：
4	相关员工是否经过专业培训？如是，请陈述或出示相关依据	□是 □否	
5	培训的内容是否涉及中方关注的有害生物内容，如是，请陈述或出示相关依据	□是 □否	
6	是否具备较完备的果实溯源体系	□是 □否	
7	是否配备了质量检测技术员	□是 □否	
8	质量检测技术员是否有资质（专业背景或接受相应的培训）？如是，请陈述或出示相关记录	□是 □否	
9	质量检测员是否了解中方关注的有害生物	□是 □否	
10	质量检测员是否掌握双方同意的注册果园与相应的编码	□是 □否	
11	质量检测是否以不含有害生物为重点	□是 □否	
12	质量检测项目是否包括不含叶片	□是 □否	
13	抽查3份此前的质量检测记录，是否发现需对方解释之处	□是 □否	

（续表）

序号	内容	评估结果	备注
14	是否有处理残次果和枝叶残体的相关规定或具体做法	□是 □否	
15	包装厂是否有防止有害生物再感染的措施	□是 □否	
16	包装厂布局是否合理？重点考察是否能做到防止有害生物交叉感染	□是 □否	
17	车间是否有充足的照明	□是 □否	
18	包装/贮藏区域是否清洁？重点考察是否不含泥土、植物残体等	□是 □否	
19	不能及时加工的原料果与加工过的水果是否能独立存放	□是 □否	
20	已经通过自检的水果是否能与未开展自检的水果分开存放	□是 □否	
21	经检疫待装运的输华水果是否会单独存放	□是 □否	
22	是否明确出口前检疫操作有相关要求？重点是了解检查比例、方法和相应的记录	□是 □否	
23	抽查3份此前的出口前检疫记录（如果有），是否发现需要对方解释之处	□是 □否	
24	出口前检疫过程中发现不符合要求的果，是否会及时处理？请陈述具体处理措施	□是 □否	具体措施：
25	是否具备相应的检疫除害处理设施（如有要求），指热水处理、蒸热处理、冷处理、熏蒸处理或辐照处理	□是 □否	
26	是否明确双方达成的检疫除害处理指标和操作规程（如有要求）	□是 □否	
27	负责签发检疫除害处理（如有要求）报告的官员是否有资质？请陈述或提供依据	□是 □否	
28	该实施此前是否已应用于针对其他国家或地区需求的水果检疫除害处理？如有，请告知处理指标	□是 □否	指标：

（续表）

序号	内容	评估结果	备注
29	负责签发除害处理（如有要求）报告的官员是否此前针对其他国家需求签发过类似的除害处理报告	□是 □否	
30	包装箱是否符合双方协议要求	□是 □否	
31	包装箱上的信息是否符合双方协议要求	□是 □否	
32	水果清洗剂、杀菌剂和蜡等生物杀灭剂或产品保护剂的使用是否有相关规定？如是，请陈述或出示依据	□是 □否	
评估意见			

附　录　C
（资料性附录）
针对果园的考察评估表

果园名称：　　　　　　　　　　　　　　　　　　　　地址：
登记证号：　　　　　　　　　　　　　　　　　　　　考察日期：

序号	内容	评估结果	备注
1	是否经国家植保部门（NPPO）或检疫机构注册登记？如是，请出示批准的文件	□是 □否	
2	是否将所有职责，特别是质量管理体系的职责明确分工？如是，请出示相关依据	□是 □否	
3	是否定期对自身的质量管理体系运行情况进行内容审核？如是，请告知审核的频率，并请出示相关记录	□是 □否	频率：
4	是否建立了药剂（农药、杀菌剂等）和肥料的采购和使用管理制度？如是，请出示相关依据	□是 □否	
5	是否有专业技术人员负责农药（农药、杀菌剂等）和肥料的管理和使用？如有，请出示相关依据	□是 □否	
6	是否配备了植保技术员	□是 □否	
7	植保技术员是否有资质（专业背景或相应的培训）？如是，请陈述或出示相关记录	□是 □否	
8	相关员工是否经过了专业培训？如是，请陈述或出示相关依据	□是 □否	
9	培训的内容是否涉及中国关注的有害生物内容，如是，请陈述或出示相关依据	□是 □否	
10	是否制定了有害生物综合防治计划？如有，请出示相关依据	□是 □否	
11	是否开展针对实蝇类害虫如地中海实蝇的监测（如果有要求）？如有，请出示相关记录	□是 □否	
12	实蝇监测方法是否符合中方要求（使用的诱剂和诱捕器、布点规划、维护频率与方法等）？重点查看相关记录	□是 □否	
13	是否开展针对中方关注的其他有害生物如苹果蠹蛾等的监测（如有要求）？如有，请出示相关记录	□是 □否	

（续表）

序号	内容	评估结果	备注
14	其他有害生物监测方法是否符合中方要求（使用的诱剂和诱捕器、布点规划、维护频率与方法等）？重点查看相关记录	□是 □否	
15	是否开展中方关注的其他有害生物如火疫病的田间和实验室检测活动（如有要求）？如有，请陈述方法并出示相关记录	□是 □否	
16	是否建立了实蝇等有害生物非疫区或非疫产地或非疫生产点（如有要求）	□是 □否	
17	是否有非疫区或非疫产区或非疫生产点的维护详细措施（如有要求）？如有，请提供	□是 □否	
18	非疫区或非疫产区或非疫生产点的维护是否达到效果（如有要求）？重点查看相关记录	□是 □否	
19	针对发现的中方关注的有害生物，是否有相应的应急措施计划？如有，请陈述或出示相关材料	□是 □否	
20	是否有果实采收的成熟度识别标准（如有要求）？如有，请出示相关材料	□是 □否	
21	果实从果园采收后到运抵包装厂之前是否有防止有害生物再感染的措施？如有，请陈述	□是 □否	
22	植保技术员是否能回答出该地区发生的主要有害生物及防控措施要领	□是 □否	
23	植保技术员或果园其他人员是否能回答出中方关注的主要有害生物	□是 □否	
24	监测方法（如有要求）是否科学？重点考察布点真实，诱剂是否有效等环节	□是 □否	
25	田间是否保持卫生整洁（如，是否及时清除落果）。如不是，对方是否给出合理解释	□是 □否	解释：
26	田间区块编号是否易于识别和溯源	□是 □否	
27	田间果样目测调查是否发现了中方关注的有害生物？调查果数	□是 □否	果样数：
28	田间落果目测调查是否发现了中方关注的有害生物？调查果数	□是 □否	果样数：
29	田间树体目测调查是否发现了中方关注的有害生物？调查样数	□是 □否	样数：

（续表）

序号	内容	评估结果	备注
30	监测（如果有）维护人员是否能说出监测操作技术要领	□是 □否	
31	监测（如果有）维护人员是否能说出近年来监测结果	□是 □否	
32	相关人员是否掌握采收时机（成熟度）	□是 □否	
33	相关人员是否知晓采后防止有害生物再感染措施	□是 □否	
评估意见			

附　录　D
（资料性附录）
考察报告大纲

前言

人员和考察目的。概述考察评估任务完成情况以及取得的成效。

一、赴外考察准备

包括信息收集情况、考察依据和计划制定情况，以及其他与考察任务相关的工作准备。

二、考察评估

介绍完成的主体考察任务，各项任务开展和执行情况，详细介绍考察评估的新发现，对资料和现场印证情况进行介绍，并开展科学评估，提出各项考察重点内容潜在的有害生物风险，以及关键控制方法 的建议。

三、工作建议

提出考察评估中发现的问题和风险控制的关键点，及其解决问题的综合建议。提出后续工作重点或下一步措施建议。

四、工作体会

阐述考察评估工作中较成功的做法或值得推广的工作经验。

五、附表或附图

列出考察评估过程中的资料信息。包括表格、图片或关键文字资料等。

六、署名

列出参与考察的人员信息。